高职高专“十二五”规划教材

机械制造工艺与实施

胡运林　编著

北　京
冶　金　工　业　出　版　社
2021

内 容 提 要

本书以工程应用为重点，依据理论与实践相结合的原则，注重学生实际工作能力的培养。全书内容分为四大模块：模块1至模块3从“知识点”和“能力点”两大方面，详细讲解了机械加工工艺与夹具基础、机械加工质量控制技术、机械装配技术方面的内容；模块4根据真实的生产要求给出了加工工艺编制及操作加工、夹具设计、装配工艺编制等的训练。

本书为高等职业院校教材，也可作为职业培训教材，还可供工程技术人员参考。

图书在版编目(CIP)数据

机械制造工艺与实施／胡运林编著．—北京：冶金工业出版社，2011.7（2021.11重印）
高职高专“十二五”规划教材
ISBN 978-7-5024-5609-2

Ⅰ.①机…　Ⅱ.①胡…　Ⅲ.①机械制造工艺—高等职业教育—教材
Ⅳ.①TH16

中国版本图书馆CIP数据核字(2011)第112091号

机械制造工艺与实施

出版发行　冶金工业出版社　**电　话**　(010)64027926
地　址　北京市东城区嵩祝院北巷39号　**邮　编**　100009
网　址　www.mip1953.com　**电子信箱**　service@mip1953.com

责任编辑　戈　兰　美术编辑　彭子赫　版式设计　葛新霞
责任校对　王永欣　责任印制　李玉山
北京建宏印刷有限公司印刷
2011年7月第1版，2021年11月第3次印刷
787mm×1092mm　1/16；21.5印张；517千字；331页
定价39.00元

投稿电话　(010)64027932　投稿信箱　tougao@cnmip.com.cn
营销中心电话　(010)64044283
冶金工业出版社天猫旗舰店　yjgycbs.tmall.com
（本书如有印装质量问题，本社营销中心负责退换）

前　言

为了适应高职高专“工学结合”的教学模式改革的发展需要，编者结合自身十余年机械制造的从业经历和多年教授机械制造工艺课程的教学经验，编写了本书。

本书以“必须、够用”为原则，紧扣高职教育培养高素质技能型人才的教学目标，以“项目导向、任务驱动”的教学组织模式来组织整个教学内容，这也是本书最大的特点。书中大量教学案例、素材均来源于一线生产项目或企业技能鉴定项目，并以这些项目作为导向，精心设置任务，引导学生完成。本书注重专业素质的培养，把机械制造工艺基础知识放在重要位置，同时，将对学生的工作能力培养放在突出位置，通过设置综合训练项目，来训练学生的动手能力和独立完成生产任务的工作能力，打破了传统教材以教师为中心的课程体系，将“学”与“训”结合起来。

本书分为四大教学模块，涵盖七个学习主题项目。

模块1为机械加工工艺与夹具基础，包含三个学习主题项目：机械加工工艺规程设计、机床夹具设计和典型零件加工工艺。该模块重在让学生掌握机械制造工艺及夹具的基础知识，提高专业素质，使之具备一定的工艺编制能力和夹具设计能力。

模块2为机械加工质量控制技术，包含两个学习主题项目：机械加工精度和机械加工表面质量。该模块重在让学生掌握机械制造质量的控制知识，培养质量意识和预防出现质量问题的能力，以及培养学生分析质量问题和解决质量问题的能力。

模块3为机械装配技术，只有一个学习主题项目，即装配工艺。该模块重在让学生掌握装配的基本方法、装配工艺的编制基础知识以及装配尺寸链的解算知识，培养学生对装配工艺的编制能力和装配方案的制订能力。

模块4为综合项目训练。该模块重在通过工艺编制实践和夹具设计实践，培养学生的动手能力和工作能力。

以上主干项目，均通过典型、翔实的案例，对教学内容进行剖析。在每个主题项目的教学过程中，均结合本项目各知识点，设置有能力点的训练，在能力点中精心设置任务，对学习内容进行检验、巩固和加深。尤其是本书重点内容：加工工艺编制、夹具设计、装配工艺编制，对应设计了综合能力训练项目，并集中安排在模块4中，教学时可以结合相应教学进程来安排专题训练课或课程设计来展开教学。

在教学素材的选取和编写过程中，得到企业多位工程技术人员和学校教学经验丰富的教师的关心、支持和帮助，他们提出了许多宝贵意见，在此表示衷心的感谢。

对于本书不足之处，恳请读者指评指正。

编 者

2011年2月

目　录

模块2　机械加工质量及控制

模块4　综合项目训练

绪　　论

社会的各行各业，包括交通、动力、矿业、农牧、石油、化工、煤炭、电力、建设、冶金、电子、仪表、宇航、通讯、医疗、军事和文教等部门，都离不开各种各样的机械设备，并且各行业的生产能力、劳动效率、经济效益等还极大地依赖于机械设备的品种、数量和性能。而所有的这些机械设备都是由机械制造工业提供的。可见，机械设备涉及的面很广，对国民经济的推动作用很大，因此机械制造工艺学成为一门较为重要的学科，对机械制造过程进行专门研究，是非常重要的。

各类机械产品的生产制造过程是一个复杂的生产系统运行过程。它首先需要根据市场需求作出生产什么产品的决策，即确定要做什么；然后要完成产品的设计工作，即解决产品做成什么样子的问题；而后就需要综合运用工艺技术理论和知识来确定制造方法和工艺流程，解决怎样做出来，即怎么做的问题。在这之后才能进入制造过程，实现产品输出。为解决怎么做的问题和处理制造过程中出现的各种技术关键，相关人员需要具有涉及制造工艺技术理论、工艺设备及装备、材料科学、生产组织管理等一系列知识，即机械制造学科领域完整的知识体系。在机械制造学科领域的知识体系中，以机械制造过程中的工艺技术问题为研究对象的一门技术科学即是机械制造工艺学。

机械制造工艺学是机械制造工艺与设备专业的主要专业课程之一，其综合性、实践性很强，而且随着机械制造工业技术的不断发展、积累以及现代制造技术的推动，机械制造工艺学的知识理论仍在不断地丰富和更新。例如，随着数控机床的大量使用，适应数控加工的数控工艺随之发展起来，数控工艺学就是对机械制造工艺学的丰富。在实际机械制造生产中，作为工艺技术人员必须能熟练地制定出经济、合理、可操作性好的工艺技术文件，来指导操作工人进行生产，并为生产工段的生产管理人员提供生产组织的依据。作为现场操作人员，必须能读懂工艺技术文件，并将工艺人员的意图运用在实际工作中，来提高加工效率，有条不紊地进行生产。因此，机械制造工艺学的研究对象是机械制造过程中的工艺技术问题，实践性很强。

机械制造工艺学不是一门孤立的学科，要学好机械制造工艺学，除了要掌握机械制造工艺学的基本知识、基本原理外，还必须熟悉相关学科，如锻造学、铸造学、铆焊学、热处理学、材料学等的知识，并需明白工件的装配情况、工作环境等，才能制定出科学、合理的工艺文件。科学合理的工艺文件的作用归纳起来主要有以下几个点：一是保证和提高产品质量；二是提高劳动生产率；三是提高生产效益；四是提高企业的生产管理效能。为了使我们制定出的机械制造工艺文件，尤其是机械加工工艺文件实现上述四个作用中的其中几种或其中一种，这就需要我们在学完本课程后，应掌握机械制造工艺的基本理论，能制定出中等复杂零件的机械加工工艺规程，具有设计指定工序专用夹具的能力，并具备综合分析制造工艺过程中质量、生产率和经济性问题的能力，为将来要担负的技术和科研工作打下扎实的基础。

模块 1

机械加工工艺与夹具基础

【核心项目】 图 A 为一冶金零件，该零件具有综合轴类和箱体类零件的加工特点。孔与轴的相互位置精度，包括垂直度和对称度的保证是此工件加工精度保证的基础。

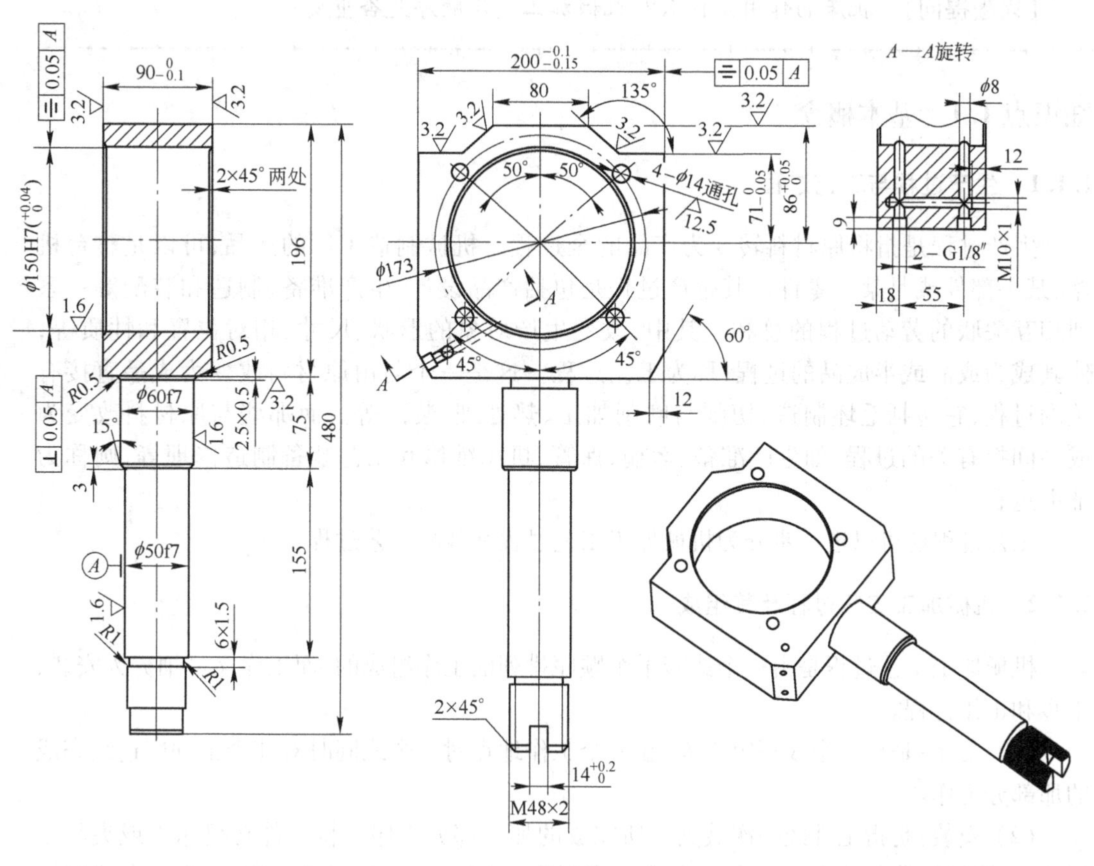

图 A　轴承体

【任务】

(1) 为该零件编制加工工艺。

(2) 已知该零件已经完成车床工序的加工，请制定该零件的镗床装夹方案。

项目1 机械加工工艺规程设计

【项目任务】 为图A轴承体编制加工工艺。

【教师引领】

(1) 该轴承体采用什么材质,毛坯采用何种形式,其强度和硬度怎样?

(2) 该轴承体有哪些部位需要加工?

(3) 各加工部位采用什么加工方法,使用什么机床?

(4) 确定加工顺序和主要工序的加工内容。

(5) 确定各工序的定位基准,划分加工阶段。

(6) 热处理工序安排在什么阶段?

【兴趣提问】 机床的作用是什么?机械加工先后顺序是否重要?

知识点1.1 基本概念

1.1.1 生产过程与工艺过程

生产过程是指将原材料转变为产品的全过程。机械制造工厂的产品,可以是整台机器、某一部件或是某一零件。其生产过程是包括产品设计、生产准备、制造和装配等一系列相互关联的劳动过程的总和。其中,改变生产对象的形状、尺寸、相对位置和性质等,使其成为成品或半成品的过程,称为工艺过程。这是一个与由原材料改变为成品直接有关的过程,它包括毛坯制造、切削与磨削加工、热处理、装配等。而那些与原材料改变为成品间接有关的过程,如生产准备、运输、保管、机床维修和工艺装备制造修理等,则称为辅助过程。

工艺过程还可以进一步分为机械加工工艺过程和装配工艺过程。

1.1.2 机械加工工艺过程及其组成

机械加工工艺过程是由一个或若干个顺序排列的工序组成的,而工序又可细分为安装、工步和工作行程。

(1) 工序:是指一个或一组工人,在一个工作地点对一个或同时对几个工件所连续完成的那部分工作。

(2) 安装:是指工件经一次装夹后所完成的那一部分工序。将工件在机床上或夹具中定位、夹紧过程称为装夹。一个工序的工作至少要经一次装夹,有时要经多次装夹才能完成,这时工序中则包括有多个安装。

(3) 工步:是指在加工表面和加工工具不变的情况下,所连续完成的那一部分工序。这里所说的加工表面,可以是一个,也可以是复合刀具同时加工的几个。用同一刀具对零件上完全相同的几个表面顺次进行加工(如顺次钻法兰盘上的几个相同的孔),且切削用量不变的加工,也视为一个工步。

由人和(或)设备连续完成的不改变工件形状、尺寸和表面粗糙度,但它是完成工步所必需的那一部分工序称为辅助工步,如更换刀具等。辅助工步一般不在工艺规程中列出,而由操作者自行完成。

(4) 工作行程:是指刀具以加工进给速度相对工件所完成一次进给运动的工步部分。一个工步可以包括一个或几个工作行程。

(5) 工位:是指为了完成一定的工序部分,一次装夹工件后,工件与夹具或设备的可动部分一起相对刀具或设备的固定部分所占据的每一个位置称为一个工位。为提高生产率、减少工件装夹次数,常采用回转工作台、回转夹具或移位夹具,使工件在一次装夹后能在机床上依次占据不同的加工位置进行多次加工。图1-1所示就是一个多工位(4工位)加工的例子。

为理解上述概念现举例如下。图1-2所示阶梯轴的加工工艺过程可因生产量不同而异。当仅需制作一件时,可以采用表1-1中左侧“单件小批生产”中所示的工艺过程:在卧式车床上将锯切的棒料毛坯用三爪卡盘夹牢一端,打中心孔、平端面;将工件掉头夹牢,打中心孔、平端面至长度;卸下夹盘,用前后顶尖顶车一端外圆、倒棱;掉头顶车另端成形。以上工作是在一台机床上对同一工件连续完成的,为第一道工序。它包括四个安装,每一安装中又有若干工步。车后用立铣铣床铣键槽,属第二道工序。它仅包括一个安装和一个工步。至此工件加工完毕。

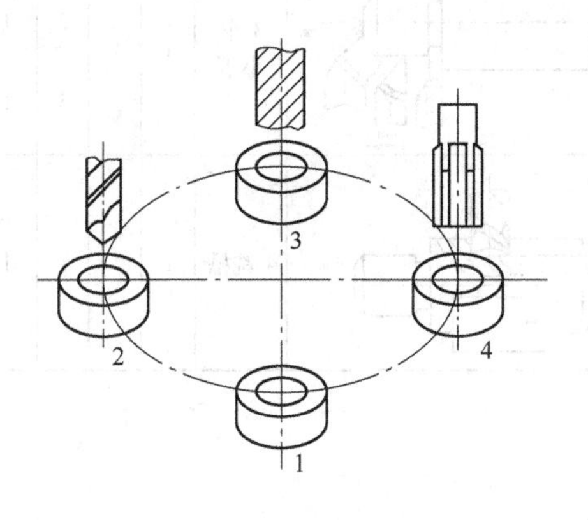

图1-1　多工位钻孔

1—装卸工件;2—钻孔;3—扩孔;4—铰孔

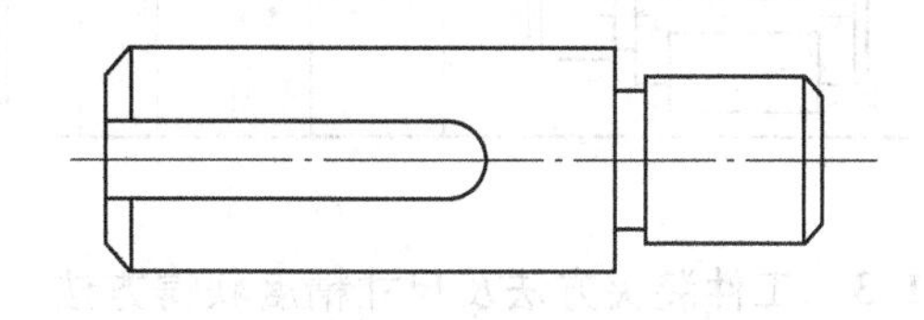

图1-2　小轴零件

如果工件加工生产量较大,为提高工件加工效率,可采用表1-1中右侧“中批或大批生产”中所示的工艺过程:将毛坯固定于铣端面钻中心孔机床专用夹具上,由可移动的拖板带动夹具及工件向前进给,经过端铣刀处铣平端面,至中心钻处停止,中心钻头伸出进给在两端钻出中心孔。这些工作属一道工序,是在装卸工件、铣端面、钻中心孔三个工位上完成的。在卧式车床上用顶尖装夹对该批工件依次顶车一端外圆及倒棱,全部完成后再掉头依次车另端外圆、切槽及倒棱。由于这些工作对每一工件均是断续完成的,所以分属两道工序,每一工序中包括一个安装和若干工步。最后一道工序是铣键槽。全部工作由四道工序完成。

表1-1 小轴的加工工艺过程

单件小批生产						中批或大批生产					
加工简图	工序	安装	工位	工步	工作行程	加工简图	工序	安装	工位	工步	工作行程
	1 车各部成形	1	1	1	1		1 铣削端面钻中心孔	1	1 上下料		
				2	1				2 铣面	1	1
		2	1	1	1				3 钻中心孔	1	1
				2	1						
		3	1	1	2		2 车大端	1	1	1	2
				2	1					2	1
		4	1	1	2		3 车小端	1	1	1	2
				2	1					2	1
				3	1					3	1
	2 铣槽	1	1	1	1		4 铣槽	1	1	1	1

1.1.3 工件装夹方法及尺寸精度获得方法

1.1.3.1 工件装夹方法

加工中,需要使工件相对于刀具及机床保持一个正确的位置。使工件在机床上或夹具中占据正确位置的过程称为定位。而在工件定位后将其固定,使其在加工过程中保持定位位置不变的操作称为夹紧。定位与夹紧过程的总和即是装夹。工件的装夹方法有找正装夹法和夹具装夹法两种。

(1) 找正装夹法。这是一种通过找正来进行定位,然后予以夹紧的装夹方法。工件的找正又有直接找正和按划线找正两种方法。

1) 直接找正:即用划针、直尺、千分尺等对工件被加工表面(毛坯表面或已加工表面)进行找正,以保证这些表面与机床运动和机床工作台支承面间有正确的相对位置关系的方法。如图1-3所示,在车床上用四爪卡盘装夹工件过程中,采用百分表进行内孔表面的找正。

2）按划线找正：即在工件定位之前先经划线工序，然后按工件上划出的线进行找正的方法。划线时要求：

① 使工件各表面都有足够的加工余量；

② 使工件加工表面与工件不加工表面保持正确的相对位置关系；

③ 使工件找正定位准确迅速方便。

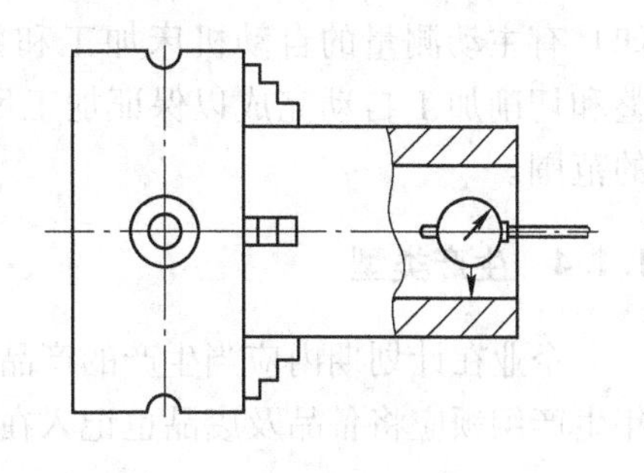

图1-3　直接找正装夹

图1-4所示为在牛头刨床上按划线找正装夹。

找正装夹法主要用于单件、小批量生产中加工尺寸大、工件形状复杂或加工精度要求很高的场合。

（2）夹具装夹法。这是通过夹具上的定位元件与工件上的定位基面相接触或相配合，使工件能被方便迅速的定位，然后进行夹紧的方法。这种方法装夹快捷、定位精度稳定，广泛用于成批生产和大量生产中。图1-5所示为钻削加工中用夹具对工件进行装夹的加工实例。钻头通过钻套3引导，在圆形的工件表面加工出孔。

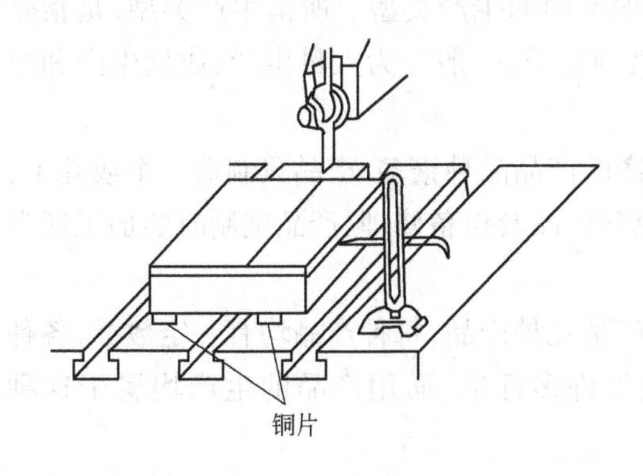

图1-4　划线找正装夹

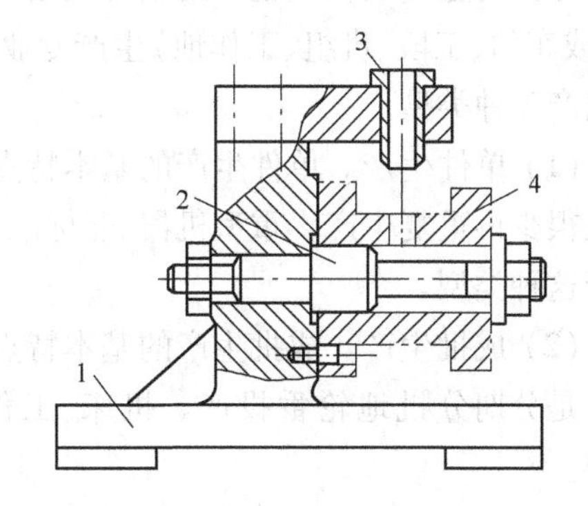

图1-5　夹具装夹找正

1—夹具体；2—定位销；3—钻套；4—工件

1.1.3.2　工件尺寸精度获得方法

（1）试切法：即通过试切—测量—调整—再试切，反复进行，直至被加工尺寸达到要求为止的加工方法。该方法加工效率低，要求工人有较高技术水平，常用于单件、小批量生产中。

（2）调整法：即先调整好刀具和工件在机床上的相对位置，并在一批零件的加工过程中保持这个位置不变，以保证工件被加工尺寸的方法。该方法主要用于成批生产和大量生产。

（3）定尺寸刀具法：是用刀具的相应尺寸来保证工件被加工部位尺寸的方法，例如钻孔、铰孔、拉孔、攻丝、铣槽等。这种加工方法所得到的精度与刀具的制造精度关系很大。

（4）自动控制法：是用测量装置、进给装置和控制系统组成一个自动加工的系统，例如具有主动测量的自动机床加工和数控机床加工等,使之在加工过程中的测量、补偿调整和切削加工自动完成以保证加工尺寸的方法。究其实质,自动控制法也可列入试切法的范围。

1.1.4 生产类型

企业在计划期内应当生产的产品产量和进度计划称为生产纲领。机器产品中某零件的年生产纲领应将备品及废品也记入在内,并可按式(1-1)计算:

$$N = Qn(1 + \alpha) \cdot (1 + \beta) \tag{1-1}$$

式中 N——零件的年生产纲领,件/年;

Q——机器产品的年产量,台/年;

n——每台机器产品中包括的该零件数量,件/台;

α——该零件的备品百分率;

β——该零件的废品百分率。

一次投入或产出的同一产品(或零件)的数量称为生产批量。

零件的生产纲领或生产批量可以划分成几种不同的生产类型。所谓生产类型,是指企业(或车间、工段、班组、工作地)生产专业化程度的分类,一般分为大量生产、成批生产和单件生产三种类型。

(1) 单件生产。单件生产的基本特点是生产的产品品种繁多,产品只制造一个或几个,而且很少再重复生产。重型机器、非标准专用设备产品及设备修理、产品试制时的加工通常属于这种类型。

(2) 成批生产。成批生产的基本特点是生产某几种产品,每种产品均有一定数量,各种产品是分期分批地轮番投产。机床、工程机械等许多标准、通用产品的生产均属于这种类型。

成批生产时,每批投入生产的同一产品的数量称为投产批量。根据批量的大小,成批生产还可以分为小批生产、中批生产和大批生产。小批生产的工艺特征接近单件生产,而大批生产的工艺特征接近大量生产,故又经常把单件生产与小批生产或大批生产与大量生产作为同一类型讨论。

(3) 大量生产。大量生产的基本特点是产量大、品种少,大多数工作地长期的重复进行一种零件的某一工序的加工。轴承、自行车、缝纫机、汽车、拖拉机等产品的制造即属于这种类型。

不同产品的生产类型的划分参见表1-2。不能简单地以加工工件的数量来确定加工工件的生产类型。不同质量的工件,其认定为不同生产类型的数量是有差别的,总的趋势是:质量大的工件,构成批量或大量生产的数量相对较小。

对不同生产类型,为获得最佳技术经济效果,其生产组织、车间布置、毛坯制造方法、工夹具使用、加工方法及对工人技术要求等各个方面均不相同,即具有不同的工艺特征(见表1-3)。例如,大批大量生产采用的高生产率的工艺及高效专用自动化设备,而单件小批生产则采用通用设备及工艺装备。

表 1-2　不同产品生产类型的划分

生产类型	同种零件生产纲领/件·年$^{-1}$		
	轻型机械产品（零件质量小于 100kg）	中型机械产品（零件质量为 100～200kg）	重型机械产品（零件质量大于 200kg）
单件生产	<100	<20	<5
小批生产	100～500	20～200	5～100
中批生产	500～5000	200～500	100～300
大批生产	5000～50000	500～5000	300～1000
大量生产	>50000	>5000	>1000

表 1-3　各种生产类型的工艺特征

特　征	类　　型		
	单件生产	成批生产	大量生产
零件生产形式	事先不决定是否重复生产	周期地成批生产	长时间连续生产
毛坯制造方式及加工余量	铸件用木模手工造型，锻件用自由锻，毛坯精度低，加工余量大	部分铸件用金属模，部分锻件用模锻，加工余量中等	铸件广泛采用金属模机器造型，锻件广泛采用模锻以及其他高生产率的毛坯制造方法，毛坯精度高，加工余量小
机床设备及布局	采用通用机床，按机群式布置	采用通用机床及部分高生产率专用机床，按零件类别分工段安排	广泛采用高生产率专用机床及自动机床，按流水线排列或采用自动线
夹　具	多用通用夹具，很少用专用夹具，靠划线和试切法来保证尺寸精度	用专用夹具，部分靠划线和试切法来保证加工精度	广泛采用高生产率夹具，靠夹具及调整法来保证加工精度
刀具及量具	采用通用刀具及万能量具	采用专用刀具及万能量具	广泛采用高效专用刀具及量具
工人技术要求	熟练	中等熟练	对操作工人要求一般
工艺文件	只编制简单工艺过程卡	编制较详细的工艺卡	编制详细工艺卡或工序卡
发展趋势	箱体类复杂零件采用加工中心加工	采用成组技术，由数控机床或柔性制造系统等进行加工	在计算机控制的自动化制造系统中加工，并可能实现在线故障诊断、自动报警和加工误差自动补偿

1.1.5　机械加工工艺规程

工艺规程是规定产品或零部件制造工艺过程和操作方法等的工艺文件。零件机械加工工艺规程包括的内容有：工艺路线，各工序的具体加工内容、要求及说明，切削用量，时间定额及使用的机床设备与工艺装备等。其中工艺路线是指产品或零部件在生产过程中，由毛坯准备到成品包装入库，经过企业各部门或工序的先后顺序。工艺装备（工装）是产品制造过程中所用的各种工具的总称，包括刀具、夹具、模具、量具、检具、辅具、钳工工具和工位器具等。

1.1.5.1　工艺规程的作用

（1）工艺规程是指导生产的主要技术文件。合理的工艺规程是在总结生产实践经验的基础上，依据工艺理论和必要的工艺实验而拟定的，是保证产品质量和生产经济性的指导性文件。因此，生产中应严格的执行既定的工艺规程。

(2) 工艺规程是生产准备和生产管理的基本依据。工夹量具的设计、制造或采购,原材料、半成品及毛坯的准备,劳动力及机床设备的组织安排,生产成本的核算等,都要以工艺规程为基本依据。

(3) 工艺规程是新建、扩建工厂或车间时的基本资料。只有依据工艺规程和生产纲领才能确定生产所需机床的类型和数量,机床布置,车间面积及工人工种、等级及数量等。

(4) 工艺规程还是工艺技术交流的主要文件形式。

因此,工艺规程是机械制造企业最主要的技术文件之一。本项目主要介绍工艺规程的编制方法及若干原则和规律。

1.1.5.2 工艺规程格式

常用机械加工工艺规程格式有:

(1) 工艺过程卡片。它是以工序为单位简要说明零、部件的加工过程的一种工艺文件,见表1-4。它是编制其他工艺文件的基础,也是生产准备、编制作业计划和组织生产的依据。它仅在单件小批生产中直接指导工人的加工操作。

表1-4 机械加工工艺过程卡片

<table>
<tr><td colspan="3" rowspan="2">(工厂名)</td><td>产品图号</td><td></td><td colspan="2">零(部)件图号</td><td colspan="3"></td><td colspan="2">第 页</td></tr>
<tr><td>产品名称</td><td></td><td colspan="2">零(部)件名称</td><td colspan="3"></td><td colspan="2">共 页</td></tr>
<tr><td colspan="3">机械加工工艺过程卡片</td><td>毛坯外形尺寸</td><td></td><td colspan="2">每料可制件数</td><td></td><td colspan="2">数量</td><td colspan="2"></td></tr>
<tr><td colspan="2">毛坯种类</td><td></td><td>材料牌号</td><td></td><td colspan="2">重量</td><td></td><td colspan="2">备注</td><td colspan="2"></td></tr>
<tr><td rowspan="2">工序号</td><td rowspan="2">工序名称</td><td rowspan="2" colspan="2">工序内容</td><td rowspan="2">加工车间</td><td rowspan="2">设备名称及编号</td><td colspan="3">工艺装备名称及编号</td><td colspan="3">时间定额/min</td></tr>
<tr><td>夹具</td><td>刀具</td><td>量具</td><td>单件</td><td colspan="2">准备终结</td></tr>
<tr><td></td><td></td><td colspan="2"></td><td></td><td></td><td></td><td></td><td></td><td></td><td colspan="2"></td></tr>
<tr><td></td><td></td><td colspan="2"></td><td></td><td></td><td></td><td></td><td></td><td></td><td colspan="2"></td></tr>
<tr><td colspan="2" rowspan="3">更改内容</td><td colspan="10"></td></tr>
<tr><td colspan="10"></td></tr>
<tr><td colspan="10"></td></tr>
<tr><td colspan="2">编 制</td><td></td><td>校 核</td><td></td><td>批 准</td><td></td><td colspan="3">会签(日期)</td><td colspan="2"></td></tr>
</table>

(2) 工艺卡片。它是按产品或零、部件的某一工艺阶段编制的工艺文件,是指导工人生产和帮助车间技术人员掌握零件加工过程的一种主要工艺文件,见表1-5。它以工序为单元,详细说明产品或零、部件在某一工艺阶段中的工序号、工序名称、工序内容、工艺参数、操作要求以及采用的设备和工艺装备等。工艺卡片广泛用于成批生产或重要零件的单件小批生产中。

(3) 工序卡片。它是在工艺过程卡片或工艺卡片的基础上,按每道工序所编制的一种工艺文件,见表1-6。它一般具有工序简图,并详细描述该工序的每个工步的加工内容、工艺参数、操作要求以及所有设备和工艺装备等。工序卡片多用于大批大量生产及重要零件的成批生产。

表1-5 机械加工工艺卡片

(工厂名)			产品型号		零(部)件型号					第 页	
			产品名称		零(部)件名称					共 页	
机械加工工艺卡片			毛坯外形尺寸		每料可制件数			数量			
毛坯种类			材料牌号		重量			备注			
工序	安装	工步	工序内容	切削用量				工艺装备		工时/h	
				最大切深/mm	切速/m·min^{-1}	转速/r·min^{-1}	进给量/mm·r^{-1}	设备名称	刀具夹具量具	准终	单件
更改内容											
编 制			校核			批准		会签(日期)			

表1-6 机械加工工序卡片

(工厂名)	产品名称及型号	零件名称	零件图号	工序名称	工序号	第 页
						共 页
机械加工工序卡片		车间	工段	材料名称	材料牌号	机械性能
(工序图)						
		同时加工件数	每料件数	技术等级	单位时间/min	准终时间/min
		设备名称	设备编号	夹具名称	夹具编号	冷却液
		更改内容				

工步号	工步内容	计算数据			走刀次数	切削用量				工时定额			刀具及辅具				
		直径或长度	走刀长度	单边余量		切深/mm	进给量/mm·r^{-1}	转速/r·min^{-1}	切速/m·min^{-1}	基本时间	辅助时间	布置时间	工具号	名称	规格	编号	数量
编 制		校 核			批 准			会签(日期)									

另外,为成组加工技术应用的还有典型工艺过程卡片、典型工艺卡片和典型工序卡片;对自动、半自动机床或某些齿轮加工机床调整用的还有调整卡片;对检验工序还有检验工序

卡片等其他类型的工艺规程格式。

1.1.5.3 机械加工工艺规程的制定原则和步骤

机械加工工艺规程的制定原则是:在制定工艺规程时要充分考虑和采取措施保证产品质量,并能以最经济的方法获得要求的生产率和年生产纲领,同时还要考虑有良好的生产劳动条件和便于组织生产。

机械加工工艺规程的制定工作主要包括准备、工艺过程拟定、工序设计三个阶段。每个工作阶段包括的工作内容和步骤如图1-6所示,即在准备阶段工作基础上,拟定以工序为

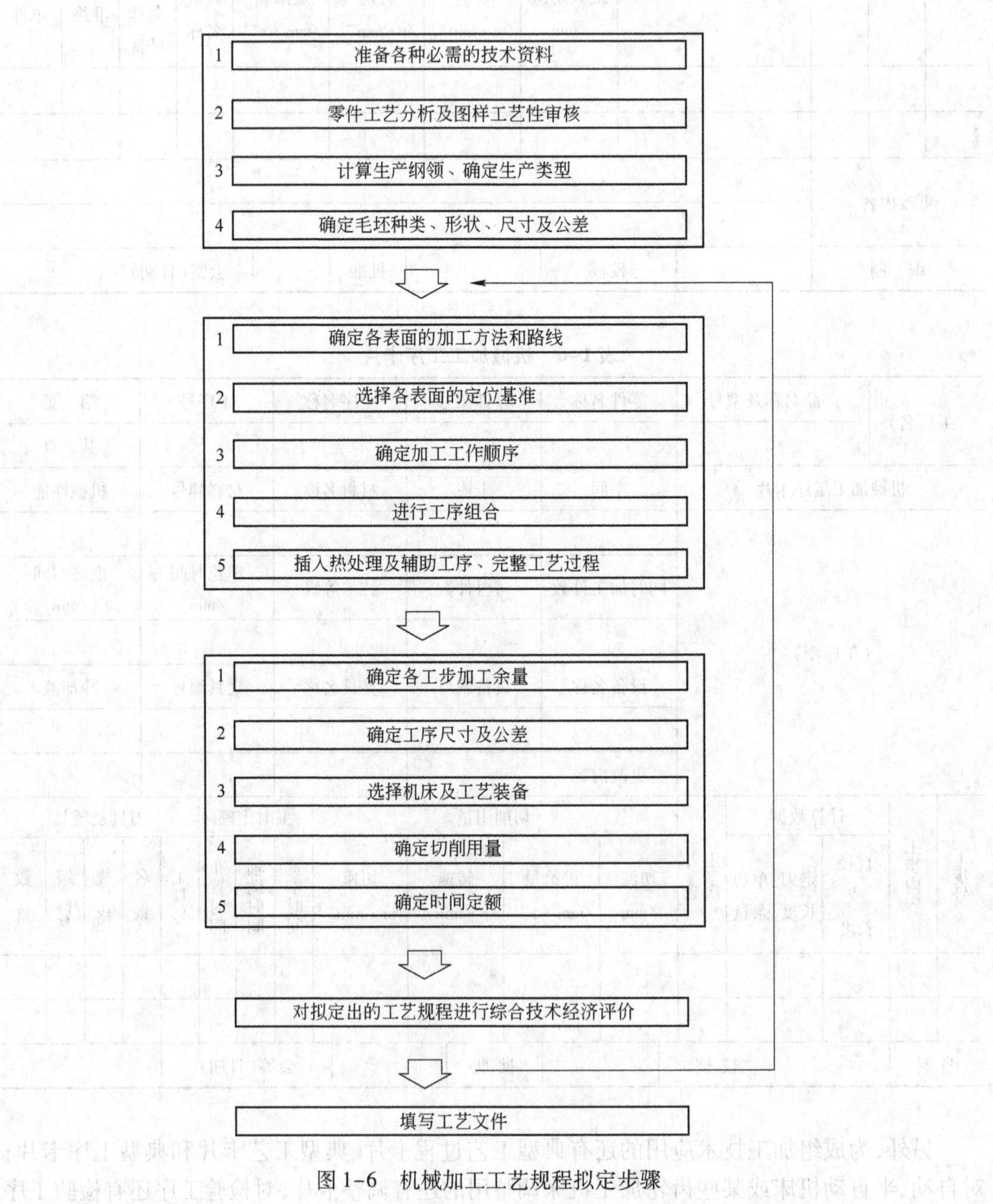

图1-6 机械加工工艺规程拟定步骤

单位的加工工艺过程,再对每工序的详细内容给予确定。由于制定工作中前后阶段的内容确定有相互影响和联系,所以对某些局部需要反复修改。最后对制定出的工艺规程还要进行综合分析评价,看是否满足生产率和生产节拍的要求,是否能做到机床负荷大致均衡,以及经济性如何等。如果这一分析评价内容不能通过,则需要重新制定工艺规程。也可预先同时编制出几个工艺规程进行分析对比,确定最终的规程。对最终确定的规程内容,需要填入工艺卡片,形成文件。

知识点1.2　工艺规程编制的准备阶段工作

1.2.1　零件结构工艺性

所设计的产品在满足使用要求的前提下,制造、维修的可行性和经济性称为产品结构工艺性。而所设计的零件在能满足使用要求的前提下,制造的可行性和经济性称为零件结构工艺性。根据制造方法的不同,零件结构工艺性分为铸造工艺性、锻造工艺性、焊接工艺性、机械加工工艺性等。关于主要从装配、维修方面考虑的产品结构工艺性问题将在项目6中介绍。

对零件结构加工工艺性有以下要求:

(1)设计结构要能够加工。例如有足够的加工空间,刀具能够接近加工部位,留有必要的退刀槽和越程槽等。

(2)便于保证加工质量。例如孔端表面最好与钻头钻入钻出方向垂直,精加工孔表面在圆周方向上要连续无间断,加工部位刚性要好等。

(3)尽量减少加工面积。例如尽量使用形状简单的表面,对大的安装平面或长孔加空刀,通过合理合并或分拆零件减少加工面积等。

(4)要能提高生产效率。例如结构中的几个加工面尽量安排在同一平面上或位于同一轴线,轴上作用相同的结构要素要尽量一致(如空刀槽)或加工方向要一致(如键槽),要便于多刀、多件加工或使用高生产率的加工方法或刀具等。

(5)零件结构要便于安装夹紧,等等。

表1-7是零件结构工艺性的对比示例。

表1-7　结构工艺性例子

序号	结构工艺性不好	结构工艺性好	说　明
1	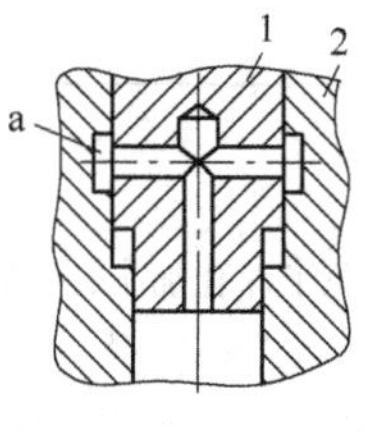 a 1 2 (a)	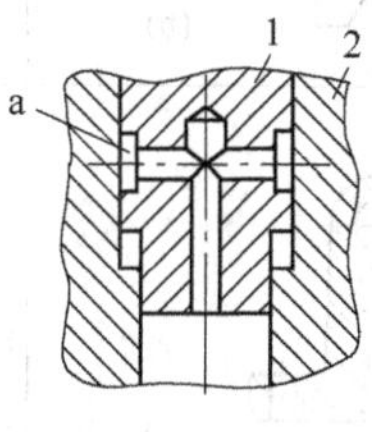 a 1 2 (b)	在结构(a)中,件2上的凹槽a不便于加工和测量。宜将凹槽a改在件1上,如结构(b)所示
2	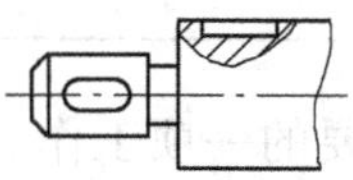 (a)	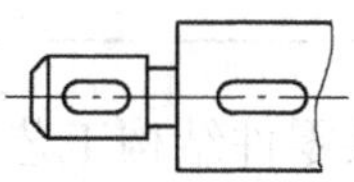 (b)	键槽的尺寸、方位相同,则可在一次装夹中加工出全部键槽,提高了生产率

续表 1–7

序号	结构工艺性不好	结构工艺性好	说　明
3	(a)	(b)	结构(a)的孔与壁的距离太近，不便引进刀具，加工时壁与刀具的钻套发生干涉
4	(a)	(b)	箱体类零件的外表面比内表面容易加工，应以外表面连接表面代替内表面连接表面
5	(a)	(b)	结构(b)的三个凸台表面，可在一次走刀中完成
6	(a)	(b)	结构(b)的底面的加工劳动量较小
7	(a)	(b)	结构(b)有退刀槽，提高了工件的可加工性，减少夹具(砂轮)的磨损
8	(a)	(b)	在结构(a)上孔加工时，容易将钻头引偏，甚至使钻头折断
9	(a)	(b)	结构(b)避免了深孔加工，并节约了零件的材料

在制定零件机械加工工艺规程前，审核零件结构工艺性是很重要的一项工作。零件结构的加工工艺性直接反映零件是否方便机械加工，一个零件如有好的结构加工工艺性，则加

工效率可以得到明显提高。如果工艺人员在对工件进行机械工艺规程的设计时,发现零件的结构加工工艺性不好,可能造成加工效率不高、加工质量不能得到保证或无法加工的情况时,尤其是后两种情况,应及时提出,并反应给设计人员,让设计人员对结构进行改进,使之达到加工要求。当然,对于图纸中一些常识性的结构特点,由于设计人员的疏忽,忘记了设计或设计出现错误,在不影响设备整体性能和工件质量的情况下,工艺人员可以对图面进行必要的修改,但应报有关工艺负责人批准(如螺纹切削的退刀槽、砂轮越程槽、铣刀铣削圆角的存在不能清根等问题)。

1.2.2　原始资料准备及产品工艺分析审查

为编制工艺规程,需准备下列原始资料:

(1) 产品全套装配图及零件工作图;

(2) 产品质量验收标准;

(3) 产品年产量计划;

(4) 企业现有毛坯制造及机械加工条件方面的资料,如机床品种、规格及加工精度,工装制造能力,工人技术水平等。

产品工艺性分析是在产品技术设计之后进行的。

要编制一个零件的工艺规程,首先要对该零件做到心中有数。要通过分析零件图和产品装配图,熟悉产品性能、用途和工作条件,了解各零件的装配关系及其作用,分清各加工表面的主次,分析各项公差和技术要求的制定依据,明确主要技术要求和关键技术问题,以便有的放矢,调动必要的工艺措施保证这些要求。

图样工艺性审查工作内容还包括:检查图样的完整性和正确性;审查零件采用材料是否恰当;分析规定的零件技术要求是否合理,现有生产技术条件是否达到;以及审查零件是否有良好的结构工艺性。通过上述审查如发现问题,应提出并与有关设计人员共同研究,按规定手续对图样进行修改与补充。

1.2.3　毛坯的选择

毛坯是指根据零件(或产品)所要求的形状、工艺尺寸等制成的供进一步加工用的生产对象。毛坯种类、形状、尺寸及精度对机械加工工艺过程、产品质量、材料消耗和生产成本有着直接影响。在已知零件工作图及生成纲领之后,即需进行如下工作:

(1) 确定毛坯种类。机械产品及零件常用毛坯种类有铸件、锻件、焊接件、冲压件以及粉末冶金件和工程塑料等。根据要求的零件材料、零件对材料组织和性能的要求、零件结构及外形尺寸、零件生产纲领及现有生产条件,可参见表1-8确定毛坯种类。

在决定毛坯制造方法时一般应考虑以下情况:

1) 生产规模——产品年产量和批量。生产规模越大则应采用精度高和生产率高的毛坯制造方法。例如,对于大批大量生产,我们经常采用金属模进行毛坯的制造,而对于单件生产,我们一般采用砂型铸造或消失模制造。

2) 工件结构形状和尺寸大小。它决定了某种毛坯制造方法的可能性和经济性。例如尺寸较大的轧辊,一般不采取模锻,而是采用铸造;结构复杂的零件一般采用铸造的形式等。

3) 工件的机械加工性能要求。毛坯的制造方法不同,将影响其机械加工性能。例如锻制轴的力学性能要高于热轧型材圆轴；金属型浇铸的毛坯，强度要高于砂型浇铸的，离心浇铸和压铸则强度更高。

表 1-8　机械制造业常用毛坯种类及特点

毛坯种类	毛坯制造方法	材　料	形状复杂性	公差等级（IT）	特点及适应的生产类型	
型材	热　轧	钢、有色金属（棒、管、板、异形等）	简单	11～12	常用作轴、套类零件及焊接毛坯分件，冷轧坯尺寸精度高但价格贵，多用于自动切割机	
	冷轧（拉）			9～10		
铸件	木模手工造型	铸铁、铸钢和有色金属	复杂	12～14	单件小批生产	铸造毛坯可获得复杂形状，其中灰铸铁因其成本低廉，耐磨性和吸振性好而广泛用于机架，箱体类零件毛坯
	木模机器造型			≤12	成批生产	
	金属模机器造型			≤12	大批大量生产	
	离心铸造	有色金属、部分黑色金属	回转体	12～14	成批或大批大量生产	
	压　铸	有色金属	可复杂	9～10	大批大量生产	
	熔模铸造	铸钢、铸铁	复杂	10～11	成批或大批大量生产	
	失蜡铸造	铸铁、有色金属		9～10	大批大量生产	
锻件	自由锻造	钢	简单	12～14	单件小批生产	金相组织纤维化且走向合理，零件机械强度高
	模　锻		较复杂	11～12	大批大量生产	
	精密模锻			10～11		
冲压件	板料冲压	钢、有色金属	较复杂	8～9	适用大批大量生产	
粉末冶金件	粉末冶金	铁、铜、铝基材料	较复杂	7～8	机械加工余量极小或无机械加工量，适用于大批大量生产	
	粉末冶金热模锻			6～7		
焊接件	普通焊接	铁、铜、铝基材料	较复杂	12～13	用于单件或成批生产，因其生产周期短、不需要准备模具、刚性好及材料省而常用以代替铸件	
	精密焊接			10～11		
工程塑料	注射成型	工程塑料	复杂	9～10	适用于大批大量生产	
	吹塑成型					
	精密模压					

（2）确定毛坯的形状。从减少机械加工工作量和节约金属材料出发，毛坯应尽可能接近零件形状。最终确定的毛坯形状除取决于零件形状、各加工表面总余量和毛坯种类外，还要考虑以下几点：

1）是否需要制出工艺凸台以利于工件的装夹，如图 1-7（a）中所示的 B 凸台。

2）是一个零件制成一个毛坯还是多个零件合制成一个毛坯，如图 1-7（b）、（c）所示。其中图 1-7（b）中的轴承孔被分成两半，分别设置在两个单独的工件上，形成分体式结构，有利于工件的拆卸和安装。而图 1-7（c）所示的连杆上轴承孔（图中大孔）设置在一个整体式零件上，有利于提高轴承孔的强度。

3）哪些表面不要求制出（如孔、槽、凹坑等）。

4）铸件分型面、拔模斜度及铸造圆角；锻件敷料、分模面、模锻斜度及圆角半径等。

（3）绘制毛坯零件综合图，以反映确定毛坯的结构特征及各项技术指标。

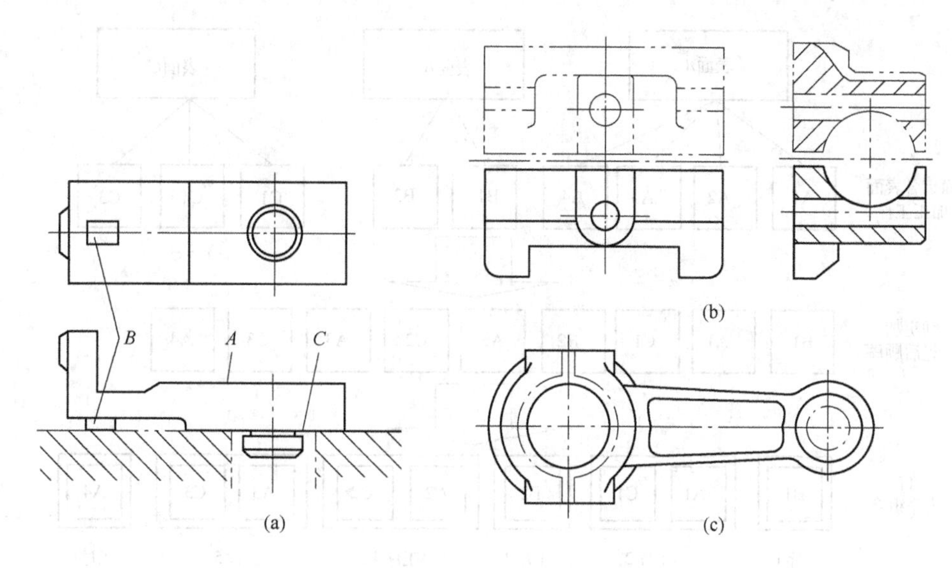

图 1-7　毛坯的形状

知识点 1.3　机械加工工艺路线的拟定

1.3.1　拟定加工工艺路线的工作顺序

拟定工艺路线之初,需找出所有加工零件表面并逐一确定各表面的加工获得过程,加工获得过程中的每一步骤相当于一个工步。然后将所有工步内容按一定原则排列成先后进行的序列,即确定加工先后顺序。再确定该序列中哪些相邻工步可以合并为一个工序,即进行工序组合,形成以工序为单位的机械加工工序序列。最后再将需要的辅助工序、热处理工序等插入上述序列之中,这样就得到了要求的机械加工工艺路线。这一过程可用图 1-8 给予示意性说明。

要注意,在确定加工先后顺序和进行工序组合时,首先需要各次加工的定位基准及装夹方法,所以定位基准选择是拟定工艺路线的重要内容之一。

1.3.2　定位基准的选择

1.3.2.1　基准的概念

基准是确定生产对象上的几何要素间的几何关系所依据的那些点、线、面。按其使用作用不同基准可分为设计基准和工艺基准两大类。

(1) 设计基准。设计基准是设计图样上所采用的基准,即各设计尺寸的标注起点。如图 1-9(a) A 面、B 面是以工件左端面为依据标注出尺寸 L_1、L_2 以确定其位置的,所以工件左端面即是 A 面、B 面的设计基准。$\phi D \pm \Delta D$、$\phi d \pm \Delta d$ 的两个圆柱面及平面 E 都以轴线为依据来确定其位置,所以轴线就是这些表面的设计基准。

(2) 工艺基准。工艺基准是在工艺过程中用作定位的基准。它又可以细分为定位基准、工序基准,测量基准和装配基准。

1) 定位基准:即在加工中用作定位的基准。如图 1-9(b) 中加工平面 E 时,用母线 D

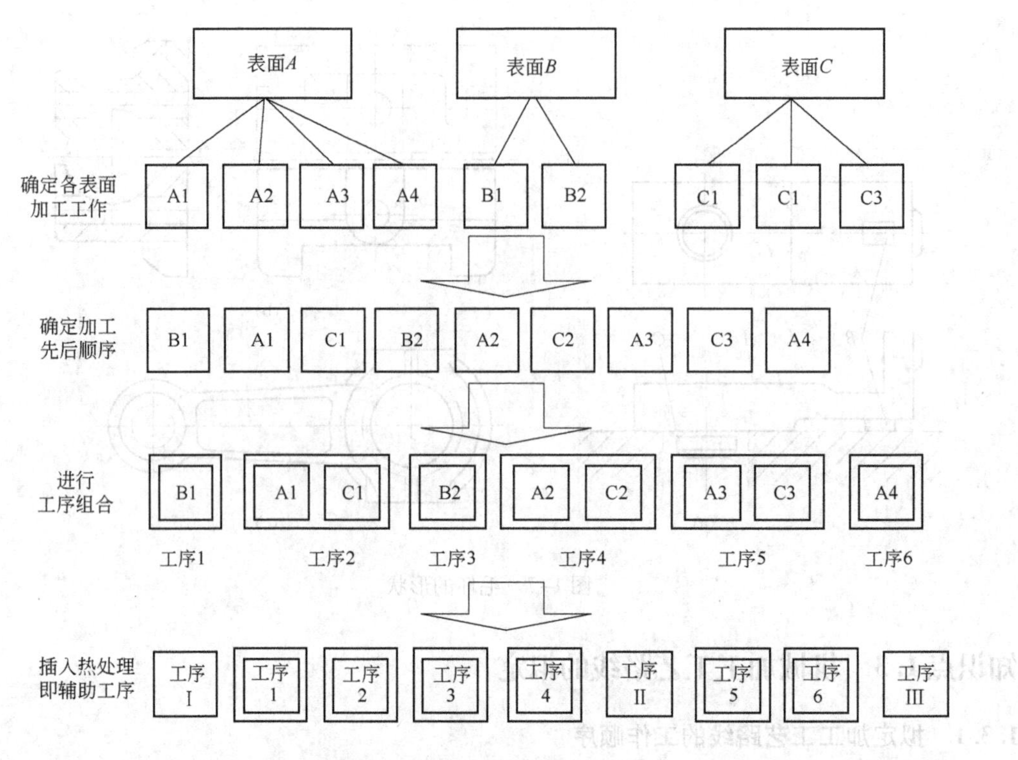

图 1-8　加工工艺路线拟定过程

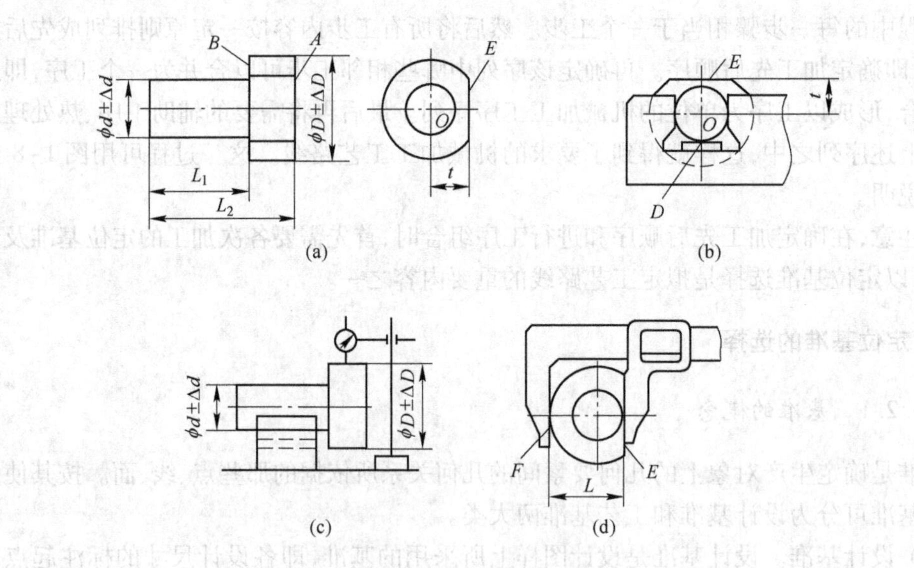

图 1-9　各种基准示例

来确定工件在工序尺寸方向上的位置。D 即是本工序的定位基准。

2）工序基准：是在工序图上用来确定本工序所加工表面加工后的尺寸、形状、位置的基准，也即是工序尺寸的标注起点（该工序尺寸一端指向被加工表面，另一端即指向工序基准）。如图 1-9(b) 中工序尺寸 t 的工序基准是中心线 O。

3）测量基准：是测量时采用的基准。如图1-9(c)中ϕd圆柱面即是ϕD圆柱面同轴度的测量基准。图1-9(d)中母线F即E面的位置尺寸L的测量基准。

4）装配基准：是装配时用来确定零件或部件在产品中的相对位置所采用的基准。例如带内孔的齿轮一般以内孔中心线和一个端面与轴及轴肩相配合接触来确定它在轴上的位置。这内孔中心线及端面即是其装配基准。

有时候，作为基准点或线并不以实体形式具体存在，而是由某一具体表面来体现，这一具体表面则称为基面。例如齿轮内孔中心线是以内孔表面具体体现的，该内孔表面即是基面。当以内孔中心线作装配基准或定位基准时，内孔表面就是装配基面或定位基面。

定位基准还有粗基准和精基准之分。以毛坯上未经加工表面作为定位基准或基面称为粗基准，而以经过机械加工的表面作为定位基准或基面的称为精基准。在拟定工艺过程时应遵循一定原则来选择这些基准。

1.3.2.2　粗基准的选择

零件加工均由毛坯开始，粗基准是必须采用的，而且它对以后各加工表面的加工余量分配、加工表面和不加工表面的相对位置有较大的影响，因此，必须重视粗基准的选择。具体考虑选择哪一表面为粗基准时应遵循以下原则。

(1) 对具有较多加工表面的零件，选择粗基准时应能够合理分配加工表面的加工余量，以保证：

1）各表面有足够的加工余量；

2）对一些重要表面和内表面，应尽量使加工余量分布均匀。

3）各表面上的总的金属切除量为最小。

为了保证第1)项要求，粗基准选择在毛坯上加工余量最小的表面。例如图1-10所示锻造毛坯，应选择加工余量较小的ϕ55 mm表面为粗基准。如以ϕ108 mm为粗基准，当毛坯外圆面存在3mm偏心时，则在加工ϕ50 mm外圆面时，会在一边出现余量不足而使工件报废。

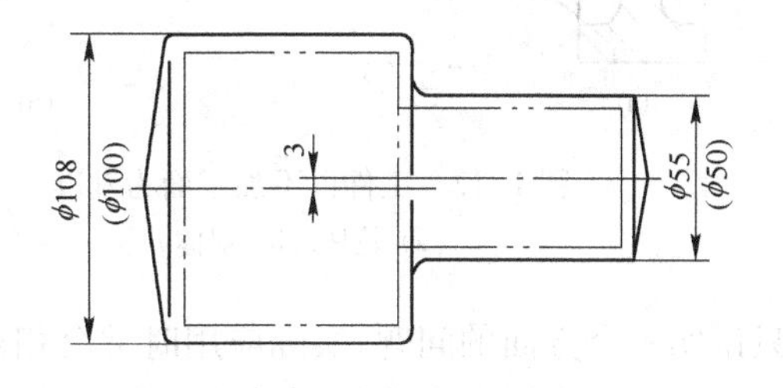

图1-10　锻造毛坯粗基准选择

为了保证第2)项要求，应选择那些重要表面作为粗基准。如车床床身加工就是一个典型例子。由于导轨面是床身主要工作表面，精度要求高且耐磨，为在加工导轨面时余量均匀且尽量小，应选择导轨面为粗基准先加工出床身底平面，将大部分余量去除，并使加工面和毛坯导轨面基本平行。而后再以底平面为精基准加工导轨面，如图1-11(a)所示。而图1-11(b)则不合理，可能造成导轨面加工余量不均匀。

为保证第3)项要求，应选择工件上那些加工面较大、形状比较复杂、加工劳动量较大的表面为粗基准。仍以图1-11为例，当选择导轨面为粗基准加工床身底平面时，由于加工面面积小且简单，即使切去较大余量，其金属切除量并不大。加之以后导轨面的加工余量又较小，故工件上总的金属切除量为最小。

(2) 对于具有不加工表面的工件，为保证不加工表面和加工表面之间的相对位置要求，一般应选择不加工表面为粗基准。如图1-12(a)所示轮坯和图1-12(b)所示罩体，为保证

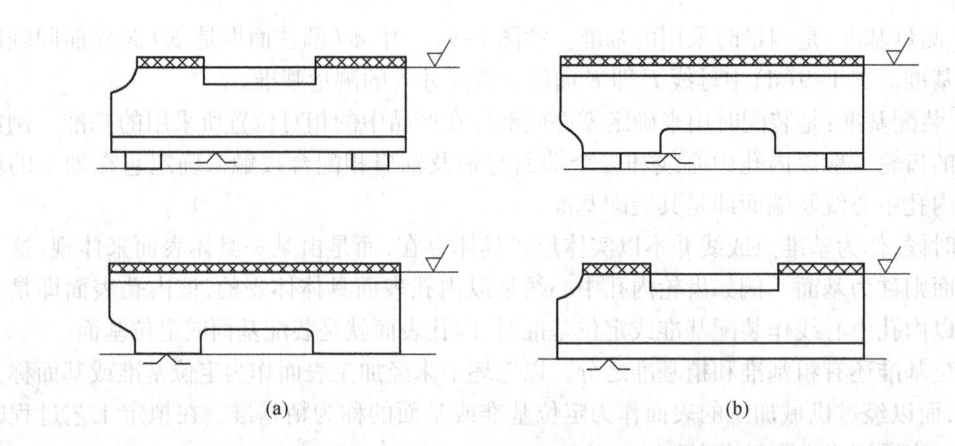

图 1-11　床身加工粗基准选择
(a) 合理；(b) 不合理

加工后轮缘壁或罩体壁的壁厚均匀，均应以不加工表面 A 为粗基准来镗或车内孔，以保证加工后零件壁厚均匀。

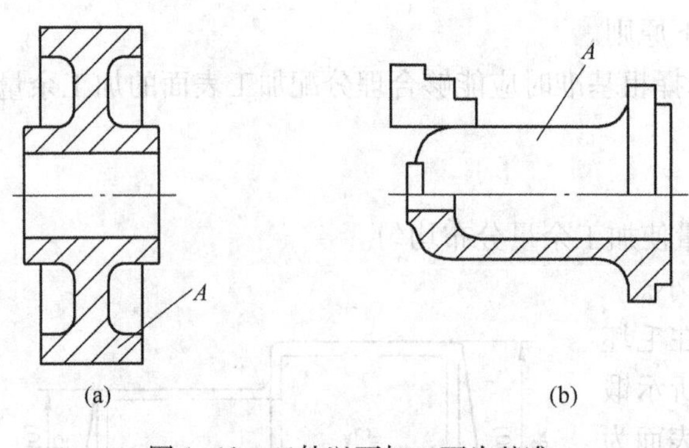

图 1-12　工件以不加工面为基准
(a) 轮坯；(b) 罩体

(3) 选择粗基准时，应考虑能使定位准确，夹紧可靠，以及夹具结构简单、操作方便。为此，应尽量选用平整、光洁和足够大的尺寸，以及没有浇冒口、飞边等缺陷的表面为粗基准。

(4) 一个工序尺寸方向上的粗基准只能使用一次，因为粗基准是毛坯表面，在两次以上的安装中重复使用同一基准，会引起两加工表面间出现较大的位置误差。

上述粗基准选择的原则，每一条只说明一个方面的问题，实际应用时常会相互矛盾。这就要求全面考虑，灵活运用，保证主要的要求。当运用上述原则对毛坯划线时，还可以通过“借料”的办法，兼顾上述原则。

1.3.2.3　精基准的选择

精基准的选择主要考虑的问题是如何保证加工精度和安装准确、方便。因此选择精基准时应遵循以下原则：

(1) 基准重合的原则。即应尽量选择零件上的设计基准作为精基准，这样可以减少由于基准不重合而产生的定位误差。例如图 1-13 所示的车床床头箱，箱体上主轴孔的中心高 $H_1 = 205 \pm 0.1\,\text{mm}$，这一设计尺寸的设计基准是底面 M。在选择精基准时，若镗主轴孔工序以底面 M 为定位基准，则定位基准和设计基准重合，可以直接保证尺寸 H_1。若以顶面 N 为定位基准，则定位基准与设计基准不重合。这时能直接保证尺寸 H，而设计尺寸 H_1 是间接保证的，即只有当 H 和 H_2 两个尺寸加工好后才能确定 H_1，所以 H_1 的精度取决于 H 和 H_2 的加工精度。尺寸 H_2 的误差即为设计基准 M 与定位误差 N 不重合而产生的误差，它将影

响设计尺寸 H_1 达到精度要求。

(2) 基准统一的原则。即应尽可能使多个表面加工时都采用统一的定位基准为精基准。这样便于保证各加工表面间的相互位置精度,避免基准变换所产生的误差,并简化夹具设计和降低制造成本。例如图1-14所示活塞的加工,通常以止口作为统一的定位基准,精加工活塞外圆、顶面及横销孔等表面。这样夹具形式可以统一,而且改变产品时,只需更换夹具上的定位元件即可。轴类零件的顶尖孔,箱体零件上的定位孔等,都是经常使用的统一的定位基准。使用它们有利于保证轴的各外圆表面的同轴度和各端面对轴线的垂直度,以及箱体各加工表面间的位置精度。

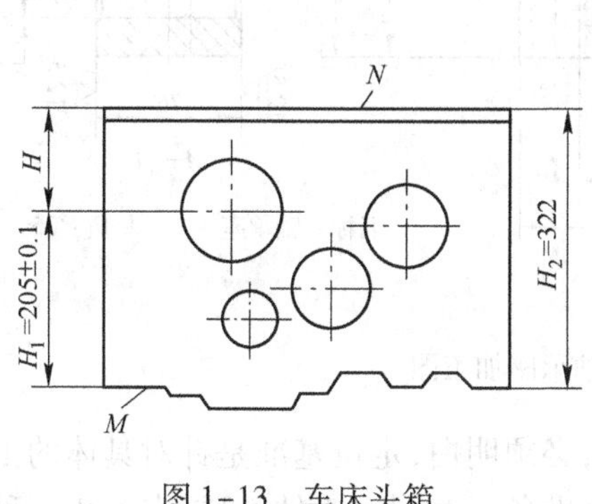

图1-13　车床头箱

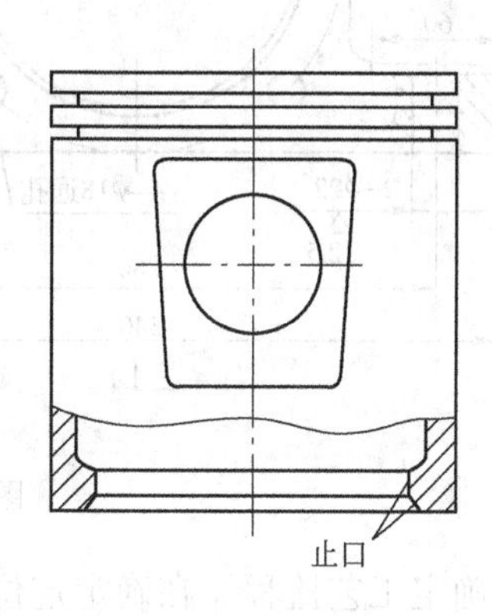

图1-14　活塞的止口

(3) 互为基准的原则。当两个加工表面加工精度及相互位置精度要求较高时,可以用 A 面为精基准加工 B 面,再以 B 面为精基准加工 A 面。这样反复加工,不断逐步提高定位基准的精度,进而达到高的加工要求。例如车床主轴的主轴颈与前端锥孔的同轴度以及它们自身的圆度等要求很高,常用主轴颈表面和锥孔表面互为基准反复加工来达到要求。再如高精度的齿轮为保证齿圈和内孔的同轴度要求,先以内孔为基准切齿,齿面淬火后以齿面定位磨削内孔,最后再以内孔为基准磨齿。

(4) 自为基准的原则。有些精加工或光整加工工序的余量很小,而且要求加工时余量均匀。如以其他表面为精基准,会因定位误差过大而难以保证要求,因此加工时应尽量选择加工表面自身作为精基准。而该表面与其他表面之间的位置精度则由前工序保证。例如,在导轨磨床磨削床身导轨面时,就是以导轨面本身为精基准来找正定位的。又如,采用浮动铰刀铰孔、用圆拉刀拉孔以及无心磨床磨削外圆表面等,都是以加工表面本身作为精基准的例子。

另外,选择精基准时也应考虑要便于工件安装加工,并能使夹具结构简单。

需要指出,前述轴类零件的中心孔、活塞上的定位止口、箱体上的定位孔等定位基面或表面,并不是零件上的工作表面。这种为满足工艺需要而在工件上专门设计的定位基准称为辅助基准。

1.3.2.4　定位基准选择实例

如图1-15所示为一轴承座的加工详细图,以下以此为参考,对定位基准选择进行分析,以说明基准选择的一般步骤和方法。

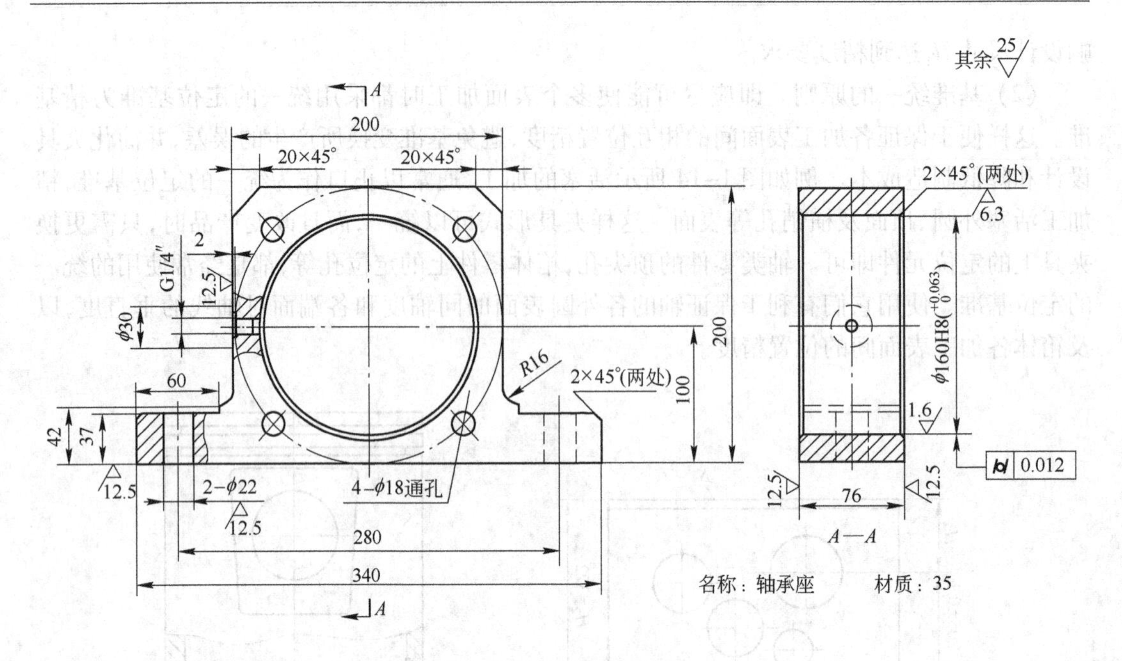

图 1-15　轴承座加工图

首先确定工艺流程。在确定定位基准时，必须明白，定位基准是针对具体的工序和具体加工面而言的，是为了加工工件而进行的技术准备。对同一工件，可能有不止一种可行的加工方案，每个方案采用的定位基准可能不相同。因此，在选择基准时，需对整个工件的加工工艺流程有一个正确的安排。

对图 1-15 所示的轴承座，制定以下工艺流程：

划线→X53→T68→划线→Z35→钳工

其次，需针对某一具体的工序中的具体加工面确定定位基准。因为在同一工序中，不同的加工面可以采用不同的定位基准。比如，同一工序中，不同的安装，采用的定位基准一般就不相同。

以下列表 1-9 对 X53 和 T68 工序的主要加工面的基准选择进行说明。

表 1-9　轴承座主要加工面定位基准

工序名称	需加工的主要加工面	定位基准类型及内容		应用的原理说明
		粗基准	精基准	
X53	加工工件外形轮廓	φ160H8 轴心线	—	内孔是此工件的重要表面，尺寸精度和形位精度要求最高，以它作粗基准，可以使其在加工时加工余量分布均匀
T68	镗削尺寸 φ160H8 内孔、尺寸 76 两端面	—	工件下底面及尺寸 76 的一个端面	(1) 反映了基准重合原则：孔 φ160H8 的设计基准既是工件下底面，基准重合后，也可以减少因基准不重合而产生的定位误差； (2) 考虑到 G1/4″及 φ30 孔也在本安装中加工，因此，以工件下底面为定位基准，又体现了基准统一的原则

在工艺规程的制定过程中，一般需写出每一工序中各加工面的定位基准，尤其对一些重要工件、大型工件、特殊工件、新研制工件、大批大量生产工件，需对各加工面确定出定位基准。但对于一些常规零件，如一些不重要轴、一些要求精度不高的零件、一些常识性定位基准（如旋转体零件），一般以轴心线作为定位基准，可以不必写出定位基准，只需写出加工内容即可。定位基准尤其是精基准，选择应正确，并尽量体现基准统一和基准重合原则。在安排加工工序时，上道工序的加工不应破坏下道工序的定位基准，尽量为下道工序提供精确的定位基准。

1.3.3　表面加工方法的确定

每一零件都是由一些简单的几何表面如外圆、孔、平面或成形表面等组成的。根据要求的加工精度和粗糙度以及零件的结构特点，把每一表面的加工方法和加工方案确定下来，也就确定了该零件的全部加工工作内容。

1.3.3.1　加工经济精度

加工经济精度是指在正常加工条件下（采用符合质量标准的设备、工艺装备和标准技术等级的工人，不延长加工时间）所能保证的加工精度。各种加工方法的加工经济精度和与之相应的粗糙度，是确定表面加工方法的依据。

表1-10是各种加工方法的加工经济精度和表面粗糙度；表1-11是在各种机床上加工时形位精度的平均经济精度，列出供参考，更详细数据可查阅有关手册。

表1-10　各种加工方法的经济精度和粗糙度（中批生产）

被加工表面	加工方法	经济精度(IT)	表面粗糙度 $R_a/\mu m$
外圆和端面	粗　车	11～13	100～12.5
	半精车	8～11	6.3～3.2
	精　车	7～8	3.2～1.6
	粗　磨	8～11	6.3～3.2
	精　磨	6～9	1.6～0.4
	研　磨	5	0.2～0.013
	超精加工	5	0.2～0.013
	精细车（金刚石）	5～6	0.8～0.05
平　面	粗刨、粗铣	11～13	100～12.5
	半精刨、半精铣	8～11	6.3～3.2
	精刨、精铣	6～8	3.2～0.8
	拉　削	7～8	1.6～0.8
	粗　磨	8～11	6.3～1.6
	精　磨	6～8	1.6～0.4
	研　磨	5～6	0.2～0.013

续表 1-10

被加工表面	加工方法	经济精度(IT)	表面粗糙度 R_a/μm
孔	钻　孔	11 ~ 13	100 ~ 6.3
	铸锻孔的粗扩(镗)	11 ~ 13	100 ~ 12.5
	精　扩	9 ~ 11	6.3 ~ 3.2
	粗　铰	8 ~ 9	6.3 ~ 1.6
	精　铰	6 ~ 7	3.2 ~ 0.8
	半精镗	9 ~ 11	6.3 ~ 3.2
	精镗(浮动镗)	7 ~ 9	3.2 ~ 0.8
	精细镗(金刚镗)	6 ~ 7	0.8 ~ 0.1
	粗　磨	9 ~ 11	6.3 ~ 1.6
	精　磨	7 ~ 9	1.6 ~ 0.4
	研　磨	6	0.2 ~ 0.013
	珩　磨	6 ~ 7	0.4 ~ 0.1
	拉　孔	7 ~ 9	1.6 ~ 0.8

表 1-11　加工时形位精度的平均经济精度

机床类型			圆度/mm	圆柱度	平面度(凹入)
				mm/mm 长度	mm/mm 直径
普通机床	最大加工直径/mm	≤400	0.02(0.01)	0.02(0.01)/100	0.03(0.015)/200 0.04(0.02)/300 0.05(0.025)/400
		≤800	0.03(0.015)	0.05(0.03)/300	0.06(0.03)/500 0.08(0.04)/600 0.10(0.05)/700
		≤1600	0.04(0.02)	0.06(0.04)/300	0.12(0.06)/800 0.14(0.07)/900 0.16(0.08)/1000
提高精度的机床	最大加工直径/mm	≤400	0.01(0.005)	0.02(0.01)/150	0.02(0.01)/200
外圆磨床	最大磨削直径/mm	≤200	0.006(0.005)	0.011(0.01)/500	
		≤400	0.008(0.005)	0.02(0.01)/1000	
		≤800	0.012(0.007)	0.025(0.015)/(全长)	
镗　床	镗杆直径/mm	≤100	0.04(0.02)	0.04(0.02)/300	0.04(0.02)/300
内圆磨床	最大孔径/mm	≤50	0.008(0.005)	0.008(0.005)/200	
		≤200	0.015(0.008)	0.015(0.08)/200	

续表 1-11

<table>
<tr><td colspan="3" rowspan="3">机 床 型 号</td><td rowspan="2">平 面 度</td><td rowspan="2">平行度（加工面对基准面）</td><td colspan="2">垂 直 度</td></tr>
<tr><td>加工面对基准面</td><td>加工面相互间</td></tr>
<tr><td colspan="4">mm/mm 长度</td></tr>
<tr><td colspan="3">卧式铣床</td><td>0.06(0.04)/300</td><td>0.06(0.04)/300</td><td>0.04(0.02)/150</td><td>0.05(0.03)/300</td></tr>
<tr><td colspan="3">立式铣床</td><td>0.06(0.04)/300</td><td>0.06(0.04)/300</td><td>0.04(0.02)/150</td><td>0.05(0.03)/300</td></tr>
<tr><td rowspan="2">龙门铣床</td><td rowspan="4">最大加工宽度/mm</td><td>≤2000</td><td rowspan="2">0.05(0.03)/1000</td><td rowspan="2">0.03(0.02)/1000
0.05(0.03)/2000
0.06(0.04)/3000
0.07(0.05)/4000
0.10(0.06)/5000
0.13(0.08)/6000</td><td rowspan="2">0.03(0.02)/1000</td><td>0.06(0.04)/300</td></tr>
<tr><td>>2000</td><td>0.10(0.06)/300</td></tr>
<tr><td rowspan="2">龙门刨床</td><td>≤2000</td><td rowspan="2">0.03(0.02)/1000</td><td rowspan="2">0.03(0.02)/1000
0.05(0.03)/2000
0.06(0.04)/3000
0.10(0.06)/6000
0.12(0.07)/8000</td><td rowspan="2"></td><td>0.03(0.02)/300</td></tr>
<tr><td>>2000</td><td>0.05(0.03)/500</td></tr>
<tr><td rowspan="4">平面磨床</td><td colspan="2">立轴矩台、卧轴矩台</td><td></td><td>0.02(0.015)/1000</td><td></td><td></td></tr>
<tr><td colspan="2">卧轴矩台（提高精度）</td><td></td><td>0.009(0.005)/500</td><td></td><td>0.01(0.005)/100</td></tr>
<tr><td colspan="2">卧轴圆台</td><td></td><td>0.002(0.01)/
工作台直径</td><td></td><td></td></tr>
<tr><td colspan="2">立轴圆台</td><td></td><td>0.03(0.02)/1000</td><td></td><td></td></tr>
</table>

注：表中括弧内的数字，是新机床的经济精度标准。

1.3.3.2　典型表面的加工方法与加工方案

某一表面加工方法主要由该表面要求的加工精度及粗糙度确定。一般是先由零件图上给定的某表面的加工要求，按加工经济精度确定应使用的最终加工方法。如果确定的最终加工方法是精密加工方法，显然不可能直接由毛坯一次加工至要求，而是在进行该最终加工之前采用成本更低，效率更高的方法进行准备加工。这时则要根据准备加工应具有的加工精度按加工经济精度确定倒数第二次加工的方法。以此类推，即可由最终加工各种机床上反推至第一次加工而形成一个获得该表面的加工方案。

图 1-16 所示是外圆加工的常用加工方案。车削外圆是在粗加工和半精加工时用的主要方法。磨削是在精加工中比车削更经济的方法，尤其对淬硬钢必须以磨削进行精加工。但对于铜、铝等有色金属的精加工则要用精细车来完成。

图 1-17 所示是孔的典型加工路线。对于直径小于 30 mm 的孔，毛坯一般不制出，第一次加工为钻孔。对于直径大于 50 mm 的孔，毛坯一般均制出，第一次加工为粗镗。

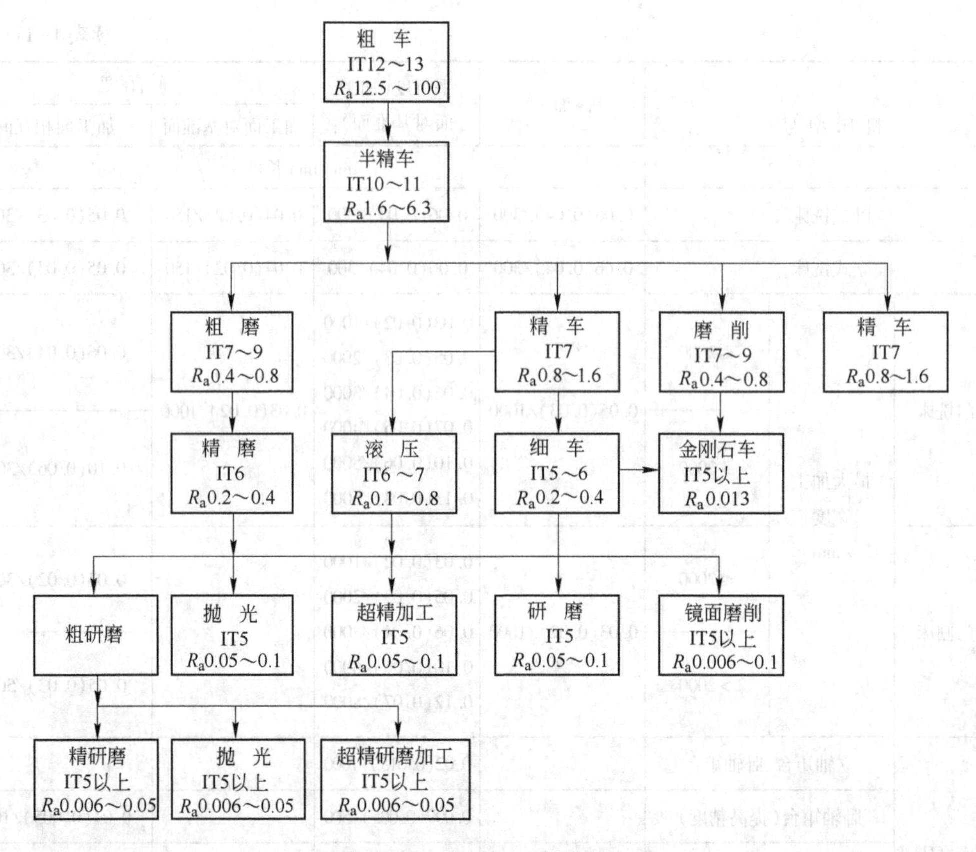

图 1-16　外圆加工常用方法

小直径孔多用定尺寸刀具通过“钻—扩—铰”加工获得。大尺寸孔则多以镗加工获得。而在精镗工序中,广泛使用镗刀块,以发挥定尺寸刀具的优点。如使用可以在镗杆中径向自由滑动的浮动镗刀块,可以加工出 IT7、R_a1.6 μm 的孔,生产效率高。磨床由于砂轮直径受孔径限制,磨削速度低,磨削内圆的效率及质量远不如外圆磨削,主要用于淬硬工件的精加工。拉孔效率高,保证加工质量,因而用的比较广泛;但其主要的限制是拉刀成本高和轴向拉削力大,只能用于具有很大轴向刚度的盘形零件、短套筒、杆形零件的加工。

图 1-18 所示是平面的典型加工路线。铣和刨是加工平面的主要方法。一般来说,铣比刨的生产效率高,在加工中心机床上,平面加工则完全由铣削完成。平面精加工主要是磨削。现在精铣也已成为应用广泛的精加工手段。平面的光整加工主要用研磨和刮削,平面拉削则主要用于大量生产中。

由上述可知,获得同一精度及表面粗糙度,其加工方法往往有多种。实际选择时,要结合零件的结构形状、尺寸大小以及工件材料和热处理要求等因素全面考虑。此外,还应考虑产品生产类型,即生产率和经济性的要求。在大批大量生产中可采用高效率的加工方法。如拉削和自动化机床的加工,甚至可以从根本上改变毛坯的种类和形状,大大减少切削加工量。在选择表面加工方法时,还应考虑本厂的具体生产条件、现有的机床种类以及机床的生产负荷状况等情况。

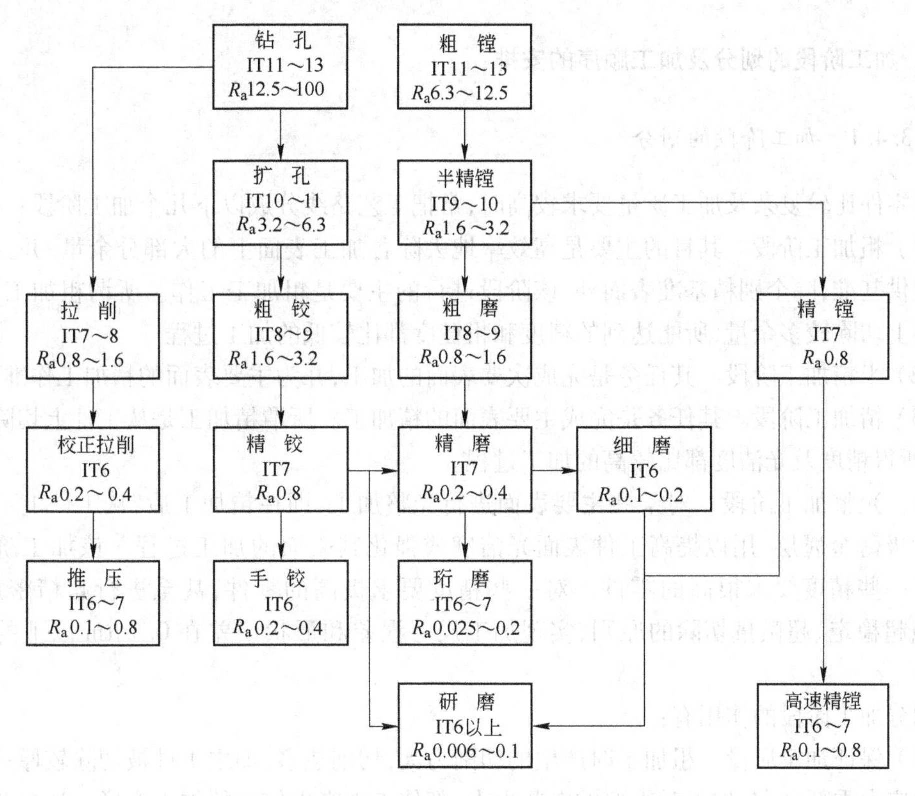

图1-17　孔加工常用方法

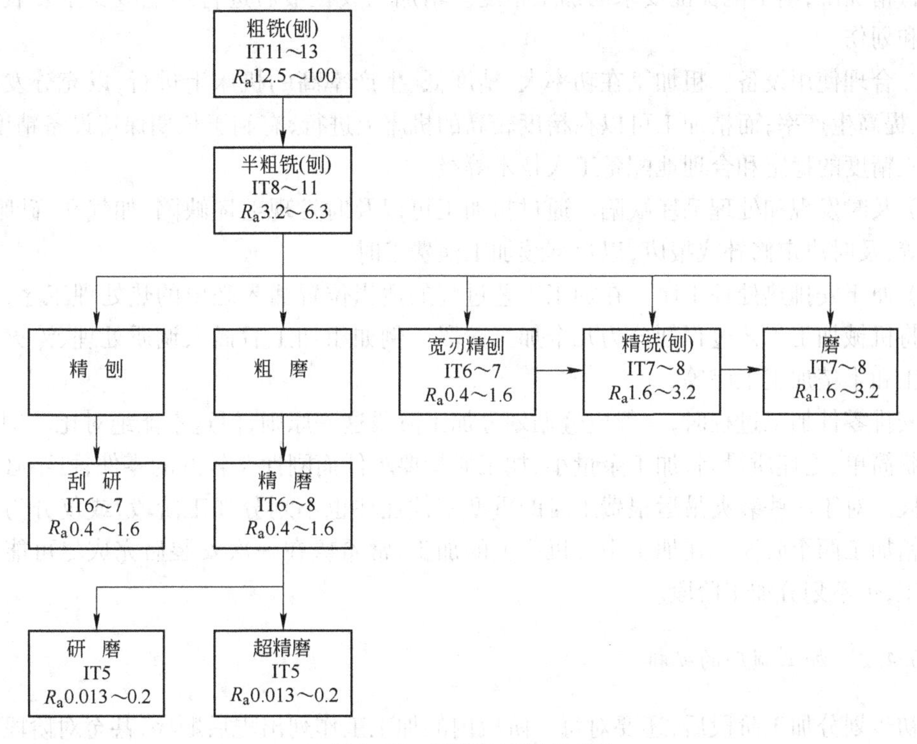

图1-18　平面加工常用方法

1.3.4　加工阶段的划分及加工顺序的安排

1.3.4.1　加工阶段的划分

当零件比较复杂及加工质量要求较高时,常把工艺路线分成以下几个加工阶段:

(1) 粗加工阶段。其目的主要是高效率地去除各加工表面上的大部分余量,并为半精加工提供基准,除个别精基准表面外,该阶段进行的主要是粗加工工作。所谓粗加工,是指从坯料上切除较多余量,所能达到的精度和粗糙度都比较低的加工过程。

(2) 半精加工阶段。其任务是完成次要表面的加工,并为主要表面的精加工作准备。

(3) 精加工阶段。其任务是完成主要表面的精加工。所谓精加工是从工件上切除较少余量,所得精度及光洁度都比较高的加工过程。

(4) 光整加工阶段。对某些主要表面进行光整加工,即在精加工后,从工件上不切除或切除极薄金属层,用以提高工件表面光洁度或强化其表面的加工过程。该加工阶段只适用于一些精度要求很高的零件。对一些精度要求极高的零件,甚至进行超精密加工,即按照超稳定、超微量切除的原则,实现加工尺寸误差和形状误差在 0.1 μm 以下的加工技术。

划分加工阶段的作用有:

(1) 保证加工质量。粗加工时产生的切削力大,切削热多,加之工件被切除较厚一层金属后内应力重新分布,加工时需要的夹紧力大,都使工件产生较大的加工变形。如在此之后直接进行精加工,则不能保证要求的加工精度。精加工放在最后进行还能减少主要表面上的磕碰和划伤。

(2) 合理使用设备。粗加工在功率大、精度低、生产率高的机床上进行,以充分发挥设备潜力、提高生产率;而精加工可以在精度较高的机床上进行,有利于长期保持设备精度,有利于加工精度的稳定和合理地配备工人技术等级。

(3) 及时发现和处理毛坯缺陷。通过粗加工可以及时发现毛坯缺陷,如气孔、砂眼、余量不足等,及时决定修补或报废,以免继续加工浪费工时。

(4) 便于安排热处理工序。在加工工艺过程的适当位置插入必要的热处理工序,自然而然地将机械加工工艺过程划分为几个加工阶段。例如粗加工后插入调质处理、淬火前安排粗加工和半精加工工序等。

在安排零件加工过程时,一般应遵循划分加工阶段这一原则,但这不能绝对化。例如对一些形状简单、毛坯质量高、加工余量小、加工质量要求低而刚性又较好的零件,可不必划分加工阶段。对于一些装夹吊运很费工时的重型零件往往也不划分加工阶段,或仅分为粗加工或半精加工两个阶段。在加工中心机床上的加工,常希望在一次安装后完成尽可能多的表面加工,也不划分加工阶段。

1.3.4.2　加工顺序的安排

在初步划分加工阶段后,还要对每一阶段内的加工工作列出先后顺序,甚至对阶段间的加工工作进行若干调整。机械加工顺序的安排,主要考虑以下 4 个原则:

(1) 先基面后其他。加工一开始总是先把精基准加工出来,然后以精基准基面定位加工其他表面。在进行精加工阶段前,一般还需要把精基准再修一下,以保证足够的定位精度。例如轴类零件一般都是先加工出中心孔,然后以它为精基准粗、半精加工所有外圆表面。淬火后精加工再研磨一遍中心孔,然后磨削所有外圆。

(2) 先粗后精。即先安排粗加工,中间安排半精加工,最后安排精加工和光整加工。加工阶段的划分即反映了这一原则。

(3) 先主后次。即先安排主要表面的加工,后安排次要表面的加工。这里的主要表面是指装配基面、工作表面等;次要表面则是指键槽、紧固用光孔和螺纹孔以及连接螺纹等。由于次要表面加工工作量小,又常和主要表面有位置精度要求,故一般放在主要表面半精加工之后、精加工之前,也有放在最后进行加工的。

(4) 先面后孔。对于箱体、机架类零件,由于平面所占轮廓尺寸较大,用平面定位安装比较平稳,因此应先加工平面,然后以平面为基准加工各孔。对于在一平面上有孔要加工的情况,先加工平面后有利于孔的找正和试切。

1.3.5 工序的组合及热处理工序和辅助工序的安排

1.3.5.1 工序的组合

在经过上述过程把零件各表面加工工步排列成一个先后顺序之后,尚需确定在这一序列中哪几个相邻工步可以合并为一个工序,哪些工步单独为一个工序,以把该序列变成为以工序为单位排列的工艺过程。

是否可把几个工步合为一个工序,主要取决于:

(1) 这几个相邻工步是否是在同种机床上进行的,对成批以上的生产来讲,就是几次加工能否在同一夹具上完成。否则不能安排在工序内完成。

(2) 这相邻工步加工的表面间是否有较高的位置精度要求。如果有,则应考虑安排在一个工序内,在一次安装中完成各相关表面的加工。这样就避免了多次安装带来的位置误差,可以满足较高的技术要求。例如大型齿轮内孔、外圆及作定位基面的一个端面的加工一般要安排在一道工序内完成。

(3) 是采用工序集中还是采用工序分散的原则安排工艺过程。工序集中是零件加工集中在少数几个工序中完成,每一工序中的加工内容较多。而工序分散则相反,整个工艺过程工序数目多,而每道工序的加工内容比较少。

工序集中的特点是:

1) 减少工件的安装次数,有利于保证加工表面之间的位置精度,又可减少装卸工件的辅助时间;

2) 减少机床数量、操作工人人数和车间面积;

3) 减少工序数目,缩短工艺路线,简化生产计划组织工作。同时,由于减少了工序间制品数量和缩短制造周期,有较好的经济效益。

工序分散的特点是:

1) 机床及工艺装备比较简单、调整方便,可以使用技术等级较低的技术工人;

2) 可以采用最合理的切削用量,机动时间短;

3）使用机床数量及操作工人数多,生产面积大,生产流动资金占用多。

工序集中和工序分散各有特点,必须根据生产类型、零件结构特点和技术要求、机床设备等条件进行综合分析决定。在单件小批生产和重型零件加工中,为保证加工表面间位置精度和减少装卸运输劳动量,一般采用工序集中原则。在大批大量生产中,既可采用多刀、多轴高效率自动化机床将工序集中,也可将工序分散后组织流水线生产。由于工序集中的优点较多,以及近年加工中心机床等的技术发展,现代化生产的发展趋于工序集中。

1.3.5.2　热处理工序及辅助工序的安排

将热处理工序和辅助工序合理地安排在以工序为单位的机械加工工序序列之中,就得到完整的机械加工工艺路线了。

常用的热处理工序及其安排为:

(1) 预备热处理:以改善材料切削性能、消除毛坯制造时的内应力为目的,包括退火、正火和调质等,一般安排在机械加工之前进行。

(2) 消除内应力热处理:主要目的要消除粗加工后产生的内应力,如人工实效、退火等,一般安排在粗加工之后进行。预备热处理和消除内应力热处理还经常合并进行。

(3) 提高综合力学性能的调质处理:由于受材料淬透性的影响,一般需安排在粗加工之后进行。中碳钢和低合金钢经调质处理后综合力学性能有显著提高。

(4) 最终热处理:包括表面淬火、渗透淬火和氮化处理等,以提高零件的硬度和耐磨性为主要目的。一般要安排在半精加工之后、精加工之前进行。但由于氮化层很薄,故氮化处理安排在精加工之后光整加工之前进行。

由于热处理工序一般安排在加工阶段之间进行,所以它也就自然而然成为了工艺过程中加工阶段划分的分界标志,如图1-19所示。

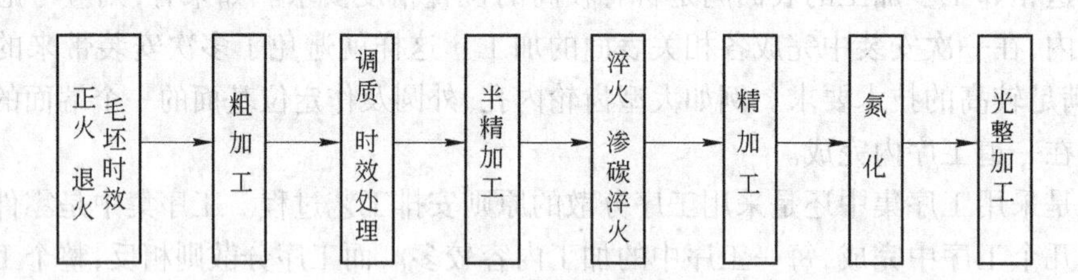

图1-19　热处理工序的安排

常见的辅助工序有零件检验、去毛刺、清洗、涂防锈油、静平衡或动平衡、打标记等。检验工序对保证产品质量和及时发现废品并中止加工有重要的作用,一般安排在下列时间进行:

(1) 粗加工全部结束之后;

(2) 零件由一个车间转向另一车间前后;

(3) 重要工序加工前后;

(4) 零件加工全部结束之后。

知识点1.4　工序设计

1.4.1　加工余量的确定

1.4.1.1　加工余量的概念

毛坯经机械加工至达到零件图的设计尺寸的过程中，从被加工表面上切除的金属层总厚度，即毛坯尺寸与零件图的设计尺寸之差称为加工总余量，也称为毛坯余量。而在某一工序所切除的金属层厚度，即相邻两工序的工序尺寸之差称为工序余量。加工总余量是各工序余量之和。

工序余量又有如下两种不同的情况：

（1）相邻两工序尺寸之差等于被加工表面任一位置上在该工序内切除的金属层厚度的称为单边余量，如图1-20(a)所示平面加工的情况。

（2）在如图1-20(b)所示轴的加工（或孔加工、铣槽等对称平面的加工）中，工序尺寸为直径尺寸，在一个方向的金属层被切除时，对称方向上的金属层也等量地同时被切除，使相邻两工序的工序尺寸之差等于加工表面任一位置上在该工序内切除的金属层厚度的两倍。这时的工序余量为双边余量。

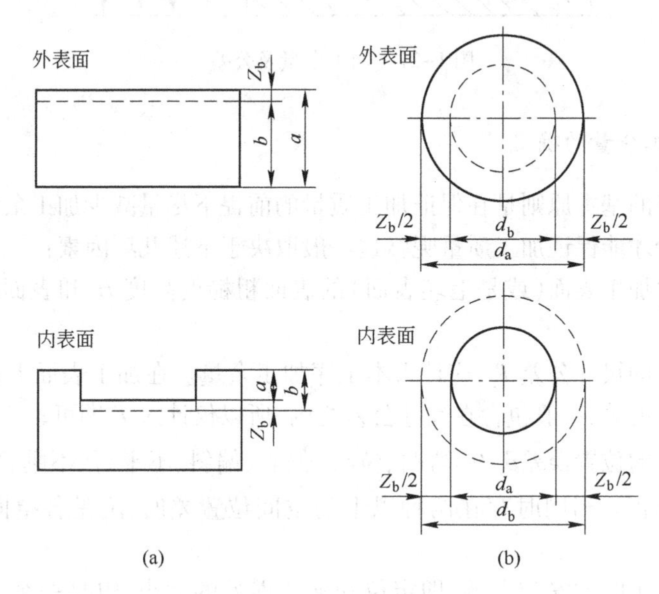

图1-20　工序余量

(a) 单边余量；(b) 双边余量

当通过一次工作行程切除全部工序余量时，对单边余量的情况，切深即等于工序余量；而对双边余量的情况，切深则等于工序余量的一半。

当相邻工序的工序尺寸以基本尺寸计算时，所得余量为基本余量。而当工序尺寸以极限尺寸计算时，所得余量根据情况不同而可能出现最大或最小加工余量。最大加工余量和最小加工余量之差即是加工余量的可能变动范围。例如图1-21所示的外表面单边余量的情况，最小加工余量 Z_{min} 为上工序最小工序尺寸 a_{min} 与本工序最大工序尺寸 b_{max} 之差；而最

大加工余量 Z_{max}为上工序最大工序尺寸 a_{max}与本工序最小工序尺寸 b_{min}之差，即：

$$Z_{min}=a_{min}-b_{max}$$

$$Z_{max}=a_{max}-b_{min}$$

显然，加工余量变化的公差 T_z等于上道工序尺寸公差 T_a与本工序尺寸公差 T_b之和。即可以表示为：

$$T_z=Z_{max}-Z_{min}=(a_{max}-b_{min})-(a_{min}-b_{max})=T_a+T_b \tag{1-2}$$

加工余量的大小，对零件的加工质量和生产率以及经济性均有较大的影响。余量过大将增加材料、动力、刀具和劳动量的消耗，并使切削力增大而引起工件的较大变形，反之余量过小则不能保证零件的加工质量。

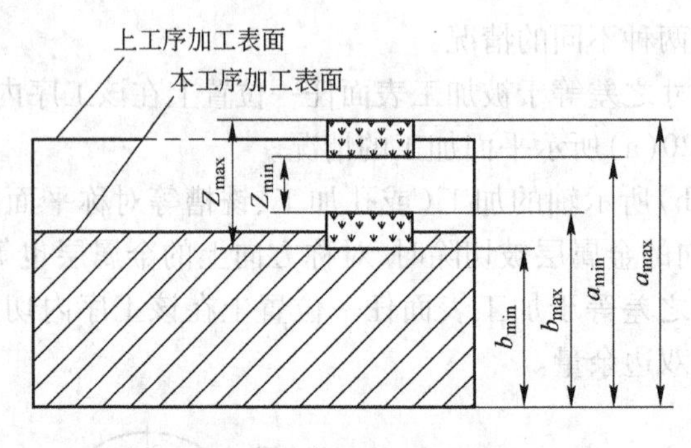

图1-21　加工余量及公差

1.4.1.2　加工余量的确定

确定加工余量的基本原则是在保证加工质量的前提下尽量减少加工余量。那么加工余量至少要取为多少才能保证加工质量呢？这一般取决于下述几项因素：

(1) 上道工序加工表面(或是毛坯表面)的表面粗糙度高度 H_a和表面缺陷层深度 R_a，应在本工序去除；

(2) 上道工序的尺寸公差 T_a，应计入本工序加工余量。在加工表面上存在的各种形状误差，如圆度、圆柱度等，一般包含在尺寸公差之内，所以仅计入 T_a即可；

(3) 上道工序的位置误差$\vec{\rho}_a$，如弯曲、位移、偏心、偏斜、不平行、不垂直等，这些误差必须在本工序中被修正。当同时存在两种以上的空间位置差时，$\vec{\rho}_a$是各空间偏差向量的向量和；

(4) 本工序加工时的安装误差，即定位和夹紧误差的大小，也是一个向量，以$\vec{\varepsilon}_b$表示。它的存在也要求以一定的余量给予补偿。

如果上面各因数的数值较大，则应留有较大的余量，以能消除这些误差的影响从而获得一个完整的新的加工表面。否则，余量可以选小一些。一般地，合理的加工余量的确定方法有以下几种：

(1) 经验估计法。此法是根据工艺人员的经验就具体情况确定加工余量的方法。但这一方法要求工艺人员有多年的经验积累，而且确定不够准确，为确保余量足够，一般估计值总是偏大。该方法多用于单件小批生产。

(2) 查表修正法。该法是以工厂生产实践和工艺试验积累的有关加工余量的资料数据为基础,并结合实际情况进行适当修正来确定加工余量的方法。这一方法应用较广泛。

(3) 分析计算法。此法根据一定的试验资料,对影响加工余量的前述各项因素进行分析并确定其数值,经计算来确定加工余量的方法。加工余量 Z_b 的具体计算见式(1-3)和式(1-4)。

对双边余量的情况：
$$Z_b \geqslant T_a + 2(H_a + R_a) + 2\left|\vec{\rho}_a + \vec{\varepsilon}_b\right| \tag{1-3}$$

对单边余量的情况：
$$Z_b \geqslant T_a + H_a + R_a + \left|\vec{\rho}_a + \vec{\varepsilon}_b\right| \tag{1-4}$$

具体计算时,因式中的$\vec{\rho}_a$及$\vec{\varepsilon}_b$的方向很难预先确定,故一般取

$$\left|\vec{\rho}_a + \vec{\varepsilon}_b\right| = \sqrt{\rho_a^2 + \varepsilon_b^2}$$

对不同的加工情况,余量计算可有不同的具体形式。例如用浮动铰刀铰孔和用拉刀拉孔时,不能纠正上工序的中心孔偏差,且属于基准浮动定位没有安装误差,故其计算式成为:

$$Z_b \geqslant T_a + 2(H_a + R_a) \tag{1-5}$$

用计算法确定加工余量是合理的和经济的,但由于计算所需数据资料目前并不齐全可靠,所以实际应用尚少。

加工总余量可在确定各加工余量后计算得出,也可先确定毛坯精度等级后查表确定总余量,而第一道粗加工余量由总余量和已确定的其他工序余量推算得出。

1.4.2　工序尺寸及其公差的确定

当工序尺寸本身是独立的、与其他尺寸无关联时,如图1-22所示,可以由零件要求的最终尺寸和已确定的各工序余量逐步向前推算得出。最终工序尺寸及公差即是零件图规定的尺寸及公差。而其余各工序尺寸及公差可根据加工经济精度选取,并按入体原则标注。但毛坯尺寸公差及公差带位置需查表确定。

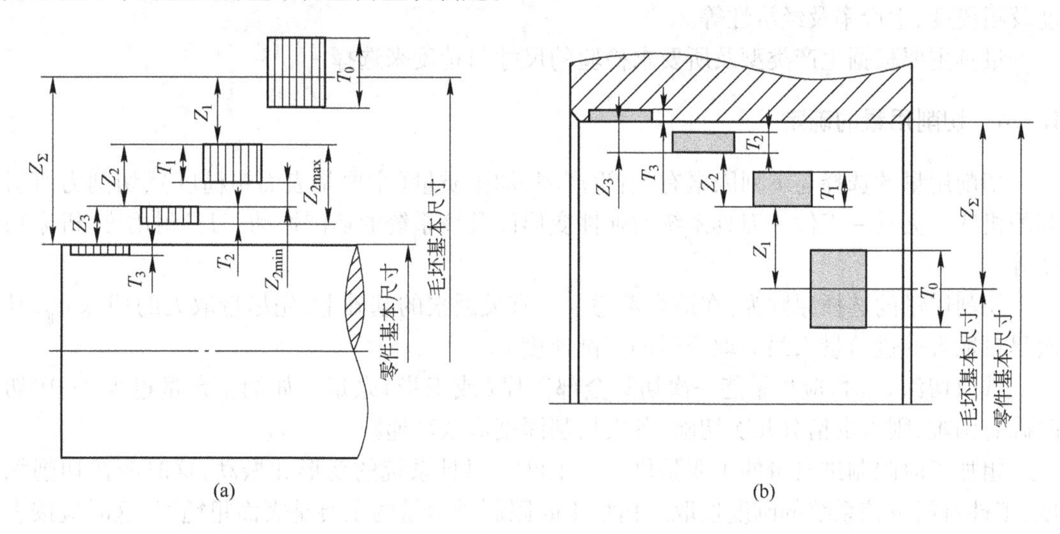

图1-22　工序尺寸及公差的确定

(a) 轴加工;(b) 孔加工

例如某箱体孔要求加工至 $\phi100^{+0.035}_{0}$,粗糙度为 $R_a0.8\mu m$,确定的加工方案为铸出毛坯孔→粗镗→半精镗→精镗→用浮动镗刀块铰孔。其各工序的工序尺寸及公差的确定如表1-12所示。

表1-12 各工序的工序尺寸及公差的确定

工 序	工序加工余量	基本工序尺寸	工序加工精度等级及工序尺寸公差	工序尺寸及公差
铰	0.1	100	H7($^{+0.35}_{0}$)	$\phi100(^{+0.035}_{0})$
精 镗	0.5	100 - 0.1 = 99.9	H8($^{+0.054}_{0}$)	$\phi99.9(^{+0.054}_{0})$
半精镗	2.4	99.9 - 0.5 = 99.4	H10($^{+0.14}_{0}$)	$\phi99.4(^{+0.14}_{0})$
粗 镗	5	99.4 - 2.4 = 97	H13($^{+0.54}_{0}$)	$\phi97(^{+0.54}_{0})$
毛 坯	总余量8	97 - 5 = 92	±1.5(铸件三级精度)	$\phi92^{+2}_{-1}$
数据确定方法	查表确定	第一项为图样规定尺寸，其余计算得到	第一项为图样规定尺寸，毛坯公差查表，其余按经济加工精度及入体原则定	

当工序尺寸不是独立的，而是与其他尺寸有关联时，可以利用工艺尺寸链原理计算其大小及上下偏差。

1.4.3 机床及工艺装备选择

一般情况下，单件或小批生产选用通用机床及通用工艺装备(刀具、量具、夹具、辅具)；成批生产时选用通用机床及专用工艺装备；大批大量生产时选用装用机床及专用工艺装备。

选择机床的基本原则是：

(1) 机床的加工尺寸范围应与零件的外廓尺寸相适应；

(2) 机床的精度应与工序要求的精度相适应；

(3) 机床的生产率应与零件的生产类型相适应；

(4) 与现有的机床条件相适应。

刀具的选择主要取决于工序采用的加工方法、加工表面的尺寸、工件材料、所要求的精度及粗糙度、生产率及经济性等。

量具主要根据生产类型及所要求检验的尺寸与精度来选择。

1.4.4 切削用量的确定

切削用量的选择与下列因素有关：生产率、加工质量(主要是表面粗糙度)、切削力所引起的机床 - 夹具 - 工件 - 刀具系统的弹性变形以及该系统的切削振动、刀具耐用度、机床功率等。

切削用量的选择原则为：在综合考虑上述有关因素的基础上，先尽量取大的切深 α_p，其次尽量取大的进给量 f，最后取合适的切削速度 v。

选取切深 α_p 时，应尽量能一次切除全部工序(或工步)余量。如加工余量过大，一次切除确有困难，则再酌情分几次切除，各次切削深度应依次递减。

粗加工时限制进给量的主要是机床 - 工件 - 刀具系统的变形和振动，这时应按切削深度、工件材料及该系统的刚度选取。精加工时限制进给量的主要是表面粗糙度，这时应按表面粗糙度选择进给量大小。

切削速度的选择，应既能发挥刀具的效能，又能发挥机床的效能，并保证加工质量和降低加工成本。确定时可按相关公式进行计算，也可查表确定。

当需要校验机床功率、计算夹紧力和设计专用机床确定功率参数时，还需要确定切削力及切削功率的大小。常用确定切削力的方法有三种：(1) 由经验公式计算；(2) 由单位切削力计算;(3)由诺模图确定。

1.4.5 时间定额的确定

时间定额是在一定生产条件下,规定生产一件产品或完成一道工序所消耗的时间。时间定额是企业经济核算和计算产品成本的依据,也是新建扩建工厂(或车间)决定人员和设备数量的计算依据。合理确定时间定额能提高劳动生产率和企业管理水平,获得更大经济效益。时间定额不能定得过高或过低,应具有平均先进水平。一般企业平均定额完成率不得高于130%。

完成零件加工一个工序的时间定额称为单件时间定额。它由下列各部分组成:

(1) 作业时间。它是直接用于制造产品或零、部件所消耗的时间,用 t_z 表示。它可分为基本时间和辅助时间两部分。

1) 基本时间。基本时间是直接改变生产对象的尺寸、形状、相对位置,表面状态或材料性质等工艺过程所消耗的时间,例如机械加工中切去金属层(包括刀具切入切出)所消耗的时间,用 t_j表示。

2) 辅助时间。辅助时间是为实现工艺过程所必须进行的各种辅助动作所消耗的时间,其中包括装卸工件、改变切削用量、试切和测量零件尺寸等辅助动作所耗费的时间,用 t_f 表示。

(2) 布置工作地时间。布置工作地时间是为加工正常进行、工人照管工作地(如更换刀具、润滑机床、清理切屑、收拾工具等)所消耗的时间,用 t_b表示。

(3) 休息与生理需要时间。休息与生理需要时间是工人在工作班内为恢复体力和满足生理上的需要所消耗的时间,用 t_x表示。机床工作通常只考虑生理需要时间,约占作业时间的2%。

(4) 准备与终结时间。准备与终结时间是工人为了生产一批产品或零件、部件,进行准备和结束工作所消耗的时间,用 t_{zz}表示。它包括熟悉工作和图样,领取工艺文件及工装,调整机床及物品的整理归还等。

综上所述各项,单件核算时间定额 t_h为:

$$t_h = t_d + t_{zz}/n \tag{1-6}$$

$$t_d = t_z + t_b + t_x = (t_j + t_f)(1 + \alpha + \beta)$$

式中 n——生产批量;

t_d——单件时间定额。

α——布置工作地时间占作业时间的百分数;

β——休息与生理需要时间占作业时间的百分数。

在大量生产条件下,因 n 极大而有:

$$t_h = t_d$$

时间定额的确定方法有经验估计法、统计分析法、类推比较法和技术定额法几种。其中技术定额法又分为分析研究法和时间计算法两种。时间计算法是目前成批及大量生产广泛应用的科学方法。它以手册上给出的计算方法确定各类加工方法的基本时间。辅助时间的确定,对大批大量生产,可将辅助动作分解,再分别查表计算予以综合;对成批生产,则可根据以往统计资料予以确定。

需要指出的是,根据工艺工作管理办法的规定,工艺部门只负责新产品投产前的一次性时间定额的确定。产品正式投产后,即由企业劳动工资部门负责接管。

知识点1.5　工艺尺寸链

1.5.1　尺寸链及工艺尺寸链的概念

1.5.1.1　尺寸链及其组成

在机器设计和制造过程中,常涉及一些有密切联系、相互依赖的若干尺寸的组合。在分析这些尺寸间的影响关系时,可将这些尺寸从机器或零件的具体结构中抽象出来,依其内在联系绘成按一定顺序首尾相接的具有封闭形式的尺寸组。这一互相联系且按一定顺序排列的封闭尺寸组合称为尺寸链。

列入尺寸链的每一尺寸称为尺寸链的一环。

尺寸链中在装配或加工过程中最后形成的那一环称为封闭环,可用A_0表示。

尺寸链中对封闭环有影响的其他全部环称为组成环,可用A_1、A_2、…、A_n表示。任一组成环的尺寸变动必然引起封闭环尺寸变动。若组成环尺寸增大时封闭环尺寸也增大,它减少时封闭环也减小,则该组成环为增环,可用$\overrightarrow{A}_j$表示。若组成环尺寸增大时封闭环尺寸减小,它减小时封闭环增大,则该组成环为减环,可用$\overleftarrow{A}_j$表示。

1.5.1.2　尺寸链的种类

按研究对象尺寸链可分为:

(1) 零件尺寸链。零件尺寸链是由同一零件上的设计尺寸所组成的尺寸链。图1-23(a)是一个零件尺寸链的示例。

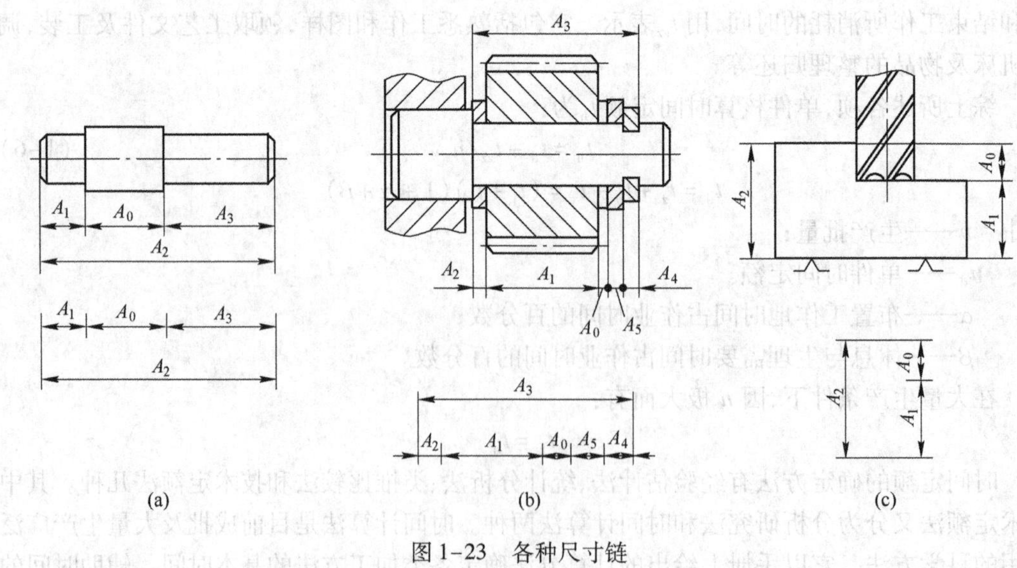

图1-23　各种尺寸链

(2) 装配尺寸链。装配尺寸链是反映装配关系,由机器的不同零件的设计尺寸所组成的尺寸链。图1-23(b)是一个装配尺寸链的示例。

(3) 工艺尺寸链。工艺尺寸链是由在加工过程中的有关工艺尺寸所组成的尺寸链。图1-23(c)是一个零件工艺尺寸链的示例。

本节仅讨论工艺尺寸链,装配尺寸链将在项目6中讨论。

由各例可知,尺寸链各环相接处的横线代表零件上的具体表面、线或点。

按其形态尺寸链可分为直线尺寸链、平面尺寸链和空间尺寸链。

(1) 直线尺寸链:即全部组成环均平行封闭环的尺寸链。图1-24所示均为直线尺寸链。

(2) 平面尺寸链:即组成环均位于一个或几个平面内,但某些组成环不平行于封闭环的尺寸链,如图1-24所示。

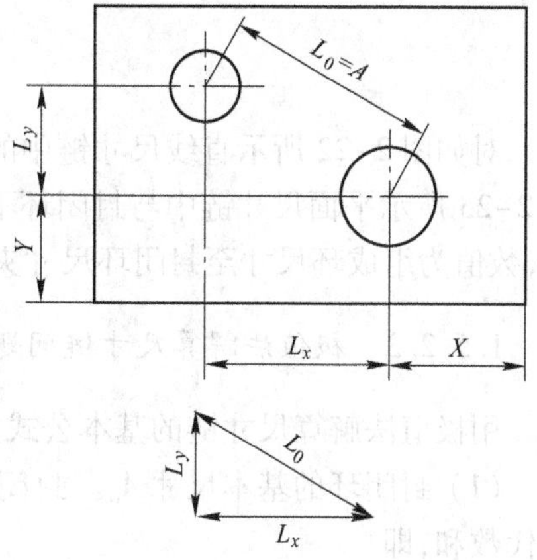

图1-24　平面尺寸链

(3) 空间尺寸链:即组成环位于几个不平行的平面之内的尺寸链。本教材不涉及空间尺寸链问题。

1.5.2　尺寸链问题及计算方法

1.5.2.1　尺寸链问题

尺寸链问题包括:

(1) 已知各组成环的尺寸及公差(或偏差),求封闭环的尺寸及公差(或偏差)的正计算。

(2) 已知封闭环的尺寸及公差(或偏差),求各组成环的尺寸及公差(或偏差)的反计算。

(3) 已知封闭环及部分组成环的尺寸及公差,求其他组成环的尺寸及公差的中间计算。

正计算多用于设计审核,反计算多用于零件尺寸设计及工艺设计,中间计算多用于工艺设计。

1.5.2.2　尺寸链计算方法

尺寸链计算方法有极值法和大数法两种。

(1) 极值法:又称为极大极小值法,它是按误差综合后的两种最不利的极端情况来计算封闭环公差的方法。该法简单、可靠,但当封闭环公差值较小而组成环又多时,将使各组成环的公差过于严格。由于工艺尺寸链环数一般较少,故在此仅使用极值法解算工艺尺寸链问题。

(2) 大数法:又称概率法,是利用统计原理来解算尺寸链问题的一种方法。该方法计算科学、经济效果也较好,主要用于组成环较多、要求放宽组成环公差的尺寸链的计算。

尺寸链中,封闭环与组成环(共 m 个)的关系可表示为函数关系:

$$A_0=f(A_1,A_2,\cdots,A_m)$$

各组成环对封闭环尺寸变化的影响程度可以用传递系数 ξ 来表示,即传递系数为组成

环在封闭环上引起的变动量与该组成环本身变动量之比。第 i 个组成环 A_i 的传递系数 ξ_i 为:

$$\xi_i = \frac{\partial f}{\partial A_i}$$

对如图 2-22 所示直线尺寸链中的增环,$\xi = +1$;对直线尺寸链中的减环,$\xi = -1$。而对图 2-23 所示平面尺寸链中与封闭环不相平行的那些组成环,其传递系数介于 +1 与 -1 之间,数值为组成环尺寸至封闭环尺寸夹角的余弦,符号取决于该环的增减性。

1.5.2.3　极值法解算尺寸链问题

用极值法解算尺寸链的基本公式如下:

(1) 封闭环的基本尺寸 A_0。封闭环的基本尺寸为各组成环基本尺寸与传递系数乘积的代数和,即

$$A_0 = \sum_{i=1}^{m} \xi_i A_i \tag{1-7}$$

式中,m 为组成环数。

(2) 封闭环中间偏差 Δ_0。封闭环的中间偏差为各组成环的中间偏差与传递系数乘积的代数和,即

$$\Delta_0 = \sum_{i=1}^{m} \xi_i \Delta_i \tag{1-8}$$

式中,Δ_i 为第 i 个组成环的中间偏差。而中间偏差是极限偏差的平均值。设 ES 表示上偏差,EI 表示下偏差,则中间偏差为:

$$\Delta = \frac{1}{2}(\mathrm{ES} + \mathrm{EI}) \tag{1-9}$$

(3) 封闭环公差 T_0。封闭环极值公差等于各组成环公差与传递系数乘积的和,即

$$T_0 = \sum_{i=1}^{m} |\xi_i| T_i \tag{1-10}$$

式中,T_i 为组成环公差。

(4) 封闭环极限公差。封闭环上偏差或下偏差相应为封闭环中间偏差加或减封闭环公差之半,即

$$\left.\begin{aligned} \mathrm{ES}_0 &= \Delta_0 + \frac{1}{2}T_0 \\ \mathrm{EI}_0 &= \Delta_0 - \frac{1}{2}T_0 \end{aligned}\right\} \tag{1-11}$$

同理,各组成环极限偏差的计算公式为:

$$\left.\begin{aligned} \mathrm{ES}_i &= \Delta_i + \frac{1}{2}T_i \\ \mathrm{EI}_i &= \Delta_i - \frac{1}{2}T_i \end{aligned}\right\} \tag{1-12}$$

(5) 封闭环的极限尺寸。封闭环最大极限尺寸 $A_{0\max}$ 和最小极限尺寸 $A_{0\min}$ 为封闭环基本尺寸加上封闭环的上偏差或下偏差,即

$$\left.\begin{aligned} A_{0\max} &= A_0 + ES_0 \\ A_{0\min} &= A_0 + EI_0 \end{aligned}\right\} \tag{1-13}$$

同样,各组成环的极限尺寸为:

$$\left.\begin{aligned} A_{i\max} &= A_0 + ES_i \\ A_{i\min} &= A_0 + EI_i \end{aligned}\right\} \tag{1-14}$$

解算工艺尺寸链问题的步骤一般为:

(1) 根据题意,按零件上各表面间的联系,找出相关的尺寸组,并大致上按比例绘出该尺寸链。

(2) 分析尺寸链中哪一个尺寸是间接获得的,即不是以前工序已形成的,已不是本工序加工可以直接保证的尺寸,而是其他若干直接的尺寸确定后才自然形成的尺寸,该尺寸环即是封闭环。能够正确找出封闭环,是能正确求解工艺尺寸链问题的关键。

(3) 按定义判断组成环的增、减环。也可先在封闭环上任意设定方向,然后循此方向由封闭环出发经过各组成环作一回线直至回到封闭环止。当该回线经过某一组成环时,若其回线前进方向与设定的封闭环方向相同,则该组成环是减环;若两者方向相反,则该环为增环。

(4) 按题意明确尺寸链中哪一个为未知,哪一些为已知。然后根据所求灵活运用前述解算尺寸链的基本公式,求出该问题的解。

(5) 分析验算所得的解是否正确,如不正确要找出原因给予修正。

另外,对直线尺寸链的计算可以采用以下简便算法:

封闭环的最大尺寸等于所有增环的最大尺寸之和减去所有减环的最小尺寸之和,即

$$A_{0\max} = \sum_{i=1}^{m} \overrightarrow{A}_{i\max} - \sum_{i=1}^{n} \overleftarrow{A}_{i\min} \tag{1-15}$$

封闭环的最小尺寸等于所有增环的最小尺寸之和减去所有减环的最大尺寸之和,即

$$A_{0\min} = \sum_{i=1}^{m} \overrightarrow{A}_{i\min} - \sum_{i=1}^{n} \overleftarrow{A}_{i\max} \tag{1-16}$$

式中　m——增环的环数;

　　　n——减环的环数。

1.5.3　典型工艺尺寸链问题的分析计算

1.5.3.1　定位基准与设计基准不重合时的工艺尺寸换算

【例1-1】　如图1-25(a)所示轴套,已知除B面及右端的ϕ40H7孔未加工外,其余各加工面均已加工完毕,现以A面为定位基准,欲采用调整法加工B面及其相关ϕ40H7孔,加工时需保证尺寸$25_{-0.15}^{\ 0}$的尺寸精度,试计算右端面孔深尺寸为多少时,才能满足要求。

解法一: 根据题意画出尺寸链如图1-25(b),并判断封闭环。由于尺寸$25_{-0.15}^{\ 0}$在加工时不便测量,是间接保证尺寸,为封闭环,即$A_0 = 25_{-0.15}^{\ 0}$。判断各组成环的增减性:各组成环中$A_1 = 20_{\ 0}^{+0.05}$为减环,$A_2 = 70_{-0.06}^{\ 0}$为增环,$A_3 = L_3$为减环。

(1) 求L_3的基本尺寸。由式(1-7)有:

$$A_0 = -A_1 + A_2 - A_3$$

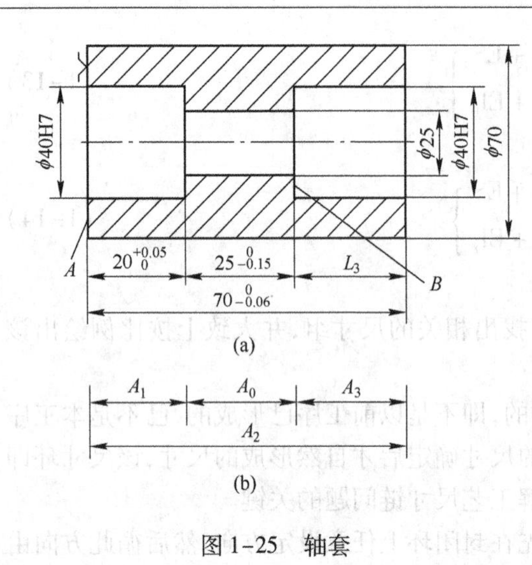

图 1-25　轴套

则：

$$A_3 = -A_1 + A_2 - A_0 = -20 + 70 - 25 = 25$$

（2）求 L_3 的中间偏差。由式(1-8)有：

$$\Delta_0 = -\Delta_1 + \Delta_2 - \Delta_3$$

则：

$$\Delta_3 = -\Delta_1 + \Delta_2 - \Delta_0 = -0.025 + (-0.03) - (-0.075) = 0.02$$

（3）求 L_3 的公差。由式(1-9)有：

$$T_0 = T_1 + T_2 + T_3$$

则：

$$T_3 = T_0 - T_2 - T_1 = 0.15 - 0.05 - 0.06 = 0.04$$

（4）求 L_3 的极限偏差。由式(1-12)有：

$$ES_3 = \Delta_3 + T_3/2 = 0.02 + 0.04/2 = 0.04$$

$$EI_3 = \Delta_3 - T_3/2 = 0.02 - 0.04/2 = 0$$

（5）求 L_3 的极限尺寸。

L_3 最大极限尺寸为：$A_3 + ES_3 = 25.04$

L_3 最小极限尺寸为：$A_3 + EI_3 = 25$

故 L_3 尺寸表示为：$25^{+0.04}_{0}$

解法二： 封闭环的判断、组成环的增减性及尺寸链与解法一相同，在此不再赘述。

由式(1-15)有：

$$A_{0\max} = A_{2\max} - A_{1\min} - A_{3\min}$$

则：

$$A_{3\min} = A_{2\max} - A_{1\min} - A_{0\max} = 70 - 20 - 25 = 25$$

由式(1-16)有：

$$A_{0\min} = A_{2\min} - A_{1\max} - A_{3\max}$$

则：

$$A_{3\max} = A_{2\min} - A_{1\max} - A_{0\min} = (70 - 0.06) - 20.05 - (25 - 0.15) = 25.04$$

由以上计算得出孔深的最大极限尺寸为 25.04，最小极限尺寸为 25。

L_3 尺寸表示为：$25^{+0.04}_{0}$。

1.5.3.2　测量基准与设计基准不重合时的工艺尺寸换算

【例 1-2】　如图 1-26(a)所示零件，槽深尺寸 $5^{+0.12}_{0}$ mm 加工后不便直接测量，试选择间接测量的方案，换算测量尺寸及其上、下偏差。

解：（1）划出尺寸链并判断封闭环。根据测量情况，槽深的设计基准是 $\phi 80^{0}_{-0.1}$ 但外圆柱的上母线在铣槽时铣掉了，故必须重新选择测量基准。可选外圆柱的下母线或内孔 $\phi 40^{+0.1}_{0}$ mm 的上母线作为测量基准，这时存在两个新的测量尺寸及其上、下偏差。但其封闭环均是间接保证的设计尺寸 $5^{+0.2}_{0}$ mm。

当以外圆柱下母线为测量基准时，组成环为外圆直径 A_1 和测量尺寸 A_2，如图 1-26(b)所示，增环为 A_1，$\xi_1 = +1$；减环为 A_2，$\xi_2 = -1$。

当以内孔上母线为测量基准时，其组成环有 A_3、A_4、A_5 及测量尺寸 A_6，如图 1-26(c)所示。增环为 A_3，$\xi_3 = +1$；减环为 A_5 和 A_6，$\xi_5 = \xi_6 = -1$；A_4 为内外圆柱面的同轴度，作为增减

环都行,因为基本尺寸为0,上下偏差对称分布。

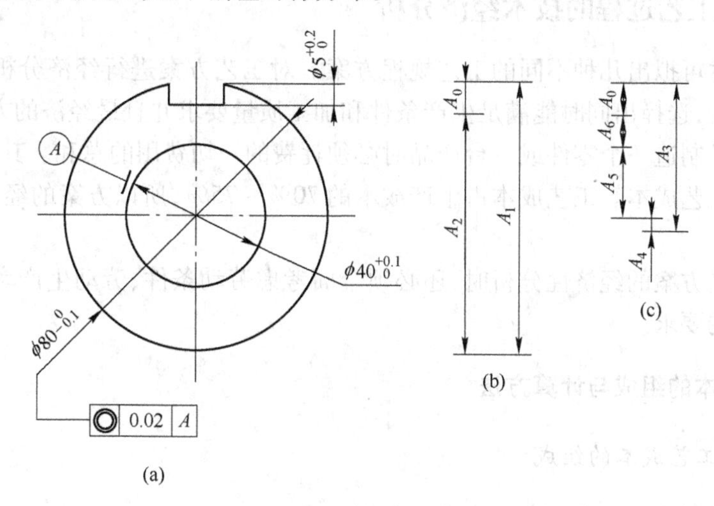

图1-26 测量基准与设计基准不重合时的尺寸换算

(2) 计算当以外圆柱下母线为测量基准时,测量尺寸 A_2 的尺寸。由式(1-15)有:

$$A_{0\max} = A_{1\max} - A_{2\min}$$

即:

$$A_{2\min} = A_{1\max} - A_{0\max} = 80 - (5 + 0.2) = 75 - 0.2$$

由式(1-16)有:

$$A_{0\min} = A_{1\min} - A_{2\max}$$

即:

$$A_{2\max} = A_{1\min} - A_{0\min} = (80 - 0.1) - 5 = 75 - 0.1$$

由以上计算得出 $A_2 = 75^{-0.1}_{-0.2}$。

(3) 计算当以内孔上母线为测量基准时,测量尺寸 A_6 的计算如下:

1) 求基本尺寸。由式(1-7)有:

$$A_6 = A_3 - A_5 - A_0 = 40 - 20 - 5 = 15$$

2) 求中间偏差。由式(1-8)有:

$$\Delta_6 = \Delta_3 - \Delta_5 - \Delta_4 - \Delta_0 = -0.025 - 0.025 - 0 - 0.1 = -0.15$$

3) 求公差。由式(1-10)有:

$$T_6 = T_0 - T_3 - T_4 - T_5 = 0.2 - 0.05 - 0.02 - 0.05 = 0.08$$

4) 求极限偏差。由式(1-12)有:

$$ES = \Delta_6 + T_6/2 = -0.15 + 0.08/2 = -0.11$$

$$EI = \Delta_6 - T_6/2 = -0.15 - 0.08/2 = -0.19$$

由以上计算得出尺寸 $A_6 = 15^{-0.11}_{-0.19}$。

综合上述两例,由于工艺基准(定位或测量基准)与设计基准不重合,或加工需要转换定位基准时,就需要进行尺寸转换,但是转换后的工序尺寸(或测量尺寸)加工(或测量),它间接保证原设计尺寸时可能存在一个“假废品”问题。其原因是零件加工,按换算后的工序尺寸测量,零件超差,从工序上看该件是废品,而再按设计尺寸进行测量验算,此件并不超差,是合格品,即该件是“假废品”。因此,对由于基准不重合而换算的工序尺寸超差时,应仔细分析。

知识点 1.6　工艺过程的技术经济分析

对同一零件可拟出几种不同的工艺规程方案。对工艺方案进行经济分析,就是要通过生产成本的比较,选择出同时能满足生产条件和加工质量要求并且最经济的方案。

生产成本是制造一个零件或一台产品时必须耗费的一切费用的总和。其中与工艺过程有关的费用即工艺成本。工艺成本占生产成本的 70% ~75% ,所以方案的经济性分析主要分析工艺成本。

在进行工艺方案的经济性分析时,还必须全面考虑劳动条件、劳动生产率、输出技术的先进性等方面的要求。

1.6.1　工艺成本的组成与计算方法

1.6.1.1　工艺成本的组成

工艺成本由可变成本费用和不变成本费用组成。

可变费用是指与年产量有关并与之成正比例的费用,用符号 V 表示。它包括:材料费、机床工人的工资、机床电费、通用机床折旧费、通用机床维修费、刀具费、通用夹具费。

不变费用是指与年产量大小无直接关系的费用,用符号 S 表示。它包括:机床调整费用、专用机床折旧费、专用机床维修费、专用夹具费。

1.6.1.2　工艺成本各项费用的计算方法

(1) 材料费。

$$C_c = C_{tf} \cdot G_{mz} - C_{fj} G_{fz} \tag{1-17}$$

式中　C_c——材料费,元/件;

C_{tf}——单位质量材料价格,元/kg;

C_{fj}——单位质量废料价格,元/kg;

G_{mz}——毛坯单重,kg;

G_{fz}——每个毛坯废料质量,kg。

(2) 机床工人工资。

$$C_{jg} = 1.13 \sum_{i=1}^{k} L_{jg} t_d \tag{1-18}$$

式中　C_{jg}——机床工人工资,元/件;

1.13——与工资有关的附加费用系数;

L_{jg}——机床工人每分钟工资额,元/min;

t_d——工序单件工时,min;

k——工艺过程工序数。

(3) 机床电费。

$$C_d = \sum_{i=1}^{k} \frac{P_E S_d}{60} t_j \eta_1 \tag{1-19}$$

式中　C_d——机床电费,元/件;

t_j——工序单件基本时间,min;

P_E——机床电机负荷功率,kW;

η_1——机床电机负荷系数,$\eta_1=0.5\sim0.9$;

S_d——每千瓦小时电费,元/(kW·h)。

(4) 机床折旧费,包括专用机床折旧费和通用机床折旧费。

1) 专用机床折旧费:

$$C_{zz}=\frac{1.15\sum_{i=1}^{k}S_j}{n_c} \tag{1-20}$$

式中 C_{zz}——专用机床折旧费,元/件;

S_j——机床价格,元/台;

1.15——与机床运输安装有关的费用系数;

n_c——机床折旧年限,年。

2) 通用机床折旧费:

$$C_{zw}=\sum_{i=1}^{k}\frac{1.15S_jL_j}{60t_1\eta_2}\cdot t_d \tag{1-21}$$

式中 C_{zw}——通用机床折旧费,元/件;

t_1——每年机床工作时间,h;

η_2——机床利用系数,取$\eta_2=0.8\sim0.95$;

L_j——机床的基本折旧率,每年平均10%。

(5) 调整费用。

$$C_{tg}=1.13\sum_{i=1}^{k}L_{tg}t_t \tag{1-22}$$

式中 C_{tg}——调整费用,元/年;

L_{tg}——调整工人每分钟工资额,元/min;

t_t——年调整时间,min。

(6) 夹具费用,包括专用夹具费用和通用夹具费用。

1) 专用夹具费用:

$$C_{zj}=\sum_{i=1}^{k}S_{zj}(a+b) \tag{1-23}$$

式中 C_{zj}——专用夹具费用,元/年;

S_{zj}——夹具成本,元;

a——夹具折旧费,每年约为夹具成本的30%~50%;

b——夹具修理费,每年约为夹具成本的10%~20%。

2) 通用夹具费:通用夹具使用年限很长,其使用率和折旧费不大,故可略去不计。通用夹具费用用C_{wj}表示,单位为元/年。

(7) 刀具费用。

$$C_{da}=\sum_{i=1}^{k}\frac{S_{da}+nS_c}{T(1+n)}\cdot t_j \tag{1-24}$$

式中　C_{da}——刀具费用,元/年;

S_{da}——切削刀具价格,元;

n——刀具在完全磨损前的重磨次数;

S_c——每次刃磨费用,元;

T——刀具耐用度,min。

(8) 机床修理费用,包括通用机床修理费用和专用机床修理费用。

1) 通用机床修理费用:

$$C_{xw} = \sum_{i=1}^{k} \frac{1.15 S_{xw} t_d}{60 F \eta_2} \tag{1-25}$$

式中　C_{xw}——通用机床修理费用,元/件;

S_{xw}——通用机床一台一年修理费,元/(台·年)。

2) 专用机床修理费:

$$C_{xz} = \sum_{i=1}^{k} 1.15 S_{xz} \tag{1-26}$$

式中　C_{xz}——专用机床修理费用,元/件;

S_{xz}——专用机床一台一年修理费,元/(台·年)。

上述逐项计算工艺成本的方法比较繁琐。因此在比较工艺方案时允许忽略一些次要因素而进行近似计算。

1.6.2　工艺方案的比较方法

一批工件的全年工艺成本,可按可变费用 V 及不变费用 S 写成式(1-27)。

$$E = VN + S \tag{1-27}$$

$$V = C_c + C_{jg} + C_d + C_{zw} + C_{da} + C_{wj} + C_{xw}$$

$$S = C_{zz} + C_{tg} + C_{zj} + C_{xx}$$

式中　E——全年工艺成本,元/年;

N——全年产量,件。

单件工艺成本为:

$$E_d = V + \frac{S}{N} \tag{1-28}$$

式中　E_d——单件工艺成本,元/件。

E 和 E_d 与年产量 N 的关系如图1-27所示。

根据具体情况不同,采用的工艺方案比较方法也不同,一般比较方法有以下两种:

(1) 基本投资相近或使用现有设备的情况。当有几种工艺方案需要进行比较,而其基本投资均相近或都是采用现有设备时,其工艺成本即可作为衡量各工艺方案经济性的依据。

进行经济分析的目的是求得最有利的工艺方案或加工方法,并非为准确计算零件成本,故只需对各方案的不同点进行比较即可,而几种方案的相同工序或相同项目则可以忽略不计。例如当各方案使用毛坯相同时,则不需进行材料费的计算。

(2) 基本投资额较大的情况。如一个方案的基本投资较大,比如采用了高生产率但价格较贵的机床或工艺装备,但工艺成本较低;而另一方案采用了生产率较低但价格较低的机

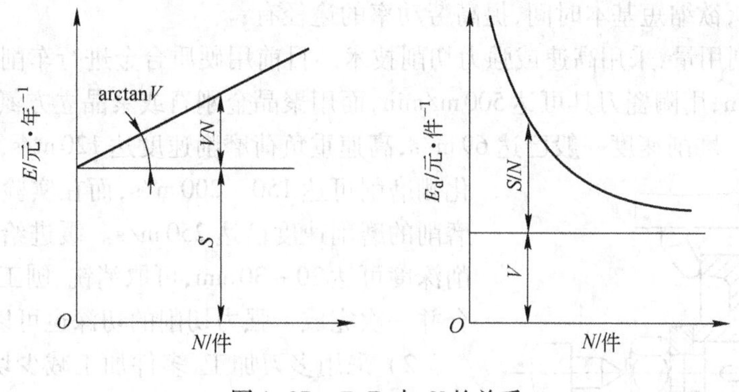

图 1-27　E、E_d 与 N 的关系

床及工艺装备，所以基本投资小而工艺成本高。显然，前者工艺成本的降低是增加基本投资为代价而得到的。这个收益有多大，需要有回收期指标来衡量，即需要几年时间才可把投资收回。回收期限可用式(1-29)表示：

$$\tau = \frac{K_1 - K_2}{E_2 - E_1} = \frac{\Delta K}{\Delta E} \tag{1-29}$$

式中　τ——回收期限，年；

K_1，K_2——方案 1 及方案 2 的基本投资，元；

E_1，E_2——方案 1 及方案 2 的全年工艺成本，元/年。

回收期越短，则经济效益越好。一般计算的回收期必须满足以下要求：

1）回收期限应小于所采用设备或工艺装备的使用年限；

2）回收期限应小于该产品因结构性能、市场需求等因素所决定的稳定生产的年限；

3）回收期限应小于国家规定的标准回收期限。一般新夹具为 2～3 年，新机床为 4～6 年。

知识点 1.7　提高机械加工生产率的工艺措施

制定机械加工工艺规程时，在保证产品质量的前提下，应尽量采用先进工艺措施，以提高劳动生产率和降低生产成本。

劳动生产率是衡量生产效率的综合指标，它表示一个工人在单位时间内生产出的合格产品的数量。提高劳动生产率是增加经济效益、增加社会积累和扩大再生产的根本途径。

提高劳动生产率是涉及产品结构设计、毛坯质量、技术组织准备、生产组织管理等多个方面的综合性问题。仅从工艺技术角度考虑，提高机械加工生产率的措施如下：

（1）缩短基本时间。基本时间可按有关公式计算。例如车削：

$$T_j = \frac{(L + L_a + L_b)i}{n \cdot S}$$

式中　T_j——基本时间，min；

L——加工表面长度，mm；

L_a，L_b——刀具切入（包括趋近）和切出长度，mm；

i——走刀次数；

n——工件每分钟转数，r/min。

S——进给量，mm/r。

由该式可知，欲缩短基本时间，提高劳动率的途径有：

1）增大切削用量，采用高速或强力切削技术。目前用硬质合金进行车削的切削速度一般可达 200 m/min，用陶瓷刀具可达 500 m/min，而用聚晶金刚石或聚晶立方氮化硼复合刀片可达 900 m/min。磨削速度一般已达 69 m/s，高速重负荷磨削速度达 120 m/s，超高速立方氮化硼磨削可达 150 ~ 200 m/s，而在实验室中的超高速磨削的磨削速度已达 250 m/s。缓进给深磨的一次磨削深度可达 20 ~ 30 mm，可取消铣、刨工序而使粗加工合并一次完成。强力切削的切深也可以大大增加。

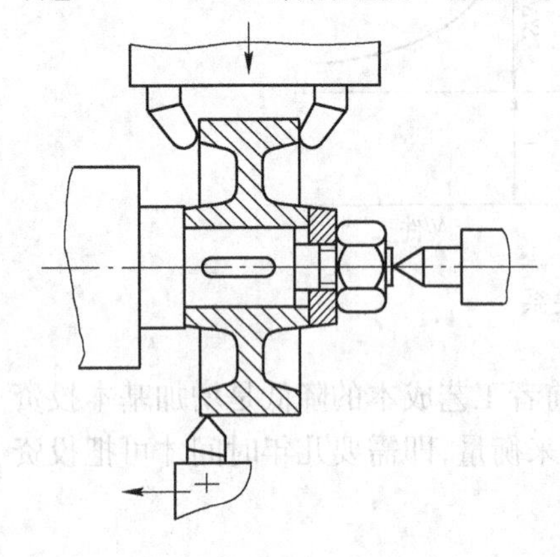

图 1-28　多刀车床加工

2）采用多刀加工、多件加工减少切削行程长度。采用多轴机床和多刀多刃加工方法，用多把刀具同时加工零件上的一个表面或几个表面，或同时加工几个零件的几个表面，可以使零件表面加工基本时间重合，切削行程长度大为减少，从而缩短了每个零件的基本时间。图 1-28 所示的在多刀车床上车削齿轮轮坯，图 1-29 所示的在组合磨床上用多砂轮磨削车床导轨面就是这样的例子。用宽刃刀具或宽砂轮进行切入车削或磨削，来代替通常的纵向车削或纵磨，也可使切削行程大为缩短。

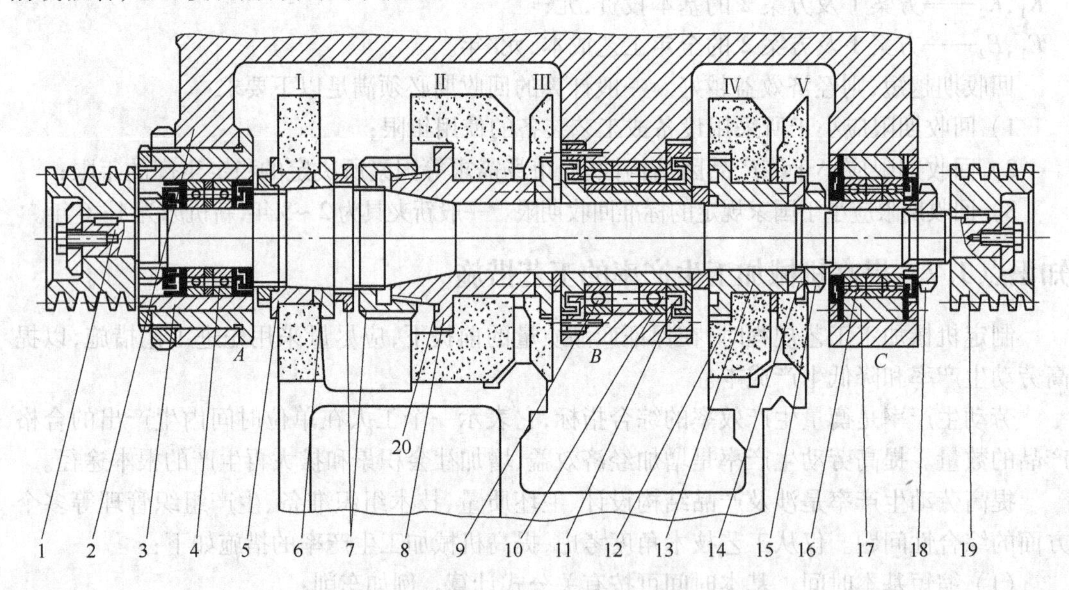

图 1-29　组合磨头结构简图

1—主轴；2—本体；3—锥套；4，9，16—轴承；5，6，14—砂轮套；7，15，18—螺母；8—砂轮锥套；10，11—密封套；12—成形砂轮；13—锥套；17—套；19—皮带轮；20—平衡块

多件加工可分为顺序加工、平行加工和平行顺序加工三种。工件顺走刀方向一个接一个的安装称为顺序加工，如图 1-30(a)所示。顺序加工可以缩短端铣、滚齿等加工的切入切出长度。用多把刀具同时加工几个工件称为平行加工，如图 1-30(b)所示。平行加工与顺序加工合并起来为平行顺序加工，如图 1-30(c)所示的在平面磨床上加工一批相同工件就是平行顺序加工。

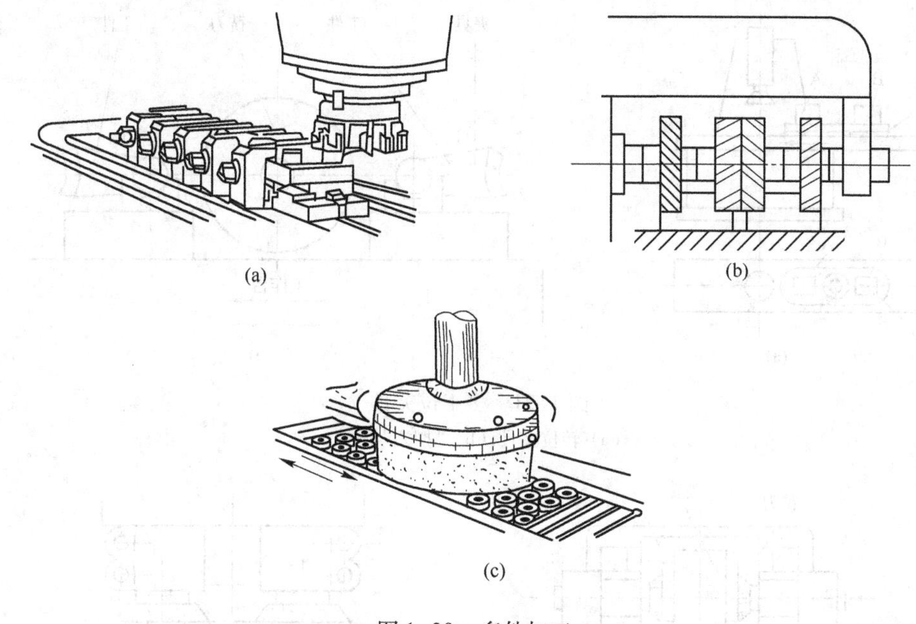

图1-30　多件加工

(a) 顺序加工;(b) 平行加工;(c) 平行顺序加工

3）使用小余量精密毛坯也能缩短基本时间。

（2）缩短辅助时间。辅助时间在单件时间中占有较大比重,在单件小批生产时更是如此。缩短辅助时间有两条基本途径:一是直接缩短辅助时间,二是使辅助时间与基本时间相重合。

1）直接缩短辅助时间,为此可以:

① 提高机床自动化程度;

② 采用各种类型高效夹具缩短装卸工件的时间;

③ 采用定程装置以减少测量工件和试切走刀时间;

④ 采用各种快速辅具,减少更换和装夹刀具的时间;

⑤ 采用主动检测装置或数显装置,以减少加工过程中的测量时间。

2）使辅助时间与基本时间相重合,为此可以:

① 采用可换的相同夹具或可换工作台交替工作。例如以心轴定位加工工件时,可使用两个心轴,一个在机床上使用加工时,另一个则可进行工件的装拆。在龙门刨床上用夹具夹持工件加工时,一个工作台用于工件,另一个相同的工作台在下面装拆工件,加工完毕后吊起工作台进行交换。

② 采用多工位夹具。图1-31(a)所示为使用转位夹具的例子。当工件A在加工时,工件B在装拆,加工完毕后夹具转过180°,即可继续加工。图1-31(b)所示为使用两台夹具进行“摆式”铣削的例子,当左面的工件加工时,可装卸右面的工件。在加工完了时,工作台快速进给通过中间空程后即可转对右面工件进行加工,而左面装卸工件。

③ 采用连续加工,在大批大量生产的铣削或磨削加工中,可以采用图1-32所示的连续加工方式。当工件进给至装卸区内即可进行装卸。这时,装卸时间完全和加工时间相重合,能显著提高生产率。

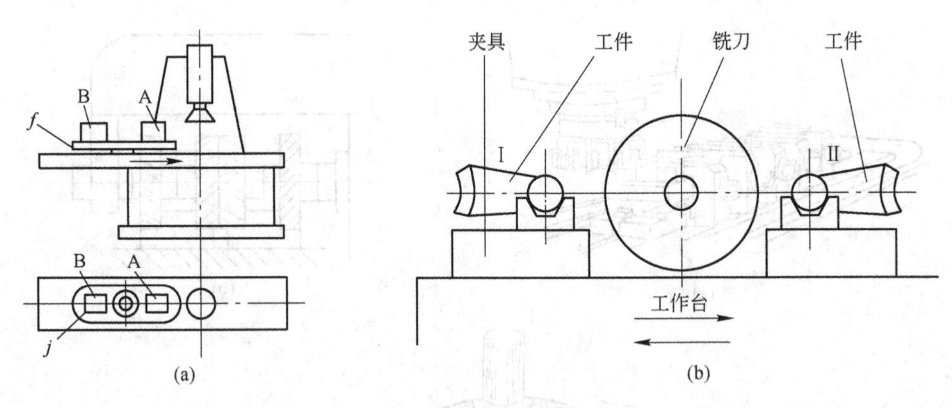

图 1-31　多工位夹具

(a) 转位夹具；(b)"摆式"铣削

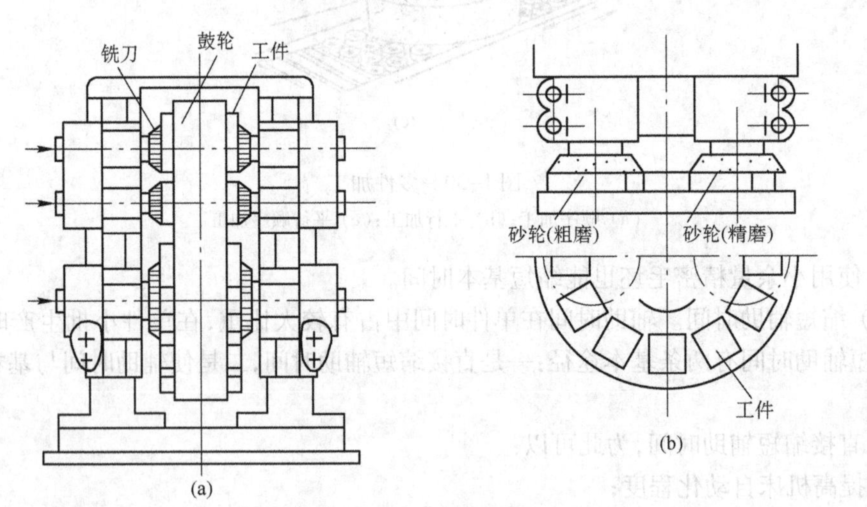

图 1-32　连续加工

(a) 连续铣削；(b) 连续磨削

(3) 缩短准备终结时间。

1) 采用可换刀架或刀夹，事先按加工对象进行刀具预调，采用刀具微调机构和对刀辅助机构以缩短刀具调整时间。

2) 采用成组技术，对相似的一类零件制定出典型工艺规程及使用成组夹具，可大为减少准备终结时间。

(4) 缩短布置工作地时间。其主要措施是采用不重磨刀片、各种快换刀夹等缩短刀具的小调整。

另外，还可采用成组技术，来扩大同类零件的生产数量，使中小批生产可以经济合理地采用高生产效率的机床和工艺装备，缩短加工工时，从而提高生产效率。

知识点 1.8　制定机械加工工艺规程实例

1.8.1　实例 1

如图 1-33 为一齿轮轴的加工详细图，以下以此工件为例详细说明零件的机械加工工艺规程的制定。

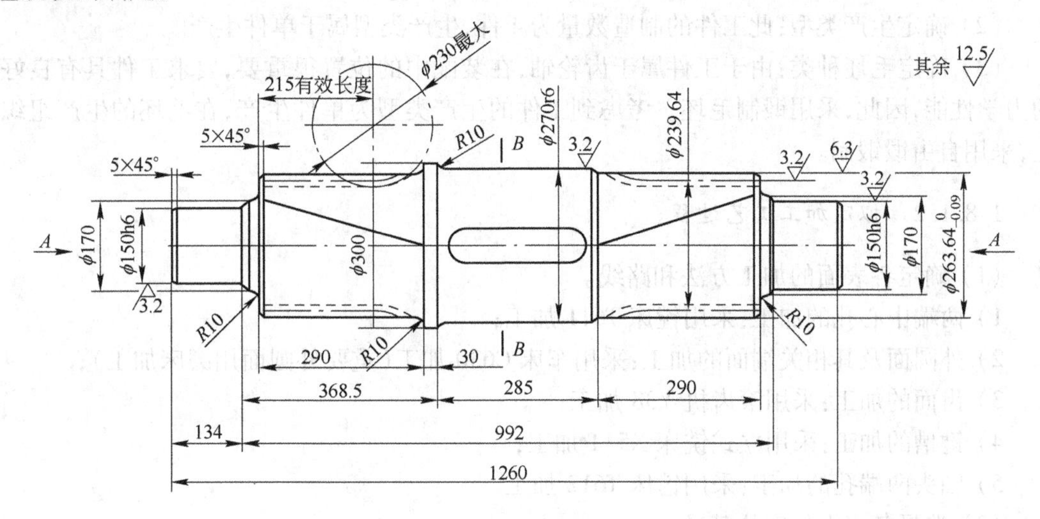

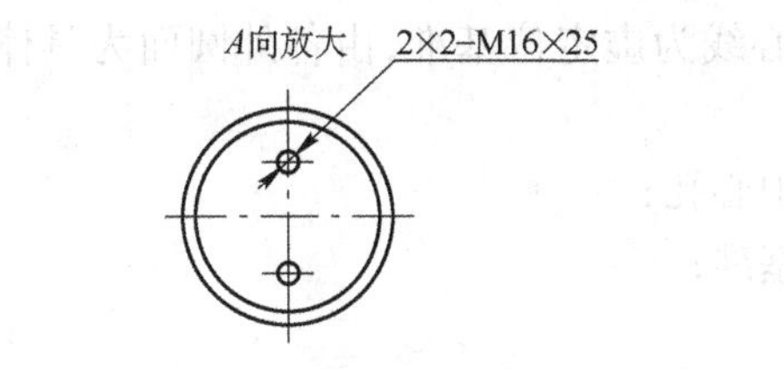

法向模数	m_n	12
齿数	z	19
齿形角	α	20°
齿顶高系数	h_a^*	1
螺旋角	β	17°55′48″
螺旋方向	左/右	
径向变位系数	x	
全齿高	h	27
精度等级	887FHGB 10095-1988	
齿轮副中心距及其极限偏差	$a+f_a$	
配对齿轮	图号	
	齿数	
公差组	检验项目代号	公差（或极限偏差）值
齿圈径向跳动公差	F_r	0.14
公法线长度变动公差	F_w	0.075
齿形公差	f_f	
齿距极限偏差	f_{pr}	
齿向公差	F_β	
公法线	W_{kn}	$92.24^{-0.210}_{-0.300}$
	k	3

沿法向固定弦齿厚尺寸

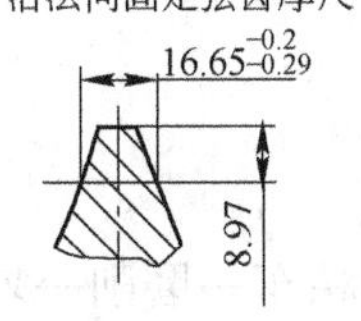

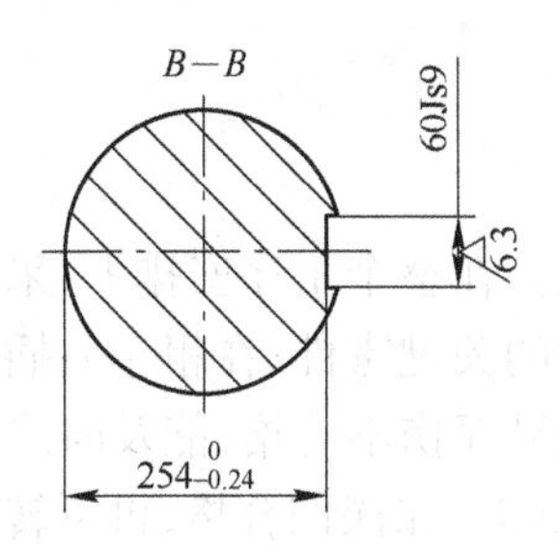

技术要求

1.热处理：调质处理230~250HB。

2.粗车后需进行超声波检查，不得有影响强度的缺陷。

3.未注倒角2×45°。

图1-33 齿轮轴加工图

1.8.1.1 准备性工作

（1）零件工艺性分析及图样工艺性审查：该工件为炼钢厂120 t转炉减速机中的中间齿轴，加工难度较大，技术要求需对工件进行粗加工后探伤检查，并进行调质处理以提高工件的整体力学性能。考虑到工件材质为合金碳素结构钢，热处理调质出现裂纹导致工件报废的几率较大，因此工件在粗加工时应采取措施进行控制。另外，由于轴左、右两边齿的齿数相同、旋向相反，并考虑到工件的实际安装情况，其实质是通过左、右两边的齿，形成人字齿轮布局。因此,在加工时应考虑使两边齿对其中心线成对称分布。

(2) 确定生产类型:此工件的制造数量为4件,生产类型属于单件生产。

(3) 确定毛坯种类:由于工件属于齿轮轴,在装配中的位置很重要,要求工件具有良好的力学性能,因此,采用锻制毛坯。考虑到工件的生产类型为单件生产,在毛坯的生产组织上,采用自由锻锻制。

1.8.1.2 拟定加工工艺过程

(1) 确定各表面的加工方法和路线。

1) 两端中心孔的加工:采用镗床T611加工;

2) 外圆面及其相关端面的加工:采用车床C630加工(重要外圆面用磨床加工);

3) 齿面的加工:采用滚齿机Y38加工;

4) 键槽的加工:采用立式铣床X53T加工;

5) 轴头两端孔的加工:采用镗床T612加工。

(2) 选择各表面的定位基准。

1) 两端中心孔的加工定位基准:以工件毛坯中心线为虚定位基准,由各外圆面为具体的定位基面;

2) 外圆面及其相关端面的加工定位基准:两端中心孔;

3) 齿面的加工定位基准:以两端中心孔为定位基准;

4) 键槽的加工:以轴心线为定位基准;

5) 轴头两端孔的加工:以尺寸$\phi150h6$外圆面和端面为定位基面。

(3) 确定加工工作顺序:

打中心孔→粗车→半精车→精车→滚齿→磨削→铣键槽→钻孔。

(4) 插入热处理及辅助工序、完整工艺过程:

打中心孔→粗车→探伤→调质→精修中心孔→半精车→探伤→精车→磨削→划线→滚齿→铣键槽→钻孔→钳工。

1.8.1.3 工序设计(制定工艺卡片)

考虑到生产批量为单件生产,采用工序集中的加工方式。在整个工序安排上,采取先粗后精、先主后次的原则。考虑到此轴是炼钢厂转炉减速机中的关键零件,在粗车后插入探伤工序,检查毛坯制造时,轴内部有无影响质量的缺陷存在;如果探伤不合格,能及时终止下道工序的进行并送技术部门核实、处理,有效避免进行无用的工作。如探伤合格,再下转进行热处理调质。调质回到加工车间后,进行半精车,之后再插入探伤工序,进一步检查热处理调质时轴内部有无缺陷出现。在工序尺寸及公差的确定环节,由于在粗车后进行调质处理必然使轴产生不同程度的变形,为使半精加工时各加工部位有足够的加工余量,粗车时应留有足够的加工余量。另外,为提高精加工效率,在精车后插入磨削工序,对尺寸精度和粗糙度要求较高的外圆表面进行磨削加工。确定各工序的切削用量时,查阅《机械工程手册　机械制造工艺》,确定粗车后加工余量时,查阅《热处理手册》,确定为单边留4mm余量。

根据上述分析及查阅相关资料,并结合某厂具体生产设备能力,制定表1-13所示机械加工工艺卡片。

表1-13　机械加工工艺过程卡片

（工厂名）		产品图号		零(部)件图号				第　页	
		产品名称		零(部)件名称		齿轮轴		共　页	
机械加工工艺过程卡片		毛坯外形尺寸	ϕ320×1280	每料可制件数		数量			
毛坯种类	锻件	材料牌号	35CrMoV	重量	455kg	备注			
工序号	工序名称	工序内容	加工车间	设备名称及编号	工艺装备名称及编号			时间定额/h	
					夹具	刀具	量具	单件	准终
1	打中心孔	(1) 检查工件毛坯是否有影响质量的缺陷，各加工部位是否有足够加工余量；以各待加工表面为定位基面，装夹后铣削轴两端面（单边留5mm余量）； (2) 打中心孔	金工	T611	V形铁等	面铣刀中心钻	直尺等	0.5	0.2
2	粗　车	(1) 采用一顶一夹方式，夹住工件左端ϕ150h6处外圆面，夹紧后粗车工件ϕ300、ϕ270h6、ϕ263.64、ϕ170、ϕ150h6外圆面及其端面，单边留4mm余量，过渡圆角半径不得小于2mm； (2) 掉头，采用两顶一夹方式，夹住工件右端ϕ150h6处外圆面，夹紧后粗车工件ϕ263.64、ϕ170、ϕ150h6外圆面及其端面，单边留4mm余量，过渡圆角半径不得小于2mm	金工	C630	三爪卡盘/顶尖	外圆粗车刀	外径千分尺等	4	0.5
3	检　查	采用超声波探伤检查工件内部是否有影响强度的缺陷	检验中心	超探仪					
4	热处理	热处理调质达到技术要求	热处理	加热炉等					
5	修中心孔	精修中心孔	金工	T611	V形铁等	中心钻		0.5	0.2
6	半精车	半精车工件外圆面，单边留2mm余量（安装、工步同粗车工序）	金工	C630	三爪卡盘/顶尖	外圆粗车刀	游标卡尺	3	0.5
7	检　查	采用超声波探伤检查工件是否有影响强度的缺陷	检验中心	超探仪					
8	精　车	(1) 采用两顶一夹方式，夹紧后精车工件ϕ300、ϕ263.64、ϕ170外圆面及其端面达图要求。半精车工件ϕ270h6、ϕ150h6外圆面，单边留0.35mm磨削余量； (2) 掉头，采用两顶一夹方式，夹紧后精车工件ϕ263.64、ϕ170外圆面及其端面达图要求，半精车工件ϕ150h6外圆面，单边留0.3mm磨削余量	金工	C630	夹头拨盘顶尖	外圆精车刀	外径千分尺等	5	1
9	磨　削	以轴两端中心孔为定位基准，夹紧后磨削粗糙度为R_a3.2μm的外圆面达图要求	金工	MQ1350	夹头拨盘顶尖	砂轮	外径千分尺	2	0.5
10	划　线	以工件已加工面为基准，划出键槽的加工位置线；划出轴两端4-M16的加工位置线；划出两端齿的中心分线（便于滚齿时找正用）	金工	平台等				1	0.2

续表 1-13

（工厂名）		产品图号			零(部)件图号			第　页	
		产品名称			零(部)件名称		齿轮轴	共　页	
机械加工工艺过程卡片		毛坯外形尺寸	$\phi320\times1280$		每料可制件数			数量	
毛坯种类	锻件	材料牌号	35CrMoV		重量	455 kg		备注	
工序号	工序名称	工序内容	加工车间	设备名称及编号	工艺装备名称及编号			时间定额/h	
					夹具	刀具	量具	单件	准终
11	滚　齿	（1）采用两顶一夹的定位装夹方式，以划出的两端齿的中心分线上的一点为基准进行分齿，并完成滚齿达图要求； （2）掉头安装，同样以上述中心分线上一点为基准进行分齿，并完成滚齿达图要求	金工	Y38	卡盘/顶尖	滚刀	公法线千分尺等	8	0.5
12	铣　削	以工件已加工外圆面为精基准，找正夹紧后，加工键槽达要求	金工	X53T	V形铁等	键槽铣刀	游标卡尺	2	0.5
13	钻　削	（1）将工件安放在工作台上，找正夹紧后，钻一端2-M16底孔达图要求； （2）旋转工作台，加工好另一端2-M16底孔	金工	T612	V形铁等	麻花钻	游标卡尺	1	0.5
14	钳　工	钳工打毛刺、清整表面，并进行攻丝	金工	丝锥等		丝锥等		0.5	0.2
更改内容									
编　制		校　核		批　准			会签（日期）		

1.8.1.4　对拟定的工艺技术规程进行综合技术经济分析

本工艺安排，在考虑生产批量为单件生产的情况下，采用工序集中的加工方式，减少了工件的安装次数，有利于保证加工表面之间的位置精度，又可减少装卸工件的辅助时间、减少机床数量、操作工人人数和车间面积，减少工序数目，缩短了工艺路线，简化了生产计划组织工作。同时，由于减少了工序间制品数量和缩短制造周期，有较好的经济效益。

在整个工序安排上，采取先粗后精、先主后次的原则。通过此工序安排，可以使工件的质量得到有效控制。

综上所述，此工艺技术规程具有较好的经济性、可行性和可操作性。

1.8.2　实例2

根据图A的轴承体制定机械加工工艺卡片。

1.8.2.1　准备性工作

（1）零件工艺性分析及图样工艺性审查：此类零件具有综合轴类和箱体类零件的加工特点，加工时不便装夹，加工难度大。孔轴的相互位置精度，包括垂直度和对称度的保证是此工件加工精度保证的基础。孔、轴的加工顺序直接决定加工的质量和难易程度。

（2）确定生产类型：此工件的制造数量为6件，生产类型属于单件生产。

(3) 确定毛坯种类:此工件在装配项目中属于重要零件,且技术要求需进行调质处理,力学性能要求高,毛坯宜采用锻造件。

1.8.2.2　工艺分析

(1) 确定各表面的精加工方法和路线。

1) 先加工轴部分;

2) 在铣床上加工出方头部分的精加工基准(尺寸200两端面,定位基准使用一端面);

3) 在镗床上采用工序集中加工方式,加工出方头部分其余加工面。

(2) 车床工序的加工方法:一次装夹完成所有车床工序的加工,以保证相互位置精度。

1.8.2.3　工序设计(制定机械加工工艺过程卡片)

机械加工工艺过程卡片如表1-14所示。

表1-14　机械加工工艺过程卡片

<table>
<tr><td colspan="3" rowspan="2">(工厂名)</td><td>产品图号</td><td></td><td>零(部)件图号</td><td colspan="2"></td><td colspan="2">第　页</td></tr>
<tr><td>产品名称</td><td>五辊矫直机</td><td>零(部)件名称</td><td colspan="2">轴承体</td><td colspan="2">共　页</td></tr>
<tr><td colspan="3">机械加工工艺卡片</td><td>毛坯外形尺寸</td><td>200×480</td><td>每料可制件数</td><td>1</td><td>生产数量</td><td colspan="2">6</td></tr>
<tr><td colspan="2">毛坯种类</td><td>锻件</td><td>材料牌号</td><td>45</td><td>单件重量</td><td>18.1 kg</td><td>备注</td><td colspan="2"></td></tr>
<tr><td rowspan="2">工序</td><td rowspan="2">安装</td><td rowspan="2">工步</td><td rowspan="2" colspan="3">工序内容</td><td colspan="2">工艺装备</td><td colspan="2">工时/h</td></tr>
<tr><td>设备名称</td><td>刀具夹具量具</td><td>准终</td><td>单件</td></tr>
<tr><td>1</td><td></td><td></td><td colspan="3">划线检查毛坯各加工部位是否有足够的加工余量,是否有影响加工质量的缺陷,并划出工件的十字中心线,划线时应综合考虑各部加工余量情况,尽量使加工余量均匀</td><td>划　线</td><td>划线盘等</td><td>—</td><td>—</td></tr>
<tr><td rowspan="4">2</td><td rowspan="2">1</td><td>1</td><td colspan="3">以划线为基准,找正夹紧后,粗铣方头周边面和尺寸90上平面,单边留4 mm余量</td><td rowspan="4">T611</td><td rowspan="3">圆柱铣刀
端铣刀
镗　刀</td><td rowspan="4">0.5</td><td rowspan="4">4</td></tr>
<tr><td>2</td><td colspan="3">粗镗工件内孔,单边留4 mm余量</td></tr>
<tr><td rowspan="2">2</td><td>1</td><td colspan="3">翻面装夹工件,粗铣尺寸90下平面,单边留4 mm余量</td></tr>
<tr><td>2</td><td colspan="3">旋转工作台,平轴端面,并打中心孔</td><td>中心钻</td></tr>
<tr><td>3</td><td>1</td><td>1</td><td colspan="3">用四爪卡盘夹工件方头,顶轴端中心孔,定位夹紧后粗车工件各轴段,单边留4 mm余量</td><td>C630</td><td>外圆车刀
端面车刀</td><td>1</td><td>3</td></tr>
<tr><td>4</td><td></td><td></td><td colspan="3">热处理:调质达技术要求</td><td>调　质</td><td>—</td><td>—</td><td>—</td></tr>
<tr><td>5</td><td>1</td><td>1</td><td colspan="3">精修中心孔</td><td>T68</td><td>中心钻</td><td>0.3</td><td>1</td></tr>
<tr><td rowspan="7">6</td><td rowspan="7">1</td><td>1</td><td colspan="3">用四爪卡盘夹工件方头,顶轴端中心孔,定位夹紧后半精车尺寸 $\phi60f7$ 外圆及相应端面,单边留0.2 mm余量</td><td rowspan="7">C630</td><td rowspan="3">外圆车刀</td><td rowspan="7">1</td><td rowspan="7">6</td></tr>
<tr><td>2</td><td colspan="3">半精车尺寸 $\phi50f7$ 外圆及相应端面,单边留0.2 mm余量</td></tr>
<tr><td>3</td><td colspan="3">精车尺寸M48大径外圆及相应端面达图要求</td></tr>
<tr><td>4</td><td colspan="3">用光刀精车尺寸 $\phi60f7$ 外圆及相应端面达图要求</td><td rowspan="2">外圆精车刀</td></tr>
<tr><td>5</td><td colspan="3">用光刀精车尺寸 $\phi50f7$ 外圆及相应端面达图要求</td></tr>
<tr><td>6</td><td colspan="3">用切槽刀加工两空刀槽达图要求</td><td>外圆切槽刀</td></tr>
<tr><td>7</td><td colspan="3">车削螺纹M48×2达图要求</td><td>外圆螺纹刀</td></tr>
</table>

续表 1-14

（工厂名）			产品图号		零(部)件图号		第 页
			产品名称	五辊矫直机	零(部)件名称	轴承体	共 页
机械加工工艺卡片			毛坯外形尺寸	200×480	每料可制件数	1	生产数量 6
毛坯种类	锻件		材料牌号	45	单件重量	18.1 kg	备注

工序	安装	工步	工序内容	工艺装备：设备名称	工艺装备：刀具夹具量具	工时/h：准终	工时/h：单件
7	1	1	以尺寸 90 一端面为安装面，以已加工轴外圆面为定位基面，打百分表定位，夹紧后，精铣方头周边尺寸 200 两端面平面达图要求	X53	圆柱铣刀	1	4
8	1	1	以尺寸 200 一端面为安装基准，定位后夹紧工件，精铣尺寸 90 一端平面达图要求	T611	端面铣刀	1	8
		2	以已加工尺寸 86 上端面和尺寸 200 一端面和轴圆柱面为定位基准，找正夹紧，粗镗后精镗内孔达图要求		镗刀		
	2	1	翻面装夹工件，精铣尺寸 90 另一端平面达图要求		端面铣刀		
	3	1	以尺寸 90 一端面为安装面，以已加工各面为定位基准，找正夹紧后加工尺寸 86 上端面及尺寸 71 上端面达图要求		立铣刀		
		2	旋转工作台，分别加工尺寸 135°和 60°斜面达图要求				
		3	铣削尺寸 14 的槽达图要求		键槽铣刀		
9			以已加工面为基准，划出各把合孔、油孔的加工位置线	划线	划线盘等	—	—
10	1	1	钻 4 - $\phi14$ 的通孔，$A-A$ 剖视图上 $\phi14$ 通孔、G1/8″和 M10×1 底孔达图要求	Z35	麻花钻	0.5	1
11			钳工攻丝、清整	钳工	丝锥等	—	1
编 制	胡运林	校 核		批准		会签（日期）	

能力点 1.9 项目训练

【任务 1】 图 1-34 所示为销轴制定加工工艺卡片。技术要求：热处理调质 215 ~ 240HB；尺寸 3 的槽表面淬火 35 ~ 40HRC。

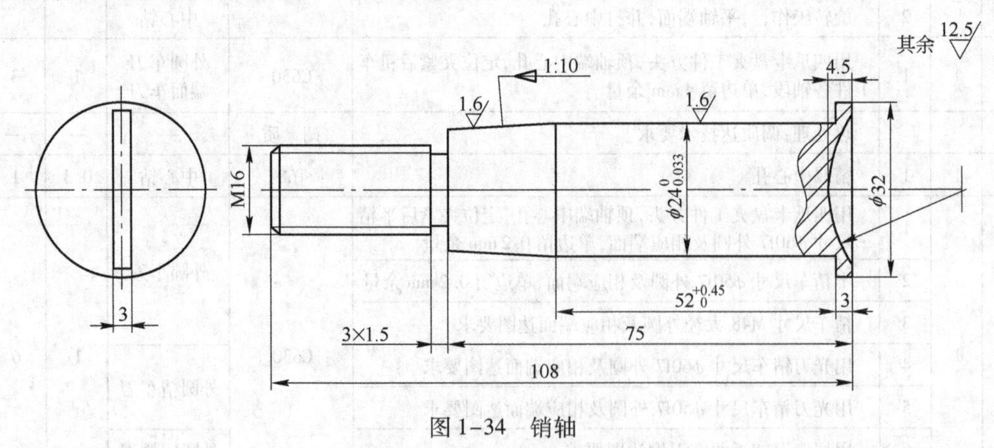

图 1-34 销轴

【任务 2】 加工如图 1-35 所示钢板工件上的两孔，由于中心距 40 ±0.08 mm 无法直接测量，而采用测量两孔和尺寸 L 来保证，请计算尺寸 L 多少时才能保证中心距 40 ±

0.08 mm。

【任务3】　用调整法铣图1-36所示小轴槽面，试确定以大端轴向定位时的铣槽工序尺寸L_3及其极限偏差。

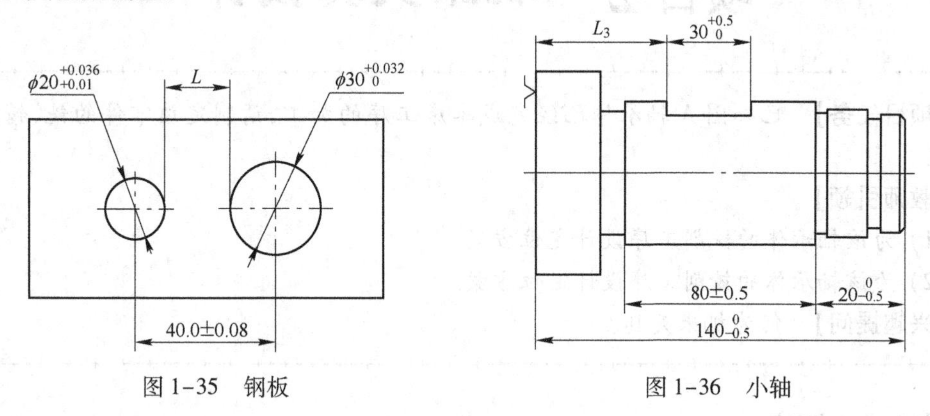

图1-35　钢板　　　　图1-36　小轴

【任务4】　图1-37所示工件成批生产时采用端面B定位加工A面（用调整法），以保证尺寸$10^{+0.20}_{0}$ mm，试标注铣削表面A的工序尺寸及上、下偏差。

【任务5】　图1-38所示阶梯轴，在车削时要保证设计尺寸$5^{+0.12}_{0}$ mm的要求，切槽时以端面1为测量基准，控制孔深L，试确定切槽时的工序尺寸及上、下偏差。

【任务6】　图1-39(a)为零件图，图1-39(b)、(c)为铣平面2和镗孔Ⅱ时的工序图，试指出：

(1) 平面2的设计基准、工序基准、定位基准及测量基准；

(2) 镗孔Ⅱ的设计基准、工序基准、定位基准及测量基准。

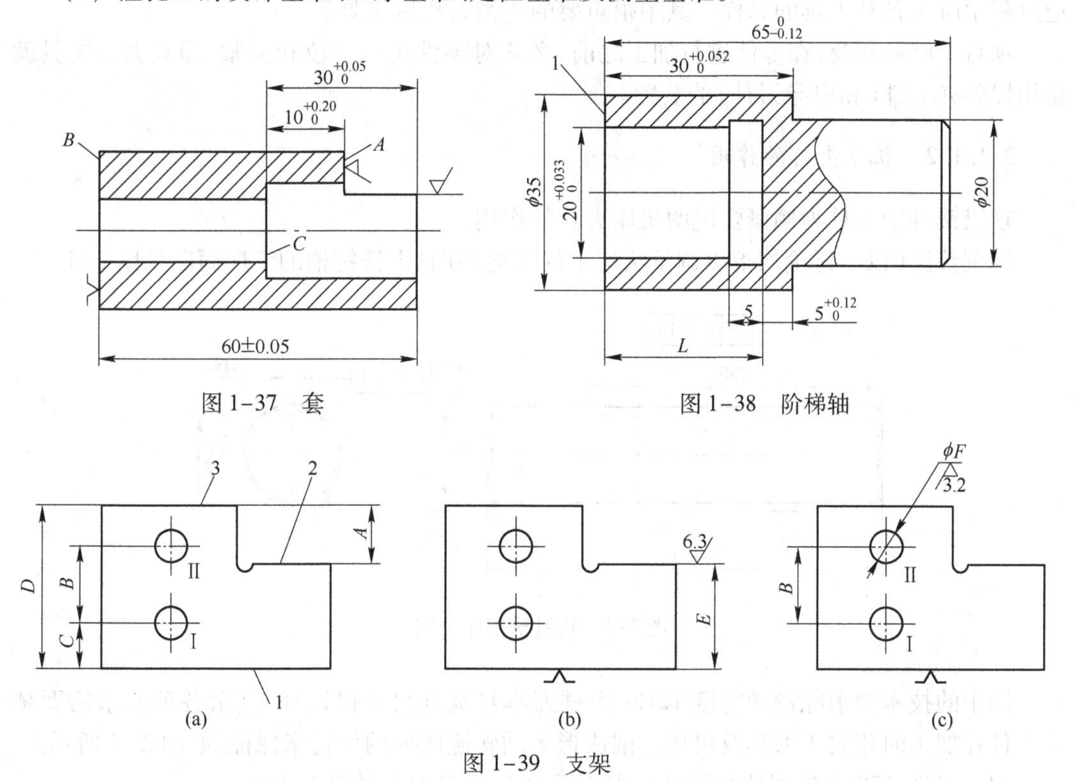

图1-37　套　　　　图1-38　阶梯轴

图1-39　支架

项目 2　机床夹具设计

【项目任务】 已知图 A 轴承体已经完成车床工序的加工，请制定该零件的铣、镗削装夹方案。

【教师引领】

(1) 为该轴承体的铣削工序设计定位方案。

(2) 为该轴承体的镗削工序设计定位方案。

【兴趣提问】 何为机床夹具？

知识点 2.1　概述

2.1.1　机床夹具及其作用与组成

2.1.1.1　机床夹具的概念

要完成一个零件的机械加工，除需要如机床等的工艺装备外，还需要使用各种工艺装备（简称工装）。工装包括刀具、模具、量具、检具、辅具、钳工工具和工位器具等，是在产品制造过程中所用各种工具的总称。其中很重要的一类为机床夹具。

项目 1 已经叙及，在零件进行加工之前，必须对零件进行定位和夹紧，即装夹。夹具就是用以装夹工件（和引导刀具）的装置。

2.1.1.2　机床夹具的作用

现以铣键槽夹具为例概要说明机床夹具的作用。

用调整法（以后讨论均指以调整法加工的情况）在轴上铣键槽的工序简图见图 2-1。

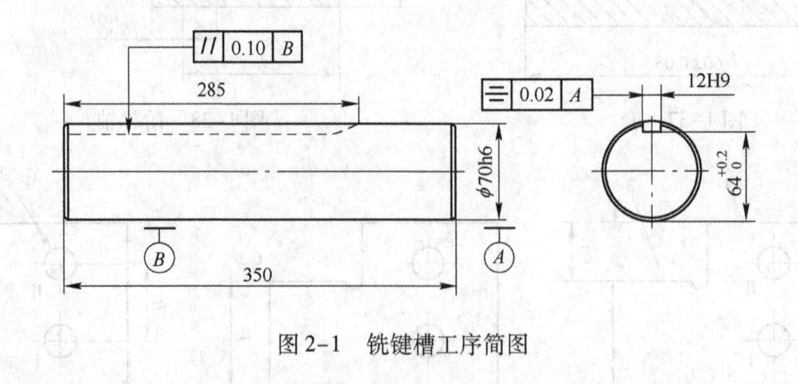

图 2-1　铣键槽工序简图

图中的技术要求除键槽宽度 12H9 由铣刀本身宽度尺寸保证外，其余各项要求需要依靠工件在加工时相对于刀具及机床切削成形运动轨迹所处的位置来保证，如图 2-2 所示。

(1) 工件 ϕ70h6 外圆柱面的轴向中心面 D 与铣刀对称平面 C 重合；

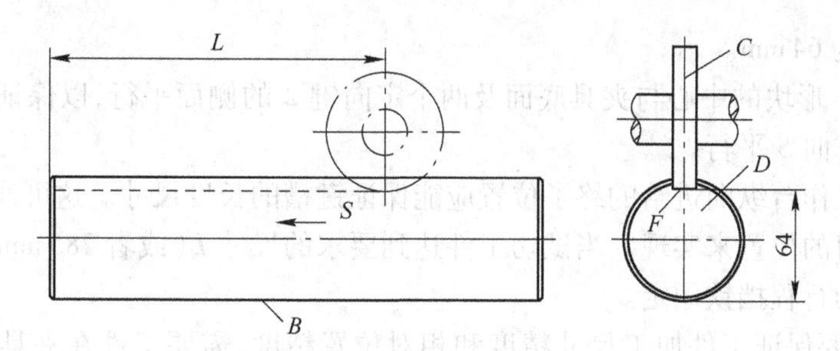

图 2-2 工件在加工中的正确位置

（2）工件 ϕ70h6 外圆下母线 B 距离铣刀圆周刃口 F 为 64 mm；

（3）工件 ϕ70h6 外圆下母线 B 与工件的纵向进给方向 S 平行；

（4）纵向进给终了时工件左端面距铣刀中心线的距离为 L（L 尺寸需按铣刀直径根据有关尺寸计算）。

为保证工件能快速、简单地通过装夹获得上述要求的正确位置，需要使用图 2-3 所示的专用夹具。夹具装在铣床工作台上。夹具体 1 的底面与工件台台面紧密接触，定向键 2 嵌入工作台的 T 形槽内与 T 形槽的纵向侧面相配合。调整工作台的横向位置，用对刀装置 10 及塞尺确定夹具相对铣刀的位置。铣床工作台的纵向进给终了位置由行程挡铁控制，并通过试切确定。

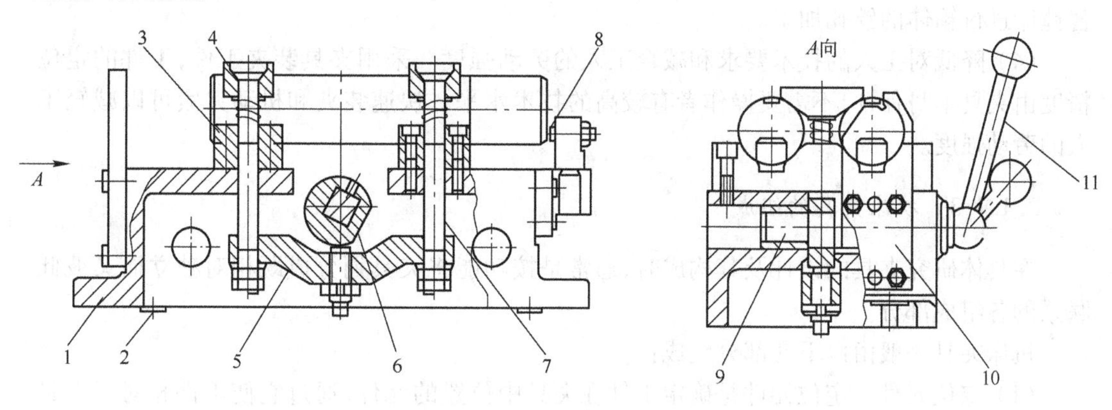

图 2-3 铣键槽夹具结构图

1—夹具体；2—定向键；3—V 形块；4—压板；5—杠杆；6—偏心轮；
7—拉杆；8—螺钉；9—轴；10—对刀装置；11—手柄

夹具每次装夹两个工件，分别放在两副 V 形块 3 上，工件端部顶在定位螺钉 8 的端部，从而使工件自然占据要求的正确位置，实现工件的定位。然后转动手柄 11 带动偏心轮 6 转动，偏心轮 6 推动杠杆 5 将两根拉杆 7 向下拉动，带动两块压板 4 同时将两个工件夹紧。使用夹具装夹工件能使其正确位置得到保证，这是因为保证了下列条件：

（1）保证对刀装置 10 的侧面与 V 形块 3 的中心对称面的距离为键槽宽度（12H9）值的一半加上塞尺厚度尺寸。对刀时使铣刀侧刃口与对刀装置 10 之间的距离恰好能放上塞尺，这样就能保证 V 形块中心对称面（即装夹后的工件轴向中心面 D）与铣刀对称平面 C 重合。

（2）保证对刀装置 10 的底面与放置在 V 形块 3 上的 ϕ70 样件的下母线 B 的距离为加工要求尺寸 64 mm 减去塞尺厚度尺寸。因此同样直径的工件放上 V 形块后下母线距离铣

刀圆周刃口 F 为 64 mm。

(3) 保证 V 形块的中心与夹具底面及两个定向键 2 的侧面平行,以保证外圆母线与工件的纵向进给方向 S 平行。

(4) 铣床工作台纵向进给的终了位置应能保证键槽的长度尺寸。这可通过试切工件调整夹具相对铣刀的位置来实现。当试切工件达到要求的尺寸 L(或者 285 mm)后,将控制工作台纵向位置的行程挡铁固定。

由此可见,要保证工件加工尺寸精度和相对位置精度,需要工件在夹具中有正确的定位、夹具相对于机床有正确的位置关系、夹具相对于刀具经过精确地调整。

夹具的主要作用如下:

(1) 保证加工精度。采用夹具装夹工件可以准确地确定工件与机床切削成形运动和刀具之间的相对位置,并且不受主观因素的影响,工件在加工中的正确位置易于得到保证。因此比较容易获得较高的加工精度和使一批工件稳定地获得同一加工精度。

(2) 提高生产率。夹具能够快速地装夹工件,缩短装夹工件的辅助时间,有的还可使装夹工件的辅助时间与基本时间部分或全部重合,提高劳动生产率。在生产批量较大时,可以采用快速、高效率的多工件、多工位机动夹具,尽可能地减少装夹工件的辅助时间。

(3) 扩大机床的工艺范围。在普通机床上配置适当的夹具可以扩大机床的工艺范围,实现一机多能。例如在普通车床的溜板上或摇臂钻床的工作台上装上镗床夹具后就可以代替镗床进行箱体的镗孔加工。

(4) 降低对工人的技术要求和减轻工人的劳动强度。采用夹具装夹工件,工件的定位精度由夹具本身保证,不需要操作者有较高的技术水平。快速装夹和机动夹紧可以减轻工人的劳动强度。

2.1.1.3　机床夹具的组成

在具体研究夹具的设计及其构成时,通常是按功能将夹具划分成既相对独立而又彼此联系的各组成部分。

机床夹具一般由以下几部分组成:

(1) 定位元件。定位元件是确定工件在夹具中位置的元件,通过它使工件相对于刀具及机床切削成形运动处于正确的位置。如前例中的 V 形块 3 和定位螺钉 8 就是定位元件。

(2) 夹紧装置。夹紧装置保持工件在夹具中获得的既定位置,使其在外力作用下不产生位移。夹紧装置通常是由夹紧元件、增力及传动装置以及动力装置等组成。如前例中的压板 4、拉杆 7、杠杆 5、偏心轮 6、轴 9 和手柄 11 构成的机构即是该夹具的夹紧装置。

(3) 对刀和引导元件。对刀和引导元件是确定夹具相对于刀具的位置或引导刀具方向的元件,如前例中的对刀装置 10。

(4) 夹具体。夹具体是连接夹具上各元件、装置及机构使之成为一个整体的基础件,如前例中的件 1。

(5) 其他元件。其他元件是根据夹具的特殊功能需要而设置的元件或装置,如分度装置等。

应该指出,并不是每台夹具都必须具备上述的各组成部分。但一般说来,定位元件、夹紧装置和夹具体是夹具的基本组成部分。

2.1.2 机床夹具的分类

按照夹具的通用化程度和使用范围,可将其分为如下几类:

(1) 通用夹具。通用夹具一般作为通用机床的附件提供,使用时无需调整或稍加调整就能适应多种工件的装夹,如车床上的三爪卡盘、四爪卡盘、顶针等;铣床上的平口虎钳、分度头、回转工作台等;平面磨床上的电磁吸盘等。这类夹具通用性强,因而广泛应用于单件小批生产中。

(2) 专用夹具。专用夹具是为某一特定工件的特定工序而专门设计制造的,因而不必考虑通用性。通用夹具可以按照工件的加工要求设计得结构紧凑、操作迅速、方便、省力,以提高生产效率。但专用夹具设计制造周期较长、成本较高,当产品变更时无法使用。因而这类夹具适用于产品固定的成批及大量生产中。

(3) 通用可调夹具与成组夹具。通用可调夹具与成组夹具的结构比较相似,都是按照经过适当调整可多次使用的原理设计的。在多品种、小批量的生产组织条件下,使用专用夹具不经济,而使用通用夹具不能满足加工质量或生产率的要求,这时应采用这两类夹具。

通用可调夹具与成组夹具都是把加工工艺相似、形状相似、尺寸相近的工件进行分类或分组,然后按同类或同组的工件统筹考虑设计夹具。其结构上应可供更换或调整的元件,以适应同类或同组内的不同工件。

这两种夹具的区别是:通用可调夹具的加工对象不很确定,其可更换或可调整部分的设计应有较大的适应性;而成组夹具是按成组工艺分组,为一组工件而设计的,加工对象较确定,可调范围能适应本组工件即可。

采用通用可调夹具和成组夹具可以显著减少专用夹具数量,缩短生产准备周期,降低生产成本,因而在多品种、小批量生产中得到广泛地应用。

(4) 组合夹具。组合夹具是由一套预先制造好的标准元件组装而成的专用夹具。这套标准元件及由其组成的合件包括:基础件、支承件、定位件、导向件、夹紧件、紧固件等。它们由专业厂生产供应,具有各种不同形状、尺寸、规格,使用时可以按工件的工艺要求组装成所需的夹具。组合夹具用过之后可方便地拆开、清洗后存放,待组装新的夹具。因此,组合夹具具有缩短生产准备周期,减少专用夹具品种,减少存放夹具的库房面积等优点,很适合新产品试值或单位小批生产。

知识点2.2 工件在夹具中的定位

2.2.1 定位基本原理

前已指出,加工前必须使工件相对于刀具和机床切削成形运动占有正确的位置,即工件必须定位。工件在夹具中定位的目的是保证同一批工件占有同一的正确加工位置。工件定位基本原理将讨论工件定位的基本条件及实现应该遵循的原则。

2.2.1.1 六点定位原理

工件的定位问题可以转化为在空间直角坐标系中决定刚体坐标位置的问题来讨论。一个刚体在空间可能具有的运动称为自由度。由运动学可知,刚体在空间可以有六种独立运

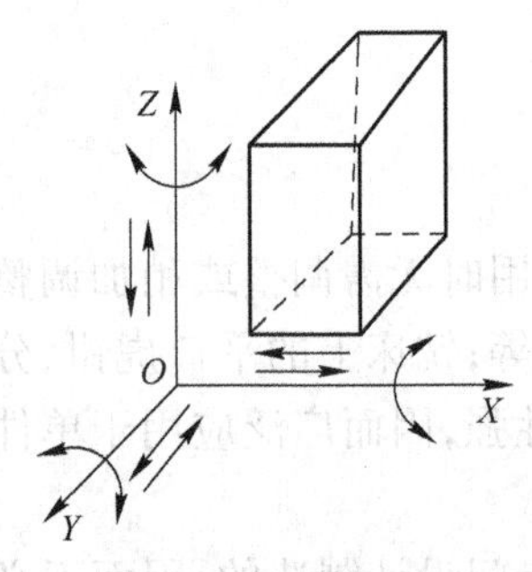

图 2-4 刚体在空间的六个自由度

动,即具有六个自由度。将刚体置于 $OXYZ$ 直角坐标系中,如图 2-4 所示,这六个自由度是:沿 X 轴、Y 轴、Z 轴的平移运动,分别用 $\vec{X}$、$\vec{Y}$、$\vec{Z}$ 表示;绕 X 轴、Y 轴、Z 轴的转动,分别用 $\widehat{X}$、$\widehat{Y}$、$\widehat{Z}$ 表示。若要消除刚体的自由度,就必须对刚体采取措施。六个自由度都被限制了的刚体,其空间位置即被确定。

在分析工件定位问题时,可以将具体的定位元件转化为定位支承点,一个支承点限制一个自由度。用合理分布的六个支承点限制工件的六个自由度,工件在夹具中的位置就完全确定了。

如图 2-5 所示长方体形工件的六点定位,用相当于六个支承点的定位元件与工件的定位基面接触来限制。此时:

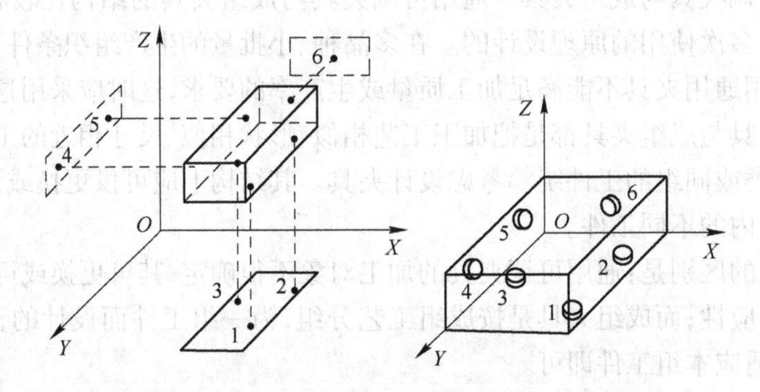

图 2-5 长方体工件的六点定位

在 XOY 平面内,用三个支承点 1、2、3 限制了 $\vec{Z}$、$\widehat{X}$、$\widehat{Y}$ 三个自由度;

在 YOZ 平面内,用两个支承点 4 和 5 限制了 $\vec{X}$、$\widehat{Z}$ 两个自由度;

在 XOZ 平面内,用一个支撑点限制了 $\vec{Y}$ 一个自由度。

上述用六个支承点限制工件六个自由度的方法,称为六点定位原理,或称为工件定位原理。

在分析工件定位问题时,可以将具体的定位元件转化为定位支承点,一个支承点限制一个自由度。用合理分布的六个支承点限制工件的六个自由度,工件在夹具中的位置就完全确定了。

图 2-6 所示为圆盘类工件的定位情况。在端面布置三个不共线的支承点 1、2、3,限制 $\vec{Z}$、$\widehat{X}$、$\widehat{Y}$ 三个自由度;在圆柱面布置两个支承点 5、6,限制 $\vec{X}$、$\vec{Y}$ 两个自由度;槽侧布置一个支承点 4,限制 $\widehat{Z}$ 一个自由度,工件实现完全定位。

图 2-7(a)所示为轴类工件的定位情况。在圆柱面布置四个支承点 1、3、4、5,限制了 $\vec{X}$、$\vec{Z}$、$\widehat{X}$、$\widehat{Z}$ 四个自由度;槽侧布置一个支承点 2,限制 $\widehat{Y}$ 一个自由度;端面布置一个支承点 6,限制了 $\vec{Y}$ 自由度,工件实现完全定位。在夹具中定位元件的布置情况见图 2-7(b),为了在外圆柱面布置四个定位支承点,一般采用 V 形块作为定位元件。

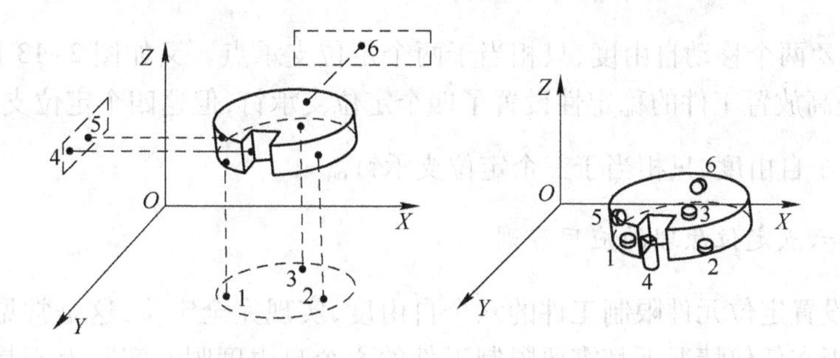

图 2-6　圆盘类工件的六点定位

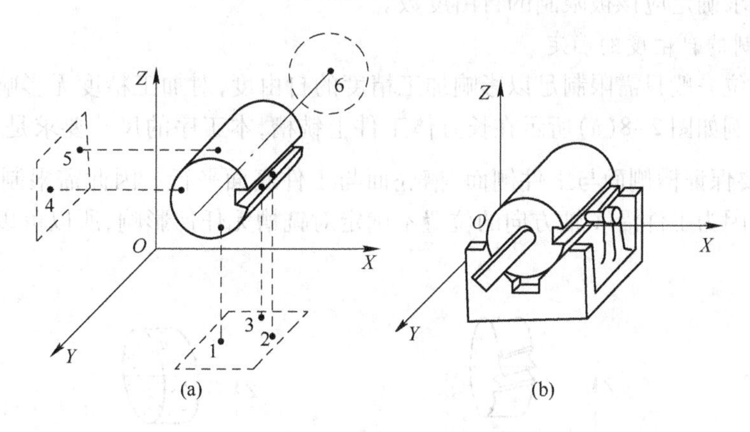

图 2-7　轴类工件的六定位

综上所述三个例子,为限制工件的六个自由度,实现完全定位,需合理地布置六个定位支承点。

正确理解工件定位原理,还须注意以下几点:

(1) 定位支承点与工件定位基准要始终保持紧密接触或配合,才能起到限制自由度的作用。二者一旦脱离,即认为失去限制自由度的作用,即失去定位的作用。

(2) 用支承点限制某方向的自由度,并不是说工件在该方向不可能产生运动(移动或转动),而是说工件在该方向的位置可以确定。如图 2-5(b)所示,长方形工件虽已与夹具的六个支承钉相接触,实现了完全定位,但在外力作用下它能产生运动(与定位支承钉脱离)。而防止这种运动应由夹紧装置来完成。

此外,工件在夹紧力作用下,即使完全失去某方向运动的可能性,但在该方向也不一定已被定位。例如三爪卡盘夹持的圆柱形工件,虽然不能沿轴线方向移动,但实际上在该方向上并未定位。原因是对一个工件来说,其轴线方向的位置是不确定的;对一批工件来说,其轴线方向位置是一致的。

因此,应理解"定位"与夹紧概念的区别,"定位" 是解决定不定的问题,即解决工件确定空间位置的问题,"夹具"是解决工件动不动的问题。在分析支承点的定位作用时,不考虑外力的作用。

(3) 把具体的定位元件抽象为定位支承点是为了分析问题方便。但不能从形式上看有几点与工件接触就抽象为几个支承点,而应看它实质上能消除几个自由度,就相当于有几个支承点。例如 2-9(b)所示的三爪卡盘夹持工件,卡盘爪在圆周方向与工件有三点接触,但

能限制工件 $\vec{Y}$、$\vec{Z}$ 两个移动自由度，只相当于两个定位支承点。又如图 2-13 所示的定位平面，虽然为了提高放置工件的稳定性设置了四个定位支承钉，但这四个定位支承钉只能限制工件 $\vec{Z}$、$\widehat{X}$、$\widehat{Y}$ 三个自由度，只相当于三个定位支承钉。

2.2.1.2 六点定位原理的应用原则

通过适当设置定位元件限制工件的六个自由度，实现完全定位，这是常见的定位情况。然而生产中是否在任何情况下都需要限制工件的六个自由度呢？实际上不是，一般要根据工件的加工要求确定应该被限制的自由度数。

A 应限制的自由度的确定

工件的定位一般只需限制足以影响加工精度的自由度，对加工精度无影响的自由度可以不必限制。例如图 2-8(a)所示在长方体工件上铣槽，本工序的尺寸要求是 L 和 H，除尺寸精度外，还要保证槽侧面与工件侧面、槽底面与工件底面平行。因此需限制除 $\vec{X}$ 之外的五个自由度。因为工件沿 X 轴方向的位置不确定对铣槽无任何影响，所以可以不必限制自由度 $\vec{X}$。

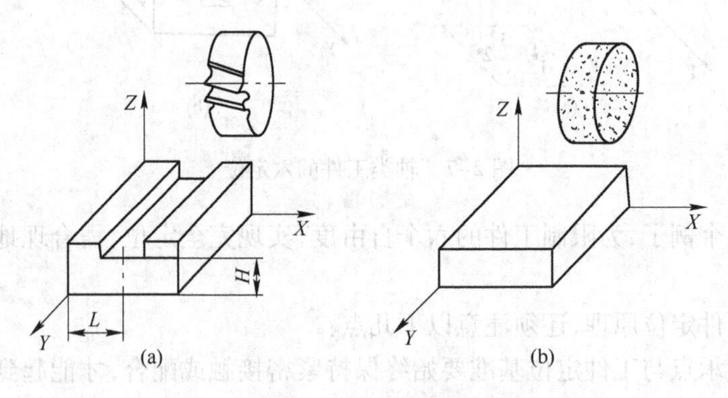

图 2-8 部分定位示例

又如图 2-8(b)所示的在长方体工件上磨平面，仅要求被加工平面与工件底部基面平行及厚度尺寸，因而只需限制工件 $\vec{Z}$、$\widehat{X}$、$\widehat{Y}$ 三个自由度。

由上两例可见，在保证加工要求的前提下，有时并不需要完全限制工件的六个自由度，不影响加工要求的自由度可以不限制，这种情况称为部分定位。部分定位是合理的定位方式。另一种采取部分定位的情况是：由于主工件的形状特点，没有必要也无法限制工件某些方向的自由度。如图 2-9 所示，在圆球上铣一平面和钻一孔；在光轴上车一阶梯和一段螺纹；在套筒上铣一键槽。由于工件有一对称回转轴线，则工件绕此回转轴线转动的自由度是无法限制的。实际上因为该回转轴线是工件的对称中心，工件绕回转轴线任意放置的结果都一样，不影响一批工件在夹具中位置的一致性。

以上分析说明，在考虑工件定位方案时，应首先分析根据加工要求必须限制哪些自由度，然后设置必要的定位支承点去限制这些自由度。再选择和设计适当的定位元件对工件进行定位，以保证能限制这些自由度。对于因自身形状特点不能也没必要限制的自由度则不用考虑。

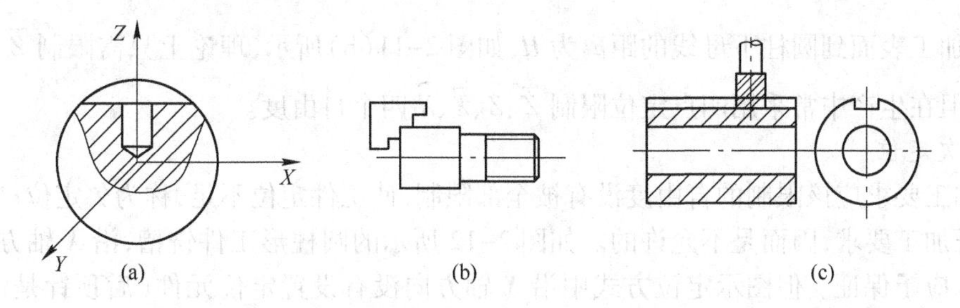

图2-9 不必限制绕自身轴线回转自由度的示例

一般情况下,需要限制的自由度数目越多,夹具的结构越复杂,因此工件自由度的限制应以恰好能保证加工要求为限。但在生产实际中,当选择定位元件时会出现自然限制不需要限制的自由度的情况,否则反而难以选择结构合适的定位元件。例如图2-10(a)所示的轴套,需加工一个 ϕD 的通孔。按此加工要求,本工序中必须限制的自由度为 $\vec{X}$、$\vec{Y}$、$\widehat{Y}$、$\widehat{Z}$,而自由度 $\vec{Z}$ 和 $\widehat{X}$ 的存在并不影响加工要求。但是在选择定位元件时,无论用图2-10(b)所示的心轴定位,还是用图2-10(c)所示的V形块定位,除限制了必须限制的四个自由度外,都同时自然限制了自由度 $\vec{Z}$。此种情况若想人为地不限制自由度 $\vec{Z}$,不但不能简化夹具结构,反而会增加设计困难,使夹具结构复杂。

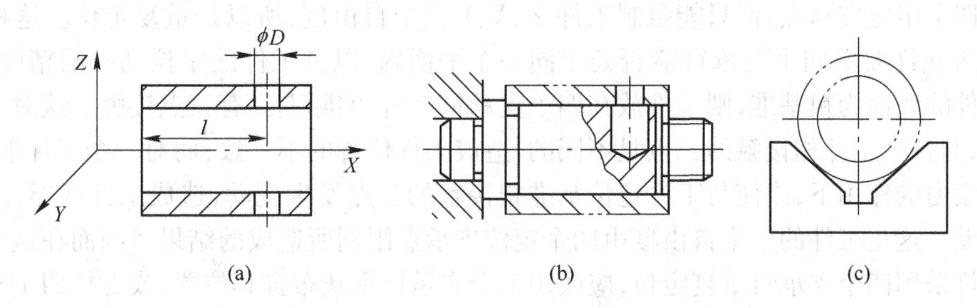

图2-10 因定位结构必须多限制的自由度

虽说在保证加工要求的前提下,限制自由度的数目应尽量少,但在实际加工中为保证装夹工件获得稳定的位置,对任何工件的定位所限制的自由度数都不得少于三个。例如在圆球上铣平面,要求加工面到球心距离为 H,理论上只需限制一个自由度 $\vec{Z}$,如图2-11(a)所示,但为了使定位稳定,必须采用三点定位限制 $\vec{X}$、$\vec{Y}$、$\vec{Z}$ 三个自由度。再如在光滑圆柱上铣平

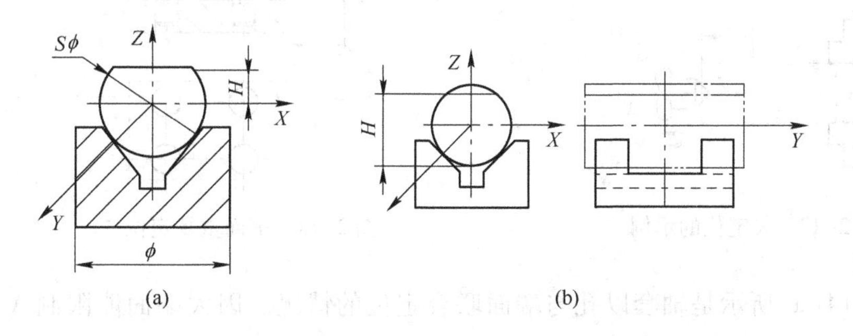

图2-11 实际加工中需要最少限制的自由度

面，要求加工表面到圆柱下母线的距离为 H，如图 2-11(b) 所示，理论上只需限制 $\vec{Z}$、$\widehat{X}$ 两个自由度，但在生产中常采用四点定位限制 $\vec{Z}$、$\widehat{Z}$、$\vec{X}$、$\widehat{X}$ 四个自由度。

B　欠定位

按加工要求应该限制的自由度没有被全部限制，使工件定位不足，称为欠定位。欠定位不能保证加工要求，因而是不允许的。如图 2-12 所示的圆柱形工件铣槽，沿 X 轴方向的键槽尺寸 L 应予保证。但图示定位方式中沿 X 轴方向没有设置定位元件（后顶针是活动的，位置不确定），这将使工件装夹以后沿 X 轴方向的位置不确定，从而使一批工件装夹以后的位置不一致，L 尺寸不能保证，原因就是 X 这一自由度应限制而没有限制，出现了欠定位。

C　重复定位

工件定位时几个定位支承点重复限制同一个自由度，这样的定位称为重复定位。一般情况下，重复定位会出现定位干涉，使工件的定位精度受到影响，使工件或定位元件在工件夹紧后产生变形。因此，在分析和制定工件定位方案时应避免出现重复定位。但是在生产实际中也常会遇到工件按重复定位方式定位的情况，这说明重复定位不能单凭定位元件的形式能转化成的定位支承点数简单地加以确认，对于重复定位是否允许，应根据具体情况具体分析。下面举例说明。

图 2-13 所示长方体工件以底面为定位基准加工上表面。支撑工件的四个定位支承钉相当于四个定位支承点，但只能限制工件 $\vec{Z}$、$\widehat{X}$、$\widehat{Y}$ 三个自由度，所以是重复定位。这种定位情况是否允许要看四个支承钉能否处于同一个平面内，以及工件的定位基准的精度状况。如果工件的底面为粗基准，则工件放在四个支承钉上后，实际上只有三点接触。这对一批工件来说，与各个工件相接触的三点是不同的，造成工件位置的不一致；而对一个工件来说，则会在夹紧力的作用下，或使与工件定位基准相接触的三点发生变动，造成工件变形，产生较大的误差。这是工件的三个自由度由四个定位支承点限制所造成的结果。因而在这种情况下不允许采用四个支承钉重复定位，应改用三个支承钉重新布置其位置，或者把四个支承钉之一改为辅助支承，使其只起支承作用而不起定位作用。若工件的底面是经过精加工的精基准，而四个定位支承钉又准确地位于同一平面内（装配后一次磨出），则工件定位基准会与定位支承钉很好接触，不会出现超出允许范围的定位基准位置变动，而且支承稳固，工件受力变形小。这种情况下的四个定位支承钉（或者两条窄平面、一个整平面）只起三个定位支承点的作用，因而重复定位是允许的。

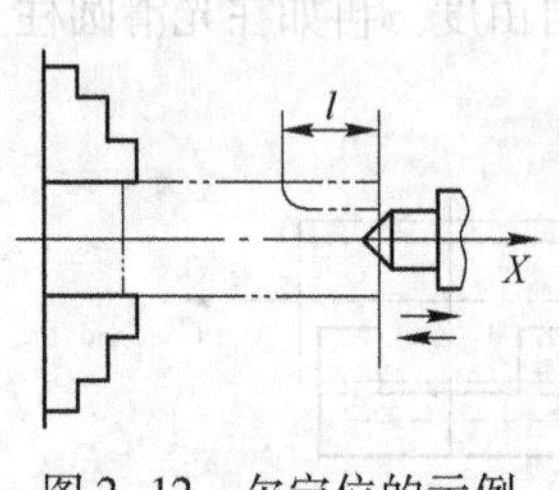

图 2-12　欠定位的示例

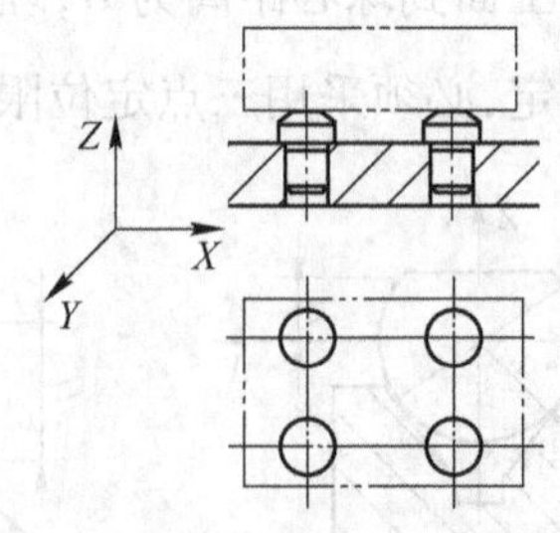

图 2-13　平面重复定位

图 2-14(a) 所示是轴套以孔与端面联合定位的情况。因大端面能限制 $\vec{X}$、$\widehat{Y}$、$\widehat{Z}$ 三个自由度，长销能限制 $\vec{Y}$、$\vec{Z}$、$\widehat{X}$、$\widehat{Z}$ 四个自由度，故当它们组合在一起时，$\widehat{Y}$、$\widehat{Z}$ 两个自由度将

被两个定位元件所重复限制，即出现重复定位。如果长销轴心线与凸台端面之间有较高的垂直度，工件内孔与大端面之间也有较高的垂直度，而它们之间的配合间隙又能补偿两者存在的极小的垂直度误差，则定位不会引起干涉。实质上这种定位所限制的自由度仍然只有 $\vec{X}$、$\vec{Y}$、$\vec{Z}$、$\widehat{Y}$、$\widehat{Z}$ 五个，它只是形式上的重复定位，实际上是允许的。采用这种定位方式可以提高加工中的刚性和稳定性，保证加工精度。

若工件内孔与大端面不垂直，则在轴向夹紧力作用下会使工件或长销产生变形，引起较大误差。改善这种情况的措施如下：

(1) 长销与小端面组合。定位以长销为主，限制四个自由度，端面限制 $\vec{X}$ 一个自由度（见图2-14b）；

(2) 短销与大端面组合。定位以大端面为主，限制三个自由度，短销限制 $\vec{Y}$、$\vec{Z}$ 两个自由度（见图2-14c）；

(3) 长销与浮动球面支承组合。定位以长销为主，限制四个自由度，浮动球面支承能绕Y轴和Z轴转动，只能限制 $\vec{X}$ 一个自由度（见图2-14d）。

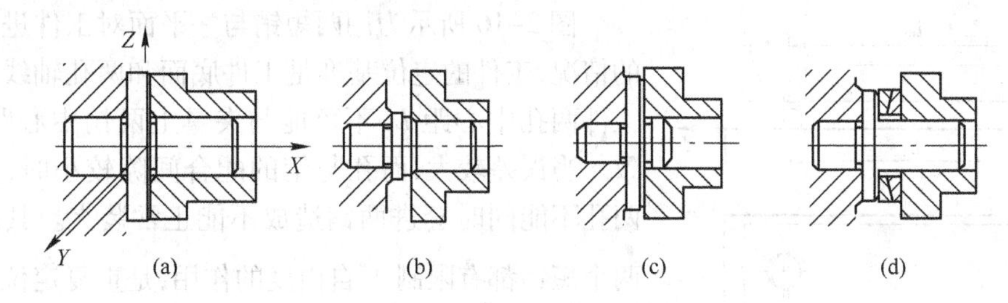

图2-14 重复定位及改善措施

图2-15(a)所示为长销1、支承板2及挡销3进行定位的情况。其中长销1与小头孔配合定位相当于四个定位支承点，限制工件的 $\vec{X}$、$\vec{Y}$、$\widehat{X}$、$\widehat{Y}$ 四个自由度；支承板2与连杆底面相接触相当于三个定位支承点，限制工件的 $\vec{Z}$、$\widehat{X}$、$\widehat{Y}$ 三个自由度；挡销3与连杆侧面相接触相当于一个定位支承点，限制工件的 $\widehat{Z}$ 一个自由度。本定位方式中的定位元件可以转化成八个定位支承点，实际只限制工件六个自由度，其中 $\widehat{X}$ 与 $\widehat{Y}$ 被重复限制。

在这种情况下，若定位销1与支承板2之间的垂直度精度很高，小头孔与底面之间有较高的垂直度精度且小头孔与长销之间有合适的配合间隙，则定位不会引起干涉，重复定位是允许的。但实际上工件的垂直度误差通常较大，因此就有可能如图2-15(a)那样，小头孔套入长销后底面与支承不完全接触。当施加夹紧力迫使其接触后，则会造成长销或者连杆的弯曲变形，降低大头孔与小头孔间的位置精度。因此，在确定定位方案时应如图2-15(b)所示，将长销1改为短销1′，使其失去消除 $\widehat{X}$ 和 $\widehat{Y}$ 的作用。或者如图2-15(c)所示，将支承板2改为小支承板2′，使其只起限制 $\vec{Z}$ 一个自由度的作用。在图2-15(b)所示定位方案中，支承板起主要定位作用，若加工大头孔则有利于保证大头孔与底面的垂直度；而图2-15(c)所示定位方案中，长销1起主要定位作用，若加工大孔则有利于保证大头孔轴线与小头孔轴线平行。至于采用哪一种方案应根据具体要求而定。

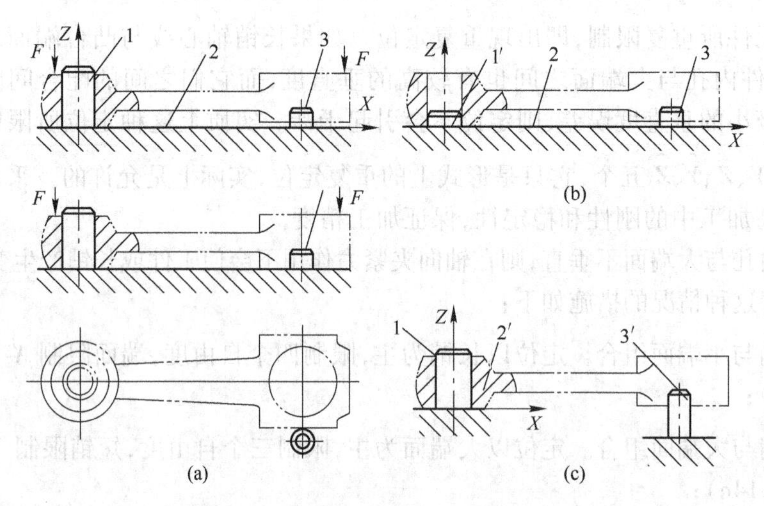

图 2-15　连杆的重复定位及其改善措施

1—长销；2—支承板；3—挡销；1′—短销；2′—小支承板

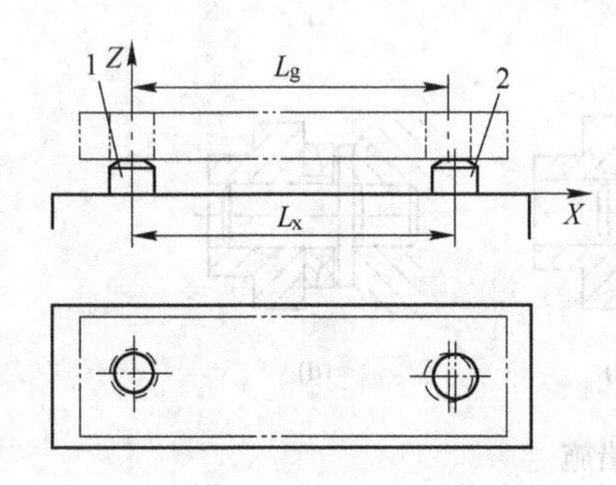

图 2-16　一面两销重复定位

1,2—短销

图 2-16 所示为用两短销与一平面对工件进行定位的情况，工件的定位基准是工件底面和两孔轴线。通常工件两孔中心距 L_g 不可能与夹具上两销中心距 L_x 一致。当误差较大，而孔与销的配合间隙较小时，将导致两孔不能同时套进两销造成不能正常装夹。其原因是两个短销都有限制 $\vec{X}$ 自由度的作用，是重复定位。解决这一问题的常用办法是将其中一销在 X 方向削去两边（即使其成为削边销），使其失去限制 $\vec{X}$ 的作用。通过增大孔与销的配合间隙（这将导致定位误差增大）或提高孔距与销距的精度虽也能解决上述问题，但因其不经济实用，生产实际中一般不采用。

综合上述例子可见，在工件定位基准和定位元件精度都较高的情况下，重复限制的定位元件之间不会产生干涉，不影响工件的正确位置，此时重复定位是允许的。反之，重复定位将使工件定位不稳定，增大同批工件在夹具中位置的不一致；或使工件或定位元件产生变形，降低加工精度，甚至使工件不能顺利地与定位件配合以致不能装夹。这种情况下的重复定位是不允许的。

为了消除重复定位产生的不良后果，可采用如下措施：

（1）撤销重复限制同一自由度的定位支承点，如图 2-13 所示的平面定位；

（2）改变定位元件结构，消除重复限制同一自由度的定位支承点，如图 2-14 ~ 图 2-16 所示；

（3）提高工件定位基准之间以及夹具定位元件工作表面之间的位置精度，尽量减少重复定位对加工精度的影响。

2.2.2　典型定位方式和定位元件

前面所述平面定位支承点限制工件自由度的分析方法，是为了简化问题，便于分析。工件在夹具中实际定位时，是根据工件上已被选定的定位基准的形状，而采用相应结构形状的定位元件来实现的。本节主要介绍典型定位方式及其作用的定位元件结构。在工件实际定位时，要正确运用定位基本原理，学会如何将各种具体的定位元件转化为相应的定位支承点，对各种具体定位方式进行定位分析。

2.2.2.1　工件以平面定位

A　平面定位分析

工件以平面为定位基准是最常见的定位方式之一。例如各种箱体、支架、机座、连杆、圆盘等类工件，常以平面或平面与其他表面的组合为定位基准进行定位。平面定位的主要形式是支承定位，工件的定位基准平面支承在定位支承位，或作为定位元件的平面上。这种情况的定位，平面通常作为主要的定位基准，限制工件三个自由度。如图2-6中的圆盘底面、图2-8中的长方体底面、图2-15(b)中的连杆底面等。

当如图2-5所示工件需要以多个平面组合定位时，通常把限制三个自由度的平面称为第一定位基准(装置基面)，限制两个自由度的平面称为第二定位基准(导向基面)，限制一个自由度的平面称为第三定位基准(定程基面)。对于长方体形工件(如箱体)，其三个定位基准的安排以及定位元件的布置，应遵循下述原则：

(1) 第一定位基准应该是工件上支撑面积最大并相对较精确的平面。夹具上与之相接触的三个定位支承点间的距离应尽量大，使三个支承点间的面积尽可能大，以利于提高定位精度，增加定位稳定性。因此在结构允许的情况下，定位元件应尽可能支撑在装置基面的边缘。

(2) 第二定位基准应选择在工件上窄长的平面。夹具的两个定位支承点应布置在一条直线上，为提高定位精度，两支承点相距应尽量远。

(3) 第三定位基准可选择工件上面积较小的平面，布置一个定位支承点。

B　平面定位元件

由于定位基准有粗、精之分，夹具中所用定位元件结构也不尽相同。平面定位的典型定位元件及定位装置已经标准化，常见的结构形式有下列几种：

(1) 钉支承和板支承。图2-17所示为用于平面定位的各种固定支承。图2-17(a)为平头支承钉，它与工件定位基准之间的接触面较大，因而可以减小接触面间的单位接触压力，避免压坏基准面，减小支承钉的磨损，常用于精基准定位。图2-17(b)为圆头支承钉，与工件定位基准之间为点接触，容易保证接触点位置的相对稳定，但也容易磨损，多用于粗基准定位。图2-17(c)为花头顶支承钉，其特点是有利于增大与工件基准间的摩擦力、防止工件移动，但水平放置时花头槽中容易积屑不易清除，所以常用在要求较大摩擦力的侧面定位。

较大的精基准平面定位，多用支承板。支承板有较大的接触面积，工件定位稳固。图2-17(d)所示的A型支承板，结构简单，制造方便，但切屑容易堆聚在固定支承板用的沉头螺钉孔中，不易清除，适合于侧面定位。图2-17(e)所示的B型支承板结构上做了改进，可克服A型的缺点。

定位基准在定位时的位置精度不能用增加固定支承数目的方法来提高。当粗基准平面作为第一定位基准定位时，必须采用三点支承方式。以精基准平面作为第一定位基位时，所用的平头支承钉或支承板，装配到夹具体上后须进行最终磨削，以求位于同一平面内的支承平面保持等高，且与夹具体底面保持必要的位置精度。

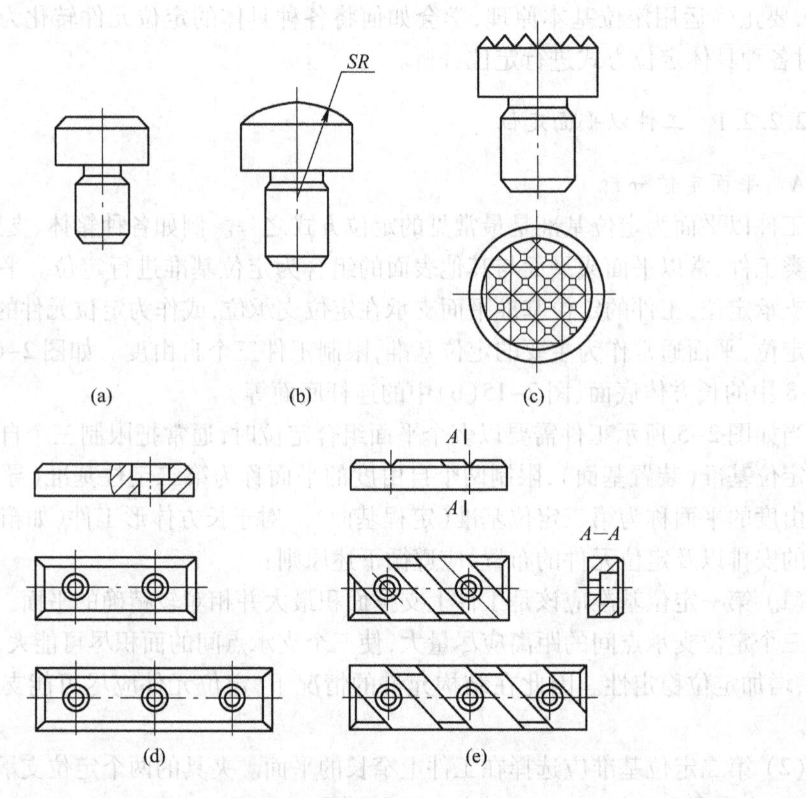

图 2-17　固定支承

（a）平头支承钉；（b）圆头支承钉；（c）花头顶支承钉；（d）A 型支承板；（e）B 型支承板

固定支承装配到夹具体上后，其高度方向尺寸（或经磨削后的尺寸）是固定不变的，因此这类定位元件的应用有一定的局限性。

（2）可调支承。可调支承的顶端位置可以在一定的范围内调整。图 2-18 所示为可调支承的典型结构，按要求高度调整好调整支承钉 1 后，用螺母 2 锁紧。可调支承主要用于各批毛坯的尺寸、形状变化较大，以粗基准定位的工件，一般一批工件调整一次。

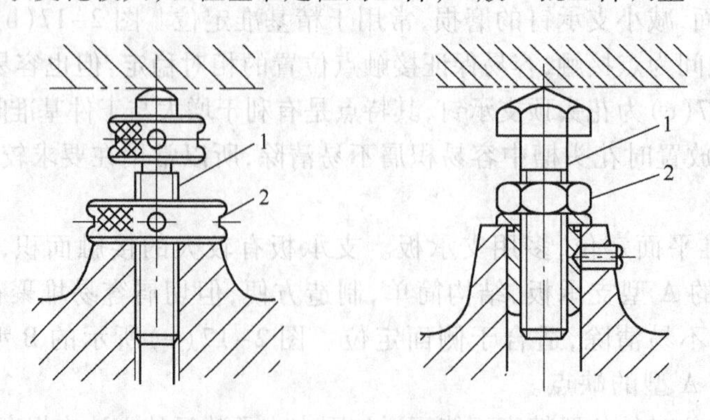

图 2-18　可调支承

1—可调支承螺钉；2—可调支承螺母

（3）自位支承。自位支承是指支承本身在定位过程中所处的位置是随工件定位基准的位置变化而自动与之相适应的一类支承。图2-19所示是常用的几种自位支承结构。图2-19(a)用于毛坯平面或断续表面；图2-19(b)用于阶梯表面；图2-19(c)用于有基准角度误差的平面定位，以避免重复定位。由于自位支承是活动的，所以尽管每个自位支承与工件定位基准面可能有两点或三点接触，但是一个自位支承只能限制工件一个自由度，只起一个定位支承点的作用。因此，当需要减少某个定位元件所限制的自由度数目，或使两个或多个支承组合只限制一个自由度，以避免重复定位时，常使用自位支承。这样工件就增加了支承点数，提高了定位稳定性和支承刚性，减小了受力变形。

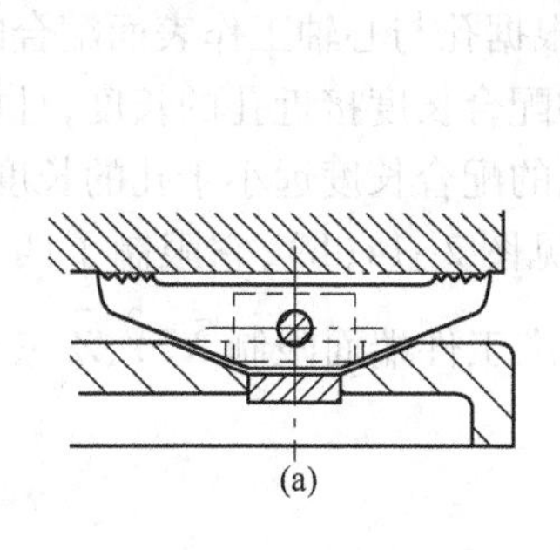

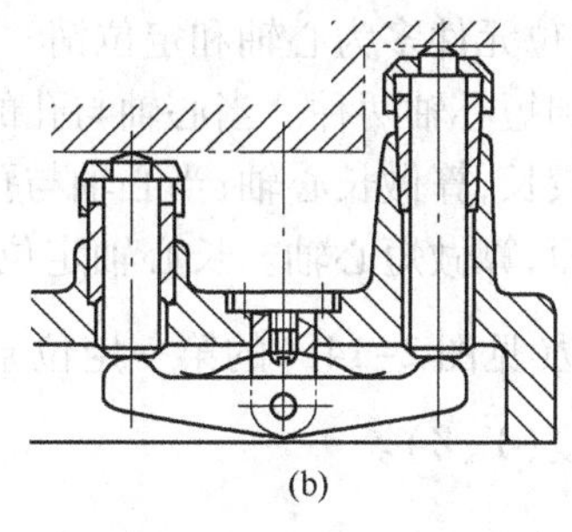

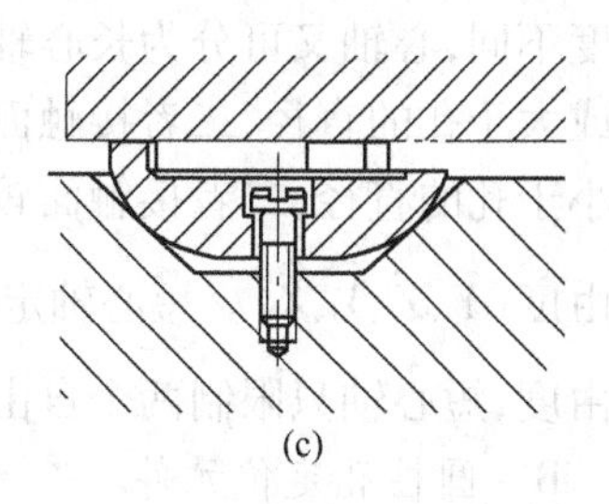

图2-19　自位支承

上述固定支承、可调支承和自位支承都是工件以平面定位时起定位作用的支承，一般称为基本支承。运用定位基本原理分析平面定位问题时，只有基本支承可以转化为定位支承点，限制工件的自由度。

（4）辅助支承。工件因尺寸形状特征或因局部刚度较差，在切削力、夹紧力或工件自身重力作用下，只由基本支承定位仍可能定位不稳或引起工件加工部位变形时，可增设辅助支承，如图2-20所示。

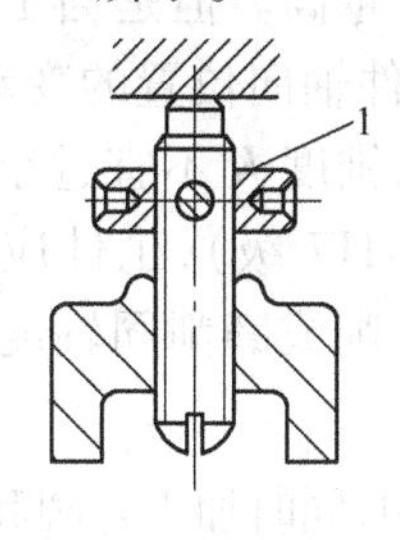

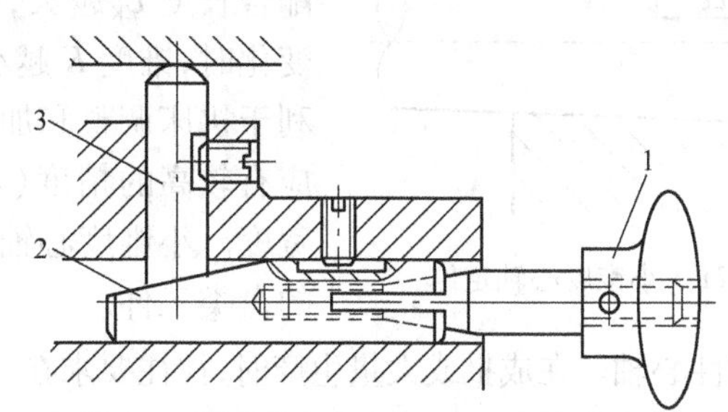

图2-20　辅助支承

1—调整螺母；2—支承钉；3—楔铁；4—手柄

辅助支承只在基本支承对工件定位后才参与支承，它只起提高工件刚性、稳定性、承受力以及辅助定位作用，不限制工件自由度。因此辅助支承的使用应不破坏由基本支承所确定的工件正确位置。

图2-20所示是两种辅助支承结构。图2-20(a)是用于小批量生产的螺旋式辅助支承。图2-20(b)是用于大批量生产的推引式辅助支承。各种辅助支承在每次卸下工件后必须松开，装上工件后再调整到支承表面并锁紧。

支承的工作面应耐磨，以保持夹具定位精度。直径小于12 mm的支承钉及小型支承板，一般用T7A钢，淬火60～64HRC；直径大于12 mm的支承钉及较大型的支承板，一般用20

钢渗碳淬火,渗碳深度 0.8 ~ 1.2 mm,淬火 60 ~ 64HRC。

2.2.2.2　工件以圆柱孔定位

A　圆柱孔定位分析

套筒、盘盖类工件常以其主要孔及平面组合为定位基准。其中常以孔为第一定位基准起主要定位作用,以端面定位限制轴向位置,而工件绕自身轴线回转的自由度一般不必限制。这种定位方式的特点是定位孔与定位元件之间处于配合状态,能够保证孔轴线处于正确位置(即与夹具规定的轴线重合),是定心定位。

工件以圆柱孔定位时所用定位元件多为心轴和定位销。根据孔与心轴工作表面配合的长度不同,心轴又可分为长心轴和短心轴两种。当心轴与孔的配合长度接近孔的长度,且接近或大于孔的直径,二者接触面较长,算做长心轴;当心轴与孔的配合长度远小于孔的长度,且小于孔的直径,二者接触面较短,算做短心轴。长心轴定位见图 2-14(b),它限制了四个自由度($\vec{Y}$、$\vec{Z}$、$\widehat{Y}$、$\widehat{Z}$)。短心轴定位(见图 2-14c)的第一定位基准工件端面限制 $\vec{X}$、$\widehat{Y}$、$\widehat{Z}$ 三个自由度,短心轴只限制两个自由度($\vec{Y}$、$\vec{Z}$)。

B　圆柱孔定位元件

圆柱孔定位元件包括以下几种:

(1) 小锥度心轴。小锥度心轴(见图 2-21)的定位表面带有锥度,为防止工件在心轴上倾斜,锥度应很小,常用锥度为 $K = 1:1000 \sim 1:5000$。定位时,工件楔紧在心轴上,靠孔的弹性变形产生的少许过盈消除间隙,并产生摩擦力带动工件回转,而不需另外夹紧。小锥度心轴的定心精度很高,一般可达 0.005 ~ 0.01 mm。孔的弹性变形使孔与心轴有一段配合长度 L_K,锥度 K 越小,配合长度 L_K 越大,定位精度越高。但是当工件孔径有变化时,锥度 K 越小引起工件轴向位置的变动越大,不利于机床调整和加工。所以锥度 K 不宜过小。工件孔应有较高的精度(不宜低于 IT7 级),工件应有适当的宽度。小锥度心轴多用于车削或磨削同轴度要求较高的盘类工件。

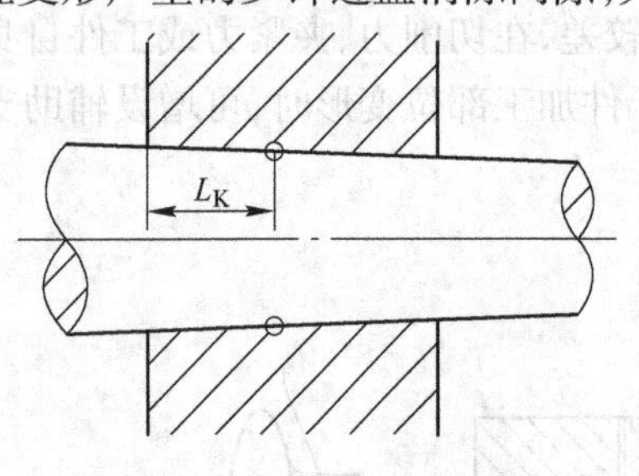

图 2-21　小锥度心轴定位

(2) 刚性心轴。在成批或大量生产时,往往要求在一道工序中,同时加工外圆和端面。为了克服小锥度心轴定位时工件轴向位置不固定的缺点,常采用圆柱面心轴定位。圆柱面心轴的结构形式很多,除刚性心轴外,还有弹簧心轴和液性塑料心轴等,将在定心夹紧机构中介绍。

刚性心轴按工件圆柱孔配合性质分为过盈配合与间隙配合圆柱心轴。如图 2-22(a)、(b)所示,心轴与工件孔采用过盈配合。心轴有导向部分 1、工作部分 2 及传动部分 3。导向部分使工件能迅速且正确地套在心轴的工作部分上,其直径 d_3 可按间隙配合 e8 制造。对于长径比 $L/D<1$(L、D 分别为工件上孔的长度和直径)的工件,心轴工作部分可做成圆柱形,直径按 r6、s6 制造。对于长径比 $L/D>1$ 的工件,心轴可稍有锥度,此时大端 d_1 按 r6、s6 制造,小端 d_2 按 h6 制造。用图 2-22(b)所示的过盈配合心轴定位时,可以同时加工工件两端面,工件轴向位置 L_1 在工件压入心轴时予以保证,见图 2-22(c)。过盈配合心轴定位精度较高,相应要求工件孔精度也应较高,一般为 IT6 ~ IT7 级精度。该种定位方式的缺点是装卸工件比较麻烦,辅助时间长。若有两个或多个心轴,则可以使基本时间与辅助时间重合,提高生产率。

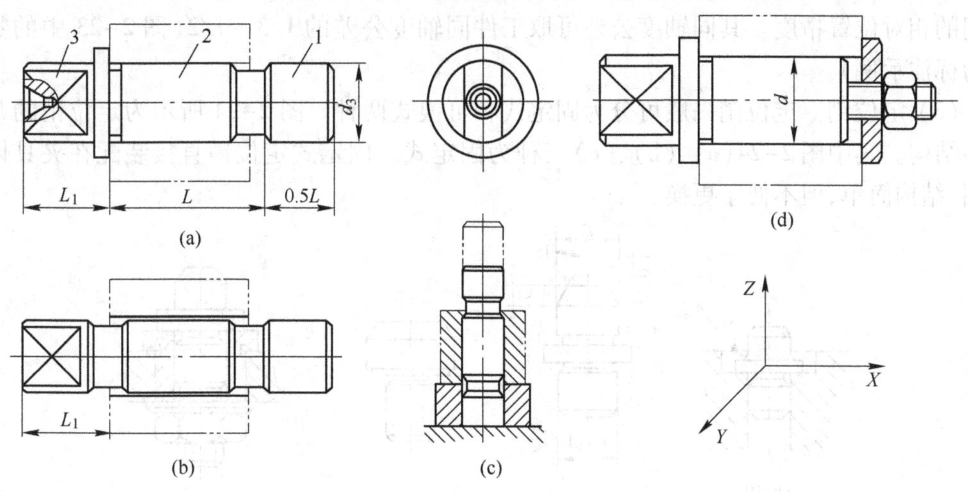

图 2-22　刚性心轴的结构

1—导向部分;2—工作部分;3—传动部分

若定位精度要求不高,为了装卸工件方便,可以用间隙配合圆柱心轴,如图 2-22(d)所示。心轴直径 d 按 h6、g6、f7 制造,使用时用螺母夹紧工件。

图 2-23 所示为心轴在机床上的定位方式。图 2-23(a)所示为双顶针定位,为了传递运动,左端需用鸡心夹头。图 2-23(b)所示为一端用三爪卡盘夹持,另一端用顶针定位。图 2-23(c)、(d)所示为用锥柄与机床主轴锥孔配合定位,由配合面间产生的摩擦力传递运动。

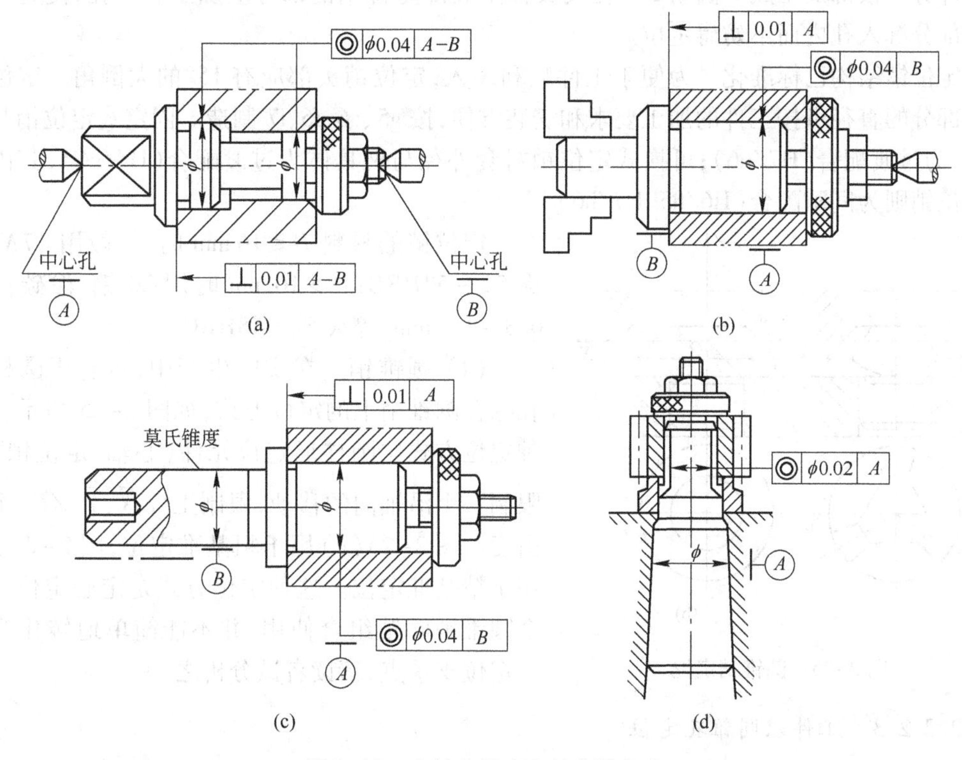

图 2-23　心轴在机床上的安装方式

在设计定位心轴时,夹具图上应标注心轴各外圆柱面之间、外圆柱面与中心孔或与锥柄之间的相对位置精度。其同轴度公差可取工件同轴度公差的1/3～1/2(图2-23中的数值仅为标注示例)。

(3) 定位销。定位销一般可分为固定式和可换式两种。图2-24所示为定位销的几种典型结构。其中图2-24(a)、(b)、(c)三种为固定式。固定式定位销直接装配在夹具体上使用,结构简单,但不便于更换。

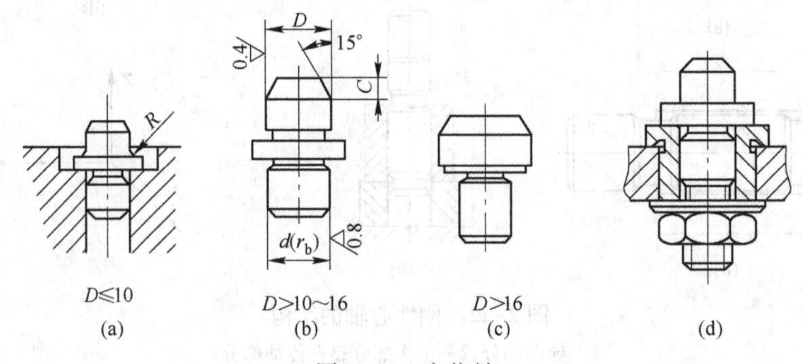

图2-24　定位销

(a),(b),(c) 固定式;(d)可换式

大批大量生产时,定位销易于损失而丧失定位精度。为便于更换,应采用图2-24(d)所示的可换式定位销。可换式定位因定位销与衬套之间有间隙,其定位精度低于固定式定位销。

当定位销定位部分直径 $D\leqslant 10$ mm 时,为增加强度,避免销子受力撞击而折断,通常将定位部分的根部加工成大圆角 R。在夹具体上装配定位销的部分应加工有沉孔,使定位销圆角部分沉入孔内而不妨碍定位。

定位销结构已标准化。为便于工件顺利装入,定位销头部应有15°的大倒角。定位销工作部分的直径可按工件的加工要求和安装方便,按g5、g6、f6、f7制造。固定式定位销与夹具体、为过渡配合(H7/n6);可换式定位销衬套外径与夹具体为过渡配合(H7/n6),其内径与定位销则为间隙配合(H6/h5、H7/h6)。

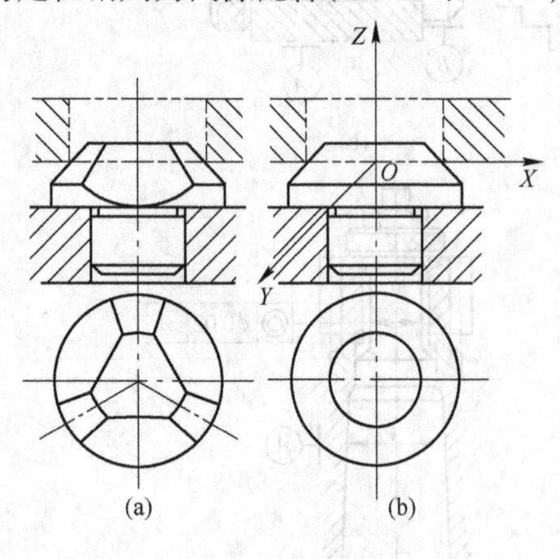

图2-25　圆锥销定位

定位销的材料 $D\leqslant 16$ mm 时,一般用T7A,淬火52～58HRC;$D>16$ mm 时用20钢,渗碳深度0.8～1.2 mm,淬火52～58HRC。

(4) 圆锥销。在实际生产中,也有用圆柱孔孔缘在圆锥销上的定位方式,如图2-25所示。这种定位方式比圆柱形定位元件(心轴、定位销)多限制一个沿轴向的移动,限制工件 $\vec{X}$、$\vec{Y}$、$\vec{Z}$ 三个自由度。图2-25(a)用于粗基准定位,图2-25(b)用于精基准定位。这种定位方式是定心定位。两个圆锥销同轴组合使用,并不能简单地转化为六个定位支承点,请读者试分析之。

2.2.2.3　工件以圆锥孔定位

对于有锥形孔的工件,常以其圆锥孔作为定位基准。例如图2-26(a)中,便是以套筒的圆锥孔在锥形心轴上定位加工外圆。因心轴有锥度,当工件圆锥孔与之紧贴配合后,工件的轴向位置便是确定的。因此,在接触面较长时,锥形心轴限制五个自由度($\vec{X}$、$\vec{Y}$、$\vec{Z}$、$\widehat{Y}$、$\widehat{Z}$)。

轴类工件加工外圆时,常采用中心孔定位,见图2-26(b)。左中心孔以锥面在轴向固定的前顶针上定位,限制三个自由度($\vec{X}$、$\vec{Y}$、$\vec{Z}$)。右中心孔以锥面在轴向可移动的后顶针上定位,限制两个自由度($\widehat{Y}$、$\widehat{Z}$)。

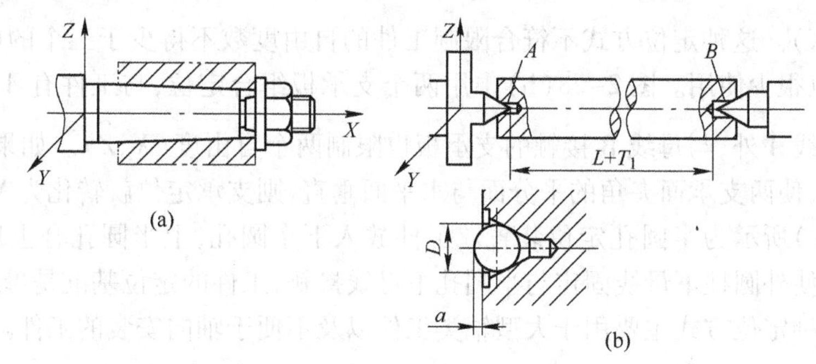

图2-26　圆锥孔定位

(a) 锥形心轴定位;(b) 中心孔定位

工件用中心孔定位的优点是可以用同一基准加工出所有外圆表面。但当加工阶梯轴时,因需严格控制工件的轴向位置,就需要严格控制中心孔尺寸 D(放入标准钢球,检查尺寸 a)。

2.2.2.4　工件以外圆柱面定位

A　外圆柱面定位分析

工件以外圆柱面定位是很常见的。外圆柱面就其几何形状来说与圆柱孔相同,但因其是外表面,所用定位元件与圆柱孔定位有很大不同。所以应根据外圆柱面的具体定位方式分析其转化的定位支承点数。

外圆柱面定位有定心定位和支承定位两种基本形式。定心定位以外圆柱面的轴心线为定位基准,而与定位元件实际接触的是其上的点、线或面。常见的定心定位装置有各种形式的自动定心三爪卡盘、弹簧夹头以及其他自动定心机构。工件以外圆柱面在套筒上的定心定位如图2-27所示,其定位分析与工件以圆柱孔定位完全一样。其中图2-27(a)属于短圆柱面定位,限制了两个自由度($\vec{X}$、$\vec{Y}$);图2-27(b)属于长圆柱面定位,限制了四个自由度($\vec{Y}$、$\vec{Z}$、$\widehat{Y}$、$\widehat{Z}$)。

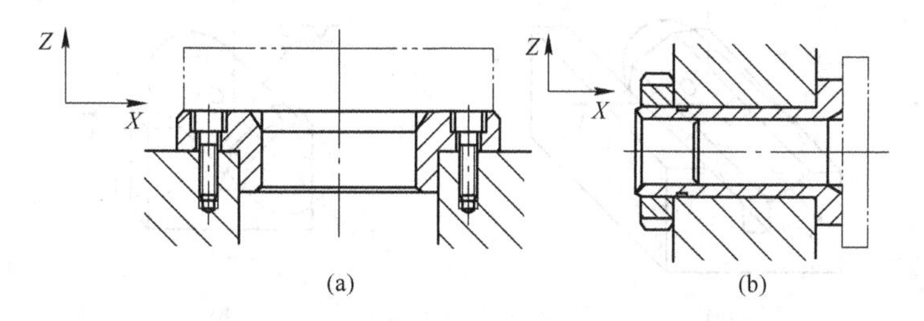

图2-27　外圆柱面的套筒定位

(a) 短圆柱面定位;(b) 长圆柱面定位

B　外圆柱面定位方式

外圆柱面定位方式除定心定位外还包括：

(1) 支承定位。图 2-28 所示为外圆柱面支承定位。在这种定位方式中，工件与定位元件接触的是母线 A(或 B)，实际确定的是母线的位置，所以工件的定位基准是外圆柱面上的母线。

图 2-28(a)中与工件一条母线 A 接触的长支承板只能转化为两个定位支承点，限制两个自由度($\vec{Z}$、$\vec{X}$)。这种定位方式不符合限制工件的自由度数不得少于三个的原则，工件装夹不稳定，所以很少使用。图 2-28(b)中用两个支承板组合定位，与工件有 A 和 B 两条母线接触。除母线 A 外，与母线 B 接触的支承板也限制两个自由度($\vec{X}$、$\widehat{Z}$)。如果将两支承表面逆时针旋转，使两支承面夹角的平分面与水平面垂直，则支承定位就转化为 V 形块定位。

图 2-28(c)所示为半圆孔定位装置。工件放入下半圆孔，上半圆孔合上后将其夹紧。这种定位方式使外圆柱下母线固定与半圆孔下母线接触，工件的定位基准是母线，因此也是支承定位。这种定位方式主要用于大型轴类工件以及不便于轴向安装的工件。

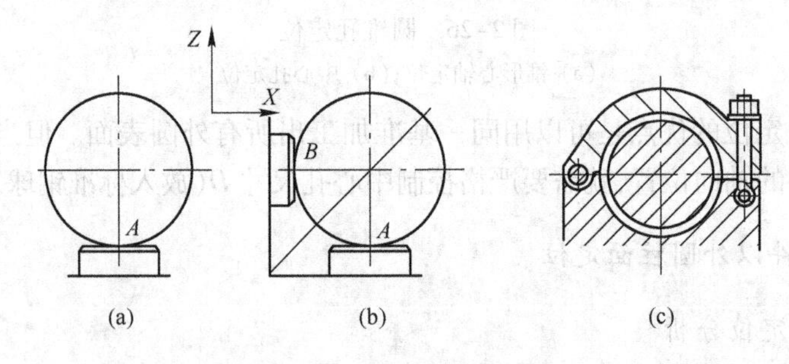

图 2-28　外圆的支承定位

(2) V 形块定位。外圆柱面采用 V 形块定位应用最广。因为 V 形块不仅适用完整的外圆柱面定位，而且也适用于非完整的外圆柱面及局部曲线柱面的定位。V 形块还能与其他定位元件组合使用，并可通过做成活动形式减少其限制自由度的功能。V 形块的结构形式很多，可以根据工件的结构、尺寸和基准面的精度选用。

工件以外圆柱面在 V 形块中定位时，是外圆柱面与两平面相接触(见图 2-29)，V 形块可转化的定位支承点数与接触线长短有关。

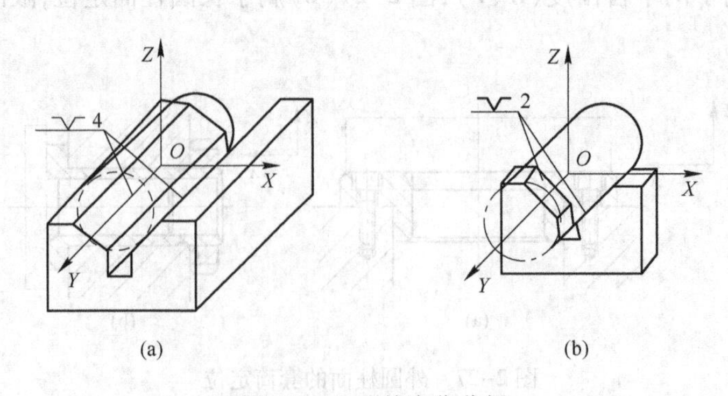

图 2-29　V 形块定位分析

接触线较长时(见图2-29a),相当于四个定位支承点,限制四个自由度($\vec{X}$、$\vec{Z}$、$\widehat{X}$、$\widehat{Z}$),称为长V形块(两个短V形块组合与此相同)。接触线较短时(见图2-29b),相当于两个定位支承点,限制两个自由度($\vec{X}$、$\vec{Z}$),称为短V形块。

活动短V形块失去在其移动方向限制自由度的功能,只能转化为一个定位支承点。V形块上两斜面间的夹角α一般选用60°、90°和120°。90°V形块的典型结构和尺寸均已标准化,可参照有关标准选用。如果有必要设计非标准V形块时,可按图2-30进行有关尺寸计算。

V形块的基本尺寸包括:

D——V形块的标准心轴直径,mm;

H——V形块的高度,mm;

N——V形块的开口尺寸,mm;

T——V形块放入标准心轴后的标准定位高度,mm;

α——V形块两工作平面间的夹角。

在设计V形块时,D是已知的,而N与H需先行设定,然后求出T。计算T的目的,是因为V形块的工作图上必须标注这一尺寸,以便于加工和检验。

由图2-30可得出:

当$\alpha=90°$时,$T=H+0.707D-0.5N$;

当$\alpha=120°$时,$T=H+0.578D-0.289N$。

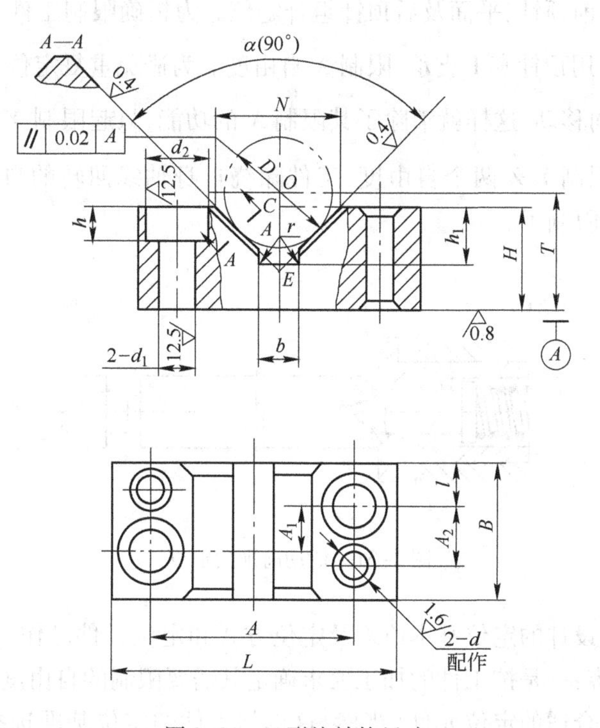

图2-30 V形块结构尺寸

式中 N 可参考下列数据选定：

当 $\alpha=90°$时，$N=1.41D-2\alpha$；

当 $\alpha=120°$时，$N=2D-2.46\alpha$。

一般取 $\alpha=(0.14-0.16)D$。

大直径工件定位，取 $H\leqslant 0.5D$；

小直径工件定位，取 $H\leqslant 1.2D$。

V 形块的材料一般用 20 钢，渗碳深 0.8 ~ 1.2 mm，淬火 60 ~ 64HRC。V 形块对工件的定位主要是起对中作用，即它能使工件的定位基准（轴线）对中在 V 形块两工作面的对称面上，工件在水平方向不会发生偏移。虽然工件定位时与 V 形块实际接触的是外圆柱面上的两条母线，但这与支承定位的情况不同，当工件直径变化时，两条母线的位置同时变动。因此，工件以外圆柱面在 V 形块上定位的定位基准是其轴线。V 形块是对中 - 定心定位元件。

（3）圆锥孔。外圆柱形工件在圆锥孔上定位与圆柱孔在圆锥销上定位的分析方法相同，请读者自行分析。

2.2.2.5 组合定位

在实际夹具中，很少有只用一类定位元件对工件定位的，多数情况是采用组合定位。前已述及平面与平面组合、心轴与平面组合、一面两销组合及双中心孔组合等组合定位方式，下面再举一例分析。

图 2-31 为活动前顶针、平面及后顶针组合定位。为精确限制工件的轴向位置，工件以左端 C 为定位基准，用顶针套 1 支承，限制 $\vec{X}$ 自由度。为避免重复定位，前顶针改成在压缩弹簧作用下可沿轴向移动，这样就消除了其限制 $\vec{X}$ 的功能，只起限制 $\vec{Y}$、$\vec{Z}$ 两个自由度的作用。再加上后顶针限制 $\widehat{Y}$、$\widehat{Z}$ 两个自由度，工件除绕自身轴线回转的自由度 $\widehat{X}$ 没有被限制外，其余自由度都被限制了。

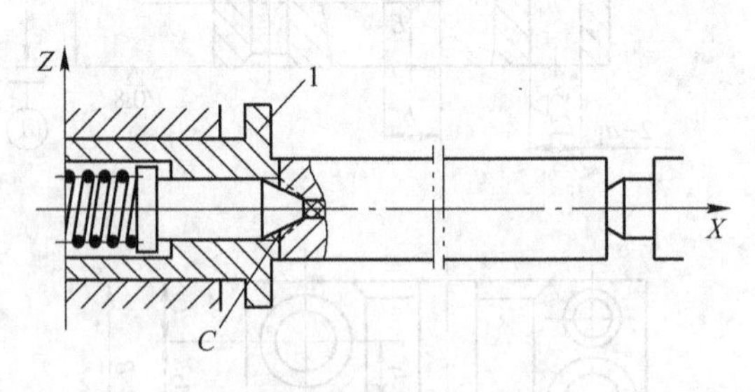

图 2-31 活动前顶尖定位

至此，关于夹具设计的定位基本原理及定位方式和定位元件已作了简要介绍。这部分需要掌握两方面内容：一是按工件的加工要求确定其需要限制的自由度数；二是按工件需要限制的自由度，选择合适的定位元件（当然，这也与工件的定位基准选择有关）。为系统掌握这部分内容和查阅方便，这些内容总结于表 2-1 和表 2-2 中。

表 2–1　各种加工形式保证加工精度需要限制的自由度数

加工简图	需要限制的自由度	加工简图	需要限制的自由度
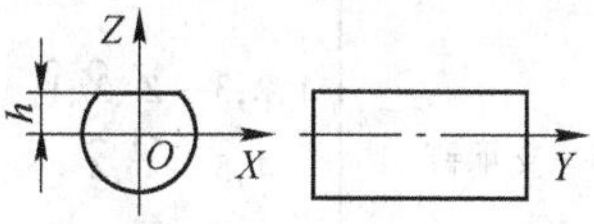	$\overleftrightarrow{Z}$ $\widehat{X}$	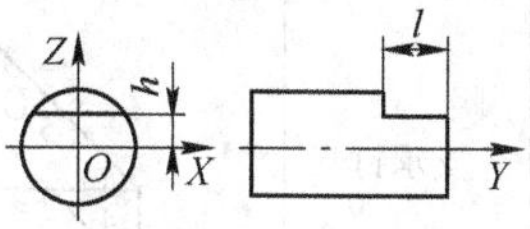	$\overleftrightarrow{X}$、$\overleftrightarrow{Z}$ $\widehat{X}$、$\widehat{Z}$
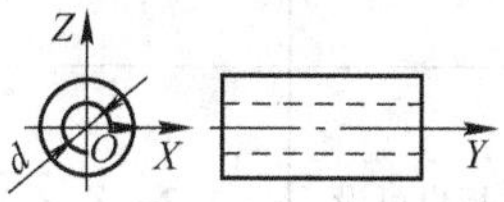	$\overleftrightarrow{X}$、$\overleftrightarrow{Z}$ $\widehat{X}$、$\widehat{Z}$	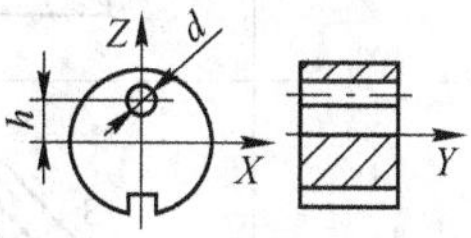	$\overleftrightarrow{X}$、$\overleftrightarrow{Y}$ $\widehat{X}$、$\widehat{Y}$、$\widehat{Z}$
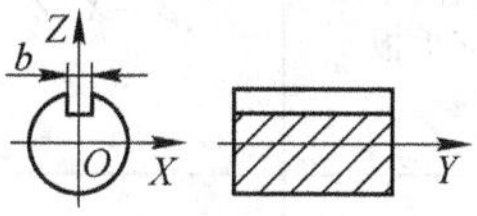	$\overleftrightarrow{X}$、$\overleftrightarrow{Z}$ $\widehat{X}$、$\widehat{Z}$	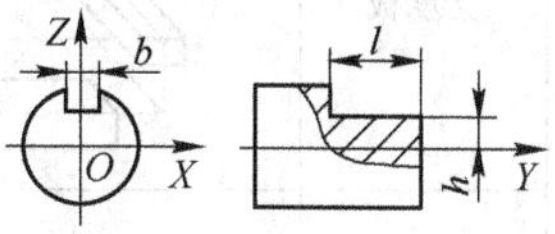	$\overleftrightarrow{X}$、$\overleftrightarrow{Y}$、$\overleftrightarrow{Z}$ $\widehat{X}$、$\widehat{Z}$
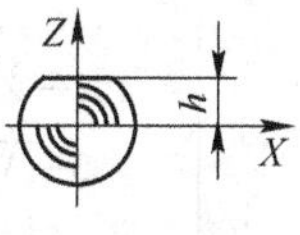	$\overleftrightarrow{Z}$	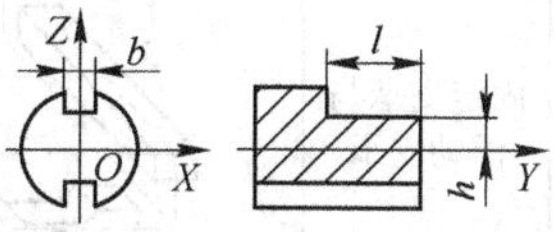	$\overleftrightarrow{X}$、$\overleftrightarrow{Y}$、$\overleftrightarrow{Z}$ $\widehat{X}$、$\widehat{Y}$、$\widehat{Z}$
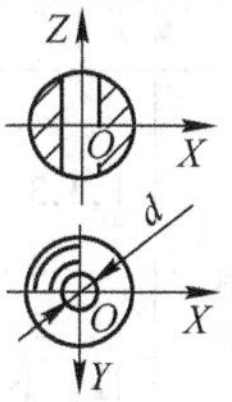	$\overleftrightarrow{X}$、$\overleftrightarrow{Y}$	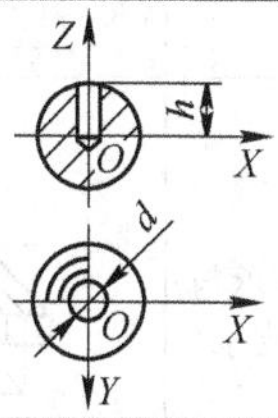	$\overleftrightarrow{X}$、$\overleftrightarrow{Y}$、$\overleftrightarrow{Z}$
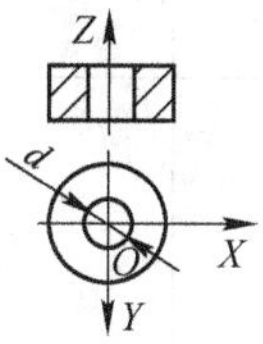	$\overleftrightarrow{X}$、$\overleftrightarrow{Y}$ $\widehat{X}$、$\widehat{Y}$	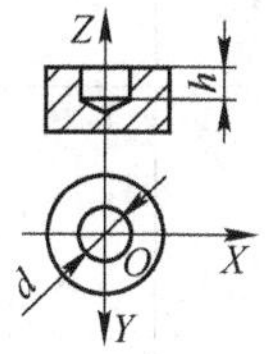	$\overleftrightarrow{X}$、$\overleftrightarrow{Y}$、$\overleftrightarrow{Z}$ $\widehat{X}$、$\widehat{Y}$
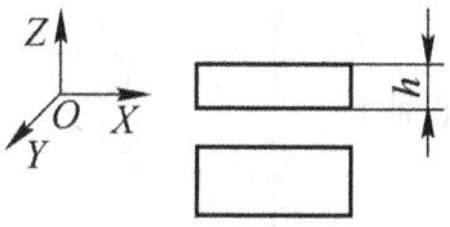	$\overleftrightarrow{Z}$ $\widehat{X}$、$\widehat{Y}$	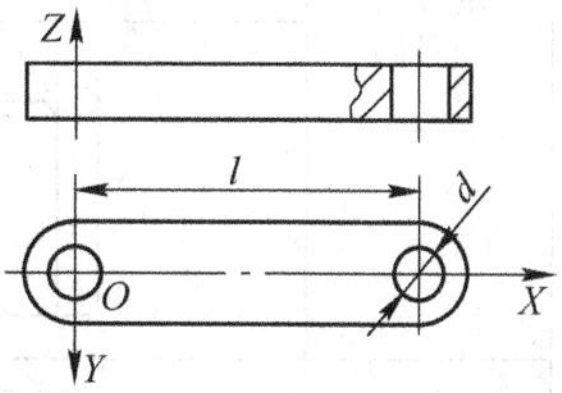	$\overleftrightarrow{X}$、$\overleftrightarrow{Y}$ $\widehat{X}$、$\widehat{Y}$、$\widehat{Z}$
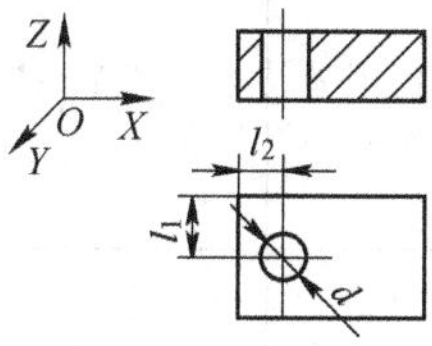	$\overleftrightarrow{X}$、$\overleftrightarrow{Y}$ $\widehat{X}$、$\widehat{Y}$、$\widehat{Z}$	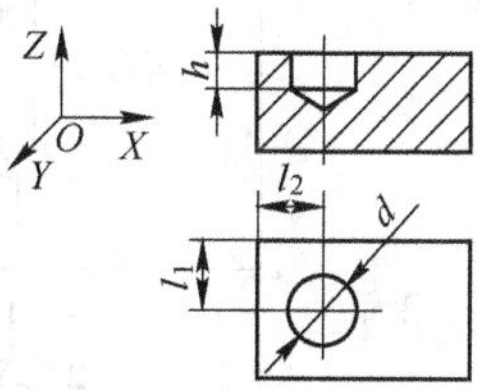	$\overleftrightarrow{X}$、$\overleftrightarrow{Y}$、$\overleftrightarrow{Z}$ $\widehat{X}$、$\widehat{Y}$、$\widehat{Z}$
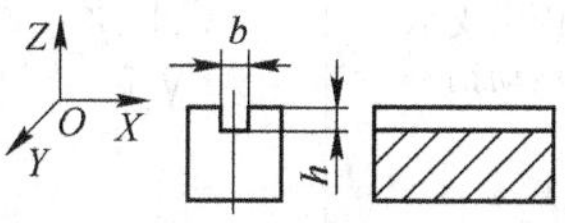	$\overleftrightarrow{X}$、$\overleftrightarrow{Z}$ $\widehat{X}$、$\widehat{Y}$、$\widehat{Z}$	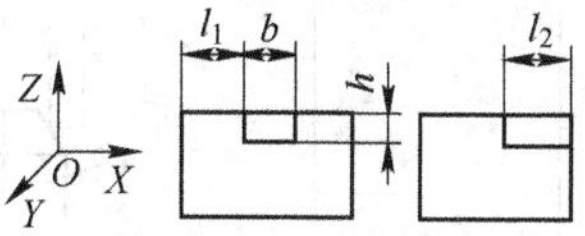	$\overleftrightarrow{X}$、$\overleftrightarrow{Y}$、$\overleftrightarrow{Z}$ $\widehat{X}$、$\widehat{Y}$、$\widehat{Z}$

表 2–2　常用元件所能限制的自由度

<table>
<tr><th>工件定位基准</th><th>定位元件</th><th>定位方式简图</th><th>定位元件特点</th><th>限制的自由度</th></tr>
<tr><td rowspan="4">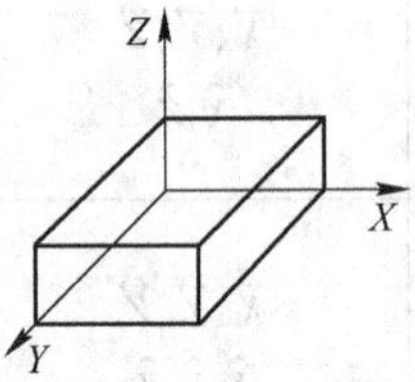</td><td>支承钉</td><td>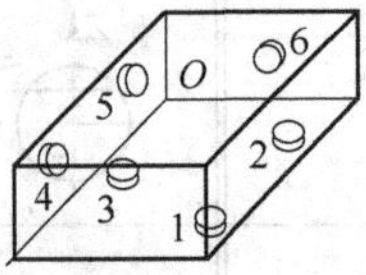</td><td>1～6—支承钉</td><td>1,2,3—$\vec{Z}$、$\hat{X}$、$\hat{Y}$
4,5—$\vec{X}$、$\hat{Z}$
6—$\vec{Y}$</td></tr>
<tr><td>支承板</td><td>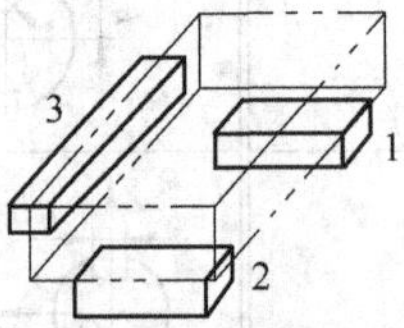</td><td>每个支承板也可设计为两个或两个以上的小支承板</td><td>1,2—$\vec{Z}$、$\hat{X}$、$\hat{Y}$
3—$\vec{X}$、$\hat{Z}$</td></tr>
<tr><td>固定支承与浮动支承</td><td>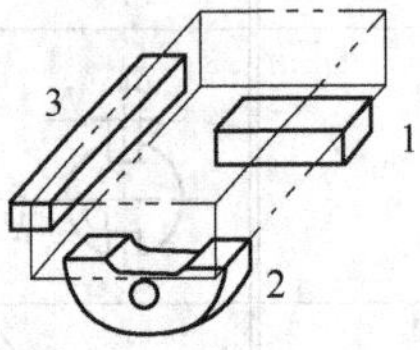</td><td>1,3—固定支承
2—浮动支承</td><td>1,2—$\vec{Z}$、$\hat{X}$、$\hat{Y}$
3—$\vec{X}$、$\hat{Z}$</td></tr>
<tr><td>固定支承与辅助支承</td><td>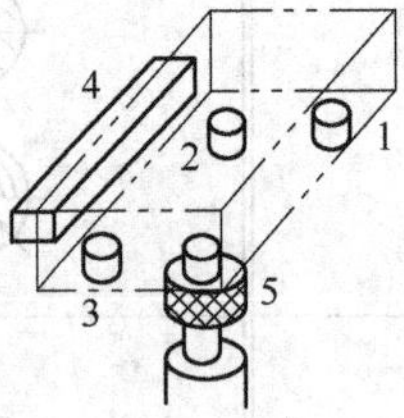</td><td>1～4—固定支承
5—辅助支承</td><td>1,2,3—$\vec{Z}$、$\hat{X}$、$\hat{Y}$
4—$\vec{X}$、$\hat{Z}$
5—增加刚性，不限制自由度</td></tr>
<tr><td rowspan="4">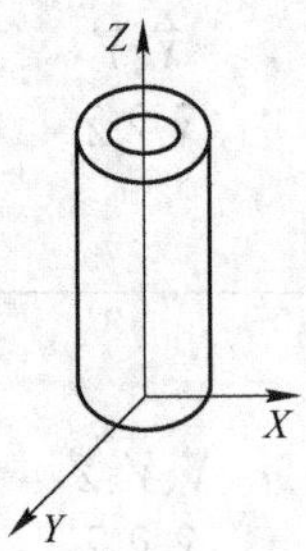</td><td rowspan="2">定位销
（心轴）</td><td>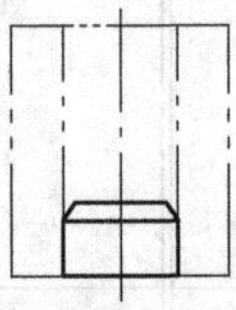</td><td>短销（短心轴）</td><td>$\vec{X}$、$\vec{Y}$</td></tr>
<tr><td>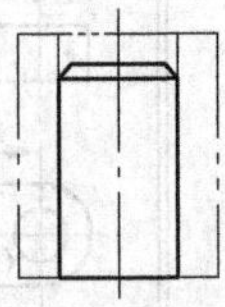</td><td>长销（长心轴）</td><td>$\vec{X}$、$\vec{Y}$
$\hat{X}$、$\hat{Y}$</td></tr>
<tr><td rowspan="2">锥销</td><td>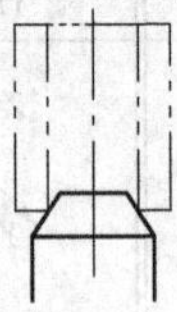</td><td>单锥销</td><td>$\vec{X}$、$\vec{Y}$、$\vec{Z}$</td></tr>
<tr><td>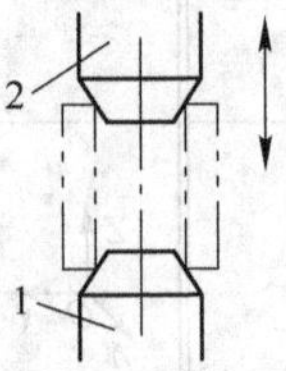</td><td>1—固定支承
2—活动销</td><td>$\vec{X}$、$\vec{Y}$、$\vec{Z}$
$\hat{X}$、$\hat{Y}$</td></tr>
</table>

续表 2-2

工件定位基准	定位元件	定位方式简图	定位元件特点	限制的自由度
Z X Y	支承板或支承钉		短支承板或支承钉	$\vec{Z}$ 或 $\widehat{X}$
			长支承板或两个支承钉	$\vec{Z}$、$\widehat{X}$
	V 形块		窄 V 形块	$\vec{X}$、$\vec{Z}$
			宽 V 形块或两个窄 V 形块	$\vec{X}$、$\vec{Z}$ $\widehat{X}$、$\widehat{Z}$
	定位套		短套	$\vec{X}$、$\vec{Z}$
			长套	$\vec{X}$、$\vec{Z}$ $\widehat{X}$、$\widehat{Z}$
	半圆孔		短半圆孔	$\vec{X}$、$\vec{Z}$
			长半圆孔	$\vec{X}$、$\vec{Z}$ $\widehat{X}$、$\widehat{Z}$
	锥套		单锥套	$\vec{X}$、$\vec{Y}$、$\vec{Z}$
			1—固定锥套 2—活动锥套	$\vec{X}$、$\vec{Y}$、$\vec{Z}$ $\widehat{X}$、$\widehat{Z}$

2.2.3 定位误差的分析与计算

2.2.3.1 定位基准

使用夹具按调整法加工一批工件时，虽然按六点定位原理定位可使理想工件的位置是确定的，但由于每一具体工件在尺寸和表面形状上存在着公差范围内的差异，夹具定位元件也有一定制造误差，结果会使每个具体表面产生偏离理想位置的变动量。如果在夹具中定位工件的定位基准和工序基准产生这一位置变动，会使工件加工表面至工序基准间的尺寸（即工序尺寸）发生变化，即产生了定位误差。

更准确地说，由于工件在夹具中定位不确定，使工序基准在加工方向上产生位置变动而引起的加工误差即定位误差，用符号 Δ_{DW} 表示。

由于使用夹具以调整法加工工件时，还会因夹具对定位工件夹紧及加工过程而产生误差，定位误差仅是加工误差的一部分，在设计和制造夹具时一般限定定位误差不超过工件加工公差 T 的 1/5 ~ 1/3，即

$$\Delta_{DW} \leqslant \left(\frac{1}{5} \sim \frac{1}{3}\right) T$$

2.2.3.2 产生定位误差的原因

(1) 基准位置误差。图 2-32 所示工件以圆柱孔在心轴上定位铣键槽，要求保证尺寸 $b^{+T_b}_{0}$ 和 $H^{0}_{-T_H}$。其中尺寸 $b^{+T_b}_{0}$ 由铣刀尺寸保证，而尺寸 $H^{0}_{-T_H}$ 则是由心轴中心线相对于铣刀的位置来保证的。

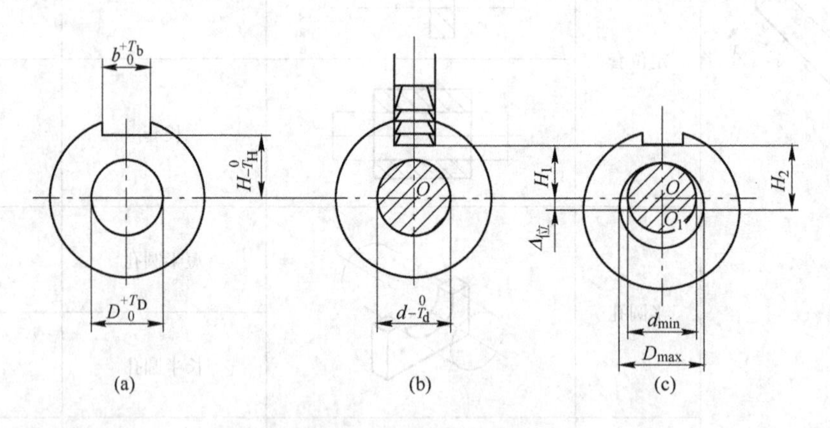

图 2-32 基准位置误差分析

前已述及，工件以圆柱孔在心轴上定位属定心定位，定位基准是其中心线。从理论上说，如果工件圆柱孔与心轴直径尺寸完全相同，即作无间隙配合，则两者的中心线应完全重合。在此种情况下，铣刀经一次调整后，相对于心轴中心线即工件孔中心线的位置是固定的（不考虑加工过程误差），尺寸 H_1 应保持不变，不存在因定位而引起的误差。然而，定位副不可能无制造误差，同时为了使工件圆柱孔易于套入心轴，设计时必须使定位副间有一最小配合间隙。这样，圆柱孔中心线与心轴中心线就不可能同轴。如图 2-32(c) 所示，当心轴水平放置时，工件圆柱孔因重力等影响单边搁置在心轴上母线上。此时，按心轴中心线调整好的

铣刀位置并未变，而同批工件的定位基准却在 O 和 O_1 之间变动，从而导致这批工件的加工尺寸 H 中附加了工件定位基准变动误差。这种由于定位副制造误差而引起的定位基准位置在加工尺寸方向的最大变动量称为基准位置误差，用符号 Δ_{JW} 表示。

本例中，定位基准的基准位置误差是工件圆柱孔中心线位置的最大变动量，它取决于圆柱孔与心轴间的最大间隙，即

$$\Delta_{JW} = OO_1 = H_2 - H_1 = \frac{1}{2}(D_{max} - D_{min})$$

(2) 基准不重合误差。图2-33(a)所示工件与图2-32(a)的区别是加工尺寸 $H_{-T_H}^{\ 0}$ 从工件外圆下母线标注，即工序基准是外圆柱面的下母线，但定位基准仍是工件圆柱孔中心线。假设没有基准位置误差，则工件圆柱孔中心线位置固定。当一批工件的外圆直径在 D_{1min} 和 D_{1max} 之间变化时，工序基准在 B_1 和 B_2 之间变动，从而引起加工尺寸 H 在 H_1 和 H_2 之间变动。造成这一变动的原因是工序基准与定位基准不重合。工序基准相对于定位基准在加工尺寸方向上的最大位置变动量称为基准不重合误差，用符号 Δ_{JB} 表示。

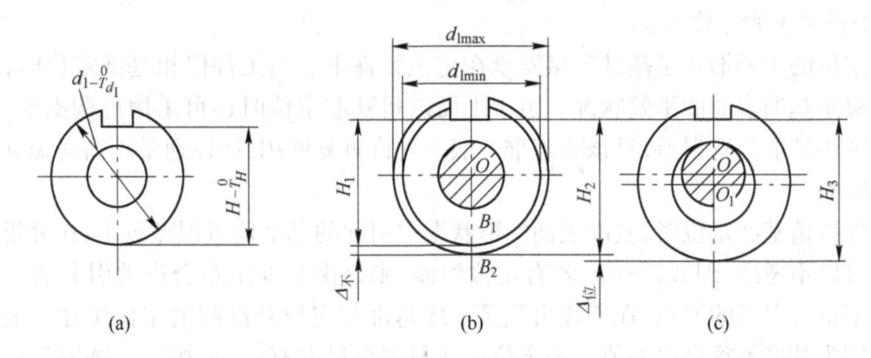

图2-33　基准不重合误差分析

本例中，基准不重合误差是工件外圆下母线相对于定位基准的最大位置变动量，它取决于工件外圆的直径公差，即

$$\Delta_{JB} = B_1B_2 = H_2 - H_1 = \frac{1}{2}(d_{1max} - d_{1min}) = \frac{1}{2}T_{d1}$$

本例所示工件如果以作为工序基准的外圆柱面下母线为定位基准，采用支承定位，则工件外圆直径的尺寸变化对加工尺寸 H 没有影响。这是因为当工序基准与定位基准重合时，两基准之间便不存在任何尺寸联系，也就不存在这一尺寸变化对加工尺寸的影响了，因此没有基准不重合误差。如果工序基准与定位基准不重合，则两者之间必然存在尺寸联系，这个联系尺寸称为定位尺寸。定位尺寸的公差就成为基准不重合误差。

图2-33(a)所示工件在心轴上的实际情况见图2-33(c)，定位副也有制造误差，即有基准位置误差。使工序基准在 B_1 和 B_2 之间变动，加工尺寸在 H_1 和 H_2 之间变动，这个变动量就是工件的定位误差。所以定位误差就是工件定位时，工序基准在加工尺寸方向上的最大位置变动量。本例中有：

$$\Delta_{DW} = \Delta_{JW} + \Delta_{JB}$$

通过上述分析可以得出下列结论：

(1) 工件按六点定位原理在夹具上定位后，因定位副制造误差及工序基准与定位基准

不重合，会使工序基准相对加工表面产生位置变动，因而产生定位误差，影响加工精度。

（2）定位误差包括基准位置误差和基准不重合误差。这两项误差分别独立、互不相干，它们都使工序基准位置产生变动，按综合作用定义为定位误差。当定位基准与工序基准重合时，$\Delta_{JB}=0$；当无基准位置误差时，$\Delta_{JW}=0$；若两项误差均没有，则 $\Delta_{DW}=0$。

（3）计算定位误差时，应按工序基准在加工尺寸方向上可能处于的两个极端位置而产生的最大变动量来考虑。如果基准位置误差和基准不重合误差的最大变动量不在加工尺寸方向上，定位误差按折算到尺寸方向上的数值计算。

（4）定位误差只在按调整法加工一批工件时产生，若逐个按试切法加工，则不存在定位误差。

因为基准不重合误差只取决于定位尺寸，所以，下面主要介绍各种典型定位方式产生的基准位置误差。

2.2.3.3　典型定位方式的定位误差分析与计算

A　平面定位的定位误差

平面定位的主要形式是基准直接支承在定位元件上。当工件以粗基准定位时，基准位置误差取决于基准表面的平整状况。由于平面以粗基准定位时还可采用可调支承、自位支承等方法减小基准位置误差，且该粗基准一般不允许重复使用，所以通常不需考虑其基准位置误差的影响。

当工件以精基准定位时，基准表面的形状误差引起的基准位置误差较小，在分析计算定位误差时可以不考虑，即 $\Delta_{JW}=0$。若有定位误差，则是由基准不重合误差引起的。分析和计算基准不重合误差的要点，在于找出联系工序基准和定位基准间的定位尺寸。定位尺寸的公差值即为基准不重合误差值。若定位尺寸与多个尺寸有关，须按尺寸链原理将其计算出来。下面举例说明工件以平面定位时定位误差的分析计算方法。

【例 2-1】　按图 2-34(a)所示定位方案铣工件上的台阶面，要求保证尺寸 20 ±0.15 mm。试分析计算该定位方案的定位误差，并判断其是否可行。

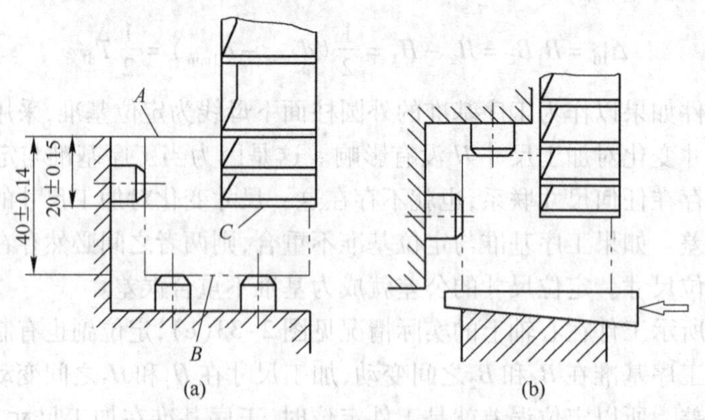

图 2-34　平面定位的定位误差分析计算

解：工件以精基准平面定位，故 $\Delta_{JW}=0$。

工件的工序基准为 *A* 面，定位基准为 *B* 面。基准不重合误差数值由定位尺寸公差确定，即 $\Delta_{JB}=0.28$ mm。因此便有：

$$\Delta_{DW}=\Delta_{JW}+\Delta_{JB}=0.28\ \text{mm}$$

本工序的加工尺寸公差为0.30 mm，虽然定位误差值小于此值，但所占比例太大，以致允许的其他误差值仅为0.02 mm。这在实际加工中难以保证，可以判定该定位方案不宜采用。

改为图2-34(b)所示定位方案，可使$\Delta_{JB}=0$。但工件须由下向上夹紧，夹紧方式不理想，夹具结构也变得较为复杂。请读者确定一个合理的方案。

在图2-35(a)所示组合定位中，基准A的定位误差分析与单个平面定位基准相同。对于基准B来说，虽然$\widehat{X}$的自由度已由基准A的定位限制，但由于定位基准B相对定位基准A存在角度误差($\pm\Delta\alpha_g$)，所以对一批工件来说，定位基准B的位置就如图2-35(b)所示，是不确定的。绕主轴转动的最大角度变动量即为基准B的基准角度误差：

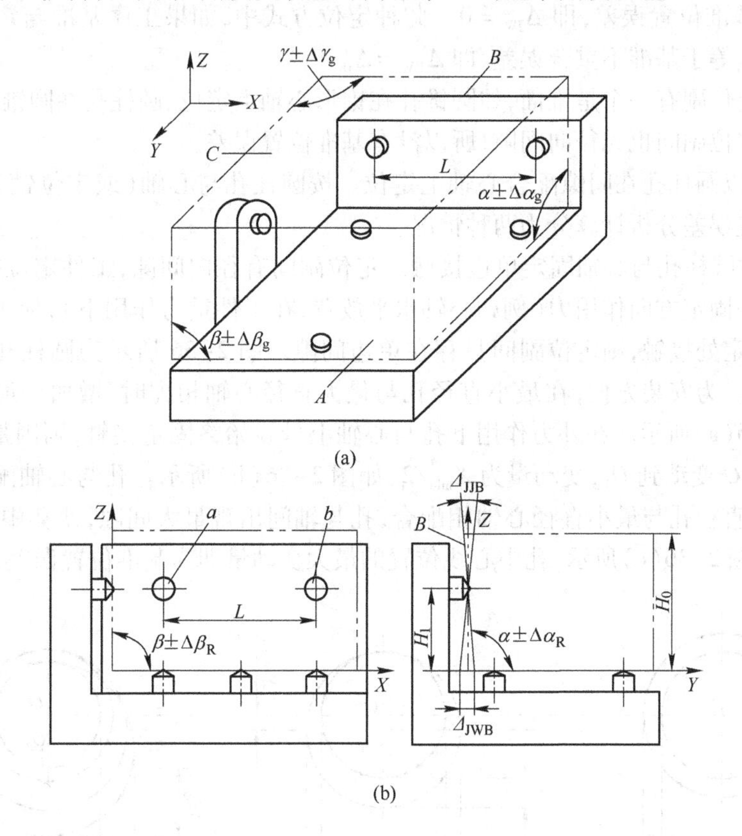

图2-35　平面定位基准组合定位

$$\Delta_{JJB}=\pm\Delta\alpha_g \tag{2-1}$$

式中　Δ_{JJB}——基准B的基准角度读差，(°)；

如图2-35(b)所示，定位基准B的位置同时也沿Y轴方向产生变动，其最大变动范围即为基准位置误差：

$$\Delta_{JWB}=\pm H_1\tan\Delta\alpha_g \tag{2-2}$$

式中　Δ_{JWB}——基准B的基准位置误差，mm；

　　H_1——定位支承点到底面的高度，mm。

当 $H_1=H_0/2$ 时，Δ_{JWB}的值最小，所以从减小误差出发，支承点最好布置在 $H_1=H_0/2$ 处。当 $H_1<H_0/2$ 时，Δ_{JWB}应按式(2-3)计算。

$$\Delta_{JWB}=\pm(H_0-H_1)\tan\Delta\alpha_g \tag{2-3}$$

定位基准 C 相对定位基准 A 和 B 也存在基准角度误差 $\pm\Delta\beta_g$ 和 $\pm\Delta\gamma_g$，所以定位基准 C 也存在基准位置误差，分析计算方法同上，不再赘述。

B 圆柱孔定位的定位误差

工件以圆柱孔定位是定心定位，其定位基准是孔中心线。当在不同定位元件上定位时，所产生的基准位置误差是不同的。

(1) 工件以圆柱孔在无间隙配合心轴上定位。工件以圆柱孔在小锥度心轴、过盈配合圆柱心轴以及自动定心定位机构上定位时，定位副间无径向间隙，孔中心线不会产生位置变动，所以没有基准位置误差，即 $\Delta_{JW}=0$。此种定位方式中，如果工序基准与定位基准不重合，则定位误差等于基准不重合误差，即 $\Delta_{DW}=\Delta_{JB}$。

此外，若定位副有一个是锥面，如圆锥孔在锥形心轴上定位、圆柱孔在圆锥销上定位，中心孔定位等，定位副间也无径向间隙，所以没有基准位置误差。

(2) 工件以圆柱孔在间隙配合心轴上定位。按圆柱孔与心轴(或定位销)的不同接触情况，基准位置误差分析计算分为两种情况。

1) 定位时圆柱孔与心轴固定单边接触。定位副间有径向间隙，工件定位时，若采取一定措施，或加一固定方向作用力(例如心轴水平放置、在工件重力作用下)，使工件孔与心轴始终在一个固定处接触，则定位副间只存在单边间隙。图2-36所示为圆柱孔与心轴采用间隙配合定位。为安装方便，在最小直径孔与最大直径心轴相配时，增加一最小配合间隙 X_{min}，如图2-36(a)所示。在外力作用下孔与心轴上母线始终固定接触，则因最小间隙 X_{min} 使孔中心线从 O 变动到 O_1，变动量为 $X_{min}/2$，如图2-36(b)所示。孔与心轴配合的另一极端情况是最大直径孔与最小直径心轴相配合，孔与轴间出现最大间隙，使孔中心线再从 O_1 变动到 O_2，如图2-36(c)所示，孔中心线位置的最大变动量即为基准位置误差 Δ_{JW}。

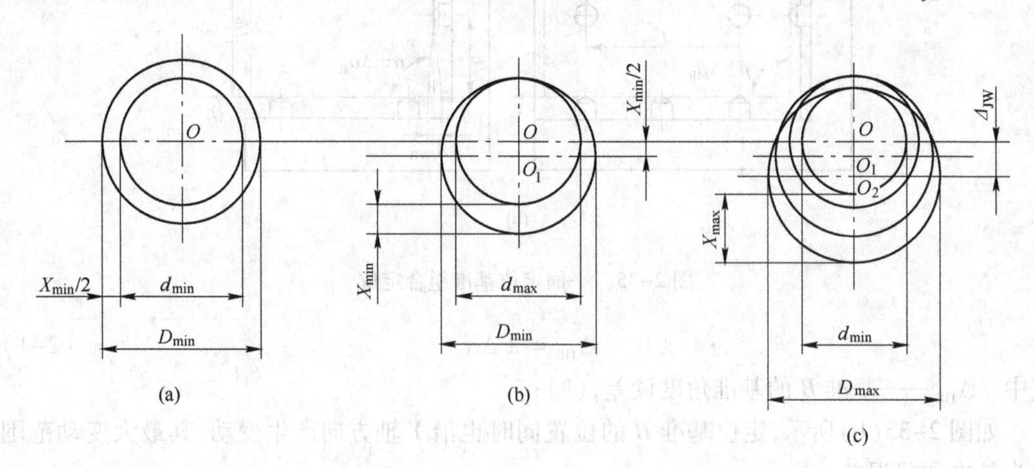

图2-36 圆柱孔与心轴固定单边接触时的基准位置误差

$$\Delta_{JW}=OO_2=\frac{X_{max}}{2}=\frac{1}{2}(D_{max}-d_{min})$$

$$=\frac{1}{2}[(D_{min}+T_D)-(d_{max}-T_d)]$$

$$=\frac{1}{2}(T_D+T_d+X_{min})$$

式中　T_D——工件孔 D 的尺寸公差；

T_d——定位心轴 d 的尺寸公差；

X_{min}——最小直径孔 D_{min} 与最大直径心轴 d_{max} 配合时的间隙，$X_{min}=D_{min}-d_{max}$。

基准位置误差固定在 Z 轴方向。因为 X_{min} 是增加的配合间隙，所以对一批工件定位来说，X_{min} 在基准位置误差中是一常值系统误差（大小、方向相同），可以通过调整刀具相对定位元件的位置预先加以消除，使基准位置误差减小。因此，定值时圆柱孔与心轴固定单边接触的基准位置误差可按式(2-4)计算。

$$\Delta_{JW}=\frac{1}{2}(T_D+T_d) \tag{2-4}$$

2）定位时圆柱孔与心轴任意边接触。定位副间有径向间隙，孔中心线相对于心轴中心线可以在间隙范围内作任意方向、任意大小的位置变动，如图 2-37 所示。孔中心线的变动范围为以最大间隙 X_{max} 为直径的圆柱体，故基准位置误差为：

$$\Delta_{JW}=X_{max}=T_D+T_d+X_{min}$$

基准位置误差的方向是任意的，其中 X_{min} 方向是任意的，不是常值系统误差，不能预先加以消除。

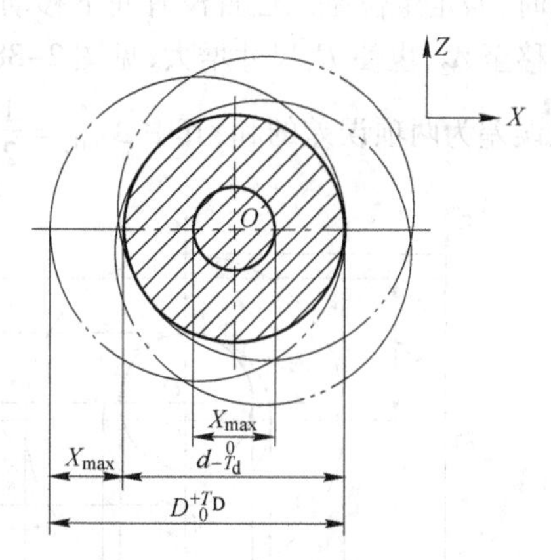

图 2-37　圆柱孔与心轴任意边接触时的基准位置误差

上面所述的工件以圆柱孔定位所产生的基准位置误差，与定位方式有关。而基准不重合误差，则取决于定位基准是否与工序基准重合，如果不重合，则必然存在基准不重合误差。解题时应具体情况具体分析，将分别求得的基准位置误差和基准不重合误差合成为定位误差。

下面举例说明工件以圆柱孔定位时，定位误差的分析与计算。

【例2-2】　如图 2-38(a)所示，在套筒上铣键槽。定位心轴水平放置，工件在外力作用下其圆柱孔与心轴上母线固定接触。求图中各种标注方式的工序尺寸 H_1、H_2、H_3、H_4、H_5 及键槽与套筒对称中心面对称度的定位误差。

解：(1) 按题意，套筒圆柱孔与心轴属固定单边接触。工件在加工尺寸方向的基准位置误差为：

$$\Delta_{JW}=\frac{1}{2}(T_D+T_d+X_{min})$$

图中按不同方式标注的工序尺寸的基准不重合误差分析计算如下：

当加工尺寸 H_1 以工件圆柱孔中心线为工序基准时，工序基准与定位基准重合，基准不重合误差 $\Delta_{JB}=0$，故定位误差就等于基准位置误差，即

$$\Delta_{DWH_1}=\Delta_{JW}=\frac{1}{2}(T_D+T_d+X_{min})$$

当加工尺寸（图中 H_2 或 H_3）以工件外圆下母线或上母线为工序基准时，与定位基准不

重合。基准不重合误差 $\Delta_{JBH_2}=\Delta_{JBH_3}=\frac{1}{2}T_{d_1}$，定位误差等于两项误差的合成，即

$$\Delta_{DWH_2}=\Delta_{DWH_3}=\Delta_{JW}+\Delta_{JBH_2}=\frac{1}{2}(T_D+T_d+T_{D_1}+X_{min})$$

如果加工尺寸(图中 H_4或 H_5)以工件圆柱孔下母线或上母线为工序基准时，与定位基准也不重合。在这种情况下，定位误差仍为两项误差的合成，但应根据实际误差的作用方向取其代数和，即

$$\Delta_{DW}=\Delta_{JW}\pm\Delta_{JB} \tag{2-5}$$

式(2-5)中 Δ_{JB}的符号可按如下原则判断：当由于基准位置偏移与基准不重合分别引起加工尺寸作相同方向变化(即同时增大或减小)时，取"+"；而当引起加工尺寸向反方向变化时，取"-"号。例如对于加工尺寸 H_4：当工件圆柱孔直径由最小变为最大(同时心轴直径由最大变为最小)时，定位基准 O_1 向下移动，基准位置误差引起加工尺寸 H_4增大。与此同时，假定定位基准位置没有向下移动，当圆柱孔本身直径由最小变为最大时，工序基准由 A_1移至 A_2，也使 H_4尺寸增大，见图 2-38(b)，两者变动引起加工尺寸作相同方向变化，故定位误差为两项误差的和，其中 $\Delta_{JBH_4}=\frac{1}{2}T_D$，所以

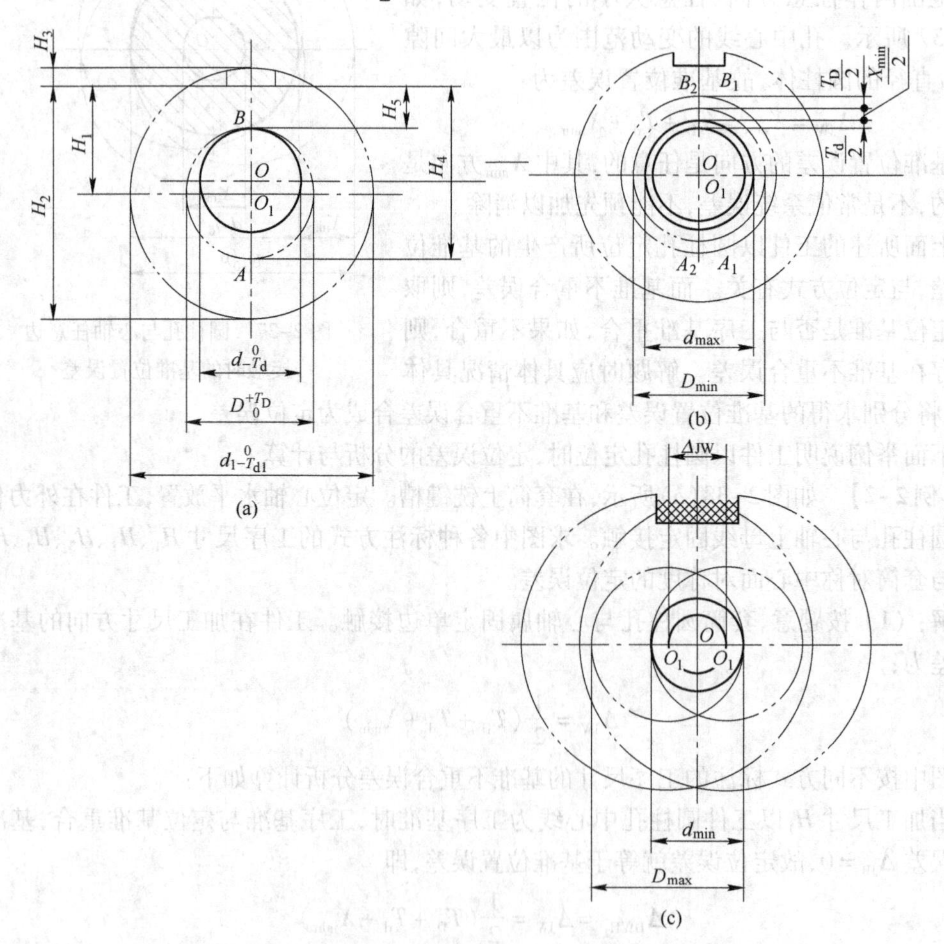

图 2-38　工件以圆柱孔定位的定位误差分析与计算

$$\Delta_{DWH_4}=\Delta_{JW}+\Delta_{JBH_4}=\frac{1}{2}(T_D+T_d+X_{min})+\frac{1}{2}T_D=T_D+\frac{1}{2}T_d+\frac{1}{2}X_{min}$$

又如,对于加工尺寸 H_5,当圆柱孔和心轴直径如上述变化时,在定位基准 O_1 向下移动的同时,工序基准 B 却向上移动(由 B_1移至 B_2)。两者变动引起加工尺寸作相反方向变化,即基准位置偏移使加工尺寸 H_5增大,而基准不重合使加工尺寸 H_5减小,$\Delta_{JBH_5}=\frac{1}{2}T_D$,所以

$$\Delta_{DWH_5}=\Delta_{JW}+\Delta_{JBH_5}=\frac{1}{2}(T_D+T_d+X_{min})-\frac{1}{2}T_D=\frac{1}{2}T_d+\frac{1}{2}X_{min}$$

键槽对称度是相对工件圆柱孔中心对称面而言,故其工序基准为圆柱孔中心对称面。对于固定单边接触的情况,圆柱孔仅与心轴上母线接触,接触点与圆柱孔中心位于中心对称面内,且在水平方向无位移。所以键槽与对称中心面的对称度误差为零,即

$$\Delta_{DW}=0$$

(2) 若圆柱孔与心轴任意边接触,应首先按定位方式求出基准位置误差,即

$$\Delta_{JW}=T_D+T_d+X_{min}$$

然后按图中工序尺寸的不同标注方式求出基准不重合误差Δ_{JB},最后将两项误差合成为定位误差。H_1、H_2、H_3尺寸的基准不重合误差求法与(1)相同,不再赘述。H_4和 H_5尺寸的基准不重合误差与(1)分析方法相同,但由于是任意边接触,圆柱孔可能在加工尺寸方向上的两个极限位置分别与心轴的上母线或下母线接触,而这两个极限位置上圆柱孔直径的变化使加工尺寸产生大小相等、方向相反的变化,故基准不重合对加工尺寸的影响为零,即

$$\Delta_{JBH_4}=\Delta_{JBH_5}=0$$

键槽对称度的定位误差可参照图 2-38(c)分析、计算,请读者自行完成。

若工件以圆柱孔在无间隙配合心轴上定位,读者可仿照上述方法自行分析各工序尺寸的定位误差。

C 外圆柱面定位的定位误差

工件以外圆柱面为定位基准的定位方式有定心定位、支承定位和 V 形块定位。

(1) 外圆柱面支承定位。外圆柱面定心定位的定位基准是外圆中心线,其定位误差与圆柱孔定位的定位误差分析计算方法完全相同。

(2) 外圆柱面支承定位。外圆柱面支承定位的定位方式见图 2-28。定位基准是与定位支承固定接触的一条母线(图 2-28a 中 A)或两条母线(图 2-28b 中 A、B)。工件直径尺寸的变化不会使定位基准 A 和 B 在与定位支承面垂直的方向产生位置变动,因此在该方向没有基准位置误差。基准不重合误差的分析计算方法与平面定位方式相同。

(3) V 形块定位。外圆柱面在 V 形块上定位是对中 - 定心定位,定位基准是工件外圆中心线。当工件外圆和 V 形块都制造得非常准确时,外圆中心线应在 V 形块理论中心位置上,没有基准位置误差。实际上一批工件的外圆尺寸是在公差范围内变动的,从而引起外圆中心线位置在 V 形块中心对称面上产生变动,其位置变动量若发生在加工尺寸方向即为基准位置误差。

图 2-39(a)所示为圆柱形工件以 V 形块定位铣键槽。工件外圆直径为最大值 d 时,定位基准位于 O;工件外圆直径为最小值 $d-T_d$时,定位基准位于 O_1。定位基准位置的变动量 OO_1就是基准位置误差。

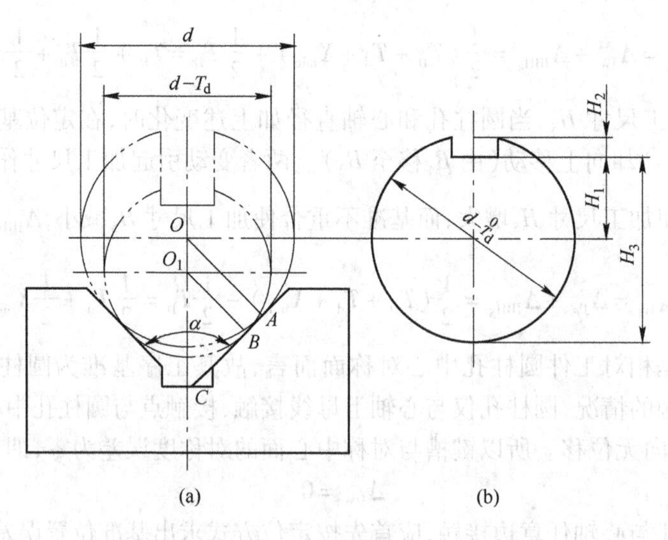

图 2-39　V 形块定位误差分析

由图中关系经几何推导可知:

$$\Delta_{JW} = OO_1 = \frac{T_d}{2\sin\dfrac{\alpha}{2}} \tag{2-6}$$

式(2-6)表明,工件外圆直径的变化,引起外圆中心线位置在垂直方向产生变动,而在水平方向上没有变动。当工件外圆直径的尺寸公差 T_d 一定时,V 形块夹角 α 愈大,则基准位置误差 Δ_{JW} 值愈小。但 α 愈大,V 形块的对中性愈差。在 $\alpha = 180°$ 时,基准位置误差 $\Delta_{JW} = \frac{1}{2}T_d$ 为最小。此时 V 形块两斜面展平成水平面,失去对中 - 定心作用,转化成支承定位。通常 V 形块的夹角 α 为 90°。

V 形块定位的定位误差中是否有基准不重合误差,取决于工序基准是否与定位基准重合。图 2-39(a)所示的圆柱形工件铣键槽,槽底位置的工序基准有图 2-39(b)所示的三种标注方式,标注方式不同其基准不重合误差也不同。

H_1 尺寸的工序基准是工件外圆中心线,与定位基准重合,无基准不重合误差,即 $\Delta_{JB} = 0$。按定位误差的定义,有:

$$\Delta_{DW} = \Delta_{JW} + \Delta_{JB} = \frac{T_d}{2\sin\dfrac{\alpha}{2}}$$

H_2 尺寸的工序基准是工件外圆上母线,与定位基准不重合,基准不重合误差等于定位尺寸的公差值,即 $\Delta_{JB} = \frac{1}{2}T_d$。定位误差为:

$$\Delta_{DW} = \Delta_{JW} + \Delta_{JB} = \frac{T_d}{2\sin\dfrac{\alpha}{2}} + \frac{1}{2}T_d = \frac{T_d}{2}\left(\frac{1}{\sin\dfrac{\alpha}{2}} + 1\right) \tag{2-7}$$

H_3 尺寸的工序基准是工件外圆下母线,与定位基准也不重合,故 $\Delta_{JB} = \frac{1}{2}T_d$。而定位误差为：

$$\Delta_{DW}=\Delta_{JW}-\Delta_{JB}=\frac{T_d}{2\sin\frac{\alpha}{2}}-\frac{1}{2}T_d=\frac{T_d}{2}\left(\frac{1}{\sin\frac{\alpha}{2}}-1\right) \tag{2-8}$$

式(2-7)和式(2-8)中基准不重合误差Δ_{JB}前的符号，按工件外圆直径尺寸从一极限到另一极限时Δ_{JB}与Δ_{JW}的实际变化方向而定。变化方向相同取“+”号，变化方向相反取“-”号。

用V形块定位时，按图2-39(b)所示，以外圆下母线作工序基准的定位误差最小，且容易测量；而以外圆上母线作工序基准的定位误差最大。

对键槽的对称度要求来说，其工序基准和定位基准均为工件外圆轴对称平面，无基准位置误差和基准不重合误差，故定位误差为零。

D 定位误差综合分析与主算实例

【例2-3】 如图2-40所示，在套筒工件上加工三均分孔，保证工序尺寸H。外圆$d_{1\,-T_{d_1}}^{\ 0}$、$d_{2\,-T_{d_2}}^{\ 0}$，内孔$D_{\ 0}^{+T_D}$和端面均已加工完，内孔D与外圆d_1的同轴度公差为e。求在下列定位元件上定位的定位误差：

(1) V形块定位，d_1为定位基准，V形块夹角为α；

(2) 三爪卡盘定位，d_2为定位基准；

(3) 间隙心轴定位，D为定位基准，固定单边接触，心轴直径公差为T_d；

(4) 弹簧心轴定位，D为定位基准。

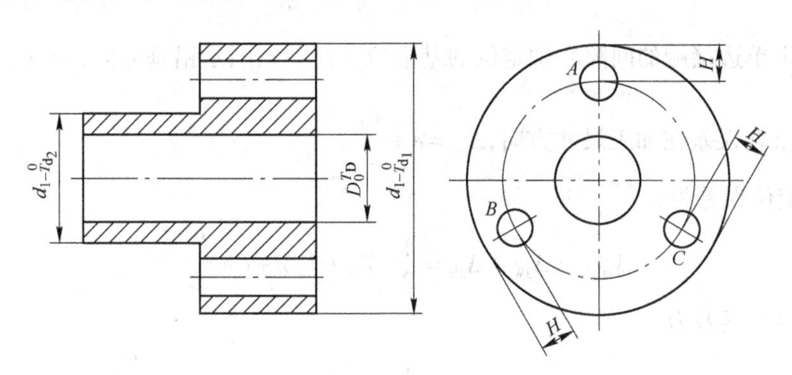

图2-40 套筒加工定位误差计算

解：设工件定位后的位置即为图示位置。三个孔的工序基准均为外圆d_1的母线，定位基准与工序基准不重合。此外，还会出现基准位置误差和基准不重合误差方向与工序尺寸方向不一致，成一定角度的情况。此时应将基准位置误差和基准不重合误差投影到工序尺寸方向上迭加，其计算公式的一般形式为：

$$\Delta_{DW}=\Delta_{JW}\cos\theta\pm\Delta_{JB}\cos\gamma$$

式中 θ——基准位置误差方向与工序尺寸方向的夹角；

γ——基准不重合误差方向与工序尺寸方向的夹角。

式中符号按误差的实际方向判断。当工件尺寸从一个极限变化到另一个极限，$\Delta_{JB}\cos\gamma$的变化方向与$\Delta_{JW}\cos\theta$相同时，取“+”号；相反时，取“-”号。

本题中,B 孔和 C 孔的位置对称,定位误差相同,按 B 孔分析与计算。

(1) V 形块定位的基准位置误差在图示铅垂方向,即 $\Delta_{JW}=\dfrac{T_{d_1}}{2\sin\dfrac{\alpha}{2}}$;基准不重合误差在工件的径向,即工序尺寸方向,$\Delta_{JW}=\dfrac{T_{d_1}}{2}$。

A 孔的定位误差为:

$$\Delta_{DW_A}=\Delta_{JW}+\Delta_{JB}=\frac{T_{d_1}}{2\sin\dfrac{\alpha}{2}}+\frac{1}{2}T_{D1}=\frac{T_{d_1}}{2}\left(\frac{1}{\sin\dfrac{\alpha}{2}}+1\right)$$

B 孔的定位误差为:

$$\Delta_{DW_B}=\Delta_{JW}\cos60^\circ-\Delta_{JB}$$

$$=\frac{T_{d_1}}{2\sin\dfrac{\alpha}{2}}\cos60^\circ-\frac{1}{2}T_{d_1}=\frac{T_{d_1}}{2}\left(\frac{\cos60^\circ}{\sin\dfrac{\alpha}{2}}-1\right)$$

(2) 三爪卡盘为自动定心定位装置,基准位置误差为零,即 $\Delta_{JW}=0$;基准不重合误差在工件的径向,即工序尺寸方向,三孔相同,$\Delta_{JW}=\dfrac{T_{d_1}}{2}$。$A$、$B$、$C$ 三孔的定位误差为:

$$\Delta_{DW_A}=\Delta_{DW_B}=\Delta_{JB}=\frac{T_{d_1}}{2}$$

(3) 固定单边接触的间隙心轴定位的基准位置误差在图示铅垂方向,即 $\Delta_{JW}=\dfrac{1}{2}(T_D+T_d)$;基准不重合误差在加工尺寸方向,$\Delta_{JB}=e+\dfrac{T_{d_1}}{2}$。

A 孔的定位误差为:

$$\Delta_{DW_A}=\Delta_{JW}+\Delta_{JB}=\frac{1}{2}(T_D+T_d)+e+\frac{T_{d_1}}{2}$$

B 孔的定位误差为:

$$\Delta_{DW_B}=\Delta_{JW}\cos60^\circ+\Delta_{JB}=\frac{1}{2}(T_D+T_d)\cos60^\circ+e+\frac{T_{d_1}}{2}$$

(4) 弹簧心轴为自动定心定位装置,基准位置误差为零,即 $\Delta_{JW}=0$;基准不重合误差在工序尺寸方向,$\Delta_{JB}=e+\dfrac{T_{d_1}}{2}$,三孔相同。

$$\Delta_{DW_A}=\Delta_{DW_B}=\Delta_{JB}=e+\frac{T_{d_1}}{2}$$

本实例给出了计算定位误差公式的一般形式。当基准位置误差与基准不重合误差不在工序尺寸方向时,需将其折算到工序尺寸方向上迭加,计算定位误差。

【例 2-4】 如图 2-41 所示,阶梯轴在双 V 形块上定位,以 $d_{1\,-T_{d1}}^{\;\;0}$、$d_{2\,-T_{d2}}^{\;\;0}$ 两个外圆柱为定位基准。加工表面为半圆键槽及 ϕD 孔。工序基准为轴心线 O_1O_2,求工序尺寸 h 与 r 的定位误差。

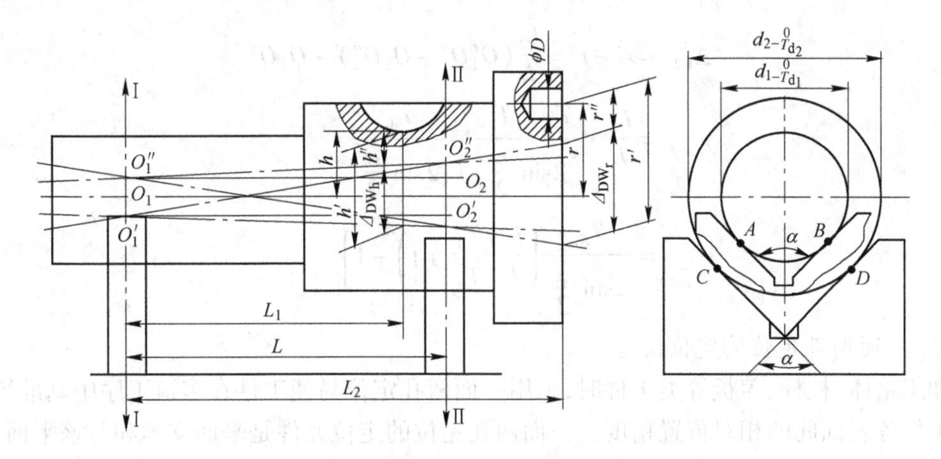

图 2-41　双 V 形块定位的定位误差计算

解：按题意，两个工序尺寸的工序基准都为轴心线 O_1O_2，其中 O_1 与 O_2 两点的位置分别由 V 形块Ⅰ和Ⅱ确定。一批工件定位时，O_1 点的位置变动量为 $O_1'O_1''$；O_2 点的位置变动量为 $O_2'O_2''$，则

$$O_1'O_1''=\frac{T_{d_1}}{2\sin\dfrac{\alpha}{2}}$$

$$O_2'O_2''=\frac{T_{d_2}}{2\sin\dfrac{\alpha}{2}}$$

一批工件中，有可能某一工件同时具有最大直径 d_1 和 d_2；也有可能同时具有最小直径 $d_1-T_{d_1}$ 和 $d_2-T_{d_2}$；还有可能有一个最大直径 d_1 和一个最小直径 $d_2-T_{d_2}$；或有一个最小直径 $d_1-T_{d_1}$ 和一个最大直径 d_2。因此造成中心线 O_1O_2 可能有两种极端变动：从 $O_1'O_2'$ 变至 $O_1''O_2''$；或从 $O_1'O_2''$ 变至 $O_1''O_2'$。计算定位误差时，要根据工序尺寸在工件上的标注部位，具体情况具体分析。如图 2-41 所示可知，当工序尺寸在Ⅰ—Ⅰ和Ⅱ—Ⅱ 之间时（如尺寸 h），定位误差应按 O_1O_2 的第一种变动情况计算；当工序尺寸在Ⅰ—Ⅰ或Ⅱ—Ⅱ的外侧时（如尺寸 r），则应按 O_1O_2 的第二种变动情况计算。定位误差可以从图示几何关系求得。

尺寸 h 的定位误差 Δ_{DW_h} 为：

$$\Delta_{DW_h}=h'-h''=O'_1O_1''+\frac{L_1(O_2'O_2''-O_1'O_1'')}{L}$$

$$=\frac{T_{d_1}}{2\sin\dfrac{\alpha}{2}}+\frac{L_1}{L}\cdot\frac{T_{d_2}-T_{d_1}}{2\sin\dfrac{\alpha}{2}}$$

$$=\frac{T_{d_1}}{2\sin\dfrac{\alpha}{2}}\left[\frac{L_1}{L}\left(\frac{T_{d_2}}{T_{d_1}}-1\right)+1\right]$$

尺寸 r 的定位误差 Δ_{DW_r} 为：

$$\Delta_{DW_r}=r'-r''=\frac{L_2}{L}(O'_1O''_1-O'_2O''_2)-O'_1O''_1$$
$$=\frac{L_2}{L}\cdot\frac{T_{d_1}+T_{d_2}}{2\sin\frac{\alpha}{2}}-\frac{T_{d_1}}{2\sin\frac{\alpha}{2}}$$
$$=\frac{T_{d_1}}{2\sin\frac{\alpha}{2}}\left[\frac{L_2}{L}\left(\frac{T_{d_2}}{T_{d_1}}+1\right)-1\right]$$

E　一面两孔定位的定位误差

加工箱体、杠杆、盖板等类工件时，采用一面两孔定位易使工件在多道工序中基准统一，保证工件各表面间的相对位置精度。一面两孔定位的定位元件是平面支承和与该平面支承垂直的两销，见图 2-16。设工件上两孔的中心线距离为 $L\pm T_{L_g}$，两定位销的中心线距离为 $L\pm T_{L_x}$（通常夹具制造精度较高，所以 $T_{L_x}<T_{L_g}$）。如图 2-42 所示，先将工件上第一个定位孔装上定位销，孔 1 的中心线 O'_1 与销 1 的中心线 O_1 重合，孔与销间留有装卸工件所需的配合间隙 $X_{1\min}$。第一孔能装入的条件是：

$$d_{1\max}=D_{1\min}-X_{1\min}$$

式中　$d_{1\max}$——第一销的最大直径；

$D_{1\min}$——第一孔的最小直径；

$X_{1\min}$——第一定位副装卸工件所需的最小间隙。

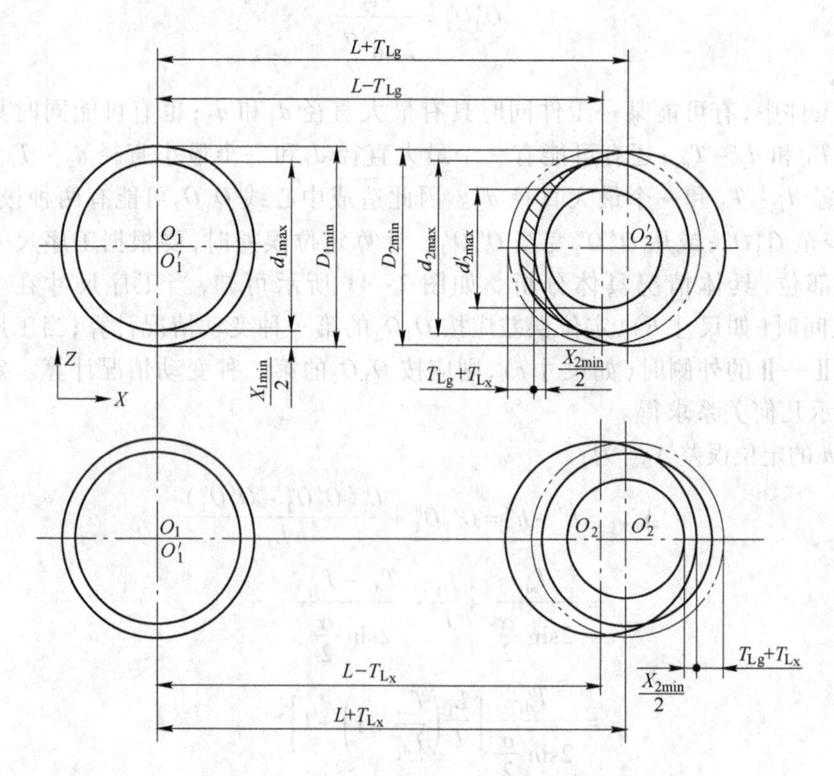

图 2-42　一面两孔定位误差分析与计算

若孔距与销距尺寸完全一致(例如图2-42中的 $L-T_{L_g}$ 或 $L+T_{L_g}$),则如双点划线所示,孔2中心线与销2中心线也是重合的,销2的最大直径可设计为:

$$d_{2\max}=D_{2\min}-X_{2\min}$$

式中　$d_{2\max}$——第二销的最大直径;

$D_{2\min}$——第二孔的最小直径;

$X_{2\min}$——第二定位副装卸工件所需的最小间隙。

实际上孔距与销距尺寸不可能恰好一致,装夹工件会产生干涉。最不利的极限情况是:两孔径是最小极限尺寸($D_{1\min}$、$D_{2\min}$),两销径是最大极限尺寸($d_{1\max}$、$d_{2\max}$),孔距尺寸为最大($L+T_{L_g}$),销距尺寸为最小($L-T_{L_x}$);或孔距尺寸为最小($L-T_{L_g}$),销距尺寸为最大($L+T_{L_x}$)。在这两种极限情况下,若孔1与销1处于正常配合状态,则孔2中心线 O_2' 相对销2中心线 O_2 的位置变动距离为 $T_{L_g}+T_{L_x}$,孔与销发生干涉(图2-42中阴影部分)。此种状况若使用圆柱销定位仍使工件能装进去,则必须把销2的直径减小到 $d'_{2\max}$。

$$\begin{aligned}d'_{2\max}&=d_{2\max}-2(T_{L_g}+T_{L_x})\\&=d_{2\min}-X_{2\min}-2(T_{L_g}+T_{L_x})\end{aligned}$$

但减小销2的直径尺寸,会增大孔2的基准位置误差。如图2-43所示,当孔距与销距尺寸一致时,孔2沿Z轴的基准位置误差 Δ_{JW} 就等于最大间隙。同时工件的角度位置误差也增大。

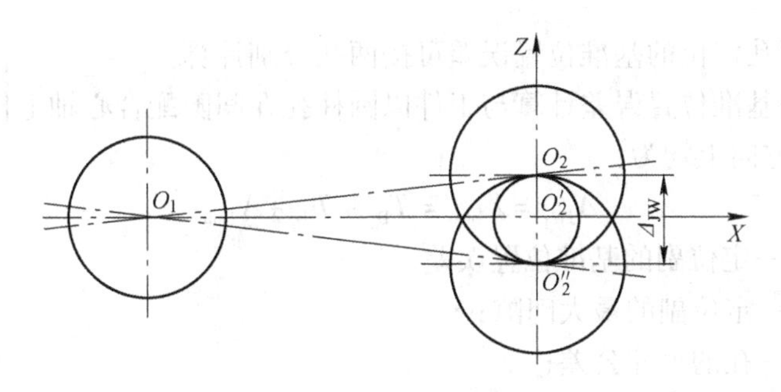

图2-43　孔2的基准位置误差

显然,减小定位销直径的方法影响定位精度。为了减小基准位置误差和角度位置误差,在Z轴方向上不应减小定位销直径,而应在X轴方向(两销连心线方向)通过削去销2与孔的干涉部分(图2-42中阴影部分),消除销2在该方向限制自由度的作用,使之能补偿孔距与销距的尺寸变化。销2经削边后称为削边销。削边销保留的圆柱部分宽度 B(见图2-44)可以通过计算求出。生产中,削边销的结构和尺寸可根据图2-44和表2-3选取。

表2-3　削边销的尺寸

d	>3~6	>6~8	>8~20	>20~25	>25~32	>32~40	>40~50
B	$d-0.5$	$d-1$	$d-2$	$d-3$	$d-4$	$d-5$	$d-5$
b	1	2	3	3	3	4	5
b_1	2	3	4	5	5	6	8

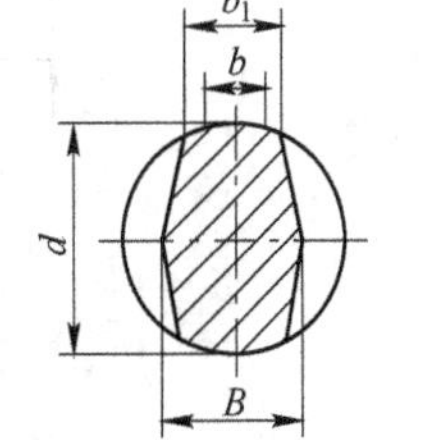

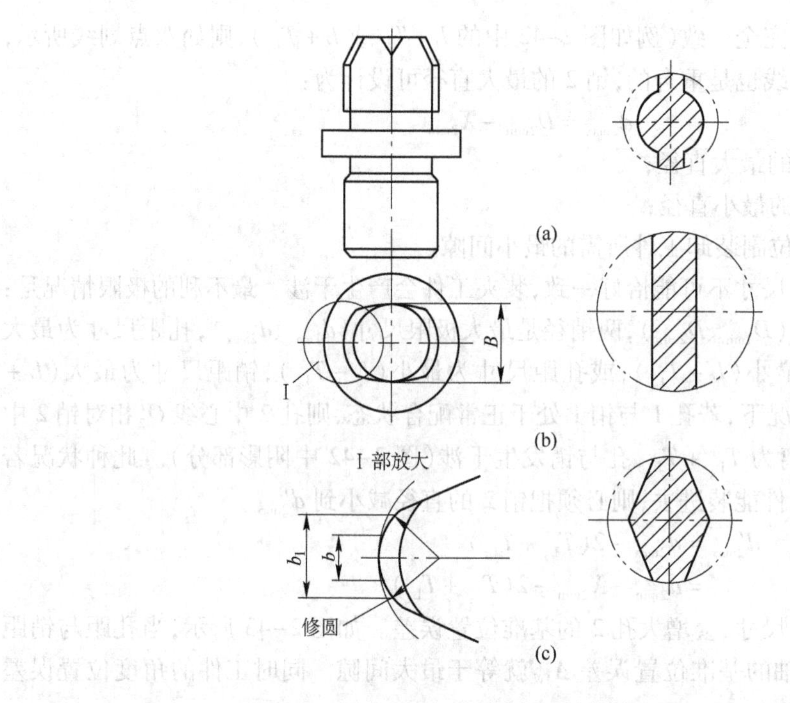

图 2-44　削边销结构

工件以一面两孔定位的基准位置误差可按两孔分别计算。

第一定位副的基准位置误差计算与工件以圆柱孔在间隙配合心轴上任意边接触定位的情况相同,在任何方向上均为:

$$\Delta_{JW_1} = X_{1max} = T_{D_1} + T_{d_1} + X_{1min}$$

式中　Δ_{JW_1}——第一定位副的基准位置误差;

X_{1max}——第一定位副的最大间隙;

T_{D_1}——第一孔的尺寸公差;

T_{d_1}——第一销的尺寸公差。

第二定位副中因使用削边销,在两孔连心线方向的基准位置变动取决于第一定位副的基准位置误差;在垂直于两销连心线方向的基准位置误差计算方法同第一定位副(见图 2-45),为:

$$\Delta_{JW_2} = X_{2max} = T_{D_2} + T_{d_2} + X_{2min}$$

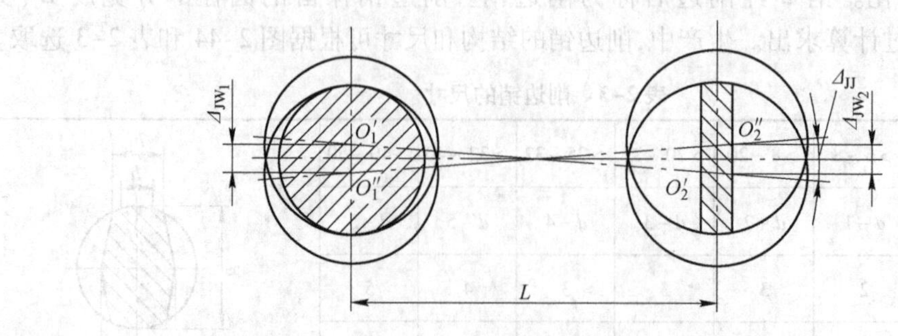

图 2-45　一面两孔的角度位置误差

式中 Δ_{JW_2}——第二定位副的基准位置误差；

X_{2max}——第二定位副的最大间隙；

T_{D_2}——第二孔的尺寸公差；

T_{d_2}——第二销的尺寸公差。

两孔中心在垂直于两销连心线方向的基准位置误差，使两孔中心连线相对其理想位置产生转动，其最大转角即为角度位置误差 Δ_{JJ}（见图 2-45）为：

$$\Delta_{JJ} = \arctan\frac{\Delta_{JW_1}+\Delta_{JW_2}}{2L} \tag{2-9}$$

从式（2-9）可知，若减小角度位置误差，应尽可能用工件上两个距离大的孔为定位孔。

知识点 2.3　工件在夹具中的夹紧

2.3.1　夹紧装置的组成和基本要求

在机械加工过程中，工件会受到切削力、重力、离心力及惯性力等外力的作用。夹紧装置的基本作用就是保持工件在夹具中确定的加工位置，不会在这些外力作用下产生变化或振动，确保加工质量和生产安全。

在设计夹具结构时，选择夹紧方式与定位方式应同时进行，结合在一起考虑。

2.3.1.1　夹紧装置的组成

按夹紧装置各组成部分的基本作用，一般可以将夹紧装置分为以下两个基本部分（见图 2-46）。

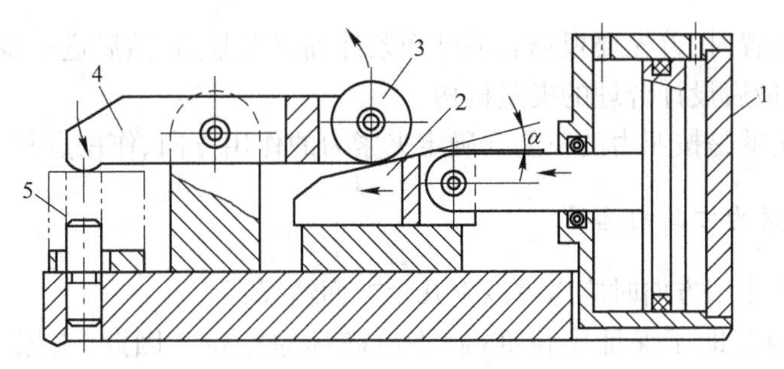

图 2-46　夹紧装置的组成示例

1—气缸；2—斜楔；3—辊子；4—压板；5—工件

（1）力源部分。夹紧装置中的力源部分产生原始作用力。手动夹紧的力源来自人的体力。机动夹紧的力源来自气动、液压、气液联合、电动等动力装置。图 2-46 中的气缸 1 就是一种力源装置。

（2）夹紧部分。夹紧部分接受和传递力源部分产生的原始作用力，并使之转变为夹紧力直接作用在工件上完成夹紧作用。夹紧部分一般由下列元件或机构组成：

1）受力元件。受力元件是直接接受原始作用力的元件，如手柄、螺母、连接气缸活塞杆的元件等。

2）中间递力机构。中间递力机构是介于力源和夹紧元件之间的传递力的机构，如图 2-46中的斜楔 2。

3）夹紧元件。夹紧元件是直接与工件接触产生夹紧力的元件，如各种螺钉、压板（如图2-46中的压板4）等。

上述三项中，1）、3）两项在任何夹紧装置中都是必不可少的。而中间递力机构要根据夹具总体布局和工件夹紧的实际需要考虑是否设置。一般中间递力机构应起到以下作用：

1）在传递作用力的过程中改变力的作用方向；

2）改变作用力的大小，一般应起增力作用；

3）具有自锁作用，以保证力源消失以后，工件仍能得到可靠夹紧。这一点对于手动夹紧尤为重要。

以图2-46所示的中间递力机构（斜楔）来说，若设计得当，则能兼有上述三种作用。斜楔将气缸的水平作用力改变成垂直向上并传递到滚子3；斜楔本身具有增力作用和一定的自锁性能。

2.3.1.2　夹紧装置的基本要求

夹紧装置的设计或选用是否正确合理，对于保证加工质量、提高生产率、减轻工人劳动强度有很大影响。因此，夹紧装置应满足如下基本要求：

(1) 夹紧时不应破坏工件经定位后所确定的位置；

(2) 夹紧力的大小应能保证工件在加工过程中不发生移动和不允许的振动；

(3) 工件在夹紧后变形小；

(4) 夹紧作用可靠，动作迅速，操作省力；

(5) 结构紧凑，制造容易，其自动化程度及复杂程度应与工件生产纲领相适应。

2.3.2　夹紧力的确定

在设计夹紧装置时，首先要根据有关已知条件确定夹紧力，然后进一步选择适当的力源和传递力的方式，最后设计合理的夹紧机构。

夹紧力的确定就是按照力的三要素确定夹紧力的作用方向、作用点和大小。

2.3.2.1　夹紧力方向的选择

在选择夹紧力作用方向时应考虑以下几个方面情况：

(1) 夹紧力应有助于保证定位准确，不应破坏原定位。因此，夹紧力应朝向主要定位基准面，使工件在夹紧力作用下与定位元件可靠接触。同时，工件的主要定位基准面的面积较大，精度也相对较高，夹紧力作用于其上有助于减小压强，减小变形，有利于保证加工质量。

如图2-47所示，夹紧力可以如W_1那样作用在A、B两点之间，并与AB垂直。此时夹紧力作用在主要定位基准面上，支承点C上虽无压力，但夹紧力W_1也没有使工件脱离C点的作用。如选择W_2那样施力，因夹紧力作用在第二定位基准面C点上，故不如前一种好。最好如W_2那样，一个夹紧力同时使两个定位基准面上均产生压力，使工件得到可靠定位。

再如图2-48所示，工件2上被加工孔C与端面有一定的垂直度要求，按照基准重合原则，应选择A面为主要定位基准。因而夹紧力W_1、W_2应垂直作用于主要定位基准面A并靠近支承面的几何中心。如果夹紧力垂直作用于B面，则因A、B面间的角度误差而使A面只能与夹具1的支承面线接触。破坏了原来的定位方案，镗后孔就不会与A面垂直。

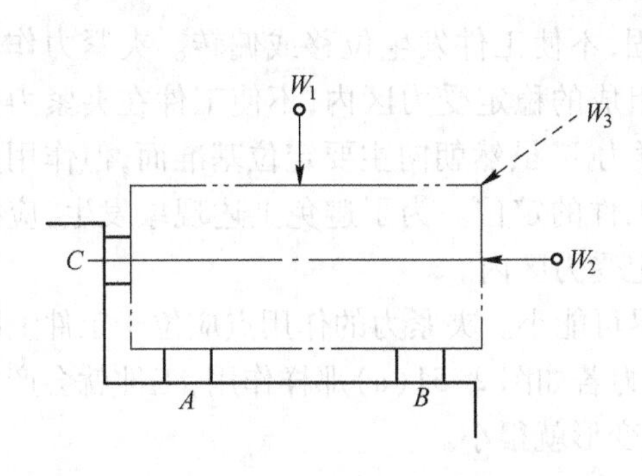

图2-47　夹紧力的作用点及方向

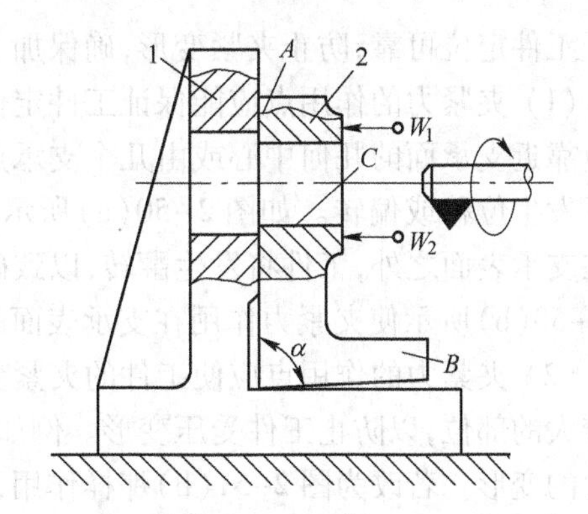

图2-48　夹紧力的作用方向

（2）夹紧力的方向应有利于减小夹紧力。在加工过程中，工件要受到切削力 P 和自身重力 G 的作用。这些外力的方向与夹紧力的作用方向，对所需夹紧力的大小有很大的影响。图2-49表示工件所受夹紧力 W 与切削力 P 和工件重力 G 三者关系的典型情况。若从装夹方便、稳定考虑，应使主要定位元件表面水平向上，直接承受工件重力，故以图2-49(a)、(b)所示为佳。但若从夹紧力的作用方向应有利于减小夹紧力来看，在工件重力 G 和切削力 P 相同的情况下，则夹紧力与切削力、重力同方向时所需夹紧力最小，如图2-49(a)所示；完全用摩擦力克服切削力和重力时所需夹紧力最大，如图2-49(d)所示。图2-49(c)中夹紧力、重力和切削力垂直于斜面的分力均指向斜面，所需夹紧力较小，但在斜面上定位，稳定性相对于图2-49(a)和图2-49(b)要差。图2-49(e)中只有夹紧力和切削力指向定位面，二力产生的摩擦力用于克服重力，所需夹紧力较图2-49(a)大，较图2-49(d)小。图2-49(f)中，夹紧力与重力和切削力方向相反，所需夹紧力较大。

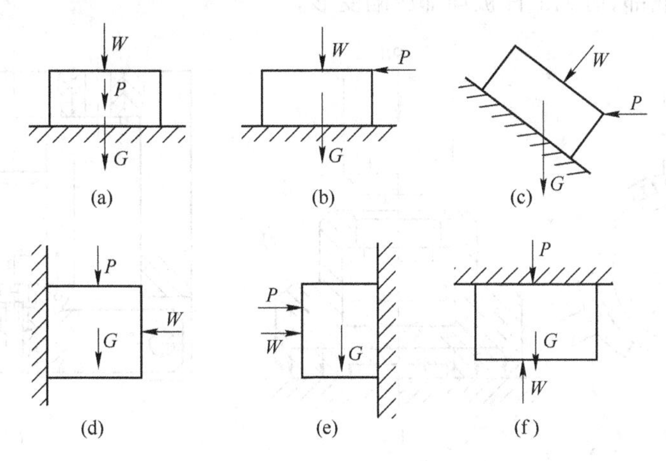

图2-49　夹紧力与切削力重力的关系

在确定夹紧力方向时，要综合考虑加工方法、工件形状、加工部位、定位方式、夹紧机构形式等因素。如为了减小夹紧力，可在正对切削力的作用方向设置只承受负荷而不起定位作用的止动件。

2.3.2.2　夹紧力作用点的选择

夹紧力的作用点是指夹紧元件与工件相接触的一小块面积。选择夹紧力的作用点应有利于工件定位可靠，防止夹紧变形，确保加工精度。

（1）夹紧力的作用点应能保证工件定位稳固，不使工件发生位移或偏转。夹紧力作用点应靠近支承面的几何中心或由几个支承点所组成的稳定受力区内，不使工件在夹紧力作用下发生位移或偏转。如图 2-50（a）所示，夹紧力 W 虽然朝向主要定位基准面，但作用点却在支承表面之外，工件将发生翻转，以致破坏工件的定位。为了避免上述现象发生，应按图 2-50（b）所示使夹紧力作用在支承表面的稳定受力区内。

（2）夹紧力的作用点应使工件的夹紧变形尽可能小。夹紧力的作用点应位于工件上刚度较大的部位，以防止工件受压变形。例如夹紧力若如图 2-51（a）那样作用，工件就会产生较大的变形。若改为图 2-51（b）那样作用，夹紧变形就很小。

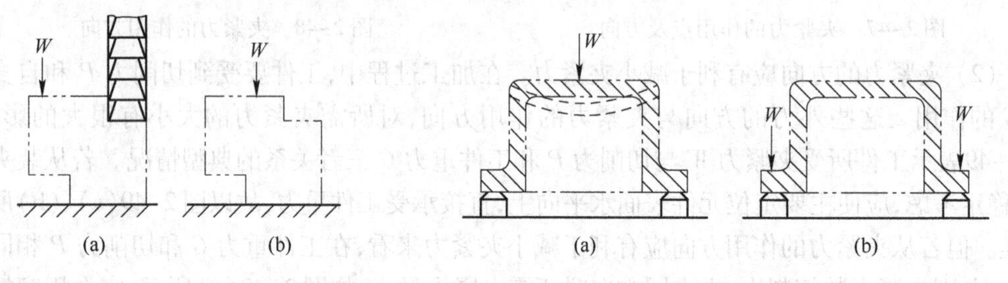

图 2-50　夹紧力作用点的选择　　　　图 2-51　夹紧变形

另外，还可以增大夹紧力作用点的面积，使夹紧力由集中载荷变为分布载荷而分散作用在工件上，从而减小工件的变形。例如图 2-52（a）是具有较大弧面的特殊夹爪，常用于安装薄壁套筒类工件，以减小夹紧变形。图 2-52（b）为常见的压脚，可增加螺旋夹紧的作用面积，以减小局部夹紧变形。图 2-52（c）为在夹紧压板上增加球面垫圈，使夹紧力通过垫圈均匀地作用在工件底部，避免工件被局部压陷变形。

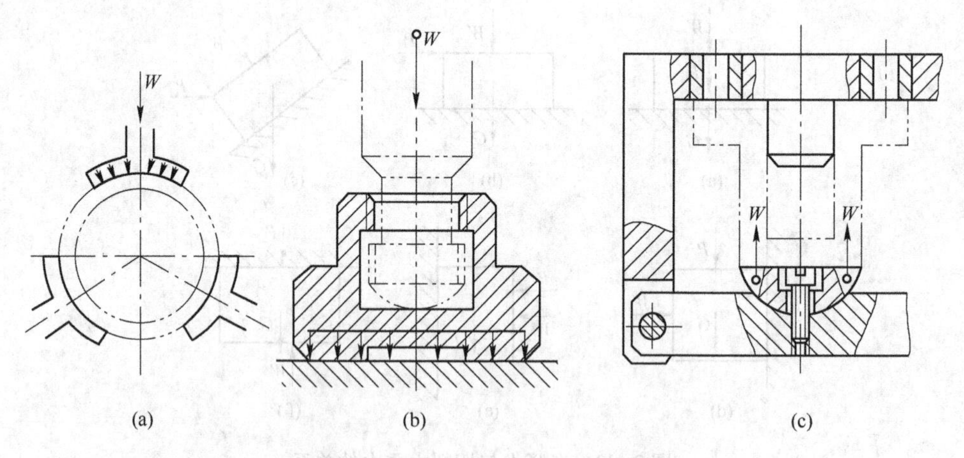

图 2-52　减小工件夹紧变形的措施

（3）夹紧力作用点应尽可能靠近工件被加工表面，以提高定位稳定性和夹紧可靠性，不易产生振动。特别是对低刚度工件更应注意。如果加工部位刚度不足且离夹紧力作用点较远，可增加附加夹紧力与辅助支承。如图 2-53 所示，工件的铣削部位刚度很低，且又距按定位要求设置的夹紧力 W_1 较远，故应增加附加夹紧力 W_2，并在 W_2 下方设置辅助支承以承受夹紧力。

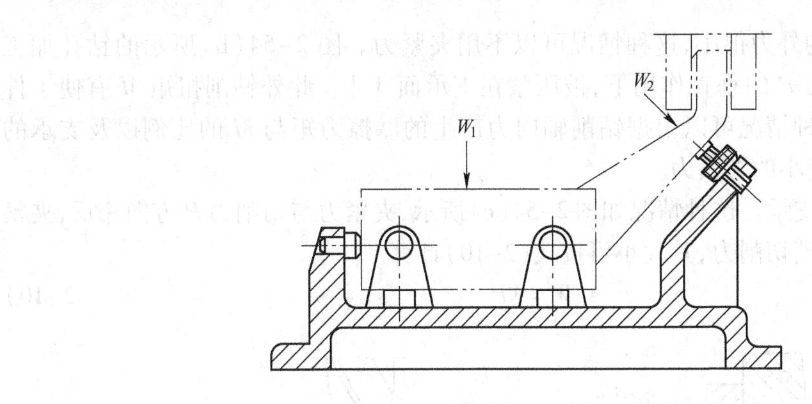

图2-53　增加附加夹紧力与辅助支承

2.3.2.3　夹紧力大小的估算

夹紧力大小对保证定位稳定、夹紧可靠、确定夹紧装置的架构尺寸等有很大关系。夹紧力过小,则夹紧不稳固,在加工过程中工件会发生移动而破坏定位。夹紧力过大则会增大夹紧变形,影响加工质量,还不必要地加大了夹紧装置的结构尺寸,造成浪费。因此,夹紧力的大小必须适当。

在加工过程中工件所受到的外力有切削力、离心力、惯性力和工件自身的重力等。理论上夹紧力的作用必须与上述外力(矩)的合力(矩)相平衡。但在不同的情况下,各种力的大小、方向都不相同,在平衡力系中对工件所起的作用并不相同,因此不能用一个通式描述夹紧力与各个力之间的关系。例如:对于中小工件的加工,主要考虑切削力的影响;对于大型工件的加工还需考虑重力的影响;对于高速回转的偏心工件和大直径的工件以及大型往复运动的工件则不能忽视离心力或惯性力的影响。此外,切削力本身在加工过程中是变化的,夹紧力的大小还与工艺系统刚度、夹紧机构的传动效率以及原始作用力的变化有关。因此,夹紧力一般只能做粗略的估算。

在计算夹紧力时,通常将工艺系统看成是刚性系统,考虑主要外力的影响,然后找出在加工过程中对夹紧最不利的状态按静力平衡原理求出夹紧力的数值。为保证夹紧可靠,再将此计算数值乘以安全系数,放大作为实际所需的夹紧力数值,即:

$$W = KW'$$

式中　W——实际所需要的夹紧力,N;

W'——按静力平衡条件计算的夹紧力,N;

K——安全系数,根据生产经验,一般取1.5~3,粗加工时取2.5~3,精加工时取1.5~2。

这种估算夹紧力大小的方法,对于夹具设计来说,其准确程度是能够满足要求的。在实际设计工件中,也可根据同类夹具的使用情况,按类比法进行经验估算。

当以切削力作为主要外力考虑其对夹紧力的影响时,则夹紧力的大小不仅与切削力的大小有关,而且还与切削力对支承的作用方向有关。下面以几种典型的受力情况为示例,说明夹紧力与切削力的关系。

(1) 切削力垂直作用在支承上。在这种情况下,可以不用夹紧力或用很小的夹紧力。如图2-54(a)所示的拉孔加工,工件在垂直作用于支承上的切削力 P 作用下被压紧在支承

面 A 上，其他方向上的外力很小，这种情况可以不用夹紧力。图 2-54(b)所示的钻孔加工中，工件在钻削轴向力 P 的垂直作用下，被压紧在支承面 A 上。此外钻削扭矩 M 有使工件产生转动的可能。这种情况可以根据钻削轴向力产生的摩擦力矩与 M 的比例以及支承的布置情况，不加或加较小的夹紧力。

(2) 切削力背离支承。这种情况如图 2-54(c)所示，夹紧力与切削力 P 方向相反，夹紧力的作用主要用于抵消切削力，其大小可按式(2-10)计算。

$$W = KP \tag{2-10}$$

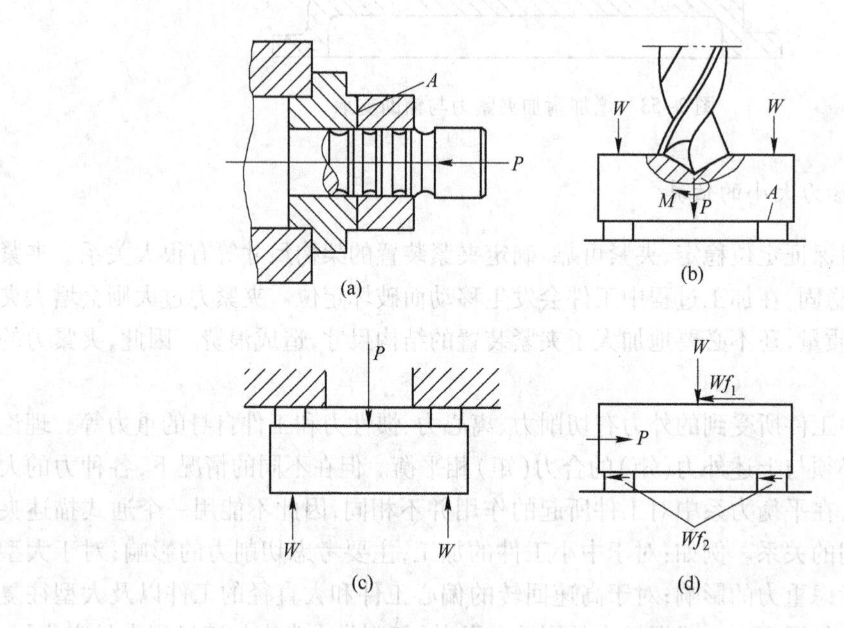

图 2-54　切削力与夹紧力的方向

(3) 切削力沿支承表面。这种情况如图 2-54(d)所示，夹紧力与切削力 P 垂直，切削力 P 需以夹紧力所产生的摩擦力来平衡，夹紧力的大小可按式(2-11)计算。

$$W = \frac{KP}{f_1 + f_2} \tag{2-11}$$

摩擦系数主要取决于工件与支承表面的接触状况。经过加工的工件表面与光滑的支承表面接触时，摩擦系数一般为 $f = 0.16 \sim 0.25$。由于摩擦系数小于 1，所以比较以上三种情况，以切削力垂直作用在支承上时所需夹紧力最小，而以切削力沿支承表面时所需的夹紧力最大。

以下举几种常见机械加工方法作为示例，说明夹紧力的计算方法。

(1) 用三爪卡盘夹持工件车削。用三爪卡盘夹持圆柱形工件车削时，夹紧的主要作用是防止工件在切削力矩 M_p（由主切削力 P_z 产生）的作用下发生转动和轴向力 P_x 作用下发生轴向移动。因三爪卡盘的三个卡爪均匀分布，近似按三爪受力相同考虑。设每个卡爪的夹紧力为 W。在每个夹紧点上使工件转动的力为 $\frac{M_p}{3R}$，使工件移动的力为 $\frac{P_x}{3}$，见图 2-55，这两个力方向成 90°，其合力为：

$$P=\sqrt{\left(\frac{M_p}{3R}\right)^2+\left(\frac{P_x}{3}\right)^2}=\frac{1}{3}\sqrt{P_z^2+P_x^2}$$

式中 R——工件半径；

M_p——切削力矩，按最大直径计算 $M_p=P_zR$；

P_x,P_z——主切削力及轴向切削力，可按“切削原理”的有关公式计算，当 P_x 相对 P_z 较小时，可近似取 $P=\frac{1}{3}P_z$。

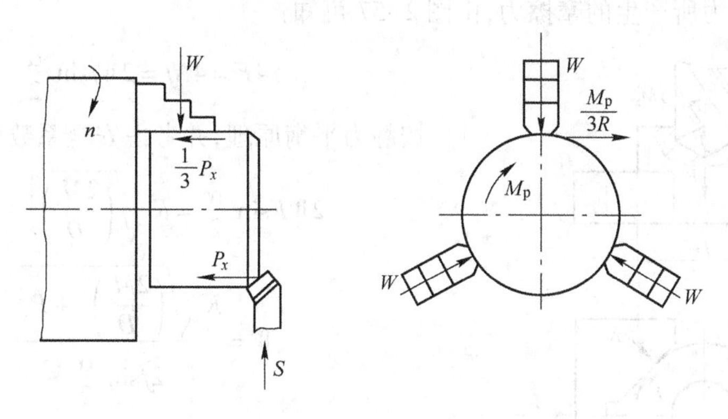

图2-55 车削夹紧力计算

防止工件转动和移动的力为夹紧力 W 所产生的摩擦力 Wf。按静力平衡原理再乘以安全系数 K，可得每爪所需夹紧力为：

$$W=\frac{KP}{f}\approx\frac{KP_z}{3f}$$

(2) 在六点支承夹具中夹持工件铣削。图2-56所示为在卧铣上加工夹持在六点支承夹具上的工件的情况。由于在夹具上设置了止推定位件，所以作用于工件上的主切削力 P_z 和径向切削力 P_y 的合力 P，对支点 O 产生一个使工件翻转的力矩 PL。铣削时切削力的作用点、方向和大小都是变化的，所以翻转力矩 PL 的数值也是变化的，它在铣刀刚切入工件达到全切深时达到最大值。夹紧力的计算应按最危险的情况考虑。由图2-56可知，阻止工件翻转的是支承 A、B 上产生的摩擦力矩 $F_AFL_1+F_BFL_2$（不考虑压板与工件受压表面间摩擦力的影响），即：

$$F_AFL_1+F_BFL_2=PL$$

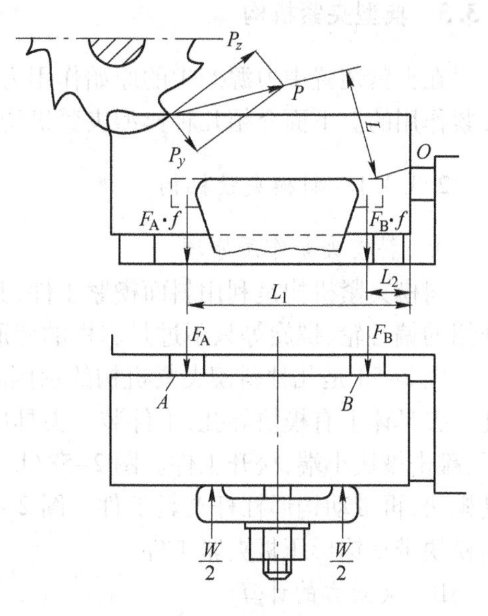

图2-56 铣削夹紧力计算

设两压板夹紧力相等，即 $F_A=F_B=\frac{W}{2}$，并考虑安全系数得：

$$\frac{1}{2}WF(L_1+L_2)=KPL$$

实际需要压板产生的夹紧力为：

$$W=\frac{2KPL}{f(L_1+L_2)}$$

(3) 用 V 形块夹持工件钻削。图 2-57 所示为用 V 形块夹持工件钻孔的情况。钻削加工产生的切削力矩 M_z 能引起工件转动，轴向切削力 P_x 能引起工件轴向移动。阻止工件转动和移动的是夹紧力所产生的摩擦力，由图 2-57 可知：

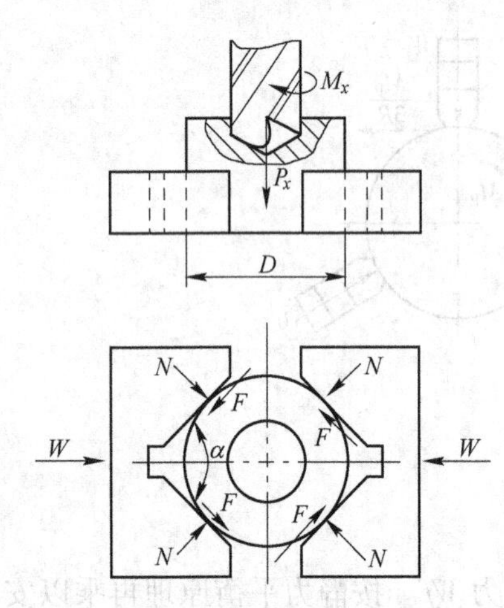

图 2-57　钻削夹紧力计算

$$4F=4Nf=2Wf\sin\frac{\alpha}{2}$$

按静力平衡原理，并考虑安全系数可得：

$$2WF\sin\frac{\alpha}{2}=K\sqrt{\left(\frac{2M_z}{D}\right)^2+P_x^2}$$

$$W=\frac{K\sqrt{\left(\frac{2M_z}{D}\right)^2+P_x^2}}{2f\sin\frac{\alpha}{2}}$$

式中　D——麻花钻直径；

α——V 形块夹角。

当需要比较准确地确定夹紧力数值时，例如设计气压、液压夹紧装置，或夹持低刚度工件的夹紧装置时，多对切削力进行试验测定后，再估算所需夹紧力的数值。

2.3.3　典型夹紧机构

在夹紧装置中力源产生的原始作用力是通过夹紧机构转变为夹紧力作用在工件上完成夹紧作用的。下面介绍几种典型夹紧机构。

2.3.3.1　斜楔夹紧机构

A　斜楔夹紧作用原理

斜楔夹紧机构是利用斜面楔紧工件，其最基本的结构形式是带有斜面的楔块。后面要介绍的偏心轮、螺旋等只不过是斜楔的变形，也是利用楔紧作用的原理进行工作。

图 2-58 是几种斜楔夹紧机构的示例。图 2-58(a) 中工件 3 在夹具体 1 上定位钻 ϕ8F8 孔。夹具体上有楔块导孔，工件装入夹具后，用锤击楔块 2 大端即可将工件夹紧。加工完毕后，敲击楔块小端，松开工件。图 2-58(b) 为楔块与螺旋组成的联合夹紧机构，旋转螺旋推动楔块，再带动钩形杠杆夹紧工件。图 2-58(c)、(d) 为楔块用于气动或液压夹具的示例，由楔块带动钩形压板夹紧工件。

B　夹紧力的计算

斜楔在原始作用力 Q 作用下所能产生的夹紧力 W，可根据斜楔受力平衡条件求出。如图 2-59(a) 所示，取斜楔为受力平衡体，受有原始作用力 Q、工件的反作用力 W(即等于夹紧力，但方向相反)、夹具体的反作用力 R 及斜楔楔入运动中产生的摩擦力 F_1 与 F_2。设 R 与

F_1的合力为R'，W与F_2的合力为W'。则R与R'的夹角即为夹具体与模块之间的摩擦角φ_1，W与W'的夹角即为工件与楔块之间的摩擦角φ_2。

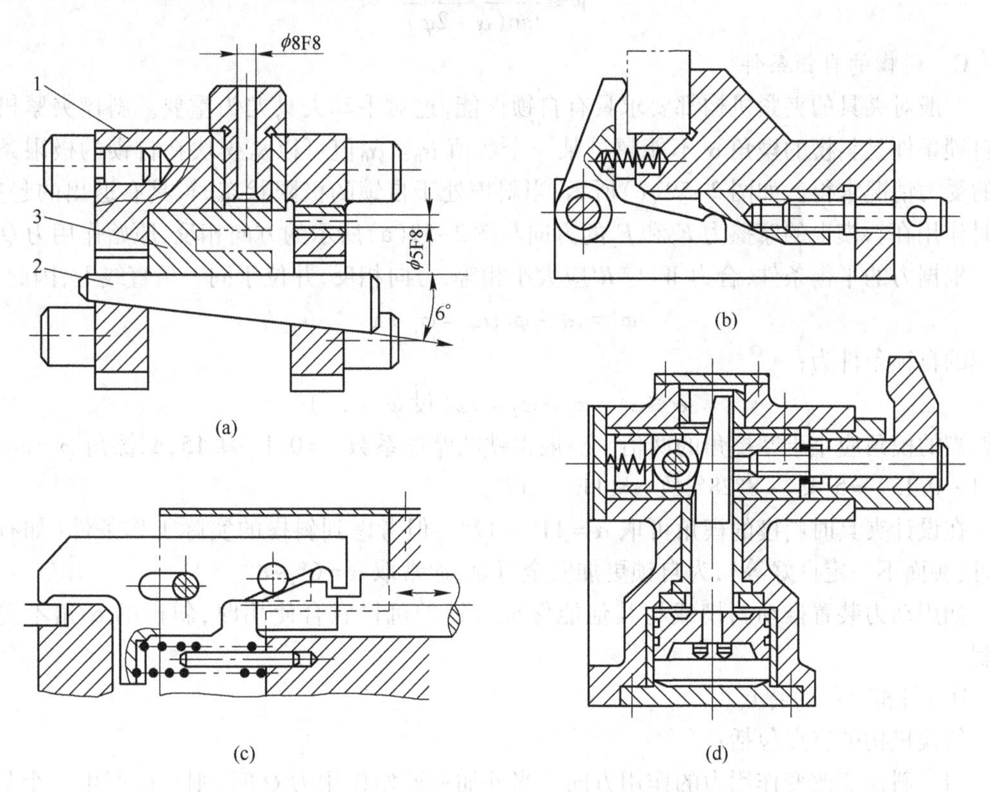

图2-58 斜楔夹紧机构

1—夹具体；2—楔块；3—工件

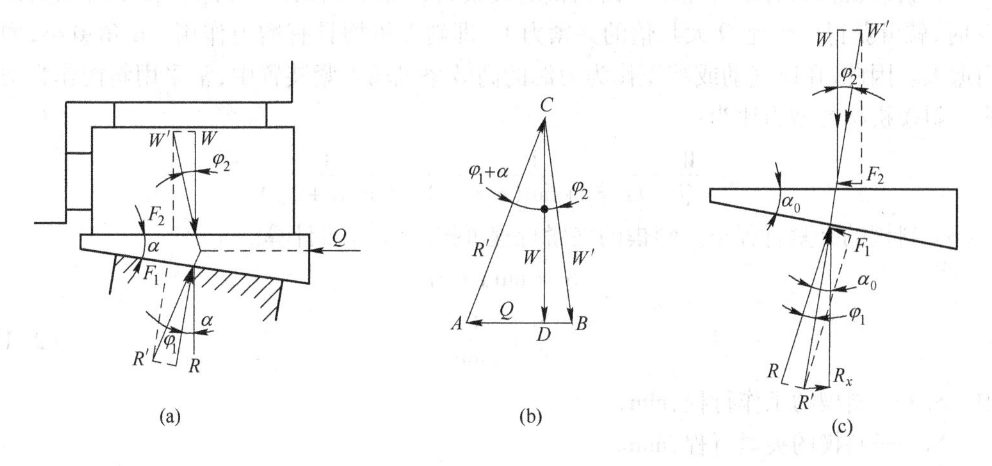

图2-59 斜楔夹紧受力分析

夹紧时Q、W'、R'三力平衡，力封闭三角形$\triangle ABC$见图2-59(b)。从图中可得：

$$Q = W\tan\varphi_2 + W\tan(\alpha + \varphi_1)$$

故

$$W = \frac{Q}{\tan\varphi_2 + \tan(\alpha + \varphi_1)} \tag{2-12}$$

式中，α 为斜楔的楔角。当 α、φ_1、φ_2 均很小，且 $\varphi_1 = \varphi_2 = \varphi$ 时，式(2-12)可以近似地简化为：

$$W \approx \frac{Q}{\tan(\alpha + 2\varphi)}$$

C　斜楔的自锁条件

一般对夹具的夹紧机构都要求具有自锁性能，这对手动夹具尤为重要。斜楔夹紧机构的自锁条件是斜楔的楔角 α 不能超过某一个数值 α_0。α_0 值可以从楔块在自锁的极限条件下的受力情况求得。如图 2-59(c)所示，当斜楔处于自锁的极限状态时，具有退出的趋势。此时作用在斜楔上的摩擦力 F_1 和 F_2 的方向与图 2-59(a)所示的方向相反，原始作用力 Q 为零。根据力的平衡条件，合力 W' 与 R' 应大小相等，方向相反，并位于同一条直线上，因此：

$$\varphi_2 = \alpha_0 - \varphi_1;\alpha_0 = \varphi_1 + \varphi_2$$

斜楔的自锁条件为：

$$\alpha \leqslant \alpha_0 = \varphi_1 + \varphi_2 = 2\varphi(\text{设 } \varphi_1 = \varphi_2)$$

即斜楔的楔角应小于摩擦角的两倍。一般钢铁的摩擦系数 $f = 0.1 \sim 0.15$，摩擦角 $\varphi = \arctan(0.1 \sim 0.15) = 5°43' \sim 8°28'$，故 $\alpha \leqslant 11° \sim 17°$。

在设计夹具时斜楔的楔角可取 $\alpha = 11° \sim 17°$。但考虑到斜楔的实际工作条件（如有振动，接触面不一定良好等），为自锁更加安全可靠，通常取 $\alpha = 6° \sim 8°$。

如用动力装置推动斜楔或与其他能保证自锁的机构联合使用时，斜楔的 α 角不受此限制。

D　斜楔机构的特点

斜楔机构的特点包括：

（1）斜楔能改变作用力的作用方向。当外加一原始作用力 Q 时，则斜楔产生一个与 Q 力方向相垂直的夹紧力 W。

（2）斜楔机构具有增力作用。由斜楔的夹紧力计算公式知，当外加一较小的原始作用力 Q 时，就可获得一个比 Q 大几倍的夹紧力 W，即斜楔机构具有增力作用。α 角愈小，增力作用愈大。因此，在以气动或液压作为力源的高效率机动夹紧装置中，常采用斜楔作为增力机构。斜楔机构的增力比为：

$$i_Q = \frac{W}{Q} = \frac{1}{\tan\varphi_2 + \tan(\alpha + \varphi_1)} \approx \frac{1}{\tan(\alpha + 2\varphi)}$$

（3）斜楔的夹紧行程小。斜楔的夹紧行程可按式(2-13)计算。

$$S_2 = \tan\alpha \cdot S_1$$

$$\frac{S_1}{S_2} = \frac{1}{\tan\alpha} \tag{2-13}$$

式中　S_1——斜楔的工作行程，mm；

S_2——斜楔的夹紧行程，mm。

由式(2-13)知，斜楔的夹紧行程与楔角 α 有关。α 角愈小，夹紧行程愈小，自锁性愈好，增力作用愈大，反之亦然。因此，在选择斜楔楔角时，应综合考虑自锁、增力和行程三方面问题。

E　斜楔机构的适用范围

在手动夹紧机构中斜楔通常与其他机构联合使用。斜楔机构通常在机动夹紧装置中作中间递力机构且起增力作用。由于斜楔的夹紧行程较小,因此工件在夹紧方向的尺寸误差不能太大。

2.3.3.2　螺旋夹紧机构

A　简单螺旋夹紧机构及作用原理

利用螺旋直接夹紧或与其他元件(机构)组合夹紧工件的机构统称螺旋夹紧机构,是应用最为广泛的一种夹紧机构。

图2-60所示为简单的螺旋夹紧机构的示例。图2-60(a)为螺钉夹紧,用扳手旋紧螺钉1,螺钉头部直接压紧工件4。为了增加螺母的耐磨性和螺母磨损后便于更换,常在夹具体3中装配一个钢质螺母2。这在夹具体较薄时,还可增加螺钉的旋入长度,使夹紧更为可靠。螺钉头部直接与工件接触易压坏工件表面或带动工件随之旋转,因此生产中常在螺钉头部装有活动压块。压块的典型结构如图2-61所示。A型的端面是光滑的,用于压紧已加工表面;B型的端面有齿纹,用于压紧未加工的粗糙表面。

图2-60(b)为螺母夹紧,用扳手旋动螺母5夹紧工件。在螺母与工件4之间加球面垫圈6,使工件受到的夹紧力均匀并避免螺杆弯曲。

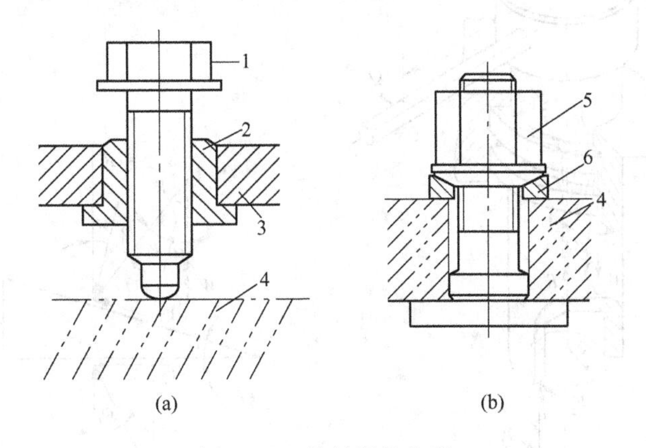

图2-60　简单螺旋夹紧

(a) 螺钉夹紧;(b) 螺母夹紧

1—螺钉;2—螺母;3—夹具体;4—工件;5—螺母;6—球面垫圈

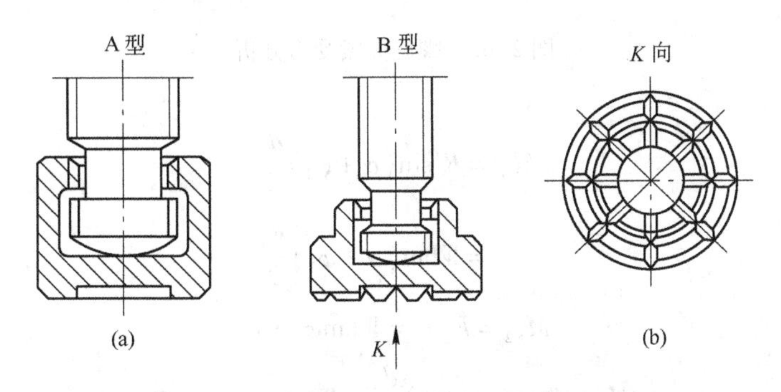

图2-61　压块的结构形式

(a) A型压块;(b) B型压块

B　夹紧力计算

螺旋夹紧机构的夹紧力计算与斜楔相似，螺杆可以看作是绕在圆柱体的斜楔。图2-62(a)是方牙螺纹螺杆夹紧状态下的受力示意图。当以原始作用力 Q 转动手柄时，施于螺杆的力矩为 $M=QL$，螺杆沿螺母旋转下压工件。取螺杆为受力平衡体，工件对螺杆的反作用力有：垂直于螺杆端部的反作用力 W（即夹紧力）及螺杆与工件作用面间的摩擦力 F_2。此两力分布在螺杆端部整个接触面上，计算时可视为集中于半径为 r' 的圆环上，r' 称为当量摩擦半径。螺母对螺杆的作用力有：垂直于螺纹面的力 R 及螺纹面上的摩擦力 F_1，两力的合力为 R'。此力分布于整个螺纹面上，计算时可视为集中在螺纹中径处。螺杆在夹紧状态时，根据平衡条件，各力对螺杆中心线的力矩为零，即

$$M_Q - M_{R'} - M_{F2} = 0$$

式中　M_Q——原始力矩 $M_Q=QL$；

$M_{R'}$——螺母对螺杆的作用力矩；

M_{F2}——螺母对螺杆的作用力矩。

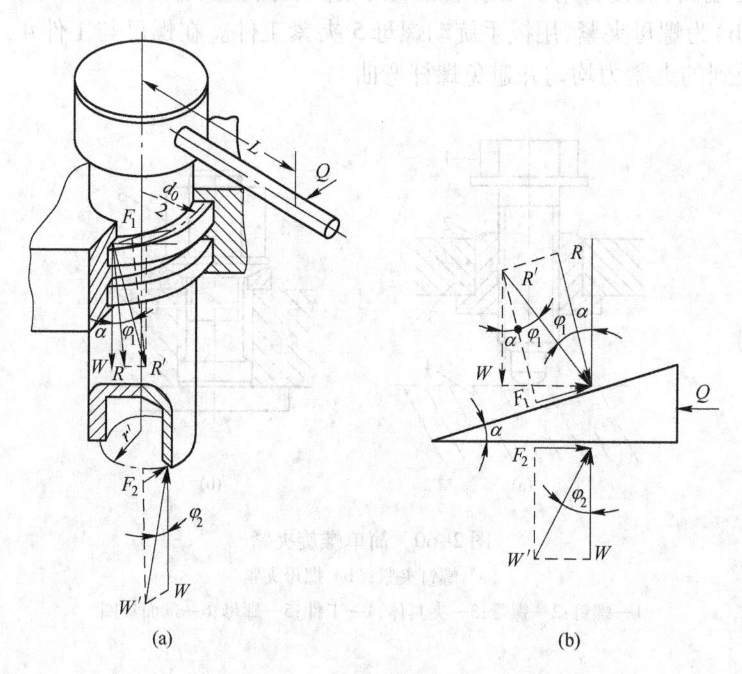

图2-62　螺旋夹紧受力分析

由于

$$M_{R'} = R'\sin(\alpha+\varphi_1)\frac{d_0}{2}$$

$$= W\tan(\alpha+\varphi_1)\frac{d_0}{2}$$

$$M_{F2} = F_2 r' = W\tan\varphi_2 \cdot r'$$

因此

$$QL - W\tan(\alpha+\varphi_1)\frac{d_0}{2} - W\tan\varphi_2 \cdot r' = 0 \tag{2-14}$$

从式(2-14)可得螺旋夹紧时产生的夹紧力为：

$$W = \frac{QL}{\frac{d_0}{2}\tan(\alpha + \varphi_1) + r'\tan\varphi_2} \tag{2-15}$$

式中　W——夹紧时产生的夹紧力,N；

Q——原始作用力,N;

L——原始作用力的作用力臂,mm;

d_0——螺纹中径,mm;

α——螺纹升角,(°);

φ_1——螺纹处摩擦角,(°);

φ_2——螺杆端部与工件(或压块)间的摩擦角,(°);

r'——螺杆端部与工件(或压块)的当量摩擦半径(与螺杆端部或压块形状有关),mm。

一般 $L \gg r'$,$\frac{d_0}{2} < r'$,α、φ_1和φ_2一般都在6°以内,故从式(2-15)可以看出螺旋夹紧的增力比很大,能产生很大的夹紧力。

C　螺旋夹紧机构的特点与适用范围

螺旋夹紧机构结构简单、制造容易、自锁性好、增力比大、夹紧行程不受限制,在手动夹紧机构中应用极为广泛。其主要缺点是夹紧动作慢、辅助时间长,因此在快速机动夹紧机构中应用较少。

为了克服螺旋夹紧机构的缺点,在有些情况下可以采用各种快速夹紧的螺旋夹紧机构,图2-63即是其中的一些实例。图2-63(a)只需将手动螺钉1稍许松开,使压板2绕左端螺钉旋转即可装卸工件。图2-63(b)为带有开口垫圈的螺母夹紧。螺母3外径小于工件孔径,这样稍许松开螺母,抽出开口垫圈4,工件即可穿过螺母取出。图2-63(c)的螺杆6上开有一段与螺旋槽相连的直槽,转动手柄松开工件,待转至螺旋槽与直槽相交处时,即可迅速拉出螺杆,以便装卸工件。图示为松开状态。螺钉5在与螺旋槽配合时相当于螺母,在与直槽相配合时起导向作用。图2-63(d)所示的夹紧位置,稍微转动手柄8带动螺母旋转,螺

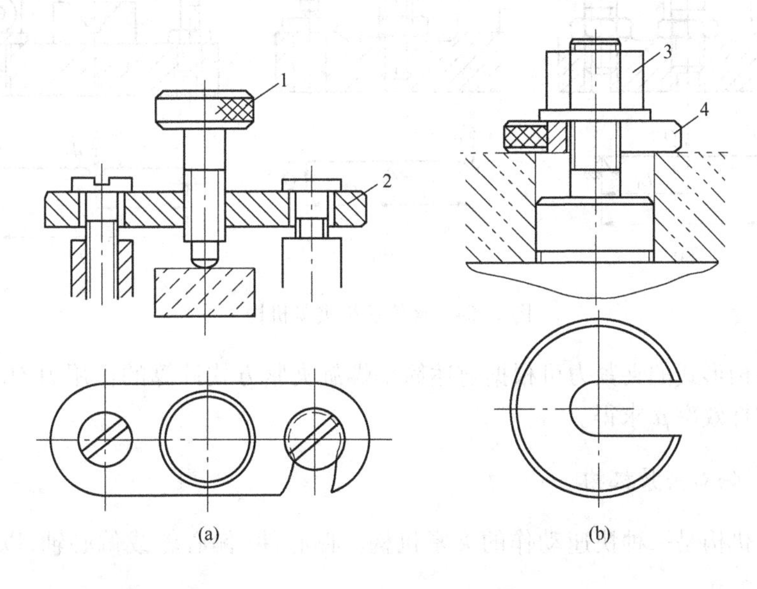

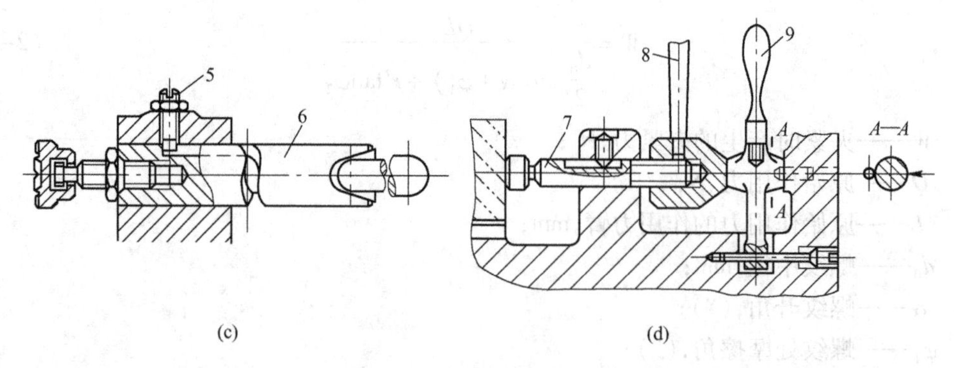

图 2-63　快速螺旋夹紧机构

1,5—螺钉;2—压板;3—螺母;4—开口垫圈;6,7—螺杆;8,9—手柄

杆 7 左移夹紧工件;转动手柄 8 扳开后,将手柄 9 扳开,拉动手柄 8 即可使螺杆 7 快速撤出,松开工件。

D　螺旋压板夹紧机构

螺旋压板是使用很普遍的夹紧机构。图 2-64 所示为三种典型的螺旋压板夹紧机构。图 2-64(a)所示的机构中,螺旋压紧位于压板中间,螺母下用球面垫圈,压板尾部的支柱顶端也做成球面,以便在夹紧过程中,压板可根据工件表面位置作少量偏转。该种结构可增大夹紧行程,但夹紧力小于作用力。图 2-64(b)所示的结构中,压板的支点在中间,也不能增大夹紧力,但可改变力方向。图 2-64(c)所示的结构中,工件在压板中间夹紧,使用时夹紧机构受工件形状的限制。这种结构的夹紧力比作用力大。在设计此类夹紧机构时,应按需要根据杠杆原理改变力臂的关系,以求操作省力,使用方便。

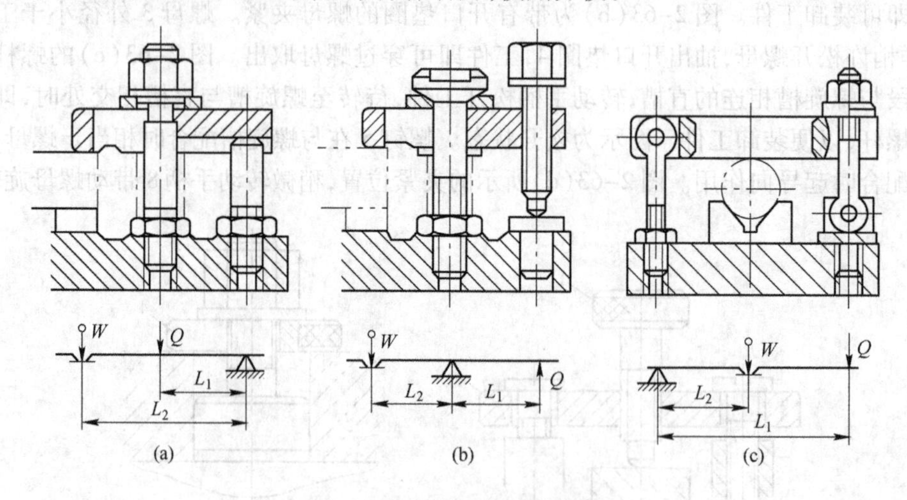

图 2-64　螺旋压板夹紧机构

这三种结构形式的夹紧力可根据前述简单螺旋夹紧方式计算的作用力 Q,再乘以相应的杠杆比和杠杆效率 μ 求得。

2.3.3.3　偏心夹紧机构

偏心夹紧机构是一种快速动作的夹紧机构。偏心件(偏心轮或偏心轴,以下统称偏心轮)有圆偏心和曲线偏心两种形式。曲线偏心因其制造困难,很少使用,而圆偏心则因结构简单、制造容易,在夹具中应用较广泛。以下只介绍圆偏心组成的偏心夹紧机构。

A　偏心夹紧作用原理

图2-65所示是一种常见的偏心压板夹紧机构。原始作用力 Q 作用于手柄1上,带动偏心轮2绕轴3转动。偏心轮的圆柱面压在垫板4上,在垫板的反作用力的作用下,轴3向上移动,推动压板5压紧工件。偏心轮一般都与其他元件组合使用组成夹紧机构(如图2-65所示的偏心压板夹紧机构),用偏心轮直接作用于工件上的偏心夹紧机构在实际中应用较少。

偏心夹紧的作用原理见图2-66。O_1是圆偏心的几何中心,R 是圆半径;O_2是圆偏心的回转中心,R_0是圆偏心回转基圆。O_1与 O_2间的距离 e 称为偏心距,由图中可知 $e=R-R_0$。当圆偏心绕 O_2点回转时,其回转半径是变化的,即圆上各点距 O_2点的距离是变量,因此可以将以 R 为半径 O_1为圆心的圆与以 R_0为半径 O_2为圆心的基圆之间所夹的部分,看作是一个绕在基圆上的曲线楔。当圆偏心顺时针方向回转时,相当于曲线楔向前楔紧在基圆与垫板之间,使 O_2到垫板之间的距离不断地变化,而对工件产生夹紧作用。

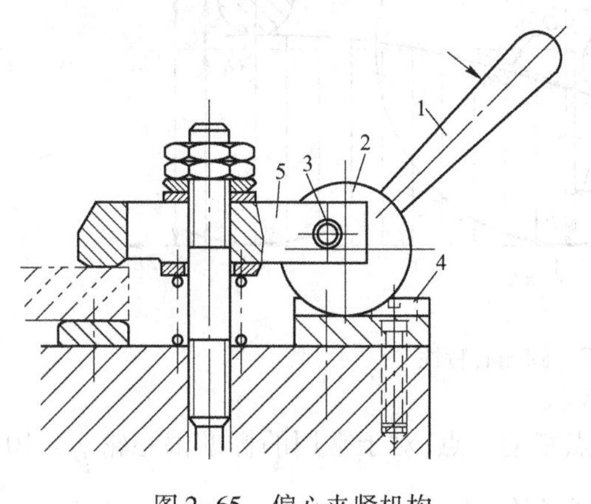

图2-65　偏心夹紧机构
1—手柄;2—偏心轮;3—轴;4—垫板;5—压板

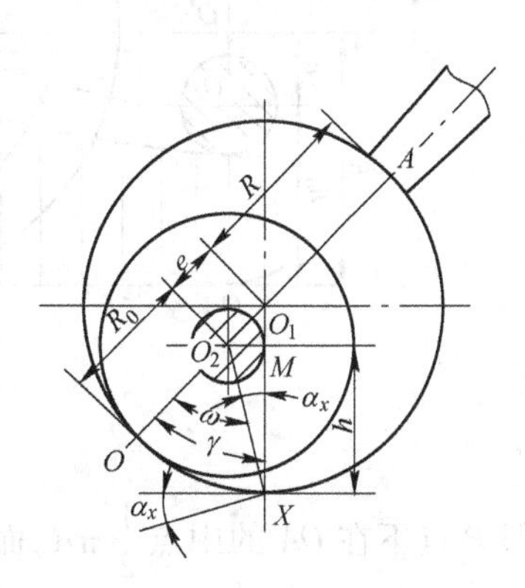

图2-66　偏心夹紧原理

设圆偏心的回转中心 O_2到垫板之间的距离为 h,则 h 值的变化规律可由图2-66所示的几何关系得到:

$$h=O_1X-O_1M=R-e\cos\gamma$$

式中　R——圆偏心的圆半径;

e——偏心距;

γ——$\overline{O_1O_2}$和 O_1 与夹紧点 X 的连线之间的夹角。

B　圆偏心的几何特性

圆偏心的几何特性包括:

(1) 圆偏心上各点的升角是变化的。距离 h 的变化与角度 γ 有关,当 γ 角由 $0\to\pi$ 时,h 值则从 $R-e\to R+e$。把图2-66所示的圆偏心按圆弧 OA 展开,其形状相当于图2-67所示的曲线楔。

圆偏心的升角 α(相当于斜楔的楔角)等于圆偏心在夹紧点 X 处的回转半径 O_2X 与O_1X

间的夹角，如图2-66所示。由于曲线楔的斜边是曲线，所以升角 α 不是一个常数，其数值与夹紧点 X 的位置（即与 γ 角）有关。任一点 X 处的升角 α_x 可从图中求得：

$$\alpha_x = \arctan \frac{O_2M}{MX} = \arctan \frac{e\sin\gamma}{R - e\cos\gamma} \tag{2-16}$$

图2-67中，位置1是以圆偏心圆周上 O 点夹紧，此时 $\gamma=0$，升角 $\alpha=0$，相当于斜楔的楔角为零。转动圆偏心，随着 γ 角的增大，α 角也逐渐增大。对式(2-16)求导，可得当 $\gamma=\arccos\frac{e}{R}$ 时，α 有最大值。此时圆偏心转至 P 点夹紧（图中位置2），O_1O_2 与 O_2P 垂直，γ 与 α_P 互为余角，则最大升角 α_{max} 为：

$$\alpha_{max} = \alpha_P = \arcsin\frac{e}{R} = 90° - \gamma$$

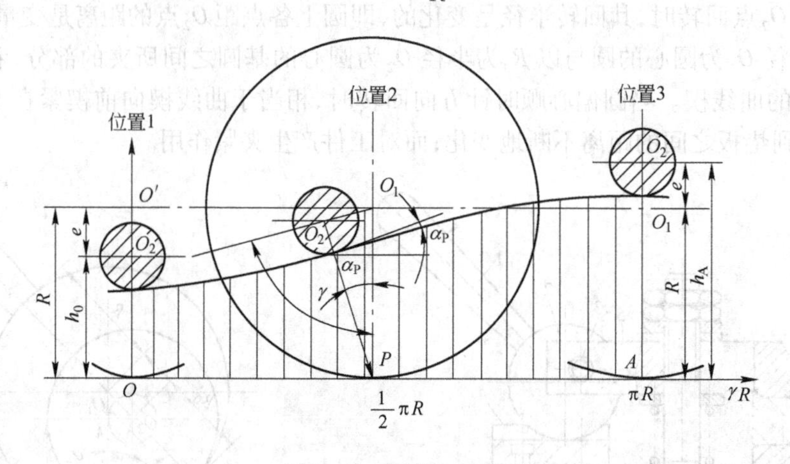

图2-67　圆偏心特性

即 P 点不在 OA 的中点 $\frac{1}{2}\pi R$，而在中点稍前一点；对于常用的标准偏心轮 $\frac{e}{R}=10$ 或 $\frac{e}{R}=0.1$，可求得 $\gamma_P=84°16'$，此时 $\alpha_{max}=\alpha_p=5°44'$。

此后，随着 γ 角继续增大，α 角又逐渐减小，直至转到 A 点夹紧（位置3），$\gamma=\pi$，α 又为零。

圆偏心的这一特性很重要，它与圆偏心轮工作段的选择，自锁条件、夹紧力计算以及主要结构尺寸的确定有密切关系。

(2) 圆偏心的自锁条件。圆偏心夹紧必须保证自锁，这是圆偏心件设计必须解决的主要问题之一。如果能确切知道圆偏心工作时夹紧点的位置，就可以使圆偏心在该点的升角小于摩擦角 φ_2 来保证其自锁。但一般圆偏心的工作点并不确定，尤其是标准圆偏心，其工作点可以在取定的区域内变化。圆偏心在 P 点的升角 α_P 最大，因此要保证圆偏心夹紧时的自锁性能，应满足 $\alpha_{max}\leqslant\varphi_2$，则圆偏心其他各点的升角就都小于摩擦角。为安全起见，此处只考虑夹紧点处的摩擦，而不考虑偏心轮转轴处的摩擦。实际应用的圆偏心并不利用全部半圆弧 OA，标准圆偏心只利用约相当90°角范围的一段圆弧，按 P 点夹紧能满足要求设计，其位置有两种形式：

1) 取 $\gamma=45°\sim135°$ 之间相当于90°角范围的圆弧为工作段。在这一区域内，工作段大约对称分布于 P 点两侧，各点升角的变化较小，近似于常值。这种形式具有夹紧力稳定的优点，但因其升角值较大，自锁性能较差。

2）取 $\gamma=75^\circ\sim165^\circ$之间相当于$90^\circ$角范围的圆弧为工作段。在这段区域内，各点升角的变化较上一种为大，但升角的数值较小，夹紧自锁性能较好。

C 圆偏心的适用范围

圆偏心的夹紧力比较小，自锁性能较差，因此一般只适用于切削力不大，且无很大振动的场合。又因结构尺寸不能太大，为满足自锁条件，其夹紧行程也受到限制，只能用于工件受压面经过加工、受压面的位置变化较小的情况。

2.3.3.4 定心夹紧机构

定心夹紧机构能使定位和夹紧这两种作用在工件被装夹的过程中同时实现，夹具上与工件定位基面相接触的元件，既是定位元件，又是夹紧元件。定心夹紧机构主要用于要求准确定心和对中的场合，在生产中应用比较广泛。

A 定心夹紧机构的工作原理

定心夹紧机构通过均分工件的尺寸误差来保证工件的定心或对中。例如，图2-68中要求在一板状工件中央钻一孔，孔的位置应保持对中性。若按图2-68(a)所示的方式定位，则工件的长度尺寸 $L\pm T_L$的误差必然会影响所钻孔的对中性（定位基准为工件侧表面，工序基准为工件对称面）。如果改用图2-68(b)所示的定位方式，即令定位－夹紧元件同时从工件的左右两端向中心等速移近，则上述工件长度的尺寸误差便被同时平均分配在工件两端。这样，对于在尺寸公差范围内的一批工件而言，虽然其误差值并不相同，但对于保证孔的对中性并没有影响，其差别仅在于定位－夹紧元件每次的夹紧行程不同而已。

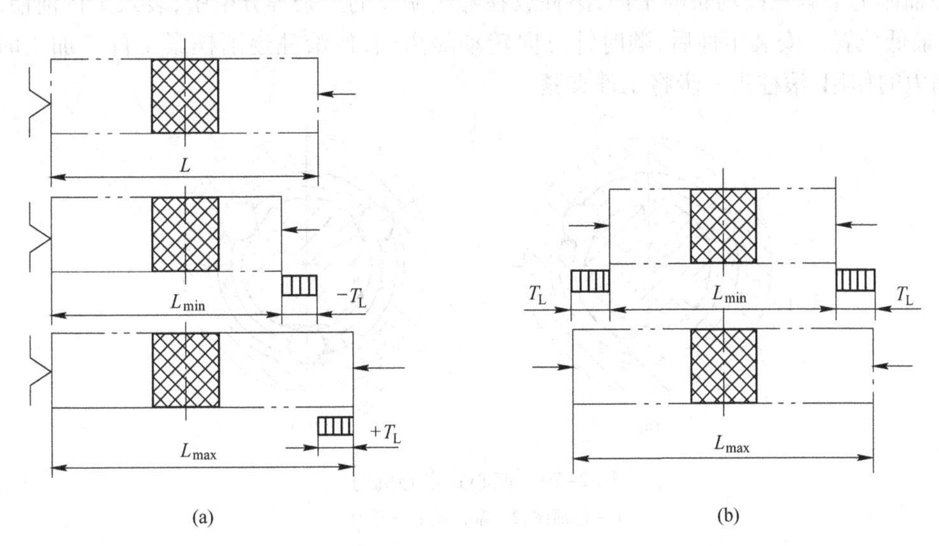

图2-68 定心夹紧结构的工作原理

(a)非自动定心夹紧机构；(b)自动定心夹紧机构

B 定心夹紧机构的结构形式

定心夹紧机构的结构形式很多，但就其实现定心或对中的工作原理而言，大体有以下两种基本类型。

(1) 按定位 – 夹紧元件的等速移动原理实现定心夹紧。按这一原理实现定心夹紧的机构主要有以下几种：

图 2–69 所示为螺旋式定心夹紧机构。螺杆 1 两端分别有旋向相反的螺纹，当旋转螺杆 1 时，通过左右螺旋带动两个 V 形块 2 和 3 同步相向移向中心而实现定心夹紧作用。螺杆 1 的中间有环形沟槽，卡在叉形零件 4 上，叉形零件的位置可以通过螺钉 5 进行调整，以保证所需要的工件中心位置，调整完后用螺钉 6 固定。

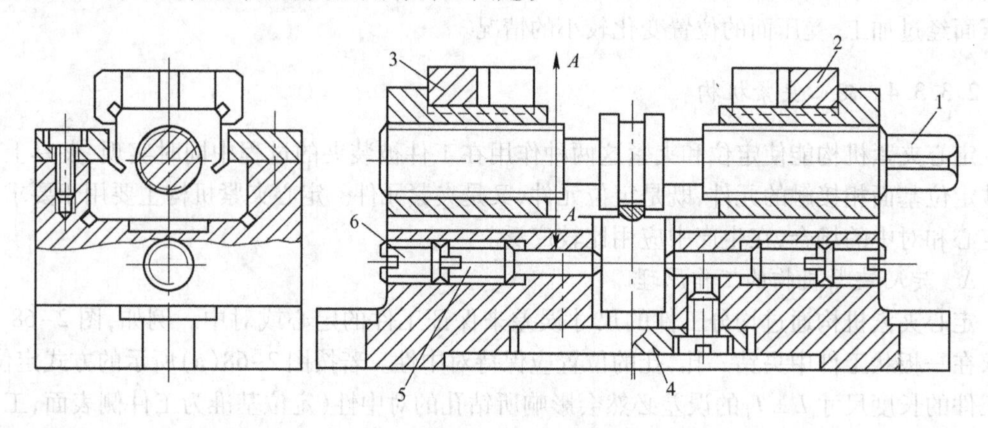

图 2–69　螺旋定心夹紧机构

1—螺杆；2，3—V 形块；4—叉形零件；5，6—螺钉

图 2–70 所示为偏心式定心机构。图 2–70(a) 中的心轴体 1 为偏心圆柱面，图 2–70(b) 中的心轴体 1 上有三段均布的平面，滚柱放在隔离圈 2 的三条等分槽中，装入工件前使滚柱 3 处于最低位置。安装工件后，顺时针方向转动隔离圈，使滚柱逐渐楔紧工件。加工时，由于切削力的作用，滚柱进一步将工件夹紧。

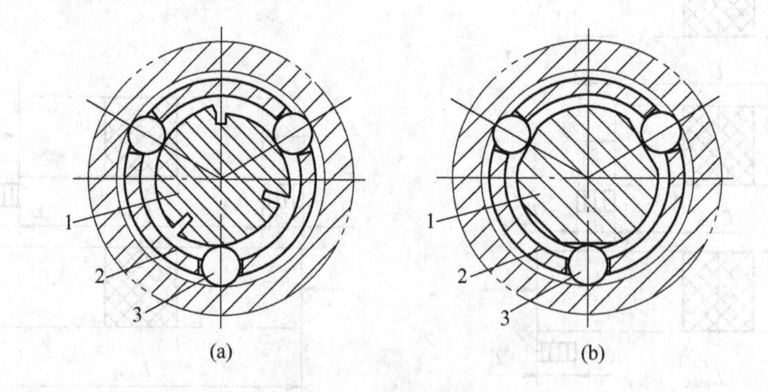

图 2–70　偏心式定心机构

1—心轴体；2—隔离圈；3—滚柱

图 2–71 所示为斜面定心夹紧机构。工作时，油缸或气缸通过推杆 4 推动锥体 1 向右移动，推动三个卡爪 3 同时伸出顶住环形工件的内孔，实现定心夹紧。需松开工件时，推杆向左移动，在回位弹簧 3 的作用下，卡爪 2 缩回，从而释放工件。

图 2–72 所示为杠杆定心夹紧机构。原始作用力作用于拉杆 1 带动滑块 2 左移，固定于滑块 2 上的推块 5 拉动三个勾形杠杆 3 同时收拢三个卡爪 4，夹住工件外圆柱面，实现定心夹紧。当拉杆及滑块右移时，推块 5 上的斜面使卡爪张开。

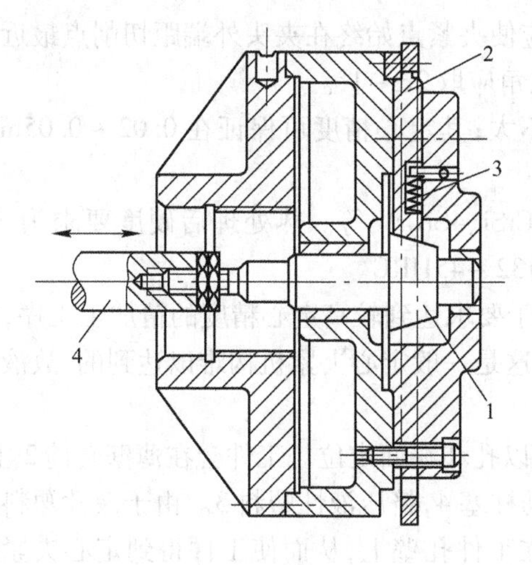

图2-71　斜面定心夹紧机构

1—锥体;2—卡爪;3—回位弹簧;4—推杆

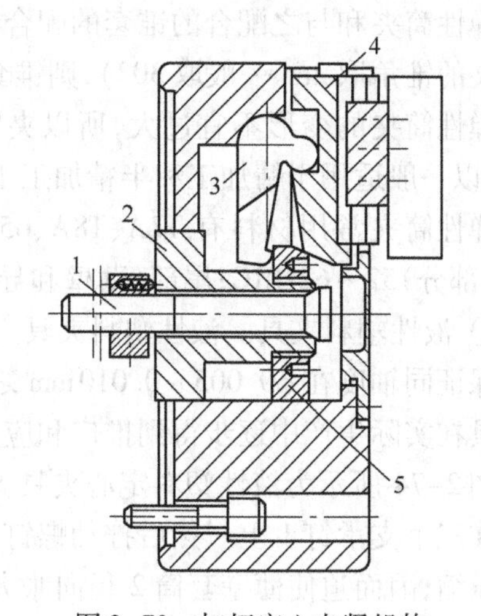

图2-72　杠杆定心夹紧机构

1—拉杆;2—滑块;3—勾形杠杆;4—卡爪;5—推块

(2) 按定位-夹紧元件的均匀弹性变形原理实现定心夹紧。这类定心夹紧机构的共同特点是利用弹性元件受力后的弹性变形实现定心夹紧作用。其定心精度比上一类高,适用于精度要求较高的加工。这类定心夹紧机构包括弹性筒夹定心夹紧机构和液性塑料夹具。

1) 弹性筒夹定心夹紧机构。这类定心夹紧机构应用比较广泛。其中用于以工件外圆柱面定位的称弹簧夹头,用于以工件孔定位的称弹性心轴。

图2-73(a)所示的是弹簧夹头的结构简图。图中1是夹紧元件-弹性筒夹,其结构如图2-73(b)所示,是一个薄壁带锥面的弹性筒夹。带锥面一端开有三条或四条轴向槽 l_2。其结构有三个基本部分:夹爪1;包括夹爪 A 在内的弹性部分2,称为簧瓣;导向部分3。当原始作用力 Q 通过操纵件2(拉杆或其他机构)使套筒1往左面移动时,通过锥面的作用使簧瓣收缩,从而对工件进行定心夹紧。

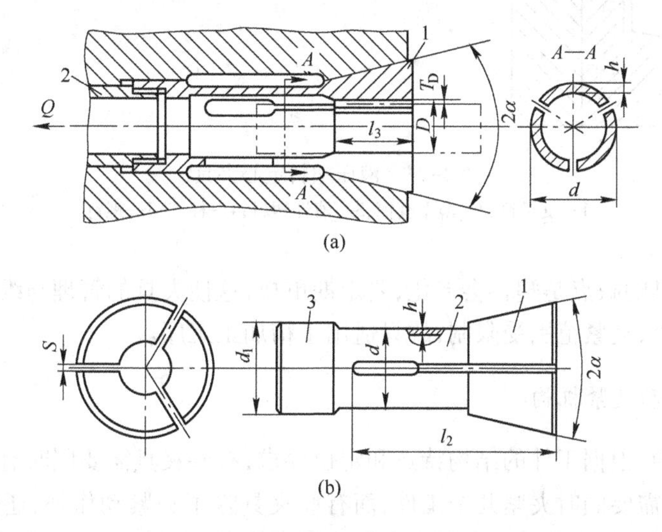

图2-73　弹簧夹头的结构

1—夹爪;2—簧瓣;3—导向部分

弹性筒夹和与之配合的锥套的配合锥度应使夹紧点始终在夹头外端距切削点最近。弹性筒夹的锥角取 2α(一般取 30°)，则锥套的锥角应取 $2\alpha-1°$。

弹性筒夹的变形不宜过大，所以夹紧力不大；其定心精度可保证在 0.02 ~ 0.05mm 之间，所以一般适用于精加工和半精加工工序。

弹性筒夹常用材料有 T7A、T8A、65Mn、9CrSi、4SiCrV 等。热处理后硬度要求为：头部(锥面部分)52 ~ 62HRC；尾部(薄壁和导向部)32 ~ 45HRC。

2）液性塑料夹具。液性塑料夹具主要用于要求达到较高定心精度的精加工工序，它一般可保证同轴度在 ϕ0.005 ~ 0.010mm 之内。这是一般定心夹紧机构难以达到的，故液性塑料夹具在实际生产中逐步得到推广和应用。

图2-74 所示为液性塑料定心夹具。工件以孔和端面定位。工件套在薄壁套筒 2 上，端面靠在三个支承钉 1 上。然后拧动螺钉 5 推动柱塞 4，挤压液性塑料 3。由于液性塑料基本不可压缩，因而迫使薄壁套筒 2 径向胀大，压在工件孔壁上，从而使工件得到定心夹紧。当拧出螺钉 5 时，薄壁套筒 2 在弹性恢复力的作用下使工件松开。

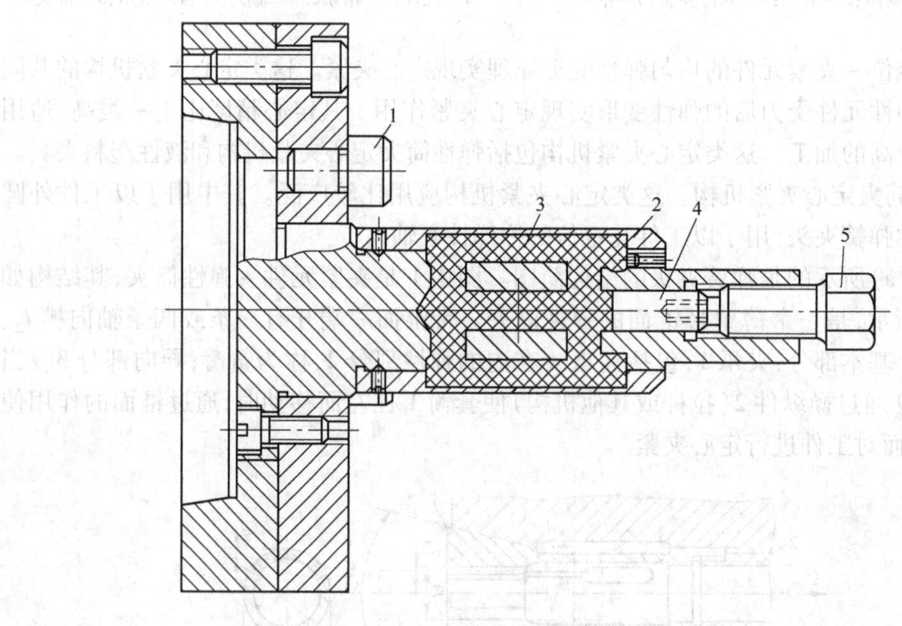

图2-74　液压塑料定心夹具
1—支承钉；2—薄壁套筒；3—液性塑料；4—柱塞；5—螺钉

液性塑料夹具的缺点是塑料会老化，要定期更换，这使夹具的管理与维修复杂化。薄壁套筒的变形量较小，夹紧范围受限制，故只适用于精加工工序。

2.3.3.5　联动夹紧机构

在工件装夹中，根据工件的结构特点和定位要求，有些夹具需要同时有几个点对工件进行夹紧，有些夹具需要同时夹紧几个工件，而有些夹具除了夹紧动作外，还需要松开或锁紧辅助支承等。这时往往要求这些夹紧点上的夹紧元件能同时均衡地夹紧。否则，由于夹紧有先后，或各点夹紧力不均匀，容易产生夹紧变形或导致工件的位置变动。为此生产中采用各种联动夹紧机构，只需操作一个手柄，就能保证同时在多点或多向均衡地夹紧工件。联动夹紧机构由于采用集中操纵，可以简化操作、提高生产率、减轻劳动强度。

A　典型的联动夹紧机构

（1）多点联动夹紧机构。多点联动夹紧机构能将一个原始作用力分散到数个点上对工件夹紧。若原始作用力被分散到不同的方向（通常是两个互相垂直的方向）对工件进行夹紧，也称为多向联动夹紧。

最简单的多点（多向）联动夹紧机构是浮动压头。图2-75所示为两种常见的浮动压头结构。浮动压头有一个浮动零件1，当机构在力Q作用下接触工件时，浮动零件能摆动（见图2-75a）或移动（见图2-75b），以使各夹紧点都接触，直至最后均衡夹紧。

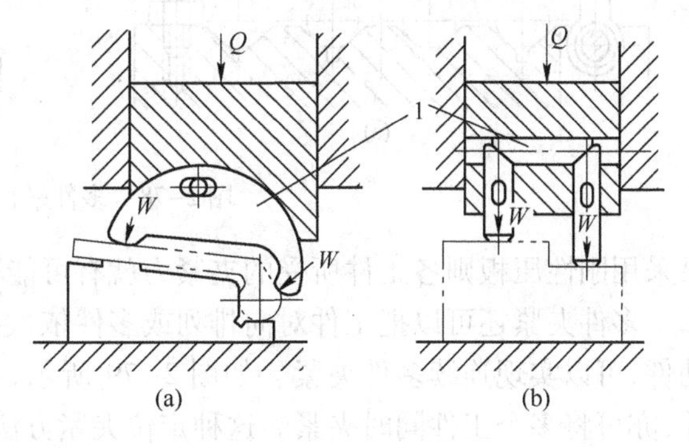

图2-75　浮动压头
1—浮动零件

图2-76所示为四点双向浮动夹紧机构。两个方向上的夹紧力通过杠杆L_1、L_2的长度比来调整。

图2-77所示为多点浮动夹紧机构。此图初看与图2-69的定心夹紧机构相似，但实际上有本质的不同。图2-69为定心夹紧机构，其螺杆轴向由叉形零件定位，所以能对工件进行定心夹紧。而图2-77中的螺杆为一浮动元件，轴向位置可动，故不能对工件定位，只能对工件进行多点夹紧，工件的定位由V形块实现。

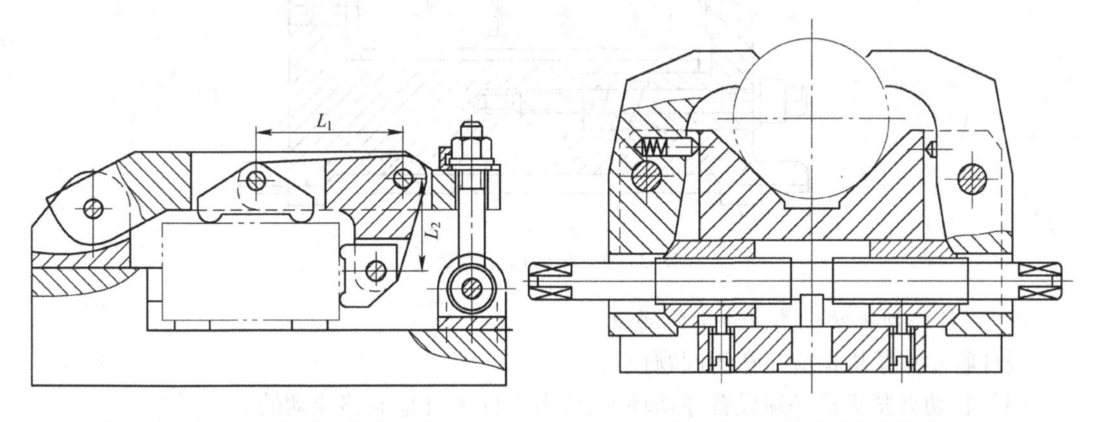

图2-76　四点双向浮动夹紧机构　　图2-77　多点浮动夹紧机构

（2）多件联动夹紧机构。用一个原始作用力，通过一定的机构实现对数个相同的或不同的工件进行夹紧，称为多件夹紧。实现多点夹紧的浮动原理和各种浮动机构同样可以应用于多件夹紧。

图2-78所示为多件平行夹紧机构。各个夹紧力互相平行，理论上分配到各工件上的夹紧力应相等。图2-78（a）为利用浮动压块进行夹紧。图2-78（b）是以流动介质代替浮动元件实现多件夹紧。最常见的流动介质是液性塑料。

多件夹紧机构中之所以必须采用浮动环节，是因为被夹紧的工件尺寸有误差。如

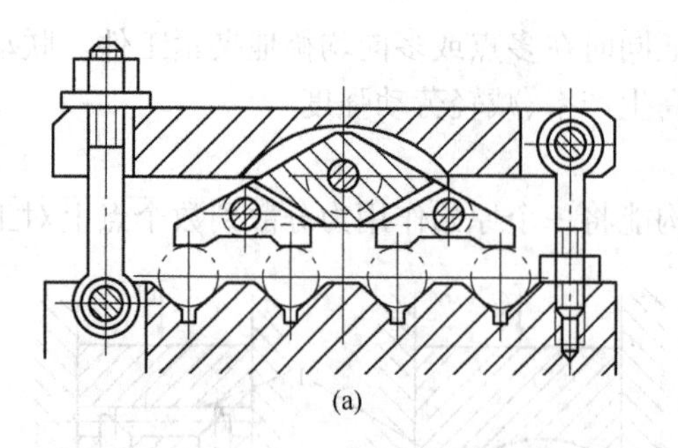

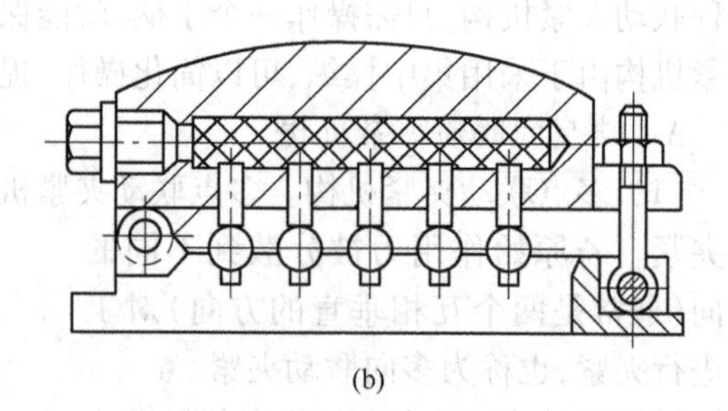

图 2-78　多件平行夹紧机构

果采用刚性压板则各工件所受的夹紧力就有可能不一致,甚至有些工件可能夹不紧。

多件夹紧还可以把工件对向排列或多件依次排列。把工件依次排列,以工件本身作浮动件,可以实现连续多件夹紧。如图 2-79 所示,夹紧力 W 依次由一个工件传至下一个工件,亦可将多个工件同时夹紧。这种定位夹紧方法的缺点是工件的定位基准误差逐个积累,最后一个工件定位基准 A_n 的位置误差为:

$$\Delta_{JW}=(n-1)T_B$$

因此,这种夹紧方法适用于如图 2-79 所示的顺着工件排列的方向加工,定位误差对加工尺寸没有影响的场合。

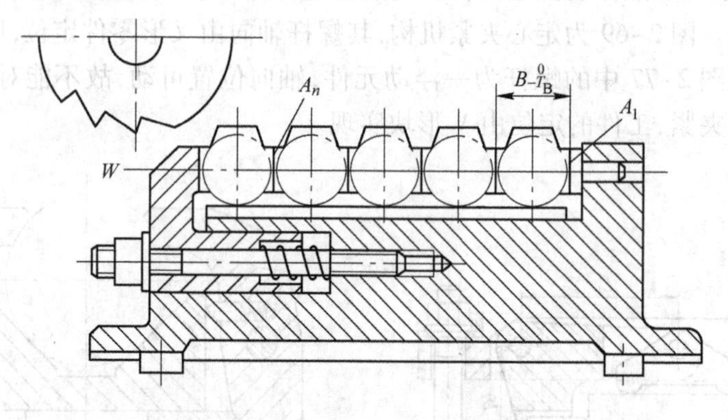

图 2-79　多件连续夹紧

B　设计联动夹紧机构应注意的问题

设计联动夹紧机构应注意的问题包括:

(1) 联动夹紧机构必须设置浮动环节,或者工件本身是能够浮动的。

(2) 适当限制被夹紧工件的数目,以避免机构过分复杂、动作不可靠。

(3) 机构符合机械传动原理,进行必要的运动分析和受力分析,以确保设计意图的实现。

(4) 机构要有足够的刚性。

2.3.4　夹具的动力装置

手动夹具的作用力来自于人的体力,因其结构简单,生产中有广泛的应用。但因人的体力有限,在大量生产中频繁夹紧使人疲劳,且效率较低。为此,现代高效率的夹具大多数都是采用机动夹紧方式。机动夹具操纵简单、夹紧可靠、省时省力,有利于保证加工质量和为生产的自动化创造条件。机动夹具的夹紧装置中一般都设有产生机动夹紧作用力的力源装置,如气动、液压、气液联合和电动等。

2.3.4.1　气动夹紧装置

气动夹紧装置的应用最为广泛,其能量来源为压缩空气,动力装置为各种形式的气缸或气室。进入动力装置中的压缩空气一般在0.4~0.6MPa之间。

典型的气动传动系统如图2-80所示。由压缩空气站供应的压缩空气通过管路进入系统,经分水滤气器1、调压阀2、油雾器3、单向阀4以及配气阀5进入气缸6,推动气缸工作。有时管路中还安有气压继电器7,由它控制机床主电路。一旦管路中气压突然降落时,气压继电器7能切断主电路,停止机床工作,防止发生事故。使用单向阀是为了当管路突然停止供气时,夹具不致立即松开造成事故。气动传动系统中各组成元件均已标准化,设计时可参考有关资料。作为动力部件的气缸,常用的有活塞式和薄膜式两种结构。

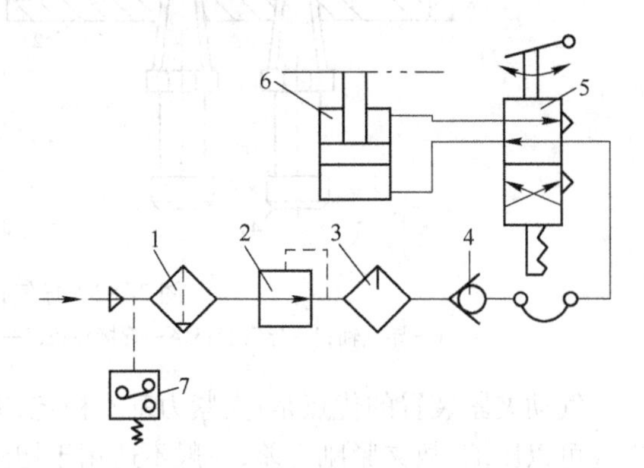

图2-80　典型启动传动系统

1—分水滤气器;2—调压阀;3—油雾器;4—单向阀;5—配气阀;6—气缸;7—气压继电器

常用于车床夹具的回转式活塞气缸,如图2-81所示,工作时要随主轴回转。这时要使用如图2-82所示的导气接头。其工作原理如下:导气轴1右端固定在气缸后盖8上,导气套2通过两个滚动轴承5和7装在导气轴1的轴颈上,使之不随导气轴转动。压缩空气由管接头3经通道b进入气缸右腔,或由管接头4经通道a进入气缸左腔,驱动活塞移动。

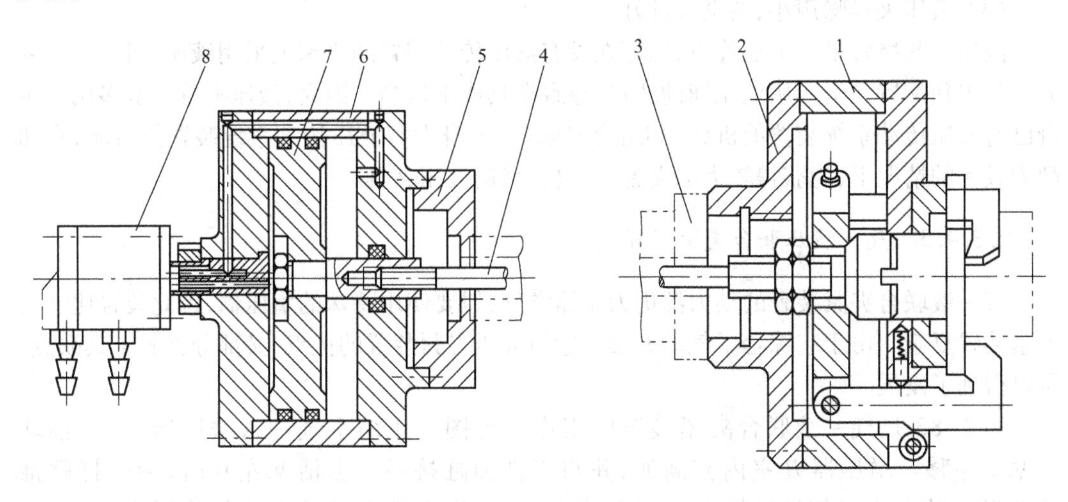

图2-81　气动卡盘与回转气缸

1—卡盘;2—过渡盘;3—主轴;4—拉杆;5—连接盘;6—气缸;7—活塞;8—导气接头

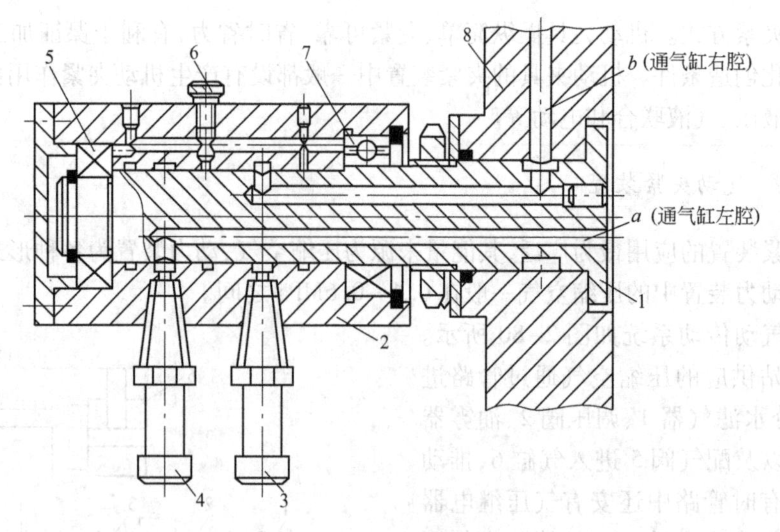

图 2-82　导气接头的结构

1—导气轴;2—导气套;3,4—管接头;5,7—滚动轴承;6—油孔螺塞;8—气缸后盖

气动夹紧装置的优点是:夹紧力基本稳定,夹紧动作迅速,操作省力。其不足之处是:因空气可以压缩,故夹紧刚度差,一般不适用于切削力很大的场合;压缩空气压力有限,有时作用力不够大,要与增力机构结合使用;与液压夹紧装置相比,气缸尺寸较大。

2.3.4.2　液压夹紧装置

液压夹紧装置的工作原理及结构基本上与气动夹紧相似,只是其动力源用压力油代替压缩空气。它较气动夹紧有下列优点:

(1) 压力油的工作压力可达6 MPa,比气压高10余倍,因此油缸尺寸可以比气缸尺寸小很多,通常不需要增力机构,可使夹具结构简单紧凑。

(2) 液体不可压缩,因此液压夹紧装置的刚度大、工作平稳、夹紧可靠。

(3) 液压夹具噪声小,劳动条件好。

液压夹紧装置虽有上述优点,但若在没有液压传动装置的机床上采用液压夹具,就必须为夹具单独配置一套专用液压辅助装置,导致夹具成本提高。因而,液压夹具一般多用于本身已有液压传动系统装置的机床(如组合机床)。本身没有液压传动系统装置的机床,在切削力较大的情况下,为获得较大的夹紧力,也宜采用液压夹具。

2.3.4.3　气-液压联合夹紧装置

气-液联合夹紧装置的动力源仍为压缩空气,但要使用特殊的增压器,因此装置比气动夹紧装置复杂。由于它综合了气动夹紧装置与液压夹紧装置的优点,又部分克服了其缺点,所以得到了发展。

图2-83是气-液联合夹紧装置的工作原理图。压缩空气进入增压器 A 室,推动活塞1左移。增压器 B 室内充满油,并与工件油缸接通。当活塞左移时,活塞杆就推动 B 腔的油进入工作油缸推动活塞2向上运动,将夹紧力传给夹紧机构以夹紧工件。它所产生的夹紧力,比单独气动夹紧约增大 $(D_1/D_2)^2$ 倍。可以看出,为了获得高压,必

须使 D_2 尽可能小些。另一方面，为了保证工作油缸的夹紧能力，D_1 必须足够大。所以通常 $D_1 > D_2$，这就造成活塞1的行程大于工作油缸中活塞2的夹紧行程。若要增大活塞2的行程（即夹紧行程），势必要大大增大活塞1的行程，这就使整个装置的长度大为增加，压缩空气消耗量大，动作时间也长。为克服上述缺点，可采用夹紧分两步进行的增压器。

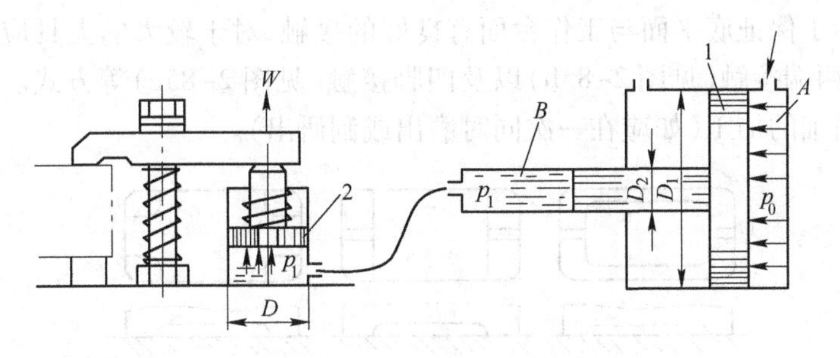

图2-83　气-液联合夹紧原理

1,2—活塞

图2-84所示即为夹紧分两步进行的增压器的工作原理。将三位五通阀手柄转到预夹紧位置时，压缩空气进入左气缸 B 室，活塞1向右移动。此时输出低压油至夹具液压缸，推动活塞3，实现预夹紧。D_1 与 D_0 相差不多，活塞1与活塞3的行程相近。预夹紧后，夹紧动作的空程已经完成，因 D_1 与 D 相差不多，p_1 较 p_0 增大不多，夹紧力不够，需要进一步夹紧。这时将手柄转到高压位置，压缩空气进入右气缸 C 室，使活塞2向左移动，先将油室 a 与油室 b 断开，并输出高压油至夹具液压缸，实现高压夹紧。此时夹紧力计算与图2-83相同。

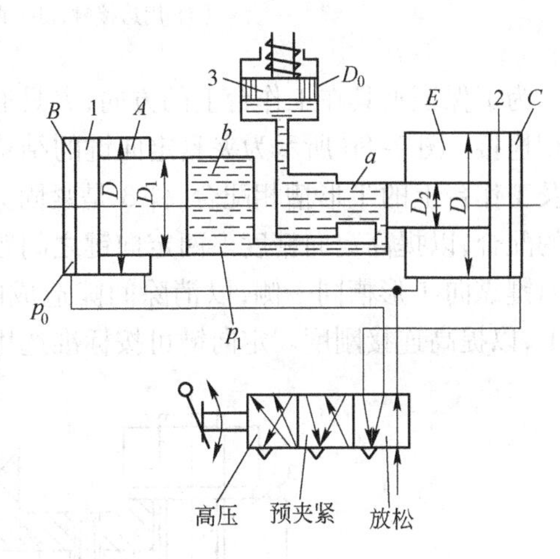

图2-84　气液增压器

1,2,3—活塞；A,B,C,E—气室；a,b—油室

把手柄转到放松位置时，压缩空气进入 A、E 两腔，使活塞1左移，活塞2右移，a 室与 b 室接通，油回到增压器中，夹具液压缸的活塞在弹簧作用下复位，放松工件。

除上述动力源外，还有利用切削力或主轴回转时的离心力作用的自夹紧装置，以及利用电磁吸力、大气压力（真空夹具）和电动机驱动的各种动力源。请另参阅有关资料。

知识点2.4　夹具的对定及其他组成

2.4.1　夹具的定位

2.4.1.1　夹具与机床的连接

通过对图2-1、图2-2的分析已知，若要保证工件的加工精度，除需要工件在夹具中定位外，还需要工件对机床切削成形运动和刀具之间有正确位置。这是通过夹具在机床上定位和夹具的对刀来实现的。

夹具在机床上的定位通过连接元件与机床相连接实现，其基本上可分为以下两种形式：

(1) 夹具与平面工作台的连接。安装在铣床、刨床、钻床等机床工作台平面上的夹具，其夹具体的底平面是夹具的主要定位面。各定位元件定位面相对于此底平面应有一定的位置精度要求。为了保证底平面与工作台面有良好的接触，对于较大的夹具应采用周边接触（见图2-85a）、两端接触（见图2-85b）以及四脚接触（见图2-85c）等方式。夹具体的底平面应经过比较精细的加工（如应在一次同时磨出或刮研出）。

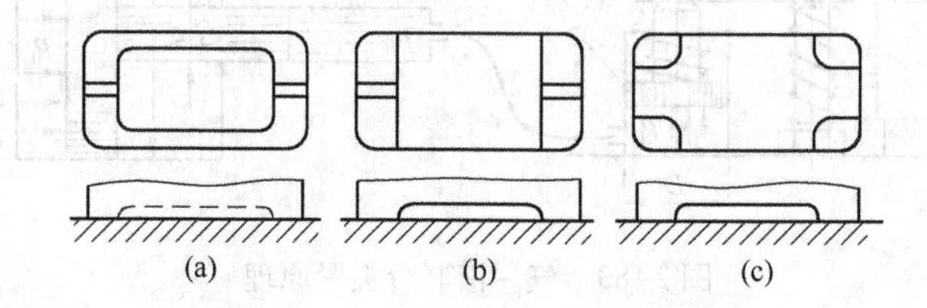

图2-85 夹具底平面的结构形式

(a) 周边接触；(b) 两端接触；(c) 四脚接触

为了保证夹具在工作台上的方向，夹具通常通过两个定向键（或销）与工作台上的T形槽相连接。图2-86所示为夹具定向键的结构及使用举例。定向键1与夹具底平面上纵向槽及工作台上的T形槽相配合，件3是紧固夹具的T形槽用螺栓。定向键与T形槽应有良好的配合，以提高定向精度。两定向键之间距离，应尽可能远些。另外，安装夹具时可使两定向键靠向T形槽同一侧，以消除间隙造成的误差。夹具定位后，用螺栓将其紧固在工作台上，以提高连接刚度。定向键可按标准选用。

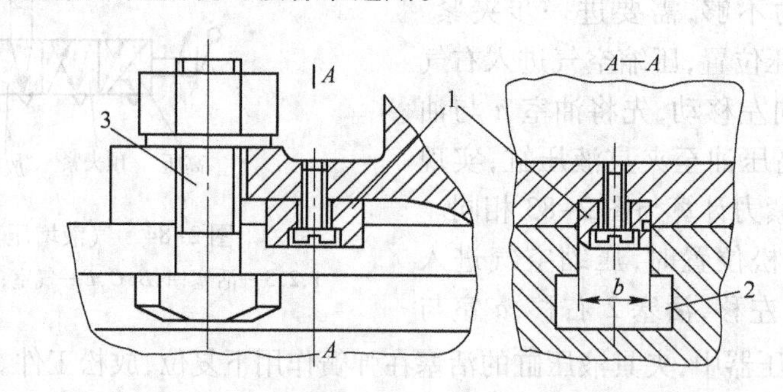

图2-86 夹具定向键

1—定向键；2—T形槽；3—T形槽用螺栓

(2) 夹具与回转主轴的连接。夹具在回转主轴上的连接形式，取决于机床主轴的端部结构。图2-87所示是常见的几种连接形式。图2-87(a)中夹具以长锥柄安装在主轴莫氏锥孔内，根据需要可用拉杆从主轴尾部拉紧。图2-87(b)中夹具以端面A和短圆柱孔D在主轴上定位。孔与主轴轴颈的配合一般采用(H7/h6)或(H7/js6)。这种结构制造容易，但定位精度较低。夹具的紧固依靠螺纹M，两只压块1起防松作用。图2-87(c)中夹具用短锥K和端面T定位，用螺钉紧固。这种定位方式因没有间隙而具有较高的定心精度，并且连接刚度较高。

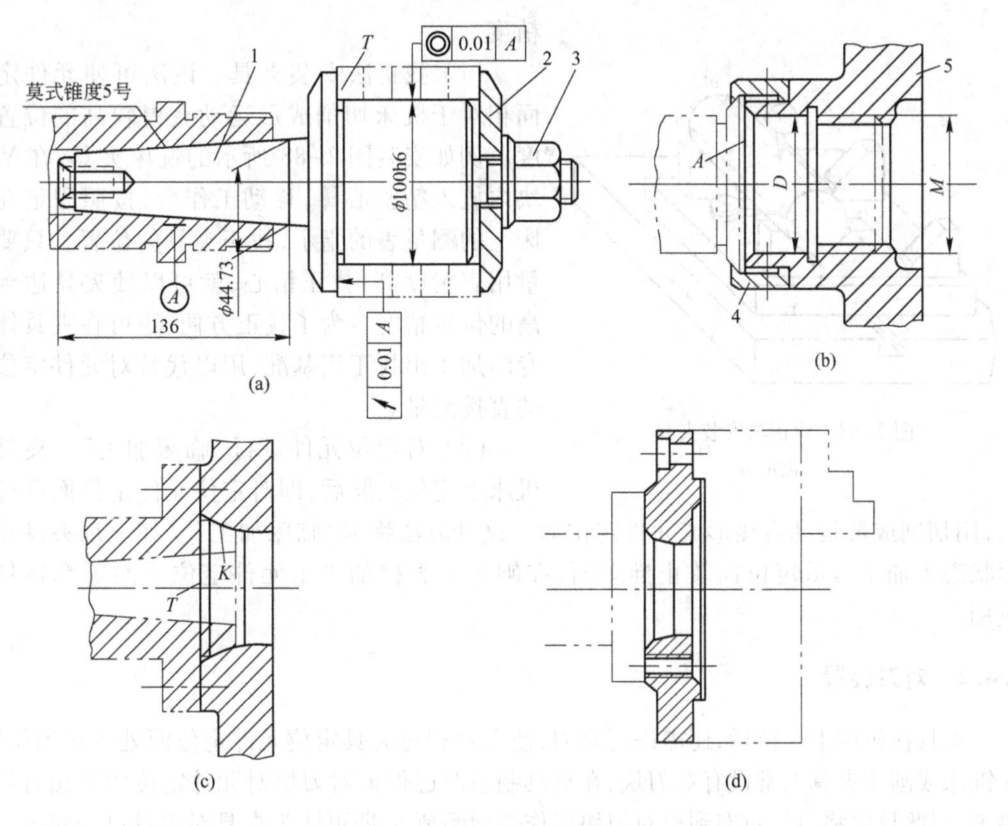

图2-87　夹具与回转主轴的连接

1—长锥柄;2—垫圈;3—螺母;4—压块;5—夹具体

对于通用或专用卡盘,为了适应各种主轴的不同端部结构,可以另配置专用的过渡盘。过渡盘的一面与机床主轴连接,结构形式应满足与之配合的主轴端部结构要求;过渡盘的另一面与夹具连接,通常设计成平端面和短圆柱面定位的形式。图2-87(d)所示的过渡盘适用于主轴端为短锥面的机床上,夹具以其定位孔按(H7/h6)或(H7/js6)与过渡盘短圆柱面配合,然后用螺钉紧固。

2.4.1.2　定位元件对夹具定位面的位置要求

设计夹具时,定位元件定位面对夹具定位面的位置要求应在夹具装配图上标注出(或以文字说明),作为夹具验收标准。该项要求的允许误差取决于工件的有关尺寸加工公差。夹具定位时产生的位置误差Δ_w通常取为:

$$\Delta_w \leqslant \left(\frac{1}{3} \sim \frac{1}{6}\right) T$$

式中　T——工件的制造公差。

2.4.1.3　提高夹具定位精度的其他方法

当工件的工序精度要求很高时,会使对夹具精度相应的高要求给夹具的加工和装配造成困难。这时可采取下述方法保证元件定位面相对于机床切削成形运动的位置

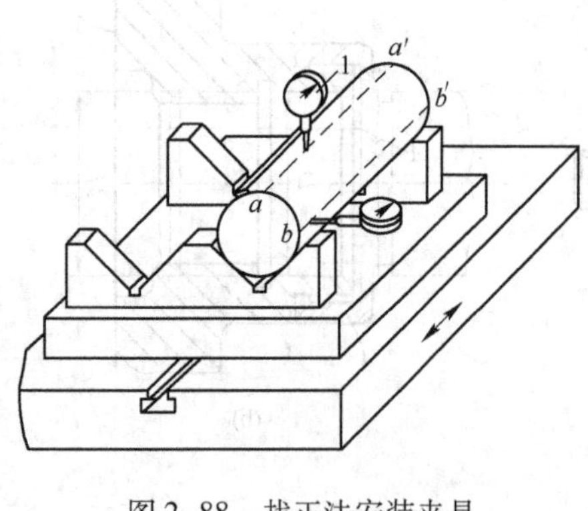

图 2-88　找正法安装夹具
1—测量表

精度。

(1) 找正法安装夹具。该法可使元件定位面相对于机床切削成形运动获得较高的位置精度。例如安装图 2-88 所示的铣床夹具，在 V 形块内放入精密心棒，移动工作台，按照固定在机床上的测量表的指示，找正夹具的位置。只要测量用表精度高，找正精心，就可以使夹具达到很高的位置精度。为了找正方便，还可在夹具体上专门加工出找正用基准，用以代替对元件定位面的直接测量。

(2) 对定位元件进行"临床加工"。夹具在机床上定位夹紧后，即对定位元件定位面进行加工，用切削成形运动直接形成元件定位面。这种方法称为"临床加工"。如三爪夹盘在夹紧状态下加工卡爪定位面及止推端面，在刨床上直接加工出元件定位平面等都是具体应用。

2.4.2　对刀装置

夹具在机床上定位后，还需进行对刀，使刀具相对夹具定位元件定位面处于正确位置。在铣床或刨床夹具上常设有对刀块，在夹具制造时已保证对刀块对元件定位面的相对位置要求，因此只要将刀具对准到离对刀块工作表面距离 S，即可认为夹具对刀具已经对准。图 2-89 所示是几种铣刀的对刀装置。最常用的是高度对刀块(见图 2-89a)和直角对刀块(见图 2-89b)，图 2-89(c)和图 2-89(d)是成形刀具对刀装置。在刀具和对刀块之间留有空隙 S，并用塞尺(塞尺的工作尺寸为 S)检查和确定刀具的最终位置。

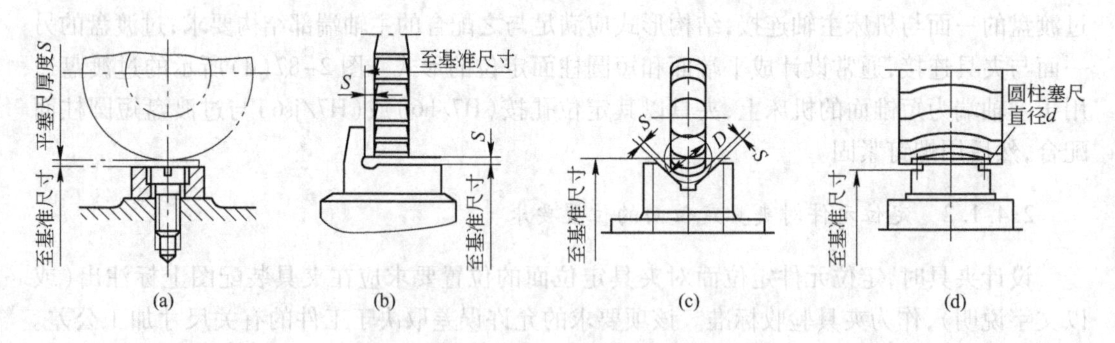

图 2-89　对刀装置
(a) 高度对刀块；(b) 直角对刀块；(c)，(d) 成形刀具对刀装置

对刀块表面在夹具上的位置尺寸，在设计夹具时一般均以定位元件的定位面为基准进行标注，以避免基准转换带来的误差。在确定其位置尺寸公差时，应考虑到塞尺的厚度(直径)公差、工件的定位误差、刀具在耐用度时间内的磨损量、工艺系统的变形以及工件允许的加工误差等因素。因有这些误差及对刀时的调整误差，用对刀装置调整刀具的对准精度一般比试切法低。

2.4.3　孔加工刀具的导向装置

在实际生产中,应用较多的孔加工方式是钻孔和镗孔。在钻孔和镗孔加工中,由于刀具的尺寸受被加工孔径的限制,钻头和镗杆结构细长而刚性差,在切削中容易偏斜、弯曲,以致影响孔的加工精度,所以在钻床夹具和镗床夹具上通常应用引导刀具的元件——钻套和镗套实现刀具的对准,并作为刀具的支承以增加刀具的刚度。

2.4.3.1　钻孔的导向

在钻床夹具中,通常用钻套作为刀具的导向元件。钻套主要用来确定钻头、扩孔钻、铰刀等定尺寸刀具的轴线位置,在孔系加工中则用来保证孔距的精度。

A　钻套的结构形式

钻套的结构按其使用特点有下列四种形式:

(1) 固定钻套。固定钻套有两种结构,图2-90(a)所示为无肩固定钻套,图2-90(b)所示为带肩固定钻套。后者主要用于钻较薄模板,以保证钻套必需的导向长度。钻套直接压入钻模板或夹具体上,一般采用(H7/r6)或(H7/n6)配合。

固定钻套结构简单,位置精度高,但磨损后不易更换,也不能对同一孔进行多工步加工(如钻-扩-铰)。它主要用于中小批生产条件下单纯用钻头钻孔的工序,或孔距精度要求较高的孔的加工。

(2) 可换钻套。可换钻套的功用与固定钻套相同,但磨损后可迅速更换。图2-91所示为可换钻套结构,在其凸缘上铣有台肩,钻套螺钉4的台阶形头部压紧在此台肩上以防止其转动或向上移动。拧去螺钉,便可取出钻套。可换钻套通过衬套装在钻模板上,以避免更换钻套时损坏钻模板。衬套压入钻模板式夹具体,采用(H7/r6)或(H7/n6)配合。可换钻套与衬套常采用(H7/g6)或(H7/g5)配合。

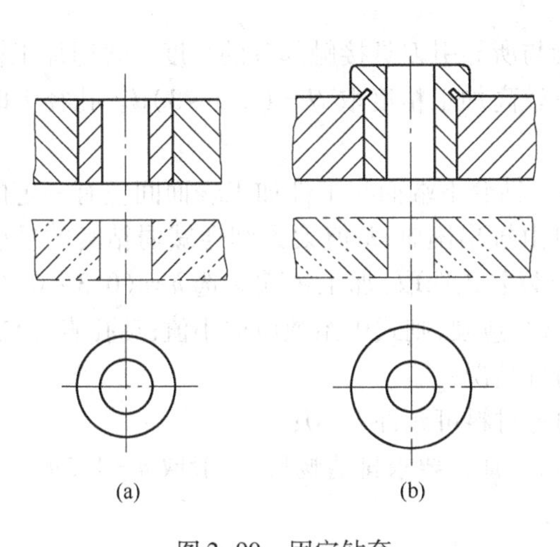

图2-90　固定钻套

(a) 无肩固定钻套;(b) 带肩固定钻套

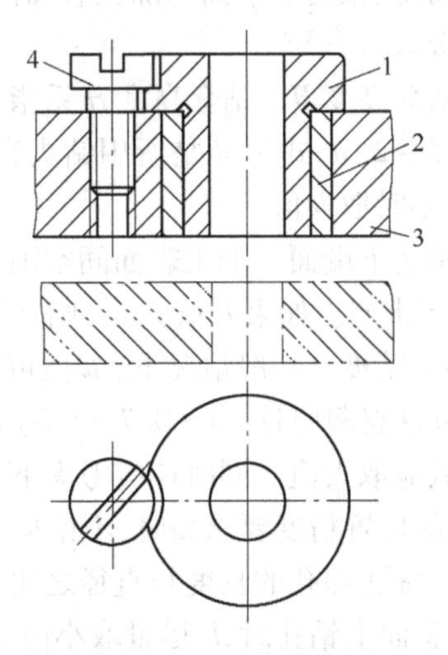

图2-91　可换钻套

1—可换钻套;2—衬套;3—钻模板;4—螺钉

可换钻套多用在大批、大量生产中。

(3) 快换钻套。快换钻套用于同一个孔须经多种工步加工,连续更换刀具的场合。快换钻套也在其凸缘上铣有台肩,并在台肩相邻处铣出一削边平面。钻套螺钉的头部并不紧压在台肩上,以使钻套能够转动,如图 2-92 所示。当将钻套逆时针转动使削边平面至螺钉位置时,便可快速向上取出钻套。此处应注意,取出钻套的旋转方向应与刀具加工时的旋转方向相反。快换钻套的安装方式及配合选择与可换钻套相同。

上述三种钻套都已经标准化,可从夹具设计手册中查到。

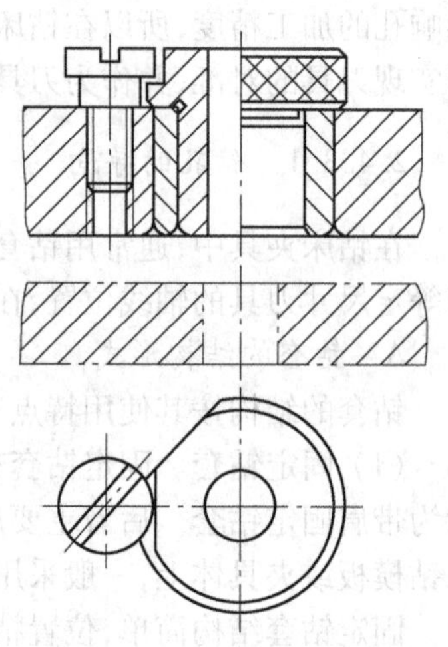

图 2-92　快换钻套

(4) 特殊钻套。凡是尺寸或形状与标准钻套不同的都称为特殊钻套。特殊钻套只能结合具体情况自行设计。

B　钻套导引孔尺寸及公差

在选用标准结构的钻套时,钻套导引孔的尺寸及公差须由设计者按下述原则确定:

(1) 钻套导引孔直径的基本尺寸,应等于所导引刀具的最大极限尺寸。

(2) 钻套导引的都是标准的定尺寸刀具,所以钻套导引孔与刀具的配合,应按基轴制选定。

(3) 钻套导引孔与刀具之间,应保证有一定的配合间隙,以防止两者可能卡住或咬死。导引孔的公差带根据所导引刀具的种类和加工精度要求选定:钻孔和扩孔选用 F7 或 F8;粗铰选用 G7;精铰选用 G6。

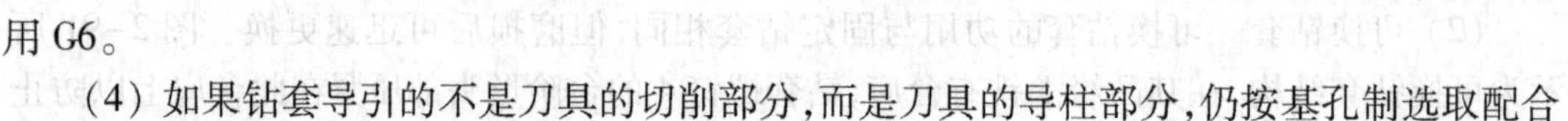

(4) 如果钻套导引的不是刀具的切削部分,而是刀具的导柱部分,仍按基孔制选取配合(H7/f6)、(H7/g6)或(H6/g5)配合。

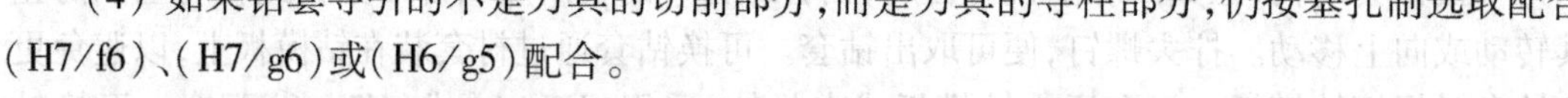

C　钻套高度、钻套下端面与加工表面间空隙值

钻套高度、钻套下端面与加工表面间的空隙值与被加工孔的孔径 D 有直接关系,可按下列方法选取:

(1) 钻套高度 H。钻套高度 H 系指钻套与所导引刀具接触部分的长度。普通加工精度取 $H=(1.5\sim2)d$,式中 d 是所用钻头直径;较高加工精度取 $H=(2.5\sim3)d$。孔径大时取小值,孔径小时取大值。

(2) 钻套下端面与加工表面间空隙值 h。钻套下端面与工件加工表面间应有一定的空隙 h,以便于排屑。如果 h 值太小,则切屑自由排出困难;h 值太大则会减弱钻套的导引作用,影响加工精度。一般情况下,h 值可按经验公式选取:加工铸铁时选 $h=(0.3\sim0.7)d$;加工钢等韧性材料时选 $h=(0.7\sim1.5)d$。材料愈硬,则式中系数应取小值;钻孔直径愈小,则式中系数应取大值。同时还应考虑下列特殊情况:

1) 孔的位置精度要求高时,不论加工何种材料可允许 $h=0$;

2) 钻深孔(即孔的长度与直径之比 $L/D>5$)时,要求排屑畅快,一般取 $h=1.5d$;

3) 在斜面上钻孔时,h 尽量取小值。

D　钻套材料与热处理

钻套内孔与刀具接触,工作时产生摩擦,故钻套必须有很高的耐磨性。当钻套孔径 $d\leqslant25$ mm时,用工具钢 T10A 或 T12A 制造,淬火硬度 60 ~ 64HRC;当钻套孔径 $d>25$ mm 时,用 20 号钢或 20Cr 制造,经渗碳淬火达到同样硬度。

衬套的材料及硬度要求,可与钻套相同或稍差些。

2.4.3.2　镗孔的导向

镗床夹具(又称镗模)与钻床夹具非常相似,也有引导刀具的导向元件——镗套。采用镗模后,工件上被加工孔系的位置精度完全取决于镗套的位置精度,而不受机床精度的影响,因而可以在一般普通机床上加工出较高精度的孔及孔系。

镗套的结构和精度直接影响被镗孔的精度和表面粗糙度,因而在设计镗模时应正确选择镗套的结构形式。依运动形式不同,镗套的结构形式一般分为两类:

(1) 固定式镗套。这种镗套的结构与钻套相似,它固定在导向支架上而不能随镗杆一起转动。镗杆在镗套内既有转动又有移动,因此存在摩擦。固定式镗套外形尺寸小、结构简单,制造容易,中心位置准确,只适用于低速加工。

为了减轻镗套与镗杆工作表面的磨损,应采取必要的润滑措施,如镗套自带润滑油杯,只需定时往油杯中注油就可保持润滑。

(2) 回转式镗套。回转式镗套在镗孔过程中随镗杆一起转动,镗套与镗杆之间无相对转动,只有相对移动。因而这种镗套与镗杆之间的磨损很小,能避免它们之间发热咬死,但要确保对回转部分的润滑。

根据回转部分安装位置的不同,回转镗套可分为“内滚式”和“外滚式”。这两种镗套又按使用的轴承不同,分为滑动回转镗套和滚动回转镗套。下面举例说明。

图 2-93(a)所示是外滚式滑动镗套。导套 2 支承在滑动轴承套 1 上,镗杆在导套内只做相对移动而无相对转动,导套在轴承套上转动,由于这种镗套的回转部分装在导套的外面,故称外滚式。与滚动镗套相比,它的径向尺寸较小,减振性较好,承载能力较大,但工作速度不能过高。

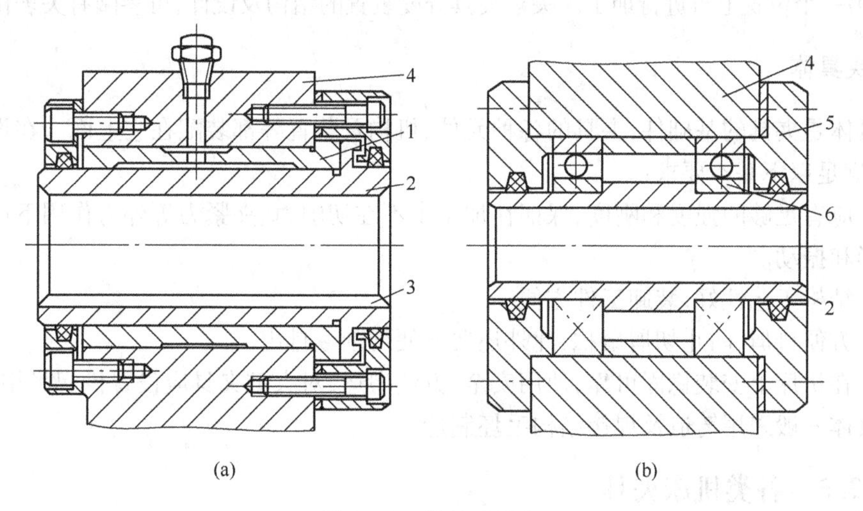

图 2-93　回转式镗套

(a) 外滚式滑动镗套;(b) 外滚式滚动镗套

1—轴承套;2—导套;3—键槽;4—导向支架;5—轴承盖;6—滚动轴承

图 2-93(b)所示是外滚式滚动镗套。其回转部分滚动轴承 6 安装在导向支架 4 上,导套 2 在轴承上转动,镗杆相对于导套移动。这种镗套结构尺寸较大,润滑条件要求较低,工

作速度可以较高。

图 2-94 所示是内滚式滚动镗套。其回转部分安装在镗杆上,且成为镗杆的一部分。镗杆 3 和轴承内环一起相对外环和导向滑套 1 回转,导套 2 固定在导向支架上,导向滑套 1 相对导套 2 只有相对移动而没有相对转动。由于其回转部分装在导向滑套里面,故称内滚式。内滚式镗套的结构尺寸较大。

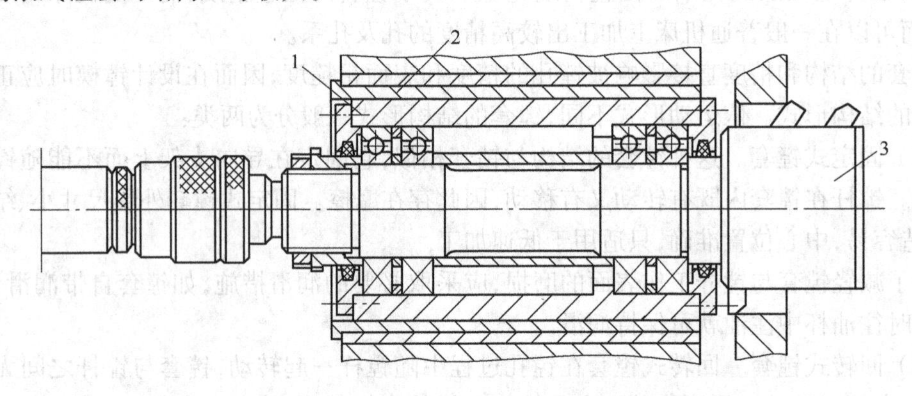

图 2-94　内滚式滚动镗套

1—导向滑套;2—导套;3—镗杆

2.4.4　分度装置

当在一个工件上要求加工一组按一定角度或一定距离均匀分布,而其形状和尺寸又彼此相同的表面,且须在一次装夹中完成,这时就需要采用分度或转位夹具。这类夹具的特点是能使工件在一个位置上加工后连同定位元件相对刀具和切削成形运动转动一定角度或移动一定距离,在另一个位置上再进行加工。关于夹具分度装置的结构及设计,可参阅有关著作。

2.4.5　夹具体

夹具体是夹具的基础件,夹具的各种元件、机构及装置等都装配在它上面。在设计夹具体时,要满足以下基本要求:

(1) 应有足够的强度和刚度,保证在加工中不在切削力、夹紧力等外力作用下产生不允许的变形和振动。

(2) 结构工艺性好,装卸工件方便。

(3) 方便排屑,防止切屑聚积,此外还要方便切削液排出。

(4) 在机床上安装稳固可靠,使用安全,方便搬运,对大型夹具应设置供起吊用的装置。

夹具体一般采用铸造及焊接结构毛坯制造。

知识点 2.5　各类机床夹具

2.5.1　钻床夹具

2.5.1.1　钻床夹具的结构形式及其特点

在各类钻床、立式组合机床等设备上,用以确定工件和刀具位置并使工件得到夹紧的装置都称为钻床夹具。这类夹具都有一个安装钻套的钻模板,故该类夹具习惯上称为“钻模”。根据被加工孔的分布情况,钻床夹具有下列几种结构类型。

(1) 固定式钻模。固定式钻模在使用过程中位置固定不动,一般用于立式钻床加工较大的单孔或在摇臂钻床、多轴钻床上加工平行孔系。若在立式钻床上使用固定式钻模加工平行孔系,则需要在机床主轴上安装多轴传动头。这种钻模的夹具体上需设有固定于机床夹压用的凸缘或凸边。

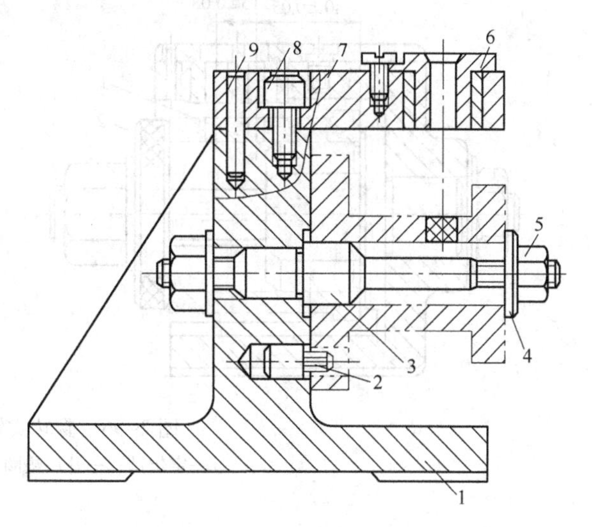

图 2-95　固定式钻套

1—夹具体;2—削边销;3—圆柱销;4—开口垫圈;5—螺母;6—钻套;7—钻模板;8—内六角螺钉;9—圆柱销

图 2-95 所示的固定式钻模用在带法兰的套形工件上钻孔。夹具体 1 是铸造结构。工件在钻模上以其内孔、法兰上轴向孔和法兰端面与圆柱销 3、削边销 2 和夹具体上的垂直面相接触定位。可换钻套 6 固定在钻模板 7 上,钻模板用内六角螺钉 8、圆柱销 9 固定在夹具体上。松开螺母 5,取下开口垫圈 4,即可卸下工件。

(2) 固转式钻模。固转式钻模的钻模体可按分度要求,绕一固定轴(水平轴、垂直轴或斜轴)每次转过一定角度。因此,为了控制每次转过的角度,夹具必须设有分度装置。回转式钻模主要用于加工围绕回转轴线分布的轴向或径向孔系。

目前,用于回转式钻模的分度装置——回转工作台已经标准化,并作为机床附件供应。回转式夹具的设计在大多数情况下是设计专用的工作钻模与标准回转工作台联合使用。回转工作台可重复与不同夹具组合。

(3) 翻转式钻模。翻转式钻模也是一种转动夹具,但没有分度转轴,使用过程中需要用手进行翻转夹具,用夹具体上不同方向的外表面确定夹具的方向。这种钻模主要用于加工小型工件分布在不同表面上的孔,可以提高工件各孔之间的位置精度。因需手工翻转,夹具连同工件的总重量不能太大(一般限于 100 N 以内),且加工的批量也不宜过大。

图 2-96 所示的翻转式钻模用于加工套筒上两组四个径向孔。工件以孔和端面在定位销 1 上定位,用开口垫圈 2 和螺母 3 夹紧,钻完一组孔后,翻转 60°再钻另一组孔。

(4) 盖板式钻模。盖板式钻模没有夹具体,实际上只是一块钻模板,除钻套外,一般还装有定位元件和夹紧装置。使用时只要将它覆盖在工件上即可。盖板式钻模结构简单,一般多用于加工笨重工件上的小孔。因使用时需要经常搬动,钻模重量一般不宜超过 100 N,也不宜用于大批量生产。

图 2-97 所示盖板式钻模以工件上已加工好的孔和端面定位。钻模板 4 固定在内胀器定位组件上。内胀器由滚花螺钉 2、钢球 3 和三个沿圆周径向分布的滑柱 5 组成。内胀器本体以外圆与工件定位孔配合,工件孔的端面直接由钻模板定位。拧动滚花螺钉,通过钢球 3 使三个滑柱 5 均匀伸出定位,并把工件孔胀紧。弹簧锁圈 6 用来防止滑柱掉出,并使滑柱

在松开滚花螺钉后复位。

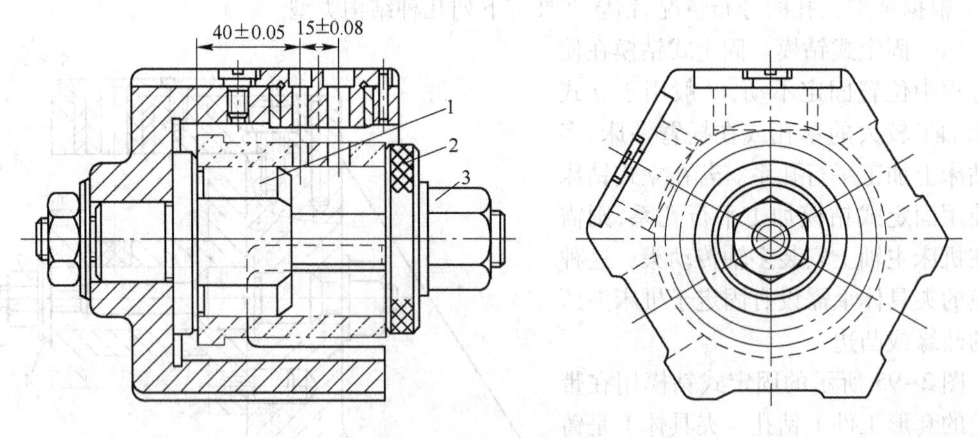

图 2-96　翻转式钻模

1—定位销;2—开口垫圈;3—螺母

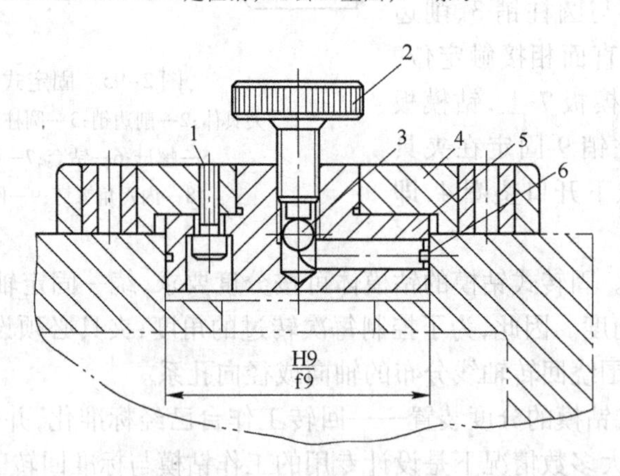

图 2-97　盖板式钻模

1—螺钉;2—滚花螺钉;3—钢球;4—钻模板;5—滑柱;6—锁圈

(5) 滑柱式钻模。滑柱式钻模是结构已经标准化的通用可调夹具,设计时可选用标准结构。这类钻模装卸工件方便迅速,可用于不同生产类型的中小型工件加工,有较广泛的应用。其缺点是滑柱与导向孔间的间隙对加工孔的垂直度和孔距精度有影响。该类钻模按夹紧动力区分有手动和气动两种。

图 2-98 所示是典型的手动滑柱式钻模。滑动钻模板 3 上用锁紧螺母固定有两根导柱 7,导柱在夹具体 5 的导向孔中上下滑动。齿条轴 2 也用锁紧螺母 4 紧固在钻模板上,它和齿轮 1 相啮合。转动手柄 6,经齿轮 - 齿条机构,使滑动钻模板升降。当钻模板下降时,能起夹紧工件的作用;钻模板升至一定高度后,可以装卸工件。因此,采用滑柱式钻模时,只需根据加工工件的形状和钻孔位置,在钻模板上配置相应的夹紧元件和钻套即可。

手动滑柱式钻模在夹紧工件后必须自锁,常用的自锁机构有滚柱、锥面、偏心、曲柄等几种。图 2-98 采用了常用的圆锥自锁装置。图中 A 处有两段方向相反的圆锥,齿轮条和齿轮轴为 45°斜齿。当钻模板下降接触到工件后,再继续转动手柄,则斜齿的旋向应使斜齿轮轴 1 产生图示向下方向的轴向力,使锥体楔紧在夹具体 5 的锥孔中。当锥角不大于 10°时,机构产生自锁。同样,当钻模板上升到一定高度后,斜齿轮轴1上的另一段锥度楔紧在套环的锥孔中,将钻模板锁紧在此高度上,防止其因自重而下降。

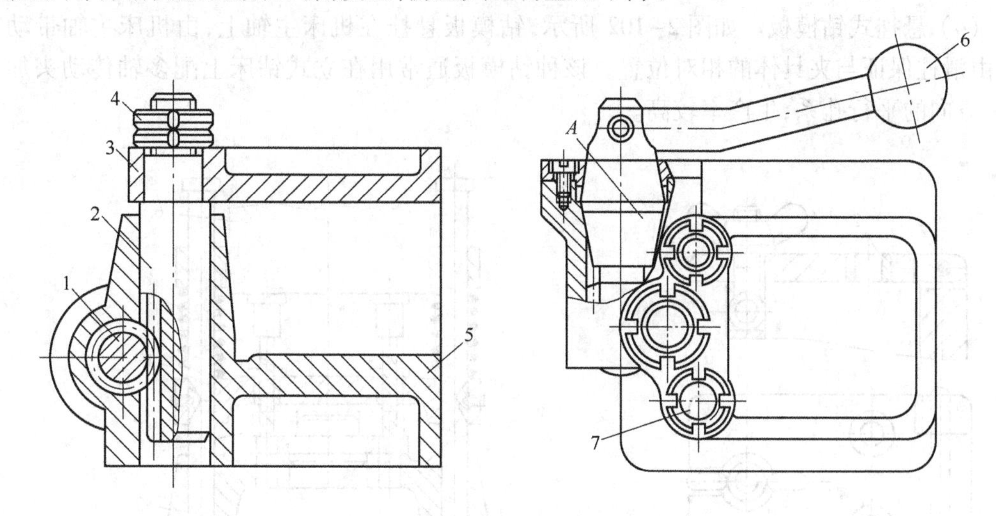

图2-98　手动滑柱式钻模

1—斜齿轮;2—齿条轴;3—滑动钻模板;4—锁紧螺母;5—夹具体;6—手柄;7—导柱

2.5.1.2　钻模板类型

钻模板用于安装钻套,要求有一定的强度和刚度。按其与夹具体的连接方式,钻模板有下列几种常见类型。

(1) 固定式钻模板。如图2-99所示,这种钻模板直接固定在夹具体上(或者说为夹具体的一部分),钻套相对于夹具体是固定的,精度较高,但装卸工件及维修有时不很方便。

(2) 分离式钻模板。如图2-100所示,这种钻模板与夹具体是分离的,是一个独立的部分。这种钻模板钻孔精度较高,但装卸工件时间较长、效率低。

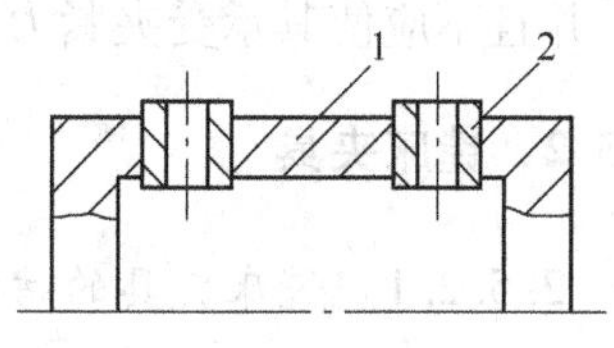

图2-99　固定式钻模板

1—钻模板;2—钻套

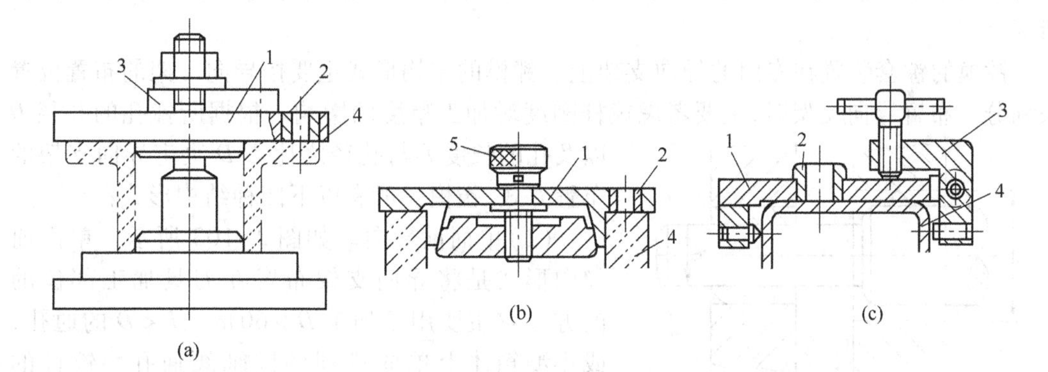

图2-100　分离式钻模板

1—钻模板;2—钻套;3—压板;4—工件;5—螺钉

(3) 铰链式钻模板。如图2-101所示,这种钻模板用铰链装在夹具体上,可以绕铰链轴旋转。但因铰链孔与销轴之间有间隙,加工孔的位置精度较前两种低,但装卸工件较方便。

(4) 悬挂式钻模板。如图 2-102 所示,钻模板悬挂在机床主轴上,由机床主轴带动升降,由滑柱保证与夹具体的相对位置。该种钻模板通常用在立式钻床上配多轴传动头加工同一方向的平行孔系,生产率较高。

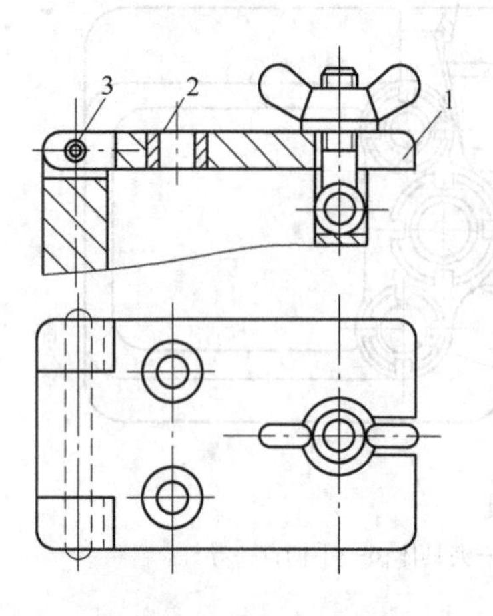

图 2-101　铰链式钻模板

1—钻模板;2—钻套;3—轴销

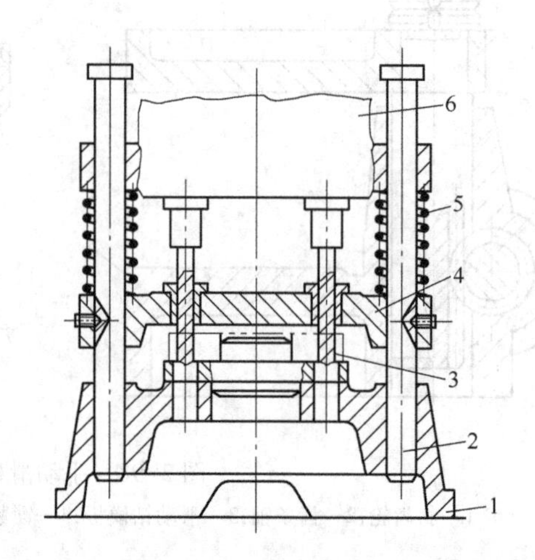

图 2-102　悬挂式钻模板

1—夹具体;2—滑柱;3—工件;4—钻模板;5—弹簧;6—多轴传动

设计钻模板时应按被加工孔的位置精度要求确定其结构形式。钻模板应有足够的刚度,并且不应使其承受夹紧力。较大的钻模板应设置加强筋以提高其刚度。

2.5.2　镗床夹具

2.5.2.1　镗床夹具的结构形式及其特点

镗床夹具又称镗模,是一种精密夹具,主要用来加工箱体类工件上的精密孔及孔系。镗模与钻模非常相似,采用专门的导向元件——镗套来引导镗杆,以保证孔及孔系的位置精度。

镗模的镗套装置在专门的导向支架上。镗模的结构形式主要按导向支架的布置位置来划分。布置导向支架时,主要考虑镗杆刚度对加工精度的影响。根据所镗孔的孔径 D 以及孔的长度 L 与孔径之比 L/D 决定导向支架的布置方式,镗模一般有以下四种结构形式:

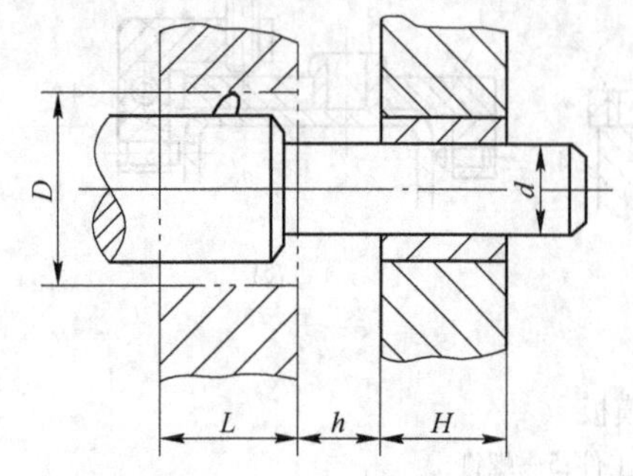

图 2-103　单面前导向

(1) 单面前导向。如图 2-103 所示。单面前导向形式是将导向支架布置在刀具加工部位的前方。它主要用于加工 $D>60$ mm、$L<D$ 的通孔,或小型箱体上单向排列的同轴线通孔。镗杆的前端有导柱,由前镗套导引。镗杆的后端直接插入机床主轴的莫氏锥孔中,镗杆与机床主轴采用刚性连接。

这种形式可镗削孔间距离很小的孔系；镗杆前端导柱尺寸可不因刀具尺寸变化而变化，有利于进行需要更换刀具的多工位或多工步加工；便于在加工过程中进行观察和测量，特别适合需要锪平面或攻丝的工序。其缺点是装卸工件时，刀具的引进和退出行程较长；加工时切屑容易带入镗套中，使导柱和镗套易于磨损。

为了便于排屑，一般 $h=(0.5\sim1.0)D$，但 h 不应小于 20 mm。

(2) 单面后导向。如图2-104 所示，单面后导向形式是将导向支架布置在刀具加工部位的后方。它主要用于加工 $D<60$ mm 的通孔或不通孔，镗杆与机床主轴采用刚性连接。根据 L/D 的比值大小，有两种应用情况：

1) 镗削 $L/D<1$ 的通孔或小型箱体的不通孔时，刀具采用悬臂式，镗杆导向部分直径 d 可大于所镗孔的孔径 d，见图2-104(a)。这样，镗杆的刚度好，加工精度较高；与单面前导向一样，可不必更换镗套进行多工位或多工步加工，因无前导柱，便于装卸工件和更换刀具。

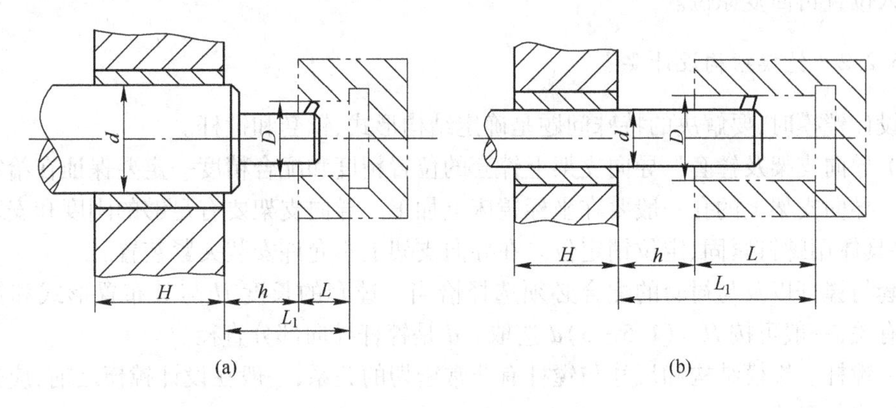

图2-104 单面后导向

(a) $L<D$; (b) $L>D$

2) 镗削 $L/D>1\sim1.5$ 的通孔或不通孔时，刀具仍然采用悬臂式，但镗杆导向部分直径 d 应小于所镗孔的孔径 d，见图2-104(b)。这种结构可使镗杆导向部分也进入孔内，减少镗杆的悬伸量和缩短镗杆长度，有利于提高镗杆刚度和保证加工精度。

h 值的大小应保证便于调整和更换刀具、装卸和测量工件、清除切屑等。

(3) 单面双导向。如图2-105 所示，单面双导向是将两个导向支架布置在工件的同一侧。镗杆与机床主轴采用浮动连接，消除了机床误差对加工精度的影响。这种形式装卸工件和更换镗杆方便，在加工中便于观察和测量，在大批生产中应用较多。为了保证导向精度，在设计这种导向时应取 $L\geqslant(1.5\sim5)l$。

由于镗杆在受切削力时呈悬臂梁状，故镗杆伸出支承的距离一般不应大于 $5D$。

(4) 双面单导向。如图2-106 所示，双面单导向是将两个导向支架分别布置在工件的两侧。镗杆与机床主轴也采用浮动连接，此时加工精度完全由镗套保证，不受机床精度的影响。这种形式主要用于镗削 $l>1.5D$ 的通孔；或排列在同一轴线上的几个短孔；孔间的中心距或孔的同轴度要求较高的情况。在设计这种导向支承时，应注意下列几点：

1) 若工件同一轴线上的孔相距较远，两侧导向支架间隔很大，当 $L>10D$ 时，在镗模上应增设中间导向支架。

2) 镗削同一轴线上孔径相同的一组通孔，每一个孔单独用布置在镗杆上一定位置处的

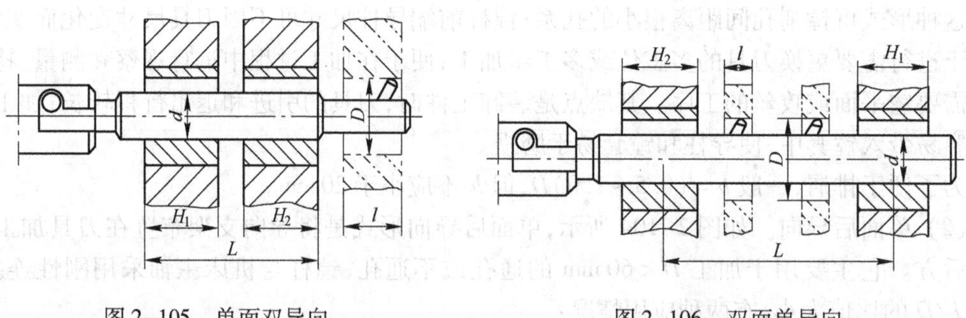

图2-105 单面双导向　　　图2-106 双面单导向

刀头镗削时,为使布置在镗杆前部的刀头能通过工件后部的毛坯孔,在镗模上应设置让刀装置。一般是用工件抬起一定高度的方法,使工件相对于镗杆产生偏移,待刀具通过后进入镗孔的切入位置再回复原位。

2.5.2.2 镗模结构设计要点

在设计镗模时,要解决的特殊问题是确定结构形式、镗套和镗杆。

(1) 导向支架及镗套。导向支架上镗套的位置精度和配合精度一定要保证在给定公差范围内。导向支架上的孔一般要在坐标镗床上加工。导向支架要有足够的刚度和安装稳定性,与夹具体用螺钉紧固、定位销定位。在导向支架上不允许安装夹紧装置。

镗套与镗杆以及与衬套的配合必须选择恰当。镗套的长度 H 与其布置形式和镗杆伸出长度有关,一般可按 $H=(1.5\sim3)d$ 选取。d 是镗杆导向部分直径。

(2) 镗杆。镗模结构和尺寸与镗杆有非常密切的关系,一般在设计镗模之前,应先确定镗杆的结构与尺寸。

1) 镗杆导向部分。镗杆导向部分的结构形式如图2-107所示。图2-107(a)是开有油槽的圆柱导向。图2-107(b)和图2-107(c)是开有直槽和螺旋槽的导向。这种开有直槽和螺旋槽的导向结构与镗套的接触面积小,沟槽中可以容屑,导向效果较图2-107(a)要好。图2-107(d)为镶有镶块的导向结构。铜镶块与导套摩擦较小,使用速度可较高些。镶块磨损后可以在其下面加垫后再修磨。

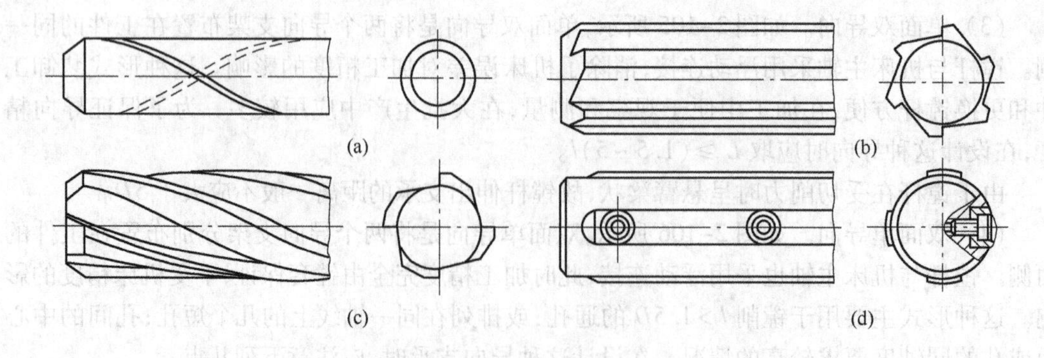

图2-107 镗杆导向部分结构形式

此外,镗杆导向部分的结构还与镗刀通过镗套有关。当采用外滚式镗套时,在很多情况下镗孔直径大于镗套中导套的内径,此时如果在工作过程中镗刀需要通过镗套,则在旋转导套上必须开有引刀槽。而且还要有相应的定向机构，以保证镗杆再次通过镗套时，能使镗刀顺利地进入引刀槽中而不发生碰撞。

例如在图2-108所示的外滚式镗套的旋转导套孔内安装有尖头定向键。镗杆的导向部分端部应做成图2-109所示的螺旋导向结构，双螺旋面的相交处是沿镗杆轴向的键槽。当镗杆通过时，即使镗杆键槽没有对准导套上的尖头键，导向螺旋面也会拨动尖头键使导套回转而进入键槽，同时也保证了镗刀以准确的角度位置顺利地进入导套的引刀槽中。

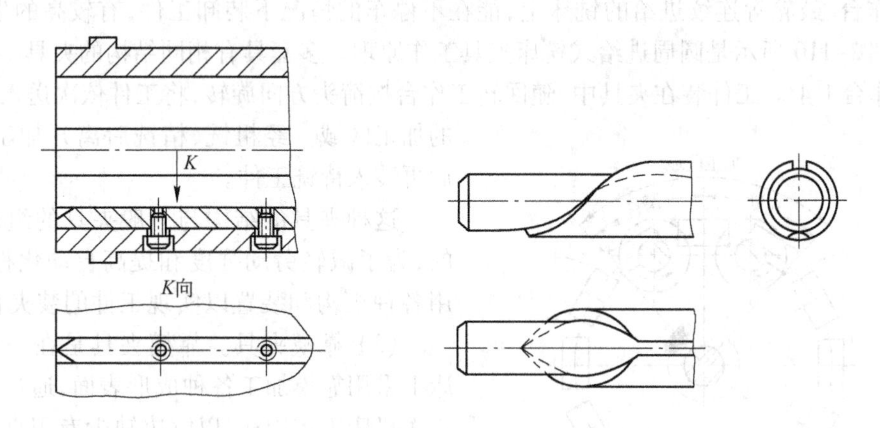

图2-108　安装有尖头键的导套　　　图2-109　镗杆的螺旋导向结构

2）镗杆的尺寸。镗杆直径受到加工孔径的限制，在确定其尺寸时，除考虑镗杆在一定的长度下有足够的刚度外，还要考虑镗杆与加工孔之间应留有足够的容屑空间。镗杆直径一般按式（2-17）选取。

$$d=(0.6\sim0.8)D \tag{2-17}$$

式中　d——镗杆直径；

D——被镗孔直径。

镗杆的轴向尺寸应根据被镗孔的位置、尺寸、加工顺序、镗套的规格（直径和长度）、刀具分布位置和导向支架布置位置绘制的镗孔系统图来确定。镗孔系统图由工艺人员在编制镗孔工艺时绘制。

（3）浮动卡头。在双镗套导向时，镗杆与机床主轴一般都是浮动连接，采用浮动卡头。浮动卡头能够补偿镗杆轴线与机床主轴的同轴度误差。

2.5.3　铣床夹具

2.5.3.1　铣床夹具的结构形式及其特点

铣床夹具与钻、镗相比较的不同之处是没有引导刀具的导向元件，一般需要有定向键和对刀装置来确定夹具与机床、刀具之间的相对位置。

设计铣床夹具时，应充分注意铣削加工的特点，铣削加工切削力较大，铣刀刀齿的不连续切削产生的冲击和振动较大。因此，铣床夹具要求有较大的夹紧力，其各组成部分要有较高的强度和刚度。

铣床夹具的结构形式按进给方式一般可以分为以下三类。

(1) 直线进给式铣床夹具。这类夹具安装在做直线运动的铣床工作台上。铣削加工切削时间较短,切入、切出距离相对较大,因而降低单件加工的切入、切出时间和辅助时间,是设计铣床夹具要考虑的主要问题之一。为提高劳动生产率,直线进给式铣床夹具在结构上常采用多件加工(见图2-79)、多工位加工等方式,使辅助时间与基本时间重合。此外,采用气压、液压动力装置,联动夹紧机构等方式也是提高生产率的有效措施。

(2) 圆周进给式铣床夹具。圆周进给式铣床夹具的结构形式很多,通常用于具有回转工作台、鼓轮等连续进给的铣床上,能在不停车的情况下装卸工件,有较高的生产率。

图2-110 所示是圆周进给式铣床夹具工作原理。多套具有相同结构的夹具2 均布在回转工作台1 上。工件装在夹具中,随回转工作台按箭头方向旋转,将工件依次送入双轴铣床的加工区域。经粗铣、精铣后离开加工区,卸下后再装入待铣工件。

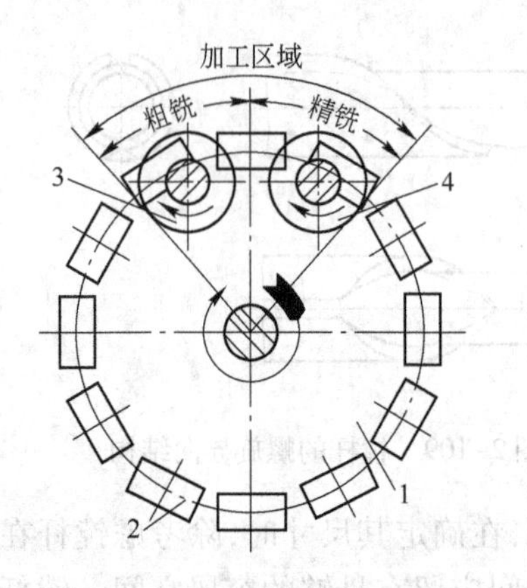

图2-110 圆周进给式铣床夹具工作原理
1—转台;2—夹具;3—粗铣刀;4—精铣刀

这种夹具的结构与一般夹具的组成是相似的,为了减轻劳动强度和提高自动化程度,常采用各种机构和装置以实现工件的装夹自动化。

(3) 靠模夹具。靠模夹具是在一般万能铣床上采用靠模加工各种成形表面,通过采用夹具扩大机床工艺用途,以解决缺少专用靠模铣床的问题。

靠模夹具的工作原理是通过专门设计的靠模板,使机床的主进给运动合成所需要的仿形运动,加工出所要求的成形表面。按主进给运动方式,平面靠模夹具可以分为直线进给和圆周进给两种。靠模板是靠模夹具的核心,其工作型面是根据工件的型面和机床进给运动的方式,采用图解法设计。

2.5.3.2 铣床夹具结构设计要点

铣床夹具的设计,除夹具设计中的共性问题外,还要考虑以下几点:

(1) 对刀装置。对刀装置是铣床夹具的重要组成部分。用对刀装置调整刀具对夹具的相对位置比较方便、迅速、准确。但因其对准精度一般比试切法低,在设计时应计算对刀误差,正确确定对刀块工作表面的位置尺寸及其公差。

(2) 定向键。铣床夹具通常装有夹具定位用的定向键。定向键的作用是确定夹具与机床切削成形运动的相对位置关系,如平行度,因此该项定位精度(位置误差 Δ_W)在加工精度要求较高时能否满足要求需要验算。此外,定向键不应承受切削力。

(3) 夹具体。铣削加工的切削力较大,引起的振动也较大,夹具体要有足够的强度和刚度。夹具的高度应尽可能低,以提高夹具的稳定性,夹具体的高度与宽度之比以1~1.25 为宜,使工件尽可能靠近工作台面。

2.5.4 车床夹具

2.5.4.1 车床夹具的结构形式及其特点

车床夹具与磨床夹具很相似,二者共同特点是装在机床主轴上并随其带动工件旋转,加工回转体形面以及端面。该类夹具中除顶针、三爪卡盘、四爪卡盘、花盘等都已标准化、通用化,可按要求选用外,对于特殊的需要常需设计专用夹具。

根据车床夹具与车床主轴端部的连接方式,可将车床夹具分为两种结构类型:

(1) 以机床主轴内圆锥面为定位基面的夹具。这类夹具以长锥柄安装在主轴莫氏锥孔内,如图2-87(a)所示,多用于轻切削的小型夹具。

(2) 以机床主轴外圆柱面(外圆锥面)为定位基准的夹具。这类夹具与机床主轴的连接方式如图2-87 (b)、(c)所示,多是卡盘类夹具。图2-81 所示的气动卡盘便是一例。卡盘类夹具装夹的工件大都是回转体或对称的,因而其结构基本是对称的,回转时的不平衡影响较小。花盘类夹具则存在平衡问题。

2.5.4.2 车床夹具结构设计要点

车床夹具的特点是在旋转状态下工作,设计时要注意下列各点:

(1) 夹具体与机床的连接与定位。车床夹具与机床主轴的连接方式取决于主轴端部结构,应按具体使用的机床考虑。连接方式确定之后,夹具的定位也就确定了。其定位精度影响工件加工面与定位基准间的位置精度。

(2) 夹紧装置设计。加工时夹具和工件一起高速回转,受到离心力的作用,因而夹紧力必须足够,自锁可靠。

(3) 夹具的形状。由于夹具是在回转和悬臂下工作,夹具应近似于圆柱形的,结构力求简单,避免有尖角和突出部分,悬伸要小,以减轻重量、提高刚度、保证安全。

(4) 夹具的平衡。如果夹具不是对称的,应设置配重块或减重孔消除不平衡。用于配重的平衡块可按静力平衡条件通过试配的方法确定,因此在结构上其位置应该是可以调整的。

2.5.5 典型案例

如图A(见第3页)所示轴承体,由于加工方案确定时,考虑到如将方头部分加工好后再加工轴部分,会使车床工序装夹定位较为困难,因车床上的定位调整能力不如铣、镗床。因此设计了如表1-14所示的加工工艺过程。以下对该工件的铣床和镗床工序的定位方案进行分析。

由表1-14知工序7为铣床工序,主要完成:加工出方头部分的尺寸200两端面,为后续镗床工序提供精基准。该工序的定位基准为已加工的ϕ50f7轴心线,而以实际存在的ϕ50f7的外圆面为定位基面。工序8的镗床工序,采用工序集中加工方式,加工出方头部分其余加工面。该工序的定位基准视加工位置不同而有所不同。加工内孔及其端面时,应以尺寸200一端面、ϕ50f7的外圆面、尺寸196下端面联合控制加工部位在机床上的正确位置。而在加工尺寸71、86上端面时,主要以尺寸90一端面、尺寸200一端面和尺寸196下端面联合定位。具体定位方案以表2-4表示。

表 2-4　轴承体铣、镗工序定位方案

工序名称(设备)	加 工 部 位	加工定位方案
铣床 X53	6.3 6.3	4 1
镗床 T68	3.2 1.6 3.2	2 3
	3.2 3.2 3.2 3.2 3.2	2 3

能力点 2.6　项目训练

【任务 1】　根据六点定位原理,试分析下列各定位方案中的各个定位元件所限制的自由度,如果是欠定位、重复定位,请指出可能出现的不良后果,并提出改进方案。

(1) 如图 2-111 所示,轴类工件装夹在两顶尖上定位。

(2) 如图 2-112 所示,套类工件在三爪卡盘和中心架上定位。

(3) 如图 2-113 所示,盘类工件在 V 形块中定位。

(4) 如图 2-114 所示,滑块在夹具中定位。

(5) 如图 2-115 所示,连杆在夹具中定位。

(6) 如图 2-116 所示,T 形轴在三个短 V 形块中定位。

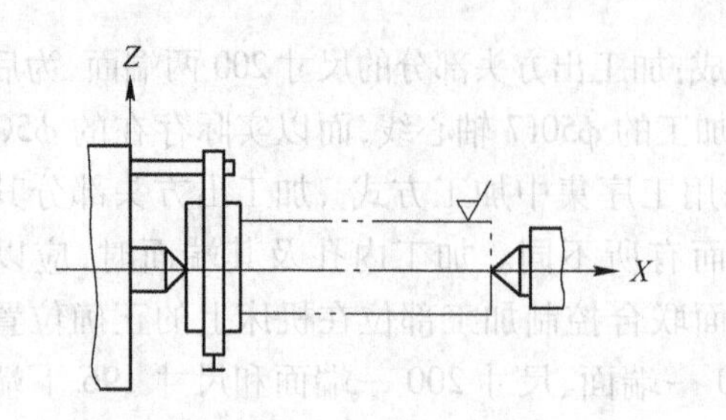

图 2-111　两顶尖上定位

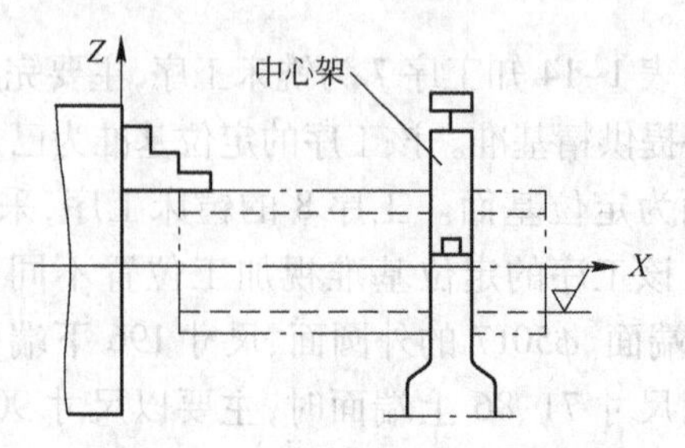

图 2-112　三爪卡盘和中心架定位

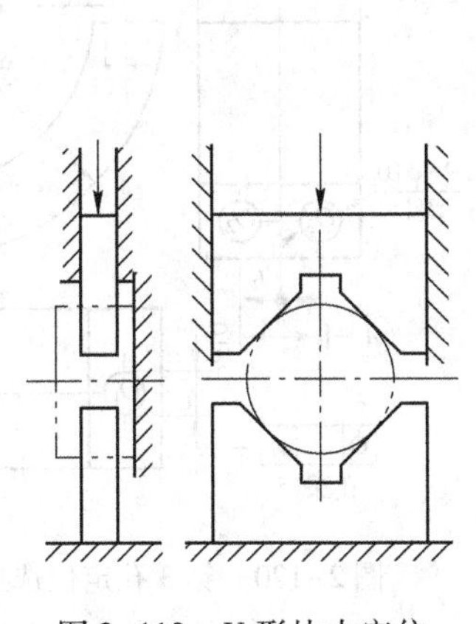

图2-113　V形块中定位

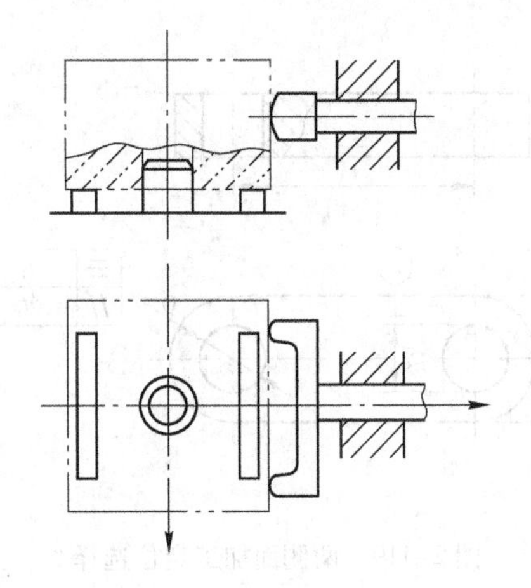

图2-114　滑块在夹具中定位

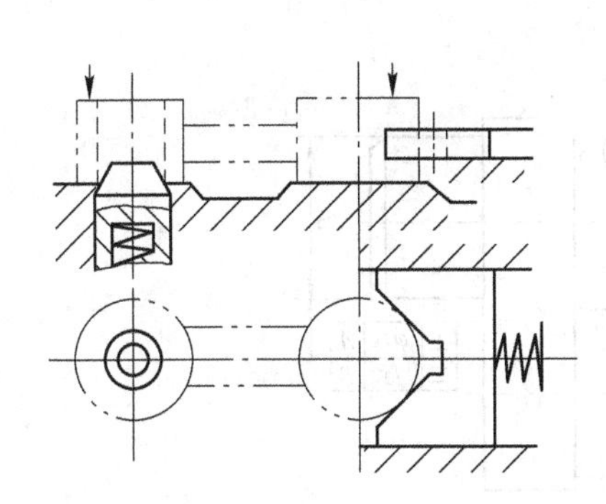

图2-115　连杆在夹具中定位

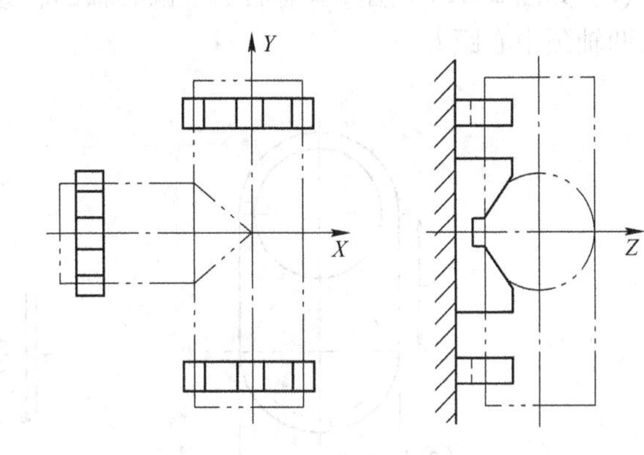

图2-116　三个短V形块中定位

【任务2】　根据下列各题的加工要求,试确定合理的定位方案,并绘出定位方案草图。

(1) 如图2-117所示,在工件上钻一与键槽对称的小孔 O_1,并保持尺寸 h。

(2) 如图2-118所示,在一套工件上钻一与底面垂直,距孔 O 中心线尺寸为 R 的通孔 OO_1 连线与侧平面成30°。

(3) 如图2-119所示,在工件上加工与两侧面对称,且与另一孔中心线平行的孔 D,保持两孔中心距 l。

(4) 如图2-120所示,在工件上钻3孔 O_1、O_2、O_3,孔 O_1 与孔 O_2 及 O_3 的对称线有位置要求。

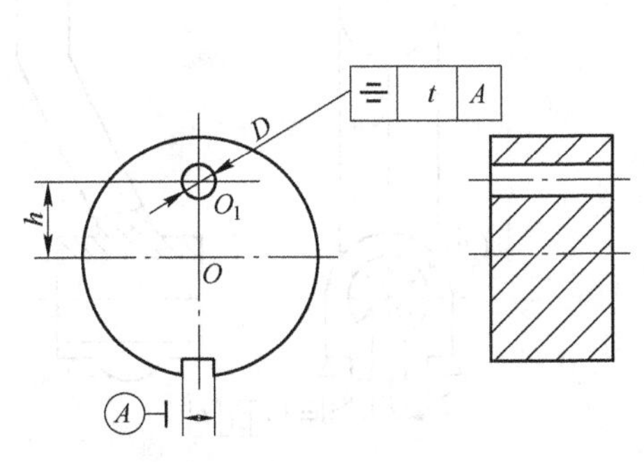

图2-117　钻孔定位选择一

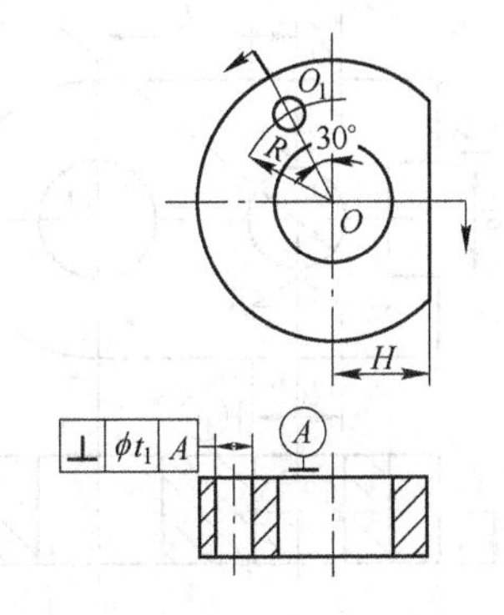

图2-118　钻孔定位选择二

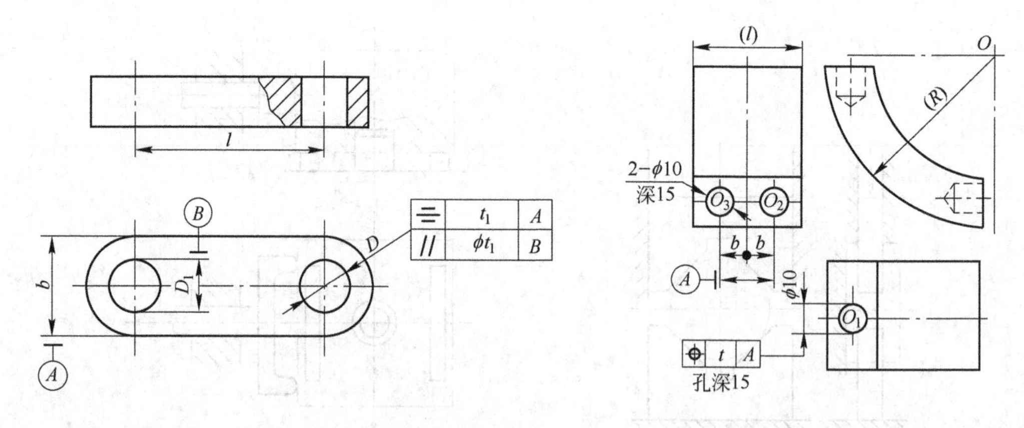

图 2-119　两侧面加工定位选择　　　　图 2-120　钻 3 孔定位选择

（5）如图 2-121 所示，车削加工一偏心轴的轴颈 d，要求与后端面垂直，与侧面对称且保持两轴颈中心距 l。

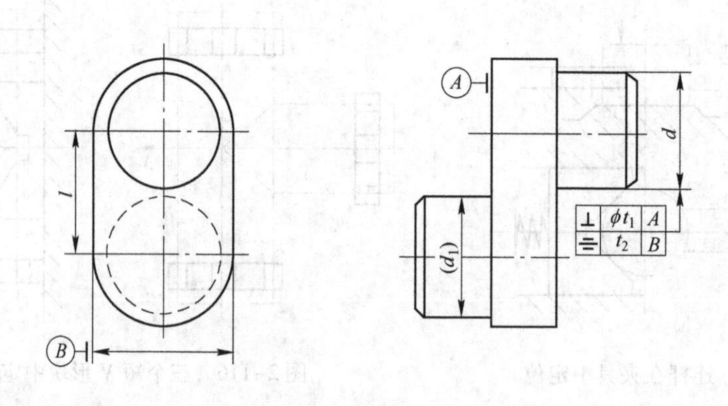

图 2-121　车轴颈定位选择

【任务 3】　如图 2-122 所示，在工件上钻三孔 O_1、O_2、O_3，要求 O_2 中心线与 O_1O_2 中心线垂直相交且与侧面通槽对称，并保证尺寸 l_1 及 l_2。

【任务 4】　如图 2-123 所示，在工件上铣一缺口 b，要求与孔中心 O 及上面外圆中心 O_1 连线对称。

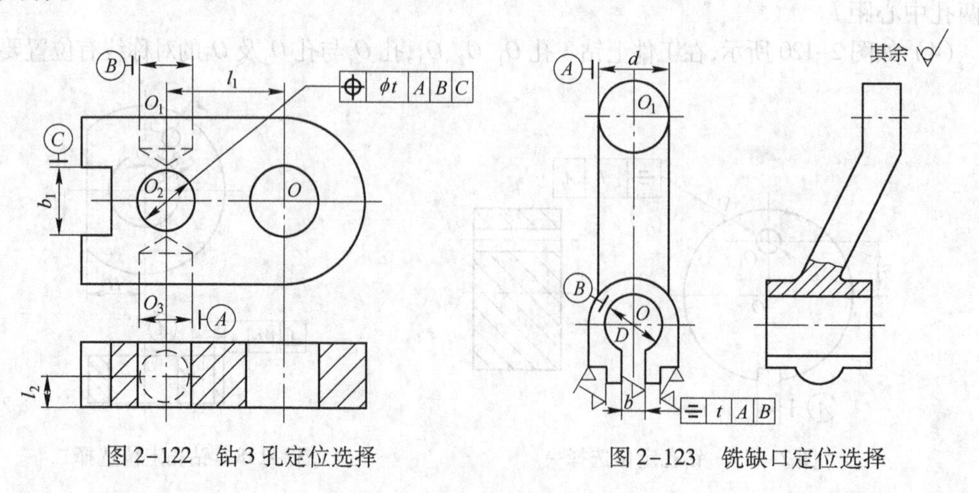

图 2-122　钻 3 孔定位选择　　　　图 2-123　铣缺口定位选择

【任务5】　有一批如图2-124所示的工件，锥孔和各平面均已加工，今在铣床上铣宽度为$b_{-T_b}^{\ 0}$的槽，要求保证槽底到底面的距离$h_{-T_h}^{\ 0}$；槽侧面与A面平行；槽对称轴线通过锥孔轴线。问图示定位方案是否合理，有无改进之处？试分析之。

【任务6】　有一批如图2-125所示的工件，其圆孔和平面均已加工，今在铣床上铣宽度为$b_{-T_b}^{\ 0}$的槽。要求保证槽底到底面的距离为$h_{-T_h}^{\ 0}$；槽侧面到A面的距离为$a \pm T_a$，且与A面平行。问图示定位方案是否合理？试分析之。

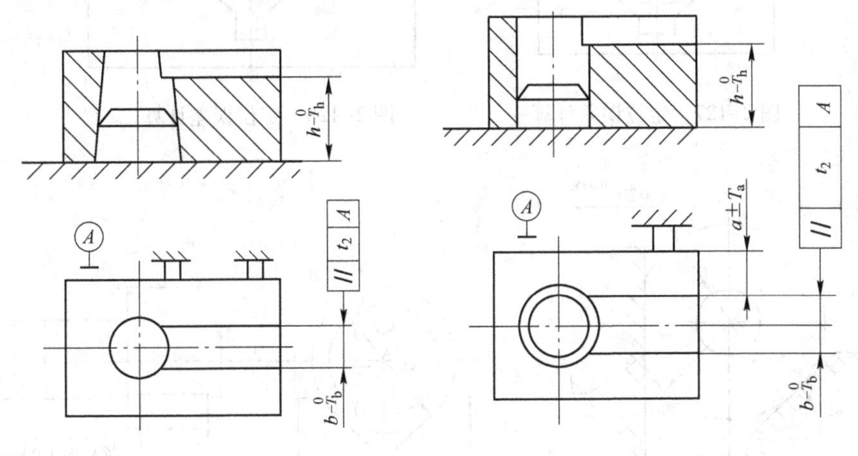

图2-124　铣槽定位选择一　　　图2-125　铣槽定位选择二

【任务7】　有一批套筒类工件，以圆孔在圆柱心轴上定位车外圆，如图2-126所示。要求保证内、外圆同轴度公差为$\phi 0.06$mm，如果心轴圆柱表面与顶尖同轴度公差为$\phi 0.01$mm，车床主轴轴颈径向跳动量为0.01mm，试确定心轴的尺寸和公差。已知圆孔直径为$\phi 30_{\ 0}^{+0.021}$ mm。

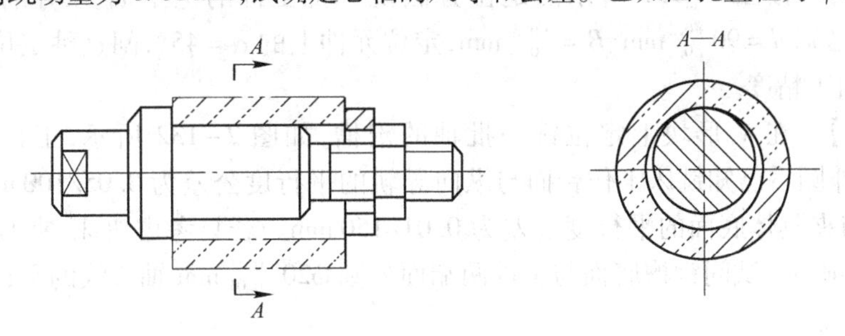

图2-126　定位心轴尺寸和公差确定

【任务8】　工件定位如图2-127所示，试分析计算定位方式能否满足图纸要求？若达不到要求应如何改进？

【任务9】　工件定位如图2-128所示，外径为$D_{\ 0}^{+T_d}$，内径为$d_{-T_d}^{\ 0}$，外径与内径的偏心为t，现欲加工键槽，其工序尺寸为A，试计算此种定位方案的定位误差。

【任务10】　在钻模上加工$\phi 20_{\ 0}^{+0.045}$ mm孔，其定位方案如图2-129所示，设与工件定位无关的加工误差为0.05mm（指加工时相对于外圆中心的同轴度误差），试求加工后孔与外圆工序尺寸A的定位误差。

【任务11】　工件定位方案如图2-130所示，欲钻孔O并保持尺寸A，试分析计算工序尺寸A的定位误差。

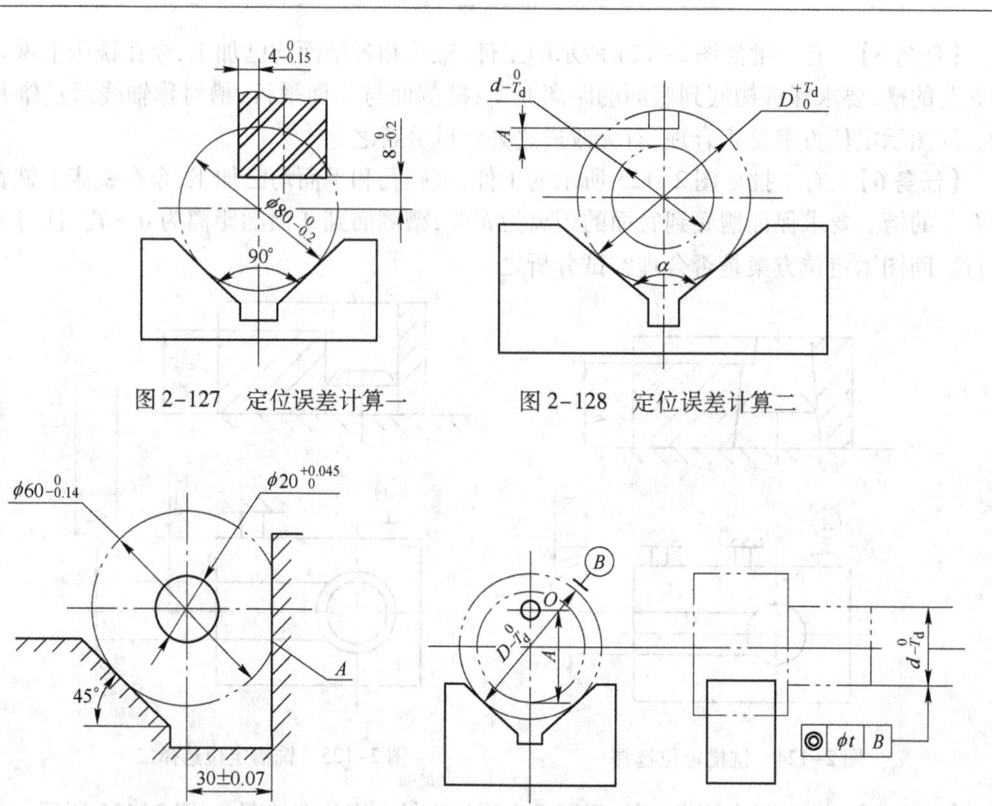

图 2-127　定位误差计算一　　图 2-128　定位误差计算二

图 2-129　定位误差计算三　　图 2-130　定位误差计算四

【任务12】　按图 2-131 所示的定位方法铣一批工件的上平面，要求保证尺寸 $A = 40^{+0.25}_{0}$ mm。已知 $d = 90^{+0.2}_{0}$ mm、$B = {}^{+0.3}_{0}$ mm，定位元件上的 $\alpha = 45°$，问这种定位方法能否保证尺寸 A 的加工精度。

【任务13】　在 V 形块上定位铣一批轴的键槽，如图 2-132 所示，工件定位部分为 $\phi 20^{\ 0}_{-0.05}$ mm 外圆。已知铣床工作台面与纵向导轨的平行度公差为 0.05/100 mm，夹具两 V 形块的轴线与夹具体底面的平行度公差为 0.01/150 mm。若只考虑机床、夹具及工件定位三项误差的影响时，试问键槽底面与工件两端面外圆 $\phi 20^{\ 0}_{-0.05}$ mm 轴心线的平行度误差为多少？

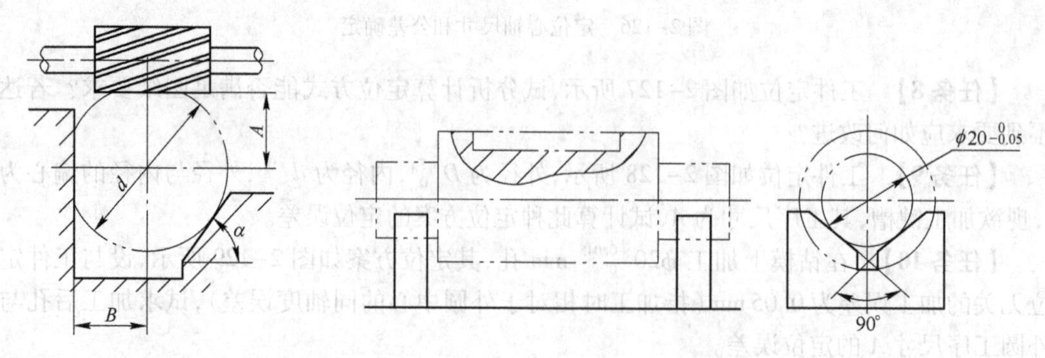

图2-131　定位误差计算五　　图 2-132　定位误差计算六

项目 3　典型零件加工

【项目导引】　本主题项目是在学习并掌握项目 1、项目 2 的基本知识和基本理论的基础上,学习制订和确定机械加工中典型零件如主轴、圆柱齿轮、连杆和箱体等的典型表面和特殊表面的加工工艺规程的方法,达到理论联系实际的教学目的。

【教学目标】　了解和掌握主轴、圆柱齿轮、连杆和箱体等典型零件加工的基本知识,如各零件的功用和主要技术要求;选用材料、毛坯及热处理;典型表面和特殊表面的加工方法;零件检验的主要内容和方法等;掌握机械零件加工工艺过程的制订方法,其中包括定位基准的选择、加工阶段的划分、加工顺序的确定和主要工序的加工内容。

知识点 3.1　主轴加工

3.1.1　主轴的功用及其主要技术要求

在一般的金属切削机床中,主轴把旋转运动及扭矩通过主轴端部的夹具传递给工件或刀具。在工作中,主轴承受扭转力矩和弯曲力矩。由于对主轴的扭矩变形和弯曲变形有很严格的要求,所以一般机床主轴的扭转刚度和弯曲刚度都很高。

机床主轴不但传递旋转运动和扭矩,而且要求主轴的回转精度(如径向圆跳动、端面圆跳动、角度摆动等)很高。影响主轴回转精度的主要有:主轴本身的结构尺寸及动态特性;主轴及轴承的制造精度;轴承的结构及润滑;主轴上齿轮等零件的布局;主轴及其主轴上固定件的动平衡等。由于机床主轴制造质量的高低直接影响整台机床的工作精度和使用寿命,因此主轴是机床的最主要零件之一。

车床主轴是一根结构复杂的阶梯轴,有外圆柱面、内外圆锥面、全贯穿的长孔、花键及螺纹表面,且精度较高。下面以它为代表研究机床主轴的加工质量。图 3-1 为 CA6140 型普通车床主轴零件图,其主要技术要求如下:

(1) 支承轴颈技术要求。支承轴颈是 CA6140 车床主轴组件的装配基准,主轴上各精密表面以它为设计基准,有严格的相互位置要求。

主轴前后支承 A、B 为锥度 1∶12 的圆锥表面,接触面积不小于 70%,圆度允差 0.005 mm,径向跳动允差 0.005 mm,表面粗糙度为 R_a0.4 μm,淬硬至 52HRC。

(2) 主轴锥孔技术要求。主轴锥孔用以安装顶尖或心轴锥柄,要求接触好,跳动小,并需表面淬硬,只有如此方能长期保持机床总装精度和加工工件精度,主轴莫氏 6 号锥孔对支承轴颈 A、B 的跳动,近轴端允差 0.005 mm,距轴端 300 mm 处允差 0.01 mm,锥面接触面积不小于 70%,表面粗糙度为 R_a0.4 μm,淬硬至 48HRC。

(3) 端面和短锥的技术要求。端面及短锥是卡盘底座的定位基准,短锥 C 对主轴支承轴颈 A、B 的径向跳动允差 0.008 mm,端面 D 对轴颈 A、B 的径向跳动允差 0.008 mm,锥面及端面的表面粗糙度 R_a 值为 0.8 μm,锥面淬硬至 52HRC。

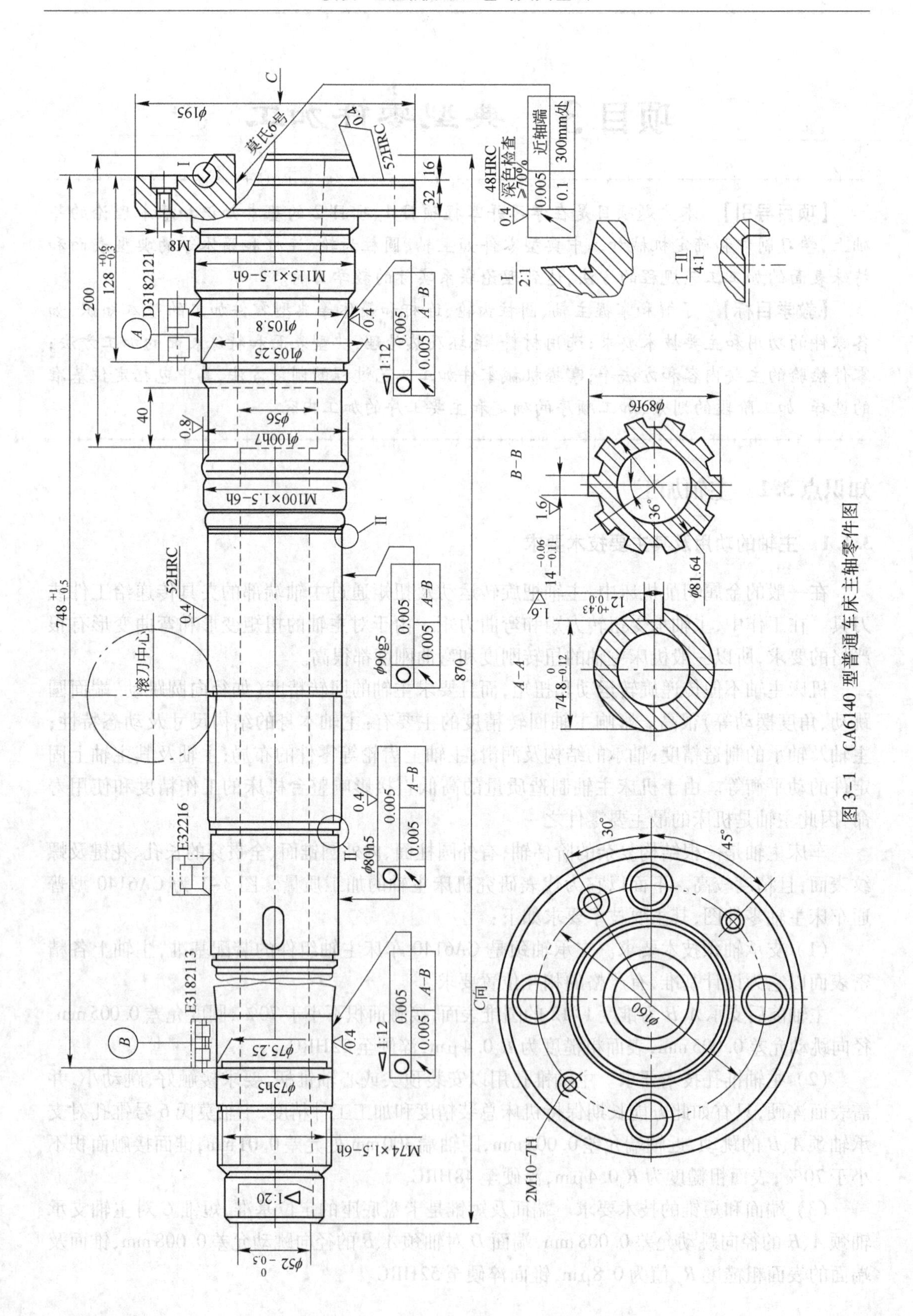

图 3-1 CA6140 型普通车床主轴零件图

（4）其他配合表面的技术要求。为保证齿轮啮合平稳，使主轴回转平稳，主轴上的辅助支承轴颈、齿轮装配表面，其精度均为IT5级，表面粗糙度 R_a 值为0.4 μm，对前后辅助支承轴颈 A、B 的径向跳动允差为0.01～0.015 mm。

（5）螺纹技术要求。螺纹为2级精度，振摆允差为0.02 mm。此项精度以主轴螺母端面振摆误差值来衡量，因为螺母是调整轴承间歇用的，螺母端面振摆误差过大对轴承内圈压力不均匀，会使内圈倾斜与轴颈接触不良，致使主轴径向摆动扩大或精度不稳定。故不但螺母的结构设计要好，保证端面对本身螺纹振摆小，而且在主轴螺纹加工时，螺纹牙形要正，必须与螺母配车，保证间隙要小，否则在调整移动及固定时，不能保证螺母的振摆要求。

3.1.2　主轴的材料、热处理及毛坯

合理选用材料和规定热处理的技术要求，对提高轴类零件的强度和使用寿命有重要意义，同时，对轴的加工过程有极大的影响。

3.1.2.1　主轴的材料及热处理

一般机床的主轴都有很高的静刚度，端部、锥孔、轴颈和花键部分需要较高的硬度。因而主轴材料一般选用45钢、65Mn钢或40Cr。后两者的淬透性较45钢好。

45钢是常用的主轴材料，在调质处理后，经局部高频淬火，可使局部淬硬到62～65HRC，再经适当回火处理，可以得到所需的硬度。一般机床主轴均可用45钢。因为它的力学性能（强度、韧性和局部淬火硬度等）能满足设计要求。但45钢的淬透性较差，需要比较强的淬火剂，淬后的变形比较大。加之加工后的尺寸精度稳定性较差，在长时间使用后，会出现微量的尺寸变化。所以高精度机床主轴，如高精度半自动外圆磨床MBG1432的头部轴和砂轮轴采用38CrMoAlA氮化钢。其氮化温度一般比淬火温度低（为540～550℃），变形小，硬度很高（不小于65HRC，心部硬度不小于28HRC），并有优良的耐疲劳性能，经过适当的热处理后，尺寸精度稳定性很好。

对中等精度而转速较高的主轴，可选用40Cr、65Mn等合金钢。这类钢经调质和表面淬火处理后，具有较高的综合力学性能。后者通过调质和表面淬火处理后，具有很高的耐磨性和抗疲劳性能。

3.1.2.2　主轴的毛坯

轴类零件的毛坯最常用的是圆棒料和锻件，只有某些大型的、结构复杂的轴（如曲轴），在质量允许时才采用铸件（铸钢或球墨铸铁）。由于毛坯经过加热锻造后，能使金属内部纤维组织沿表面均匀分布，可获得较高的抗拉、抗弯及抗扭强度，所以除光轴、直径相差不大的阶梯轴可使用热轧棒料或冷拉棒料外，一般比较重要的轴大都采用锻件。这样既可改善力学性能，又能节约材料、减少机械加工量。

根据生产规模的大小，毛坯的锻造方式有自由锻和模锻两种。自由锻设备简单、容易投产，但所锻毛坯精度较差、加工余量大且不易锻造形状复杂的毛坯，所以多用于中小批生产。模锻的毛坯制造精度高、加工余量小、生产率高，可以锻造形状复杂的毛坯，但需昂贵的设备和专用锻模，所以只适用于大批量生产。

另外，对于一些大型轴类零件，例如低速船用柴油机曲轴，还可以采用组合毛坯，即将轴

预先分成几段毛坯,各自锻造加工后,再采用红套等过盈连接方式拼装成整体毛坯。

3.1.3　主轴加工工艺过程的分析

3.1.3.1　CA6140 型普通主轴加工工艺过程

对主轴的结构特点、技术要求进行分析后,即可根据生产纲领、设备条件等考虑主轴的工艺过程。

CA6140 车床主轴零件图见图 3-1,工艺过程见表 3-1。生产纲领为大批生产,材料为 45 钢,毛坯为模锻毛坯。

表 3-1　CA6140 型车床主轴加工工艺过程

序号	工序名称	工序内容及要求	定位基面	选用机床
1	热处理	正火		
2	粗车	切小头端面、打顶尖孔	外圆表面为粗基准	顶尖孔机床
3	粗车	各挡外圆、留余量 2.5 ~ 3 mm(以下单位略),ϕ115 外圆车一段	大端外圆,小端顶尖孔	C731 仿形车床
4	粗车	(1) 大端外圆、端面; (2) 法兰后端面及 ϕ115 外圆接平,半精车 ϕ100 外圆至 ϕ102 ±0.05(工艺要求)	小端外圆,ϕ100 搭中心架; 大端外圆,小端顶尖孔	C630 车床
5	钻	ϕ50 导向孔	同工序 4 中的(1)	C630 车床
6	钻	ϕ50 通孔	同工序 4 中的(1)	深孔机床
7	热处理	调质 T235,磁粉探伤		
8	半精车	小端面、内孔及倒角,内孔光出即可,长度大小 10 mm	大端外圆,ϕ80 搭中心架	C620 车床
9	半精车	各挡外圆,放磨量 0.4 ~ 0.5,螺纹外径余量 0.2 ~ 0.3,锥部余量 0.5 ~ 0.6,槽至尺寸	大端外圆,小端孔口	C731 仿形车床
10	半精车	大端法兰,精镗导向孔 $\phi52 \times 80$	同工序 4 中的(1)	C620 车床
11	精镗	ϕ52 通孔	同工序 8,找正 ϕ100,ϕ80 外圆径向跳动小于 0.05	深孔机床
12	半精车	大端莫氏锥孔	同工序 4 中的(1)	C620 车床
13	热处理	各主轴轴颈、轴端 C54,莫氏锥孔 C48		
14	精车	小端 6 号莫氏锥孔(工艺用),端面,倒角	大端外圆,ϕ80 搭中心架	C620 车床
15	精车	各挡外圆,留磨量 0.12 ~ 0.15,螺纹外径至尺寸,锥面余量 0.2 ~ 0.3	锥套心轴,找正 ϕ100,ϕ80 外圆径向跳动小于 0.03	C620 车床
16	精铣	键槽	ϕ95,ϕ82 外圆	3 号万能铣床
17	钻	法兰上各孔	ϕ180 外圆及 16d5 键槽	专用钻床
18	精车	各挡螺纹;精车法兰后端面	大端外圆,小端孔口找正 ϕ100,ϕ80 径跳小于 0.01	C6150 车床
19	粗精磨	各挡外圆,A、B 端面及锥面,ϕ90h5 外径工艺要求为 $\phi90^{+0.01}_{-0.005}$,力争中间偏差	锥套心轴找正 ϕ100,ϕ80 外圆径跳小于 0.01	M1432B 外圆磨床
20	大端锥孔	粗精磨	ϕ100,ϕ80 外圆轴肩,找正径跳小于 0.005	专用磨床

3.1.3.2 主轴加工工艺过程制订时需考虑的问题

从表3-1所示的主轴加工工艺过程中,可看出主轴的加工一般分为粗车、半精车和粗、精磨三个阶段。且每个阶段之间常插入热处理工序,又在磨削之前常需修磨顶尖孔。精度要求较高的主轴,磨削次数越多,修研顶尖孔的次数也越多。这些特点贯穿于主轴零件整个加工过程当中。其原因在于主轴的尺寸和几何形状精度以及这些表面之间的同轴度(或径向跳动)和端面垂直度(决定轴向窜动程度)要求较高。这些精度指标,不但取决于加工精度,而且也取决于加工尺寸精度的稳定性。前者与加工精度及所用的加工方法有关,后者与选用的材料及热处理方法有关。从这一角度出发,下面着重谈谈制订主轴工艺时所要考虑的几个问题。

A 定位基准的选择

轴类零件的定位基准,最常用的是两端顶尖孔。因为轴类零件的各外圆表面、锥孔、螺纹表面之间的同轴度,以及端面对旋转表面垂直度等为相互位置精度的主要项目,而上述表面的设计基准一般是轴的中心线,如果用两顶尖孔作为定位基准,可符合基准重合原则。用两顶尖孔定位,能够在一次装夹中加工出全部外圆及其有关端面,这又符合基准统一原则。所以,应尽量选择两顶尖孔作为定位基准。

当个别情况不宜采用顶尖孔定位基准时(如加工孔的内孔),或在粗加工时为提高装夹刚度,可采用轴的外圆表面作定位基准,或者是以外圆和顶尖孔共同作定位基准。如在上述主轴工艺中,半精车、精车、粗磨和精磨各部外圆及端面,铣花键及车螺纹等工序,都是以顶尖孔作为定位基准的。而在车、磨锥孔时,都是以端面的外圆表面作为定位基准的。

当磨削锥孔时,一般多选择主轴的装配基准——前后支承轴颈作为定位基准,这样可消除基准不重合引起的定位误差,使锥孔的径向跳动易于控制。由于主轴为带孔的工件,在加工过程中,两顶尖孔将因钻出通孔而消失。为了在通孔钻出后仍能以两顶尖孔作为定位基准,一般都采用带顶尖孔的锥度或锥套心轴。当主轴孔的锥度较小时(如上述锥孔为莫氏6号),就使用锥堵(见图3-2a);当锥孔锥度较大(如铣床主轴锥孔)或圆柱孔时,可用锥套心轴(见图3-2b)。

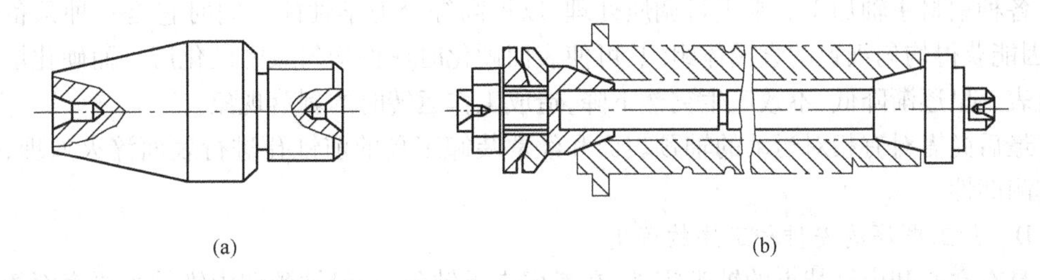

图3-2 锥堵及锥套心轴

(a) 锥堵;(b) 锥套心轴

采用锥堵加工主轴,使主轴各外圆和轴肩的加工具有统一的精基准,消除了定位误差。但是,锥堵和定位孔的配合精度不可能很高,拆下后重新装入会造成主轴各加工表面相对锥堵中心孔的同轴度误差,从而影响各工序间已加工表面的位置精度。因此通常情况下,锥堵装好后不应拆卸或更换,直到精磨外圆表面及车好螺纹后再取出。但有些精密主轴,外圆和锥孔要反复多次互为基准进行加工。在这种情况下，重新镶配锥堵时需按外圆进行找正和修磨中心孔。

在精磨主轴时，作为定位基面的中心孔的形状误差（如多角形、椭圆等）会复映到加工表面上去，中心孔与顶尖的接触精度也直接影响加工误差，因此在拟定工艺过程时，必须注意中心孔的加工和修正。中心孔经过多次使用后可能磨损或拉毛，或者因热处理和内应力发生位置变动或表面氧化皮，因此在各个加工阶段（特别是在热处理后）必须修正中心孔，甚至重新钻削中心孔。

从上面的分析看出，表 3-1 所引用的主轴工艺过程，一开始就以外圆面作粗基准铣端面，打顶尖孔，为粗车外圆准备了定位基准，而粗车外圆又为深孔加工准备了定位基准；此后，为了给半精车和精车外圆准备定位基准，又要先加工好前后锥孔，以便安装锥堵。由于支承轴颈是磨锥孔的定位基准，所以，终磨锥孔之前必须磨好轴颈表面。

B　加工阶段的划分

由于主轴是多阶段带孔的零件，切除大量的余量后，会引起内应力重新分布而变形，因此在安排工序时，应将粗、精加工分开，先完成各表面的粗加工，再完成各表面的半精加工和精加工，而主要表面的精加工应放在最后进行。这样，主要表面的精度就不会受到其他表面加工或内应力重新分布的影响。

从上述主轴工艺可看出，表面淬火以前的工序，为各主要表面的粗加工阶段，表面淬火以后的工序，基本上是半精加工和精加工阶段，要求较高的支承轴颈和莫氏 6 号锥孔的精加工则放在最后进行。这样，整个主轴加工的工艺过程，就是以主要表面（特别是支承轴颈）的粗加工、半精加工和精加工为主线，适当穿插其他表面的加工工序而组成的。

C　热处理工序的安排

为保证主轴有良好的力学性能和切削加工性能，保证某些表面的耐磨性能和保证主轴精度的稳定性，在主轴加工过程中需要适当安排热处理工序。热处理工序的安排与设计要求对材料的选择有密切关系。

45 钢和 40Cr 钢，锻造后要进行正火处理，以消除锻造内应力、改善金相组织、细化晶粒、降低硬度、改善切削性能。

各种钢材主轴加工后常进行调质处理，以提高综合力学性能。同时它是一种预备热处理，因能获得均匀细致的索氏体组织，可使表面硬化时获得均匀致密硬化层。而硬化层的硬度由表至里逐渐降低，不致产生突然下降，造成工作运转时的剥落现象。

最后尚需对有相对运动的轴颈表面和经常装卸工具的前锥孔进行表面淬火处理，以提高其耐磨性。

D　加工顺序的安排和工序的确定

具有空心和内锥特点的轴类零件，在考虑支承轴颈、一般轴颈和内锥等主要表面的加工顺序时，可有以下几种方案。

（1）外表面粗加工→钻深孔→外表面精加工→锥孔粗加工→锥孔精加工；

（2）外表面粗加工→钻深孔→锥孔粗加工→锥孔精加工→外表面精加工；

（3）外表面粗加工→钻深孔→锥孔粗加工→外表面精加工→锥孔精加工。

针对 CA6140 车床主轴的加工顺序来说，可作如下分析比较。

第（1）方案：在锥孔粗加工时，由于要用已精加工过的外圆表面作精基准面，会破坏外圆表面的精度和粗糙度,所以此方案不宜采用。

第(2)方案:在精加工外圆表面时,还要再插上锥堵,这样会破坏锥孔精度。另外,在加工锥孔时不可避免地会有加工误差(锥孔的磨削条件比外圆磨削条件差),再加上锥堵本身的误差等,就会造成外圆表面和内锥面的不同轴,故此方案也不宜采用。

第(3)方案:在锥孔精加工时,虽然也要用已精加工过的外圆表面作为精基准面;但由于锥面精加工的加工余量已很小,磨削力不大;同时锥孔的精加工已处于轴加工的最终阶段,对外圆表面的精度影响不大;加上这一方案的加工顺序,可以采用外圆表面和锥孔互为基准,交替使用,能逐步提高同轴度。

经过比较可知,像CA6140主轴这类的轴件加工顺序,以第(3)方案为佳。

通过方案的分析比较也可看出,轴类零件各表面先后加工顺序,在很大程度上与定位基准的转换有关。当零件加工用的粗、精基准选定后,加工顺序就大致可以确定了。因为各阶段开始总是先加工定位基准面,即先行工序必须为后面的工序准备好所用的定位基准。例如CA6140主轴工艺过程,一开始就铣端面、打中心孔。这是为粗车和半精车外圆准备定位基准;半精车外圆又为深孔加工准备了定位基准;半精车外圆也为前后的锥孔加工准备了定位基准。反过来,前后锥孔装上锥堵后的顶尖孔,又为此后的半精加工和精加工外圆准备了定位基准;而最后磨锥孔的定位基准,则又是上道工序磨好的轴颈表面。

工序的确定要按加工顺序进行,应当掌握两个原则:

(1) 工序中的定位基准面要安排在该工序之前加工。例如,深孔加工所以安排在外圆表面粗车之后,是为了要有较精确的轴颈作为定位基准面,以保证深孔加工时壁厚均匀。

(2) 对各表面的加工要粗、精分开,先粗后精,多次加工,以逐步提高其精度和粗糙度。主要表面的精加工应安排在最后。

主轴上的花键、键槽等次要表面的加工,一般安排在外圆精车或粗磨之后,精磨外圆之前进行。这是因为如果在精车前就铣键槽,一方面在精加工时,由于断续切削而产生振动,既影响加工质量又容易损坏刀具;另一方面,也很难控制键槽的尺寸要求。但是,它们的加工也不应放在主要表面精磨之后进行,已免破坏主要表面已有的精度。

主轴上的螺纹均有较高的要求,如安排在淬火前加工,则淬火后产生的变形,会影响螺纹和支承轴颈的同轴度误差。因此车螺纹宜安排在主轴局部淬火之后进行。

为了改善金属组织和加工性能而安排的热处理工序,如退火、正火等,一般应安排在机械加工之前。

为了提高零件的力学性能和消除内应力而安排的热处理工序,如调质、时效处理等,一般应安排在粗加工之后,精加工之前。

3.1.4 主轴表面的加工方法

3.1.4.1 外圆表面的车削加工

车削是轴类零件机械加工的一种主要方法。主轴各外圆表面的车削通常划分为粗车、半精车、精车三个阶段。粗车的目的是切除大部分余量;半精车是修正预备热处理后的变形;精车则进一步使主轴在磨削加工前各表面具有一定的同轴度和合理的磨削余量。提高车削加工的生产率是车削加工的主要问题。在不同的生产条件下,车削一般采用的机床设备是：

（1）单件小批生产——普通车床；

（2）成批生产——液压仿形刀架车床或液压仿形车床；

（3）大批大量生产——液压仿形车床或多刀半自动车床。

采用液压仿形刀架可实现车削加工半自动化，更换靠模、调整刀具都较简单，减轻了工人的劳动强度，提高了加工效率，在主轴的成批生产中应用是很经济的。仿形刀架的操作和装卸也很方便，成本低，能使普通车床充分发挥使用效能。

近年来随着液压仿形系统精度逐步提高，尺寸精度可达 ±0.02～±0.05 mm。表面粗糙度 R_a 值为 1.6～3.2 μm。液压仿形可以加工外圆柱面、外圆锥面、端面或其他回转表面。液压仿形车床目前广泛应用在大批大量生产中。

多刀半自动车床主要用于大量生产中。它用若干把刀具同时切削工件的各个表面，因此缩短了切削行程和切削时间，是一种行之有效的高生产率加工方法。但调整刀具的时间较长，且切削力较大，机床功率和刚度也要足够。近年来由于数控技术的发展，在主轴外圆表面的车削中，采用了数控机床。主轴的数控车削提高了车削生产率，确保了产品质量。

3.1.4.2　深孔加工

一般将长度与直径之比大于 5 的孔称为深孔，主轴的中心通孔就属于深孔。深孔加工比一般孔的加工要困难和复杂得多，主要原因是：

（1）刀具细长，刚性差、钻头容易引偏，使被加工孔的轴心线歪斜；

（2）排屑困难；

（3）钻头散热条件差，容易丧失切削能力。

针对深孔加工的不利条件，一般采取下列措施：

（1）采用工件旋转、刀具进给的方法，使钻头有自定中心的能力；

（2）采用特殊结构的刀具——深孔钻头，以增加其导向的稳定性和适应深孔加工的条件；

（3）在工件上预先加工出一段精确的导向孔，保证钻头从开始就不引偏；

（4）采用压力输送的液体冷却润滑并利用此液体的压力排出切屑。

在单件小批生产中，加工深孔时，常用接长的麻花钻头，以普通的冷却润滑方式，在改装过的普通车床上进行加工。为了排屑，每加工一定深度后，就要退出一次钻头。这种加工方法不需要特殊的设备和工具，但加工时钻头容易跑偏，生产率很低，加工精度也不高。

在批量生产中，深孔加工常采用专门的深孔钻床和专用工具，以保证工件质量和生产率。现在使用的深孔钻头分为单刃和双刃的两种。双刃的钻头钻孔效率较高，但制造和刃磨比较困难，如果双刃制造和刃磨不对称，则会产生切削力不平衡，使钻出的孔有较大的形状误差。单刃深孔钻制造较易、应用较广。图 3-3 所示是一种广泛应用的单刃深孔钻头。这类钻头的切削角度，一般取前角 $\gamma=0°\sim5°$，切削刃 a 的后角取 8°～12°，切削刃 b 的后角取 12°～15°，圆柱刃的后角取 15°～20°。圆柱刃起修光作用，刃上有刃带，宽度取 2～3 mm，钻头有倒锥为 0.2%～0.3%。

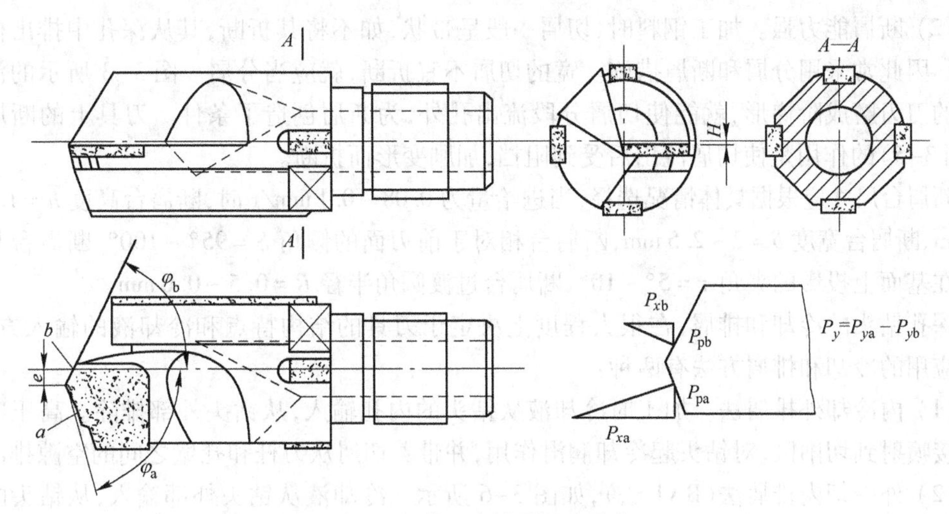

图3-3　单刃内排屑深孔钻头

这种单刃深孔钻头的特点是：

(1) 定向和导向能力好。刀刃采取折线形式，由 a、b 两段构成。并且切削刃长度不等，$a>b$；偏角也不等，$\varphi_a>\varphi_b$，使钻头在切削时 P_{ya} 略大于 P_{yb}，从而使导向块紧贴孔壁，不使钻头产生偏斜。一般取 $\varphi_a=72°\sim78°$、$\varphi_b=65°\sim72°$、$a=(0.3\sim0.5)D$（D 为加工孔的孔径）。同时刀刃低于钻头中心，其值为 H。我们知道，用普通麻花钻头钻削时，钻头中心处的切削条件最差。原因是此处的切削速度为零，且为负前角，实际不是切削，而是在挤刮金属，因此产生很大的轴向力。刀刃低于钻头中心的作用是减小钻孔时的轴向力。并在工件轴心处产生一个零位心柱（称导向心柱），如图3-4所示。零位心柱压在刀具的前面上，它起稳定钻头方向的作用，增加了刀具的定向能力。H 值取0.2～0.3 mm为宜。对于刃磨多次的旧刀具，H 值也不应超过0.5 mm。

刀具上设有导向块，如图3-4所示。钻削时，孔很深，刀杆刚性差，靠刀杆保证孔的直线性是不现实的。因此刀头上要安装导向装置。导向块就是用来承受切削时的径向力 P_y 和切向力 P_z 的，使钻头沿一定方向切削。导向块的数量和形式随加工情况而异，一般是两个或四个硬质合金，偶尔也有用桦木块的。

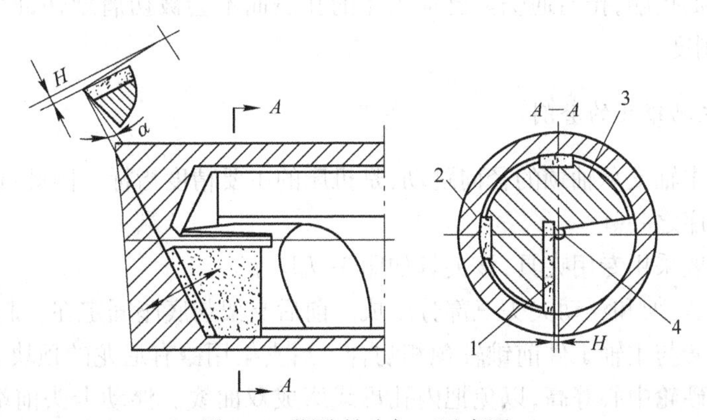

图3-4　深孔钻头加工示意图

1—刀片；2—导向块；3—刀体；4—心柱（加工过程形成）

（2）断屑能力强。加工钢料时，切屑一般呈带状，如不将其折断，其从深孔中排出极其困难。因此常采用分屑和断屑措施。宽的切屑不宜折断，就应当分屑。图3-3所示的深孔钻头的刀刃磨成阶梯形，就能使切屑分段流出孔外，为断屑创造了条件。刀具上的断屑台（见图3-5）的作用是使切屑流出后受到阻挡，加剧变形而折断。

断屑台尺寸应根据具体情况选择，当进给量为0.08～0.1mm/r时，断屑台高度 $h=1.2\sim1.7\,mm$、断屑台宽度 $b=2\sim2.5\,mm$，断屑台相对于前刃面的倾角 $S=95°\sim100°$、断屑台与切削刃在基面上投影的夹角 $\tau=5°\sim10°$、断屑台过渡圆角半径 $R=0.5\sim0.6\,mm$。

深孔钻头的冷却和排屑，在很大程度上决定于刀具的结构特点和冷却液的输入方法。目前应用的冷却和排屑方法有两种：

（1）内冷却外排屑法。加工时冷却液从钻头的内孔输入，从钻头外部排除。高压冷却液直接喷射到切削区，对钻头起冷却润滑作用，并带着切屑从刀杆和孔壁之间的空隙排出。

（2）外冷却内排屑法（BAT法），如图3-6所示。冷却液从钻头外部输入，从钻头内部排出。有一定压力的冷却液沿箭头方向经刀杆与孔壁之间的空隙进入冷却区，起到冷却润滑作用，然后经钻头和刀杆内孔带着切屑排出。

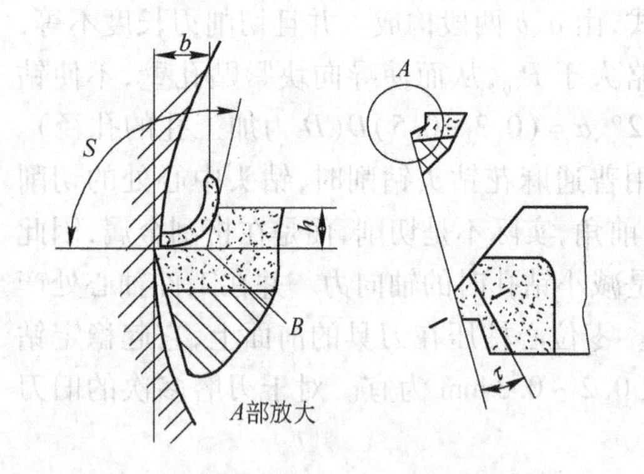

图3-5　断屑台的作用

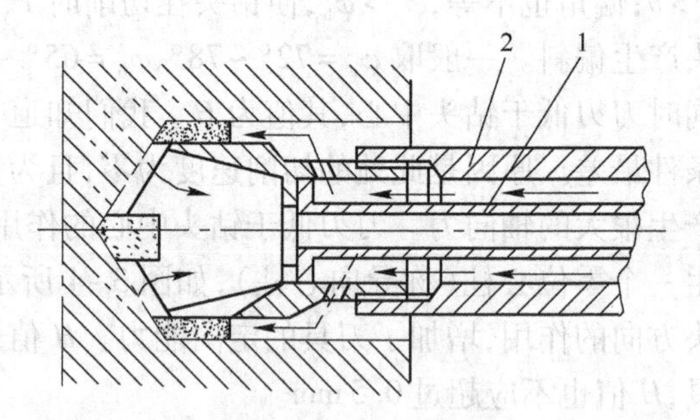

图3-6　外冷却内排屑
1—内钻管；2—外钻管

在深孔加工中，对直径稍大的孔大都使用外冷却内排屑的方法，因为这种方法，切屑不与加工孔的内表面接触，排屑通畅。已加工完的孔表面不会被切屑划伤，此外，还能增大刀杆外径，加大其刚度。

3.1.4.3　主轴锥孔的磨削

主轴锥孔对主轴支承轴颈的径向跳动，是机床的主要精度指标。因此锥孔的磨削，是主轴加工的关键工序之一。

主轴锥孔一般采用专用夹具，该夹具如图3-7所示。

夹具由底座、支架和浮动夹头三部分组成。前后支架与底座固定在一起，前支架有带锥度的巴氏合金衬套与主轴工件前锥轴颈相吻合。后支架用镶有尼龙的顶块支持工件。工件中心必须保证与砂轮中心等高，以免把内孔母线磨成双曲线。浮动卡头前端以其锥柄装在磨床头架主轴锥孔内。工件尾端夹于夹头弹性套内，用弹簧把弹性套连同工件向左拉，通过钢球压向镶有硬质合金的锥柄端面，限制工件的轴向窜动。采用这种连接方法，可以保证主

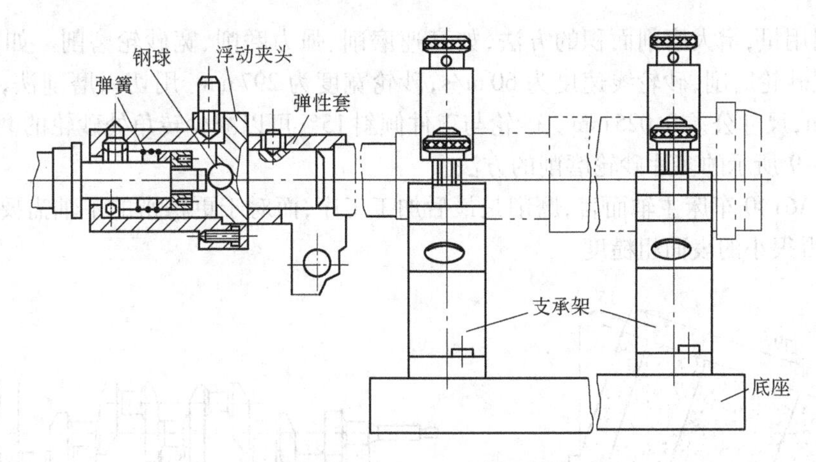

图3-7 磨主轴锥孔夹具

轴支承轴颈的定位精度不受内圆磨床床头主轴回转误差的影响,也可减小机床本身振动对加工质量的影响。

锥孔加工的主要质量问题是接触精度不高。其主要原因有:砂轮的旋转轴线和工件旋转轴线不等高,使磨出的锥孔呈双曲线形;砂轮在做纵向进给时,伸出两端面过多,接触面积变化引起磨杆弹性变形,磨出锥孔呈喇叭口状;由于作为工艺基准的支承轴颈的圆度误差而引起锥孔的圆度误差等,均应注意防止。

3.1.4.4 主轴各外圆表面的精加工和光整加工

磨削是轴类零件外圆表面的主要加工方法,对保证轴的精度和表面质量极为重要。它既能加工淬火的黑色金属零件,又能加工不淬火的黑色金属零件和有色金属零件。磨削加工可以经济地达到IT6级精度和表面粗糙度 R_a 值0.8~0.2 μm。磨削的工艺范围很广,可以划分为预磨(粗磨)、精磨、细磨及镜面磨削。预磨精度为IT8~IT9,R_a 达6.3~0.8 μm;精磨精度为IT6~IT8,R_a 达0.8~0.4 μm;精密磨削后,工件精度可以达到IT5~IT6,R_a 达0.4~0.1 μm;镜面磨削 R_a 达0.01 μm。由此可见,磨削加工能有效地提高工件加工精度和获得很小的表面粗糙度,这特别是对于经过淬火的轴类零件更为重要。

主轴的精加工是用磨削方法,在热处理之后进行,用以纠正在热处理中产生的变形,最后达到所需的精度和表面粗糙度。根据情况的不同,磨削可分为粗磨和精磨两道工序(如CA6140车床主轴的加工),或是将粗、精磨合并一道工序进行(在单件小批生产中)。必须指出,工件表面的粗糙度还可以用光整加工的方法来减小,而尺寸精度、形状精度和位置精度都必须在精磨工序中完成达到。

精密机床的主轴,除了要精磨主轴轴颈外,还要把滚动轴承的内环按装配工艺的要求装在支承轴颈上,精磨并光整加工轴承内环的滚道,进一步提高主轴的回转精度。

磨削是工件精加工的主要工序。随着生产工艺水平的提高,精锻、精铸和热轧等少或无切削的加工应用范围越来越广泛,磨削加工的比重也越来越大,因此提高磨削效率、降低磨削成本是一项重要任务。

目前提高磨削效率有两条途径:一是缩短辅助时间,如自动测量、尺寸的数字显示、自动装卸工件、砂轮自动修整及补偿、发展新磨料、提高砂轮的耐用度等;二是缩短机动时间,采用改变磨削用量，增大磨削面积的方法，如高速磨削、强力磨削、宽砂轮磨削。如图 3-8 所示的高速宽砂轮磨削，砂轮线速度为 60 m/s，砂轮宽度为 297 mm，用切入磨削法，完成磨削时间 4.5 min，尺寸公差 0.025 mm。砂轮与工件倾斜 15°，可以减少转角处砂轮的磨损。还可采用如图 3-9 所示的多片砂轮磨削的方法。

对于 CA6140 车床主轴而言，磨削是最后加工工序，而对于更精密的主轴需要进行光整加工，以获得很小的表面粗糙度。

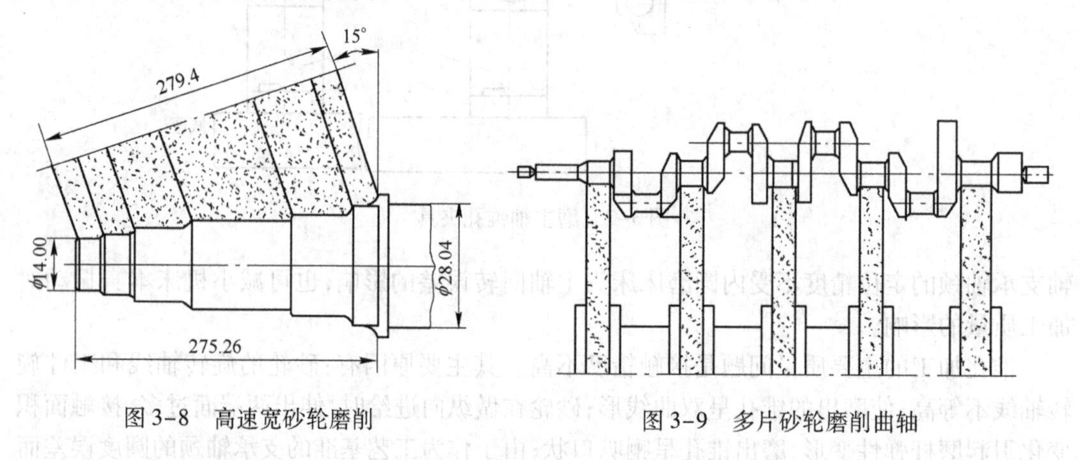

图 3-8　高速宽砂轮磨削　　　　图 3-9　多片砂轮磨削曲轴

3.1.5　主轴的检验

检验是测量和监控主轴加工质量的一个极其重要的环节。除了工序间检验以外，在全部工序完成后，还应对主轴的尺寸精度、形状精度、表面位置精度和表面粗糙度进行全面最终检验。以便确定主轴是否达到了设计图样上的全部技术要求，而且还可从检验结果及时发现各道工序中存在的问题，以便及时纠正，监督工艺过程正常进行。

检验的依据是主轴工作图，先检验各处外圆的尺寸精度和圆度、各表面的粗糙度及表面缺陷，然后在专用夹具上测量位置偏差。在成批生产时，若工艺过程较稳定且机床精度较高，有些项目常采用抽检的办法，并不逐项检查。图 3-10 所示为车床主轴的专用检验夹具及检验方法。

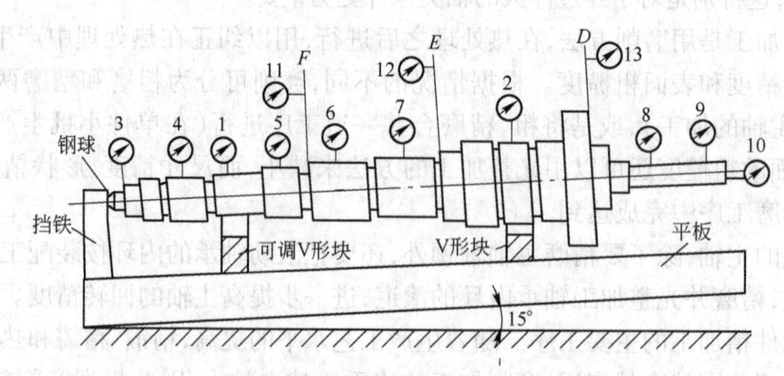

图 3-10　主轴的相互位置精度检验

将轴的两个支承轴颈放在同一平板上的两个 V 形块上，并在轴的一端用挡铁、钢球和工艺锥度挡住，限制其轴向移动。其中一个 V 形块的高度是可以调整的。测量时先用千分

表1、2 调整轴的中心线，使其与测量平板平行。平板有一定角度倾斜（通常15°），使工件靠自重压向钢球而紧密接触。

对于空心阶梯轴（如CA6140车床主轴），要在轴的前锥孔中插入验棒，用验棒的轴心线代替锥孔的轴心线。

进行相互位置精度测量时，均匀地转动轴，分别以千分表3、4、5、6、7、8、9测量各轴颈及锥孔中心相对于支承轴颈的径向跳动，千分表11、12和13分别检查端面F、E和D的端面跳动，千分表10用于测量轴的轴向窜动。

前端锥孔的形状和尺寸精度，应用专用的锥度量规来检验，并以涂色法检查锥孔表面的接触情况。这项精度应在相互位置精度的检验之前进行。

知识点3.2　圆柱齿轮的加工

在机械制造中，齿轮生产占有重要的地位。科学技术的不断发展，对齿轮的精度、寿命和噪声等提出了越来越高的要求。目前齿轮的制造技术已取得了巨大的成就。近年来，在提高齿轮的生产率方面得到了很大的发展。例如采用精密铸造、精密锻造、粉末冶金、热轧、冷挤及冷打成形等工艺，减少了切削加工量，大大地节约了材料，提高了劳动生产率，降低了成本。

3.2.1　齿轮的结构特点和技术要求

齿轮的结构由于使用要求不同而具有各种不同的形状，但从工艺角度看，它是由轮齿和轮体两部分构成的。按照轮齿的形式，齿轮可分为直齿、斜齿和人字齿轮等；按照轮体的结构特点，齿轮可大致分为盘形齿轮、套筒齿轮、齿轮轴和齿条等，如图3-11所示。

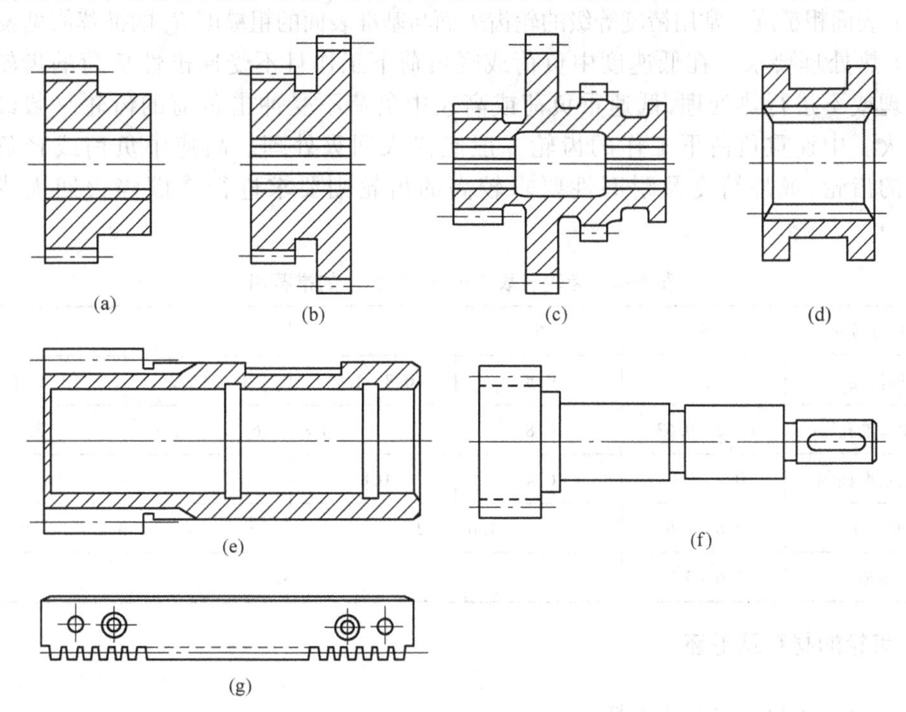

图3-11　圆柱齿轮的结构形式

(a) 单齿圈齿轮；(b) 双联齿轮；(c) 三联滑移齿轮；(d) 内齿轮；(e) 外齿轮；(f) 齿轴；(g) 齿条

在上述各种齿轮中,以轮体呈盘形的齿轮应用最为广泛。盘形齿轮的内孔多为精度较高的圆柱孔或花键孔,其轮缘具有一个或几个齿圈。单齿圈齿轮的结构工艺性最好,可采用任何一种齿形加工方法加工;双联或三联齿轮为多齿圈齿轮(见图3-11b、c),当其轮缘间的轴向距离较小时,小齿圈轮齿的加工方法选择就受到了限制。如果小齿圈精度要求较高,需要精滚或磨齿加工,而轴向距离在设计上又不准加大时,可将此多齿圈齿轮做成单齿圈齿轮的组合结构,以改善加工的工艺性。

齿轮的技术要求主要包括以下四方面:

(1) 齿轮精度和齿侧间隙。渐开线圆柱齿轮精度标准(JB179—83)中,对齿轮和齿轮副规定了12个精度等级。通常认为2~5级为高精度等级、6~8级为中等精度等级、9~12级为低精度等级。标准中按照误差的特性及它们对传动性能的主要影响,将齿轮的各项公差分成Ⅰ、Ⅱ、Ⅲ三个公差组。它们分别是评定运动精度、工作平稳性精度、接触精度的指标。根据使用的要求不同,允许各公差组选用不同的精度等级。但在同一公差组中,各项公差与极限偏差应保持相同的精度等级。

齿侧间隙是指齿轮啮合时,轮齿非工作表面之间沿法线方向的间隙,简称侧隙。为使齿轮副正常工作,必须具有一定的侧隙,但齿侧间隙也不宜过大。侧隙是通过中心距变动和齿厚偏差来控制的。

(2) 齿坯基准面的精度。齿坯基准表面的尺寸精度和形位精度直接影响齿轮的加工和传动精度。齿坯的基准表面通常是安装在传动轴上的基准孔(或在支承中的基准轴)和基准端面(有时还有齿顶圆)。齿轮在加工、检验和安装时的径向基准面和轴向基准面应尽量一致。对于不同精度的齿轮的齿坯公差可参照JB179—83。

(3) 表面粗糙度。常用精度等级的轮齿表面与基准表面的粗糙度 R_a 的推荐值见表3-2。

(4) 热处理要求。在低速度中负荷或轻负荷下工作且不受冲击性负荷的齿轮要求调质处理或不进行热处理,低速重负荷或高速中负荷不受冲击负荷的齿轮一般经齿面高频淬火。中速重负荷下工作的齿轮一般经淬火回火处理。高速中负荷或轻负荷并受冲击的齿轮,或是精度及耐磨性要求较高的齿轮则要求进行渗碳淬火回火或氰化处理。

表3-2　齿轮各表面的粗糙度 R_a 的推荐值　　μm

<table>
<tr><td>齿轮精度等级</td><td>5</td><td>6</td><td>7</td><td>8</td><td>9</td></tr>
<tr><td>轮齿齿面</td><td>0.4</td><td>0.8</td><td>0.8~1.6</td><td>1.6~3.2</td><td>3.2~6.3</td></tr>
<tr><td>齿轮基准孔</td><td>0.32~0.63</td><td>0.8</td><td colspan="2">0.8~1.6</td><td>3.2</td></tr>
<tr><td>齿轮轴基准轴颈</td><td>0.2~0.4</td><td>0.4</td><td>0.8</td><td colspan="2">1.6</td></tr>
<tr><td>基准端面</td><td>0.8~1.6</td><td colspan="2">1.6~3.2</td><td colspan="2">3.2</td></tr>
<tr><td>齿顶圆</td><td>1.6~3.2</td><td colspan="4">3.2</td></tr>
</table>

3.2.2　齿轮的材料及毛坯

3.2.2.1　齿轮的材料及毛坯

一般说来,对低速重载的传动齿轮,齿面受压产生塑性变形和磨损,且轮齿容易折断,应选用机械强度、硬度等综合性能较好的材料;线速度高的传动齿轮,齿面容易产生疲劳点蚀,所以齿面硬度应高;有冲击载荷的传动齿轮,应选用韧性好的材料。45 钢热处理后有较好的综合力学性能,经调质可改善金相组织和材料的加工性能,降低加工后的表面粗糙度,并可减少淬火过程中的变形。由于45 钢淬透性较差,整体淬火后材料变脆,变形也大,所以一般采用齿面的表面淬火,硬度可达到52 ~58HRC。45 号钢适用于机床行业中7 级精度以下的齿轮。

40Cr 是中碳合金结构钢,和45 钢比较,加入少量的 Cr,可使晶粒细化,提高强度,改善淬透性,减小淬火时的变形。机床行业中,40Cr 齿轮也采用高频淬火,齿面硬度达到52 ~58HRC。40Cr 适用于6 级精度以上的齿轮。

38CrMoAlA 氮化钢经氮化处理后,比渗碳淬火齿轮具有更高的耐磨性与耐腐蚀性,变形很小,多用来作为高速传动中需耐磨的齿轮材料。

渗碳钢(如20Cr 和20CrMnTi)进行渗碳或碳氮共渗,并经淬火后,齿面硬度可达到58 ~63HRC,而芯部又有较高的韧性,既耐磨又能承受冲击载荷。但渗碳工艺比较复杂,热处理后齿轮变形较大,对高精度齿轮尚需进行磨齿,耗费较大。渗碳钢适用于高速、中载或有冲击载荷的齿轮。

铸铁及其他非金属材料(如夹布橡胶与尼龙等)强度低,容易加工,适用于一些轻载下的齿轮传动。

3.2.2.2 齿轮毛坯

齿轮毛坯的形式主要有棒料、锻件和铸件。棒料用于小尺寸、结构简单而且强度要求低的齿轮。当齿轮要求强度高,又要耐磨、耐冲击时用锻造毛坯。锻造后要进行正火处理,消除锻造应力,改善晶粒组织和切削性能。生产批量较小或尺寸较大的齿轮采用自由锻造,生产批量较大的中小齿轮采用模锻件。当直径大于400 ~600 mm 时,常用铸造毛坯。对铸造毛坯也要进行正火处理。为了减少机械加工量,对于小尺寸形状复杂的齿轮可用精密铸造、压力铸造、精密锻造、粉末冶金、热轧、冷挤等新工艺制造出具有轮齿的齿坯,以提高生产率,节约原材料。

3.2.3 齿轮加工过程

3.2.3.1 齿轮主要表面的加工方法

齿轮轮体部分的主要表面是内外旋转表面、键槽和花键。外旋转表面通常采用粗、精车削加工可达到要求。内旋转表面视齿轮结构、技术要求和批量的不同,最终加工可选择镗、铰、拉削和磨削。外圆表面上的键槽和花键常用铣削加工;内孔键槽可采用插削或拉削加工,花键孔一般采用拉削加工。

轮齿部分的主要表面是各种齿形面:渐开线齿面、摆线齿面或圆弧齿面,其中以渐开线轮齿应用最广泛。齿面加工的方法很多,从加工原理上,可分为成形法和展成法两种。常见的轮齿加工方法见表3-3。

表3-3　齿形加工方法及应用范围

齿形加工方法		刀具	机床	主要加工路线	表面粗糙度 $R_a/\mu m$	加工精度及适用范围
成形法	成形铣齿	模数铣刀	铣床	铣齿	1.6~6.3 (▽4~6)	用盘状或指状铣刀加工，分度头分齿，加工精度▽及生产率均较低，一般精度为9~10级
	拉齿	齿轮拉刀	拉床	拉齿	0.4~1.6 (▽6~7)	加工精度及生产率均较高，采用成本高的专用拉刀，适用于大量生产，拉内齿轮，精度7~8级
展成法	滚齿	齿轮滚刀	滚齿机	滚齿	0.4~1.6 (▽6~7)	滚齿的运动精度较高，通常加工6~10级，最高能达5级，生产率较高，通用性大，常用于加工直齿、斜齿的外啮合圆柱齿轮和蜗轮
	插齿	插齿刀	插齿机	插齿	0.4~1.6 (▽6~7)	插齿的齿形精度较高，表面粗糙度较细，通常能加工7~9级精度齿轮，最高达6级。生产率较高，通用性大，适用于加工内、外啮合齿轮(包括阶梯齿轮)、扇形齿轮、齿条等
	剃齿	剃齿刀	剃齿机	滚(插)—剃	0.4~1.6 (▽6~7)	能加工5~7级精度齿轮，生产率高，主要用于淬火前的精加工，尽量采用滚齿后剃齿，双联、三联齿轮用插齿后剃齿
	珩齿	珩齿刀	珩齿机或剃齿机	滚(插)—剃—高频淬火—珩	0.2~1.6 (▽6~8)	能加工6~7级精度齿轮，适用于淬硬齿轮和成批生产
	磨齿	砂轮	磨齿机	滚(插)—淬火—磨	0.1~0.8 (▽7~9)	能加工3~7级精度齿轮，生产率较低，加工成本较高，用于齿形淬硬后的精密加工，适用于单件、小批生产

3.2.3.2　定位基准的选择与加工

齿轮加工时的定位基准应尽可能符合“基准重合原则”和“基准统一”的原则。对于小直径轴齿轮，可采用两端中心孔作为定位基准；对于大直径的轴齿轮，通常用轴颈和一个较大的端面定位；对于带孔齿轮，则以孔和一个端面定位。为了加工出符合各项精度要求的齿轮，齿坯的基面必须具有相应的精度和粗糙度。下面对常见的带孔齿轮制造中的定位基面的加工进行分析。

(1) 淬火前齿坯基面的加工。大批大量生产时采用“钻—拉—多刀车”的工艺方案，即毛坯经模锻和正火后在钻床上钻孔(若锻坯上没有孔的就打孔)，然后到拉床上进行拉孔，再到多刀或多轴半自动车床上以内孔定心，对端面及外圆进行精加工(包括切槽、倒角等)。这种方案，生产效率高，见图3-12。

成批生产时常采用“车—拉—车”的工艺方案。先在普通车床或转塔车床上对齿坯进行粗车和钻孔，然后拉孔，再以孔定位，粗、精车端面及外圆。此方案依然采用高效的拉孔工艺。由于拉削工艺装备简单，拉刀使用寿命长、通用性大，具有比镗孔尺寸稳定，粗糙度小等优点，在有拉床的条件下，采用拉孔是经济的。但也有些工厂为充分发挥转塔车床的功能，充分利用转塔上的位置和多刀调整，将齿坯在转塔车床上全部完成，省去了拉孔工序，见图3-13。

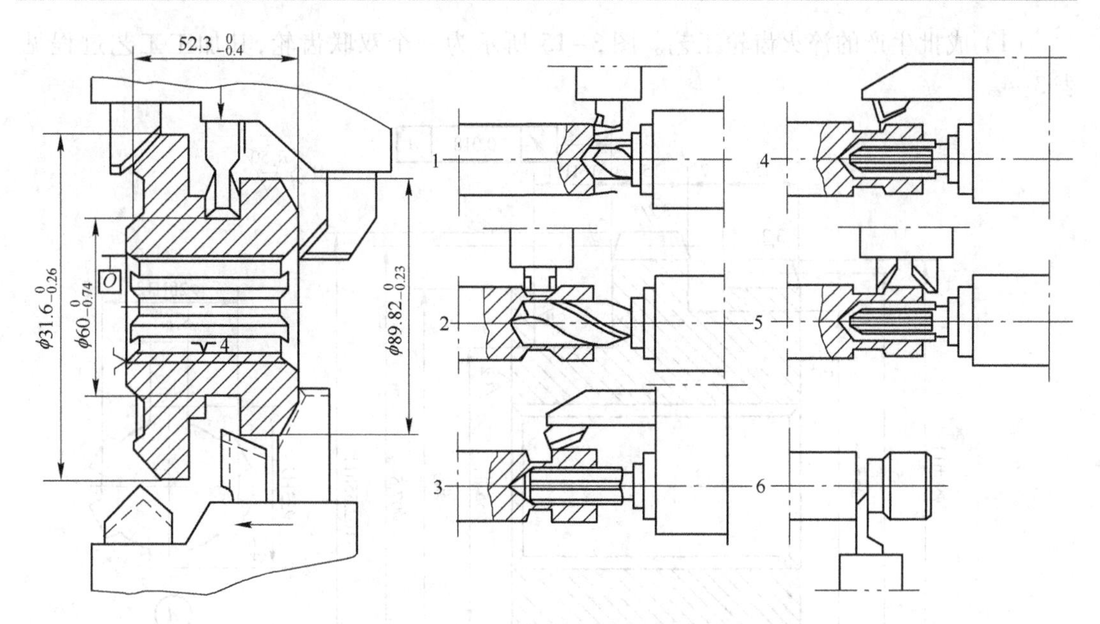

图3-12　在多刀半自动车床上加工齿坯　　图3-13　在转塔车床上加工齿坯

单件小批生产时,一般是孔、端面、外圆的粗精加工都在普通车床上进行,先加工好一端再掉头加工另一端。

对于带孔齿轮,齿坯端面和齿顶圆对定位孔有一定精度要求。在大批量和成批生产中采用内孔定位精加工端面、齿顶圆,这样就能保证端面跳动和外圆径向跳动的要求。在小批生产和成批生产的转塔车床"车—车"方案中,则必须在一次装夹中精加工出内孔、端面和外圆,以保证它们之间的位置精度。

(2) 淬火后齿坯基面的加工。齿轮淬火后,基准孔常发生变形,必须加以修正。修正一般采用磨孔,或用推刀推孔,也可以采用精镗。磨孔生产率低,但加工精度较高,尤其对于整体淬火内孔较硬的齿轮,或内孔较大齿厚较薄的齿轮,均以磨孔为宜。磨孔时应以齿轮分度圆定心,见图3-14。采用齿轮分度圆夹具符合"互为基准"原则。在保证内孔精度的同时,也保证了齿圈径向跳动量和齿向精度,对以后进行磨齿或珩齿都比较有利。

由于磨孔效率低,在淬火变形不大而齿轮精度要求不高的情况下,应尽量采用推孔工艺。推孔中应防止推刀歪斜,有的工厂用加长推刀前引导的方法来防止推刀歪斜及减少工件定位端面与工作台面的接触,防止在端面上有毛刺或杂质时使工件发生歪斜。

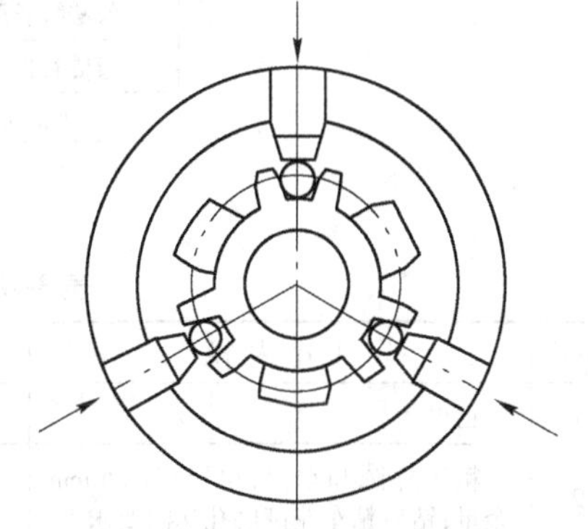

图3-14　齿轮分度圆定心示意图

3.2.3.3　齿轮加工工艺过程

圆柱齿轮的加工工艺,常随着齿轮的结构形状、精度等级、生产纲领、生产批量及生产和设备条件的不同而采用不同的加工方案。下面列出两个最常见的中小尺寸盘形齿轮的例子,分别代表在两种不同生产类型下的加工过程,供分析比较。

（1）成批生产的淬火齿轮工艺。图 3–15 所示为一个双联齿轮，其加工工艺过程见表 3–4。

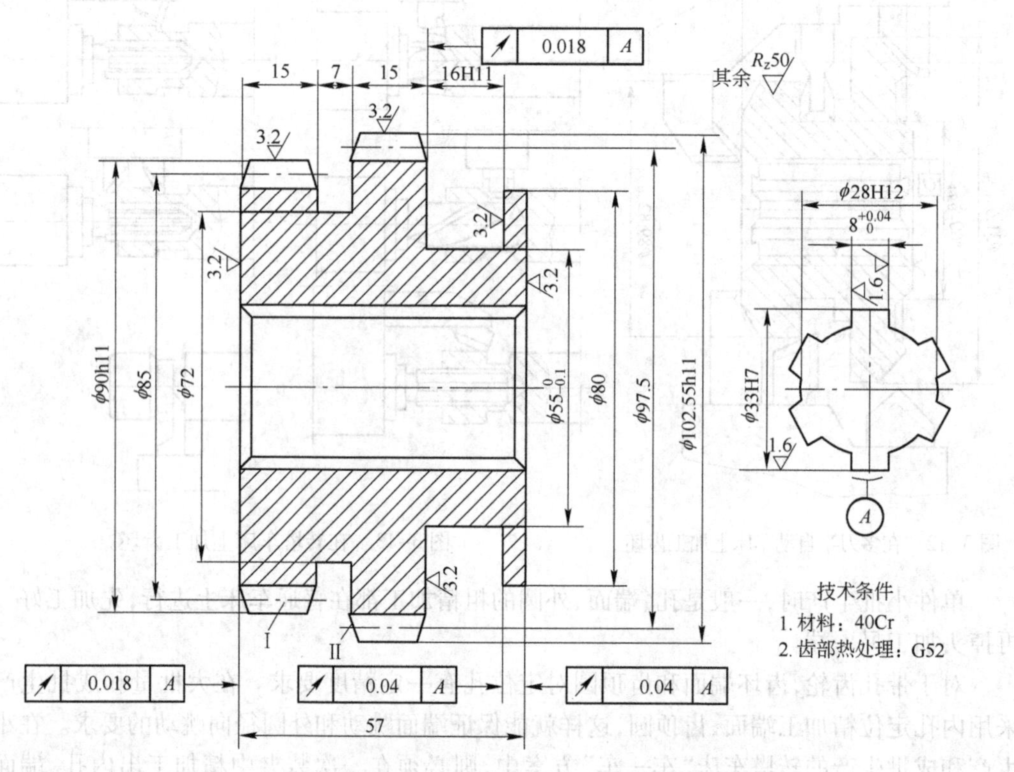

齿　号	I	II
模　数	2.5	2.5
齿　数	34	39
精度等级	7KL	7JL
公法线跨测齿数	4	5
公法线平均长度	$27.02_{-0.224}^{-0.168}$	$34.58_{-0.224}^{-0.14}$
公法线长度变动量	0.028	0.028
齿圈径向跳动公差	0.05	0.05
齿向公差	0.011	0.011

图 3–15　双联齿轮

表 3–4　双联齿轮加工工艺过程

序号	工序内容	定位基准	使用设备	备　注
1	正火			预备热处理
2	粗车外圆和端面，单边留 2.5 mm 余量；钻后精车花键底孔达图要求	外圆和端面	车床（C620）	
3	拉花键孔	ϕ28H12 孔和端面	拉床（L6106）	
4	精车外圆、端面及槽至图样要求	花键孔	车床（CY6140）	采用花键锥度心轴装夹
5	检验			中间检查工序

续表 3-4

序号	工序内容	定位基准	使用设备	备注
6	滚齿($Z=39$)	花键孔和端面	滚齿机(Y3150)	
7	插齿($Z=34$)	花键孔和端面	插齿机(Y58)	
8	倒角	花键孔和端面	齿轮倒角机(YMⅡ)	
9	去毛刺		钳工	
10	剃齿($Z=39$)公法线长度至尺寸上限	花键孔和端面	剃齿机(Y4220)	
11	剃齿($Z=34$),剃后公法线长度至尺寸上限	花键孔和端面	Y4220	
12	齿部高频淬火 G52			硬度达 52HRC
13	推孔	花键孔和端面	拉床(L6106)	
14	珩齿	花键孔和端面	珩齿机(Y4820)	
15	检验			

(2)小批生产高精度齿轮加工工艺。图 3-16 所示为一高精度齿轮,其工艺过程见表 3-5。

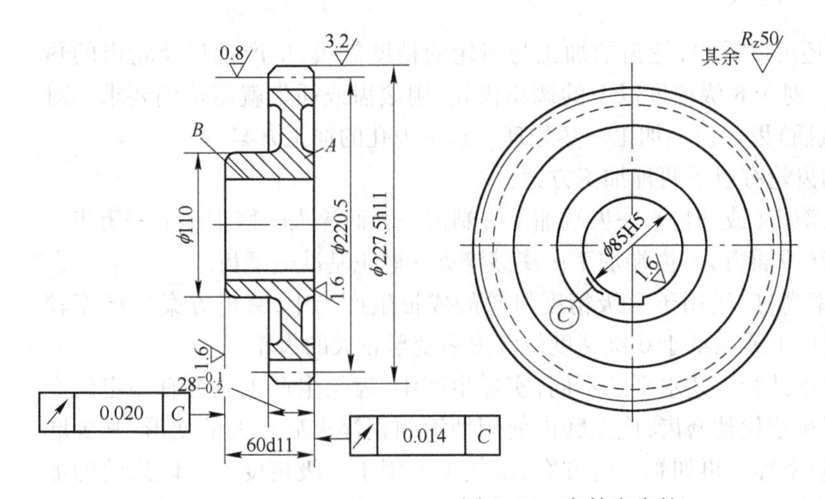

模数	3.5
齿数	63
压力角	20°
精度等级	655
基节极限偏差	±0.0065
周节累计公差	0.045
公法线平均长度	$80.58^{-0.14}_{-0.22}$
跨齿数	8
齿向公差	0.007
齿形公差	0.007

图 3-16 高精度齿轮

表 3-5 高精度齿轮加工工艺过程

序号	工序内容	定位基准	设备	备注
1	正火			预备热处理
2	检查工件各部是否有足够加工余量,有无影响制造质量的缺陷存在;粗车外圆表面及其端面,各部留单边 3 mm 精加工余量	工件不加工表面	C620	保证不加工表面和加工表面有较为均匀的壁厚
3	半精车内孔 φ85H5 单边留 0.2 mm 磨削余量,半精车尺寸 60d11 右端面,单边留 0.2 mm 磨削余量;精车齿顶圆 φ227.5 h11、尺寸 28$^{-0.1}_{-0.2}$两端面达图要求	夹持尺寸外圆 φ110 外圆表面,以内孔及工件左端面定位	CY6140	应用基准统一原则
	半精车尺寸 60d11 左端面,单边留 0.2 mm 磨削余量	工件齿顶圆和端面 A		

续表 3-5

序号	工序内容	定位基准	设备	备注
4	滚齿	内孔和端面 *A*		
5	倒角	内孔和端面 *A*	YMⅡ	
6	齿部高频淬火 G52			硬度达 52HRC
7	磨内孔 ϕ85H5 至尺寸	内孔和端面 *A*	M2120	
8	靠磨大端面 *A*	内孔	M131	采用小锥度心轴装夹工件
9	平面磨削 *B* 面总长至尺寸	端面 *A*	M7130	
10	插键槽	内孔和端面 *A*	B5032	
11	磨齿	内孔和端面 *A*	MK7163	
12	检验			

由表 3-4 和表 3-5 可以看出，对精度要求较高的齿轮，其工艺路线可大致归纳为：毛坯制造及热处理—齿坯加工—轮齿加工—齿端加工—轮齿热处理—精基准修正—轮齿精加工—检验。

从表 3-4 和表 3-5 还可以看出，轮齿的加工与齿轮的精度等级、生产批量及轮齿的热处理方法等有直接关系。对于 8 级精度以下的调质齿轮，用滚齿或插齿就能达到要求。对于淬火齿轮可采用滚（或插）齿—齿端加工—热处理—修正内孔的加工方案。

对于 6 ~ 7 级精度的齿轮有以下两种加工方案：

（1）剃 - 珩齿方案：滚齿（或插齿）—齿端加工—剃齿—表面淬火—修正基准—珩齿。

（2）磨齿方案：滚齿（或插齿）—齿端加工—渗碳淬火—修正基准—磨齿。

剃 - 珩齿方案生产率高，广泛用于 7 级精度齿轮的成批生产当中，磨齿方案生产率较低，一般适用于 6 级精度以上或虽低于 6 级精度但淬火后变形较大的齿轮。

应当指出，由于生产条件和工艺水平的不同，实际生产中，齿轮生产工艺会有一定的变化，例如用硬质合金滚刀精滚代替磨齿；或在磨齿前用精滚纠正淬火后较大的变形，减少磨齿加工余量以提高磨齿效率等。再如剃 - 珩方案，虽然主要用于 7 级精度不淬硬齿轮的加工，但有的工厂通过压缩齿坯公差、提高滚齿运动精度和剃齿的平稳性精度及接触精度，适当修正珩磨轮和控制淬火变形，使剃 - 珩方案可稳定地用于 6 级齿轮的加工。对于 5 级以上的高精度齿轮一般应取磨齿方案。

3.2.3.4　轮齿的加工方法及分析

A　滚齿加工和插齿加工

（1）滚齿加工。滚齿是轮齿加工中生产率较高、应用最广的一种加工方法。滚齿的通用性较强，它能加工直齿、斜齿和修正齿形的圆柱齿轮。加工的齿形有渐开线、摆线、圆弧齿形及其他一些特殊齿形。滚齿精度一般可达 7 ~ 9 级，最高可达 4 ~ 5 级，对 8 ~ 9 级精度齿轮，滚齿可直接获得。对于 7 级精度以上齿轮，通常滚齿是作为剃齿或磨齿等齿形精加工之前的粗加工和半精加工工序。滚齿的齿面粗糙度可达 1.6 ~ 0.4 μm。

（2）插齿加工。插齿的通用性也较强，适用于加工内外啮合齿轮（包括阶梯齿轮）、扇形齿轮、齿条等。插齿精度一般可达7～8级，最高可达6级。齿面粗糙度可达R_a1.6～0.2 μm。它可作为不淬硬齿轮的最终加工，也可作为齿轮淬硬前的粗加工和半精加工工序。

在滚、插加工方案选择时，可从以下几方面加以分析：

1）加工精度。滚齿的周节累积误差比插齿低，即滚齿的公法线长度变动量小。这是因为齿轮的每个齿槽是由滚刀上一圈多的齿参与切削的，滚刀的周节累积误差对被加工齿轮无影响。而插齿时，插齿刀具的全部齿都参与工作，所以插齿刀的周节累积误差就反映到被加工的齿轮上，降低了齿轮的周节精度。

插齿时形成的齿轮包络线的切线数量由圆周进给量的大小决定，可以选择，而滚齿时形成的渐开线的切线数量与滚刀槽数、螺旋线头数以及滚刀与工件的重合度有关，是不能通过改变工件条件而增减的。故插齿表面粗糙度比滚齿的好，齿形误差较小，如图3-17所示。此外，插齿机比滚齿机多了一个刀具蜗轮副，刀具本身也有误差。而且刀具主轴的往复运动和工作台的让刀运动部分也易于磨损。故插齿除齿形外，齿轮的其他精度也比滚齿低。

2）生产率。切削模数较大的齿轮时，由于插齿机和插齿刀的刚性较差，切削时又有空程时间损失，故生产率比滚齿低。但对于模数较小的齿轮，特别是宽度较小的齿轮，其生产率并不亚于滚齿。因此插齿多用于中小模数齿轮的加工。

3）应用场合。绝大部分的圆柱齿轮，既可以滚削，也可以插削。但也有只能滚切的（如蜗轮）；也有只能插削的（如多齿圈齿轮中的小齿轮）。再如内齿圈、扇形齿轮和齿条等，用插齿有利。对于斜齿轮来讲，滚削比插削方便得多。

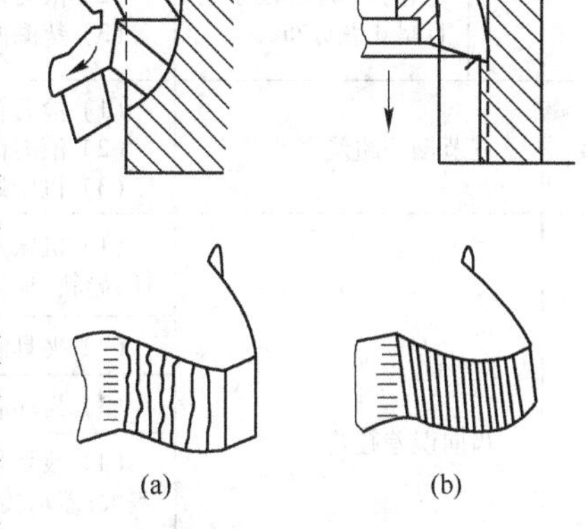

图3-17　滚齿和插齿齿面形成的比较
（a）滚齿；（b）插齿

（3）滚齿加工的质量分析与提高生产率的途径。滚齿过程比较复杂，误差因素较多。总的说来，是由刀具、机床、齿坯制造和工件装夹等诸多误差造成的，这些误差按一定的规律，以不同的程度综合反映到被加工的齿轮上，形成齿轮的运动误差、平稳性误差和齿面接触误差，如表3-6所列。

表3-6　滚齿误差产生的主要原因及应采取的措施

序号	滚齿误差		主要原因	采取的措施
1	周节累计误差超差	齿圈径向跳动超差	（1）齿坯几何偏心或装夹偏心造成	（1）提高齿坯基准面精度要求； （2）提高夹具定位面精度； （3）提高调整技术水平
			（2）用顶尖定位时，顶尖与机床中心偏心	更换顶尖或重新装置顶尖，细心找正
			（3）用顶尖定位时，因顶尖或顶尖孔制造不良，使定位面接触不好造成偏心	提高顶尖及齿坯顶尖孔制造质量并在加工过程中保护顶尖孔
2		公法线长度变动量超差	（1）滚齿机分度蜗轮精度过低； （2）滚齿机工作台圆形导轨磨损； （3）分度蜗轮与工作台圆形导轨不同轴	（1）提高机床分度蜗轮精度； （2）采用滚齿机校正机构； （3）修刮导轨，并以其为基准精滚珩分度蜗轮

续表 3-6

序号	滚齿误差		主要原因	采取的措施
3	齿形误差超差	齿顶变肥或变瘦，且左右齿形不对称	（1）滚刀齿形角误差； （2）前面刃磨产生较大的前角	
		一边齿顶变肥，另一边齿顶变瘦，齿形不对称	（1）刃磨时产生导程误差或直槽滚刀非轴向性误差； （2）滚刀对中不好	（1）误差较小时，重调刀架转角； （2）重新调整滚刀刀齿，使它和中心对中
		齿面上个别齿凸出或凹进	滚刀容屑槽螺距误差	重磨滚刀前面
		齿形面误差近似正弦分布的短周期误差	（1）刀杆径向跳动过大； （2）滚刀与刀轴间隙大； （3）滚刀分度圆柱对内孔轴线径向跳动误差	（1）找正刀杆径向跳动； （2）找正滚刀径向跳动； （3）重磨滚刀前面
		齿形一侧齿顶多切，另一侧齿根多切且呈正弦分布	（1）滚刀刀杆轴向窜动； （2）滚刀端面与孔轴线不垂直； （3）垫圈两端面不平行	（1）防止刀杆轴向窜动； （2）找正滚刀偏摆，转动滚刀或垫圈或在端面垫薄纸； （3）重磨垫圈两端面
4	基节偏差超差		（1）滚刀轴向和齿距误差； （2）滚刀齿形角误差； （3）机床蜗轮副周节偏差过大	（1）提高滚刀铲磨精度（齿距齿）； （2）更换滚刀或重磨前面； （3）精化滚齿机或更换蜗轮副
5	齿向误差超差		（1）机床几何精度低或使用磨损（立柱、导轨、顶尖、工作台水平性等）	定期检修机床
			（2）夹具制造、安装、调整精度低	提高夹具的制造和安装精度
			（3）齿坯制造、安装、调整精度低	提高齿坯精度
			（4）滚切斜齿轮时，差动挂轮计算误差大；差动传动链齿轮的制造误差和调整误差过大	重算挂轮； 提高差动链传动齿轮的精度
			（5）滚切斜齿轮时，走刀丝杠间隙大，走刀窜动、齿面波纹大	正确控制丝杠间隙
6	齿面粗糙度超差		（1）滚刀引起因素： 滚刀刃磨质量差； 滚刀径向跳动量大； 滚刀磨损； 滚刀未固紧，产生振动； 辅助轴承支承不好	选用合格滚刀或重新刃磨； 重新较正滚刀； 刃磨滚刀； 固紧滚刀； 调整间隙
			（2）切削用量选择不当	合理选择切削用量
			（3）切屑挤压引起	增加冷却液的流量或采用顺铣法加工
			（4）齿坯刚性不好或没有夹紧，加工时产生振动	选用小的切削用量，或夹紧齿坯，提高齿坯刚性
			（5）机床有间隙： 工作台蜗轮副有间隙； 滚刀轴向窜动和径向跳动大； 刀架导轨与刀架间有间隙； 起刀丝杆有间隙	检修机床，消除间隙

提高切削速度与进给量是提高滚齿生产率的有效方法之一。尤其在出现了硬质合金滚刀后，滚齿机也实现了高速切削。目前高速滚齿机的切削速度一般可达到 100 m/min 以上，

进给量也提高到2 mm/r以上。

在生产中,滚齿大都采用轴向切入的方法,切入时间在全部机动时间中占了较大的比重。特别是在齿面宽度较小,每次只切一个齿轮而又采用大直径滚刀的情况下,所占比重更大。由图3-18可知,采用径向切入法时,可使切入时间最短。一般可使机动时间减少10%~30%。

在加工精度较低的薄片齿轮时,采用多件加工,能缩短滚刀总的切入长度,提高生产率。滚刀在滚齿过程中,并非全部刀齿参与切削,参与切削的刀齿磨损也不是均匀的,在工件轴线与滚刀轴线距离最近处的刀齿磨损最快。采用滚刀轴向位移法,即在滚刀磨损到一定数值后,将滚刀主轴移动一段距离,使新的刀齿参与切削,就可以大大提高滚刀寿命,减少换刀时间。

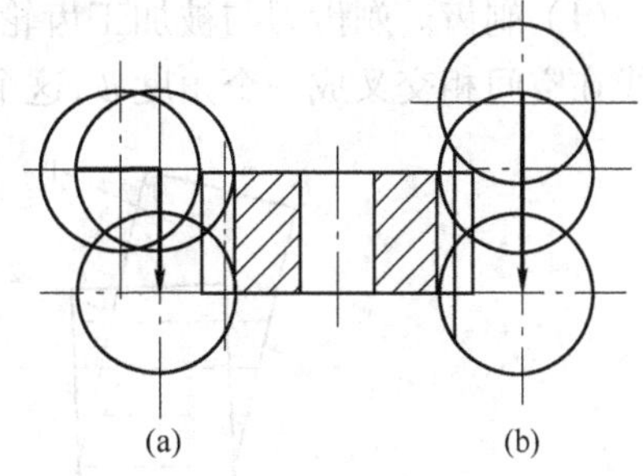

图3-18　轴向切入和径向切入
(a) 径向切入;(b) 轴向切入

对角滚切法如图3-19所示,其切削本质与滚刀轴向位移法相同,即滚刀在切削过程中,除了沿工件轴向进给外,还做切向进给运动(刀架做水平移动),因而合成运动为对角线方向。其优点是由于滚刀轴向连续移动的结果,使得在全长内所有刀齿负荷均匀,因而磨损也最均匀,刀具耐用度提高。这样有利于提高切削用量,减少换刀时间,达到提高生产率的目的。

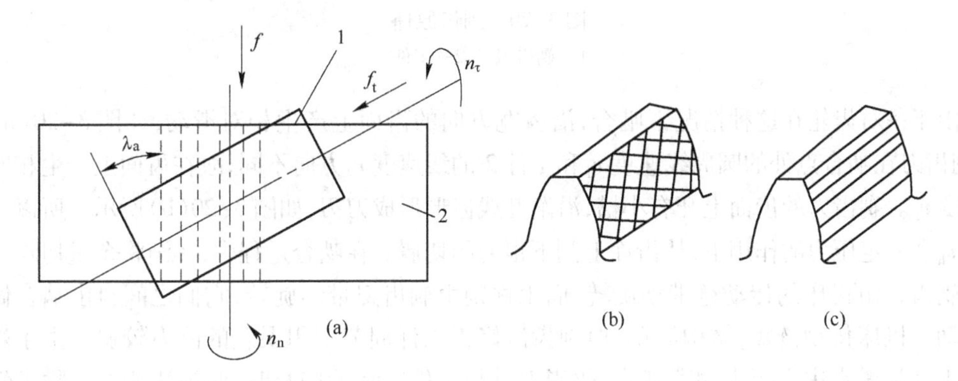

图3-19　对角滚切法
(a) 对角滚切;(b) 对角滚切刀纹;(c) 一般滚切刀纹
1—滚刀;2—齿坯

B　剃齿和珩齿加工

剃齿和珩齿的基本原理及工件与刀具间的运动是相同的,只是切除齿面金属层的方法不同。前者是利用剃齿刀刃在工件齿面上进行刮削,后者是靠磨料磨去齿面上的金属。

剃齿的加工精度可达5~6级,它只适用于非淬硬齿轮的精加工,或者用于淬硬轮齿的半精加工。其加工表面粗糙度可达R_a1.6~0.2 μm。剃齿能校正前工序留下的齿形误差、基节误差、相邻周节误差及齿圈的径向跳动。

珩齿与剃齿一样,可降低齿面粗糙度,提高相邻周节的精度,以及修正齿轮的短周期分度误差,但不能修正周节累积误差。由于珩齿一般是齿面淬硬后的工序,故可以修正淬火引起的变形。珩齿的加工精度可达 6 级,齿面粗糙度 R_a0.8 ~ 0.2 μm。由于它的效率高,成本低,所以往往 6 级精度淬硬的精密齿轮,也用珩齿作为轮齿的精加工工序。

剃齿和珩齿应用范围很广,可以加工小模数齿轮,也可加工大、中模数的齿轮;既能加工直齿轮,又能加工斜齿轮。

(1) 剃齿。剃齿刀与被加工齿轮相当于一个渐开线圆柱斜齿轮与正齿轮的啮合,它们轴线在空间相交叉成一个角度 ψ,这个角度就等于斜齿轮的螺旋角 β,如图 3-20 所示。

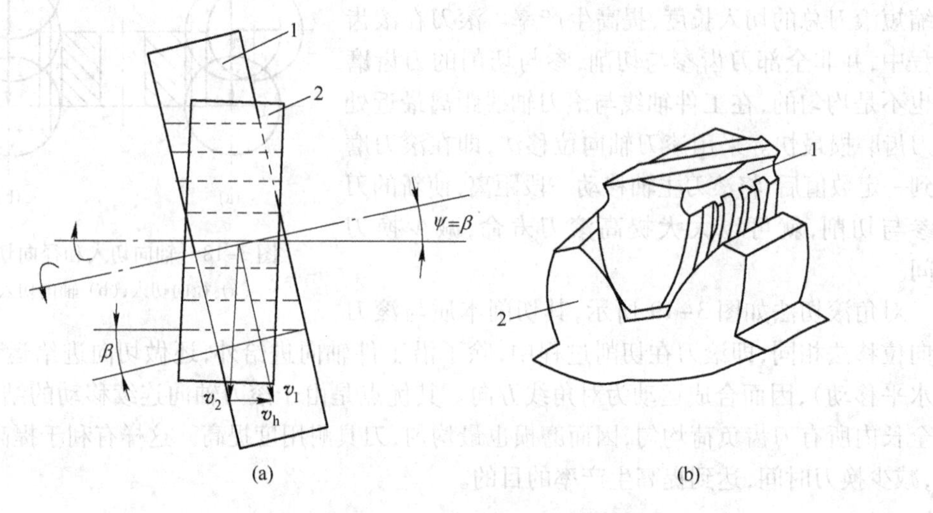

图 3-20　剃齿原理

1—剃齿刀具;2—工件

由于一对齿轮在这种情况下啮合,沿齿宽方向的齿面上产生相对滑动,如图 3-20(a)所示,剃齿刀在啮合点处的圆周线速度 v_1 和工件 2 的线速度 v_2 方向不同,故在齿面上产生相对滑动速度 v_h。剃齿刀的齿面上开有小槽,沿渐开线齿形形成刀刃,如图 3-20(b)所示。所以剃齿刀在 v_h 和一定压力的作用下,从齿面上刮下很薄的切屑。在啮合过程中,逐渐将余量切除。

剃齿刀由机床的传动链带动旋转,而工件则由剃齿刀带动旋转,它们之间自由啮合做旋转运动。机床传动链短,结构简单,但剃齿法修正工件周节累积误差的能力较弱。由于剃齿刀与工件是做定中心矩无侧隙啮合,故当刀具与工件安装无偏心时,剃齿法能够消除工件的齿圈径向跳动误差。

若工件在剃齿前存在齿圈径向跳动,开始剃齿时,剃齿刀刀齿只能与工件上距离轴心较远的齿廓做无侧隙啮合,与其他各齿之间则有齿侧间隙。因此,剃齿刀对无间隙啮合的齿面进行切削,而对有间隙齿面则不能进行切削。在连续径向进给过程中,其他轮齿才能慢慢地与剃齿刀做无侧隙啮合,直到最后消除了齿圈原有的径向跳动误差。但与此同时,齿距位置却发生了变化,从而产生了周节误差,即齿圈径向跳动误差转化成周节误差。因此,工件的实际分度精度提高甚少。

剃齿法消除齿形误差和基节误差的能力较强。如图 3-21 所示,通常剃齿刀与工件都有两对齿啮合。如果二者基节相等,即 $t_{jg} = t_{jd}$,则二者做无侧隙自由啮合,两对齿在 A、B、C 三点接触,在 A、C 上切下的金属相等。若工件基节大于刀具基节,即 $t_{jg} > t_{jd}$,则在 A 点不接触,在 C 点切去的金属较多,使工件基节减小,因而工件基节误差得到修正。

如果滚齿后工件存在齿形误差，则同一齿面与剃齿刀刀齿的齿面各点啮合时，各处的基节不等，那么，剃齿刀就可以如同修正基节误差一样修正各处的齿形误差。

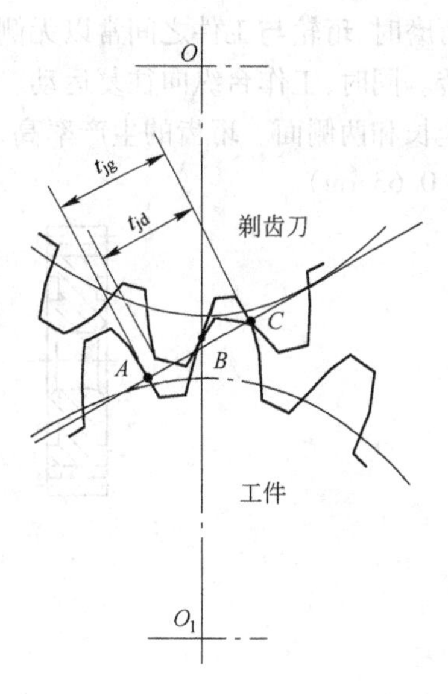

图3-21　剃齿法修正齿误差和基节误差

剃齿时，工件的安装偏心会影响工件的分度精度，因此对心轴的精度要求较高。剃齿刀的安装偏心和齿距累积误差对工件的分度精度也是有影响的，一般应使剃齿刀的齿数为质数，这样，在多次啮合中，工件的每一个齿都会与剃齿刀的每一个齿相啮合，以减少剃齿刀安装偏心和齿距误差对加工精度的影响。

剃齿加工法按啮合点移动方式分为几种，具有代表性的有普通剃齿、横向剃齿及对角线剃齿三种。

普通剃齿法是最为广泛应用的一种。如图3-22(a)所示，普通剃齿法通过刀具或齿轮沿齿轮轴向移动来达到剃齿刀与齿轮啮合点的移动，因此剃齿刀可以遍及齿轮的齿宽。

横向剃齿法如图3-22(b)所示，刀具或齿轮垂直于齿轮轴移动，所能加工到的齿宽限于刀具的齿宽覆盖的范围内。但是，其移动量仅为普通剃齿法的几分之一就够了，所以加工时间明显缩短。

对角线剃齿法介于上述二者之间，如图3-22(c)所示。对角线剃齿法中刀具或齿轮在倾斜于轴的方向移动。与横向剃齿一样，齿宽也受到限制，所不同的是剃削的齿宽可以宽于刀具的齿宽。刀具或齿轮的移动量介于两者之间。

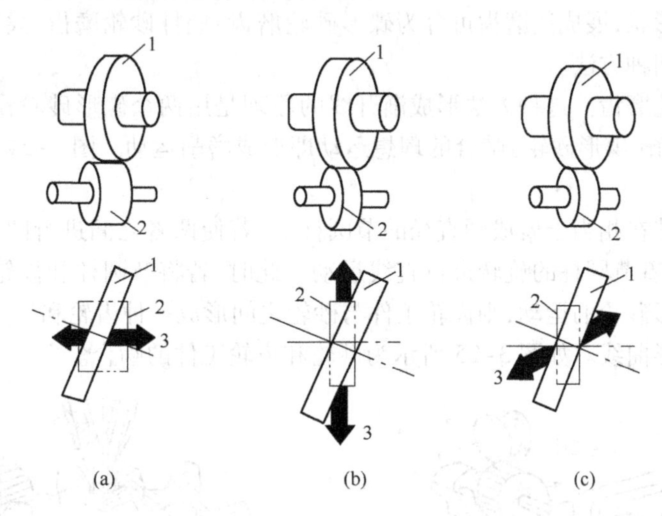

图3-22　各种剃齿法

(a) 普通剃齿法；(b) 横向剃齿法；(c) 对角线剃齿法

1—刀具；2—齿轮工件；3—工作台横断方向

(2) 珩齿。珩齿时，珩磨轮与工件的相对运动原理与剃齿时相同。珩磨轮上的磨料借助于珩磨轮齿面与工件齿面间产生的相对滑动速度磨去工件齿面上的金属。珩磨轮是由塑料加磨料制成的斜齿轮，其中央部分是一个铁质轮子。如图3-23所示为珩磨轮的结构。

珩磨时，珩轮与工件之间常以无侧隙的紧密啮合，在一定压力作用下，由珩磨轮带动工件旋转。同时，工作台纵向往复运动。工作台每一往复行程，珩磨轮反向一次，从而加工出齿的全长和两侧面。珩齿的生产率高，并能有效地改善齿面粗糙度（从 $R_a3.2\ \mu m$ 提高到 $R_a1.6 \sim 0.63\ \mu m$）。

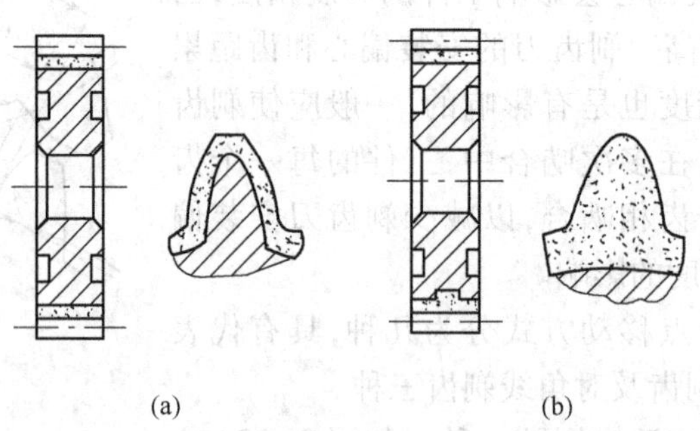

图 3-23　珩齿轮结构
（a）带齿芯；（b）不带齿芯

C　磨齿加工

磨齿是精加工精密齿轮，尤其是加工淬硬的精密齿轮的最常用的方法。其加工精度高，可达到 3~6 级，粗糙度可达到 $R_a0.8 \sim 0.1\ \mu m$。但它的生产率较剃齿和珩齿低得多。

a　磨齿加工的分类

根据齿形的渐开线形成原理的不同，磨齿可分成成形磨齿和展成磨齿两大类。前者是用成形砂轮直接磨出渐开线齿形，不需要做展成运动，机床动作少，结构简单，效率比展成法高，但加工精度不如某些展成法高。成形磨齿只适用于成批生产，而单件小批生产则常用展成法。按砂轮的形状，展成法磨齿可分为碟形砂轮磨齿、蜗杆砂轮磨齿、大平面砂轮磨齿和锥形砂轮磨齿等四种方法。

（1）碟形砂轮磨齿。这种方法形成渐开线的原理是用两个碟形砂轮作为假想齿条，齿轮（工件）与该齿条（碟形砂轮）啮合的理想运动即形成磨削运动。图 3-24 是碟形砂轮磨齿运动机构。

钢带交叉地挂在相当于展成圆直径的节圆柱上，若使两者之间进行圆和直线之间的理想滚动，则钢带随着节圆柱的旋转进行直线运动。此时，若将节圆柱和齿轮工件连接，钢带移动则连接齿条形砂轮的运动，则齿轮工件与砂轮之间形成一种齿轮和齿条的理想运动，从而正确地展成齿形曲线。如图 3-25 所示为砂轮和齿轮工件的啮合。

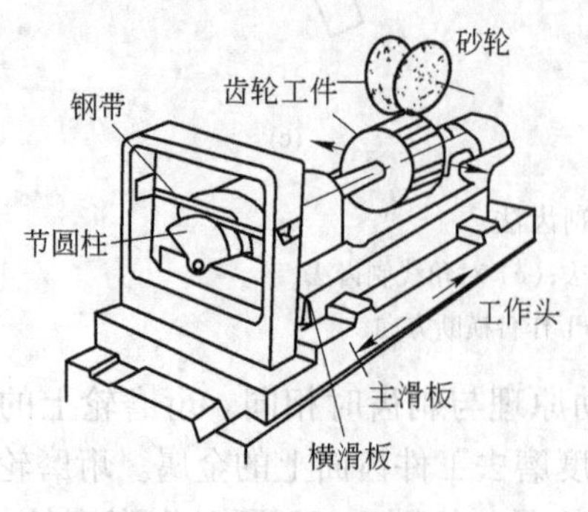

图 3-24　碟形砂轮磨齿机构

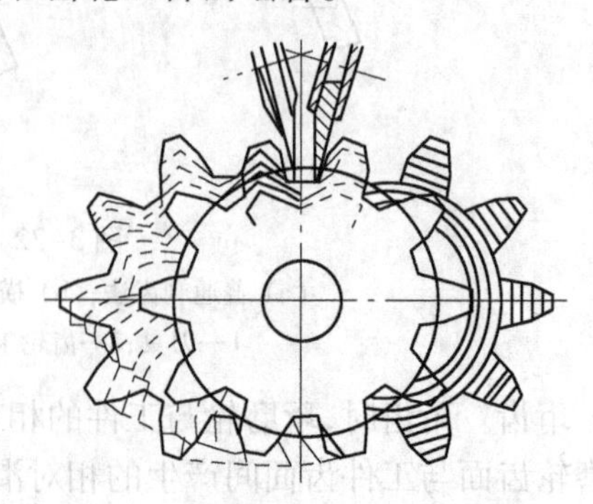

图 3-25　砂轮与齿轮工件的啮合

如图3-24所示,横滑板一面沿着箭头方向迅速地往复运动,一面借助于主滑板沿齿宽方向进给,进行磨削。磨完一个齿后,用分度盘以机械或液压方式自动进行分度。磨完一周后机床停止运动。

这种磨齿方法由于实现展成运动的机构传动环节少,传动链的误差较小,加上分度板的分齿精度高,砂轮的磨损又可通过砂轮自动补偿装置(见图3-26)予以补偿,故加工精度可达4级。但是碟形砂轮刚性差,切削深度较小,生产率低,展成和分齿机构要求配备一套滚圆盘(节圆柱)和分度板,加工成本高。故这种方法适用于单件小批生产中,高精度外啮合的直齿和斜齿轮的加工。

图3-26所示的砂轮自动补偿装置中,进位杆1前端有平的金刚石修整器,每隔一个极短的时间间歇地与砂轮接触。如果砂轮磨损,进位杆的另一端接触点2,使电磁铁3的回路闭合。因此磁极离开而抓住棘轮7的爪6,蜗轮刚好旋转一周,因此作用于锥齿轮4,具有万向联轴节的轴9通过驱动爪10和齿轮11的凸轮,将此运动传给进给螺母12。砂轮在返回原位之前,进行这种间隙运动,使砂轮轴沿轴向前进,直到进位杆离开触点为止。

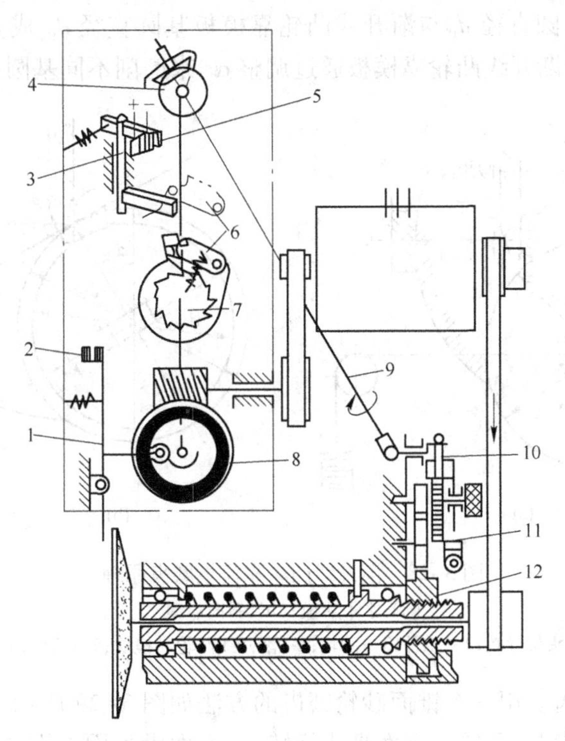

图3-26 砂轮自动补偿装置

1—进位杆;2—接触点;3—电磁铁;4—锥齿轮;5—连杆;6—爪;
7—棘轮;8—蜗轮;9—轴;10—驱动爪;11—齿轮;12—螺母

(2)蜗杆砂轮磨齿。这种磨齿法的原理如图3-27所示,和滚齿原理相似,但砂轮直径为ϕ200~400 mm,比滚刀直径大得多,转速较高(约1900 r/mm),工件相应的转速也较高。所以蜗杆砂轮是磨齿加工中生产率最高的一种方法。齿轮模数小于0.5时,可以直接磨出。目前这种磨齿方法可加工的齿轮最大模数为7,最大外径为700 mm,适用于大、中批生产。这种磨齿方法磨齿精度达5级,最高可达4级。

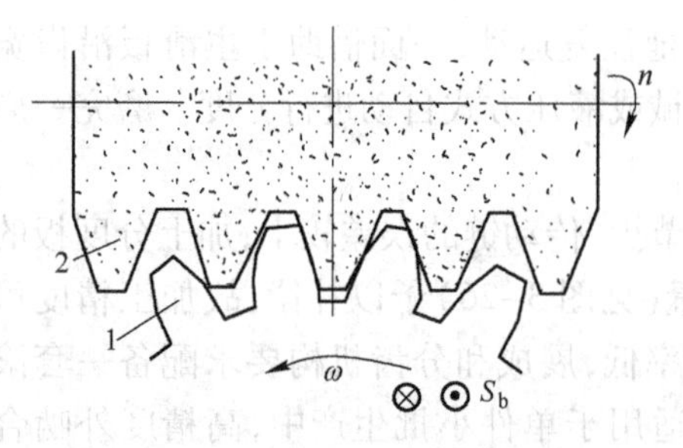

图 3-27 蜗杆砂轮磨齿原理

1—工件;2—砂轮

(3) 大平面砂轮磨齿。它是利用精密渐开线凸轮靠模板 4 来保证砂轮与被加工齿轮之间强制性地按渐开线啮合关系运动的,如图 3-28 所示。基圆直径为 d_{0k} 的渐开线凸轮靠模板 4 在配重 6 的作用下,始终顶住固定挡块 5,挡块的平面与安装工件的头架导轨 1 垂直。当靠模板 4 绕其基圆轴线以角速度 ω 转动时,由于挡块 5 的作用,其圆轴线必然在导轨中以速度 v 移动。这样形成的渐开线凸轮靠模板的转动和基圆轴线的移动,使渐开线凸轮靠模板的基圆相当于在 *CPC* 线上做纯滚动,因为此线即为砂轮作平面所构成的假想齿条的节线,这样渐开线展成运动就形成了。这种磨齿方法由于砂轮与工件齿形的啮合点总是固定在 P 点上,这一部分将很快磨损,而且一个渐开线凸轮靠模板只能磨削基圆直径相同的工件,应用范围太小。为此,将工件、头架导轨在水平位置转过一个适当的角度 $\alpha_{安}$,如图 3-28(b)所示,使基圆直径 d_0 与渐开线凸轮靠模板基圆直径 d_{0k} 成 $d_0 = d_{0k} \cdot \cos\alpha_{安}$ 的关系,这样就可以用一个渐开线凸轮靠模板通过调整 $\alpha_{安}$ 来磨削不同基圆直径的工件。

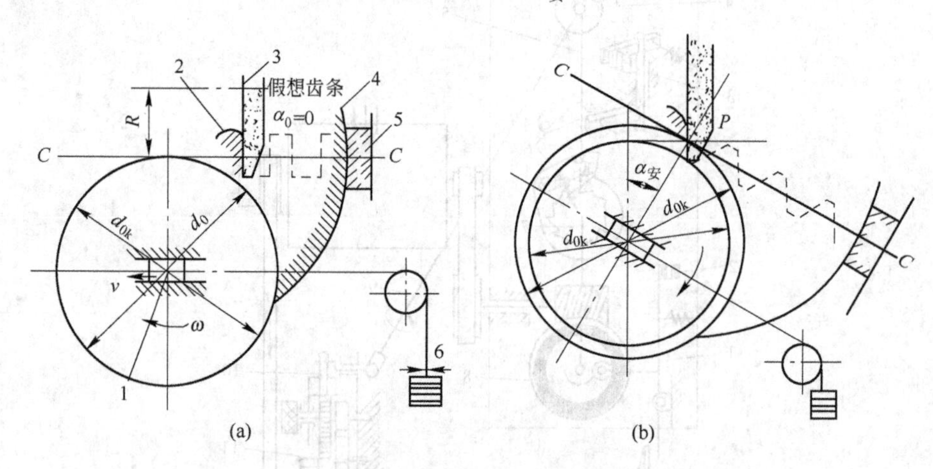

图 3-28 渐开线凸轮靠模板磨齿原理

(a) 水平靠模;(b) 斜向靠模

1—工件头架导轨;2—工件;3—砂轮;4—渐开线凸轮靠模块;5—挡块;6—配重

(4) 锥面砂轮磨齿。用一个锥面砂轮磨齿的方法如图 3-29 所示。砂轮的工作表面修整成齿条的齿形。磨齿时,砂轮一方面高速旋转,一方面沿齿面上下往复运动,构成切削运动。工件又转动又移动,形成齿轮与齿条的啮合运动。在工件的一个往复移动过程中,先后磨出齿槽的两个侧面,然后工件与砂轮快速离开进行分度,磨削下一个齿槽。

这种磨齿方法所用磨齿机的传动链复杂,磨齿精度较低,一般加工 6 级精度的淬硬齿轮,最高可达 5 级精度,但其生产率较高。

b 磨齿加工的误差分析

磨齿时的齿形、齿距和齿向都会产生一定的误差。

(1) 齿形误差。磨齿时常见的齿形误差如图 3-30 所示。图 3-30(a)所示为齿形角误差。这种误差采用锥面砂轮和蜗杆磨齿时,主要是砂轮齿形角的大小修整得不正确引起的;

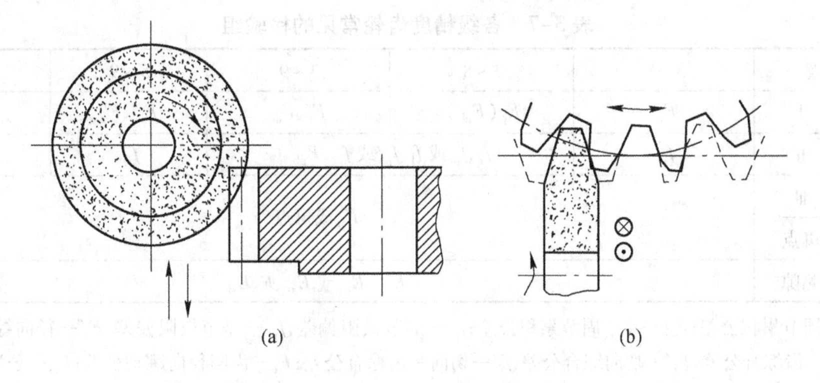

图3-29　锥形砂轮磨齿原理

当采用碟形砂轮或大平面砂轮磨齿时，主要是砂轮轴或工作台的倾斜角调整得不正确引起的。磨齿的展成运动采用滚圆盘钢带机构时，滚圆盘直径误差和机构调整误差也会引起齿形角误差。图3-30(b)所示为齿形歪斜。锥面砂轮和蜗杆砂轮齿形角修整得不对称，碟形砂轮左右两轮倾斜角不等会使所磨齿形歪斜。图3-30(c)所示为齿形中凹或中凸。这种误差主要是砂轮修整后齿形直线性不好或齿顶齿极磨损较大引起的。图3-30(d)和(e)所示为齿形磨削不完整。这种误差主要是砂轮修整长度或磨削时展成长度不够及砂轮刚度不足等引起。图3-30(f)所示为齿形不规则的凸凹。这主要是砂轮主轴端面跳动和径向跳动过大引起。

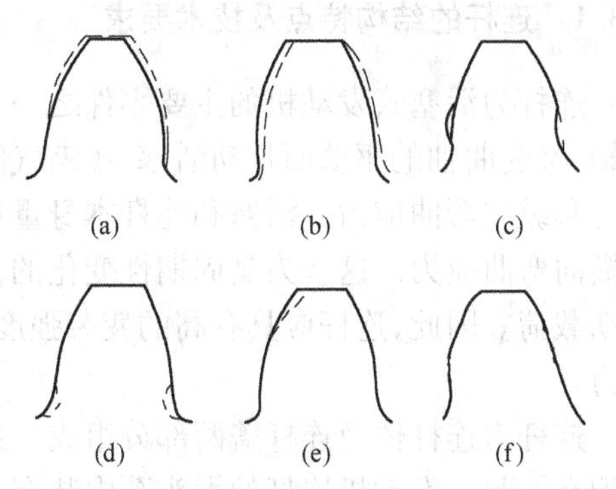

图3-30　齿形误差

(a) 齿形角误差；(b) 齿形歪斜；(c) 齿形中凹或中凸；(d)，(e) 齿形不完整；(f) 齿形不规则凸凹

(2) 周节偏差。蜗杆砂轮磨齿时产生这种误差的原因和滚齿相似。其他方法磨齿时，除了工件安装几何偏心会引起齿距误差外，分度板的分齿误差及安装误差是很重要的原因。

(3) 齿向误差。磨齿时齿轮的齿向误差的产生原因和滚齿相似，主要是轴向进给运动和工件轴线不平行引起。对于没有轴向进给运动由大平面砂轮磨齿，砂轮工作面修整后出现锥度或安装时砂轮轴偏转角存在误差，也都会引起齿向误差。

3.2.4　齿轮的检验

齿轮检验的项目，在中间检验时，主要根据各工序的工艺要求来确定。例如，齿坯加工后应注意检查基准孔的尺寸精度和端面跳动；滚插齿后检查留剃量(或留磨量)及齿圈径向跳动，抽查公法线长度变动量；剃齿后检查公法线长度及其变动，抽查齿形和齿向精度；基准孔修正后检查孔径和端面跳动等。齿轮的最终检验项目，国家标准对各公差组都规定了检验组，具体选择时，可根据齿轮转动的用途和工作要求、精度等级、加工方法和实际检测条件，在各个公差组中任选一个检验组检查齿轮误差，以评定齿轮的精度，见表3-7。

表 3-7 各级精度齿轮常见的检验组

精度等级		3~8	3~8	3~9	5~9	10~12
公差组	Ⅰ	F_i'	$F_p(F_{pk})$	F_r、F_ω	F_i''、F_u'	F_r
	Ⅱ	f_i'	f_f、f_{pt}或f_f、f_{pb}或f_{pt}、F_{pb}		f_i''	f_{pt}
	Ⅲ	F_β或斑点				
齿轮副	斑点					
	侧隙	$E_{\omega s}$、$E_{\omega i}$或E_{ss}、E、E_{si}				

注：F_p—周节累积公差；F_{pk}—K 个周节累积公差；f_{pt}—周节极限偏差；f_{pb}—基节极限偏差；F_i''—径向综合公差；f_i''—径向一齿综合公差；F_i'—切向综合公差；f_i'—切向一齿综合公差；F_r—齿圈径向跳动公差；F_ω—公法线长度变动公差；f_f—齿形公差；F_β—齿向公差；$E_{\omega s}$，$E_{\omega i}$—公法线平均长度的上偏差和下偏差；E_{ss}，E_{si}—齿厚的上偏差和下偏差。

知识点 3.3 连杆加工

3.3.1 连杆的结构特点及技术要求

连杆为活塞式发动机的主要零件之一。它用于将作用于活塞上的气体膨胀的压力传给曲轴，又受曲轴的驱动而带动活塞，压缩气缸中的气体。气体的压力在连杆上产生很大的压应力和纵向弯曲应力。活塞和连杆本身重量所引起的惯性力，在连杆横断面上产生拉应力和横向弯曲应力。这些力是周期性变化的，且具有冲击性。所以连杆承受接近于冲击性质的动载荷。因此，连杆应具有高的疲劳强度，同时，应尽量减轻重量，以降低运动中产生的惯性力。

连杆由连杆体及连杆盖两部分组成。连杆体与连杆盖上的大头孔用螺栓和螺母与曲轴装配在一起。发动机连杆的大头孔内装有薄壁金属轴瓦。轴瓦以钢质为母体，其内表面浇注上一层耐磨合金。在连杆体大头和连杆盖之间有一组垫片，可以用来补偿轴瓦的磨损。连杆小头用活塞销与活塞连接。小头孔内压入青铜衬套，以减少小头孔与活塞销的磨损，同时便于在磨损后进行修理和更换。图 3-31 为汽车发动机连杆简图。

汽车、发动机、拖拉机发动机连杆的主要技术要求为：

（1）连杆大头孔的加工精度与所用轴瓦的精度有关。当直接浇注巴氏合金时，大头底孔为 IT9；当采用厚壁轴瓦时，大头底孔为 IT8；当采用薄壁轴瓦时，大头底孔为 IT6，表面粗糙度 $R_a \leqslant 0.8\,\mu m$，圆度和孔母线间平行度小于 0.012 mm。

（2）小头衬套底孔加工精度为 IT7，表面粗糙度 $R_a < 1.6\,\mu m$，圆度和孔母线间的平行度小于 0.015 mm。小头衬套孔加工精度为 IT6，表面粗糙度 $R_a < 0.8\,\mu m$。为了与活塞销更好地配合，汽车发动机和一些拖拉机发动机的连杆在加工后，要根据小头孔直径进行分组，每组的尺寸间隔为 0.0025 mm，此孔圆度和母线间的平行度不大于 0.005 mm。

（3）小头衬套孔轴线与大头孔轴线在纵向剖面内的平行度，每 100 mm 长度不大于 0.03~0.04 mm。

大、小头孔的轴线应位于同一平面内，其平行度为每 100 mm 长度上不大于 0.06 mm。

大、小头孔的孔间距尺寸公差，通常为 ±0.05 mm。

大、小头孔对端面的垂直度，每 100mm 长度上不大于 0.1 mm，端面表面 R_a 为 0.8 μm 以内。

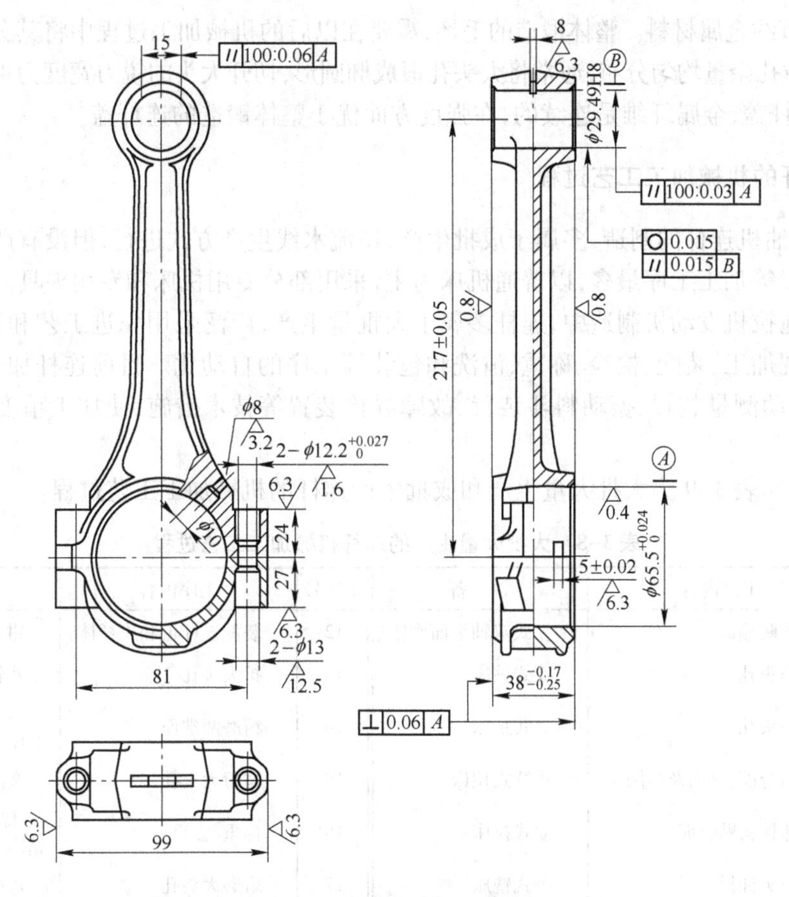

图3-31 汽车发动机连杆简图

(4) 为了保证发动机运转平稳,对于连杆的重量及装于一台发动机中的连杆重量差都有要求。有些对平稳性要求高的发动机,还对大、小头的重量分别加以规定。

3.3.2 连杆的材料和毛坯

汽车、拖拉机发动机连杆的材料,一般采用45钢或40Cr,并经调质处理,以提高其强度和抗冲击能力。近来,我国有些工厂也逐渐用球墨铸铁来制造连杆。

钢制连杆一般采用锻造,要求金属纤维的方向沿着连杆本身轴线并与连杆的外形轮廓相适应,并且没有旋涡状和中断现象;不允许有分层、气泡、裂纹和夹渣;金相组织应当是粒状结晶组织,铁素体只允许是细小的夹杂形式。连杆的非加工表面应光洁,没有毛刺、裂纹、凹陷和分层,允许有经过修整的分模面痕迹。

根据不同生产类型,连杆可以采用不同的锻造方法。在单件小批生产时,采用自由锻造或用简单的胎模进行锻造;在大批量生产中采用模锻。模锻时,一般分两个工序进行,即初锻和终锻,通常在切边后进行热校正。中、小型的连杆,其大、小头的端面常进行光压,以提高毛坯精度。

连杆毛坯的制造,目前还是以封闭式模锻为主。锻坯形式有两种:连杆体、连杆盖在一起的整体锻造和连杆体、连杆盖分开的分开锻造。整体锻造较分开锻造减少了毛坯制造的劳动量,并节约金属材料。整体锻造的毛坯,需要在以后的机械加工过程中将其分开,为保证切开后,粗镗孔余量均匀分布,通常将大头孔锻成椭圆形,切开大头的锐刀宽度为4～6mm。分开锻造的连杆盖,金属纤维是连续的,在强度方面优于整体锻造的连杆盖。

3.3.3　连杆的机械加工工艺过程

一般柴油机连杆的制造,多属于成批生产,按流水线生产方式进行,但没有严格的节拍。生产中铣、镗等加工工序最多,以普通机床为主,采用部分专用机床和专用夹具。

汽车、拖拉机发动机制造中,连杆多属于大批量生产,广泛采用先进工艺和高生产率专用机床,实现加工、装配、检验、称重、清洗和包装等工序的自动化。目前连杆加工中采用了自动线及自动测量装置、振动料斗装置、故障寻检装置等技术措施,使加工精度稳定,运转可靠。

表3-8和表3-9为大批大量生产和成批生产连杆的机械加工工艺过程。

表3-8　大批大量生产的连杆机械加工工艺过程

工序号	工序内容	设　备	工序号	工序内容	设　备
1	粗磨两端面	立式双轴平面磨床	12	装配连杆盖和连杆体	钳工台
2	钻小头孔	立式钻床	13	扩大头孔	八轴钻床
3	拉小头孔	立式拉床	14	精磨两端面	立式双轴平面磨床
4	拉结合面、侧面及半圆孔	连续式拉床	15	精镗大头孔	金刚镗床
5	拉螺栓头贴合面	立式拉床	16	称重、去重	特种秤、立式钻床
6	铣小头油槽	卧式铣床	17	珩磨大头孔	珩磨机
7	铣锁口槽	卧式铣床	18	清洗	清洗机
8	钻阶梯油孔	组合机床	18J	中间检验	
9	去毛刺	钳工台	19	小头孔两端压衬套	气动压床
10	精磨结合面	立式双轴平面磨床	20	挤压衬套	压床
10J	中间检验		21	精镗小头衬套孔	金刚镗床
11	钻、铰连杆盖和连杆体螺栓孔	组合机床	22	去毛刺、清洗	
			22J	最终检验	

表3-9　成批生产的连杆机械加工工艺过程

工序号	工序内容	设备	工序号	工序内容	设备
1	粗、精铣大小头端面	立式铣床	9	磨接合面	平面磨床
2	钻、扩小头孔	立式钻床	10	钻、扩、铰螺栓孔	立式钻床
3	半精镗小头孔	专用镗床	11	锪连杆体螺栓头贴合面	立式钻床
4	铣定位凸台	立式镗床	12	钻阶梯油孔	立式钻床
5	从连杆上切下连杆盖	卧式镗床	13	去毛刺、清洗	钳工台
6	锪连杆盖螺栓头贴合面	立式钻床	13J.	中间检验	
7	精铣接合面	立式铣床	14	装配连杆盖和杆体、钳工台、打字头	钳工台
8	粗镗大头孔	专用镗床	15	磨连杆大头两端面	平面磨床

续表3-9

工序号	工序内容	设　备	工序号	工序内容	设　备
16	半精镗大头孔	专用镗床	22	铣锁口槽	卧式铣床
17	车连杆大头侧面	普通车床	23	清洗、去毛刺	钳工台
18	精镗小头孔	专用镗床	24	装配连杆盖和连杆体	钳工台
19	小头孔压入衬套	油压机	25	称重、去重	钳工台
20	精镗小头衬套孔	专用镗床	26	最终检验	
21	拆开连杆盖	钳工台			

3.3.4　连杆机械加工工艺过程的分析

3.3.4.1　工艺过程的安排

连杆的主要加工表面为大、小头孔，端面，连杆盖与连杆体的接合面和连杆螺栓孔；次要加工表面为油孔，锁口槽等。非机械加工的技术要求有探伤和称重。此外，还有检验、清洗、去毛刺等工序。

由于连杆刚度较差，在决定夹紧力的作用点时，应使连杆在夹紧力与切削力作用下产生的变形最小。另外连杆为模锻件，孔的加工余量大，切削时会产生较大的残余内应力，并引起内应力的重新分布。因此，在安排工艺过程时，就需要把各主要表面的粗、精加工工序分开。这样粗加工产生的变形就能在半精加工中得到纠正；半精加工中产生的变形可以在精加工中得以修正。有时为了减小变形和消除内应力对加工精度的影响要增加一些辅助工序。如金刚镗大头孔之前，将连接连杆盖和连杆体的螺栓松开，使大头孔由于自由变形对精度的影响，在精镗工序中消除。

各主要表面加工工序的安排如下：

（1）两端面：粗铣、粗磨、半精磨、精磨；

（2）小头孔：钻孔、扩孔、拉孔、精镗、压入衬套后再精镗；

（3）大头孔：粗镗、半精镗、精镗；

（4）螺栓孔：钻孔、扩孔、铰孔；

（5）大、小头孔的光整加工。

3.3.4.2　定位基准的选择

连杆加工过程中，大多数工序选用连杆的一个指定的端面和小头孔作为主要定位基准面，用大头端指定一侧的外圆作为另一个定位基准面。端面的面积大，定位比较稳定，用于定位可直接控制大、小头孔的中心距，并可以实现基准统一，减少定位误差。连杆的定位基准具体如图3-32所示。在精镗小头孔（及小头衬套孔）时，也可用小头孔（及小头衬套孔）作定位基面。这时将定位销做成活动的，当连杆用小头孔（及衬套孔）定位并夹紧后，从小头孔中抽出定位销，进行加工。

3.3.4.3　确定合理的夹紧方法

连杆刚性较差，应注意夹紧力的大小、作用的方向及着力点的选择。避免因受夹紧力的作

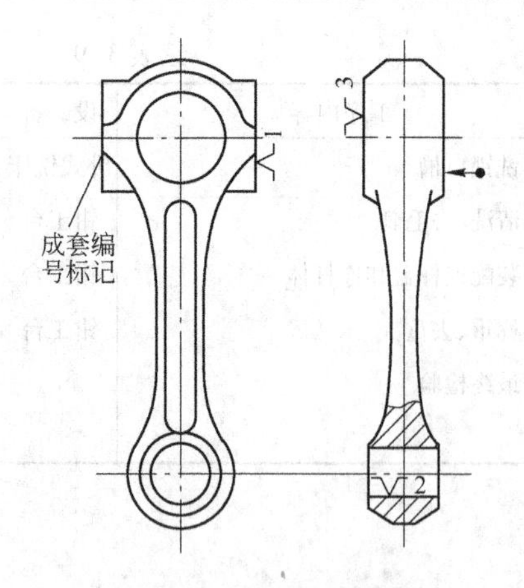

图 3-32　连杆的定位基准

用产生变形而影响连杆的加工精度。若采用如图 3-33 所示的夹紧方式,加工出来的孔与端面便不垂直。若用如图 3-34 所示的夹紧方式,夹紧力的方向与端面平行,在夹紧力作用方向上,大头端部与小头端部刚度高,变形小,即使有微小变形,也产生在平行于端面的方向上,极小乃至不会影响端面的平行度。如果使夹紧力通过工件直接作用在定位元件上,可避免工件产生弯曲和扭转变形。例如,在加工大、小头孔工序中,主要夹紧力垂直作用于大头端面上,并由定位元件承受,如图 3-35 所示。这样可以保证加工孔的精度。在精镗大、小头孔时,只以大头端面定位,并且只夹紧大头这一端。小头端则以定位销定位后,用辅助支承在一侧面托住,用螺钉在另一侧面夹紧。小头一端不在端面上定位夹紧,避免可能产生的变形。

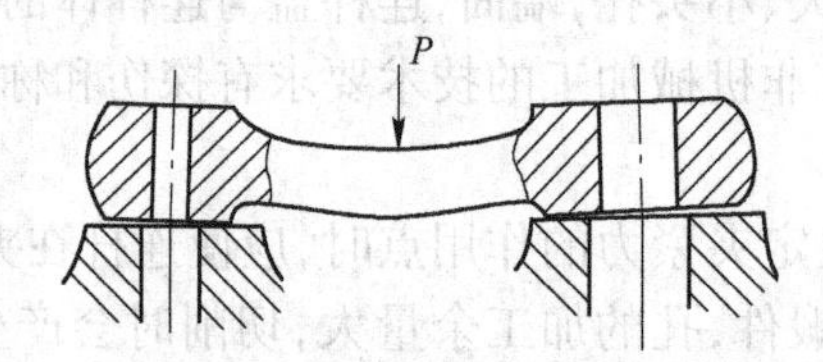

图 3-33　连杆的夹紧变形

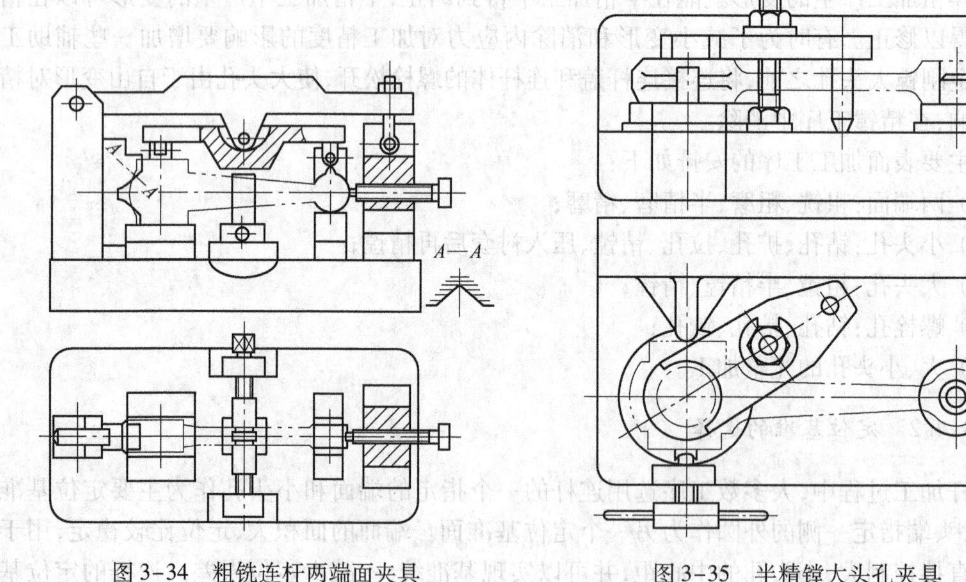

图 3-34　粗铣连杆两端面夹具

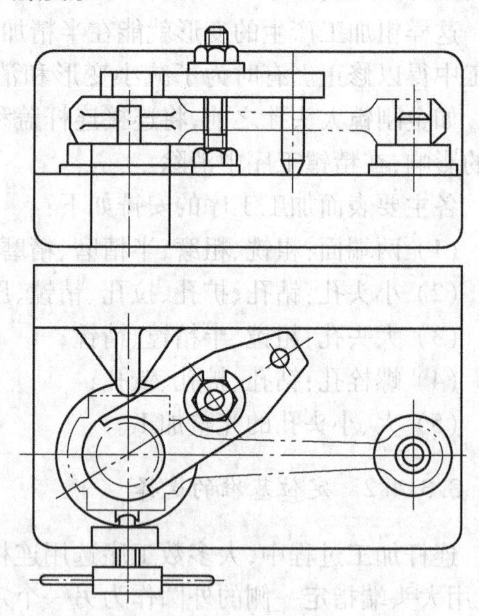

图 3-35　半精镗大头孔夹具

3.3.4.4　连杆主要表面的机械加工

(1) 连杆两端面的加工。连杆两端面的加工通常采用粗铣、粗磨、半精磨、精磨四道工序,并将精磨工序安排在精加工大、小头孔之前,以便改善定位基面的平面度,提高孔加工的定位精度。

(2) 连杆大、小头孔的加工。连杆大、小头孔的加工是连杆机械加工的重要工序。

小头孔作为定位基面，它经过了钻、扩、拉三道工序。钻小头孔以其外形定位，这样可以保证加工后的孔与外形对称性较好。小头孔在钻、扩、拉后，在金刚镗床上进行精镗。小头孔压入衬套后，在金刚镗床上再与大头孔同时进行精镗。这样可以保证大、小头孔轴心距离公差和位置精度要求。

大头孔经过粗镗、半精镗、精镗三道工序后可达IT6级精度，表面粗糙度R_a值小于0.8μm。有的连杆在金刚镗大头孔后仍需珩磨。有的可用脉冲式滚压光代替珩磨。

在金刚镗加工中，常采用尺寸控制系统。尺寸控制是指对加工后的孔进行自动测量。尺寸控制系统主要由测量、控制和补偿装置三部分组成。刀具磨损后，由测量装置发出信号，经控制装置传递给补偿装置，使刀具按预定的数值产生径向位移，以补偿刀具的磨损，严格地控制尺寸公差。此外，当出现孔径超差，需要换刀具或因刀具崩刃、折断而引起事故时。控制装置发出停机信号。

图3-36所示为尺寸控制系统简图。已加工好的工件5，由测量头6进行测量，其测量信号输入控制装置7及补偿装置4，补偿装置4接到控制信号后，通过镗头3使镗杆2上的镗刀产生径向位移，以补偿刀具的磨损。补偿后镗杆又开始加工零件1。

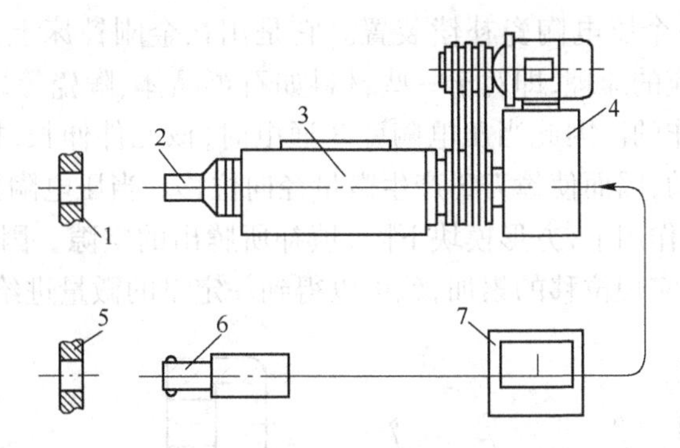

图3-36　尺寸控制系统简图

1，5—工件；2—镗杆；3—镗头；4—补偿装置；6—测量头；7—控制装置

用金刚镗镗削压入铜套后的小头孔时，其材料切削性能良好，刀具耐用度高，因此一般不用补偿装置。加工连杆大头孔的不利因素很多，如钢件加工性不如铜套好，又是断续切削（锁口槽已铣出），精度要求高，表面粗糙度要小。所以金刚镗大头孔常采用补偿装置。镗刀自动补偿方法很多，如用机械棘轮，装有电感膨胀材料进行自动补偿等。各种补偿方法都必须考虑消除机构间隙，以保证补偿精度。

在金刚镗中，也经常采用具有精密调整装置的镗杆，如偏心镗杆（见图3-37）、微调镗刀（见图3-38）等。

图3-37所示是利用镗杆中心相对于机床主轴回转中心的偏移量实现镗刀刀尖径向微量位移。补偿量取决于镗刀位置，镗刀可处于相对于主轴中心的不同角度。偏移量一般取$e=20$μm。这种偏心机构的补偿装置，只要保证制造精度，补偿是可靠的。

图3-38所示是一种带有游标刻度盘的微调镗刀，刀杆4上夹可转位刀片。刀杆4上有精密的小螺距螺纹。微调时半松开夹紧螺钉7，用扳手旋转刻度导套3，刀杆就可做微量进退。键9保证刀杆4只做移动，最后将夹紧螺钉锁紧。这种微调镗刀的刻度值可达0.0025mm。

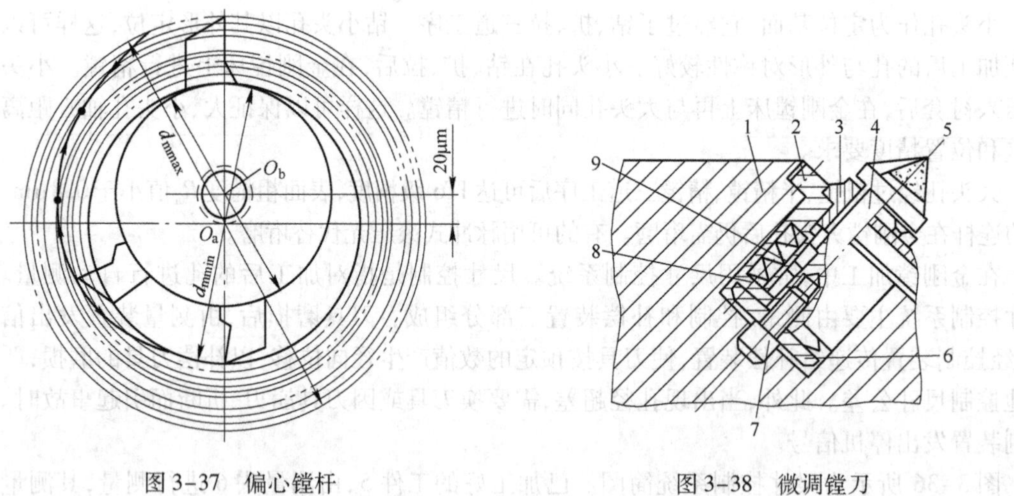

图 3-37　偏心镗杆

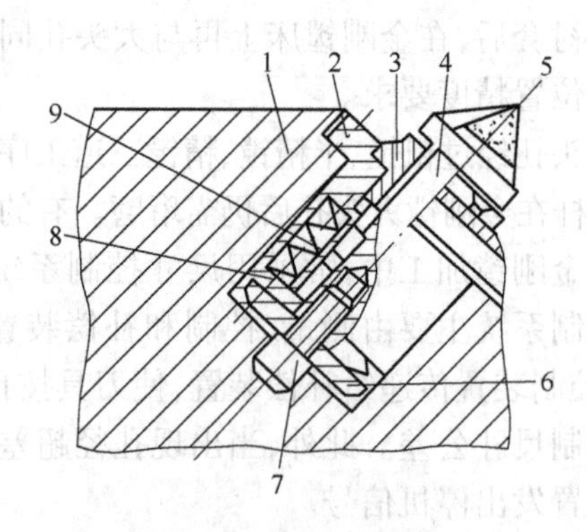

图 3-38　微调镗刀

1—镗杆;2—套筒;3—刻度导套;4—带小螺距螺纹微调刀杆;
5—刀片;6—垫圈;7—夹紧螺钉;8—弹簧;9—键

图 3-39 所示是一个压电陶瓷补偿装置。它是用在金刚镗床上对锥刀作微量调整用的。它根据逆压电效应的原理,即对于一些材料如石英晶体、陶瓷等,在通以一定电压时会产生定量的伸长来制作的。因此当压电陶瓷 8 通电时,该元件伸长,推动滑柱 7、方形楔块 5、圆柱楔块 2 向左移动,因而使镗刀 3 产生微量径向位移。当压电陶瓷 8 通以反向电压,该元件收缩,在弹簧 6 的作用下,方形模块下降,填补所腾出的空隙。因此对该装置给以一定次数的电压脉冲,可以实现位移的累加,就可以得到一定量的微量进给。

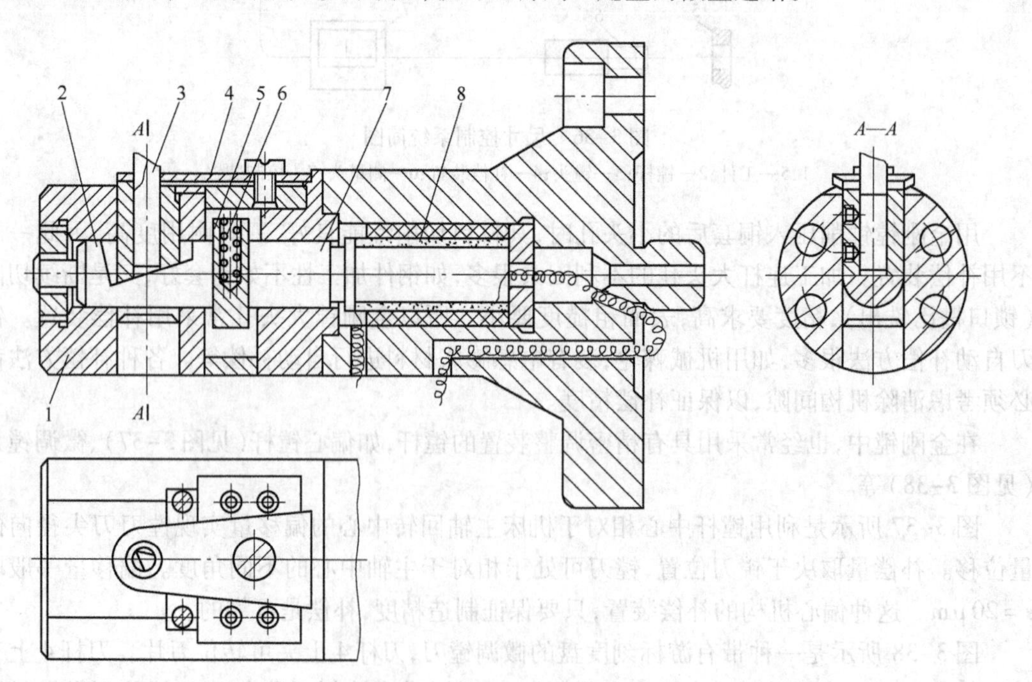

图 3-39　压电补偿装置

1—镗杆;2—圆柱楔块;3—镗刀;4—压板弹簧;
5—方形楔块;6—弹簧;7—滑柱;8—压电陶瓷

(3) 连杆螺栓孔的加工。对于整体锻造的连杆,连杆螺栓孔的加工,是在切开连杆盖,在接合面精加工之后进行。用连杆螺栓或套筒定位连接的连杆,螺栓孔的精度要求较高,表面粗糙度要小,一般经过钻—扩—锪—铰或钻—扩—锪—铰—拉工序。在工序安排上有两种方式:一种是将连杆盖与连杆体合起来加工螺栓孔;另一种是先将两者的螺栓孔分开来钻、扩、锪,然后将两者合起来进行铰孔,以保证两螺栓孔轴线的一致性。对于整体锻造和分开锻造的连杆,都应在连杆盖和连杆体上打印同一编号,以便在流水线上成对进行加工。

(4) 连杆盖与连杆体的铣开工序。剖分面(亦即连杆盖与连杆体的结合面)的平面度、表面粗糙度对连杆盖、连杆体装配后的接触刚度有较大的影响,因而要求铣开后结合面的平面度误差不大于0.01 mm,表面粗糙度 $R_a<6.3\ \mu m$。如果铣开工序达不到上述要求,应考虑用磨削的方法加工剖分面。

3.3.5　连杆的检验

连杆在机械加工中要进行多次中间检验,加工完毕后要进行最终检验。检验项按图样上的技术要求进行,一般分为三大类:

(1) 观察外表缺陷及目测表面粗糙度;

(2) 检验主要表面的尺寸精度。直径尺寸可用内径千分表测量,这样同时也可测量出孔的圆度及圆柱度;

(3) 检验主要表面的位置精度。其中大、小头孔轴心线在两个互相垂直方向的平行度用图3-40所示的检具进行。检查时,在大、小头孔中插入心轴。大头的心轴在等高垫铁上,使大头心轴与平板平行(用千分表在左右两端测量)。把连杆置于直立位置,如图3-40(a)所示,然后在小头心轴上距离为100 mm处测量高度的读数差,这就是大、小头孔在连杆轴线方向的平行度误差。把工件置于水平位置图3-40(b)。在小头下面用可调的小千斤顶顶住,在小头心轴上距离为100 mm处测量高度的读数差,这就是大小头孔在垂直于连杆轴线方向的平行度误差。

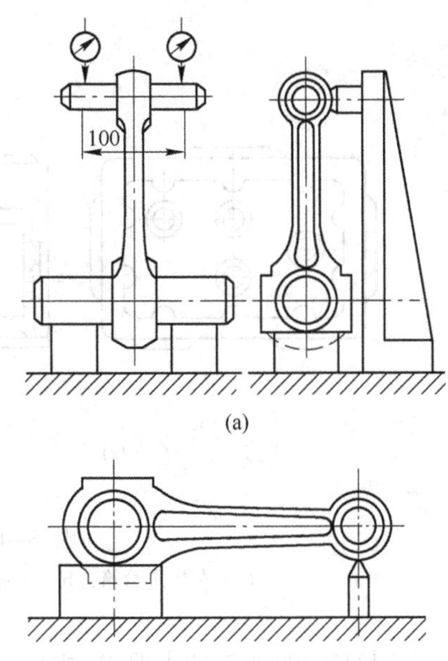

(a)

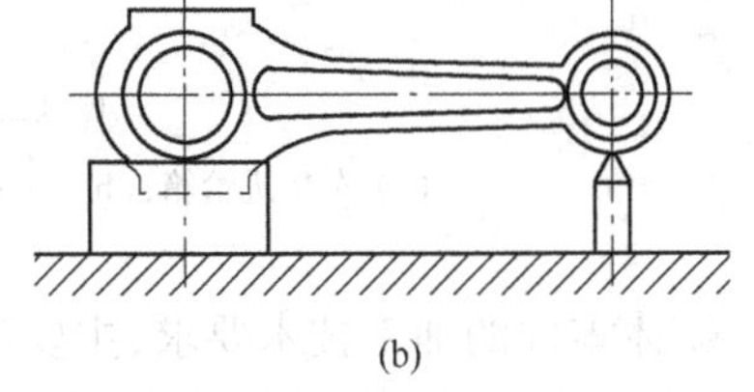

(b)

图3-40　连杆大小头孔在两个互相垂直方向平行度检验

知识点3.4　箱体加工

3.4.1　箱体零件的功用、结构特点和技术要求

箱体是机器的主要基础件之一。它将一些轴、套和齿轮等零件组装在一起,使这些零件保持正确的相互位置关系,构成机器的一个重要部件。因此箱体的加工质量对机器的精度、性能和寿命有直接的影响。

箱体的种类很多,其尺寸大小和结构形式随其用途的不同也有很大差异。图 3-41 所示为几种箱体类零件的结构形式。由图可见,箱体类零件结构虽然不同,但仍有许多共同的特点:结构形状一般都比较复杂,壁薄且不均匀,内部是腔形;在箱壁上既有许多精度较高的轴承支承孔和平面需要加工,也有许多精度较低的紧固孔需要加工。因此,一般说来,箱体不仅需要加工的部位较多,而且加工的难度也较大。

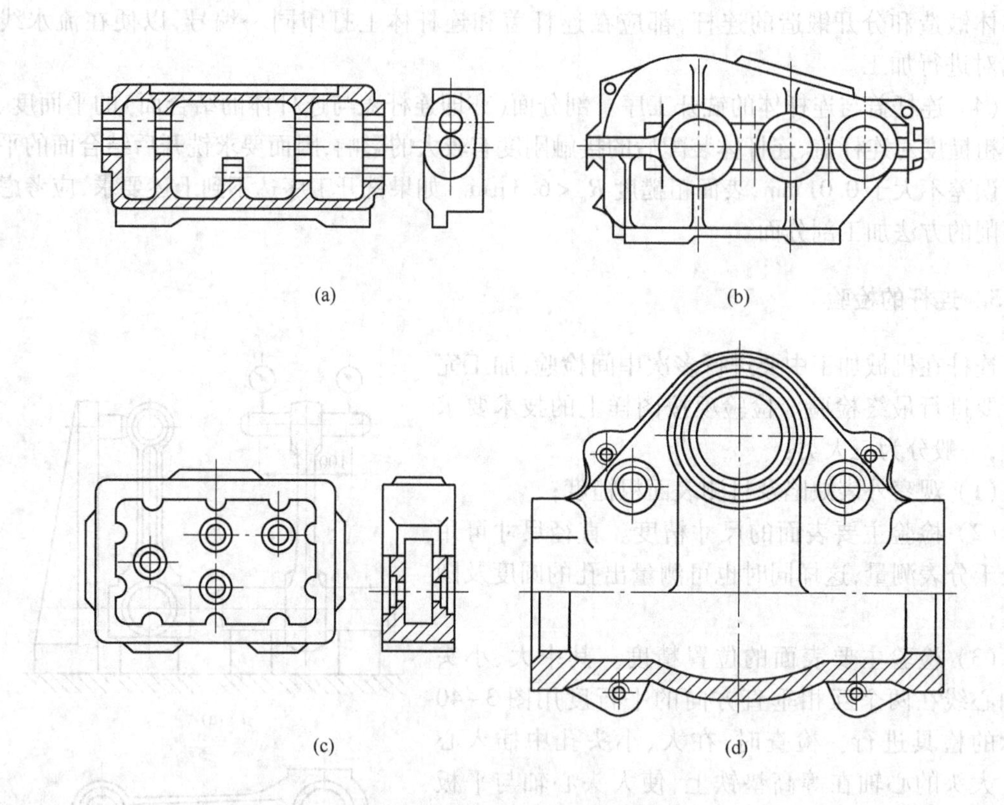

图 3-41　几种箱体的结构简图

(a) 车床进给箱;(b) 分离式减速箱;(c) 组合机床主轴箱;(d) 转向器壳

箱体零件的加工技术要求,主要包括平面的精度及表面粗糙度的要求;支承孔的尺寸精度、几何形状精度和表面粗糙度;有齿轮啮合关系的相邻孔之间的孔心距精度和平行度,同轴线孔之间的同轴度;装配基面和加工定位基面的平行度和表面粗糙度;各支承孔轴线和各平面对装配基面的尺寸精度、相互位置精度(平行度、垂直度)等。某车床主轴箱体的主要技术要求如下:

(1) 主轴孔的尺寸精度为 IT6,圆度为 0.006 ~ 0.008 mm,表面粗糙度 $R_a<0.4\ \mu m$;其他支承孔的尺寸精度为 IT6 ~ IT7,表面粗糙度 $R_a<1.6\ \mu m$。

(2) 主轴孔的同轴度为 0.012 mm,其他支承孔的同轴度为 0.02 mm;各支承孔轴心线的平行度为(0.04 ~ 0.05)/400 mm;中心距精度为 ±(0.05 ~ 0.07) mm。

(3) 主要平面的平面度为 0.04 mm,表面粗糙度 $R_a<1.6\ \mu m$;主要平面间的垂直度为 0.1 mm/300 mm;主轴孔对装配基面 M、N 的平行度为 0.1 mm/600 mm。

3.4.2 箱体零件的材料及毛坯

由于铸铁容易成形，切削性能好，价格低，且吸振性和耐磨性好，因此一般箱体零件的材料大都采用铸铁。可根据需要选用 HT150、HT350 等各种牌号的灰铸铁，常用 HT200。在单件小批生产中，为缩短生产周期，可采用钢板焊接结构，在某些特定条件下，为了减轻重量，也可采用铝镁合金或其他合金制造箱体毛坯，如飞机发动机箱体等。

铸件毛坯的加工余量视生产批量而定。单件小批生产时，一般采用木模手工造型，毛坯的精度低，毛坯的加工余量较大；而大批大量生产时，通常采用金属模机器造型，毛坯的精度较高，加工余量可适当减少。单件小批生产直径大于 50 mm 的孔，成批生产大于 30 mm 的孔一般都在毛坯上铸出，以减小加工余量。

3.4.3 箱体加工工艺过程及其分析

各种箱体的工艺过程，虽然随着箱体的结构、精度要求和生产批量的不同而有较大的差异，但由于主要是平面和孔系的加工，故在加工方法上有其共同的特点。

通常平面的加工精度较容易保证，而精度要求较高的支承孔以及孔与孔之间、孔与平面之间的相互位置精度则较难保证，往往成为生产的关键。所以在编制箱体加工工艺过程时，应将如何保证孔的精度作为重点来考虑。下面结合实例来分析一般箱体加工中的共同性问题。

如图 3-42 所示的减速机箱体机盖和图 3-43 所示的减速机箱体机座，该减速机箱体为便于毛坯制造和便于装配和维修，设计成上下箱分体结构，孔系的加工需采用合加工的方式，即在孔系的加工中，需将上箱和下箱把合在一起后方能进行。此组件的加工难度在于保证平行孔系间的平行度和同轴孔系间的同轴度，以及保证单一孔的尺寸和形位精度。另外减速箱内装传动系统，一般采用稀油润滑，为防止漏油，上下箱的接触精度的保证也是加工质量保证的重点。

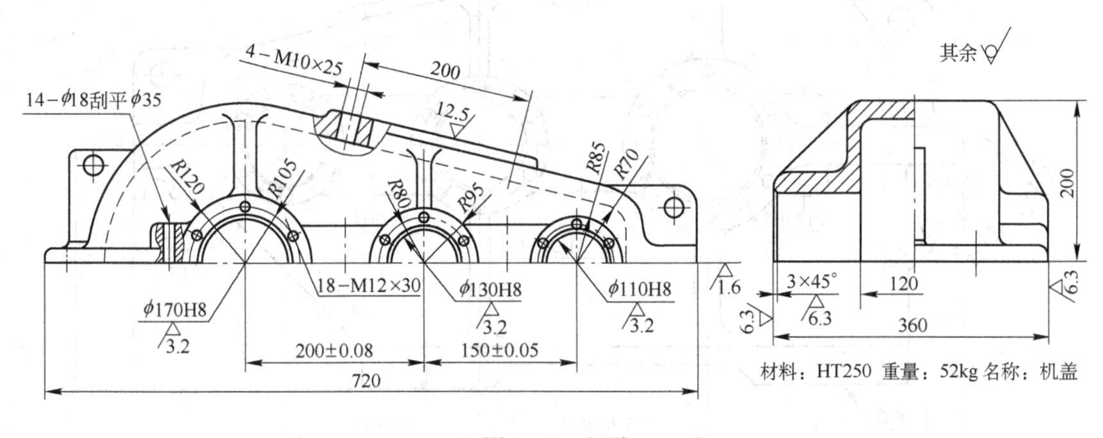

图 3-42 机盖

3.4.3.1 箱体加工工艺过程的制订

在制订箱体加工工艺过程时，应注意各种不同箱体的结构、精度要求和生产批量以及工厂的具体条件。下面以某减速机箱体为例,介绍制订箱体加工工艺的原则。

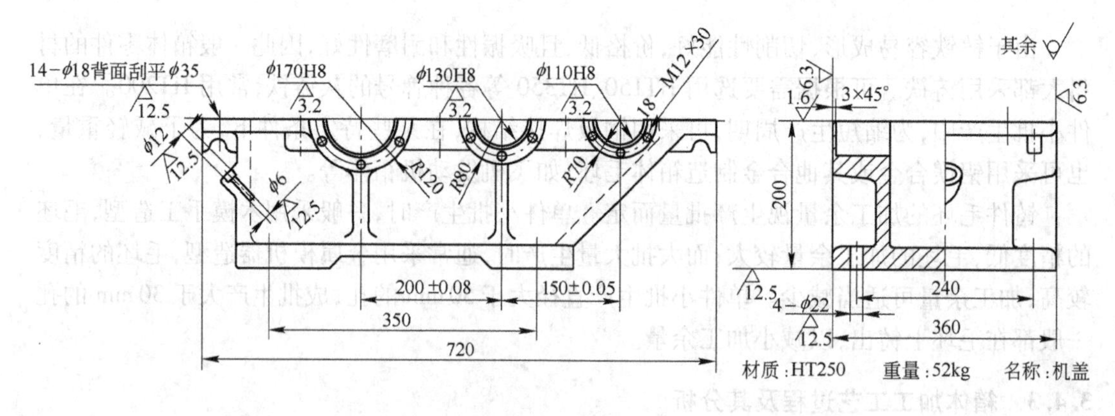

图 3-43　机座

(1) 下箱(机座)合箱前粗加工内容:完成底面及分合面的加工,加工方法为刨削;完成分合面上把合孔的加工,加工方法为钻削。

(2) 上箱(机盖)合箱前粗加工内容:完成分合面的加工,加工方法为刨削;完成分合面上把合孔的加工,加工方法为钻削。

(3) 合箱后的加工内容:减速箱合箱后的示意图如图 3-44 所示。轴承孔及其端面的加工,加工方法为镗铣;次要表面,如轴承孔端面螺纹孔、视孔盖上把合孔等,不便钻床加工的安排在镗床上进行,便于钻床加工的安排钻床加工。

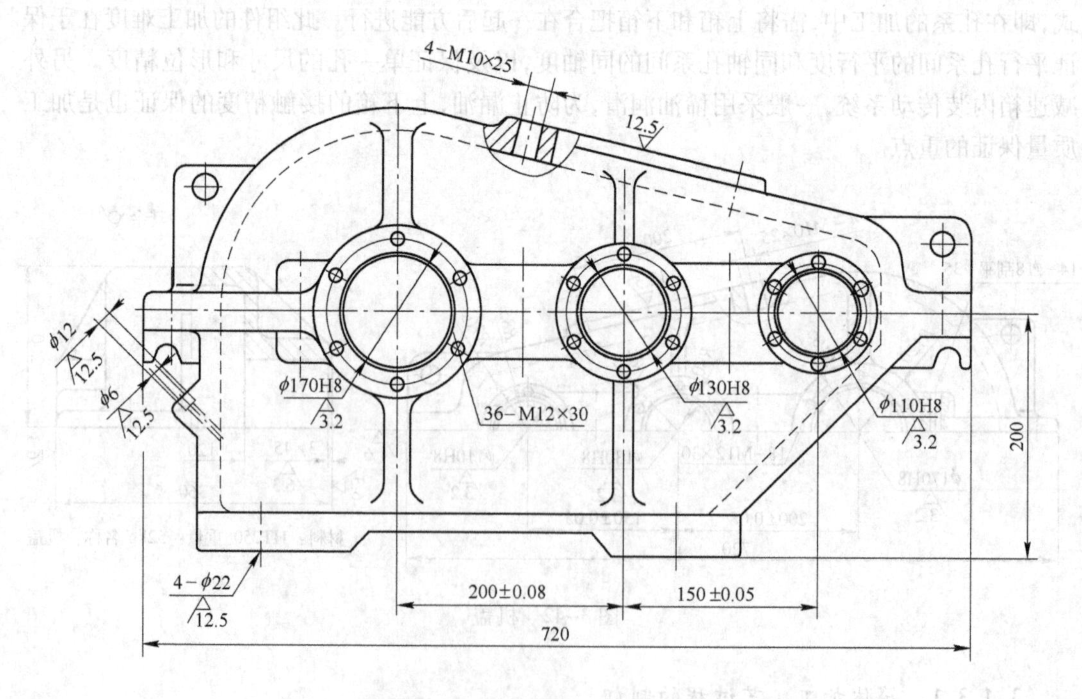

图 3-44　减速箱(合箱示意图)

具体加工工艺安排,见表 3-10、表 3-11、表 3-12 所示的加工工艺卡片。

表 3-10 减速机机盖的机械加工工艺卡片

（工厂名）		产品型号		零(部)件型号			第 页
		产品名称	减速机	零(部)件名称	减速机机盖		共 页
机械加工工艺卡片		毛坯外形尺寸	$\phi720\times360\times200$	每料可制件数	1	生产数量	
毛坯种类	铸铁件	材料牌号	HT250	单件重量	52 kg	备 注	

工序	安装	工步	工 序 内 容	工艺装备 设备名称	工艺装备 刀具夹具量具	工时/h 准终	工时/h 单件
1			检查毛坯是否有影响制造质量的缺陷存在，各加工部位是否有足够的加工余量；划出分合面的加工位置线及分合面上各把合孔的加工位置线	划 线	划针等	—	1
2	1	1	以划线为基准，定位后夹紧工件，粗刨分合面，留 0.5 mm 精加工余量	B1010A	粗刨刀	1	2
		2	精刨分合面达粗糙度 1.6		精刨刀		3
3	1	1	以已加工分合面为定位基准，以划线找正各孔加工位置，钻削分合面上各把合孔达图要求	Z35	麻花钻	0.5	1
4			钳工清整零件，准备研磨	钳 工	锉刀等	—	—

编 制		校 核		批 准		会签(日期)	

表 3-11 减速机机座的机械加工工艺卡片

（工厂名）		产品型号		零(部)件型号			第 页
		产品名称	减速机	零(部)件名称	减速机机座		共 页
机械加工工艺卡片		毛坯外形尺寸	$\phi720\times360\times200$	每料可制件数	1	生产数量	
毛坯种类	铸铁件	材料牌号	HT250	单件重量	55kg	备 注	

工序	安装	工步	工 序 内 容	工艺装备 设备名称	工艺装备 刀具夹具量具	工时/h 准终	工时/h 单件
1			检查毛坯是否有影响制造质量的缺陷存在，各加工部位是否有足够的加工余量；划出分合面的加工位置线及分合面上各把合孔的加工位置线	划 线	划针等		1
2	1	1	以分合面为安装面，以划线为基准，定位后夹紧工件，刨削工件底面达图要求	B1010A	粗刨刀	0.5	2
	2	1	以底面为安装基面，定位后夹紧工件，粗刨分合面，留 0.5 mm 精加工余量		粗刨刀	0.5	2
		2	精刨分合面达粗糙度 1.6		精刨刀		3
3	1	1	以已加工分合面为定位基准，以划线找正各孔加工位置，钻削分合面上各把合孔达图要求	Z35	麻花钻	0.5	1
4			钳工清整零件，准备研磨	钳工	锉刀等	—	—

编 制		校 核		批 准		会签(日期)	

表 3-12　减速机机座/机盖合加工部分的机械加工工艺卡片

（工厂名）			产品型号		零（部）件型号		第　页
			产品名称	减速机	零（部）件名称	减速机机体	共　页
机械加工工艺卡片			毛坯外形尺寸	$\phi720\times360\times400$	每料可制件数	1	生产数量
毛坯种类		铸铁件	材料牌号	合件（HT250）	单件重量	107kg	备　注
工序	安装	工步	工序内容	工艺装备		工时/h	
				设备名称	刀具夹具量具	准终	单件
1			钳工对机座和机盖分合面进行对研磨，要求研磨后 0.05 mm 塞尺不能塞通，研点分布均匀	钳　工	刮刀等	—	8
2	1	1	钻削 2 - $\phi10$ 定位销底孔	Z35	麻花钻	0.2	0.5
3			钳工铰孔、配销	钳　工	铰刀等	—	1
4			以已加工面及毛坯各不加工面为基准，划出各孔及其端面的加工位置线，划出机盖上视孔盖、通气孔处加工部位的加工位置线	划　线	划针等	—	2
5	1	1	以箱体底面为安装基面，以划线为参考基准，粗铣削箱体一侧的孔端面，留 1 mm 精加工余量	TP6113	端面铣刀 粗镗刀 精镗刀	1	8
		2	旋转工作台 180°，粗铣削后精铣削箱体另一侧的孔端面达图要求				
		3	粗镗后精镗削各内孔达图要求				
		4	旋转工作台 180°，找正夹紧后精铣削箱体一侧的孔端面达图要求				
	2	1	将孔端面一侧为安装基面安放在工作台上，定位夹紧后，加工油标安放处各加工部位达图要求		麻花钻 立铣刀	0.5	2
		2	旋转工作台，铣削视孔盖处表面达图要求，并加工 4 - M10 × 25 达图要求				
6			划出 36 - M12 × 30 的加工位置线，划出地脚螺栓孔 4 - $\phi22$ 的加工位置线	划　线	划针等	—	1
7	1		钻削 36 - M12 × 30 达图要求	Z35	麻花钻	0.5	1
	2		钻削 4 - $\phi22$ 达图要求		麻花钻	0.5	0.5
8			钳工攻丝、清整	钳　工	丝锥等	—	2
编　制			校　核		批　准		

上述减速机箱体的加工工艺过程，体现了以下箱体类零件加工的一般性原则：

（1）先面后孔原则。车床主轴箱的加工是按照平面—孔—平面的顺序进行的。先加工平面，后加工孔，这是箱体加工的一般规律。因为箱体的孔比平面加工要困难得多。先以孔为粗基准加工，再以平面为精基准加工孔，这不仅为孔的加工提供了稳定可靠的精基准，同时可以使孔的加工余量较为均匀；并且，由于箱体上的孔大都分布在箱体的平面上，先加工平面，切除了铸件表面的凸凹不平和夹砂等缺陷，对孔的加工也比较有利；钻孔时，可减少钻头引偏；扩孔或铰孔时，可防止刀具崩刀；对刀调整也比较方便。

（2）加工阶段粗、精分开原则。箱体的结构比较复杂，加工精度比较高。所以，箱体主要加工表面一般都明确地划分为粗、精加工两个阶段。

（3）合理安排热处理工序。主轴箱结构比较复杂，壁厚不均匀，铸造时形成了较大的内应力。为了保证其加工后精度的稳定性，在毛坯铸造之后安排一次人工时效，以消除其应力。对一些高精度的箱体或形状特别复杂的箱体，则应在粗加工之后再安排一次人工时效处理，以消除粗加工所造成的内应力，进一步提高箱体加工精度的稳定性。

3.4.3.2 定位基准的选择

(1) 精基准的选择。精基准的选择与保证箱体的主要技术要求有很大关系。为此,在选择精基准时,通常应首先考虑“基准统一”原则,使具有相互位置精度要求的加工表面的大部分工序尽可能用同一组基准定位,以避免因基准变换而带来的基准不重合误差。

(2) 粗基准的选择。粗基准的作用是决定不加工表面与加工表面的相互位置关系以及加工面的余量均匀性。一般宜选择箱体重要的毛坯孔为粗基准。例如上述某车床主轴箱的主轴孔是它的最主要表面,要求加工余量均匀。在粗基准选择时,选择了主轴孔和距主轴孔较远的Ⅰ轴孔为粗基准加工顶面。由于铸造箱体毛坯时,主轴孔和其他支承孔及箱体内壁的泥芯是装成一个整体放入的,它们之间有较高的位置精度。因此不仅可以较好地保证主轴孔及其他支承孔的加工余量均匀,有利于各孔的加工,而且还能较好地保证各孔的轴心线与箱体不加工的内壁的相互位置,避免装入箱体内的齿轮、轴套等零件与内壁相干涉。

大批大量生产时,由于毛坯精度较高,可直接以主轴孔Ⅵ和Ⅰ轴孔在夹具上定位,其夹具安装如图3-45所示。首先将工件放在11、9、7各支承上,并使箱体侧面紧靠支架8、端面紧挡销6,进行预定位。然后将液压控制的两短轴5伸入主轴孔中,每个短轴上的三个活动支柱4分别顶住主轴孔壁毛坯表面,将工件抬起,离开11、9、7各支承面,使主轴孔轴心线与夹具的两短轴线重合,此时主轴孔即为定位基准。为了限制工件绕两短轴转动的自由度,在工件抬起后,调节两个可调支承2,通过用样板校正Ⅰ轴孔的位置,使箱体顶面基本水平。再调节辅助支承10;使其与箱体底面接触,以增加加工顶面时箱体的刚度,最后再将液压控制的两夹紧块1伸入箱体两端孔口内压紧工件,这样便可开始加工。

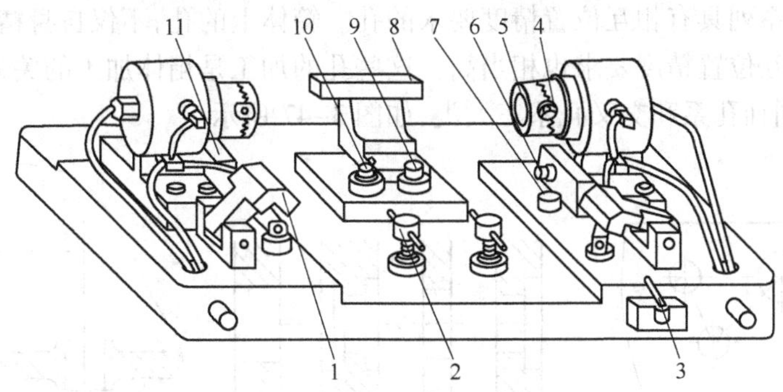

图3-45 以主轴孔为粗基准的铣顶面夹具

1—夹紧块;2—可调支承;3—操纵手柄;4—活动支柱;5—短轴;6—挡销;7,9,11—支承;8—支架;10—辅助支承

3.4.3.3 箱体主要表面加工方法的选择

箱体的主要表面是平面和各轴承支承孔。箱体平面的粗加工和半精加工,主要采用刨削和铣削。刨刀结构简单,机床调整方便,但在加工较大平面时,生产率低,适用于单件小批生产。铣削生产率比刨削高,在成批和大量生产中采用铣削。车床主轴箱生产属于大批量生产类型,粗和半精加工应采用铣削方案。又因工件尺寸较大,选用龙门铣床较为合适。在多轴龙门铣床上可进行组合铣削,如图3-46(a)所示,可有效地提高箱体平面加工的生产率。箱体平面的精加工,单件小批生产时,除一些高精度的箱体仍需采用手工刮研外,一般多以精刨代替传统的手工刮研;当生产批量大,精度又较高时,多采用磨削。为了提高生产

率和平面间的相互位置精度,可采用专用磨床进行组合磨削,如图 3-46(b)所示。

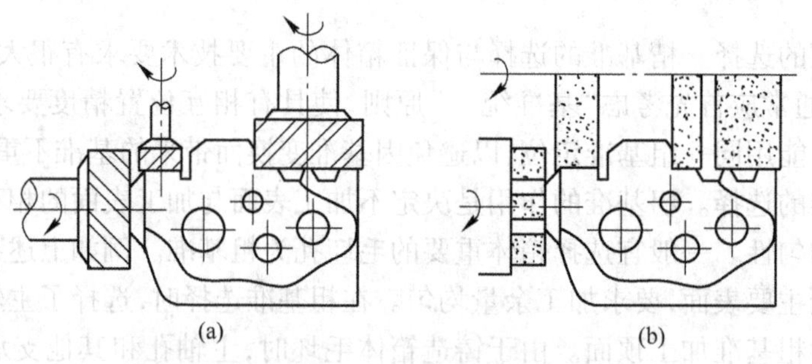

图 3-46　箱体零件的组合铣削和组合磨削
(a) 组合铣削;(b) 组合磨削

箱体上精度为 IT7 的轴承孔,一般需要经过 3 ~4 次加工。小批生产中一般用镗床进行加工。在大批量生产中多用专用组合机床进行加工,且一般用镗模作为夹具,视直径大小或用镗孔方法或用铰孔方法加工。例如,可采用镗(扩)—粗铰—精铰或镗(扩)—半精镗—精镗的工艺方案进行加工。采用以上两种工艺方案都能使孔的加工精度达到 IT7 级,表面粗糙度 R_a 在 1.6 ~0.4 μm。前者用于加工直径较小的孔,后者用于加工直径较大的孔。当孔的精度为 IT6 级,R_a <0.4 μm 时,还应增加一道精加工或整加工工序。光整加工常用方法有精细镗,滚压、珩磨等,在单件小批生产可采用浮动铰刀铰孔。

3.4.4　箱体孔系加工

孔系是指一系列具有相互位置精度要求的孔。箱体上的孔,不仅自身精度要求高,而且孔心距精度和相互位置精度要求也相当高。这些孔的加工是箱体加工的关键。箱体孔系主要有平行孔系、同轴孔系和交叉孔系三大类,如图 3-47 所示。

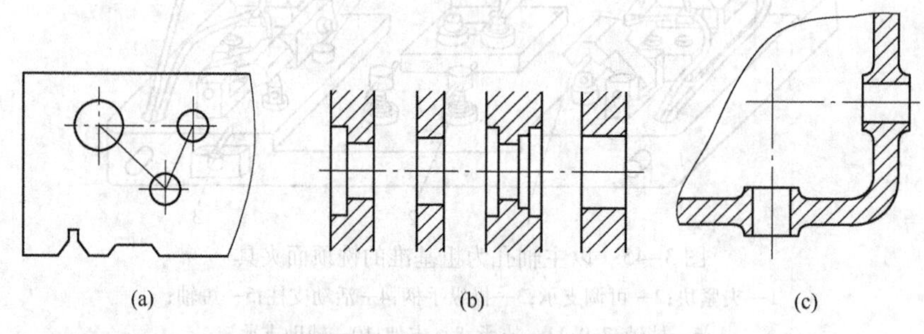

图 3-47　箱体孔系
(a) 平行孔系;(b) 同轴孔系;(c) 交叉孔系

下面就箱体的平行孔系和同轴孔系的加工作简要介绍。

3.4.4.1　平行孔系加工

平行孔系的主要技术要求为各平行孔轴心线之间以及孔中心线与基面之间的尺寸精度和相互位置精度。平行孔系加工常用找正法、镗模法和坐标法。

(1) 找正法。在单件小批生产中,常用划线方法找正。这是在通用机床上加工使用的方法。由于划线误差的存在,找正误差较大,因此精度低,孔间距误差可达到 1 mm。划线找正一般只用于粗加工或没有孔间距精度要求的平行孔系加工中。为了提高精度，可用心轴、块规、样板或定心套等工具进行找正。

图3-48为用心轴和块规进行找正的示意图。镗第一排孔时，如图3-48(a)所示，将心轴插入主轴孔内(或直接利用主轴外圆)，然后根据图样尺寸组合一组块规4，用厚薄规3来使心轴与块规之间有一个固定的间隙，以保证镗床主轴与工件台间有符合图样要求的尺寸。在镗第二排孔时，分别在机床主轴和已加工孔中插入心轴，用块规和厚薄规校正主轴的位置以保证孔间距的精度。该方法效率很低，测量准确度差，因此用得比较少。

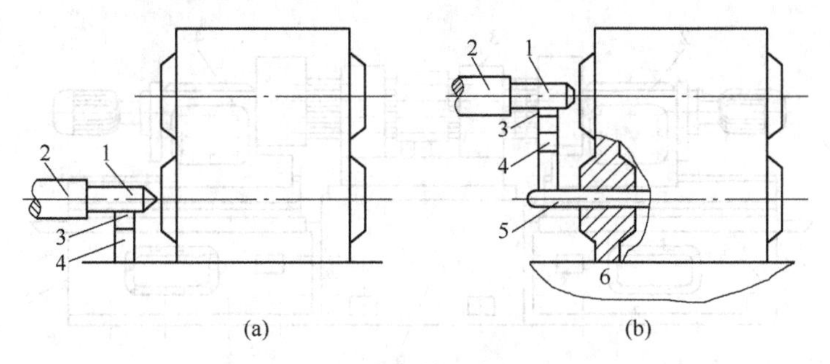

图3-48　用心轴块规找正法

1,5—心轴;2—主轴;3—厚薄规;4—块规;6—机床工作台

图3-49为用样板找正加工孔系的示意图。样板1上镗有位置精度很高的、与孔系孔间距尺寸相同的诸孔(孔径不尽相同，可以较被加工孔径大)。将样板1装于垂直于被加工孔系的箱体端面上，利用装于机床主轴上的千分表(或百分表)定心器2，按样板上的孔逐一找正机床主轴的位置进行加工。该方法加工孔系一般很可靠，不易出现差错，找正快，工艺装备比较简单，孔距精度一般可达±0.05mm。

(2) 镗模法。用镗模法加工孔系，如图3-50所示。这种方法在孔系加工中用得最多，在成批和大批量生产中已得到普遍应用。在成批生产中，可用车床改装成专用镗床进行孔系加工，如图3-51所示。也可在普通镗床上用镗模法进行加工。对于大批量生产，一般在组合机床上用镗模法加工，如图3-52所示。在组合机床上可同时加工许多孔，使生产率大大提高。用镗模法加工时，镗杆与机床主轴浮动连接，这时影响孔系加工精度的主要是镗模的精度，此时机床主要起传递扭矩的作用。镗杆浮动接头的结构如图3-53所示。

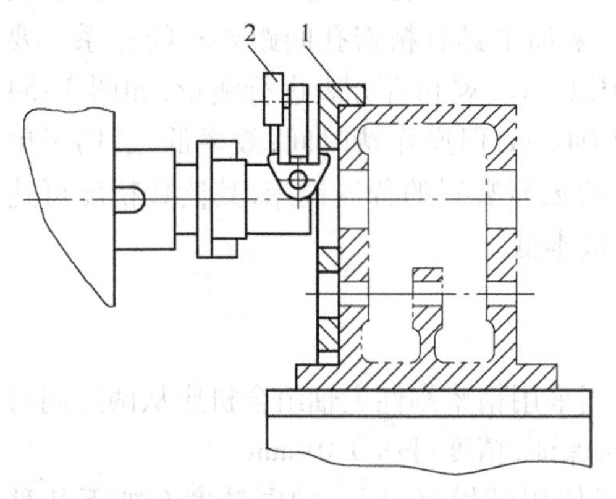

图3-49　用样板找正法

1—样板;2—定心器

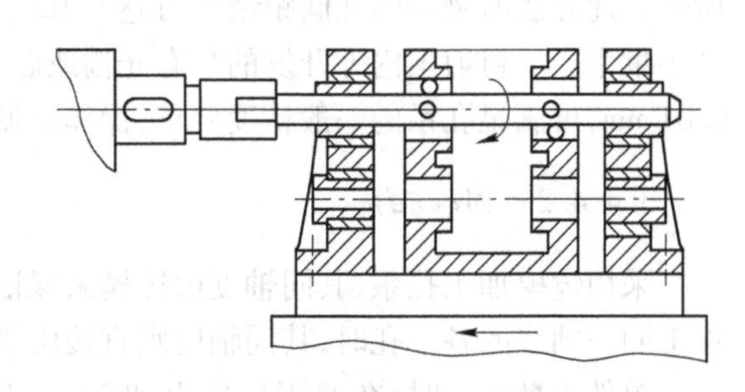

图3-50　用镗模加工孔系

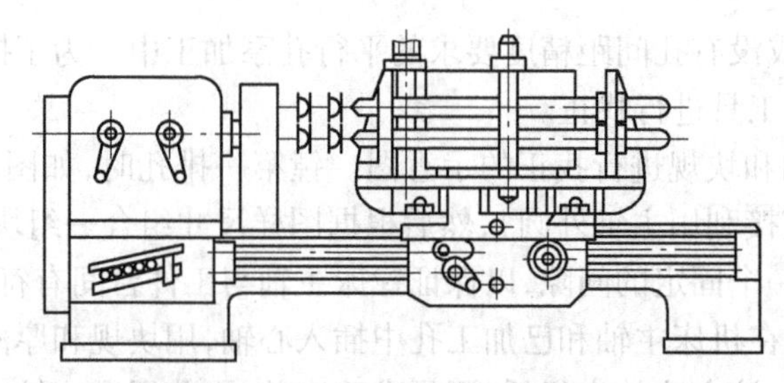

图 3-51　车床改装为专用镗床

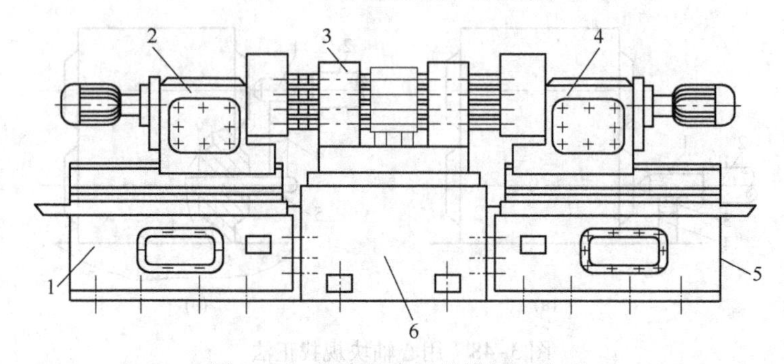

图 3-52　组合机床用镗模加工孔系

1,5—侧底座;2—左动力头;3—镗模;4—右动力头;6—中间底座

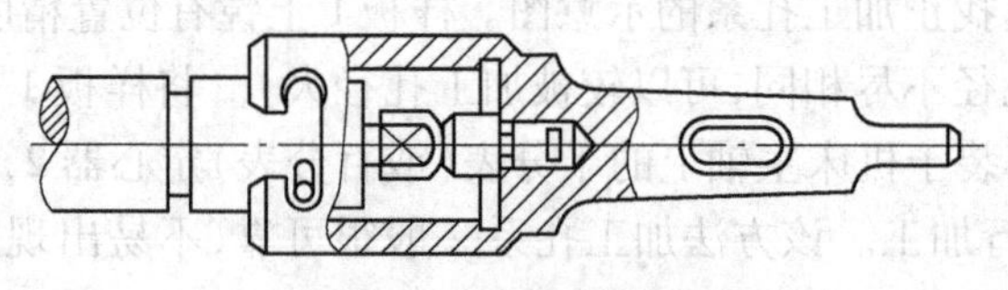

图 3-53　镗杆浮动接头

(3) 坐标法。坐标法镗孔是按孔系间相互位置的水平和垂直坐标尺寸的关系,在普通镗床、立式镗床、坐标镗床等借助于测量装置,调整主轴在水平和垂直方向上的相对位置,来保证孔距精度的一种镗孔方法。因此孔距精度取决于坐标移动精度。

使用坐标法加工孔系的精密机床有立式和卧式坐标镗床,所使用的坐标测量装置有精密刻线尺与光电瞄准、精密丝杠与光栅或感应同步器或激光干涉测量装置等等。这些测量装置的读数精度可达 1 μm,定位精度可达 0.002 ~ 0.006 mm。普通镗床上的刻线尺及放大镜测量精度只能达到 0.1 ~ 0.3 mm,因此不能用它来加工具有精密孔间距要求的孔系。要在普通镗床上获得较高的孔间距精度,可以在镗床上用块规和百分表进行测量,如图 3-54 所示。此方法所测量的孔间距精度可达 0.02 ~ 0.04 mm,但操作费时间,效率低,适用于单件小批生产。目前国内外开发的带有光栅或磁尺的数显装置的普通镗床,其读数精度可达 0.01 mm,可满足孔系的一般精度要求,操作简便,成本低。

3.4.4.2　同轴孔系

采用镗模加工孔系,其同轴度由镗模来保证;当采用精密刚性主轴组合机床从两边同时加工同一轴线的各个孔时,其同轴度则直接由机床保证,精度可达 0.01 mm。

单件小批生产时,在通用机床上加工,一般不使用镗模,保证孔的同轴度有如下几种方法:

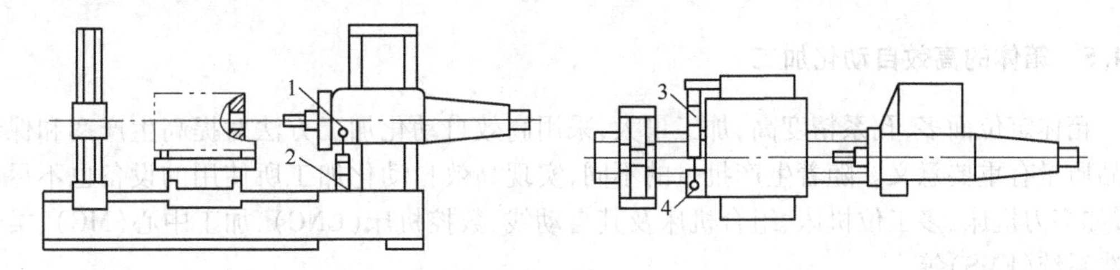

图 3-54　普通镗床的坐标测量装置

1—床头箱百分表;2,3—块规;4—横向工作台百分表

(1) 利用已加工过的孔作支承导向,如图 3-55 所示。当箱体前壁上的孔加工完毕,在孔内装入一个导向套,支承和引导锥杆加工后壁上的孔,以保证两孔的同轴度要求。此方法适用于加工箱壁相距较近的同轴孔。

(2) 利用镗床后立柱上的导向套支承镗杆。这种方法其镗杆为两端支承,刚度好;但后立柱导套的位置调整起来麻烦,费时间,往往需要用心轴、块规找正,且需较长的镗杆。此方法多用于大型箱体孔系加工,如图 3-56 所示。

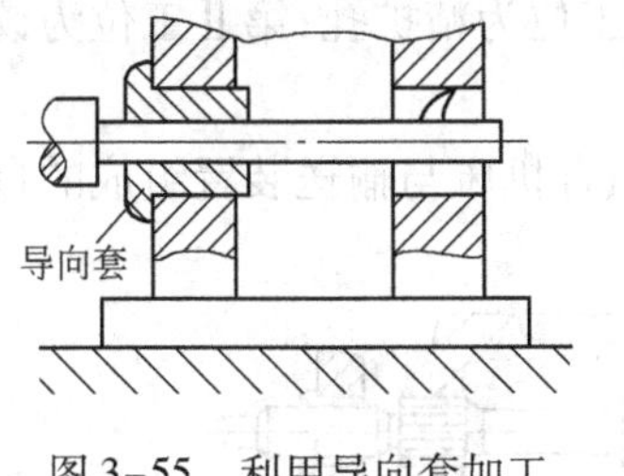

图 3-55　利用导向套加工

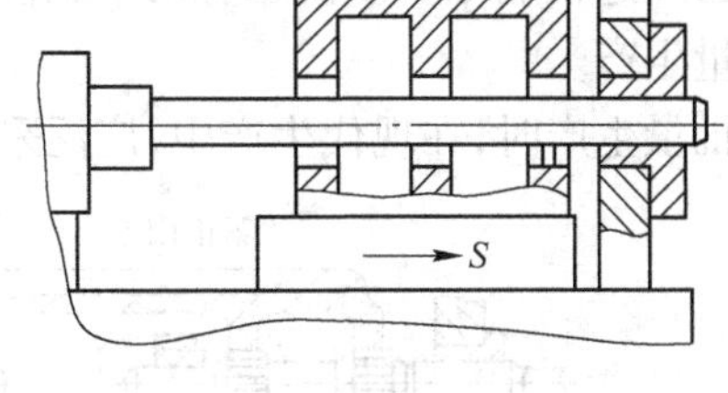

图 3-56　大型箱体同轴孔系的加工

(3) 采用调头镗法。当箱体箱壁距离较大时,宜采用调头镗孔法。即在工件的一次安装下,当镗出一端孔后,将工作台回转 180°,再加工另一端的同轴线孔。调头镗不用夹具和长刀杆,准备周期短,镗杆悬伸长度短、刚性好,但需要调整工作台的回转误差和调头后主轴应处的正确位置,比较麻烦。

在普通镗床上进行调头镗的具体办法是,在加工好一端的孔后,将工件退离主轴,使工作台回转 180°,再将工件移向镗床主轴。在镗床主轴上装上一个百分表,百分表指向已加工孔壁,调整工作台位置,使已加工孔与镗床主轴同轴,然后加工孔。当箱体上有一较长并要求与所镗孔轴线平行的加工平面时,镗孔前应先用装在镗杆上的百分表对此平面进行校正,使其与镗杆轴线平行。校正后加工箱壁上的孔。然后再回转工作台,并且用镗杆上的百分表沿此平面重新校正。这样可以保证工作台较准确地回转 180°,如图 3-57 所示。

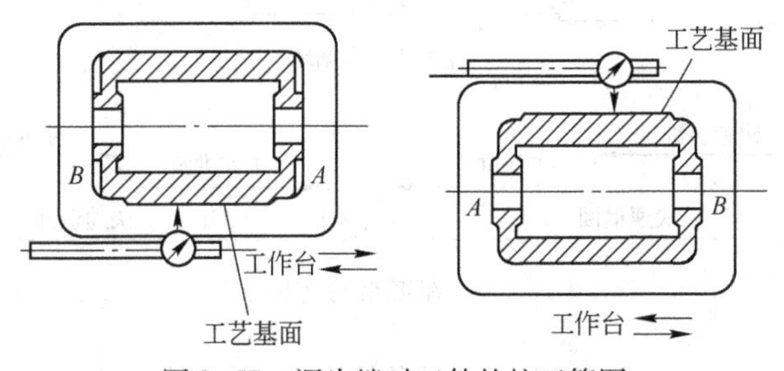

图 3-57　调头镗时工件的校正简图

3.4.5　箱体的高效自动化加工

箱体定位面多,孔系精度高,加工量大,采用高效自动化加工方法对提高生产率和保证产品质量有重要意义。随着生产批量的不同,实现高效自动化加工所使用的设备也不尽相同,如多刀机床、多工位机床、组合机床及其自动线、数控机床(CNC)、加工中心(MC)、柔性制造系统(FMS)等。

多品种、小批量生产时,不宜采用专用性强、投资成本高的组合机床或组合机床自动线。而应采用通用性强的数控机床、加工中心或由它们组成的柔性制造系统。组合机床及其自动线是大批大量生产常用的设备,因为这些设备生产率高,加工质量比较可靠,其很高的初级投资对单个零件的成本影响较小,如发动机、主轴箱、减速器、转向器、仪器仪表等的箱体或壳体的加工。在组合机床上加工箱体,工件一般固定,由刀具旋转和进给运动实现加工。因此,在工件的一次安装中,可以从几个方向同时进行多工步加工,也可用复合刀具加工同轴线的各孔。

图3-58为双面双工位移动工作台式组合机床精加工进给箱体的示意图。工件在进入该工序之前已经过粗加工。该机床有两个工位:第Ⅰ工位为精扩孔;第Ⅱ工位为铰孔。该机床适用于大量生产。

箱体大批量生产时,在现代生产中,广泛采用由组合机床与输送装置组成的自动线进行

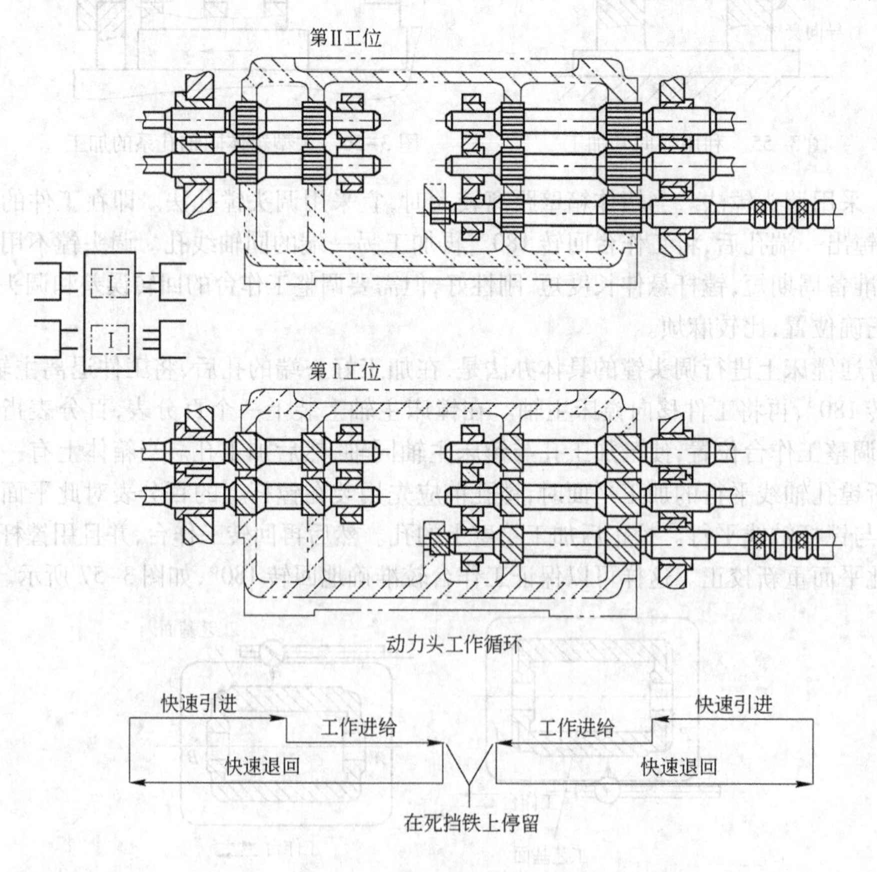

图3-58　车床进给箱精加工示意图

加工。不仅孔系的加工，而且平面和一些次要孔的加工以及加工过程中加工面的调换，工件的翻转及工件的输送等辅助动作，都不需要人工直接操作，整个过程按照一定的生产节拍自动地、顺序地进行，如图3-59所示。

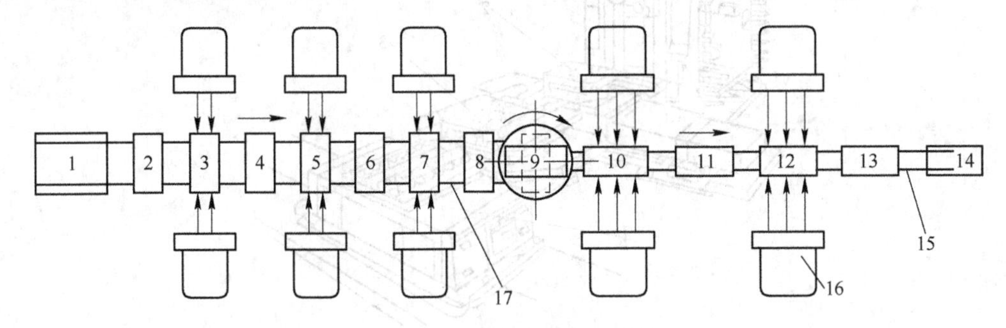

图3-59　组合机床自动线加工箱体示意图

1,14—自动线输送带的传动装置;2—装料工位;3,5,7,10,12—加工工位;
4,6,8,11—中间工位;9—翻转台;13—卸料工位;15,17—输送带;16—动力头

数控机床(NC、CNC)、加工中心(MC)是适合于多品种小批量生产的加工设备。在数控机床上更换加工对象时，只需编制与该零件相对应的数控程序(或穿孔带)并把它们输入数控机床控制系统即可。数控机床通用性强，机床调整简单，准备-终结时间及辅助时间短，生产周期也短，故很适合于产品改型频繁、加工批量小、生产周期短、形状复杂以及精度要求较高的零件的加工。加工中心是多工序并可自动换刀的数控机床。图3-60为一种卧式加工中心的结构示意图。该机床带有一套自动换刀装置，各种刀具存放在一个刀库中，由数控程序发出指令控制换刀。对于复杂的箱体的加工，只要先将其定位基准面加工好，可在一次安装中，依次对工件的其他加工面自动完成铣、镗、钻、铰等工步。加工中心适合于中小批量主复杂形状工件的生产。

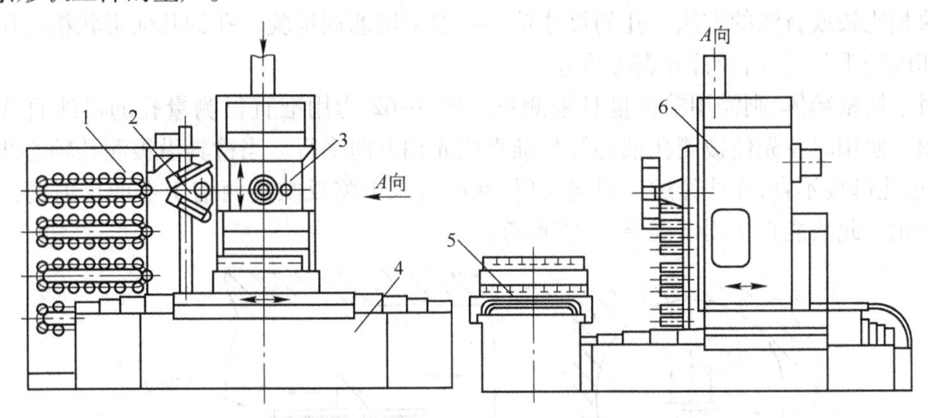

图3-60　卧式加工中心结构示意图

1—刀库;2—换刀机械手;3—主轴头;4—床身;5—工作台;6—移动式立柱

柔性制造系统(FMS)是由多台数控机床、加工中心、输送小车、工业机器人、工件托盘转换器、计算机管理中心等组成的制造系统。图3-61为柔性制造系统的一个单元。搬运小车可将工件从库房或从别的工位搬到加工工位上，通过托盘转换器将工件推到加工中心工作台上，待加工完后，再通过工件托盘转换器推到搬运机器人(即搬运小车)上。由搬运机器人将工件送到其他工位或库房中。

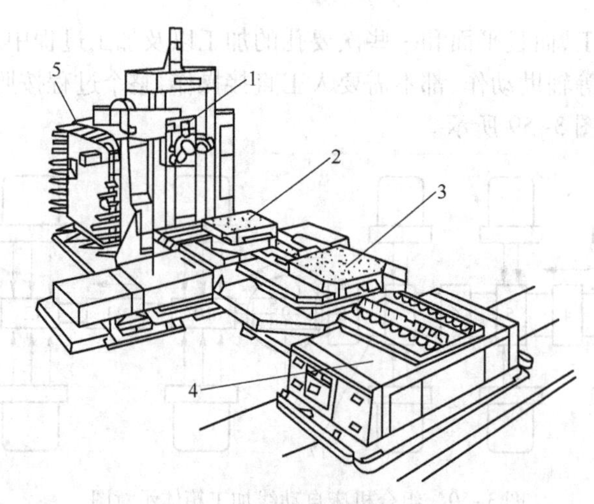

图 3-61　柔性制造单元

1—加工中心主轴头;2—工作台;3—工件托盘转换器;4—无人搬运车;5—刀库

3.4.6　箱体的检验

3.4.6.1　箱体的主要检验项目

一般箱体的主要检验项目可包括如下几个方面:

(1) 各加工表面的粗糙度及外观;

(2) 孔的尺寸精度;

(3) 孔和平面的几何形状精度;

(4) 孔的相互位置精度。

对普通精度的箱体,前三项检验比较简单。表面粗糙度检验通常是采用和表面粗糙检验样块相比较或目测的方法。孔的尺寸精度一般采用塞规检验。孔的几何形状精度用内径量具如内径千分尺、内径百分表等检验。

对于精密箱体,则需用精密量具来测量。图 3-62 为用准直仪测量孔的母线直线度的示意图。使用时首先使被测孔轴心线与准直仪光轴方向平行。当检具沿被测孔轴心线移动时,如果孔母线不直,光线经过反射镜反射,在准直仪上将反映出两倍于平面反射镜倾斜角度的变化。此法能直接读出误差,不需换算。

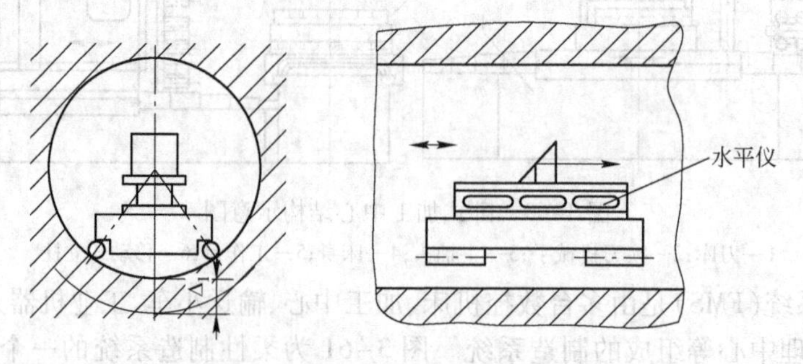

图 3-62　用准直仪测量母线的直线度

平面几何形状精度的检验:直线度可用水平仪、准直仪以及平尺等检验;平面度可用平台及百分表等相互组合的方法进行检验。

3.4.6.2　孔系相互位置精度的检验

一般情况下,检验同轴度的方法多采用检验棒。如果检验棒能自由地推入同一轴内,即表明同轴度误差符合要求。孔系同轴度要求较高时,可采用专用检验棒。孔系同轴度要求不高时,可用通用的检验棒配上检验套进行检验,如图3-63所示。如若需确定孔的同轴度偏差的数值,可利用检验棒和百分表检验,如图3-64所示。

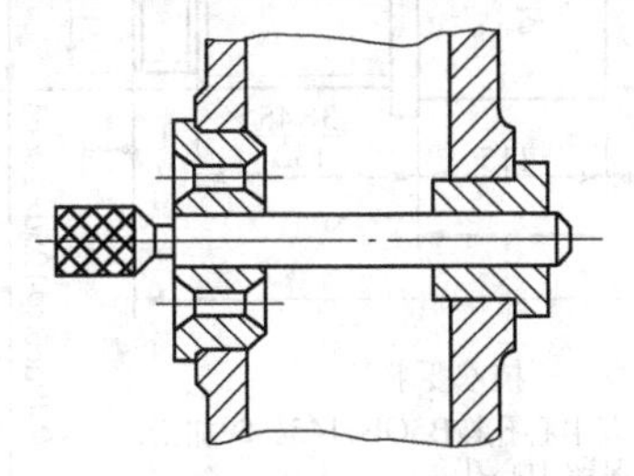

图3-63　用通用检验棒及检验套检验孔的同轴度

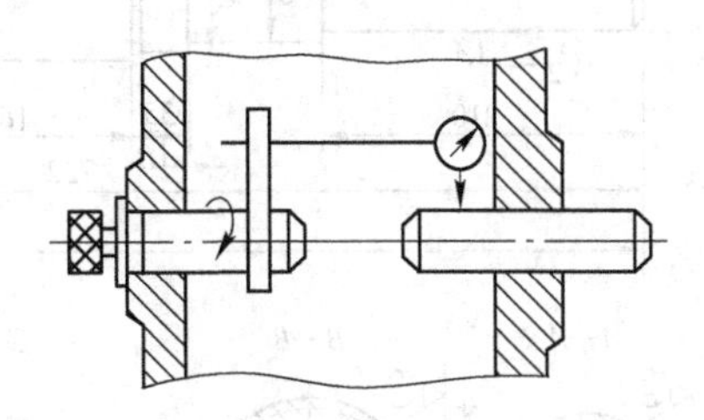

图3-64　用通用检验棒及百分表检验孔的同轴度

以上用检验棒来检验孔的同轴度,测量精度不高,并且测量孔径较大或被测孔之间距离较大时,用检验棒检验是相当困难的。对于这类孔系可以用准直仪进行检验。

孔轴心线对基准面的平行度的检验如图3-65(a)所示。将被测零件直接放在平板上,被测轴心线由心轴模拟,用百分表测量心轴两端,其差值即为测量长度内轴心线对基面的平行度误差。孔轴心线间的平行度的检验如图3-65(b)所示,将被测零件放在等高支承上,基准轴线与被测轴线均由心轴模拟,用百分表在相互垂直的两个方向上进行测量。

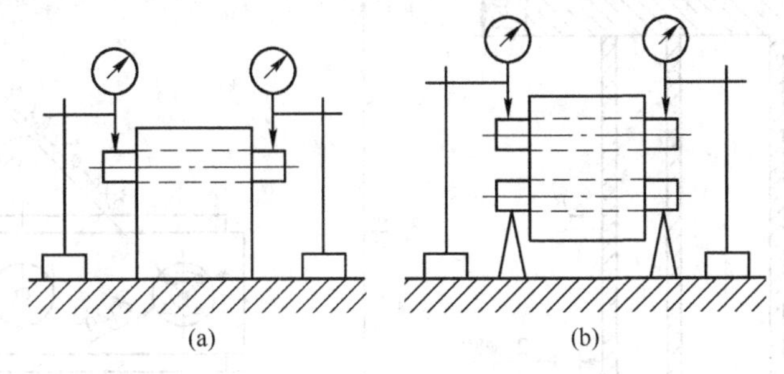

图3-65　孔轴心线间平行度的检验

能力点3.5　项目训练

【任务1】　制订图3-66所示花键轴零件的机械加工工艺,完成以下任务:

(1) 选择定位基准;

(2) 划分加工阶段;

(3) 确定加工顺序;

(4) 填写工艺卡片。

【任务2】　制订图3-67所示案卷鞍座的机械加工工艺。根据图样要求,完成以下任务:

(1) 选择定位基准;

(2) 划分加工阶段;

(3) 确定加工顺序;

(4) 填写工艺卡片。

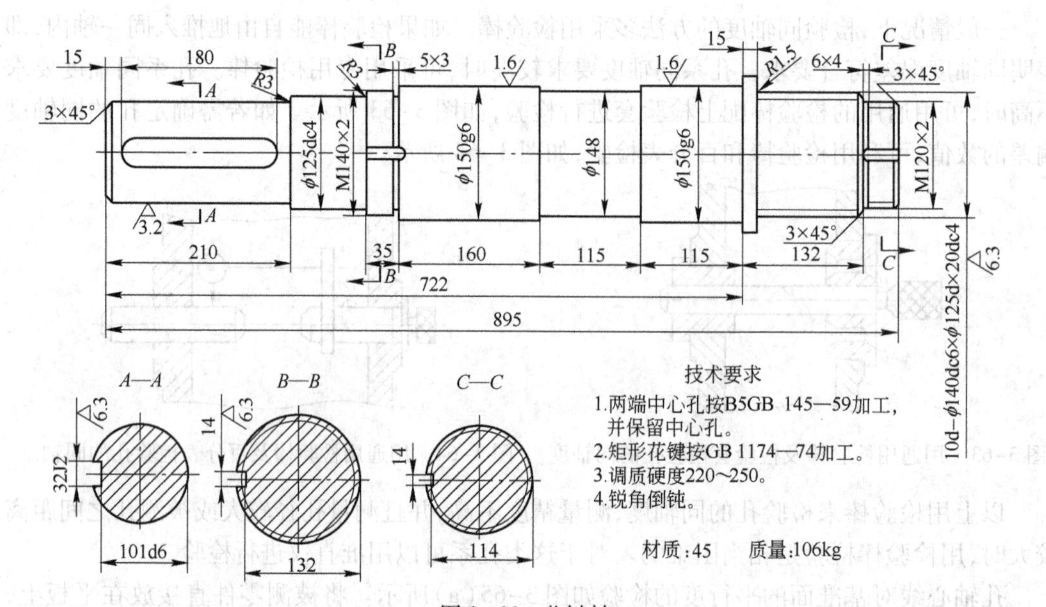

图 3-66　花键轴

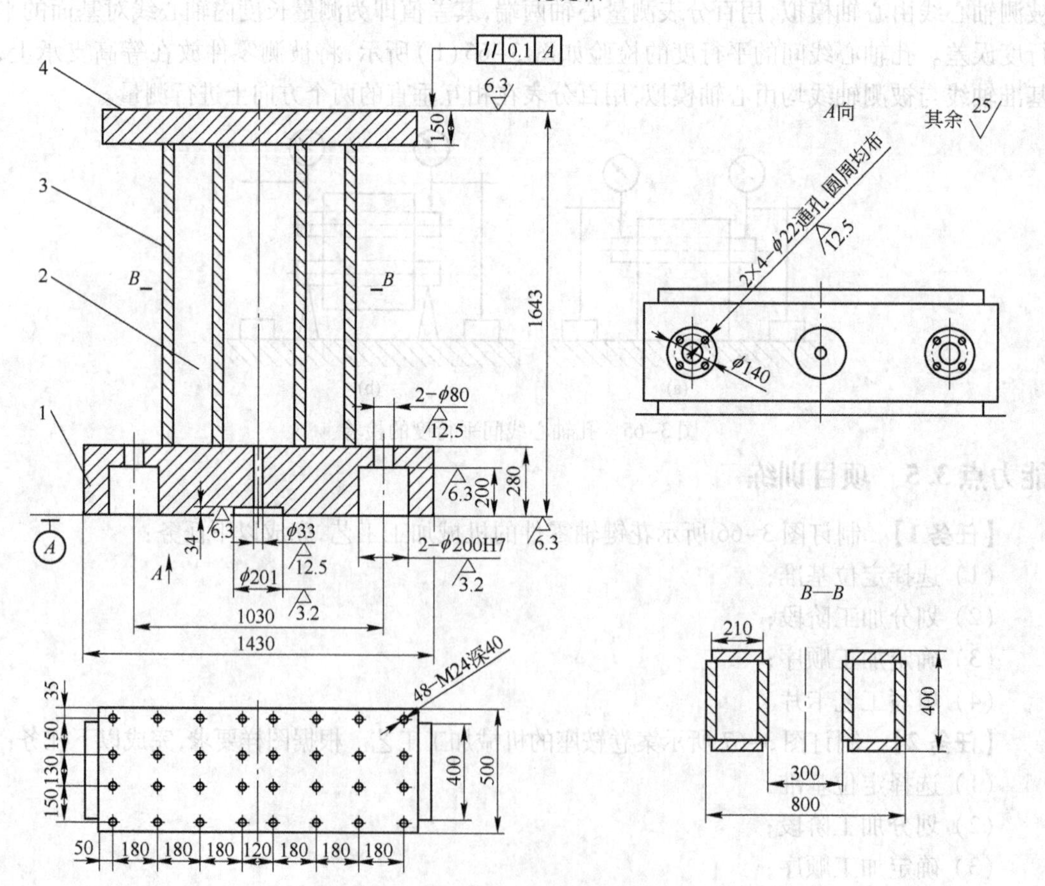

图 3-67　案卷鞍座

模块 2

机械加工质量及控制

【核心项目】 图 A 中轴承体的加工质量控制。

【核心任务】

(1) 如孔 $\phi150H7$ 对 $\phi70f7$ 轴颈的垂直度出现较大误差，试分析可能出现的误差原因。针对产生误差的原因应采取何种措施来保证加工质量？

(2) 如在加工孔 $\phi150H7$ 时，出现表面粗糙度不能达到轮廓算术平均偏差 1.6 μm 要求，而只有 6.3 μm，且内孔表面有较大划伤。

1) 请根据该零件的工作状况，分析可能造成的对该零件的使用性能的影响。

2) 分析可能造成表面质量未达到图纸要求的原因，针对产生误差的原因应采取何种措施来保证加工质量？

项目 4　机械加工精度

【项目任务】 制定图 A 轴承体的机械加工精度质量控制计划。

【教师引领】

(1) 完成该轴承体的尺寸精度分析。

(2) 完成该轴承体的形位精度分析。

(3) 采取哪些措施来保证该轴承体的加工精度？

【兴趣提问】 何为加工精度？人和机(设备)对于保证加工精度各有何作用？

知识点 4.1　概述

4.1.1　机械加工精度及其获得方法

4.1.1.1　加工精度的基本概念

零件的加工质量是整台机器产品的基础，直接影响机器的使用性能和寿命。随着机器的速度、负载的增高以及自动化的需要，对机器的性能要求不断提高，因此保证零件具有更高的加工质量就愈益重要，也是机械制造工艺学中要深入研究的一个主要问题。

零件的加工质量包括加工精度和加工表面质量两个大类指标。本项目仅研究零件的机械加工精度问题。

(1) 加工精度。加工精度是指零件加工后的实际几何参数(尺寸、形状和位置)与理想几何参数的符合程度。

所谓零件的理想几何参数,是指尺寸为零件工作图上规定尺寸的平均尺寸,形状为几何上理想的平面、圆柱表面等,以及各表面间的相互位置为几何上理想的平行、垂直等的情况。

根据几何参数的具体所指,加工精度还可进一步分为尺寸精度、几何形状精度和相互位置精度三个方面。这三个方面之间有一定的联系,没有一定的形状精度,谈不上尺寸、位置精度。例如,不圆的表面没有确定的直径,不平的表面不能测出准确的平行度或垂直度等。一般来说,形状精度应高于相应的尺寸精度;大多数情况下,相互位置精度也应高于尺寸精度。

加工精度的高低是以加工误差的大小来评价和表示的。

(2) 加工误差。加工误差是零件加工后的实际几何参数(尺寸、形状、位置)对理想几何参数的偏离程度。同样,加工误差也可具体地分为尺寸误差、形状误差和位置误差三个方面内容。加工误差大,表明零件的加工精度低;反之,加工误差小,则表明零件的加工精度高。

任何一种加工方法,不论多么精密,都不可能把零件做得绝对准确,总会有加工误差存在。只要将加工误差控制在不影响机器使用性能的范围内就可以了,没有必要花费多余的工时和成本追求过高的加工精度。

(3) 工艺系统。加工误差的大小是由零件加工过程中刀尖相对于工件上的理想加工表面间的相对位置变动大小确定的。刀具和工件又是通过夹具和机床相互联系在一起的。所以研究加工误差或加工精度,就必须研究刀具—机床—夹具—工件这一系统在加工过程中的表现。在机械加工中由机床、刀具、夹具和工件所组成的统一体称为工艺系统。

4.1.1.2　加工精度的获得方法

尺寸精度的获得方法已在项目 1 中介绍。

形状精度的获得方法有以下几种:

(1) 机床运动轨迹法。机床运动轨迹法是依靠机床运动使刀尖与工件的相对运动轨迹符合加工表面形状要求的方法。例如利用车床的主轴回转和刀架的进给运动车削外圆柱表面,刨床利用切削运动和横向进给加工平面等。

(2) 仿形法。仿形法是刀具按照仿形装置进给对工件进行加工的方法。例如在仿形车床上利用靠模和仿形刀架加工回转体曲面或阶梯轴,如图 4-1 所示。

(3) 成形法。成形法是利用成形刀具对工件进行加工的方法。如图 4-2 所示用成形车刀加工回转体曲面的方法,用齿轮铣刀铣削齿轮,用螺纹车刀车削螺纹牙形的方法等。

(4) 展成法。展成法又称滚切法,是利用工件和刀具做展成切削运动进行加工的方法。例如滚齿加工中,通过展成运动形成图 4-3 所示包络线齿廓的情况,图中 1 ~ 12 表示滚刀与工件在加工过程中的相对切削运动关系。插齿加工、花键滚削等也是展成法的例子。

零件相互位置精度的获得,主要由机床运动之间,机床运动与工件装夹后的位置之间或机床的各工位位置之间的相互位置正确性来保证。

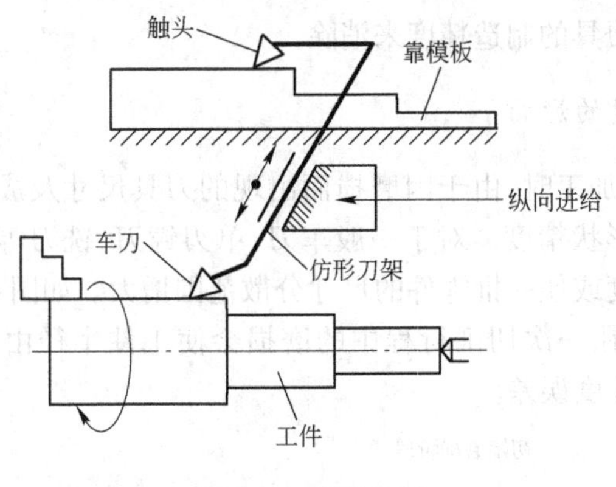

图4-1 仿形车削

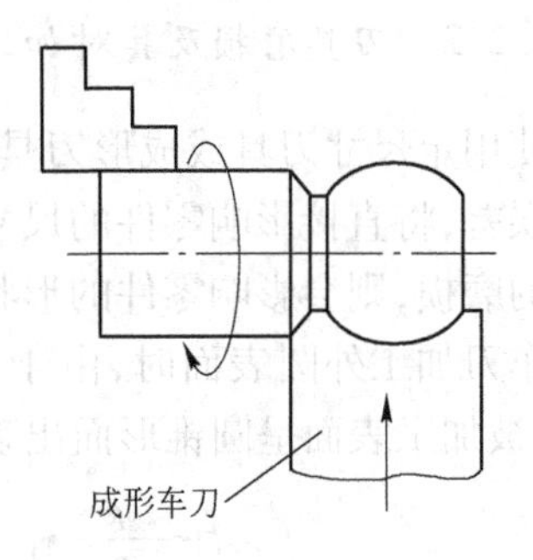

图4-2 成形车削

4.1.2 产生加工误差的影响因素

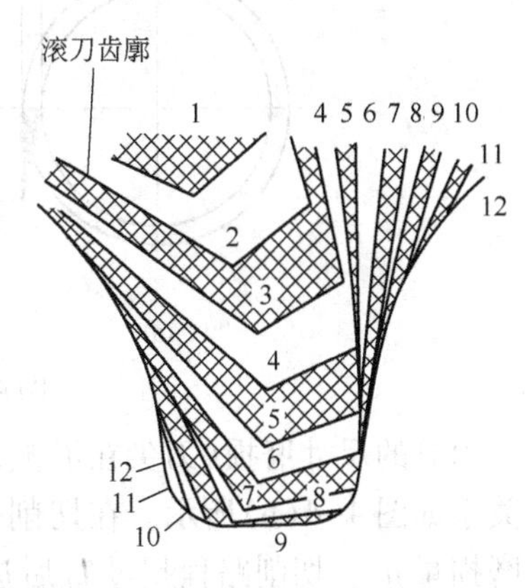

图4-3 渐开线齿形的展成加工

加工误差是由于在加工过程中刀具和工件间的相对位置不能达到理想要求而产生的。造成刀具和工件间相对位置偏离理想位置的原因主要有两大类:一类原因是与切削负载无关的误差因素,如原理误差、工艺系统几何误差、传动误差及测量误差等;另一类原因是在加工过程中,伴随切削力等外力和切削热的产生滚刀齿廓而出现的误差,如工艺系统发生变形,或是在加工过程中的刀具磨损等。这些使零件出现加工误差的误差因素称为原始误差。这里先对几种原始误差加以介绍,其他误差将分节给予说明。

4.1.2.1 *原理误差*

原理误差是由于采用了近似的加工运动或近似的刀具轮廓而产生的误差。

理论上讲,为获得要求的加工精度,应当采用理想的加工原理、准确的切削成形运动以及完全符合理论廓形的刀具形状。但有时要实现这一要求非常困难,或者要使用结构极为复杂的机床或夹具,或者要使用极为困难的刀具刃磨或砂轮修整运动及装置,甚至有时根本无法实现。即使可实现的,也会因传动环节过多,增加了机构运动误差,反而得不到高的加工精度。这时就必须采用近似的加工原理或刀具轮廓来进行加工。

例如用齿轮铣刀以成形法铣削齿轮时,对应每种模数的每一齿数都应有一把刀具以保证齿轮具有理想的齿廓形状。但这样刀具的制造和保管储备均不方便。所以实际上对于每一种模数,只用一套(8～26把)铣刀来加工所有齿数的齿轮。由于每把铣刀只能按某一特定齿数的齿轮廓形制造,用它来加工其他齿数的齿轮时就会产生原理误差。

用图4-3所示方法滚切齿轮时,由于刀齿的数目是有限的,因而齿形的形成过程是断续的,切出的齿廓是一个接近渐开线的折线而非理想渐开线,这一误差也是原理误差。滚刀的齿数越多,头数越少,被加工齿轮的齿数越多时,原理误差则越小。

应指出的是,只要原理误差在允许的范围内,近似加工就是一种合理的、完善的加工方法。另外,原理误差不能靠提高机床或刀具的制造精度来消除。

4.1.2.2　刀具磨损及其对加工精度的影响

在使用定尺寸刀具或成形刀具进行加工时,由于因磨损而出现的刀具尺寸及成形刀刃轮廓的误差,将直接影响零件的尺寸及形状精度。对于一般车刀、单刃镗刀、铣刀等在加工过程中的磨损,则会影响零件的形状精度或使一批零件的尺寸分散范围增大。如图 4-4(a)所示用车刀加工外圆表面时,由于刀具在一次切削行程中的磨损会使工件半径由 R 变成 R',结果被加工表面呈圆锥形而出现圆柱度误差。

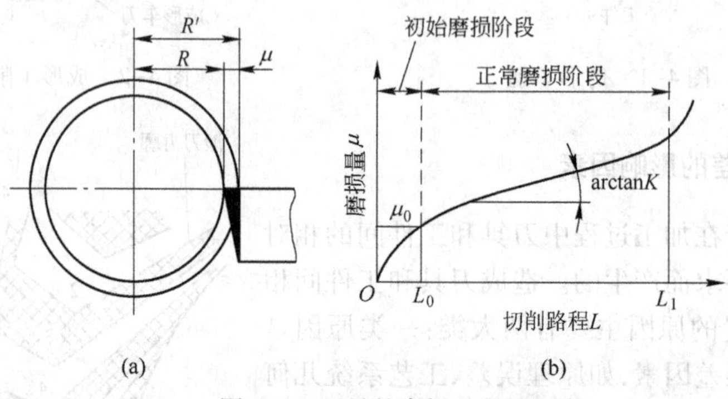

图 4-4　刀具的磨损过程及影响

刀具的尺寸磨损(刀尖在沿被加工表面法线方向的磨损)μ 随切削路程的增加而增加,其关系如图 4-4(b)所示。在切削初始的一段时间内磨损较剧烈,切削路程至 L_0 时达到初始磨损量 μ_0。切削路程超过 L_0 后进入正常磨损阶段,磨损量与切削路程成正比,二者的比率 K 称为单位磨损量,它是每切削 1000 m 路程时的以 μm 计的尺寸磨损量。当切削路程达到 L_1 时,磨损又急剧增加,这时应停止切削,进行刀具的刃磨。显然,刀具尺寸磨损量 μ 可按式(4-1)计算。

$$\mu = \mu_0 + \frac{K(L + L_0)}{1000} \approx \mu_0 + \frac{KL}{1000} \tag{4-1}$$

式中,L 为切削路程,μ_0 及 K 可根据工件材料、刀具材料及切削用量由表 4-1 查得。利用式(4-1)即可对刀具尺寸磨损量及由此引起的加工误差进行计算。

表 4-1　式(4-1)中的 μ_0 及 K 值

加工类别	加工材料	刀具材料	切削用量			初始磨损量 μ_0/μm	单位磨损量 K/μm · km^{-1}
			切深 a_p/mm	进给量 f/mm · r^{-1}	切削速度 v/m · s^{-1}		
精　车	45 钢	YT60 YT30	0.3	0.1	7.75 ~ 8.9	3 ~ 4	2.5 ~ 2.8
		YT15	<2	<0.3	17 ~ 3.44	4 ~ 12	8
	灰铸铁 HB187	YG4 YG6 YG8	0.5	0.2	1.5	3 5 5	8.5 13 19
	合金钢 σ_b = 92	YT60 YT30 YT15 YG3	0.5	0.21	2.25	2 4 5 6	2 ~ 3.5 8.5 9.5 30

续表 4-1

加工类别	加工材料	刀具材料	切削用量			初始磨损量 $\mu_0/\mu m$	单位磨损量 $K/\mu m \cdot km^{-1}$
			切深 a_p/mm	进给量 $f/mm \cdot r^{-1}$	切削速度 $v/m \cdot s^{-1}$		
精细车	灰铸铁 HB187	YG8	0.5	0.1	1.67	4	13
					2	5	18
					2.33	6	35

【例 4-1】 用调整法加工一批材料为 45 钢的小轴，直径 $d = 20$ mm，长度 $l = 300$ mm。刀具材料为 YT15，切削速度 $v = 100$ m/min，走刀量 $f = 0.3$ mm/r。试计算加工 500 件后因刀具磨损所引起的工件直径的变化。

解：查表 4-1 得 $\mu_0 = 5\mu m$，$K = 8\mu m/km$。

车刀车削每一工件所走过的切削路程为：

$$L = \frac{\pi dl}{f} = \frac{3.14 \times 20 \times 30}{0.3} = 6.283 m$$

车削 500 件的切削路程 L_{Σ} 为：

$$L_{\Sigma} = 500 \times 6.283 = 3.14 km$$

代入式(4-1)可得车刀的尺寸磨损量 μ 为：

$$\mu = 5 + 8 \times 3.14 = 30 \mu m$$

所以当加工完 500 个零件后，工件的直径尺寸将增大 0.06 mm。

当精细车削或精细镗孔时，由于所用进给量很小，或是加工大直径长工件时，由于其直径及长度很大，刀具的磨损对加工精度的影响也很大。例如用 YG8 单刃镗刀精细镗削床头箱主轴孔时，如孔的尺寸为 250 × 160 mm，采用切削速度 $v = 140$ m/min，$f = 0.1$ mm/r，则刀具尺寸磨损可高达 0.05 mm，产生的直径误差达 0.1 mm。当切削速度降为 100 m/min 时，由刀具磨损而引起的工件直径误差仍达 0.04 mm，已经超过了主轴孔的公差要求。

4.1.2.3　测量误差

精确的测量是保证刀具与工件间正确位置的依据。尺寸测量的精度取决于量具、量仪和测量方法的精度以及测量时的条件。此外，也和测量者的技术经验有关。而测量条件中，以温度和测量力的影响最为显著。

为减小温度所造成的测量误差，测量时，特别是量具和被测工件为同类材料时，应尽量保持两者温度一致。例如，加工后的工件要冷却一段时间，待温度稳定后再测量。如测量的时间较长，量具或工件应用工具夹持或戴棉线手套操作，以减少人体热量的传导。精度较高的工件应在相应精度的恒温室中测量，量仪前设置绝热板，以减少室内、外热源及人体辐射的影响，等等。测量力过大，将在量具触头和被测表面上造成较大接触变形；而过小则会因被测表面粗糙度影响而使读数不稳定。因此测量力的大小要适当。测量误差一般应控制在工件公差的 1/10 ~ 1/6 以内。当测量精度不易达到时，可考虑放宽到 1/3。

知识点 4.2　工艺系统的几何精度对加工精度的影响

在工艺系统中，机床是基础。它的几何精度及传动精度对工件加工精度有很重要的影响。刀具、夹具的几何精度也有重要影响。工艺系统的几何误差主要由制造不精确、安装不符合要求以及使用中的磨损而产生。

4.2.1 机床成形运动误差的影响

机床的成形运动(如车床主轴的回转运动、刀架的纵向及横向进给运动等)的正确性是获得加工精度的基础。它主要有回转运动和直线运动两种。

4.2.1.1 主轴回转误差

A 主轴回转误差的基本形式及影响

机床主轴是工件(如车床)或刀具(如镗床、钻床、铣床)的位置基准和运动基准,它的误差直接影响着工件的加工精度。在理想情况下,当主轴回转时,主轴回转中心线在空间的位置应是固定不变的。但实际上由于制造误差和受力受热变形的存在,使主轴回转中心线总是在空间发生位置变动,也就是说,存在着回转误差。

主轴回转误差可以分解为三种基本的飘移运动:

(1) 轴向飘移,又称轴向窜动,是主轴实际回转中心线沿理想回转中心线方向的位置变动量,如图4-5中的a。

(2) 径向飘移,又称径向跳动,是主轴实际回转中心线相对理想中心线位置的平移变动在横切面上的变动范围,如图4-5中的b。

(3) 角度飘移,又称角度摆动,是主轴实际回转中心线与理想中心线位置的角度偏移,如图4-5中的c。

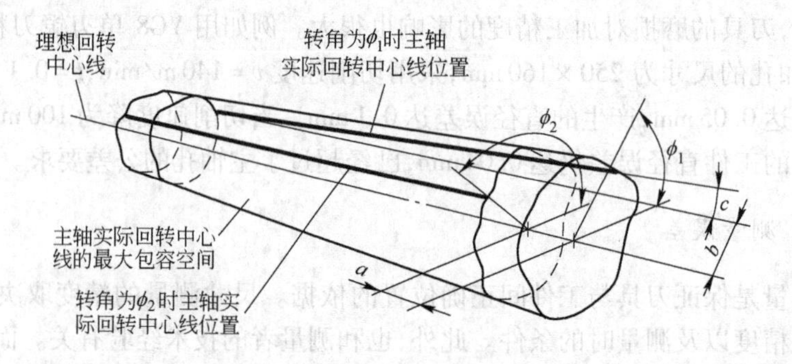

图4-5 主轴回转误差

主轴回转误差对加工精度的影响可按上述三种基本飘移运动来讨论。当主轴回转存在径向跳动时,一般地会引起被加工圆柱表面横截面的圆度误差。但在轴心线仅在水平方向出现呈简谐运动的径向跳动,且该简谐运动频率正好与主轴转速相同时,该跳动的影响对车削和镗削不同。对刀具转动而工件不动的镗削,如图4-6(a)所示,加工出的孔截面将呈椭圆形;而对刀具不动而工件回转的车削,如图4-6(b)所示,加工出的圆柱截面仍接近真圆,只是在除图中1~4点处外其他位置上的半径存在有二次小的误差。

当主轴回转存在轴向窜动时,对外圆与内孔表面加工精度没有影响,但却会使加工出的端面凸凹不平,加工出的螺纹出现螺距误差。

当主轴回转存在角度摆动时,一般地会使被加工表面远离主轴端的圆度误差变大。但如果角度摆动方向变化频率与主轴回转相一致,且其摆动大小变化不大时,则对伸出镗杆加工孔的镗削而言将加工成锥孔，对车削而言将加工出一个中心线偏斜的圆柱表面，其情况如图4-7所示。

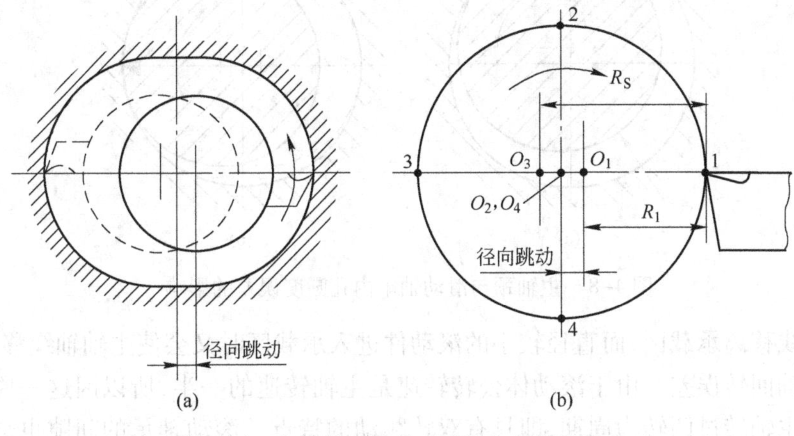

图4-6　主轴径向跳动对镗削和车削的影响
(a) 镗削；(b) 车削

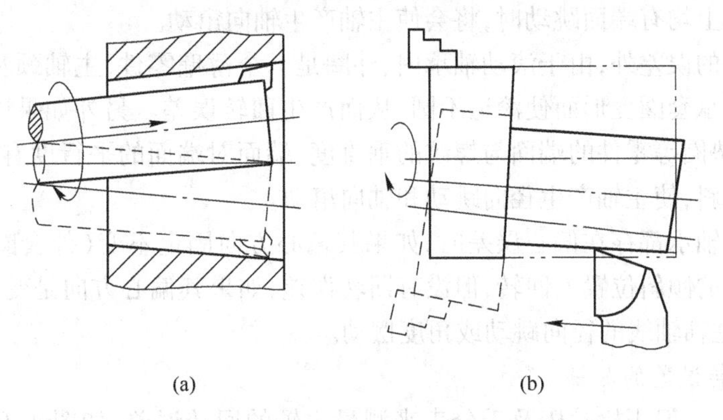

图4-7　角度摆动对镗削及车削的影响
(a) 镗削；(b) 车削

B　主轴回转误差的产生原因

主轴是在前后轴承的支承下进行回转的，其回转误差主要由主轴支承轴颈、轴承以及轴承支承表面的误差产生的。

对于滑动轴承，影响主轴回转精度的直接因素是主轴颈的圆度误差、轴瓦内孔圆度误差以及它们之间的配合情况，而它们的影响程度又因机床类型不同而不同。对于工件回转类机床(如车床)，因切削力即传动力方向不变，主轴颈回转时总是与轴瓦上的某一位置接触，如图4-8(a)所示。因此，轴瓦内孔圆度误差的影响较小，而主轴轴颈的圆度误差起主要作用。对于刀具回转类机床(如镗床)，切削力方向是变化的，对轴瓦而言是随时变化的，轴瓦的圆度误差将对主轴回转误差起主要作用，如图4-8(b)所示。

对于滚动轴承作主轴支承的情况，影响主轴回转误差的因素就更多。其中轴承内外圈滚道的圆度误差的影响与前述滑动轴承的情况相似，即对工件回转类机床，起重要作用的是轴承内圈外滚道的圆度误差；而对刀具回转类机床起重要作用的则是轴承外圈内滚道的圆度误差。滚动轴承各滚动体尺寸不一或有圆度误差时，当直径较大的滚动体进入承载区时

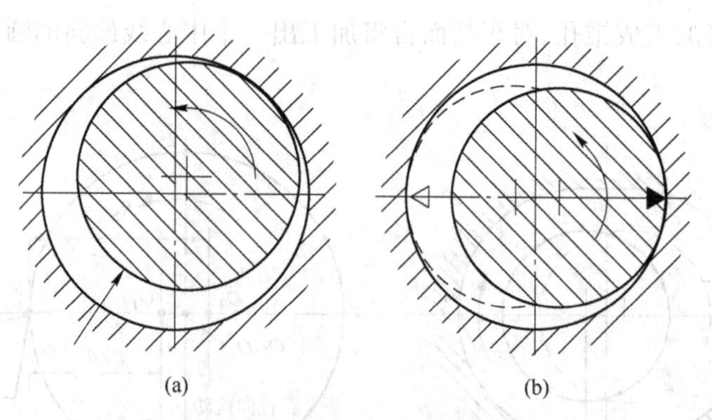

图 4-8　主轴颈与滑动轴承内孔圆度误差的影响

会使主轴轴线移离承载区,而直径较小的滚动件进入承载区时又会使主轴轴线移近承载区,也会产生主轴回转误差。由于滚动体公转转速是主轴转速的一半,所以因这一原因出现的回转误差以主轴转过两转为周期,即具有双转跳动的特点。滚动轴承的间隙也会导致产生主轴回转误差。所以主轴轴承都要施加预加载荷。对于推力轴承,其滚道的端面跳动,尤其是其紧圈和活圈上均有端面跳动时,将会使主轴产生轴向窜动。

除轴承本身的误差外,由于滚动轴承内、外圈是一个薄壁零件,主轴颈及安装轴承的内孔不圆将引起轴承套圈变形而使滚道不圆,从而产生回转误差。另外如果压紧滚动轴承的螺母、过渡套或垫圈等零件的端面与螺纹的垂直度、端面对端面的平行度有误差,则会使轴承内外圈相对倾斜,使主轴产生径向跳动和轴向窜动。

在主轴前后轴承都存在偏心误差时,如果其偏心方向固定不变(外套圈偏心),主轴轴线将在某一固定的倾斜位置上回转,但没有回转误差;如果其偏心方向是变化的(内套圈偏心),则会产生主轴轴线的径向跳动或角度摆动。

C　主轴回转误差的测量

在工厂现场,一般用检验棒及千分表来测量主轴的回转误差,如图 4-9 所示。为消除检验棒中心线与主轴回转轴线间不重合而带来的影响,可将检验棒转过 180°安装后再测量一次,取两次测量的平均值为测量结果。该法简便易行,但不能反映主轴在工作转速下的回转误差,而且无法区分它们是如何影响加工精度的。在实验室或工厂中为更精确测量分析主轴的回转误差,需要使用精密仪器。由于测量的结果要反映在误差敏感方向上的影响,所以对刀具回转型机床(其误差敏感方向也在回转)和工件回转型机床(其误差敏感方向固定)的测量方法各不相同。

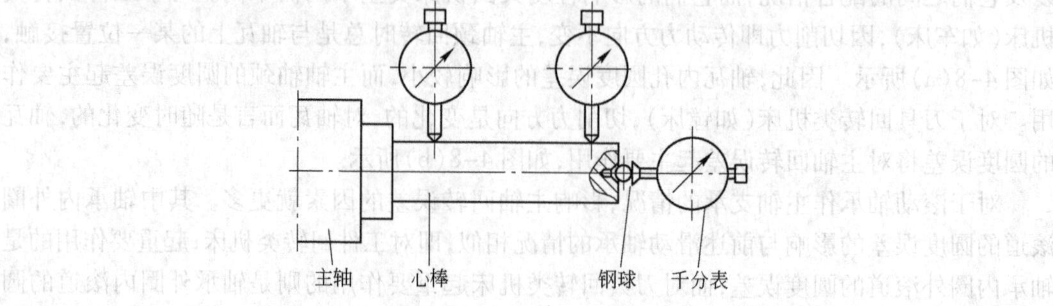

图 4-9　用检验心棒测量主轴回转误差

(1) 刀具回转型机床的主轴回转精度的测量。如图4-10(a)所示,在机床主轴上固定一调整盘,在盘上粘一圆度比被测机床回转精度高一个数量级的钢球5,在钢球相互垂直的两侧面各装一个位移传感器3,其检出的电信号经放大器6输入到示波器4的水平和垂直偏置极板上,使之在示波器上产生李沙育图形。将标准钢球中心调整与主轴回转中心有一微小偏心量e,如主轴没有回转误差,则当主轴回转时的李沙育图形为一个正圆。如主轴存在回转误差,则钢球在回转时除有偏心运动外还存在着误差运动,从而使李沙育图形变形。图4-10(b)为实测李沙育图一例,其上能包容图像的两个半径差最小的同心圆的半径差ΔR_{min}即代表主轴回转精度。在该方法中,要注意应使钢球偏心方向尽量接近误差敏感方向。

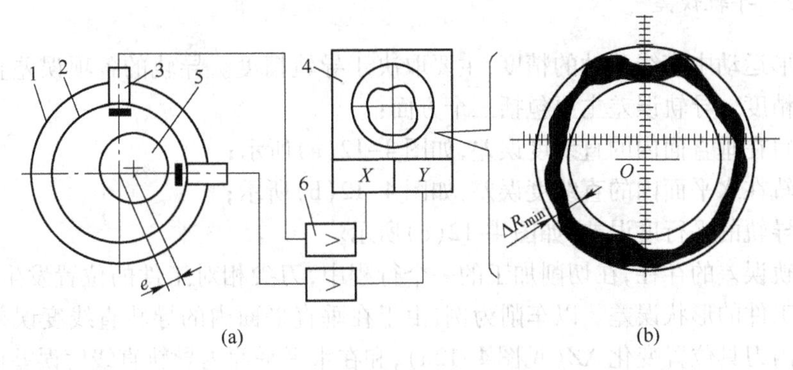

图4-10　刀具回转型机床主轴回转精度的测量

1—主轴;2—调整盘;3—位移传感器;4—示波器;5—钢球;6—放大器

(2) 工件回转型机床的主轴回转精度的测量。图4-11所示为车床主轴回转精度测量的一种方法。其位移传感器固定在误差敏感方向上(Y向),3为一高精度标准钢球;1和2是两个偏心量相等而偏心方向互成90°的圆盘,用以产生示波器上的基圆。当偏心盘的偏心量为e时,传感器Ⅰ、Ⅱ分别输出$e\sin\varphi$和$e\cos\varphi$为主轴回转相位的电信号,经放大K倍后进入运算电路。传感器Ⅲ接受钢球传来的主轴回转误差在Y向的分量S,并放大K_0($K_0 \gg K$)倍后输入运算电路,由图可知输往示波器X、Y偏转板上的电信号S_X、S_Y分别为:

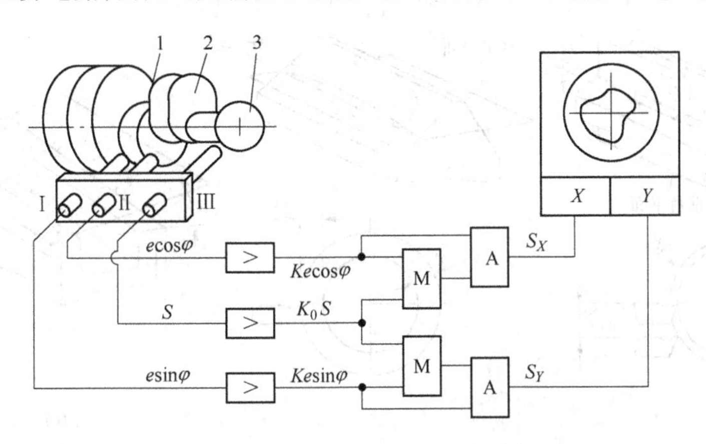

图4-11　车床主轴回转精度的测定

M—乘法器;A—加法器

$$S_X = Ke(1 + K_0 S)\cos\varphi$$

$$S_Y = Ke(1 + K_0 S)\sin\varphi$$

示波器上光点的向径 ρ 为：

$$\rho = \sqrt{S_X^2 + S_Y^2} = Ke(1 + K_0 S)$$

当主轴没有回转误差（$S=0$）时，示波器上出现半径为 Ke 的真圆。当主轴有回转误差 S 时，示波器上测得的 ΔR 即代表主轴的回转误差：

$$\Delta R = \rho - K \cdot e = K \cdot K_0 eS$$

在这里，因 K 远小于 K_0，所以主轴回转误差 S 对传感器 Ⅰ、Ⅱ 的影响可忽略不计。

4.2.1.2　导轨误差

机床成形运动中直线移动的精度，主要取决于导轨精度。导轨的各项误差直接影响被加工工件的精度。导轨误差主要包括三个方面：

（1）导轨在垂直面内的直线度误差，如图 4–12（a）所示；

（2）导轨在水平面内的直线度误差，如图 4–12（b）所示；

（3）两导轨的平行度误差，如图 4–12（c）所示。

由于导轨误差的存在，在切削加工的一个行程中，刀尖相对工件的位置发生了变化，从而可以引起工件的形状误差。以车削为例，由于在垂直平面内的导轨直线度误差而出现的在切削行程内刀具位置变化 ΔZ（见图 4–12a），和在水平平面内导轨直线度误差而出现的刀具位置变化 ΔY（见图 4–12b），都将引起在该切削行程中加工出的工件直径发生变化，其变化量为 ΔR，它将使工件产生锥度、腰鼓形等形状误差。但由图 4–12 可知，同样大小的 ΔZ 和 ΔY，引起的工件直径变化 ΔR 相差很大。当工件直径 D 为 50 mm 时，0.1 mm 的 ΔY 产生 0.1 mm 的 ΔR，0.1 mm 的 ΔZ 却仅产生 0.0002 mm 的 ΔR，两者相差 500 倍。总结这一现象得知：当工艺系统误差引起刀尖和工件在加工表面的法线方向产生相对位移时，该误差对加工精度有直接的影响；而在加工表面切线方向产生的位移的影响则可以忽略不计。这个加工表面的法线方向称为“误差敏感方向”。

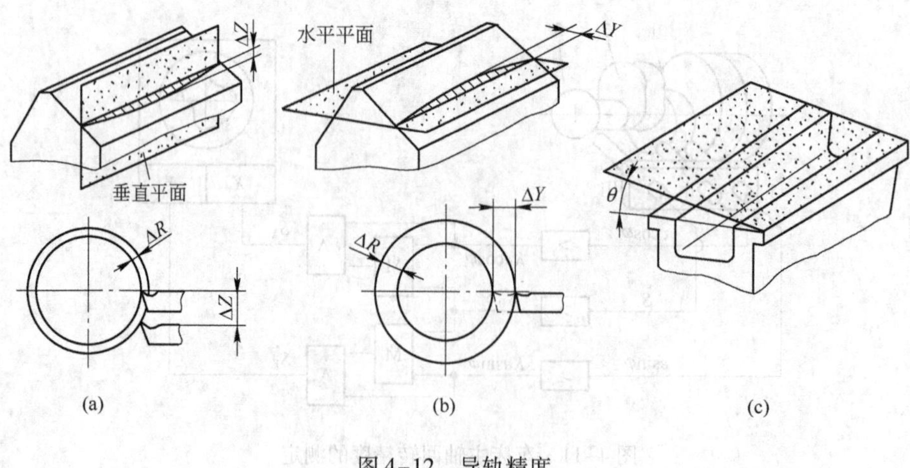

图 4–12　导轨精度

两导轨的平行度误差也会在加工行程内产生刀具位置变化而引起形状误差(见图4-13)。

导轨在垂直平面内的直线度误差及两导轨的平行度误差一般采用精密水平仪进行测量，前者也可采用准直光管和反射镜进行测量。导轨在水平平面内的直线度误差可以使用光学平直仪测量，也可使用拉紧钢丝和读数显微镜测量。

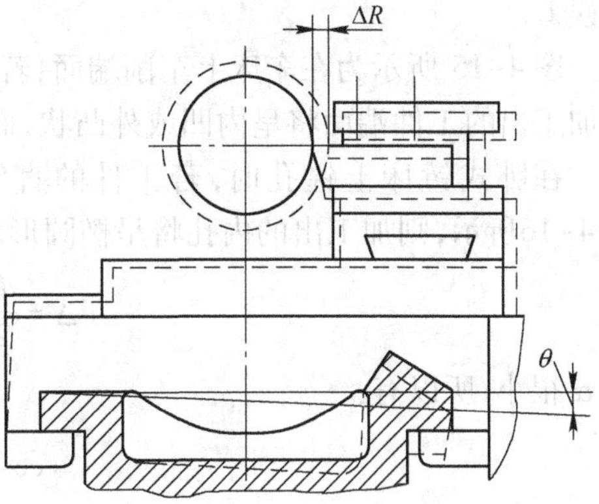

机床导轨的几何精度，除取决于制造精度外，还和机床安装时的安装水平调整有很大关系。特别是床身很长的龙门刨床、导轨磨床等机床更是这样。

图4-13　导轨扭曲引起的加工误差

使用过程中的不均匀磨损，是产生机床导轨误差的又一重要原因。例如普通车床导轨中部，两班制条件下使用一年后，三角导轨可以产生0.04～0.05 mm的磨损量，在粗加工条件下甚至可达0.10～0.12 mm。

4.2.2　机床成形运动间相对位置精度的影响

机床两基本成形运动之间，或是机床基本成形运动与机床上工件的装夹基面之间的相互位置误差，将直接影响工件的几何形状精度和相互位置精度。

4.2.2.1　机床基本成形运动间相互位置误差的影响

现分别以车床、镗床和铣床加工为例说明机床基本成形运动间相互位置误差对加工精度的影响。

图4-14(a)所示为在车床上加工工件的外圆柱表面。若刀具的直线运动(纵向进给运动)在 *XOY* 平面上与工件回转运动轴线不平行，则将加工出一个圆锥表面，如图4-14(b)所

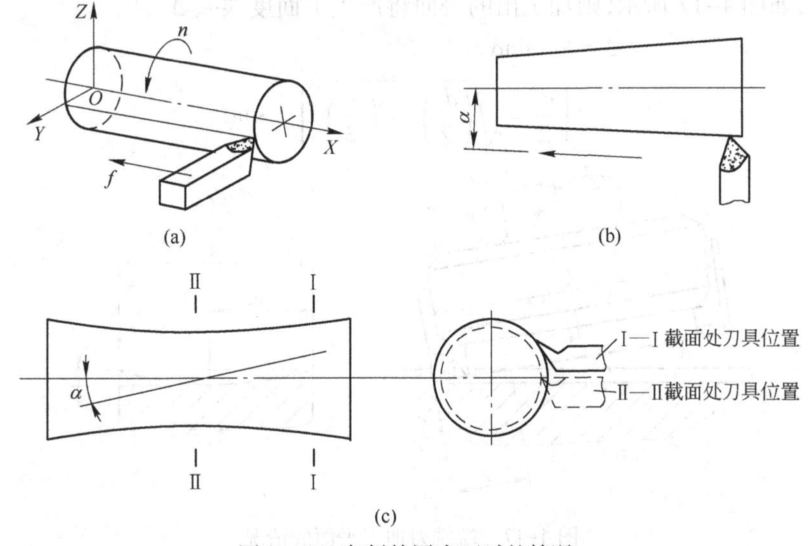

图4-14　车削外圆表面时的情况

示；若刀具的直线运动与工件回转运动轴线不在同一平面内，即在空间交错而不平行，则加工出来的表面将是一个双曲面，如图 4-14（c）所示。这两种情况都造成了加工表面的圆柱度误差。

图 4-15 所示为在车床上车削端面，若刀具横向进给运动与工件回转运动轴线不垂直，则加工出的工件端面将呈内凹或外凸状，而不是一个平面。

在卧式镗床上镗孔时，若工件的直线进给运动与镗杆回转运动轴线不平行时，如图 4-16所示，则加工出的内孔将呈椭圆形。加工出孔的圆度误差为：

$$\Delta = \frac{d_c}{2}(1 - \cos\alpha)$$

因 α 很小，所以有：

$$\cos\alpha \approx 1 - \frac{\alpha^2}{2}$$

故

$$\Delta = \frac{\alpha^2}{4}d_c$$

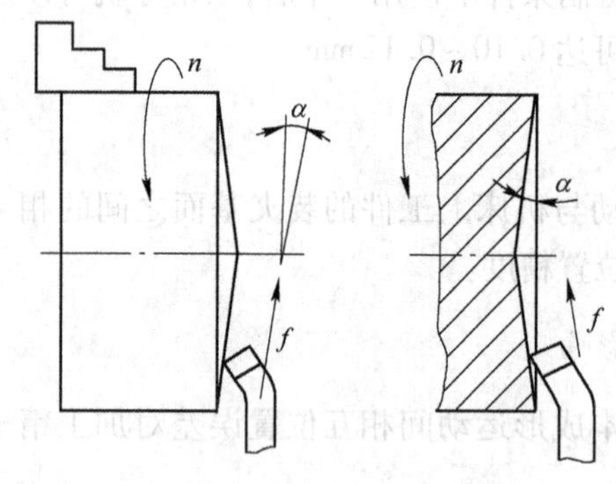

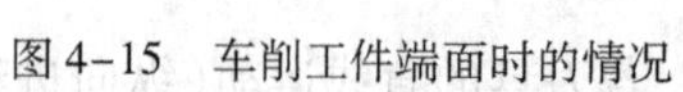

图 4-15　车削工件端面时的情况

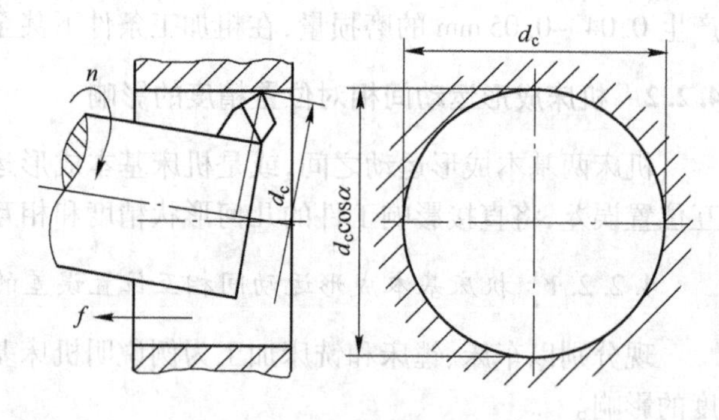

图 4-16　镗床镗孔的情况

在立式铣床上用端铣刀加工平面时，若铣刀主轴回转轴线与工作台直线进给运动有不垂直误差 α，如图 4-17 所示，则加工出的表面将产生平面度误差 Δ，且

$$\Delta = b \cdot \sin\alpha$$

$$= \left[\frac{d_c}{2} - \sqrt{\left(\frac{d_c}{2}\right)^2 - \left(\frac{B}{2}\right)^2}\right] \cdot \sin\alpha$$

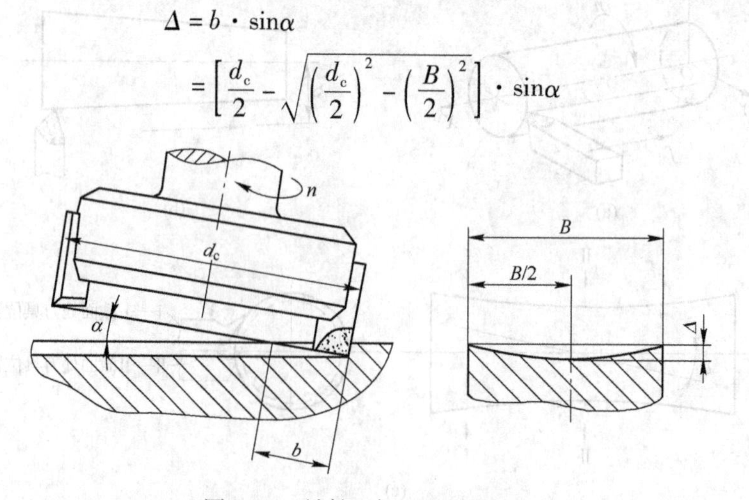

图 4-17　端铣刀加工平面的情况

$$=\frac{d_c}{2}\left[1-\sqrt{1-\left(\frac{B}{d_c}\right)^2}\right]\cdot\sin\alpha$$

若立式铣床工作台的纵向和横向两进给运动方向不垂直，则在一次装夹中用立铣刀加工出的工件的两侧边也将不垂直。

4.2.2.2　机床基本成形运动与工件装夹基面间相互位置误差的影响

机床工作台面等工件装夹基面，是决定工件或夹具在机床上正确位置的基准。它与机床成形运动间的相互位置正确与否，将直接影响工件加工后表面间相互位置精度。

例如，图4-18(a)所示牛头刨床工作台面与滑枕走刀方向不平行，加工出的工件将厚度不等，产生工件上、下表面间的不平行误差。

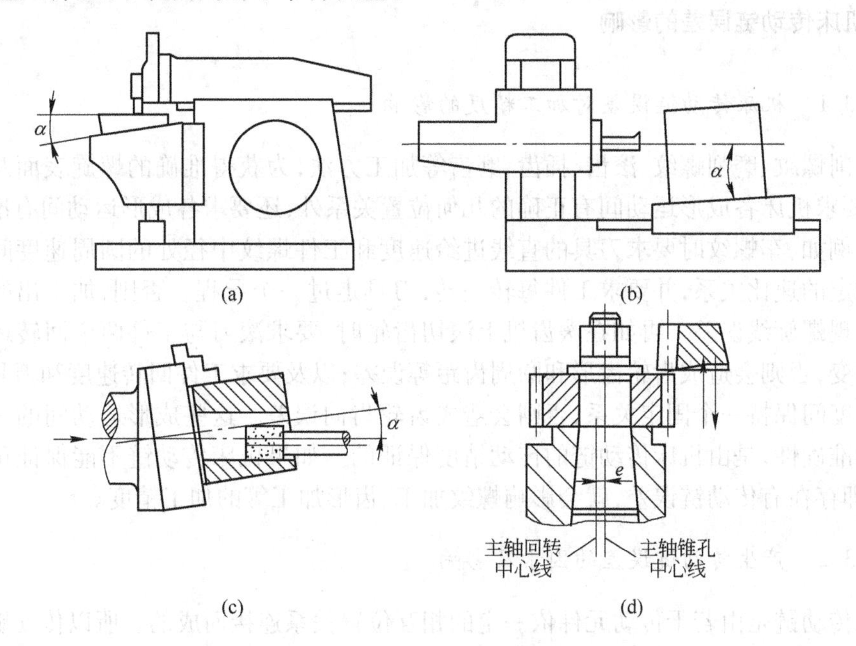

图4-18　工件装夹基面与成形运动相互位置误差的影响

图4-18(b)所示卧式镗床工作台面与主轴轴线及进给方向不平行，镗出的孔中心线将对工件底面不平行。

图4-18(c)所示内圆磨床床头主轴卡盘定位面对主轴回转轴线倾斜，使磨出的工件内孔与外圆表面不同轴。

图4-18(d)所示插齿机工作台心轴锥孔与工作台回转轴线不同轴，使插出的齿轮产生齿圈径向跳动误差。

如果加工中是借助夹具将工件装夹于机床之上，那么除机床的几何精度以外，夹具本身的制造精度以及在机床上的安装误差，也将引起工件加工后各表面间的相互位置误差。另外，对使用成形刀具获得加工表面形状的情况，成形刀具的制造误差和它在机床上的安装误差也将引起加工表面的形状误差等。例如，用螺纹车刀精车螺纹时，车刀刃磨时牙形角不准确，或是车刀安装时有倾斜、或是车刀安装偏高、偏低，都能使加工出的螺纹牙形不准确，如图4-19所示。

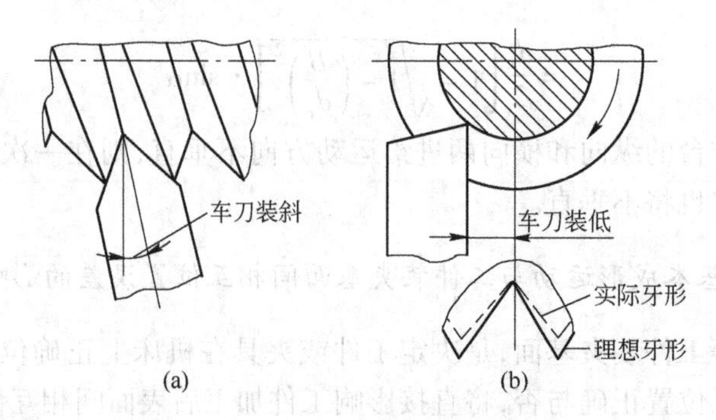

图 4-19　螺纹车刀安装误差的影响

4.2.3　机床传动链误差的影响

4.2.3.1　机床传动链误差对加工精度的影响

对车削螺纹、磨削螺纹、滚齿、插齿、磨齿等加工方法，为获得准确的螺旋表面及齿形表面等，除要求机床各成形运动间有正确的几何位置关系外，还要求各成形运动间有准确的速度关系。例如，车螺纹时要求刀具的直线进给速度和工件螺纹中径处的圆周速度间始终保持一个固定的速比关系，并要求工件每转一转，刀具走过一个导程。否则，加工出的螺纹表面就会出现螺旋线误差。再如在滚齿机上滚切齿轮时，要求滚刀与工件两个回转运动之间的速比不变，否则会造成齿轮齿形和圆周齿距等误差；以及要求工件回转速度和刀具向下进给运动速度间保持一个固定关系，否则会造成齿轮齿向误差。这些成形运动间的一定的速比关系的准确性，是由机床传动链的传动精度保证的。如果机床传动链不能保证正确的传动关系，即存在有传动链误差，就会影响螺纹加工、齿形加工等的加工精度。

4.2.3.2　产生传动链误差的因素及影响

机床传动链是由若干传动元件依一定的相互位置关系连接而成的。所以传动链误差主要是由传动元件本身的制造误差和装配误差产生。另外，传动元件及支承元件的受力变形、因负载或摩擦阻力变化造成的传动间隙和元件变形量变化、装配间隙的存在使元件间相互位置变化等也是产生传动链误差的重要原因。

各传动元件的传动误差对整个传动链误差的影响，还随其在传动链中的位置不同而不同。例如，图 4-20 所示的 Y3180E 滚齿机的传动链中，若滚刀等速转动，而在某一时刻滚刀轴上的齿轮具有转角误差 $\Delta\varphi_1$，则它所造成的工作台或工件的（传动链末端元件的）转角误差 $\Delta\varphi_g$ 为：

$$\Delta\varphi_g = \Delta\varphi_1 \times \frac{80}{20} \times \frac{23}{23} \times \frac{28}{28} \times \frac{28}{28} \times \frac{42}{48} \times i_c \times \frac{e}{f} \times i_x \times \frac{1}{48} = i_{1n}\Delta\varphi_1 \tag{4-2}$$

式中，i_c、i_x 分别为差动机构及滚切挂轮的传动比；i_{1n} 为从滚刀轴上的齿轮到分度蜗轮的总传动比。

式(4-2)说明，传动元件的转角误差乘上该元件至末端元件的总传动比，等于末端元件转角误差。由元件 j 至末端的传动比 i_{jn} 反映了元件 j 的误差对传动链误差的影响，故称为误差传递系数，并用 K_j 表示。若 K_j 大于 1（升速传动），则元件 j 的传动误差将被扩大；反之，若

K_j小于1(降速传动),则传递误差将被缩小。

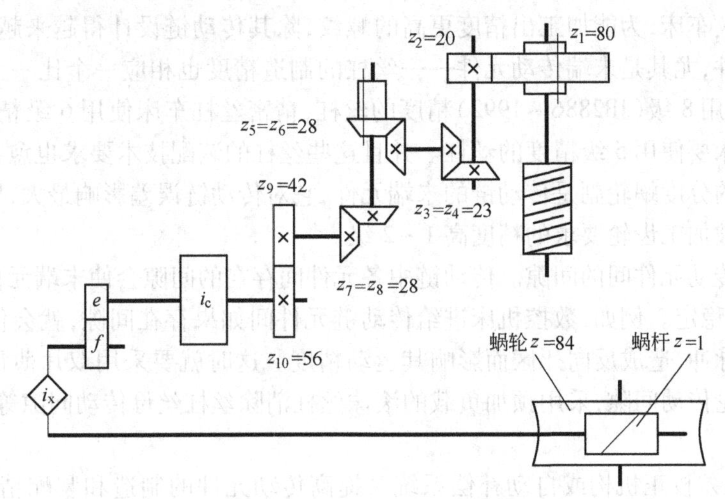

图4-20　Y3180E滚齿机的滚切传动链

4.2.3.3　减小机床传动链误差的措施

由前面讨论可知,减小机床传动链误差的措施可有如下几点:

(1) 采用降速传动链,并把具有最大降速比的元件放在末端。末端传动副降速比越大,传动链中其他元件的误差影响就越小。

(2) 尽量缩短传动链,以减少传动链的元件数量,减少误差来源。例如在普通螺纹车床上,由主轴至丝杠的传动链较长,为主轴—正反向换向齿轮组—挂轮齿轮组—进给箱基本组—扩大组—光丝杠变换组—丝杠,有的还要有公英制变换、模数径节变换等,所以加工螺纹的精度不能很高。而在加工较高精度螺纹的丝杠车床上,由主轴至丝杠就只通过一个挂轮传动组,传动链大为缩短,传动误差也大为减小。至于在大批量生产中应用的精度螺纹磨床,为了能加工出更精密的螺纹,机床母丝杠和主轴串联为一体,如图4-21所示 ,并随着主轴的回转同时轴向移动,使工件获得与母丝杠螺距相同的螺纹。这样,其传动链最短、传动元件最少,从而使传动链误差减至最小。又如加工高精度分度蜗轮的蜗轮母机,其分度传动链比一般的精密滚齿机也要短得多。

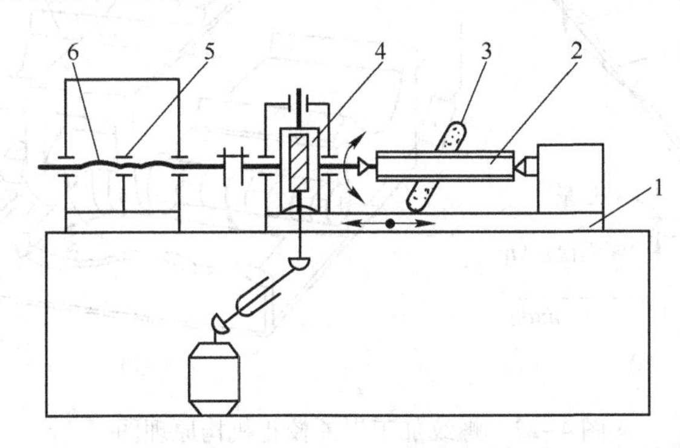

图4-21　精密螺纹磨床的传动系统

1—工作台;2—工件;3—砂轮;4—传动蜗轮副;5—螺母;6—可换母丝杠

(3) 提高传动元件,特别是末端传动元件的制造精度和装配精度。精密螺纹磨床、丝杠车床和普通螺纹车床,为能加工出精度更高的螺纹,除其传动链设计得越来越短外,其传动链中的传动元件,尤其是末端传动元件——丝杠的制造精度也相应一个比一个高。一般来讲,普通车床使用 8 级(JB2886 - 1992)精度的丝杠,精密丝杠车床使用 6 级精度的丝杠,而高精度螺纹磨床要使用 5 级精度的丝杠。并且这些丝杠的装配技术要求也愈益严格。再如齿轮加工机床的分度蜗轮副是传动链的末端元件,它对传动链误差影响最大,所以通常它的精度等级要比被加工齿轮要求的精度高 1 ~ 2 级。

(4) 消除传动元件间的间隙。传动链中各元件间存在的间隙会使末端元件的瞬时速度不均匀,速比不稳定。例如,数控机床进给传动链元件间如果存在间隙,就会使进给运动反向滞后于指令脉冲,造成反向死区而影响其运动精度。这时就要采用双片薄齿轮错齿调整结构以消除齿轮传动间隙,采用预加负载的滚珠丝杠消除丝杠丝母传动间隙等,以减小传动链误差。

(5)采用误差校正机构或自动补偿系统。提高传动元件的制造和装配精度,会使制造成本随之增加,且其精度的提高也有一定的限度。为能较经济地获得更高传动链精度,还可采用误差补偿法。误差补偿的原理就是人为地制造一个大小相等方向相反的误差去补偿原有的原始误差的方法。用机械结构来实现补偿的实例有螺纹加工机床的误差校正机构等。图 4-22 所示为螺纹加工误差补偿原理。如果工件转动(转过一定圈数后工件中径处转过的圆周距离为 $n\pi d_{中}$) 和刀具纵向移动(移动量为 nt,其中 t 为工件螺纹螺距)保持正确的速度关系,在图 4-22(a)中应得到一条理想的直线(图中理想曲线)。但实际上由于传动链误差的存在,工件转速和刀具直线移动速度间并不能始终严格保持固定的速比,这时将有螺距误差出现,而在图 4-22(a)中得到一条和理想的直线不重合的曲线(图中实际曲线)。由图可见,为了能消除传动链误差,可以在工件每一回转角度上,人为地使刀具移动速度加快或减慢一些,使之能恰好补偿螺距误差的大小。这一补偿可由图 4-22(b)中的校正尺和摆动螺母来实现。校正尺 6 上部具有和图(a) 中补偿曲线相似的曲线形状。当和工件 1 有一定

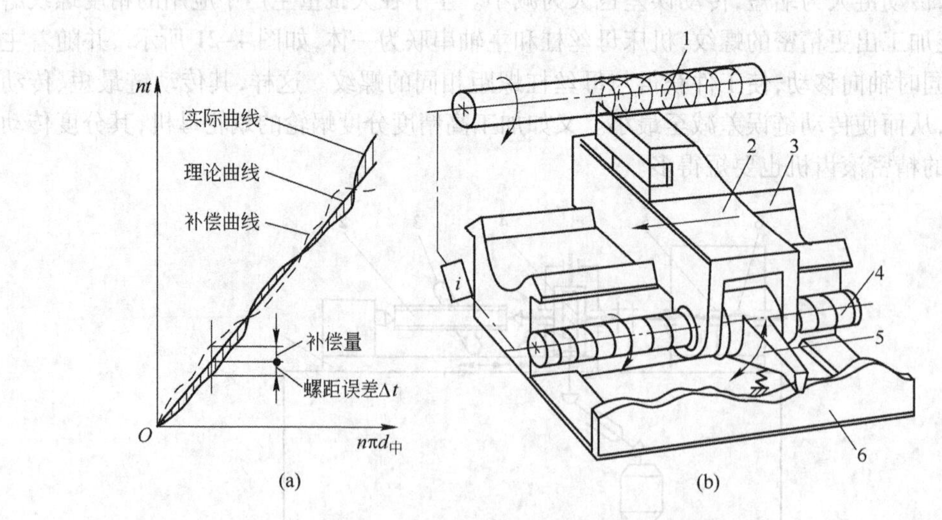

图 4-22　螺纹加工误差校正机构原理图

1—工件;2—溜板;3—导轨;4—丝杠;5—摆动螺母;6—校正尺

传动关系的丝杠4回转时,丝杠上的摆动螺母将拖动溜板2和刀具做直线运动,并在回转的工件上车出螺纹。而由于校正尺6迫使摆动螺母5产生的摆动,使刀具产生一个附加的补偿运动,使其进给速度能按预定要求加快或减慢,并恰好能补偿原传动链误差造成的螺距误差,从而提高了螺纹加工精度。

上述误差校正机构的补偿量是由校正尺确定的,所以只能按一种补偿曲线补偿。若由于磨损等原因原误差曲线发生了变化,就需要重新制作一块校正尺。另外这一方法也无法补偿随机因素造成的误差。为解决这一问题,还可以在工件主轴及刀具溜板处安装角度及位移测量装置,以便能随时精确测出工件转角及刀具位移量,并可随时计算出螺距误差的大小。然后再以该误差信号为反馈指令,实时改变刀具进给驱动系统以改变进给速度,从而获得理想的高精度螺纹表面。这就构成了一个自动测量补偿系统。

4.2.4　刀具、夹具几何精度误差及工件定位误差的影响

刀具、夹具、工件是工艺系统的组成部分,它们的尺寸、几何形状及相互位置误差会直接影响工件的加工精度。

工件在机床上的位置不正确,在用找正法装夹时是由找正及夹紧误差产生的,在用夹具装夹时是由定位误差、夹紧误差、夹具制造误差及夹具在机床上的定位不准确等多种因素造成的。

在用定尺寸刀具加工时,刀具的尺寸精度直接影响被加工工件的尺寸精度。刀具尺寸磨损及制造不准确,会带来加工误差。另外,刀具安装不当,在加工时有径向跳动或轴向窜动,也会使被加工尺寸扩大而造成误差。

用成形刀具(如成形车刀、成形铣刀或成形砂轮等)加工时,刀刃的几何形状及有关尺寸有制造误差,或是安装位置不正确(例如螺纹成形车刀安装偏斜、偏高及偏低),都会造成加工表面的几何形状误差或尺寸误差。

在用展成法加工时,刀刃的几何形状或有关尺寸因制造或重新刃磨有误差,同样会引起加工误差。另外刀具安装调整不正确,例如齿轮滚刀的倾斜角调整不准确,也会引起加工表面的几何形状误差。

在用调整法进行加工时,刀具的刀尖或刀刃与工件间的相互位置调整不准确,则将会直接造成工件的尺寸误差。

关于上述各种误差的影响有的已经在“机床夹具设计”及“典型零件加工”这两个项目中详细讨论了,故在此仅作简要叙述。

知识点4.3　工艺系统受力变形对加工精度的影响

4.3.1　基本概念

4.3.1.1　工艺系统受力变形现象

机械加工过程中工艺系统在切削力、夹紧力、传动力、重力或惯性力作用下,会产生变形而破坏已调整好的刀具和工件间的相对位置,产生尺寸误差或表面几何形状误差。例如,车削细长轴时如不采取任何工艺措施,由于轴的变形,车完的轴就会出现中间粗两头细的腰鼓形状,见图4-23。内圆磨床磨孔时,由于砂轮轴的受力弯曲变形,使磨出的孔出现锥度误

差，见图4-24。外圆磨削中，由于磨削力的作用使工艺系统受力变形。当停止径向进给后，由于工艺系统的弹性恢复，金属磨削过程仍然进行，仍有磨削火花出现，直至工件又转过多圈之后，磨削过程才逐渐停止。这些都是工艺系统受力变形的例子。

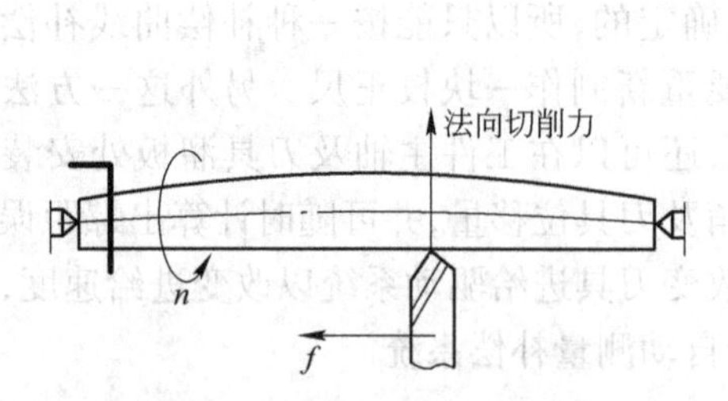

图4-23　细长轴加工时工件的受力

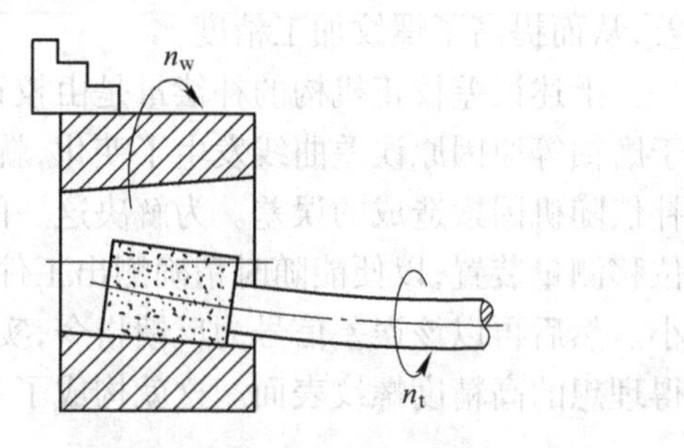

图4-24　磨孔时砂轮轴的变形

4.3.1.2　工艺系统刚度

为了比较工艺系统抵抗变形的能力和分析计算工艺系统受力变形对加工精度的影响，需要建立刚度的概念。由于刀具在工件加工表面法向的位移对加工精度具有显著的影响，所以工艺系统的刚度定义为垂直于被加工表面的法向切削分力 F_n 与工件和刀具在 F_n 方向的相对位移 y 之比，即工艺系统刚度

$$K_s = F_n / y \quad \text{N/mm} \tag{4-3}$$

显然，工艺系统刚度越大，则工艺系统抵抗受外力变形的能力越大，或是在同样大小 F_n 力作用下其工艺系统变形量越小。

应该指出，式(4-3)中的 y 值并不仅仅由 F_n 产生，其他方向的切削分力也会不同程度地引起加工表面法向上的工件与刀具间的相对位移，但一般这一影响比较小，为讨论问题简单起见就略去不计了。

另外，式(4-3)中的切削分力 F_n 一般视为恒定不变或变化极为缓慢的力，即是作为静力载荷考虑的，所以该工艺系统刚度是静刚度。如果讨论的问题涉及在周期性干扰力作用下工艺系统的振动表现时，则要用到动刚度的概念。工艺系统动刚度 K_d 是指使工艺系统在某一频段范围内产生单位振幅所需的激振力幅值的大小。本项目中仅涉及工艺系统静刚度，而且提及的刚度就是静刚度。

4.3.1.3　工艺系统刚度的测定

图4-25所示为最常见的单向测定车床静刚度的方法。在车床顶尖间，装一根刚性很好的心轴1，并在刀架上装一个螺旋加力器5，对准心轴中点位置。在1与5之间装有一只测力环4。当拧紧加力器的加力螺钉8时，在刀架和心轴之间便产生了一个作用力。由于加力器是垂直于心轴表面安装的，所以该作用力相当于法向切削力 F_n。其大小可通过测力环受力后变形量的大小由千分表9读出。该作用力一方面作用于车床刀架6，使其向后产生变形移动；一方面作用于心轴上，又通过心轴作用于前后顶尖上，使床头顶尖处和床尾顶尖处产生向前的变形移动。三者的变形量可分别由千分表7、2和3读出。再由已知作用于刀架上的力为 F_n、作用于前后顶尖处的力为 $F_n/2$，即可由 $K=F_n/y$ 计算出该车床床头箱、尾

座及刀架的部件刚度。

试验时,进行连续地加载,逐渐加大至某一根据车床尺寸而定的最大值,然后再逐渐卸载。如此反复几次,可得如图4-26所示的车床某部件刚度实测曲线。该曲线具有如下特点:

(1)力和变形不呈线性关系,即不同载荷作用下刚度不同,这反映部件受力变形不完全是弹性变形。

(2)加载曲线与卸载曲线不相重合,两曲线间包容的面积为加载-卸载循环中的能量损失,即为克服部件零件间摩擦力及接触塑性变形所做的功。

(3)在一次加载-卸载循环后,虽载荷完全去除,但变形恢复不到加载时的起始点。这表明部件在变形过程中有残余变形产生。只有在多次反复加载以后,残余变形量才逐渐减少至零。

(4)许多零件以各种方式连接成机床部件,由于零件连接表面间的接触变形、间隙和摩擦的影响,以及部件中个别薄弱零件(如楔铁、压板、套筒等)变形的影响,其刚度远比按实体体积估计的要小。

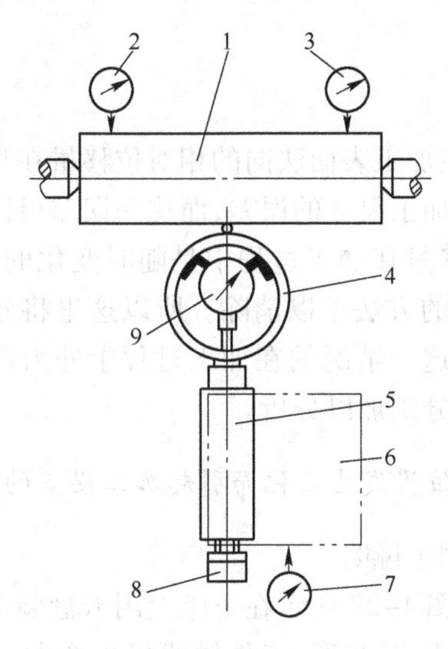

图4-25 车床部件刚度的测定

1—心轴;2,3,7,9—千分表;4—测力环;
5—螺旋加力器;6—刀架;8—加力螺钉;

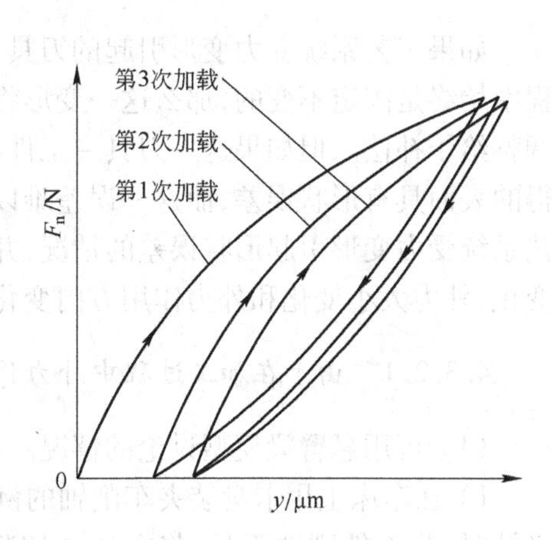

图4-26 车床部件静刚度测定曲线

在实际加工过程中,不仅切削分力 F_n,而且其他方向切削分力对刀具-工件的相对位移也有影响。为使机床刚度测定更符合实际情况,还可采用三向加载的刚度测定法。

另外,在加工条件下测定系统刚度的切削测定法,将在以后的部分予以介绍。

4.3.1.4 工艺系统刚度与系统各部分刚度的关系

在加工过程中,机床的有关部件和夹具、刀具、工件在切削力作用下,都会有不同程度的变形,导致刀具相对工件在加工表面法向产生位移。其总位移,即工艺系统在受力情况下的总变形 y_s,应是各组成部分变形量的迭加,即

$$y_s = y_m + y_f + y_c + y_w \tag{4-4}$$

式中 y_s——工艺系统总变形;

y_m——机床变形；

y_f——夹具变形；

y_c——刀具(刀架)变形；

y_w——工件变形。

若令 $K_s=\frac{F_n}{y_s}$、$K_m=\frac{F_n}{y_m}$、$K_f=\frac{F_n}{y_f}$、$K_c=\frac{F_n}{y_c}$及 $K_w=\frac{F_n}{y_w}$，在这里 K_s、K_m、K_f、K_c、K_w分别为工艺系统、机床、夹具、刀具及工件刚度，并将式(4-4)代入式(4-3)，可得：

$$K_s=\frac{1}{\frac{1}{K_m}+\frac{1}{K_f}+\frac{1}{K_c}+\frac{1}{K_w}} \tag{4-5}$$

式(4-5)表明了工艺系统各组成部分刚度与工艺系统刚度之间的关系。

由于工艺系统刚度与机床刚度及夹具刚度直接有关，而机床由若干部件所组成，夹具和这些部件又都由若干零件所组成，所以工艺系统刚度测定曲线也具有前面所述的部件刚度曲线的特点。

4.3.2 工艺系统受力变形对加工精度的影响

如果工艺系统受力变形引起的刀具－工件在加工表面法向的相对位移量在整个加工过程中始终是固定不变的，那么这一变形将仅引起加工尺寸的误差，而这一误差可以通过试切调整给予补偿。但如果这一刀具－工件相对位移量在加工过程中是随时变化的，则会使获得的表面具有形状误差，而这一误差难以用简单的方法予以消除。所以这里将着重讨论工艺系统受力变形引起形状误差的情况，并以引起这一情况的在加工过程中外力作用点位置变化、外力大小变化和外力作用方向变化等原因分别加以分析。

4.3.2.1 由于在加工过程中外力作用点的位置发生变化而引起加工误差的情况

(1) 可用悬臂梁模型讨论的情况。用下列例子说明。

1) 在车床上用卡盘装夹车削轴的例子。如图 4-27 所示在车床上用卡盘装夹车削一根光轴时，若工件刚性不足，将在法向切削力的作用下变形，工件轴线发生弯曲，见图 4-27(a)。这一情况可以按图 4-27(b)所示的悬臂梁模型分析。若工件长度为 l，刀尖某时刻距卡盘卡爪端面处距离为 x，工件材料弹性模量为 E，截面惯性矩为 I(对直径为 d 的轴 $I=\frac{\pi d^4}{64}$)，法向切削力为 F_n，并假定机床刚度非常高，则此时对应刀尖位置处刀具－工件的相对位移量(在这里仅因工件变形而产生)为：

$$y_x=\frac{F_n x^3}{3EI} \qquad (0\leqslant x\leqslant l) \tag{4-6}$$

式(4-6)表明，随着在切削中刀具的进给，代表切削力作用点位置的 x 值不断变化，会使 y_x值也不断变化，结果加工出母线为幕函数曲线状的回转体表面，如图 4-27(c)所示，从而产生表面圆柱度误差。

【例 4-2】 如图 4-27(a)所示，在车床上车削一根直径为 30 mm、卡爪外长度为 300 mm 的光轴，材料弹性模量 $E=2\times10^5\ \text{N/mm}^2$(钢)，法向切削力 $F_n=200\ \text{N}$，机床刚度非常高而可以不计其受力变形。试确定加工后获得的表面形状及圆柱度误差。

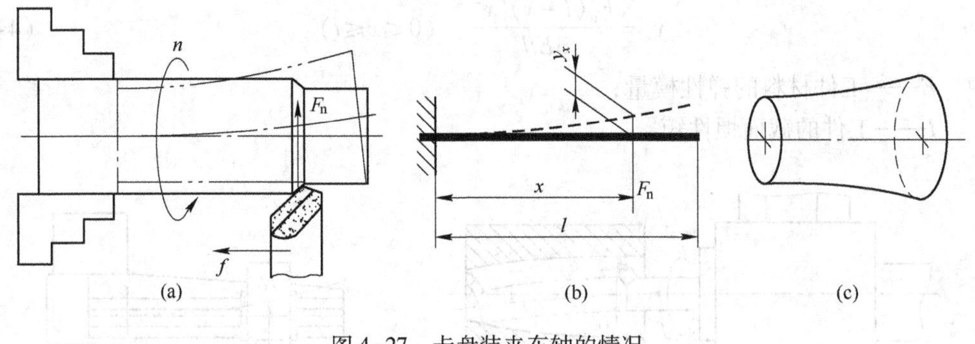

图4-27　卡盘装夹车轴的情况

解:工件截面惯性矩为:

$$I=\frac{\pi d^4}{64}=\frac{\pi\times30^4}{64}=39740\,\mathrm{mm}^4$$

将 $F_n=200\mathrm{N}$、$E=2\times10^5\mathrm{N/mm^2}$、$I=39740\mathrm{mm}^4$ 代入式(4-6)得:

$$y_x=\frac{200x^3}{3\times2\times10^5\times39740}\mathrm{mm}$$

取 x 为0、100、200及300代入上式,得 y_x 值见表4-2。

表4-2　y_x 值

x/mm	0	100	200	300
y_x/mm	0	0.0084	0.0671	0.2265

按 $x-y_x$ 值描点可得到加工后回转表面母线形状如图4-28所示。依此可画出加工后表面形状如曲线下细实线所示。在整个加工长度上最大直径与最小直径之差(即圆柱度误差)为0.2265×2即0.453mm。

2）其他机床加工的例子。图4-29(a)所示是在卧式镗床上,工作台不动,以伸出镗杆做轴向进给进行镗孔。切削时的法向切削力 F_n 可视为不变化,但随着镗杆的伸出,F_n 在镗杆(相当一悬臂梁)上的作用点位置逐渐外移,结果使刀尖相对工件的位置发生变化,镗出的孔呈图示的直径越来越小的形状。

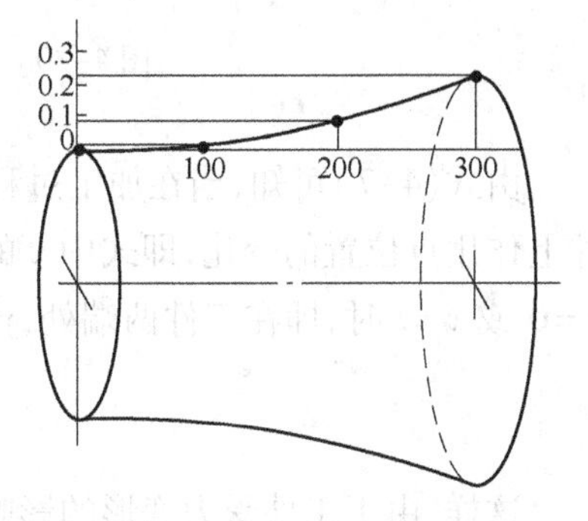

图4-28　加工表面及母线形状

图4-29(b)所示是在单臂刨床上粗刨平面的情况。其悬伸的横梁相当一悬臂梁,随着垂直刨刀架的横向进给,切削力的作用点位置随之变化,结果使刨出的平面出现平面度误差。

(2)可用简支梁模型讨论的情况。用下面例子说明。

1）在刚性车床的两顶尖间车削细长轴的例子(不使用跟刀架及中心架)。

如图4-30(a)所示,一根细长轴装夹在车床两顶尖间车削外圆,在法向切削力 F_n 的作用下,工件将发生弯曲,使刀具相对工件在加工表面法向产生位移。这一情况可用图4-30(b)所示简支梁模型予以讨论。当工件长为 l,法向切削力为 F_n,F_n 距工件右端距离为 x 时,根据材料力学,对应 F_n 作用点位置处工件的受力变形量 y_x 应为:

$$y_x = \frac{F_n (l-x)^2 x^2}{3EIl} \quad (0 \leqslant x \leqslant l) \tag{4-7}$$

式中　E——工件材料的弹性模量；

I——工件的截面惯性矩。

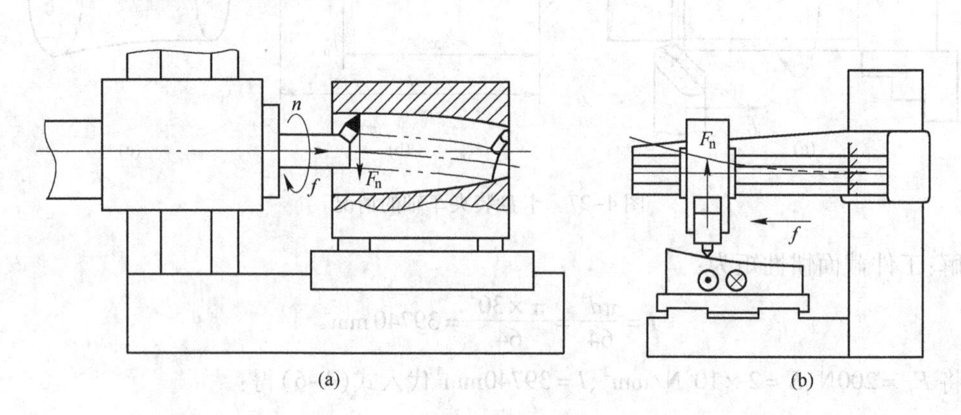

图 4-29　其他机床加工的例子

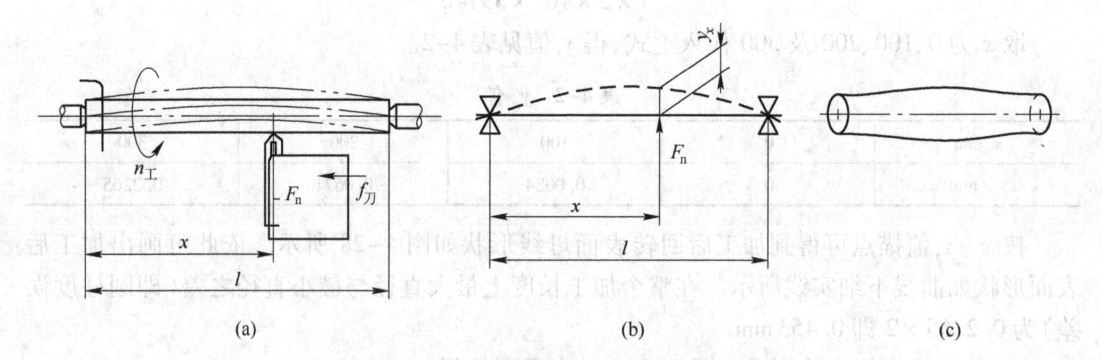

图 4-30　在刚性车床的两顶尖间车削细长轴

由式(4-7)可知，当在加工过程中，刀具由右向左纵向进给切削时，由于切削力 F_n 在工件上作用点位置的变化，即式中 x 的变化，将使在每一轴向位置处产生的 y_x 值随之变化。当 $x=0$ 或 $x=l$ 时，即在工件两端处，$y_x=0$；当 $x=l/2$ 时，即在工件中点位置，y_x 为最大值：

$$y_{\frac{l}{2}} = \frac{F_n l^3}{48EI} \tag{4-8}$$

这样，由于工件受力变形的影响，加工出的工件呈图 4-30(c)所示的中间凸起的形状。若设图 4-30(a)中工件直径 $d=30\,\text{mm}$，长 $l=600\,\text{mm}$；法向切削力 $F_n=200\,\text{N}$，材料弹性模量 $E=2\times105\,\text{N/mm}^2$，则依式(4-8)可计算出 $y_{\frac{l}{2}}=0.112\,\text{mm}$，因工件受力变形而产生的圆柱度误差将为 0.224 mm。

2）其他机床加工的例子。图 4-31(a)所示是在卧式镗床上借助前后镗模支承镗杆镗孔的例子。支承于前后镗模之间的镗杆可视为一简支梁，它在切削力作用下发生弯曲变形。当工件进给时切削力在简支梁上的作用点位置不断变化，使刀具相对工件的向后退让量不断变化，结果将镗出一个中间直径小而两端直径大的孔。

图4-31(b)所示是在龙门刨床上精刨平面的例子。由于精刨时切削力很小,但刀架的自重相比要大得多,所以当刀架横向进给时,刀架重力将作用于横梁(相当一简支梁)的不同位置处,使刀架在各处有不同的下沉量,结果将刨出一个中凹的平面。在双柱立式车床上精车平面也会出现类似的情况。

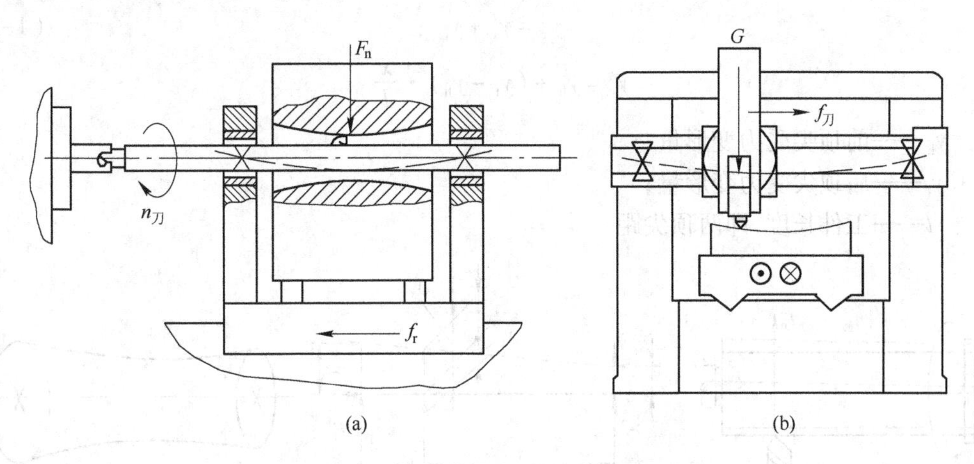

图4-31　在其他机床上加工的例子

图4-32(a)所示为在导轨磨床上磨削床身零件的导轨部分的示意图。当用两个垫块支承床身的两端将其装夹于工件平台上时,床身会因自重而中间下垂。在这种状态下磨削导轨平面,会使两端磨除量大而中间磨除量小(如图中阴影部分)。磨后将工件放平后,会使工件产生中凸的形状误差。这一加工误差可用正确选择支点位置的方法来减小。图4-32(c)所示为将两支点置于床身长度的2/9处时产生的工件下垂变形为Δ_1的1/50。

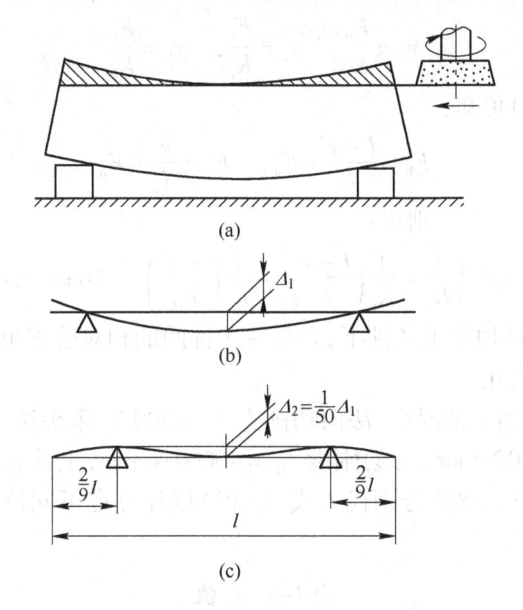

图4-32　在导轨磨床上磨床身导轨

(3) 在车床顶尖间安装车削刚性轴的情况。图4-33(a)所示为在车床顶尖间装夹车削一根刚性轴（即它在加工中不产生变形），由于法向切削力 F_n 的作用，前顶尖（床头箱处）、后顶尖（尾架处）和刀架都会产生受力变形。当刀具距工件右端距离为 x 时，对应刀尖位置处刀具相对工件在加工表面法向的位移为 y_x。显然地 y_x 应为前后顶尖变形所产生的工件向后位移 y_x' 和刀架变形引起的刀具向后位移 y_c 之和，见图 4-33（b），即：

$$y_x = y_x' + y_c \tag{4-9}$$

$$y_x' = y_h + (y_t - y_h) \cdot \frac{x}{l}$$

式中　y_h——前顶尖受力变形量；

y_t——后顶尖受力变形量；

l——工件长度，即两顶尖距。

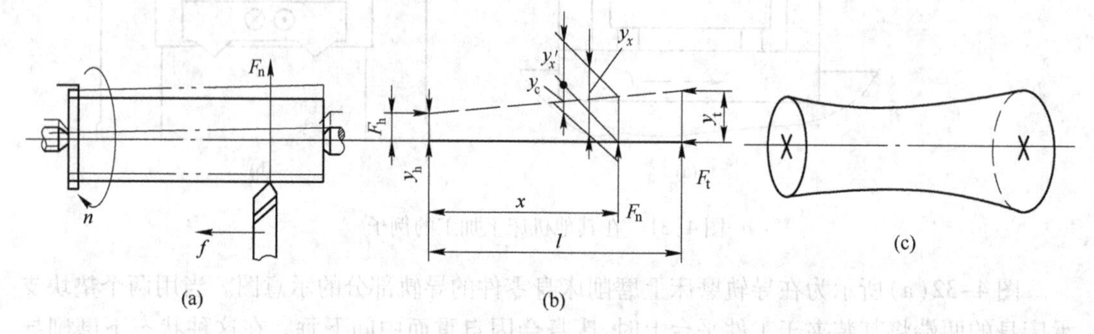

图 4-33　在车床顶尖间车削刚性轴

若该车床刀架部件刚度为 K_c，床头箱部件刚度为 K_h 和尾架部件刚度为 K_t，并设由 F_n 而产生的作用于前顶尖处的力为 F_h，作用于后顶尖处的力为 F_t，则有：

$$y_c = \frac{F_n}{K_c},\quad y_t = \frac{F_t}{K_t},\quad y_h = \frac{F_h}{K_h}$$

另外，由图 4-33（b）可知：

$$F_h = \frac{l-x}{l} \cdot F_n,\quad F_t = \frac{x}{l} \cdot F_n$$

将这些关系代入式（4-9），则得：

$$y_x = F_n\left[\frac{1}{K_c} + \frac{1}{K_h}\left(\frac{l-x}{l}\right)^2 + \frac{1}{K_t}\left(\frac{x}{l}\right)^2\right] \quad (0 \leqslant x \leqslant l) \tag{4-10}$$

式（4-10）表明，在这种加工条件下，刀具 - 工件间的相对位移也将随刀具位置（即切削力作用点位置）变化而变化。

设图 4-33（a）所示加工情况中，法向切削力 $F_n = 300$ N，床头箱部件刚度 $K_h = 60000$ N/mm，床尾刚度 $K_t = 50000$ N/mm，刀架刚度 $K_c = 40000$ N/mm，工件长 $l = 600$ mm。将 x 取为 0、100、200、300、400、500 及 600 分别代入式（4-10）以计算在不同位置处的 y_x 值，可得结果如表 4-3 所示。

表 4-3　y_x 值

x/mm	0	100	200	300	400	500	600
y_x/mm	0.0125	0.0111	0.0104	0.0103	0.0107	0.0118	0.0135

由这些点可描出加工后工件母线形状如图4-34所示，获得的加工表面形状如图4-33(c)所示，即工件将呈中间细、两头粗的腰鼓状件。因为一般车床尾架刚度要低些，所以工件靠尾架一侧的直径还要更大些。由于尾架和床头刚度不相同，工件最小直径并不正好在工件长度的中心处，其确切位置可用求极值的方法求出。

(4) 在车床顶尖间加工轴的一般情况。考虑在一般情况下，在车床顶尖间装夹加工光轴时机床部件会受力发生变形，工件也会受力变形，综合式(4-7)和式(4-10)，对应刀尖位置的刀具－工件相对位移 y_x 为：

$$y_x = F_n\left[\frac{1}{K_c}+\frac{1}{K_h}\left(\frac{l-x}{l}\right)^2+\frac{1}{K_t}\left(\frac{x}{l}\right)^2+\frac{(l-x)^2\cdot x^2}{3EI\cdot L}\right] \quad (0\leqslant x\leqslant l) \tag{4-11}$$

显然这时加工出的工件表面形状应是图4-30(c)和图4-33(c)的综合，即呈图4-35所示的形状。

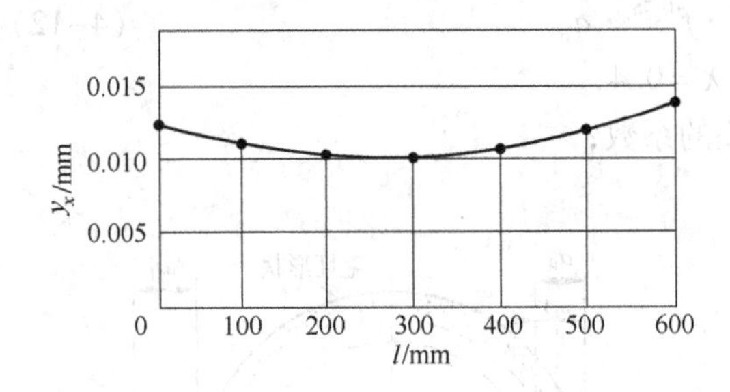

图4-34　工件母线形状

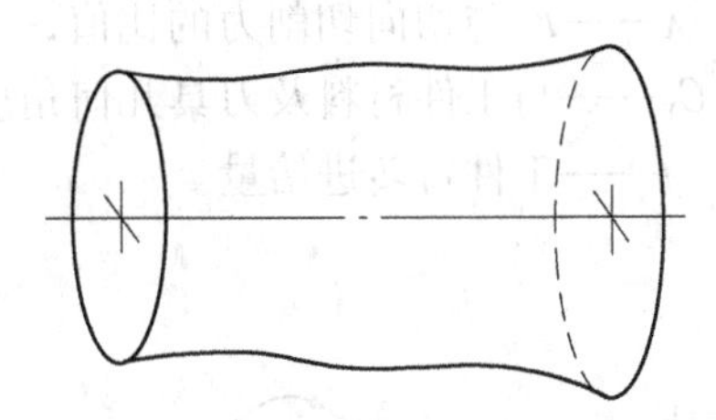

图4-35　一般情况下车出的工件形状

【例4-3】　在车床顶尖间加工一根光轴，已知工件直径 $d=80\ \text{mm}$，长度 $l=600\ \text{mm}$，材料弹性模量 $E=2\times10^5\ \text{N/mm}^2$；加工时法向切削力 $F_n=300\ \text{N}$，机床各部分刚度为：$K_h=60000\ \text{N/mm}$，$K_t=50000\ \text{N/mm}$，$K_c=40000\ \text{N/mm}$。试计算工件加工后的圆柱度误差，并分析加工后的工件形状。

解：工件截面惯性矩为：

$$I=\frac{\pi d^4}{64}=\frac{\pi\times80^4}{64}\approx2\times10^6\ \text{mm}^4$$

将各已知数据并取 x 分别为0、100、200、300、400、500及600代入式(4-11)可得：

$$y_0=300\times\left[\frac{1}{40000}+\frac{1}{60000}\left(\frac{600-0}{600}\right)^2+0+0\right]\approx0.0125\ \text{mm}$$

$$y_{100}=300\times\left[\frac{1}{40000}+\frac{1}{60000}\left(\frac{600-100}{600}\right)^2+\frac{1}{50000}\left(\frac{100}{600}\right)^2+\frac{(600-100)^2\times100^2}{3\times2\times10^5\times2\times10^6\times600}\right]\approx0.0122\ \text{mm}$$

$$y_{200}=0.01302\ \text{mm}$$

$$y_{300}=0.01359\ \text{mm}$$

$$y_{400}=0.01334\ \text{mm}$$

$$y_{500}=0.01282\ \text{mm}$$

$$y_{600}=0.0135\ \text{mm}$$

按计算结果绘出沿工件轴向不同位置处刀具－工件相对位移的变化曲线如图4-36所示。该曲线形状即为加工后回转体表面的母线形状。

取计算所得最大最小直径之差近似为实际加工表面的最大直径差(即圆柱度误差)，其值为：

$$\Delta d = 2 \times (0.01359 - 0.0122) = 0.0028\,\text{mm}$$

4.3.2.2　由于在加工过程中切削力大小发生变化而引起加工误差的情况

(1) 加工时因毛坯余量变化引起切削力变化产生加工误差的情况(误差复映规律)。图 4-37 所示为车削一个具有圆度误差的毛坯，该毛坯在某一位置有一凸起。加工时将刀尖调整到要求的尺寸，欲获得图中双点划线所示理想尺寸和形状，在毛坯无凸起处设定切深为 a_p，但由于法向切削力 F_n 的作用，将使刚度为 K_s 的工艺系统产生受力变形，刀具相对工件向后退移量为 $y(y = F_n/K_s)$。实际上只是图中点的区域被切去而获得虚线所示的形状。切削时的法向切削力 F_n 与实际切深 $(a_p - y)$ 有关，但因 y 与 a_p 相比很小，可近似认为 $a_p \approx (a_p - y)$，且有

$$F_n = \lambda \cdot C_F \cdot f^{0.75} \cdot a_p \tag{4-12}$$

式中　λ——F_n 与切向切削力的比值，一般取 $\lambda = 0.4$；

C_F——与工件材料及刀具几何角度有关的系数；

f——工件每转进给量。

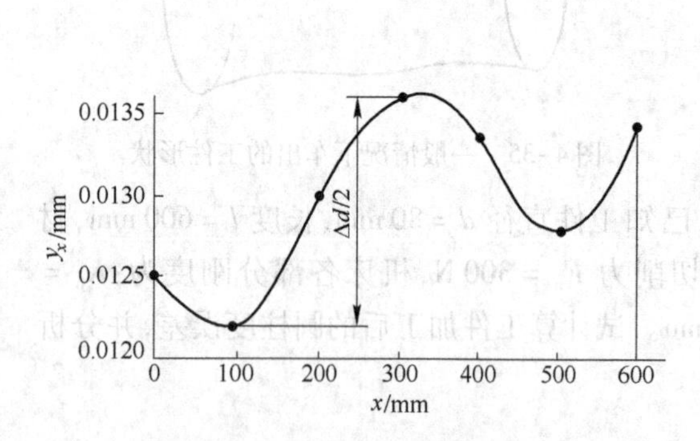

图 4-36　工件母线形状

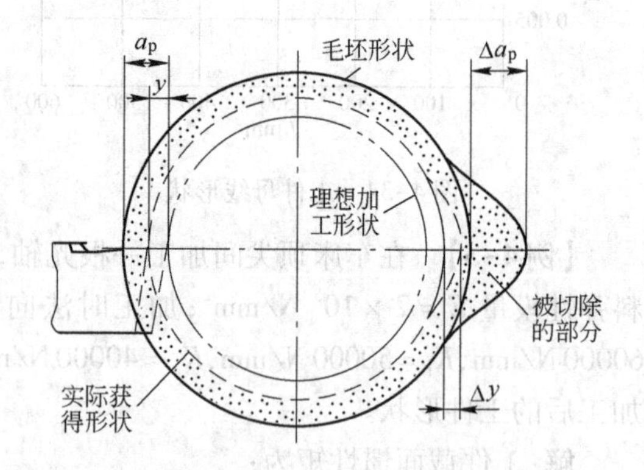

图 4-37　毛坯形状误差的复映

当刀具切至毛坯凸起处(凸起高度为 Δa_p)时，由于切深增大，由式(4-12)知 F_n 将随之成比例地增大，引起工艺系统变形也增加 Δy。这样使获得的加工表面在该位置也产生一个高度较小的突起。加工表面形状保留了毛坯形状误差复映到加工后的工件表面上去的现象称为“误差复映”。

由式(4-12)可知，工件误差 Δy 与毛坯误差 Δa_p 之间的关系应为：

$$\Delta y = \frac{\Delta F_n}{K_s} = \frac{\lambda \cdot C_F \cdot f^{0.75}}{K_s} \cdot \Delta a_p \tag{4-13}$$

式中，ΔF_n 是由 Δa_p 引起的切削力 F_n 的变化量。

式(4-13)中 $(\lambda C_F f^{0.75})\frac{1}{K_s}$ 反映了 Δy 与 Δa_p 间的比例关系，称其为“误差复映系数”，并用 ε 表示，即

$$\varepsilon = \frac{\Delta y}{\Delta a_p} = \frac{\lambda C_F f^{0.75}}{K_s} \tag{4-14}$$

可见，工艺系统刚度越高，ε 值越小，则复映到工件上去的形状误差越小。当加工过程

分多次工作行程进行时，每次工作行程的复映系数分别为 ε_1、ε_2、…、ε_n，则放映毛坯误差和经 n 次工作行程后工件误差关系的总的误差复映系数

$$\varepsilon_{\sum}=\varepsilon_1\varepsilon_2\cdots\varepsilon_n \tag{4-15}$$

由于工艺系统受力变形 y 总是小于切深 t，复映系数 ε 总是小于1。而一般如车削等工艺系统刚度较高，ε 远小于1。由式(4-15)可知，在这一情况下，经过两三次工作行程即可使误差复映的影响减至公差允许范围之内。所以，只有在粗加工工序，或是在系统刚度较低(如镗孔时镗杆较细，车削时工件细长或磨孔时磨杆较细等)的场合下，才需要用误差复映规律来估算加工误差。

考察式(4-14)知，若已知误差复映系数 ε 及式中的 λ、C_F 和 f，即可计算求出 K_s，这正是机床刚度切削测定法的原理。由于这一测定是在切削加工状态下进行的，所以更符合实际情况。

【例4-4】 为测定某车床刚度，选取一阶梯轴按图4-38所示方法装夹加工。加工前两台阶圆柱表面尺寸为 $D_1=96\,\text{mm}$，$D_2=100\,\text{mm}$。因工件直径较大可视为刚体。进刀至某固定位置后对工件车削一刀，测量车后两表面直径为 $D'_1=94.04\,\text{mm}$、$D'_2=94.12\,\text{mm}$，并已知 $\lambda C_F f^{0.75}=2000\,\text{N/mm}$，试计算该车床刚度。

解：由式(4-14)有：

$$K_s=\frac{\Delta a_p}{\Delta y}\cdot\lambda C_F f^{0.75}$$

由题意知：

$$\Delta a_p=100-96=4\,\text{mm}$$

$$\Delta y=94.12-94.04=0.08\,\text{mm}$$

所以 $K_s=\dfrac{4}{0.08}\times2000=10000\,\text{N/mm}$

由于工件刚度很大，所以所得 K_s，即机床刚度。

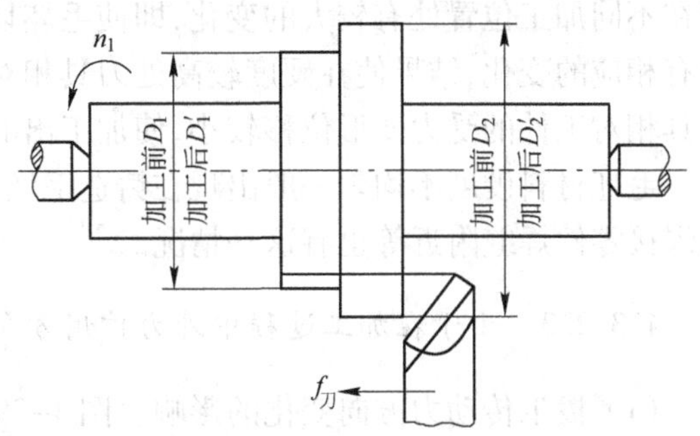

图4-38　车床刚度切削测试法

应指出式(4-14)中的 Δa_p 和 Δy 不仅是某一个零件加工过程中余量变化量(即毛坯形状误差)和工艺系统受力变形的变化量，还可以将它们视为调整法加工一批零件的毛坯尺寸分散和加工后获得的尺寸分散。

【例4-5】 用调整法车削一批直径 D 为 $\phi60$ 的短轴，加工时用装于主轴前端的弹性夹头夹紧棒料，棒料尺寸为 $\phi64^{+1.3}_{-0.8}\,\text{mm}$。已知使用的车床的刀架部件刚度 $K_c=40000\,\text{N/mm}$，主轴箱部件刚度 $K_h=60000\,\text{N/mm}$ 以及 $\lambda C_F f^{0.75}=2000\,\text{N/mm}$。试求：

(1) 加工后这批短轴的尺寸分散为多少？

(2) 若使加工后该批短轴尺寸分散不大于0.02 mm，则在进刀量不变的情况下(即 $\lambda C_F f^{0.75}$ 不变)，需分几次工作行程？

解：考虑工件直径较大且长度短，认为加工中不产生受力变形。工艺系统刚度即机床刚度，且有：

$$K_s=\frac{1}{\dfrac{1}{K_c}+\dfrac{1}{K_h}}=\frac{1}{\dfrac{1}{40000}+\dfrac{1}{60000}}=24000\,\text{N/mm}$$

由式(4-14)及题意可知：

$$\Delta y = \Delta a_{\mathrm{p}} \cdot \varepsilon = \Delta t \cdot \left(\frac{\lambda \cdot C_{\mathrm{F}} \cdot f^{0.75}}{K_{\mathrm{s}}} \right) = (65.3 - 63.2) \times \frac{2000}{24000} = 0.175\,\mathrm{mm}$$

即该批零件加工后的尺寸分散将为0.175mm。

欲使该批零件加工后尺寸分散不大于0.02mm，其几次行程加工总的误差复映系数ε_{Σ}应满足条件：

$$\varepsilon_{\Sigma} \leqslant \frac{0.02}{65.3 - 63.2} = 0.0095$$

现每次行程的误差复映系数为：

$$\varepsilon = \frac{\lambda C_{\mathrm{F}} f^{0.75}}{K_{\mathrm{s}}} = \frac{2000}{24000} = 0.083$$

由式(4-15)并考虑各次行程ε相等(进刀量不变)，显然有$\varepsilon_{\Sigma} = \varepsilon^{n}$。则

$$n = \log_{0.083} 0.0095 = 1.87$$

取整数$n=2$，即需两次工作行程加工就可以使零件尺寸分散小于0.08mm。

(2) 加工时因毛坯硬度不均引起切削力变化产生加工误差的情况。如果毛坯材料的硬度在不同加工位置处有较大的变化，即使毛坯切深是均匀的，也会使切削力在不同的加工位置有相应的变化，结果使在硬度较高处刀具相对工件的受力变形位移较大，而在硬度较软处刀具相对工件的受力变形位移较小，使加工出的表面产生形状误差。

毛坯材料硬度不均匀一般出现在铸造毛坯中，锻造毛坯在锻后直接置于潮湿地面上，或是焊接零件焊缝附近等也有这一情况。

4.3.2.3 由于在加工过程中外力作用方向发生变化产生加工误差的情况

(1) 拨爪传动力方向变化的影响。图4-39(a)所示为车床前后顶尖间装夹车削一根光轴的情况。工件由机床拨盘上的拨爪1推动夹固于工件端头的鸡心夹头2而转动。拨爪推动力f'可产生一过回转中心的力f及绕中心线的矩M。该矩M克服切削力矩使切削得以进行。力f在法向切削力方向的投影则通过工件沿切削表面法向作用于刀具之上。另外，工件与刀具间的法向作用力还有法向切削力F_{n}，即在工件与刀具间作用的法向力F为：

$$F = f \cdot \cos\varphi + F_{\mathrm{n}} \tag{4-16}$$

式中，φ为力f与F_{n}间的夹角。在该力作用下，刀具和工件在加工表面法向的变形位移y为：

$$y = \frac{1}{K_{\mathrm{s}}}(F \cdot \cos\varphi + F_{\mathrm{n}}) \tag{4-17}$$

由于加工过程中拨盘的不断转动，拨爪传动力f将不断改变方向，即式(4-16)和式(4-17)中的φ角不断变化。这使力F将出现如图4-39(b)所示的周期性变化，从而在加工过程中刀具-工件间相互位置也不断变化，并引起加工误差。图4-39(c)所示为在这种情况下获得的工件表面截形。

但由于切削刀具越远离主轴侧，拨爪传动力的影响将愈小，所以加工后获得的表面的截形在不同的轴向位置处是不相同的，结果将得到图4-39(d)所示的加工表面形状。由于拨爪传动力方向变化而产生加工误差的现象在粗车、圆柱表面精密磨削等加工中是不容忽视的。减少这一影响的工艺措施主要有：

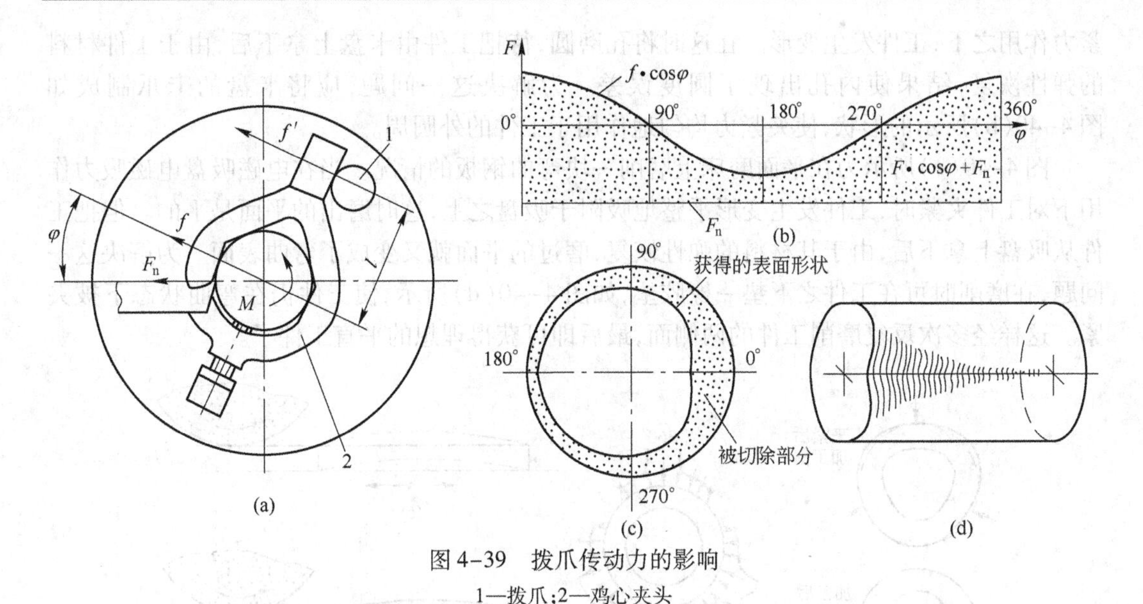

图4-39　拨爪传动力的影响

1—拨爪;2—鸡心夹头

1）使用双面拨爪,并调整至每一拨爪均承受有大致相当的传动力。这样传动力仅相当于作用在工件上一个传动扭矩;

2）尽量减小切削力,从而可以减小传动力;

3）提高工艺系统刚度。

（2）偏心质量产生的离心惯性力方向变化的影响。在车削、外圆磨削等加工过程中,由旋转的机床零件、夹具或工件等的质量不平衡而产生的离心惯性力,由于偏心质量方向不断变化,在每一转中也不断改变方向,从而引起工艺系统受力变形发生变化,造成和前面讨论的拨爪传动力相同的加工误差。

【例4-6】　在普通车床上加工一个形状不规则的零件,工件重量为200 N,质量中心偏离回转中心线的距离为$\rho=5\,\text{mm}$,主轴转速$n=1000\,\text{r/min}$,工艺系统刚度$K_s=30000\,\text{N/mm}$,求加工后产生的工件圆度误差。

解:因工件质量偏心产生的离心惯性力Q为:

$$Q=m\rho w^2=\frac{w}{g}\rho\left(\frac{2\pi n}{60}\right)^2=\frac{200}{9810}\times5\times\left(\frac{3.14\times1000}{30}\right)^2=1100\,\text{N}$$

在半径方向上产生的加工误差Δr为:

$$\Delta r=y_{\max}-y_{\min}=\frac{F_n+Q}{K_s}-\frac{F_n-Q}{K_s}=\frac{2Q}{K_s}=\frac{2\times1100}{30000}=0.074\,\text{mm}$$

由于$y_{\max}$和$y_{\min}$正好出现在圆周相对的两点位置上,所以加工后产生的圆度误差即Δr为0.074 mm。

为减小因离心惯性力产生的加工误差,可采取如下工艺措施:

1）对回转部分质量采用“对重平衡”的方法来消除质量偏心;

2）降低主轴转速;

3）提高工艺系统刚度。

4.3.2.4　工件因夹紧力变形而引起的加工误差

图4-40（a）所示为薄壁环状零件装夹于三爪卡盘之上磨内孔。在三个卡爪处集中的夹

紧力作用之下,工件发生变形。在这时将孔磨圆,待把工件由卡盘上拿下后,由于工件材料的弹性恢复,结果使内孔出现了圆度误差。为解决这一问题,应将卡盘的卡爪制成如图 4-40(b)所示的形状,使夹紧力均匀地作用于工件的外圆周。

图 4-40(c)所示为在平面磨床上磨削一块弯曲钢板的情况。当在电磁吸盘电磁吸力作用下对工件夹紧时,工件发生变形平整地吸附于吸盘之上,这时磨出的平面是平的。但把工件从吸盘上拿下后,由于其材料的弹性恢复,磨过的平面就又变成了弯曲表面。为解决这一问题,在磨削时可在工件之下垫一橡胶垫,如图 4-40(d)所示,使工件仍在弯曲状态下被夹紧。这样经多次反复磨削工件的两侧面,最后即可获得理想的平直工件了。

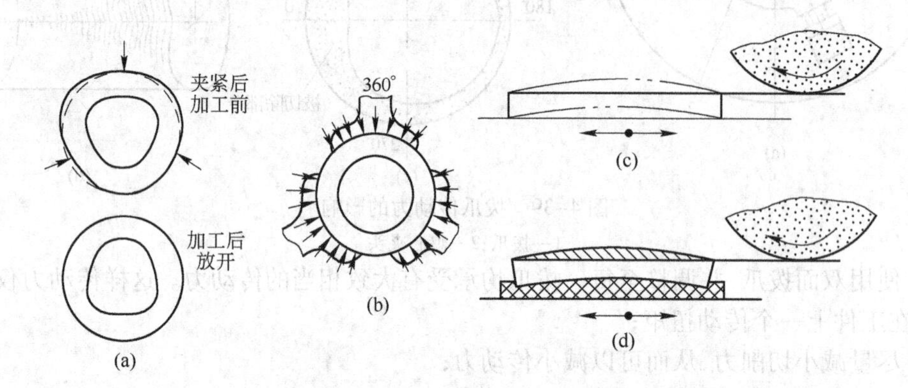

图 4-40　夹紧力变形引起加工误差

4.3.2.5　工件中内应力重新分布引起的加工误差

内应力是指当去除外部载荷后,仍残存在工件内部的应力。内应力是由于金属材料内部宏观或微观组织发生了不均匀的体积变化而产生的。零件中的内应力是处于一种不稳定的平衡状态,其内部组织有强烈的要恢复到一个稳定的没有内应力状态的倾向,即使在常温下零件也不断进行这种变化,直至内应力消失为止。在这一过程中,零件形状变化、加工精度丧失。所以对精密量具或一些重要零件要在加工过程中进行一系列消除内应力处理。

在铸、锻、焊、热处理等加工过程中,由于各部分收缩不均匀及金相组织转变的体积变化,会使毛坯(或工件)内部产生很大内应力。如果在之后的切削加工中,从该毛坯上切除掉部分金属,则会破坏已有的内应力平衡,使内应力重新分布,零件就会出现明显的变形而产生加工误差。这一过程可以用图 4-41 所示的模型给予说明。

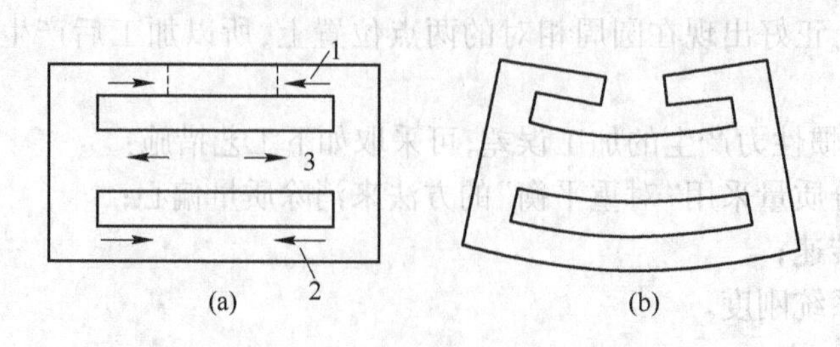

图 4-41　铸件内应力重新分布变形

图4-41(a)所示为一日字形铸件,其浇铸后冷却过程大致为:由于壁1及2较薄,且又在铸件外侧,散热较易、冷却较快。壁3较厚且又居于铸件中间,冷却较慢。当壁1和2由塑性状态冷至弹性状态时,壁3温度还比较高,尚处于塑性状态。所以壁1和2冷却及体积收缩不受阻碍。但当壁3也冷却到弹性状态时,其体积收缩则受到先冷下来的1和2的阻碍。最后在壁3上产生拉应力,壁1和2上产生压应力,达到一种内应力平衡的状态。在这之后,如果对该毛坯进行机械加工,沿图中虚线位置将其切断,那么壁1上的压应力消失,铸件将在壁2和3的内应力作用下产生弯曲变形,如图4-41(b)所示,直至内应力重新分布达到新的平衡为止。

车床床身铸件加工的情况和上述模型相类似。床身铸件外表面冷却快,特别是为提高导轨耐磨性而采用了局部激冷的铸件,导轨处冷却速度更快,而铸件中部的各壁冷却则慢得多。结果铸件内会产生很大内应力。若导轨经粗加工刨去表面一层,其效果和图4-41(b)所示的切口一样,会引起内应力重新分布并产生弯曲变形,如图4-42所示。但这一新的平衡过程要经过一段较长时间才能完成,所以加工后合格的导轨面会逐渐丧失原有精度。为了克服这种内应力重新分布而引起的变形,特别是对大型和精度要求高的零件,一般在铸件经粗加工后要进行时效处理,以消除内应力后再进行精加工。

棒料的冷矫直也会带来内应力。在冷矫直棒料时,将其架在两支点上并使其凸侧向上,在凸起处施加一外力 P,使其向反方向弯曲,如图4-43(a)所示。这时材料中的应力分布如图4-43(b)所示,轴心线以上为压应力,轴心线以下为拉应力。在弹性变形区域内,应力分布为直线,而在塑性变形区,应力分布呈曲线状。当外力 P 去除以后,弹性变形部分本来可以完全恢复,但因塑性变形部分恢复不了,内外层金属间产生相互牵制的作用,产生了新的内应力平衡状态,如图4-43(c)所示。就是在这一内应力作用之下,使原来弯曲的棒料被矫直了。但如在此之后再继续进行机械加工,将外表层金属切除后,使图4-43(c)所示上侧拉应力及下侧的压应力减小,结果工件又会出现和原弯曲方向相同的弯曲变形。所以,对于6级以上高精度丝杠、液压凿岩机活塞等精密零件规定,在加工过程中不允许采用冷矫直工

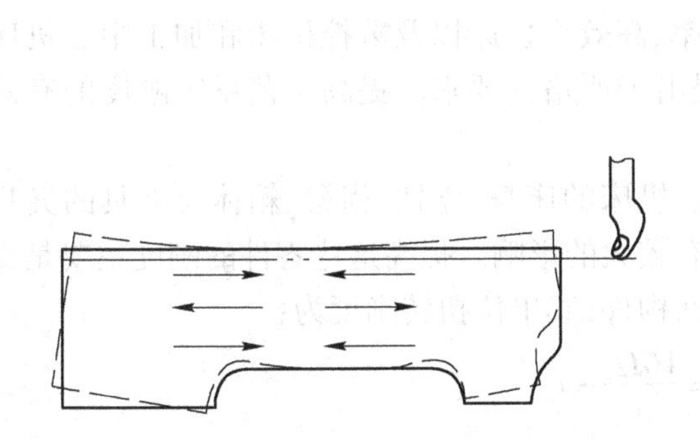

图4-42 车床床身因内应力重新分布而引起的变形

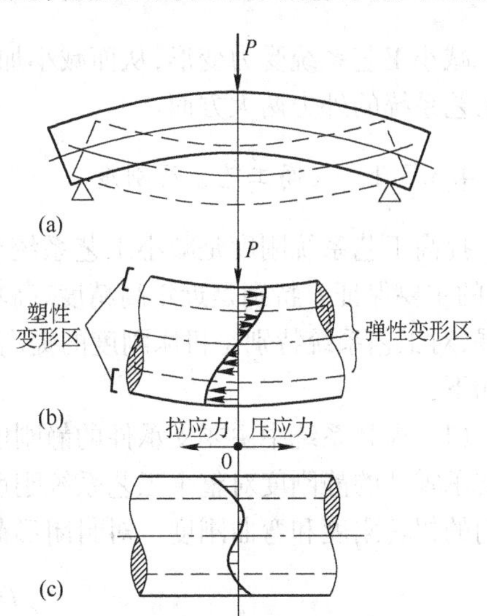

图4-43 冷矫直引起的内应力

艺，而是采用加粗的棒料经多次加工和时效处理来消除弯曲变形和内应力。有些工厂经过试验研究，采用热矫直工艺代替冷矫直工艺。这种热矫直结合工件的正火处理进行。矫直时使工件温度不低于 650℃，始终保持良好的塑性状态，这能大大减小矫直产生的内应力。另外，如果采用三辊式矫直机进行热矫直，还会大大提高矫直生产效率。

4.3.2.6　夹具、刀具受力变形引起的加工误差

图 4-44(a)所示为在落地镗床上利用弯板式夹具镗削立式多轴半自动车床底座平行孔系的情况。由于工件重量很大，加工时在其重力作用下夹具发生变形，结果使加工出的孔有较大的相互位置误差。

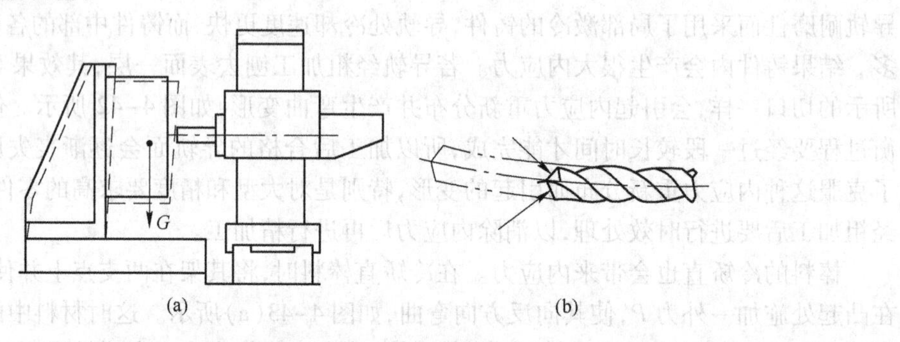

图 4-44　夹具、刀具的受力变形

图 4-44(b)所示为用麻花钻头加工深孔的情况。当钻头的两切削刃的几何角度和锋锐程度不一致时，其上所受切削力的大小将有差别。这相当于有一侧向力作用于刚度很弱的钻头上，使其发生变形并钻出一个弯曲孔。用薄片砂轮片进行精密切断加工、用细砂轮杆进行内孔磨削等情况下也经常出现工(辅)具受力变形产生加工误差的情况。

4.3.3 减小工艺系统受力变形的途径

减小工艺系统受力变形，从而减小加工误差的途径主要有提高工艺系统刚度、减小作用于工艺系统的外力两大方面。

4.3.3.1　提高工艺系统刚度

提高工艺系统刚度是减小工艺系统受力变形、提高加工精度和切削用量(即提高生产率)的主要保证。特别是近年高精度、高功率、高效率机床以及数控机床和加工中心机床的发展，对工艺系统特别是机床刚度的提高提出了严格的要求。提高工艺系统刚度的有效措施如下：

(1) 提高系统中主要支承件的静刚度。机床的床身、立柱、横梁、箱体及夹具的夹具体等支承零件的静刚度对整个工艺系统刚度有较大的影响。提高这些零件的刚度主要是提高它们的扭转刚度和弯曲刚度。对封闭形截面构件，其单位扭转刚度为：

$$D_t = \frac{4G\Omega^2}{p} \cdot t$$

式中　G——材料剪切弹性模量；

　　t——板厚或壁厚；

p——横截面周长；

Ω——封闭形截面面积。

而对开式截面构件，其单位扭转刚度为：

$$D_{t}=\frac{4Gp}{3}\cdot t^{3}$$

通过比较可知，在截面及截面积相同时，封闭形结构比开式结构的扭转刚度高许多倍。故零件应尽量取中空封闭形截面。

弯曲变形包括由弯矩引起的变形和由剪切力引起的变形两部分。经研究可知，对弯曲变形，除应采用封闭形截面外，合理选择截面形状是至关重要的。

在构件中合理安排设置筋板，选用弹性模量高的材料也很重要。

(2) 提高工艺系统中薄弱环节或薄弱零件的刚度。在机床部件中，个别薄弱的零件对部件刚度影响很大。例如机床刀架或溜板中常用的楔铁，由于其结构细长，刚性很差，再加上不易做得平直，接触不良，在外力作用下容易发生较大变形，使部件刚度大为降低。实验指出，六角车床横刀架的楔铁经过仔细调整，可使刀架刚度提高1.5倍。

另外，在车削细长轴时，采用中心架或跟刀架来提高系统中最薄弱的工件部分的刚度；镗孔时采用镗套支承刚度较弱的镗杆；六角车床加工中采用加强杆和支承套来支承转塔上悬伸的刀架及各种辅具等，都是提高工艺系统中薄弱环节刚度，从而提高整个系统刚度的例子。

(3) 提高零件间接触刚度。提高零件连接配合表面间的接触刚度，可以大大提高工艺系统刚度。为达到这一目的，首先应提高连接配合表面的加工精度(尺寸精度和几何形状精度)和加工表面光洁度。例如通过精细刮研机床导轨面和重要连接面，多次修刮精密工件的中心孔，仔细配研一些配偶件的配合表面等，均可使实际接触面积增大，有效地提高接触刚度。

其次，在零件间施加预加载荷、消除配合间隙和造成初期局部预变形，也能有效提高接触刚度，例如角接触球轴承等滚动轴承施加轴向预载、采用预加载荷的滚珠丝杠副、使用加载荷的滚动导轨代替滑动导轨等。

另外，采用较高弹性模量材料和提高两接触表面硬度，也能提高零件间接触刚度。

(4) 采用合理的装夹方法和加工方法。例如，在卧式铣床上铣一角铁工件的端平面，如果按图4-45 (a)所示将工件立放用圆柱铣刀加工，其工艺系统刚度较低。而如果改为图4-45 (b)所示将工件放倒、用端铣刀加工的方案，则工艺系统刚度可以大大提高。

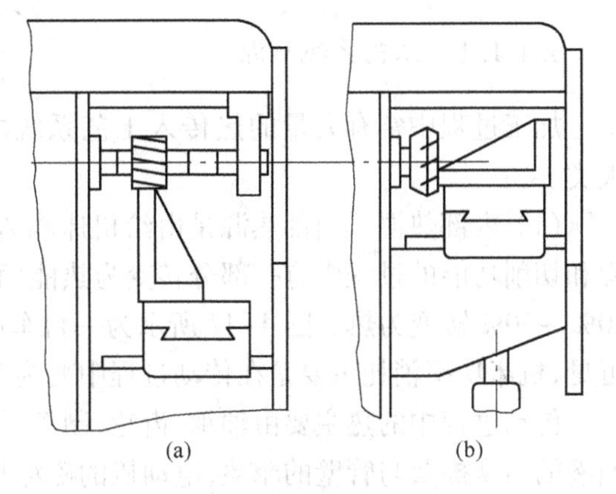

图4-45　铣角铁工作的两种安装方法

4.3.3.2　减小作用于工艺系统的外力

在同样工艺系统刚度条件下，减小作用于工艺系统的外力，即可减小工艺系统受力变形，提高零件加工精度。其方法有：

(1) 降低切削用量,减小切削力。这是任何精加工工序均要采用小切深和细进给的原因之一。

(2) 采用力平衡的方法减少作用于工艺系统的外力。例如车削细长轴时,在相对车刀位置的工件另一侧安装一个跟刀架,使跟刀架支承爪产生一个支承反力来和切削力相平衡;再如镗孔时可在镗杆相对两侧安装两把镗刀,每把刀承担一半的切削负荷,使两切削力大小相等、方向相反,结果镗杆只受扭矩作用而不会受侧向力弯曲。

(3) 将外力作用转移到不影响加工精度的方面或非误差敏感方向。例如大型龙门式机床的横梁较长,常常由于主轴箱、刀架等部件重力的作用而产生弯曲和扭曲变形。为此,如图4-46所示,可设置一个杠杆机构和平衡重量 W,将杠杆支点固定在一个随刀架同时横向移动的小车1上,而小车1在附加梁2上移动。这样,刀架部分重力就不再作用在具有导向作用的横梁3上,而是被转移到附加梁上。所以横梁及导轨不会发生受力变形而具有高的导轨精度,至于附加梁2的变形,则对加工精度没有影响。

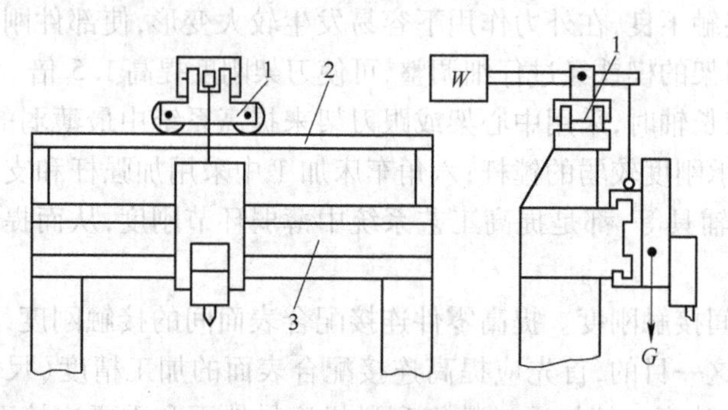

图4-46 刀架重力的转移

1—小车;2—附加梁;3—横梁

知识点4.4 工艺系统受热变形对加工精度的影响

4.4.1 基本概念

4.4.1.1 工艺系统热源

加工过程中常有大量的热传入工艺系统之中,其热源可分为内部热源和外部热源两大类。

(1) 内部热源。内部热源是由给机床输入的能量(如电能)在使其完成运动功能的过程和切削功能的过程中有一部分转变为热能而形成的热源。在机床所消耗的功率中,约有30% ~70%转变为热。图4-47所示为一台车床在主轴转速2500r/min时的功率消耗,由图可见,机床功率消耗主要是在传动过程中变为摩擦热和在切削过程中变为切削热。

传动过程中的热主要由轴承、齿轮、制动器、离合器、皮带、导轨等部分的摩擦,液压系统油液的内摩擦及与管壁的摩擦,电动机的磁滞损失等所产生。切削过程中的热是由材料塑性变形、摩擦等所产生。在低速切削及磨削中,大部分切削热传入工件,而在高速切削中大部分切削热传入切屑(见图4-48)。但大量温度很高的切屑落在床身或工作台上,还会把热量传入机床。另外,对于内孔加工(如钻、镗孔等),由于切屑将大量留在孔内,切削热传给工件的比例也很大。

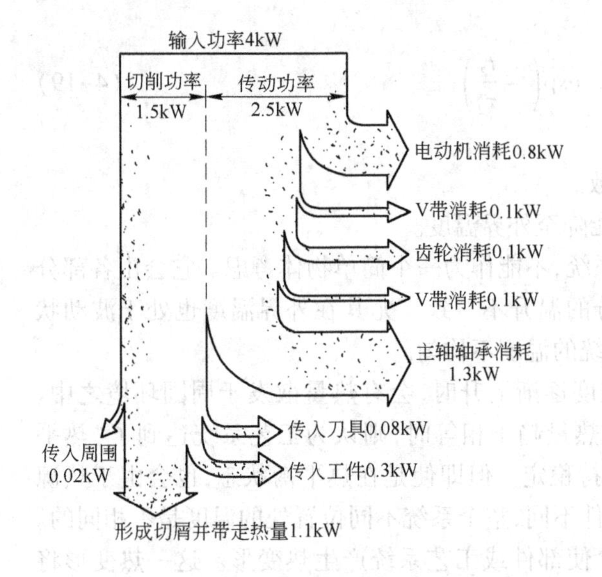

图4-47 车床功率消耗分配

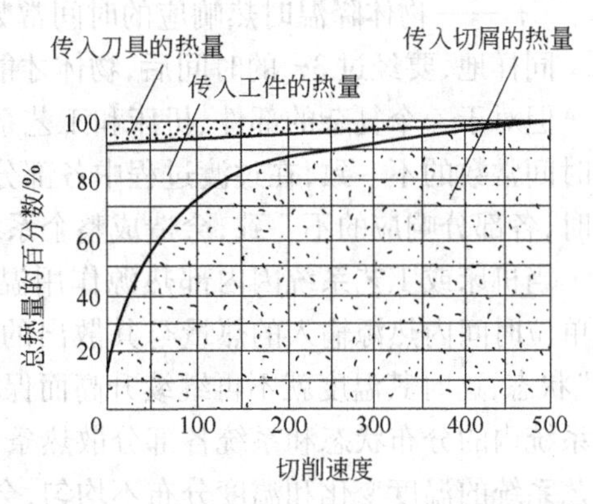

图4-48 切削热传入切屑、刀具及工件的比例

(2) 外部热源。外部热源主要是以热辐射和热传导方式由外界环境(阳光、暖气设备、气温、室温差、地基温度变化)传入工艺系统的热量。在日光照射下的机床,上下午之间照射情况不同会使机床温升不同;对于单面或局部受日照或靠近暖气设备的机床,机床各部分温升会出现差异;室温的波动会使工艺系统随之产生温度变化,所有这些都是不容忽视的。

4.4.1.2 工艺系统热响应、热平衡及热变形

当一个没有内部热源的简单物体在 O_1 时刻被置于温度比它高 T 的外部环境中时,由于热量的传入,该物体的温度 Q 会依式(4-18)所示的关系逐渐升高,见图4-49。

$$Q = T\left[1 - \exp\left(1 - \frac{t_1}{\tau_1}\right)\right] \tag{4-18}$$

式中 t_1——O_1 时刻开始的温升时间;

τ_1——物体升温时热响应的时间常数。

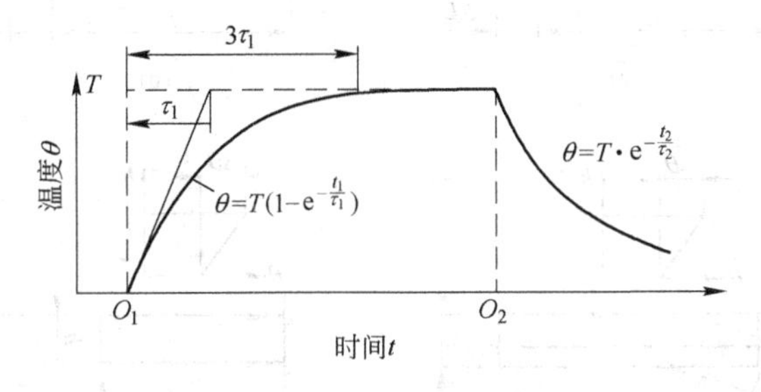

图4-49 热响应曲线

物体的时间常数反映了物体的热惯性大小,它主要取决于物体热容量、导热系数及表面积等。可以近似认为经过3倍时间常数 τ_1 的时间后,物体达到外界温度。

当物体自 O_2 时刻被置于温度比它低 T 的外部环境中时，由于物体向外界的散热，其温度 Q 将依式(4-19)所示的关系逐渐降低。

$$Q=T\cdot\exp\left(-\frac{t_2}{\tau_2}\right) \tag{4-19}$$

式中 t_2——自 O_2 时刻开始的降温时间；

τ_2——物体降温时热响应的时间常数。

同样地，要经过 $3\tau_2$ 的时间后，物体才能降至外界温度。

但对于一个复杂的部件、机床和工艺系统，不能作为一个简单物体考虑。它会由各部分的时间常数的不一致，在过渡过程中各部分的温升不一致。尤其在外界温度也处于波动状态时，各部分响应的不一致，会造成整个系统的温度不均匀。

当机床或工艺系统因内部热源作用温度逐渐上升时，会有热量散发于周围环境之中。当单位时间内热源输入的热量与其散出的热量趋于相等时，则认为工艺系统达到了“热平衡”状态，这时其温度就不再继续升高而保持稳定。但即使是在热平衡状态，也会由于热源在系统内的分布状态和系统各部分散热条件不同，整个系统不同位置处的温度是不相同的。工艺系统的温度变化和温度分布不均匀，会使部件或工艺系统产生热变形。这一热变形将使加工过程中刀具－工件的相对位置发生变化，以至破坏机床的几何精度，从而会产生加工误差。

细长等截面杆件的热变形问题是最简单的。当长度为 L 的可自由延伸的细长杆整体升高了 ΔQ 温度时，相应杆长将伸长 ΔL，如图 4-50 (a)所示。

$$\Delta L=\alpha L\Delta\theta \tag{4-20}$$

式中 α——材料的线膨胀系数。

当长度为 L 的可自由延伸的细长杆在其长度方向的温升不一致，其一端温升为零，另一端温升为 $\Delta\theta$，中间各处温升呈线性的逐渐变化，这时杆也将仅沿其长度发生伸长，其伸长量如图 4-50(b)所示。

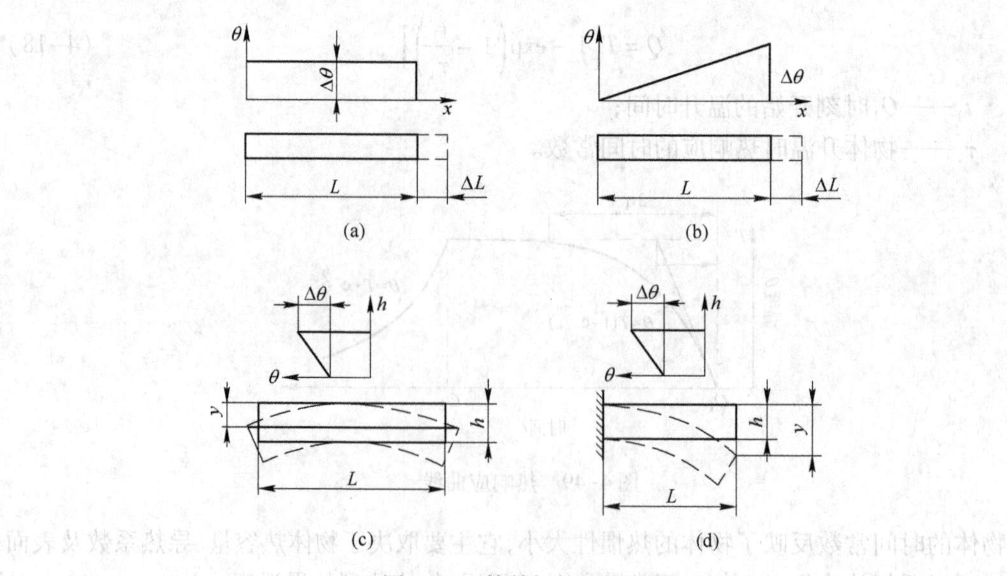

图 4-50 简单杆件的热变形

$$\Delta L = \int_0^l \alpha \cdot \theta(x)\,\mathrm{d}x = \frac{1}{2}\alpha L \Delta\theta \tag{4-21}$$

当一长度为 L、高度为 h 的矩形截面可自由变形的杆的上下表面温度不一致，由下表面向上沿高度方向温度线性升高，上、下表面温差为 $\Delta\theta$ 时，该杆件将发生弯曲，如图 4-50(c)所示。弯曲挠度为：

$$y = \frac{\alpha L^2}{8h} \cdot \Delta\theta \tag{4-22}$$

当长度为 L、高度为 h 的矩形截面杆一端被固定时，在上下表面温差作用下也将发生弯曲，如图 4-50(d)所示，其挠度为：

$$y = \frac{\alpha L^2}{2h} \cdot \Delta\theta \tag{4-23}$$

上述热变形达到稳定状态也需要一定的时间历程。对于形状和温度分布情况更复杂的单个物体的热变形，或是多个零件(尤其是热膨胀系数不同的多个零件)连接在一起，彼此间受有复杂的约束的情况下的热变形问题的求解则是非常困难的，常需要借助采用有限元法的电子计算机计算或是进行实验测试来解决。

4.4.2　机床热变形及其对加工精度的影响

4.4.2.1　机床热变形的特点

(1) 机床中零件复杂，装配关系复杂，零件间尺寸、形状、材料等差异很大，加之热源分布也很复杂，使得机床各处的温度分布和热变形情况非常复杂，图 4-51 所示为一车床主轴箱温度分布的实测结果。

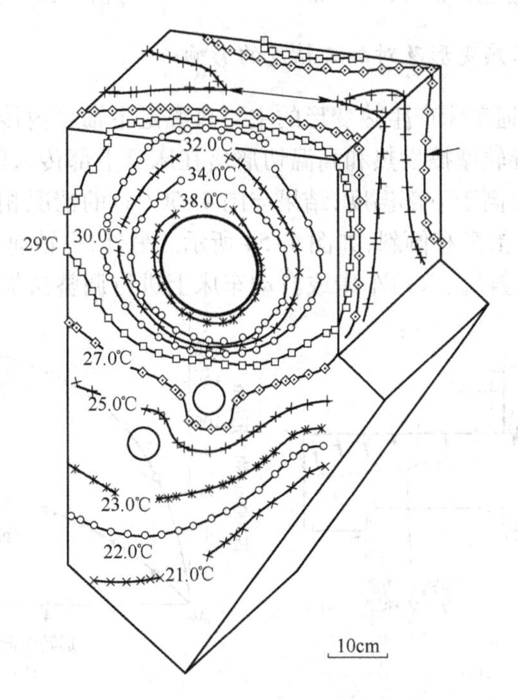

图 4-51　车床主轴箱实测等温线图

（2）机床内部热源是在机床开动起来之后才出现的，所以对精密加工都需要将机床启动后空运转一段时间，使其达到热平衡、机床各部件的相互位置相对稳定了，才能进行零件的加工。而且在加工中途不能停机，否则会引起机床热变形的大幅度波动，如图 4-52 所示。由于机床的体积大、热容量大，所以其热平衡时间一般均较长，如车床、磨床的空运转热平衡时间为 4 ~6 h，中、小型精密机床要控制到 1 ~2 h。大型精密机床的空运转热平衡时间要更长，如 SIP - 8P 坐标镗床横梁的热平衡时间需要 12 h 左右。英国标准规定 A 级大型滚齿机的温升应控制在 1. 1℃以内，并需在空运转 40 h 后才能进行切齿和校正。

（3）环境温度变化也影响机床热变形，而且相应室温变化的机床热变形具有时间滞后的特点，如图 4-53 所示。而对于大型机床，这一滞后时间可能很长。另外，由于大型机床的床身等零件很长很大，外界温度的细微波动都会带来不容忽视的加工误差。所以大型精密机床都要放在恒温室内，否则根本就没有热稳定状态可言。

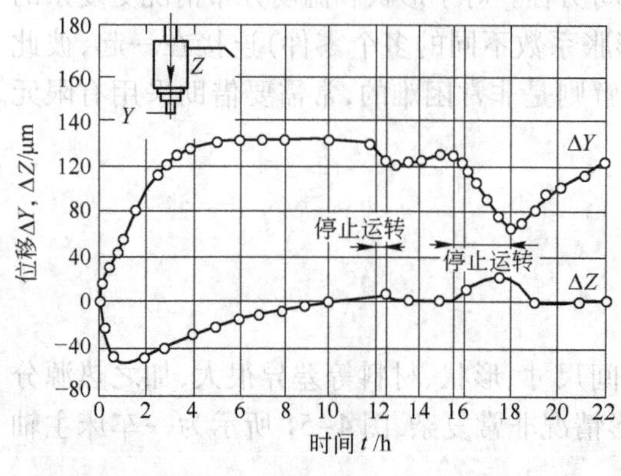

图 4-52　铣床主轴箱的热变形（$n = 1400$ r/min）

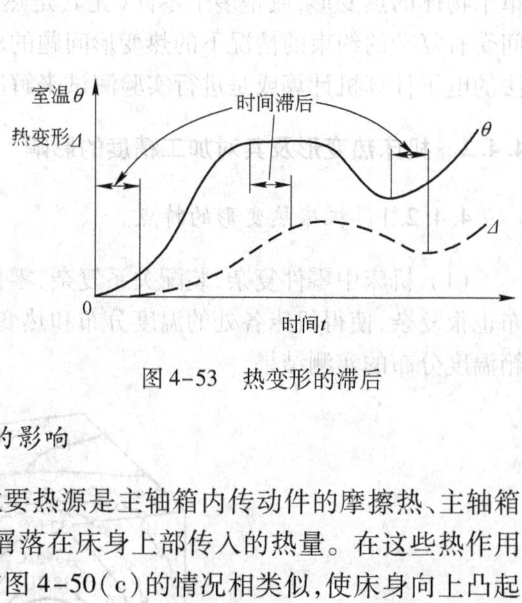

图 4-53　热变形的滞后

4. 4. 2. 2　各类机床热变形及对加工精度的影响

（1）普通车床。普通车床产生热变形的主要热源是主轴箱内传动件的摩擦热、主轴箱油池的发热、机床床身导轨摩擦发热和高温切屑落在床身上部传入的热量。在这些热作用下，车床床身上部温度将高于下部温度，结果与图 4-50（c）的情况相类似，使床身向上凸起弯曲。这将引起主轴的抬高和倾斜，如图 4-54 所示。另外，主轴前后轴承的温度差也会在一定程度上引起主轴倾斜。在六角车床或自动车床上进行调整法加工时，由于刀具可能装

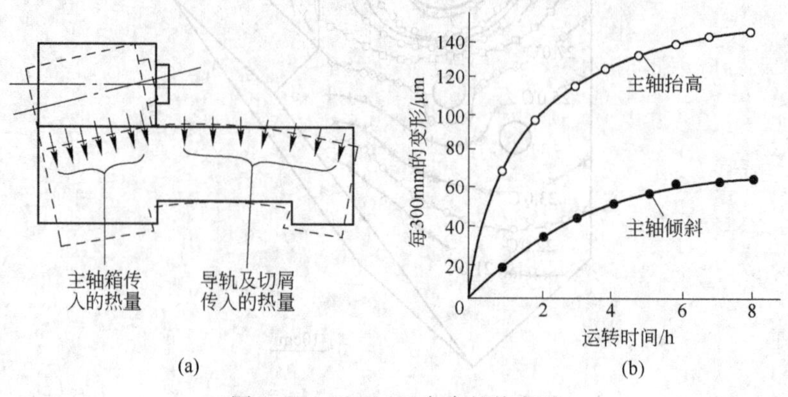

图 4-54　C620 - 1 车床的热变形

在垂直或倾斜方向,主轴的抬高与倾斜热变形会影响加工精度。

(2) 立式铣床和立轴磨床。立式铣床内部热源主要为其主轴部件及传动件,立轴磨床则主要是主轴电动机及主轴箱。它们发出的热量向侧向传入立柱(或铣床床身),使立柱与主轴箱连接的前侧的温度高于后侧,结果像图4-50(d)所示的情况一样,立柱发生向后倾的弯曲变形,如图4-55所示。这将使机床主轴与工作台面不再垂直,使铣过或磨过的平面出现平面度误差。当磨床立柱两面温度差为4~5℃时,砂轮端面与工作台的平行度误差达0.03/300mm。

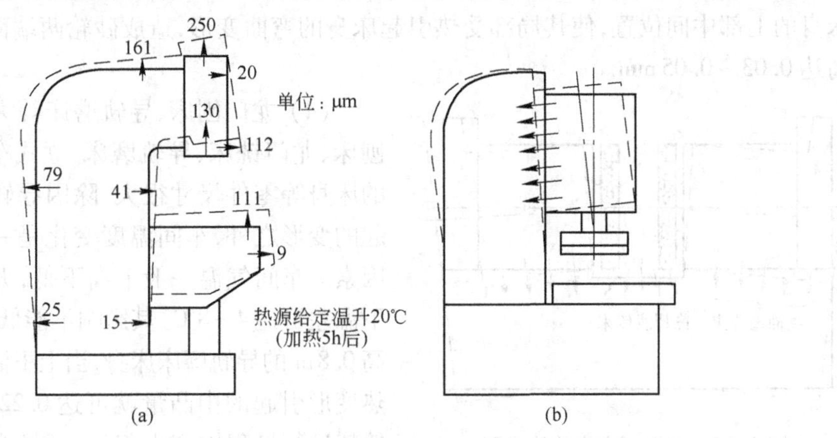

图4-55　立式铣床和主轴磨床的热变形

(a) 立式铣床;(b) 主轴磨床

(3) 外圆磨床等磨床类机床。磨床类机床通常都有液压传动系统和高速砂轮主轴。它的主要热源是砂轮主轴轴承的发热和液压系统发热。前者使主轴轴线升高并使砂轮架向工件方向趋近,如果主轴的前后轴承温升不同,主轴侧母线还会出现热倾斜;后者则导致床身的弯曲和前倾。另外,磨床的冷却液也是一个派生热源。它吸收了部分切削热,并将热量传给它流过的工作台与床身。图4-56(a)所示为某台外圆磨床经过不同运转时间后的各部分

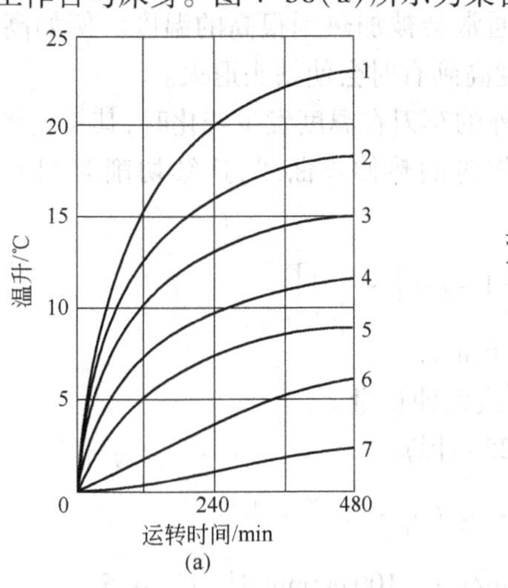

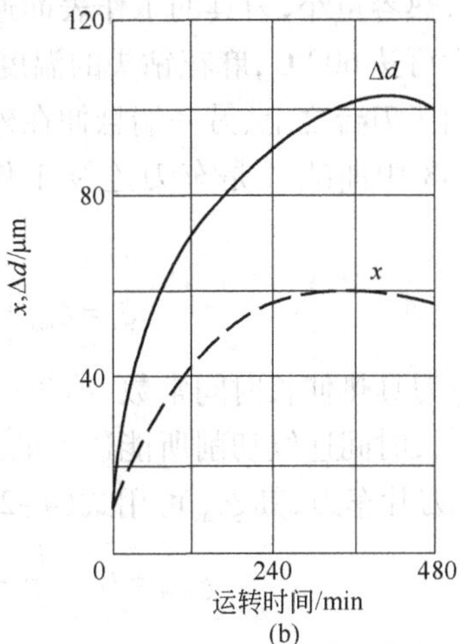

图4-56　外圆磨床的温升与热变形

(a) 温升;(b)热变形

1—液压装置;2—砂轮架电动机;3—砂轮架;4—液压油;5—工件夹架;

6—床身下部;7—床身上部,冷却液,工作台

温升，图 4-56(b)所示为机床热位移对加工精度的影响。当工作台与砂轮架间产生的热位移 x 为 60 μm 时，加工出的工件直径变化 Δd 达 100 μm。这说明在定程切入磨削时，砂轮轴心线的热位移，将以两倍的数量反映到工件的直径变化上去。工件夹持在顶尖间进行外圆纵向磨削时，由于尾架温升小而床头温升大，会使两顶尖连线与工作台进给方向之间产生平行度误差。这也能使磨出的工件出现 3 ~ 4 μm 的圆柱度误差。

图 4-57 所示为一台双端面磨床，由于砂轮主轴箱的热量传入床身上部，以及冷却液喷向床身的上部中间位置，使其局部受热引起床身的弯曲变形，造成砂轮两端面的平行度误差可高达 0.03 ~ 0.05 mm。

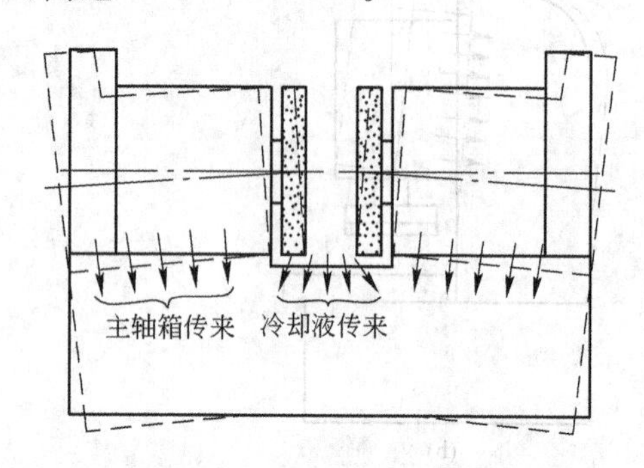

图 4-57　双端面磨床的热变形

(4) 龙门刨床、导轨磨床等大型机床。龙门刨床、龙门铣床、导轨磨床、立式车床等大型机床的床身等零件尺寸很大，除因导轨摩擦发热而引起的变形之外，车间温度变化是一个必须重视的因素。车间气温一般上高下低，大型机床立柱上下温差可达 4 ~ 8℃，其影响不能低估。对长 12 m、高 0.8 m 的导轨磨床床身，当上下温差仅 1℃时，因热变形引起的中凸量就可达 0.22 mm，这会使砂轮架运行过程中产生起伏，而且磨出的工件也会出现中凸的形状误差。

4.4.3　刀具和工件的热变形及其对加工精度的影响

4.4.3.1　刀具热变形及对加工精度的影响

刀具热变形的热源主要是切削热。虽然切削热大部分传入切屑，只有一小部分传入刀具，但刀体小，热容量小，刀具的工作表面通常会被加热到很高的温度。例如高速钢车刀的刀刃部分温度可达 600℃，麻花钻头的温度高到有时会使钻头退火。

一端夹固于刀台之上、另一端悬伸在外的车刀在温度发生变化时，其长度将发生相应的变化。图 4-58 中曲线 A 是车刀连续工作时的热伸长曲线，连续切削时间 t 后的热伸长量为：

$$\xi_t = \xi_{max}\left[1 - \exp\left(-\frac{t}{\tau_c}\right)\right] \tag{4-24}$$

式中　τ_c——刀具热伸长时间常数，约 3 ~ 6 min；

ξ_{max}——长时间连续切削所能达到的最大伸长量。

对 YT15 刀片车刀，其 ξ_{max} 可用式(4-25)计算。

$$\xi_{max} = C \cdot \frac{l}{A} \cdot \sigma_b\ (a_p \cdot f)^{0.75} \cdot v^{0.5} \tag{4-25}$$

式中　C——常数，当 $a_p \leqslant 1$ mm、$f \leqslant 0.2$ mm/r、$v = 100$ m/min 时，$C \approx 4.5$；

l——车刀悬伸长度，mm；

A——刀杆横截面积，mm^2；

σ_b——工件材料极限强度，N/mm^2；

a_p, f, v——切削用量。

当 $t = 3\tau_c$ 时，$\xi = 0.95\xi_{max}$，可认为已达到最大伸长量。

如车刀达到最大伸长量后停止切削，刀具长度将随温度降低而缩短，其变化如图 4-58 中 曲线 B。从停止切削始经时间 t 后的收缩量为：

$$\xi = \xi_{max} \exp\left(-\frac{t}{\tau_s}\right) \tag{4-26}$$

式中　τ_s——刀具长度冷却缩短的时间常数，一般 $\tau_s > \tau_c$。

如果不是进行长时间连续车削，而是切削 t_c 时间后，停止切削 t_s 时间，而后再多次重复这一循环，那么刀具伸长量的变化将如图 4-58 中曲线 C 所示。在第一次 t_c 时间内车刀伸长至 a 点，接着在停止的 t_s 时间内又缩短至 b 点，以后又经多次伸缩，最后在一个低于 ξ_{max} 的 Δ 范围内稳定的变化。

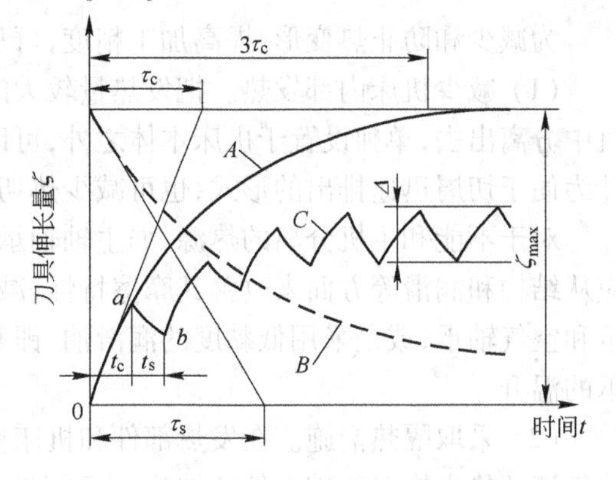

图 4-58　车刀热伸长曲线

可以看出，在达到热平衡后，由于在每加工一个工件期间的刀具伸长量 Δ 很小，所以在调整好的机床上加工一批小工件时，刀具热伸长对工件尺寸的影响是不显著的。不过在刀具尚未达到热平衡的前几个工件的加工中，工件直径将会逐个减小，从而有较大的尺寸分散。

在加工大型工件时，由于刀具长时间连续切削，热伸长由零渐变为 ξ_{max}，往往造成表面的几何形状误差。例如在车削长轴、镗长孔时会造成圆柱度误差，在立车上加工大直径平面时会造成平面度误差。不过，随着切削过程而出现的刀具磨损对加工精度有着和刀具热伸长相反的影响，有时这两者是能够相互补偿的。

4.4.3.2　工件热变形及对加工精度的影响

在加工过程中，工件受切削热的影响会产生热变形，若是在热膨胀的情况下达到了规定的加工尺寸，则冷却收缩后尺寸会变小，甚至出现尺寸超差。另外，工件热变形也会影响到工件的几何形状精度。

在精密丝杠加工中，工件的伸长会引起螺距累积误差。据实验，一般螺纹磨削时，工件的温度平均高出室温 3.5℃ 左右，并高于机床母丝杠的温升。如母丝杠与工件的温差为 1℃，300 mm 长的工件将出现 3.3 μm 的螺距累积误差。而对 5 级精度的丝杠，300 mm 长度上的螺距累积误差允许值仅为 5 μm，可见工件热变形对加工精度有很大影响。在导轨磨床上磨削床身导轨时，由于磨削热传入工件，使床身上部比下部温度要高，如被磨削的床身长 1000 mm、高 600 mm，因磨削引起的上下温差为 2.4℃ 时，由式（4-22）可计算知，导轨将产生 20 μm 的中凸热变形。导轨在中凸状态下被磨平，冷却后即会出现导轨中凹，而这不符合某些机床导轨的技术要求。

在加工轴类零件时，开始切削时工件温升为零，随着切削的进行，工件温度逐渐升高，直径逐渐胀大。在该状态下加工成的圆柱形工件，冷却后将出现圆锥形的圆柱度误差。在车床的顶尖间加工细长轴时，其热伸长受到前后顶尖的约束后会出现侧向弯曲，造成加工误差和引起切削不稳定。所以加工开始后过一段时间就应把后顶尖松开再重新顶紧，避免使轴受有过大的轴向压力。

再如在平面磨床上磨削薄片类零件时，由于上下表面间形成的温差，工件会产生中凸翘曲。待工件磨平冷却后则出现上凹的形状误差。

前述所有这些都是工件热变形引起加工误差的例子。

4.4.4　工艺系统热变形的防止措施

为减少和防止热变形、提高加工精度，可从以下几方面采取措施：

（1）减少机床内部发热。把发热量较大的电动机、齿轮变速箱、液压装置和油箱等从主机中分离出去，单独设置于机床本体之外，可以大为减少内部热源的发热。把机床的构造设计为便于切屑迅速排出的形式，也可减少热切屑对床身等的加热。

对于不能和主机分离的热源，如主轴轴承、丝杠副、摩擦离合器和高速运动导轨副等，则应从结构和润滑等方面来改善其摩擦特性，减少发热量。例如，应用静压轴承、低温动压轴承和空气轴承，或是采用低黏度的润滑油、锂基油脂或用油雾润滑等，都有利于降低主轴轴承的温升。

（2）采取隔热措施。在发热部件和机床重要大件之间加装隔热材料，以阻绝热辐射或热气流的热交换对基础大件的加热，也可有效减小机床热变形。

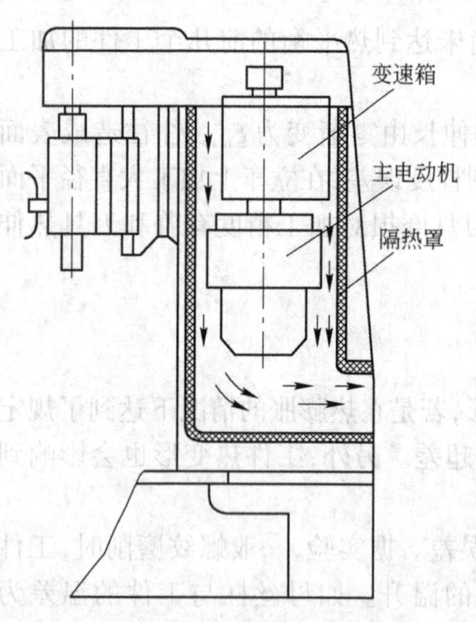

图 4-59　采用隔热罩减少热变形

例如为解决 T4613B 型单柱坐标镗床立柱变形问题，采用了如图 4-59 所示的隔热罩。隔热罩由石棉板制成，它将电动机和变速箱与机床立柱内表面隔开，使变速箱和主电动机产生的热量，通过电动机上的风扇由空气带走，并由立柱下方后面的排风窗口排出。根据测量结果，当主轴以 1800 r/min 的转速运转 2 h 后，采用隔热罩，可使立柱温升由 7.3℃ 减至 2.3℃，使机床主轴轴线的热位移由 42 μm 降至 8 μm。

在机床工作台上装隔热塑料板以隔阻切屑的热量传入工艺系统，也是采取隔热措施的例子。

（3）冷却主要热源。要完全消除内部热源的发热是不可能的，所以采取对发热部件进行冷却的方法，是减少工艺系统热变形的又一主要措施。对发热部位的冷却，一方面可以采用散热设计，加速其自然散热冷却，更主要的则是采用强制冷却的方法。

强制冷却可以利用冷空气或油液冷却机床内部或轴承（见图 4-59）采用隔热罩减少热变形 来实现。图 4-60 所示为采用不同冷却方法时对机床热变形减少效果的比较。图 4-61 所示为在一台坐标镗铣床的主轴箱内，用强制溅油冷却的试验结果。当不采用强制冷却时，机床运转 6 h 后，主轴中心线到工作台的距离发生了 190 μm 的热位移，而且还没有达到热平衡。采用强制冷却后，热位移减少到 15 μm，而且不到两小时，机床就达到热平衡。强制冷却的效果是十分显著的。在数控机床、加工中心、强力高效磨床等机床中，现已较多地采用冷冻机对润滑油进行冷却。并将润滑油当冷却剂使用，把主轴轴承和齿轮箱中产生的热量带走。

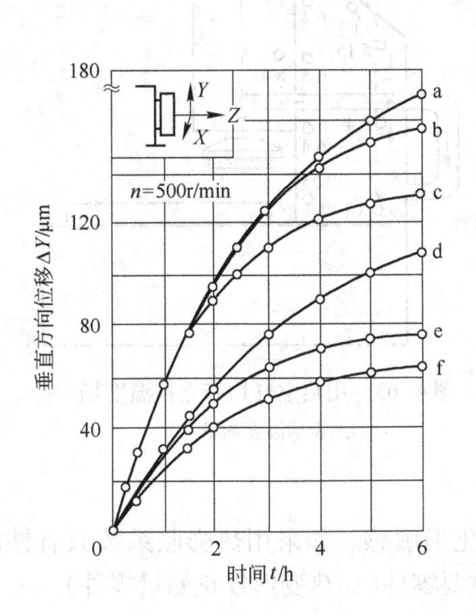

图4-60　采用不同冷却方式时六角车床主轴的垂直方向位移

a—正常状态；b—带铝壳鼓风机；c—油冷却；d—冷却轴承轴瓦；e—内部空气冷却；f—e和d的组合

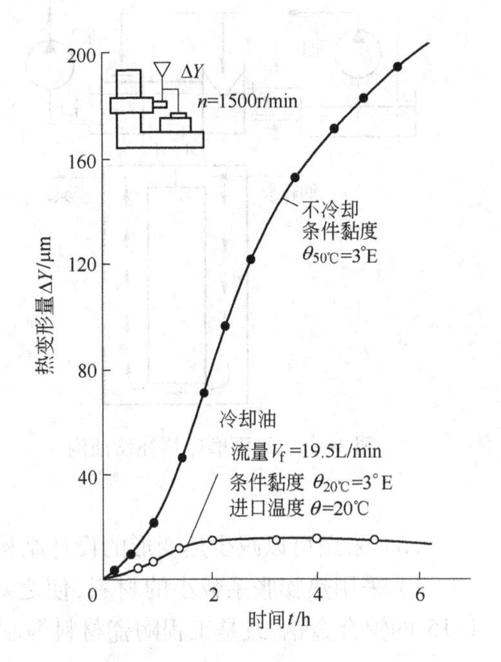

图4-61　冷却油对坐标铣床垂直方向热变形的影响

在箱体的主轴轴承周围，或是在床身等构件上采用双重壁结构，并使冷却油流过双层夹壁之间，也可有效地控制温升。

在加工过程中供给充分的冷却液，或是采用喷雾冷却等效果较好的方法对刀具和工件进行冷却也很重要。在大型精密螺纹磨床S7450中，为保证被加工丝杠的温度稳定，一方面在磨削区用冷却油将磨削热带走；另一方面又采用淋浴法使整根丝杠淋浴在恒温油液中。

(4) 采用热均衡设计。即在机床设计时就考虑到全面均衡温度场，以便能减少机床热变形。例如M7150型平面磨床，其油箱设置在机床外部。但为了解决由于床身上部受导轨摩擦热等因素影响而出现的下冷上热、使导轨中凸的热变形问题，采用了如图4-62所示的“热补偿油沟”结构。它利用油泵2强制使带有余热的回油流经床身下部，使床身下部温度提高，使床身上下温差减少到1～2℃，导轨中凸量仅有0.052mm，达到了预期要求。

图4-63所示的立轴平面磨床是采取措施实现热均衡的又一个例子。主轴电动机加热过的热空气由电动机风扇排出后，通过特设的管道导向立柱后壁处的夹层空间再排到外面。这样利用热空气来加热温升较低的立柱后壁，以均衡立柱前后壁的温度，可以显著降低立柱的弯曲变形，使被加工工件的端面平面度误差降低到未采取热均衡措施前的$\frac{1}{3}\sim\frac{1}{4}$。

现在的机床设计中还经常采用热元件对机床的某些部件进行加热来实现热均衡。对机床预先进行加热也可以大大缩短达到热平衡的时间。

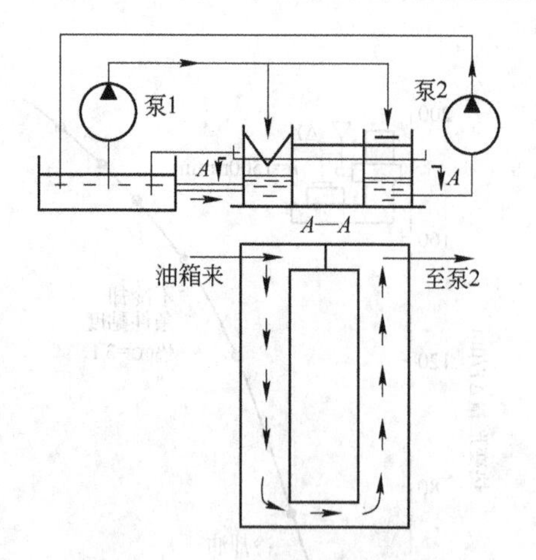

图 4-62　平面磨床热补偿油沟

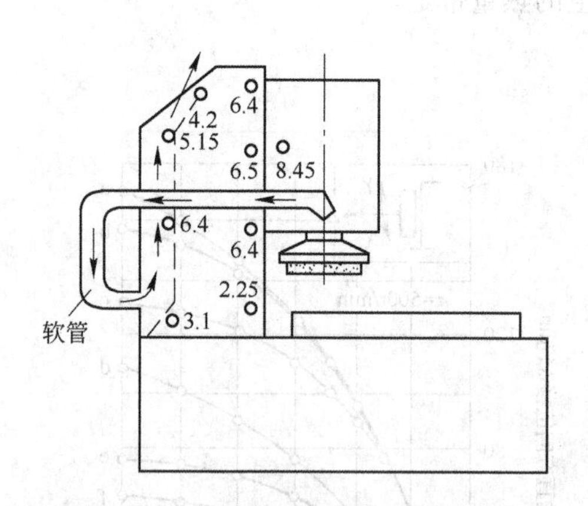

图 4-63　用热空气均衡立柱温度场
（○ 表示温度测量点）

（5）采用可以减少热变形的设计结构。

1）采用热膨胀系数小的材料，使之对温升变化不敏感。如采用热膨胀系数只有铁的1/15 的镍合金钢，或是工程陶瓷材料等制作某些重要零件（如热变形校正测量零件）。

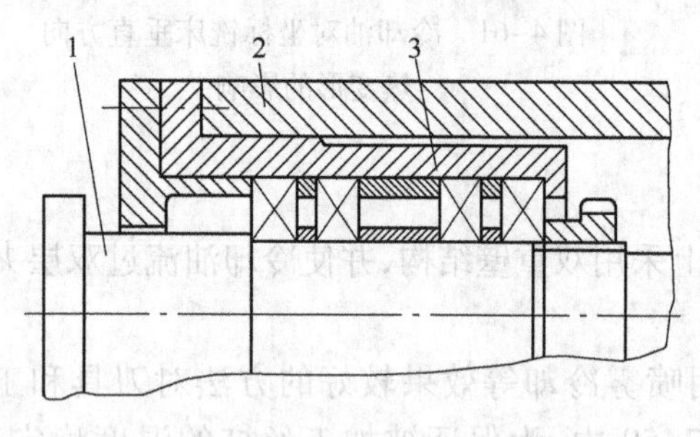

图 4-64　双端面磨床主轴的热补偿
1—主轴；2—壳体；3—过渡套筒

2）采用热补偿结构。例如为了解决MB7650 型双端面磨床主轴热伸长超差（达0. 08mm）的问题，除改善主轴轴承润滑条件外，在前轴承和壳体之间增加了一个过渡套筒3，如图 4-64 所示。该套筒与壳体 2 仅在前端接触，后端则与孔壁不接触。当主轴 1 因轴承发热向前伸长时，过渡套筒 3 则向后受热伸长，并使整个轴承也向后移动，从而补偿了主轴热变形对加工精度的影响。这实际是相对变形为零的热对称结构。

3）注意结构的对称性。在变速箱的内部结构中，注意传动元件安放的对称性，可以均衡箱壁的温升。大件结构和布局的对称性也可减少热变形。以加工中心机床立柱为例，单立柱结构因受热影响产生相当大的扭曲变形，而双立柱结构由于左右对称，受热后主轴轴线仅产生垂直方向的平移而几乎不产生扭曲。而这一单向平移很容易用垂直坐标的移动给予修正。

4）合理安排支承的位置，避免热变形出现在误差敏感方向。例如图 4-65（a）所示，主轴箱与床身连接时，当以 A 面作侧向定位时，在主轴箱温度升高后，由于有距离 L，会使主轴孔中心在水平方向（误差敏感方向）产生热变形 Δy。但如把侧向定位面取在主轴孔正下方的 B 面时，如图 4-65（b）所示，则在误差敏感方向主轴中心线不产生热变形，从而对加工精度没有影响。

（6）采用恒温措施、控制温度变化。控制环境温度变化，从而使机床热变形稳定，主要是采用恒温的办法来解决。例如精密磨床、坐标镗床、螺纹磨床、齿轮磨床等精密机床都要安装在恒温车间内使用。恒温的精度根据加工精度的要求而定。一般取 ±1℃，精度特别高

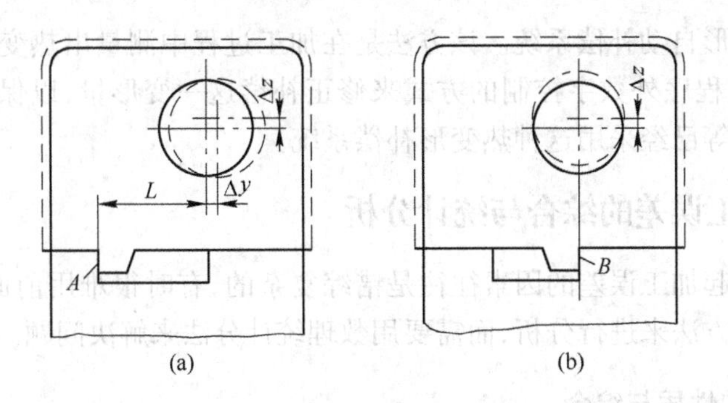

图4-65　主轴箱两种装配结构的热变形

的机床,应取±0.5℃;而对于超精密加工,则要把室温控制在±0.1~±0.5℃,然后把加工区附近的温度控制在±0.01℃的范围之内。

图4-66所示为一台双轴超精密金刚石车床的加工区温度控制系统。机床装在恒温间内,外部罩有透明塑料罩11。罩内设有油管,对整台机床喷射恒温油流,使加工区温度保持在20±0.006℃范围内。冷水进入加热器,使水温达到10±0.6℃,然后进入油温控制系统4。从油箱抽上来的油(缝纫机用矿物油,流量150L/min,压力0.28MPa)经滤油器6进入热交换器5中。冷水和油在热交换器中进行热交换,使油冷却后再进入罩内向机床喷射。油流吸收机床和切削区的热量后又流回油箱。

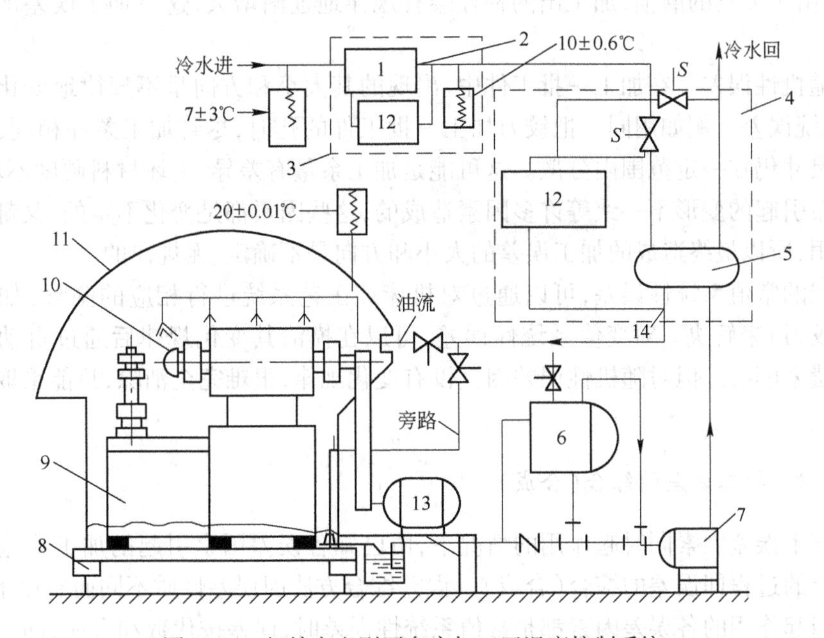

图4-66　超精密金刚石车床加工区温度控制系统

1—加热器;2—传感器;3—水温控制系统;4—油温控制系统;5—热交换器;6—滤油器;7—油泵;8—气垫支承;9—金刚石车床;10—工件;11—透明塑料罩;12—开关控制;13—电动机;14—传感器

精密螺纹磨床除需要放置于恒温间内外,还需要采取措施使其母丝杠保持恒温,工作时其温度变化不大于±0.2℃。高精度刻线机为保持±0.01℃的恒温,要把机床的床身浸泡在恒温油槽中,只让加工部位露出。在机床上还要装玻璃罩,罩内保持恒温。

（7）采用热变形自动补偿系统。该方法是在加工过程中测量出热变形量的数值,然后采取加工中修正或程序外数字控制的方式来修正补偿这一变形量,以保持加工精度不变。现在加工中心机床等已经采用这种热变形补偿系统。

知识点 4.5　加工误差的综合与统计分析

生产实际中引起加工误差的因素往往是错综复杂的,有时很难用前面介绍的某单一误差因素影响的估算方法来进行分析,而需要用数理统计分法来解决问题。

4.5.1　加工误差的性质与综合

4.5.1.1　加工误差的性质

按其在一批工件中出现的规律,加工误差可分为系统性误差和随机性误差两大类。

（1）系统性误差。顺次加工一批工件时,出现的大小和方向保持不变,或是有规律地变化着的加工误差称为系统误差。前者是常值系统误差,后者是规律性变化的系统性误差或称为变值系统误差。

例如,用一把直径比规定加工尺寸小 0.02 mm 的铰刀铰一批工件,铰出的孔的直径都出现一个小 0.02 mm 的尺寸误差,该加工误差即为常值系统性误差。又例如在自动车床上加工一批轴,由于刀具的磨损,加工出的轴径会有规律地逐渐增大,这一加工误差即为变值系统性误差。

（2）随机性误差。在加工一批工件中,出现的其大小和方向呈不规律地变化的加工误差,称为系统误差。例如用同一把铰刀加工一批工件的孔时,尽管加工条件相同,加工出的孔的直径尺寸仍在一定范围内分散。这可能是加工余量有差异、毛坯材料硬度不均匀、内应力重新分布引起的变形不一致等许多因素造成的,这些因素都是变化不定的,又都不起明显突出的作用,所以最终造成的加工误差的大小和方向是不确定、无规律的。

对出现的常值系统性误差,可以通过对机床或工艺系统进行相应的调整(如更换掉尺寸变小的铰刀)来解决。对变值系统性误差,可以在摸清其变化规律后通过自动连续补偿或周期补偿来解决。但对随机性误差因其没有变化规律,很难完全消除,只能采取措施使其减小。

4.5.1.2　加工误差的综合(合成)

在有若干误差因素同时起作用的情况下,由已知各误差因素引起的加工误差求最终造成的总误差的过程即误差的综合(合成)。误差综合方法因误差性质不同而有以下几种:

（1）当起作用的各误差因素都是常值系统性误差时,误差按代数和合成,即

$$\Delta W = \sum_{i=1}^{n} a_i \Delta x_i \tag{4-27}$$

式中　ΔW——总误差;

n——误差因素个数;

a_i——第 i 个误差因素对总误差的传递系数;

Δx_i——第 i 个误差因素。

（2）当起作用的各误差因素是变值系统性误差，且只知各误差最大值而不知其方向时，误差按绝对和法合成，即

$$\Delta W = \sum_{i=1}^{n} |a_i \Delta x_i| \tag{4-28}$$

（3）当起作用的各误差因素均为随机性误差时，误差按方根法合成。如各随机变量呈正态分布且相互独立（相关系数 $\rho_{ij}=0$）时，则总误差（也是一个正态分布随机性误差）的标准偏差。以下内容将述及。

4.5.2　加工误差的分布曲线法统计分析

为分析加工误差的组成及规律，需要对一批零件进行尺寸测量，并对测量结果进行统计分析。常用的统计分析方法有分布曲线法和点图法两种。

4.5.2.1　尺寸分散和尺寸分布折线图

某工序加工一批工件后并精确测量它们的尺寸，会发现不管加工条件多么稳定，加工出的尺寸总是会各不相同，在一定范围内散布，这一现象称为尺寸分散。我们可以用尺寸分布折线图来分析实际尺寸分散的规律和特点。

例如，在无心磨床上磨削一批共100件的销轴，磨后测量其直径尺寸。把尺寸分散范围划分几个小的等距的尺寸区间，将实际尺寸在该小区间内的零件划归一组，每组零件数 m 称为频数，某组频数 m 与该批零件总数 n（本例中 $n=100$）之比称为频率。其直径尺寸的实际测量结果如表4-4所示。

表4-4　销轴直径尺寸检验结果

组　别	尺寸范围/mm	中点尺寸 x/mm	组内工件数 m	频率 m/n
1	27.992～27.994	27.993	4	0.04
2	27.994～27.996	27.995	16	0.16
3	27.996～27.998	27.997	32	0.32
4	27.998～28.000	27.999	30	0.30
5	28.000～28.002	28.001	16	0.16
6	28.002～28.004	28.003	2	0.02

以频数 m 或频率为纵坐标，以直径尺寸为横坐标，即可作出如图4-67所示的尺寸分布折线图。图中以每组尺寸范围中心代表该组尺寸。如果该批零件规定的加工尺寸为 $\phi 28^{\ 0}_{-0.015}$，则可把要求的公差带位置也标在图上。这样，我们就可以直观地对该批零件的尺寸分布情况进行如下分析：

该批零件尺寸分散范围＝最大直径－最小直径＝28.004－27.992＝0.012 mm

$$分散范围中心（即平均直径）= \frac{\sum_{i=1}^{6} m_i x_i}{n} = 27.9979\ \text{mm}$$

有18%的实际尺寸为28.000～28.004 mm的工件超出了规定公差范围而成为废品。但该批零件的尺寸分散范围比规定的公差范围（0.015 mm）要小，如加工时能使每一尺寸都

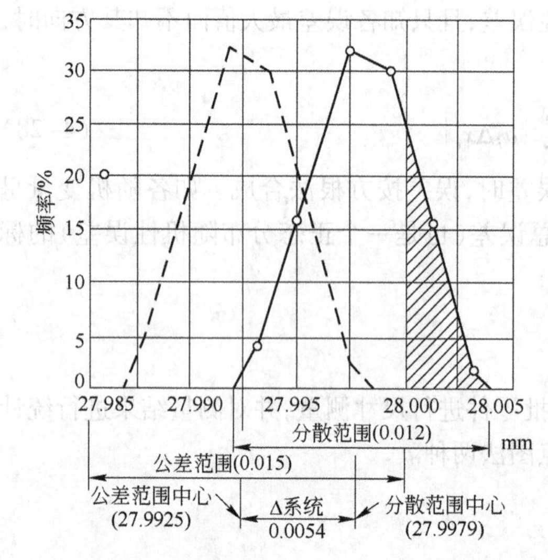

图 4-67　销轴磨后直径尺寸分布折线图

减小到分散范围中心到公差范围中心的距离(27.9979 - 27.9925 = 0.0054 mm),例如把砂轮和导轮间的距离调近 0.0054 mm,就能使全部直径都落入公差范围内(如图中虚线所示)而不出现废品。可见,该批零件废品的出现是因有一个 +0.0054 mm 的常值系统性误差造成的。

再如有一批零件加工尺寸的分布折线图如图 4-68 所示,其尺寸分散范围0.016 mm 大于公差范围 0.009 mm。那么,即使将系统性误差消除,把分散范围中心移至和公差范围相一致,也还会有一部分废品(图中虚线折线图的阴影部分)出现。这是由于加工过程中随机性误差太大,使尺寸分散范围过宽造成的。因此为保证加工精度,还需要设法减小随机性误差。

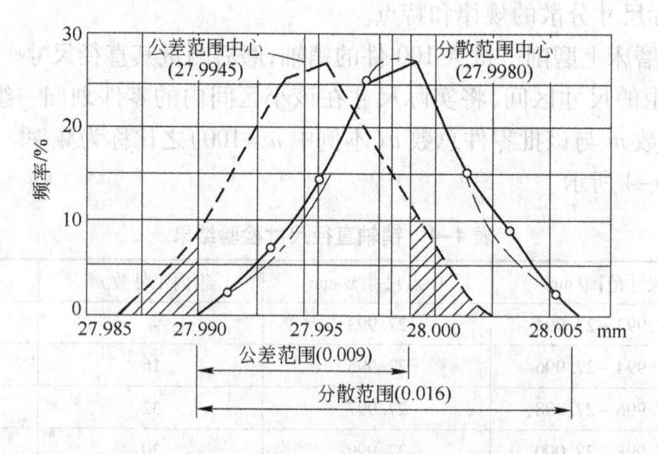

图 4-68　一批零件尺寸分布折线图的例子

由上述讨论可见,利用尺寸分布折线图不仅可以直观地看出尺寸的分布情况,还可以分析加工误差的产生原因和解决途径。

4.5.2.2　正态分布曲线及其性质

在被测量工件数目很大,划分的尺寸分隔区间很细的情况下,尺寸分布折线将逐渐圆滑为曲线。这一根据实测尺寸所画的分布曲线称为实验分布曲线。利用数理统计学中的理论分布曲线可以近似地表达相应的实验分布曲线,利用理论分布曲线的方程式,还能方便地使用数学方法研究加工误差问题。

实践证明,在一般情况下,即无某种优势因素影响,在机床上用调整法加工一批零件所得的尺寸分布曲线是符合正态分布的。

正态分布的密度函数 y_1 的方程式为:

$$y_1=\frac{1}{\sqrt{2\pi}\sigma_1}\exp\left[-\frac{(x-\mu)^2}{2{\sigma_1}^2}\right] \tag{4-29}$$

式中　μ——随机变量 x 的数学期望 $E(x)=\mu$；

σ_1——随机变量 x 的标准偏差（均方差），$D(x)=\sigma_1^2$。

对机械加工中一批零件的尺寸误差问题（随机变量为有限个离散值），式(4-29)被改造为：

$$y=\frac{1}{\sqrt{2\pi}\sigma}\exp\left[-\frac{(x-\bar{x})^2}{2\sigma^2}\right]$$
$$\bar{x}=\frac{1}{n}\sum_{i=1}^{n}x_i \tag{4-30}$$
$$\sigma=\sqrt{\frac{\sum_{i=1}^{n}(x_i-\bar{x})^2}{n}}$$

式中　y——以尺寸间隔值去除频率所得的商；

x——工件尺寸；

$\bar{x}$——该批零件测量尺寸的算术平均值；

σ——该批零件测量尺寸的均方根差；

x_i——第 i 个零件的测量尺寸；

n——该批零件的总数量。

式(4-30)所表示的正态分布曲线如图4-69所示。

由式(4-30)及图4-69所示曲线可知，在正常情况下，加工零件的尺寸分散具有下列性质：

(1) 对称性。由式(4-30)可知有：

$$y(x-\bar{x})=y[-(x-\bar{x})] \tag{4-31}$$

即绝对值相等的相对于分布中心的正误差和负误差出现的概率相等。换句话说，$x=\bar{x}$ 是分布曲线的对称中心线，在它左右的曲线是对称的。

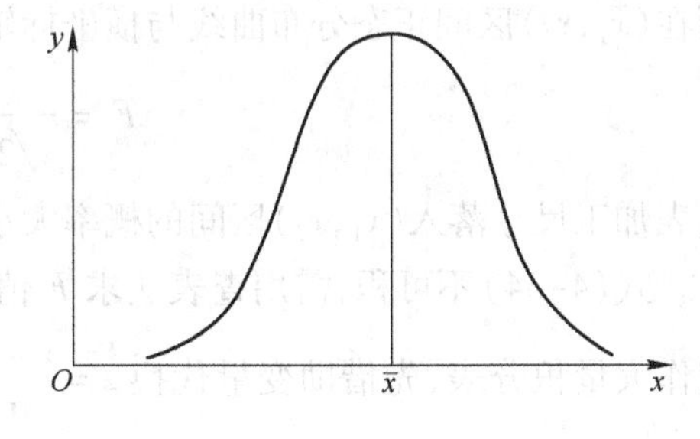

图4-69　正态分布曲线

(2) 聚集性。正态分布曲线为单峰曲线，当 $x=\bar{x}$ 时，y 有最大值：

$$y_{\max}=\frac{1}{\sqrt{2\pi}\sigma} \tag{4-32}$$

而当 x 偏离 $\bar{x}$ 越远时，y 值越小。这表明相对于分布中心的绝对值小的误差出现的概率比绝对值大的误差出现的概率要大。

(3) 有界性。理论的正态分布曲线的定义域为[$-\infty \sim +\infty$]，但对机械加工尺寸误差来讲，误差的绝对值实际不会超过一定界限。按小概率原理，取误差分散范围为：

$$x_{\max}-x_{\min}=6\sigma \tag{4-33}$$

或极限误差

$$x_{\max}-\bar{x}=3\sigma$$
$$x_{\min}-\bar{x}=-3\sigma$$

由上述讨论还可知道,式(4–30)中的参数 $\bar{x}$ 决定了曲线对称中心轴的坐标位置,改变 $\bar{x}$ 会使曲线“平移”,见图 4 – 70(a);参数 σ 则决定了曲线的形状,改变 σ 会曲线变形,见图4–70(b)。

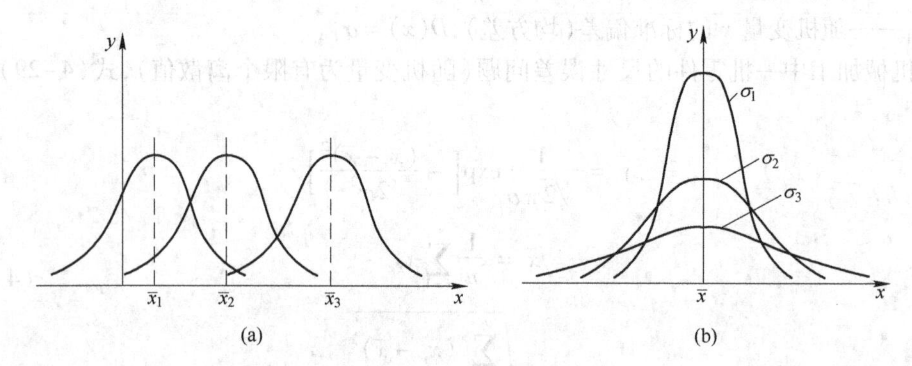

图 4–70 参数 $\bar{x}$、σ 对正态分布曲线的影响

(a)σ 相同,$\bar{x}_3 > \bar{x}_2 > \bar{x}_1$;(b) $\bar{x}$ 相同,$\sigma_3 > \sigma_2 > \sigma_1$

4.5.2.3 正态分布曲线下的面积

整个正态分布曲线与横坐标轴间的面积代表加工尺寸落入分布曲线 x 定义域内的概率, 显然应为 1(或 100%)。即

$$\frac{1}{\sqrt{2\pi}\sigma}\int_{-\infty}^{+\infty} e^{-\frac{(x-\bar{x})^2}{2\sigma^2}} dx = 1$$

而在(x_1,x_2)区间正态分布曲线与横坐标轴间的面积

$$F = \frac{1}{\sqrt{2\pi}\sigma}\int_{x_1}^{x_2} e^{-\frac{(x-\bar{x})^2}{2\sigma^2}} dx \tag{4-34}$$

代表加工尺寸落入(x_1,x_2)区间的概率大小。

式(4–34)不可积,需用查表法求 F 值。为避免对不同 $\bar{x}$、不同 σ 的各种正态分布曲线制作大量积分表,先借助变量代换 $z = \frac{x-\bar{x}}{\sigma}$,将正态分布曲线化为 $\bar{z}$ 为 0、z 的标准偏差为 1 的标准正态分布曲线,在 z 坐标的$(0,z)$区间内标准正态分布曲线下的面积是 z 的函数:

$$\Phi(z) = \frac{1}{\sqrt{2\pi}}\int_0^x e^{-\frac{x^2}{2}} dz \tag{4-35}$$

并可由概率积分表 4–5 查出。显然,函数 $\Phi(z)$ 具有下列性质:

(1) 由正态分布曲线的对称性,当 $z<0$ 时,取

$$\Phi(z) = \Phi(-z) \tag{4-36}$$

(2) 当 z 趋近∞或 – ∞ 时,为:

$$\Phi(\infty) = \Phi(-\infty) = 0.5 \tag{4-37}$$

由表 4–5 可知,当取 $z = \pm 3$ 时,$\Phi(3) = 0.49865$,$2\Phi(3) = 0.9973$,即工件尺寸落在 $x-\bar{x} = \pm 3\sigma$ 范围内的概率占 99.73% ,而出现在该区间以外的概率只占 0.27%。因此,在 $\pm 3\sigma$ 范围内已差不多包含了整批工件。且可取 6σ 等于整批工件加工尺寸的分散范围。此时可能只有 0.27% 的废品,已属小概率事件,可忽略不计。

表 4-5　$\Phi(z)=\frac{1}{\sqrt{2\pi}}\int_0^x e^{-\frac{x^2}{2}}dz$ 的值

z	$\Phi(z)$	z	$\Phi(z)$	z	$\Phi(z)$	z	$\Phi(z)$	z	$\Phi(z)$
0.00	0.0000	0.23	0.0910	0.46	0.1772	0.88	0.3106	1.85	0.4678
0.01	0.0040	0.24	0.0948	0.47	0.1808	0.90	0.3159	1.90	0.4713
0.02	0.0080	0.25	0.0987	0.48	0.1814	0.92	0.3212	1.95	0.4744
0.03	0.0120	0.26	0.1023	0.49	0.1879	0.94	0.3264	2.00	0.4772
0.04	0.0160	0.27	0.1064	0.50	0.1915	0.96	0.3315	2.10	0.4821
0.05	0.0199	0.28	0.1103	0.52	0.1985	0.98	0.3365	2.20	0.4861
0.06	0.0239	0.29	0.1141	0.54	0.2004	1.00	0.3413	2.30	0.4893
0.07	0.0279	0.30	0.1179	0.56	0.2123	1.05	0.3531	2.40	0.4918
0.08	0.0319	0.31	0.1217	0.58	0.2190	1.10	0.3643	2.50	0.4938
0.09	0.0359	0.32	0.1255	0.60	0.2257	1.15	0.3749	2.60	0.4953
0.10	0.0398	0.33	0.1293	0.62	0.2324	1.20	0.3849	2.70	0.4965
0.11	0.0438	0.34	0.1331	0.64	0.2389	1.25	0.3944	2.80	0.4974
0.12	0.0478	0.35	0.1368	0.66	0.2454	1.30	0.4032	2.90	0.4981
0.13	0.0517	0.36	0.1406	0.68	0.2517	1.35	0.4115	3.00	0.49865
0.14	0.0557	0.37	0.1443	0.70	0.2580	1.40	0.4192	3.20	0.49931
0.15	0.0596	0.38	0.1480	0.72	0.2642	1.45	0.4265	3.40	0.49966
0.16	0.0636	0.39	0.1517	0.74	0.2703	1.50	0.4332	3.60	0.499841
0.17	0.0675	0.40	0.1554	0.76	0.2764	1.55	0.4394	3.80	0.499928
0.18	0.0714	0.41	0.1591	0.78	0.2823	1.60	0.4452	4.00	0.499968
0.19	0.0753	0.42	0.1628	0.80	0.2881	1.65	0.4505	4.50	0.499997
0.20	0.0793	0.43	0.1664	0.82	0.2039	1.70	0.4554	5.00	0.49999997
0.21	0.0832	0.44	0.1700	0.84	0.2995	1.75	0.4599		
0.22	0.0871	0.45	0.1736	0.86	0.3051	1.80	0.4641		

4.5.2.4　正态分布曲线的应用

（1）估算废品率及合格品率。对大批量生产的加工结果，可以抽查一定数量的零件作为样本，对样本尺寸进行统计确定 $\bar{x}$ 和 σ 值，并把它们看作为所有加工零件尺寸（母本）的统计特征值，从而可以估算整批零件的废品率和成品率。

【例 4-7】　车削一批规定直径尺寸为 $\phi 20_{-0.1}^{\ 0}$ 的小轴，抽样检查结果表明该批零件尺寸分布符合正态分布，其均方根偏差 $\sigma=0.025$ mm，分布曲线顶峰位置偏于公差带中点位置右侧，共相距 0.03 mm，试求该批零件的合格品率及废品率各为多少。

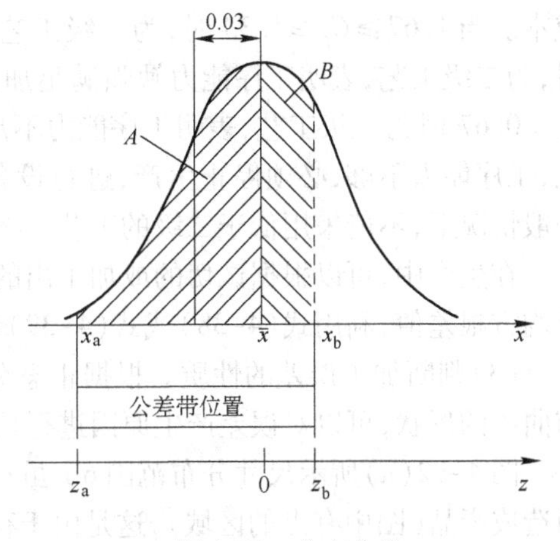

图 4-71　分布曲线

解：首先根据题意画出分布曲线及公差带位置如图 4-71 所示。显然合格品率为图中 A、B 两阴影线部分面积之和，其余为废品率。对应公差带上、下极限位置的尺寸分别为 x_b、x_a。

进行变量代换：

$$z_a=\frac{x_a-\bar{x}}{\sigma}=\frac{-\left(\dfrac{0.1}{2}+0.03\right)}{0.025}=-3.2$$

$$z_b = \frac{x_b - \bar{x}}{\sigma} = \frac{\frac{0.1}{2} + 0.03}{0.025} = 0.8$$

查表 4-4，求得 A、B 两部分面积为：

$$F_A = \Phi(-3.2) = \Phi(3.2) = 0.4993$$

$$F_B = \Phi(0.8) = 0.2881$$

则合格品率为：

$$F = F_A + F_B = 0.4993 + 0.2881 = 0.7874$$

即该批工件的 78.74% 为合格品。

废品率为：

$$p = 1 - F = 1 - 0.7874 = 0.2126$$

即该批工件的 21.26% 为废品。其中，实际尺寸大于公差上限的废品还可修复（对轴而言），它们占工件总数的比例为：

$$0.5 - F_B = 0.5 - 0.2881 = 0.2119$$

即占工件总数 21.19 % 的废品仍可修复为合格品。

（2）计算工序的工序能力系数。工序能力是工序处于稳定状态时，加工误差正常波动的幅度。通常用 6 倍的质量特性值分布的标准偏差 σ 表示。

工序能力系数是工序能力满足加工精度要求的程度。

对工序处于稳定状态的情况，工序能力系数按式(4-38)或式(4-39)计算。

当统计的尺寸平均值与公差中值相同时：

$$C_p = \frac{T}{6\sigma} \tag{4-38}$$

式中 T——公差范围。

当统计的尺寸平均值与公差中值有偏移时：

$$C_{pk} = (1-k)\frac{T}{6\sigma} \tag{4-39}$$

式中 k——偏移系数。

当工艺能力 $C_p > 1.67$ 时，称为特级工艺，表明工艺能力裕度过大，不必要地增加了生产成本。当 $1.67 \geqslant C_p \geqslant 1.33$ 时，为一级工艺，表明工序能力有一定裕度。当 $1.33 \geqslant C_p > 1.0$ 时，为二级工艺，表明工序能力勉强满足加工精度要求，必须密切注意工艺过程。当 $1.0 \geqslant C_p > 0.67$ 时为三级工艺，表明工序能力不足，可能出现少量废品。当 $C_p \leqslant 0.67$ 时为四级工艺，工序能力不够，必须停止生产，进行设备调整或改用其他精度较高的工艺方法或设备。一般情况下，不能采用低于二级的工艺。

在生产中，可以根据试切的或加工出的一批零件的实测尺寸，统计出尺寸分布的平均值及均方根差值，利用式(4-38)或式(4-39)计算出工序能力系数，判断工序的工艺等级。

(3)判断加工误差的性质。根据正态分布曲线与公差范围间的关系，以及根据实际分布曲线的形状，可以对误差产生原因进行估计和判断。

图 4-72(a)所示尺寸分布范围 6σ 虽小于公差范围 T，但因分布中心与公差中值不重合而造成废品（图中有点的区域），这是由于存在一个常值系统性误差引起的。图 4-72(b)所示虽然分布中心与公差中值重合，但因 $6\sigma > T$ 而造成的废品是由于随机性误差过大引起

的。而对图4-72(c)所示情况,废品产生的原因则是同时存在以上两种因素。

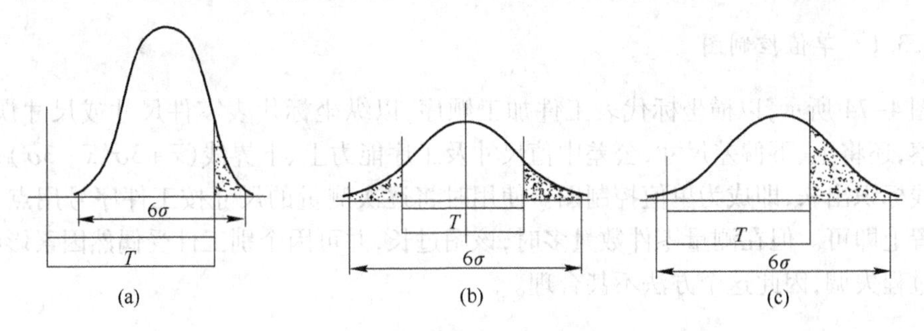

图4-72 各种废品出现情况

图4-73(a)所示实际分布曲线呈平顶的情况,可认为是一个变值系统性误差在起作用(例如加工一批零件刀具逐渐磨损)所产生的,此时每隔一个小的时间间隔(实际是连续的),该时间内零件的尺寸分布中心就一侧等速移动一定距离。图4-73(b)所示形状的分布曲线也是由一个变值系统误差所引起,所不同的是该系统误差的值的变化速度是渐变的(例如热变形逐渐趋于稳定)。图4-73(c)所示双峰分布曲线的出现可认为是由于分布中心不相同的两批零件(例如经两次机床调整后加工出的工件)相混而出现的。至于如图4-73(d)所示实际分布范围内呈偏态分布的情况,一般是在试切法中,由于工人担心出现废品,往往加工尺寸刚进公差范围就停止加工而造成的。所以对轴的加工尺寸"宁大勿小"而呈右偏形状,而对孔则"宁小勿大"则呈左偏形状。

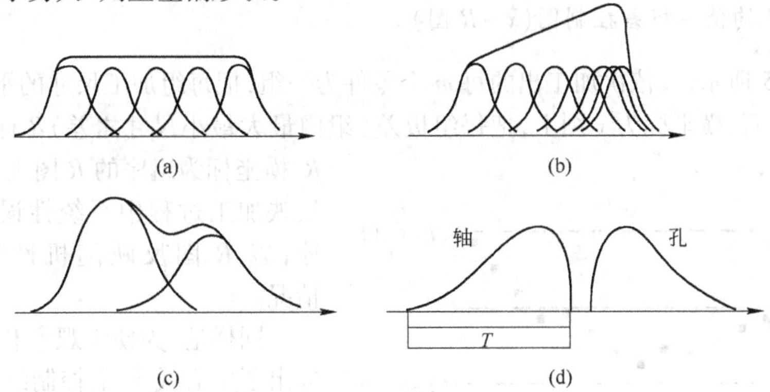

图4-73 不同形状的实际分布曲线的产生

当然,按实际分布曲线形状判断误差性质并不是如此简单,还应综合考虑其他一些因素。但它作为估计仍不失其意义。

4.5.3 加工误差的点图法统计分析

用分布曲线法分析研究加工误差,不能区分各误差值出现的时间,无法把变值系统性误差和随机性误差区别开来,也观察不到系统性误差的变化规律。另外还只能在全部零件加工完毕后才能进行分析,不能实时地指导正在进行的加工过程。为此,可以使用点图法进行加工误差的统计分析。

点图法是在一批零件的加工过程中,依次测量零件的加工尺寸,并依时序逐个记入相应图表中,以对其进行分析的方法。

4.5.3.1　单值控制图

如图 4-74 所示,以横坐标代表工件加工顺序,以纵坐标代表零件尺寸或尺寸误差,为便于观察,还将上、下偏差尺寸,公差中值尺寸及工序能力上、下界线($\bar{x}+3\sigma$,$\bar{x}-3\sigma$)尺寸作五条横线标识出来,即成为单值控制图。使用时将逐次测量的尺寸按工件序号用点子标在相应位置上即可。但在测量零件数量多时,该图过长,并可因个别工件受偶然因素影响而判定工艺过程失调,因此这个方法不甚合理。

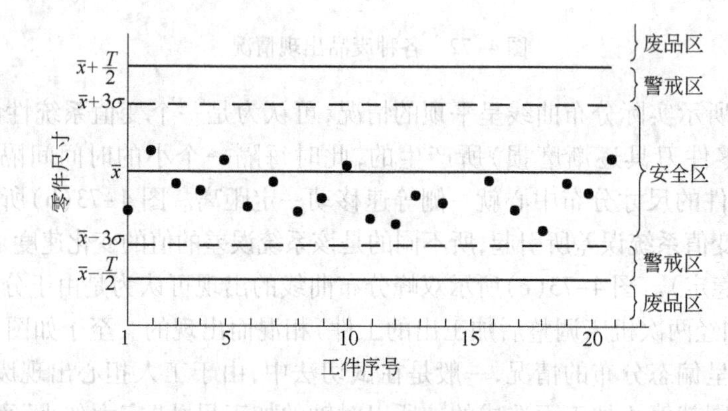

图 4-74　单值控制图

4.5.3.2　均值 - 极差控制图($\bar{x}-R$ 图)

如图 4-75 所示,以依次加工出的每 m 个零件为一组,把每组加工尺寸的平均值依时序标在纵坐标为 $\bar{x}_1$、横坐标为 $\bar{x}$ 图上,把每组极差(组内最大最小尺寸之差)R 标在纵坐标为 R、横坐标为组序的 R 图上,即可以 $\bar{x}$ 图反映加工过程中系统性误差的变化规律,以 R 图反映随机性误差的变化情况。

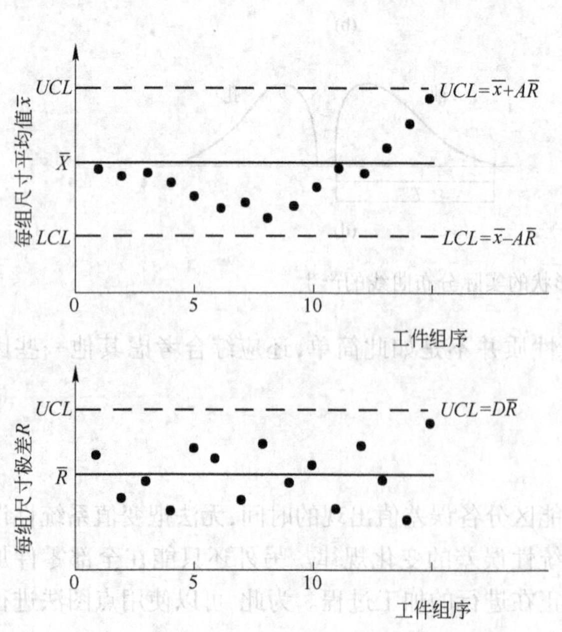

图 4-75　$\bar{x}-R$ 图

同样地,为便于观察和分析,$\bar{x}$ 图中标出了中心线 $\bar{x}$、上控制线 UCL 及下控制线 LCL,R 图中标出了中心线及和上控制线 UCL,因 R 最小为零,不需设下控制线(见图 4-75)。由统计理论,图中用以确定上、下控制线的系数 A 及 D 见表 4-6。

利用 $\bar{x}-R$ 图可以判断工艺过程是否稳定,可以用周期性抽查的 m 个工件的尺寸作样组进行大批量生产的统计检验。它能及时提供工艺过程的变化信息,据以及时进行质量控制和机床的调整,防止废品的产生。所以 $\bar{x}-R$ 图有着广泛的应用。

表 4-6　系数 A、D 的数值

每组零件数	A	D
4	0.73	2.28
5	0.58	2.11

知识点 4.6　保证和提高加工精度的途径

保证和提高加工精度主要有以下几个途径：

(1) 消除与减小原始误差。加工误差是由诸多误差因素依一定规律合成而成的。如果把原始误差消除，使它们在误差综合式中不起作用，则可提高加工精度。但完全消除原始误差在实际上有困难，只能采取措施尽量减小。

例如，在车削细长轴时，因工件刚性差而容易出现弯曲变形和振动，降低了加工表面的形状精度。分析使工件产生弯曲变形的原因有：受法向切削力“顶变”，受向床头方的轴向切削力作用及工件热伸长受尾架顶尖约束而被“压弯”，因端部不直的毛坯被卡盘卡紧变形而出现弯曲等。针对这些原因可以采取下列措施消除或减少变形、保证加工精度：

1) 使用跟刀架平衡法向切削力，使用大主偏角车刀（如 90°偏刀）切削以减小法向力。

2) 改顺向进给为反向进给，使轴向切削力不再对轴起压缩作用而是起拉伸作用；经常松开后顶尖并调整其位置以适应工件的热伸长。

3) 在卡盘卡爪与工件间垫入钢丝以减小卡爪与工件的接触长度，或是在卡盘一端的工件上车出一个缩颈部分，以增加工件的自位作用。

(2) 补偿或抵消原始误差。加工误差的大小不仅和原始误差的大小有关，而且和原始误差的方向有关。两个大小相等但方向相反的原始误差可以互相抵消而不引起加工误差。也可以人为地造成一种新误差去抵消某些原始误差，这就是误差补偿的方法。

例如，为保证工作表面在回转工作中有尽量小的径向振摆，安装时可将零件工作表面与支承轴颈的同轴度误差 e_1 的方向取为和滚动轴承内环的内孔与外滚道之间的同轴度误差 e_2 的方向相反，如图 4-76 所示，使之抵消掉误差的大部分。与之相类似的，机床主轴组装时用调整前后轴承的径跳方向来控制主轴的径跳；用调整前后轴承与主轴轴肩端面跳动高低点的办法来控制主轴的轴向窜动等，都是抵消原始误差的例子。

在磨削机床床身导轨时，会由于工件热变形而产生中凹的形状误差，而规定要求加工后导轨应有一定的中凸量。为此，磨削前可在床身中间用螺钉施力，预先使其产生中凹的变形，如图 4-77 所示，待其磨好放松后，虽然有磨削热变形的影响，但仍能获得要求的中凸形状。除此之外，将龙门铣床横梁导轨预制成一定的上凸曲线形状，使横梁受铣头重力作用产生变形后铣头仍能沿平直方向移动等。这些都是利用原始误差的补偿来减少加工误差的例子。

(3) 转移原始误差。在一定条件下，把原始误差转移到不影响加工精度的方面或是误差非敏感方向，是减少加工误差的又一途径。前面图 4-46 所示刀架重力影响的转移就是一个例子。再如，为减少转塔车床的转塔转位误差对加工精度的影响，把转塔刀架上的外圆车刀安装在垂直方向，如图 4-78 所示，使转位误差造成的车刀刀刃位置的变化出现在加工表面的切向（即误差非敏感方向）。

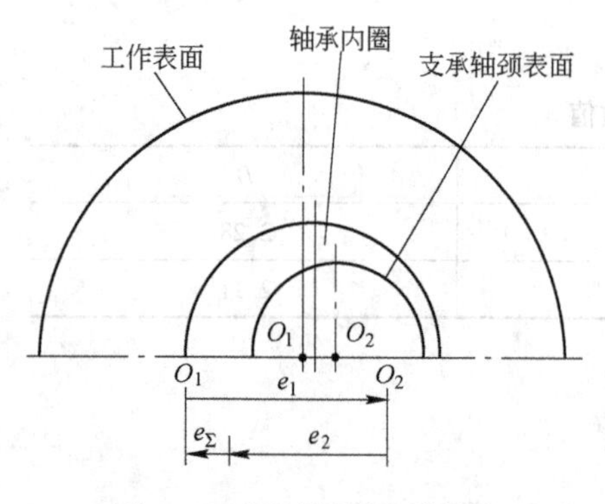

图 4-76　同轴度误差的抵消

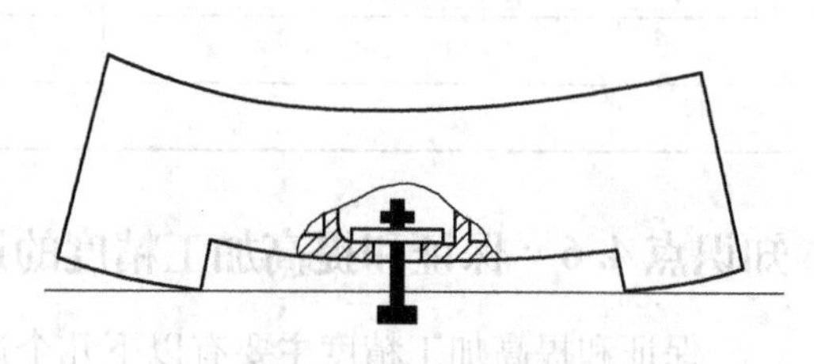

图 4-77　床身预变形

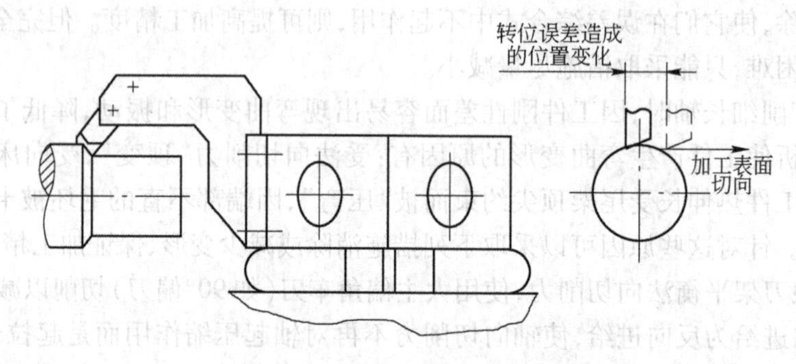

图 4-78　转塔刀架车刀的布置

（4）误差均化。误差均化是利用相互作用的误差间相互的抵偿作用进行修正或加工，最终使综合误差减小的方法。

例如，基准平板（高精度平板）的高平面度要求就是利用误差均化原理获得的。加工时 A、B、C 三块平板按 $A-B$、$B-C$、$C-A$ 方式相互合研，利用相互比较、相互修正或互为基准进行研磨或刮研加工，通过表面粗糙峰的减小均化过程、表面波纹度的相互均化过程和几何误差均化过程，最终获得精确平面。类似的方法在直尺、角度规等的加工中也广泛应用。

对于齿轮、蜗轮、多齿分度盘等具有能回原点的圆分度零件的精密加工，利用它的分角误差的累积值为零的特性（圆分度误差的封闭性原理），把误差均化和研磨加工结合起来，能获得分角精度很高的零件。例如，在多齿分度盘的齿槽铣加工后，进行不断变换相对角度的对击研磨，可获得 0.1″级的高精度。

（5）加工过程中的积极控制。各种从减小原始误差影响入手，力图在加工过程中能不再施行外加控制就保持刀具 - 工件间位置的措施是被动的；而直接以综合误差为目标，在加工过程中经常测量刀具 - 工件的相对位置变化或工件加工误差，并依此经常控制调整工艺系统的状态，以提高加工精度的措施则是积极控制。

例如，在外圆磨床上使用主动量仪在加工过程中对被磨工件尺寸进行连续的测量，并随时控制砂轮和工件间的相对位置，直至工件尺寸达到规定公差范围为止，就是一种尺寸精度的积极控制。

能力点 4.7　项目训练

【任务 1】　为图 A 中轴承体的加工质量问题制定质量控制措施。

（1）如孔 ϕ150H7 对 ϕ70f7 轴颈的垂直度出现较大误差，试分析可能出现的误差原因。并指出针对产生误差的原因应对应采取何种措施来保证加工质量。

（2）如在加工孔 ϕ150H7 时，出现表面粗糙度不能达到轮廓算术平均偏差 1.6 μm 要求，而只有 6.3 μm，且内孔表面有较大划伤。

1）请根据该零件的工作状况，分析可能造成的对该零件的使用性能的影响。

2）分析可能造成表面质量未达到图纸要求的原因，并指出针对产生误差的原因应对应采取何种措施来保证加工质量。

【任务2】　在车床或磨床上加工相同尺寸和精度的内、外圆柱表面时，加工内圆柱表面的走刀次数往往比加工外圆柱表面的走刀次数多，试分析其原因。

【任务3】　在外圆磨床上用600mm 砂轮磨削加工一根直径为40mm、长度为500mm 的光轴。由于工作台往复移动部位的床身导轨下凹，而使砂轮磨削至工件中部时，其位置比磨削工件两端时的位置低 0.1 mm。现知当磨削工件两端时，砂轮中心与工件端面中心恰好处于同一水平位置，试分析计算在只考虑磨床导轨在垂直面内直线度误差的影响时，磨削加工后这根光轴的轴向形状误差。

【任务4】　在普通车床上车削加工一工件的外圆柱面，在加工时刀具直线进给运动与工件的回转运动均很准确。在安装刀具时，其刀尖位置略高或略低于工件轴线的位置，试分析当刀具进给运动与工件回转运动在水平面内相互平行或不平行时，加工后的工件将产生什么样的形状误差。

【任务5】　车削一45 钢钢管的外圆，其外径尺寸及偏差为 $\phi 100_{-0.054}^{0}$ mm，加工长度 L = 2100 mm。加工后允许全长上的锥度不大于 0.02 mm。采用 YT15 车刀，a_p = 1 mm，f = 0.32 mm/r，试计算由于车刀尺寸磨损产生的锥度是否会超差？若改用 YT30 宽刀，f = 1.98 mm/r加工，是否可满足加工要求的公差？

【任务6】　用调整法在自动车床上车削一批销轴，工件材料为45 钢，其直径 d = 18 mm，车削长度 L = 25 mm，切削刀具材料为 YT15，切削用量为 v = 1.5 m/s，f = 0.2 mm/r，$\alpha_p \leqslant$ 0.5 mm。已知刀具的初期磨损为 5 μm，单位磨损量为 8 μm/km，试计算加工 400 个工件后，由于刀具磨损而引起的加工误差是多少？

【任务7】　用调整法在自动车床上车削一批工件的外圆表面，车削部分长度 L = 30 mm，要求车削直径为 $d = \phi 25_{-0.033}^{0}$ mm，采用进给量 f = 0.2 mm/r，已知在所采用的切削条件下车刀的磨损量为 μ_0 = 5 μm，单位磨损量 K = 8 μm/km，如果采用样板按工件理想尺寸调整好刀具后，大约车削多少工件即需重新调整刀具的位置？

【任务8】　某工厂采用无心磨床加工一批销轴，销轴直径设计尺寸为 18 ±0.012 mm，从中任意抽取 200 件，经测量其尺寸分布见表 4-7。

表 4-7　销轴直径尺寸分布

尺寸/μm	−10.5 ~ −8.5	−8.5 ~ −6.5	−6.5 ~ −4.5	−4.5 ~ −2.5	−2.5 ~ −0.5	−0.5 ~ +1.5
频数/m	1	2	8	21	33	52
尺寸/μm	+1.5 ~ +3.5	+3.5 ~ +5.5	+5.5 ~ +7.5	+7.5 ~ +9.5	+9.5 ~ +1.5	
频数/m	43	25	10	3	2	

试求出：

（1）画出样组的直方图；

(2) 计算出整批销轴直径尺寸的平均值和均方根偏差,并画出理论分布曲线;

(3) 计算整批销轴的合格率和废品率;

(4) 分析零件出现废品是由什么性质的误差引起的?其中哪种性质的误差占主导地位?

【任务9】 在自动车床上加工一批尺寸要求为 $\phi 80.09$ mm 的工件,调整完后试车 50 件,测得尺寸如下。若该工序允许废品率为 3%,问该机床精度能否满足要求?

(1) 7.920	(2) 7.970	(3) 7.980	(4) 7.990	(5) 7.995
(6) 8.005	(7) 8.018	(8) 8.030	(9) 8.068	(10) 7.935
(11) 7.970	(12) 7.982	(13) 7.991	(14) 7.998	(15) 8.007
(16) 8.022	(17) 8.040	(18) 8.080	(19) 7.940	(20) 7.97
(21) 7.985	(22) 7.992	(23) 8.000	(24) 8.010	(25) 8.022
(26) 8.040	(27) 7.957	(28) 7.975	(29) 7.985	(30) 7.99
(31) 8.000	(32) 8.012	(33) 8.024	(34) 8.045	(35) 7.960
(36) 7.975	(37) 7.988	(38) 7.994	(39) 8.002	(40) 8.015
(41) 8.024	(42) 8.028	(43) 7.965	(44) 7.980	(45) 7.988
(46) 7.995	(47) 8.004	(48) 8.027	(49) 8.065	(50) 8.017

【任务10】 在钻床上利用钻模钻一批工件的 $\phi 15$ 孔(见图 4-79),要求保证孔轴线与端面间尺寸为 50 ± 0.08 mm,若加工后该工序尺寸服从正态分布,且分布中心的尺寸 $\bar{x} = 50.05$ mm,均方根偏差 $\sigma = 0.02$ mm。试求:

(1) 这批工件的废品率。

(2) 该工序的工艺能力系数。

(3) 提出为防止产生废品应采取的改进措施。

(4) 分析该工序产生尺寸分散的主要原因并提出相应的控制措施。

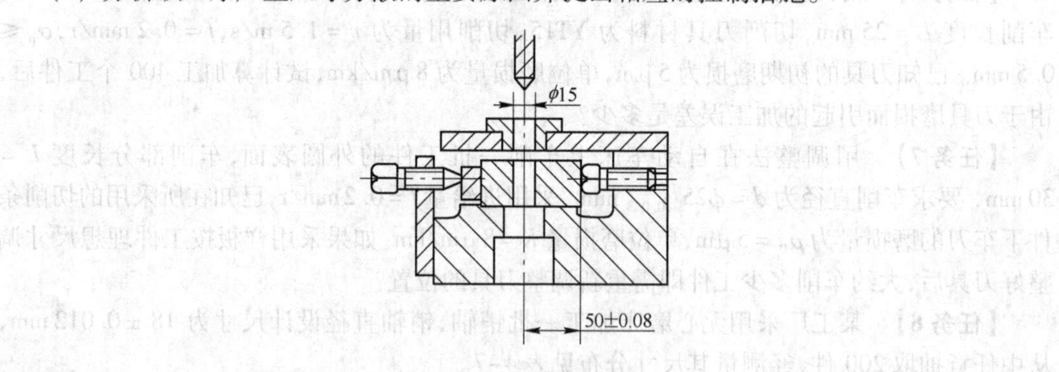

图 4-79 钻模

项目 5　机械加工表面质量

【项目任务】 图 A 轴承体的加工表面质量控制。

【教师引领】

(1) 该轴承体的表面质量控制的重要表面有哪些?

(2) 如何保证这些重要表面的表面粗糙度?

【兴趣提问】 表面粗糙度用什么方法测得? 表面粗糙度指标值是否越小越好?

知识点 5.1　概述

评价零件是否合格的质量指标除了机械加工精度外,还有机械加工表面质量。机械加工表面质量是指零件经过机械加工后的表面层状态。探讨和研究机械加工表面,掌握机械加工过程中各种工艺因素对表面质量的影响规律,对于保证和提高产品的质量具有十分重要的意义。

5.1.1　机械加工表面质量的含义

机械加工表面质量又称为表面完整性,其含义包括两个方面的内容。

(1) 表面层的几何形状特征。表面层的几何形状特征如图 5-1 所示,主要由表面粗糙度、表面波度、表面加工纹理和伤痕几部分组成。

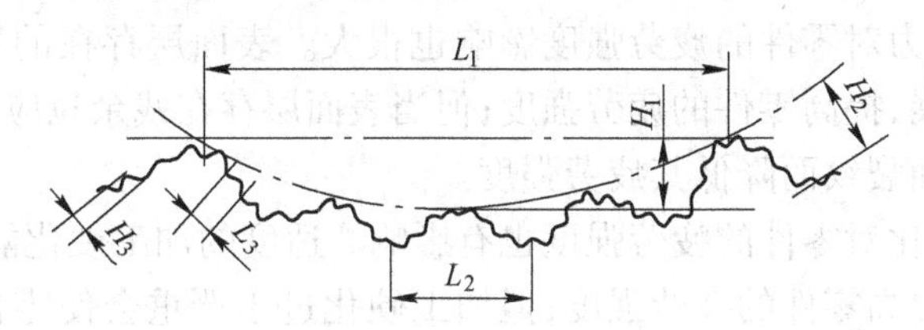

图 5-1　表面粗糙度、波度和形状误差

1) 表面粗糙度:如图 5-1 所示,其波长与波高的关系 $L / H < 50$,即表面的微观几何形状误差。它是指加工表面上较小间距和峰谷所组成的微观几何形状特征,其评定参数主要有轮廓算术平均偏差 R_a或轮廓微观不平度十点平均高度 R_z。

2) 表面波度:其波长与波高之比 $L / H = 50 \sim 1000$。它是介于宏观几何形状精度与表面粗糙度之间的周期性几何形状误差。表面波度主要是由于加工过程中工艺系统的低频振动造成的,应作为工艺缺陷设法消除。

3)表面加工纹理:它是指表面切削加工刀纹的形状和方向,取决于表面形成过程中所采用的机加工方法及其切削运动的规律。

4)伤痕:它是指在加工表面个别位置上出现的缺陷,如砂眼、气孔、裂痕、划痕等,它们大多随机分布。

（2）表面层的物理力学性能。表面层的物理力学性能主要指以下三个方面的内容：

1）表面层的加工冷作硬化。

2）表面层金相组织的变化。

3）表面层的残余应力。

5.1.2　表面质量对零件使用性能的影响

（1）表面质量对零件耐磨性的影响。零件的耐磨性是零件的一项重要性能指标，当摩擦副的材料、润滑条件和加工精度确定之后，零件的表面质量对耐磨性将起着关键性的作用。由于零件表面存在着表面粗糙度，当两个零件的表面开始接触时，接触部分集中在其波峰的顶部，因此实际接触面积远远小于名义接触面积，并且表面粗糙度越大，实际接触面积越小。在外力作用下，波峰接触部分将产生很大的压应力。当两个零件做相对运动时，开始阶段由于接触面积小、压应力大，在接触处的波峰会产生较大的弹性变形、塑性变形及剪切变形，波峰很快被磨平，即使有润滑油存在，也会因为接触点处压应力过大，油膜被破坏而形成干摩擦，导致零件接触表面的磨损加剧。当然，表面粗糙度并非越小越好，如果表面粗糙度过小，接触表面间储存润滑油的能力变差，接触表面容易发生分子胶合、咬焊，同样也会造成磨损加剧。

表面层的冷作硬化可使表面层的硬度提高，增强表面层的接触刚度，从而降低接触处的弹性、塑性变形，使耐磨性有所提高。但如果硬化程度过大，表面层金属组织会变脆，出现微观裂纹，甚至会使金属表面组织剥落而加剧零件的磨损。

（2）表面质量对零件疲劳强度的影响。表面粗糙度对承受交变载荷的零件的疲劳强度影响很大。在交变载荷作用下，表面粗糙度波谷处容易引起应力集中，产生疲劳裂纹。并且表面粗糙度越大，表面划痕越深，其抗疲劳破坏能力越差。

表面层残余压应力对零件的疲劳强度影响也很大。表面层存在的残余压应力，能延缓疲劳裂纹的产生、扩展，提高零件的疲劳强度；但当表面层存在残余拉应力时，零件则容易引起晶间破坏，产生表面裂纹而降低其疲劳强度。

表面层的加工硬化对零件的疲劳强度也有影响。适度的加工硬化能阻止已有裂纹的扩展和新裂纹的产生，提高零件的疲劳强度；但加工硬化过于严重会使零件表面组织变脆，容易出现裂纹，从而使疲劳强度降低。

（3）表面质量对零件耐腐蚀性能的影响。表面粗糙度对零件耐腐蚀性能的影响很大。零件表面粗糙度越大，在波谷处越容易积聚腐蚀性介质而使零件发生化学腐蚀和电化学腐蚀。

表面层残余压应力对零件的耐腐蚀性能也有影响。残余压应力使表面组织致密，腐蚀性介质不易侵入，有助于提高表面的耐腐蚀能力；残余拉应力对零件耐腐蚀性能的影响则相反。

（4）表面质量对零件间配合性质的影响。相配零件间的配合性质是由过盈量或间隙量来决定的。在间隙配合中，如果零件配合表面的粗糙度大，则由于磨损迅速使得配合间隙增大，从而降低了配合质量，影响了配合的稳定性；在过盈配合中，如果表面粗糙度大，则装配时表面波峰被挤平，使得实际有效过盈量减少，降低了配合件的连接强度，影响了配合的可靠性。因此，对有配合要求的表面应规定较小的表面粗糙度值。

在过盈配合中，如果表面硬化严重，将可能造成表面层金属与内部金属脱落的现象，从而破坏配合性质和配合精度。

表面层残余应力会引起零件变形，使零件的形状、尺寸发生改变，因此它也将影响配合性质和配合精度。

（5）表面质量对零件其他性能的影响。表面质量对零件的使用性能还有一些其他影响。如对间隙密封的液压缸、滑阀来说，减小表面粗糙度 R_a 可以减少泄漏、提高密封性能；较小的表面粗糙度可使零件具有较高的接触刚度；对于滑动零件，减小表面粗糙度 R_a 能使摩擦系数降低、运动灵活性增高、发热和功率损失减小；表面层的残余应力会使零件在使用过程中继续变形，失去原有的精度，机器工作性能恶化等。

总之，提高加工表面质量，对于保证零件的性能、提高零件的使用寿命是十分重要的。

知识点5.2　影响表面质量的工艺因素

5.2.1　影响机械加工表面粗糙度的因素及降低的工艺措施

5.2.1.1　影响切削加工表面粗糙度的因素

在切削加工中，影响已加工表面粗糙度的因素主要包括几何因素、物理因素和加工中工艺系统的振动。下面以车削为例来说明。

（1）几何因素。切削加工时表面粗糙度的值主要取决于切削面积的残留高度。下面的式（5-1）和式（5-2）为车削时残留面积高度的计算公式。

当刀尖圆弧半径 $r_\varepsilon=0$ 时，残留面积高度 H 为：

$$H=\frac{f}{\cot k_r+\cot k_r'} \tag{5-1}$$

当刀尖圆弧 $r_\varepsilon>0$ 时，残留面积高度 H 为：

$$H=\frac{f}{8r_\varepsilon} \tag{5-2}$$

从式（5-1）和式（5-2）可知，进给量 f、主偏角 k_r、副偏角 k_r' 和刀尖圆弧半径 r_ε 对切削加工表面粗糙度的影响较大。减小进给量 f、减小主偏角 k_r 和副偏角 k_r'、增大刀尖圆弧半径 r_ε，都能减小残留面积的高度 H，从而也就减小了零件的表面粗糙度。

（2）物理因素。在切削加工过程中，刀具对工件的挤压和摩擦使金属材料发生塑性变形，引起原有的残留面积扭曲或沟纹加深，增大表面粗糙度。当采用中等或中等偏低的切削速度切削塑性材料时，在前刀面上容易形成硬度很高的积屑瘤，它可以代替刀具进行切削，但状态极不稳定，积屑瘤生成、长大和脱落将严重影响加工表面的表面粗糙度值。另外，在切削过程中由于切屑和前刀面的强烈摩擦作用以及撕裂现象，还可能在加工表面上产生鳞刺，使加工表面的粗糙度增加。

（3）动态因素——振动的影响。在加工过程中，工艺系统有时会发生振动，即在刀具与工件间出现除切削运动之外的另一种周期性的相对运动。振动的出现会使加工表面出现波纹，增大加工表面的粗糙度，强烈的振动还会使切削无法继续下去。

除上述因素外，造成已加工表面粗糙不平的原因还有被切屑拉毛和划伤等。

5.2.1.2　*减小表面粗糙度的工艺措施*

减小表面粗糙度的工艺措施主要有以下几点：

(1) 在精加工时，应选择较小的进给量 f、较小的主偏角 k_r 和副偏角 k_r'、较大的刀尖圆弧半径 r_ε，以得到较小的表面粗糙度。

(2) 加工塑性材料时，采用较高的切削速度可防止积屑瘤的产生，减小表面粗糙度。

(3) 根据工件材料、加工要求，合理选择刀具材料，有利于减小表面粗糙度。

(4) 适当地增大刀具前角和刃倾角，提高刀具的刃磨质量，降低刀具前、后刀面的表面粗糙度均能降低工件加工表面的粗糙度。

(5) 对工件材料进行适当的热处理，以细化晶粒，均匀晶粒组织，可减小表面粗糙度。

(6) 选择合适的切削液，减小切削过程中的界面摩擦，降低切削区温度，减小切削变形，抑制鳞刺和积屑瘤的产生，可以大大减小表面粗糙度。

5.2.2　影响表面物理力学性能的工艺因素

5.2.2.1　*表面层残余应力*

外载荷去除后，仍残存在工件表层与基体材料交界处的相互平衡的应力称为残余应力。产生表面残余应力的原因主要有：

(1) 冷态塑性变形引起的残余应力。切削加工时，加工表面在切削力的作用下产生强烈的塑性变形，表层金属的比容增大，体积膨胀，但受到与它相连的里层金属的阻止，从而在表层产生了残余压应力，在里层产生了残余拉应力。当刀具在被加工表面上切除金属时，由于受后刀面的挤压和摩擦作用，表层金属纤维被严重拉长，仍会受到里层金属的阻止，而在表层产生残余压应力，在里层产生残余拉应力。

(2) 热态塑性变形引起的残余应力。切削加工时，大量的切削热会使加工表面产生热膨胀，由于基体金属的温度较低，会对表层金属的膨胀产生阻碍作用，因此表层产生热态压应力。当加工结束后，表层温度下降要进行冷却收缩，但受到基体金属阻止，从而在表层产生残余拉应力，里层产生残余压应力。

(3) 金相组织变化引起的残余应力。如果在加工中工件表层温度超过金相组织的转变温度，则工件表层将产生组织转变，表层金属的比容将随之发生变化，而表层金属的这种比容变化必然会受到与之相连的基体金属的阻碍，从而在表层、里层产生互相平衡的残余应力。例如在磨削淬火钢时，由于磨削热导致表层可能产生回火，表层金属组织将由马氏体转变成接近珠光体的屈氏体或索氏体，密度增大，比容减小，因此表层金属要产生相变收缩但会受到基体金属的阻止，从而在表层金属产生残余拉应力，里层金属产生残余压应力。如果磨削时表层金属的温度超过相变温度，且冷却充分，表层金属将成为淬火马氏体，密度减小，比容增大，则表层将产生残余压应力，里层产生残余拉应力。

5.2.2.2　*表面层加工硬化*

(1) 加工硬化的产生及衡量指标。机械加工过程中，工件表层金属在切削力的作用下产生强烈的塑性变形，金属的晶格扭曲，晶粒被拉长、纤维化甚至破碎从而引起表层金属的强度和硬度增加,塑性降低,这种现象称为加工硬化(或冷作硬化)。另外,加工过程中产生的切削热会使得工件表层金属温度升高,当升高到一定程度时,会使得已强化的金属回复到正常状态,失去其在加工硬化中得到的物理力学性能,这种现象称为软化。因此,金属的加工硬化实际取决于硬化速度和软化速度的比率。

评定加工硬化的指标有下列三项:

1) 表面层的显微硬度 HV;

2) 硬化层深度 h,单位为 μm;

3) 硬化程度 N。

$$N = \frac{HV - HV_0}{HV_0} \tag{5-3}$$

式中　HV_0——金属原来的显微硬度。

(2) 影响加工硬化的因素。

1) 切削用量的影响。切削用量中进给量和切削速度对加工硬化的影响较大。增大进给量,切削力随之增大,表层金属的塑性变形程度增大,加工硬化程度增大;增大切削速度,刀具对工件的作用时间减少,塑性变形的扩展深度减小,故而硬化层深度减小。另外,增大切削速度会使切削区温度升高,有利于减少加工硬化。

2) 刀具几何形状的影响。刀刃钝圆半径对加工硬化影响最大。实验证明,已加工表面的显微硬度随着刀刃钝圆半径的加大而增大,这是因为径向切削分力会随着刀刃钝圆半径的增大而增大,使得表层金属的塑性变形程度加剧,导致加工硬化增大。此外,刀具磨损会使得后刀面与工件间的摩擦加剧,表层的塑性变形增加,导致表面冷作硬化加大。

3) 加工材料性能的影响。工件的硬度越低、塑性越好,加工时塑性变形越大,冷作硬化越严重。

知识点5.3　控制表面质量的工艺途径

随着科学技术的发展,对零件的表面质量的要求越来越高。为了获得合格零件,保证机器的使用性能,人们一直在研究控制和提高零件表面质量的途径。提高表面质量的工艺途径大致可以分为两类:一类是用低效率、高成本的加工方法,寻求各工艺参数的优化组合,以减小表面粗糙度;另一类是着重改善工件表面的物理力学性能,以提高其表面质量。

5.3.1　降低表面粗糙度的加工方法

5.3.1.1　超精密切削和低粗糙度磨削加工

(1) 超精密切削加工。超精密切削是指表面粗糙度 R_a 为 0.04 μm 以下的切削加工方法。超精密切削加工最关键的问题在于要在最后一道工序切削 0.1 μm 的微薄表面层,这就既要求刀具极其锋利,刀具钝圆半径为纳米级尺寸,又要求这样的刀具有足够的耐用度,以维持其锋利。目前只有金刚石刀具才能达到要求。超精密切削时,走刀量要小,切削速度要非常高,才能保证工件表面上的残留面积小,从而获得极小的表面粗糙度。

(2) 小粗糙度磨削加工。为了简化工艺过程,缩短工序周期,有时用小粗糙度磨削替代光整加工。小粗糙度磨削除要求设备精度高外,磨削用量的选择最为重要。在选择磨削用量时,参数之间往往会相互矛盾和排斥。例如,为了减小表面粗糙度,砂轮应修整得细一些,但如此却可能引起磨削烧伤;为了避免烧伤,应将工件转速加快,但这样又会增大表面粗糙度,而且容易引起振动;采用小磨削用量有利于提高工件表面质量,但会降低生产效率而增加生产成本;而且工件材料不同其磨削性能也不一样,一般很难凭手册确定磨削用量,要通过试验不断调整参数,因而表面质量较难准确控制。近年来,国内外对磨削用量最优化作了不少研究,分析了磨削用量与磨削力、磨削热之间的关系,并用图表表示各参数的最佳组合,加上计算机的运用,通过指令进行过程控制,使得小粗糙度磨削逐步达到了应有的效果。

5.3.1.2　采用超精密加工、珩磨、研磨等方法作为最终工序加工

超精密加工、珩磨等都是利用磨条以一定压力压在加工表面上,并做相对运动以降低表面粗糙度和提高精度的方法,一般用于表面粗糙度 R_a 为 0.4 μm 以下的表面加工。该加工工艺由于切削速度低、压强小,所以发热少,不易引起热损伤,并能产生残余压应力,有利于提高零件的使用性能;而且加工工艺依靠自身定位,设备简单,精度要求不高,成本较低,容易实行多工位、多机床操作,生产效率高,因而在大批量生产中应用广泛。

(1) 珩磨。珩磨是利用珩磨工具对工件表面施加一定的压力,同时珩磨工具还要相对工件完成旋转和直线往复运动,以去除工件表面的凸峰的一种加工方法。珩磨后工件圆度和圆柱度一般可控制在 0.003 ~ 0.005 mm,尺寸精度可达 IT6 ~ IT5,表面粗糙度 R_a 在 0.2 ~ 0.025 μm 之间。

珩磨工作原理如图 5-2 所示,它是利用安装在珩磨头圆周上的若干条细粒度油石,由胀开机构将油石沿径向胀开,使其压向工件孔壁形成一定的接触面,同时珩磨头做回转和轴向往复运动以实现对孔的低速磨削。油石上的磨粒在工件表面上留下的切削痕迹为交叉的且不重复的网纹,有利于润滑油的贮存和油膜的保持。

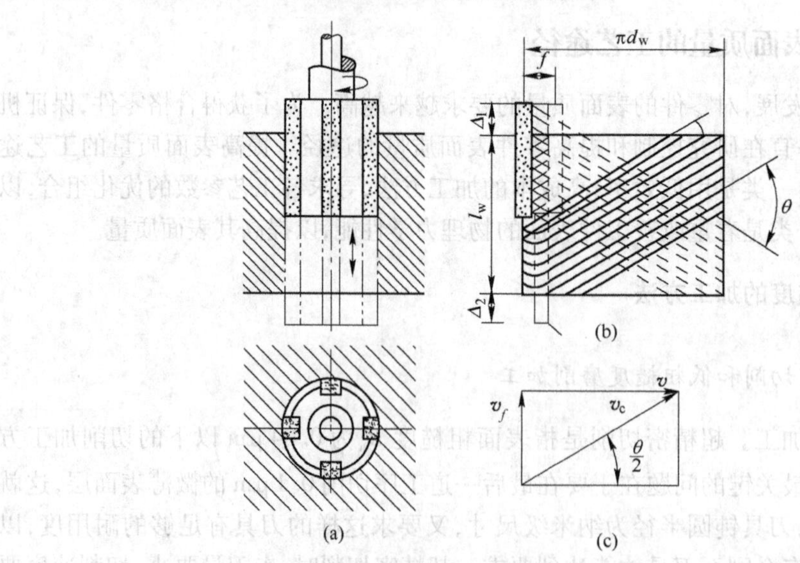

图 5-2　珩磨工作原理

由于珩磨头和机床主轴是浮动连接,因此机床主轴回转运动误差对工件的加工精度没有影响。因为珩磨头的轴线往复运动是以孔壁作导向的,即是按孔的轴线进行运动的,故在

珩磨时不能修正孔的位置偏差，工件孔轴线的位置精度必须由前一道工序来保证。

珩磨时，虽然珩磨头的转速较低，但其往复速度较高，参与磨削的磨粒数量大，因此能很快地去除金属。为了及时排出切屑和冷却工件，必须进行充分冷却润滑。珩磨生产效率高，可用于加工铸铁、淬硬或不淬硬钢，但不宜加工易堵塞油石的韧性金属。

（2）超精加工。超精加工是用细粒度油石，在较低的压力和良好的冷却润滑条件下，以快而短促的往复运动，对低速旋转的工件进行振动研磨的一种微量磨削加工方法。

超精加工的工作原理如图5-3所示，加工时有三种运动，即工件的低速回转运动、磨头的轴向进给运动和油石的往复振动。三种运动的合成使磨粒在工件表面上形成不重复的轨迹。超精加工的切削过程与磨削、研磨不同，当工件粗糙表面被磨去之后，接触面积大大增加，压强极小，工件与油石之间形成油膜，二者不再直接接触，油石能自动停止切削。

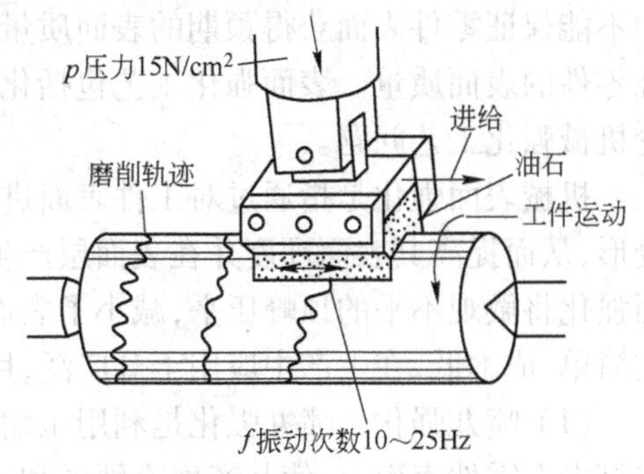

图5-3　超精加工原理

超精加工的加工余量一般为3～10 μm，所以它难以修正工件的尺寸误差及形状误差，也不能提高表面间的相互位置精度，但可以降低表面粗糙度值，能得到表面粗糙度为R_a0.1～0.01 μm的表面。目前，超精加工能加工各种不同材料，如钢、铸铁、黄铜、铝、陶瓷、玻璃、花岗岩等，能加工外圆、内孔、平面及特殊轮廓表面，广泛用于对曲轴、凸轮轴、刀具、轧辊、轴承、精密量仪及电子仪器等精密零件的加工。

（3）研磨。研磨是利用研磨工具和工件的相对运动，在研磨剂的作用下，对工件表面进行光整加工的一种加工方法。研磨可采用专用的设备进行加工，也可采用简单的工具，如研磨心棒、研磨套、研磨平板等对工件表面进行手工研磨。研磨可提高工件的形状精度及尺寸精度，但不能提高表面位置精度。研磨后工件的尺寸精度可达0.001 mm，表面粗糙度R_a可达0.025～0.006 μm。

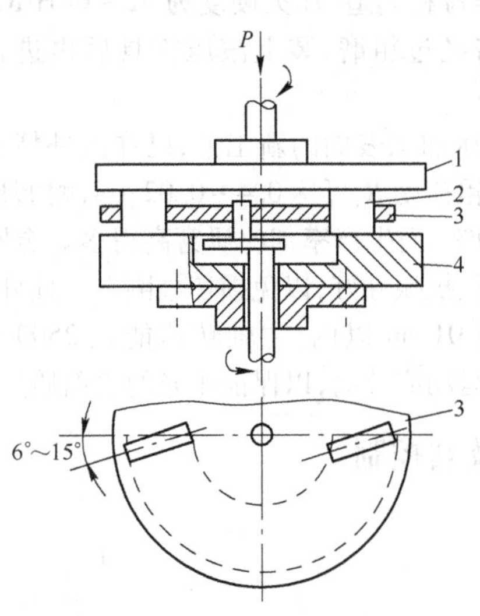

图5-4　机械研磨装置
1—上研盘；2—工件；3—隔板；4—下研盘

如图5-4所示为机械研磨装置的工作原理，1和4是上、下两个研盘，2为工件，斜置在工件隔板3的空格内。研磨时，上研磨盘不动，下研磨盘旋转。上研磨盘的轴向位置可调，并可由加压杆经钢球施加作用力，以获得所要求的研磨压力。隔板3带动工件2做偏心回转，工件具有滚动与滑动两种速度。

研磨的适用范围广，既可加工金属，又可加工非金属，如光学玻璃、陶瓷、半导体、塑料等。一般说来，刚玉磨料适用于对碳素工具钢、合金工具钢、高速钢及铸铁的研磨，碳化硅磨料和金刚石磨料适用于对硬质合金、硬铬等高硬度材料的研磨。

（4）抛光。抛光是在布轮、布盘等软性器具涂上抛光膏，利用抛光器具的高速旋转，依靠抛光膏的机械刮擦和化学作用去除工件表面粗糙度的凸峰，使表面光泽的一种加工方法。抛光一般不去除加工余量，因而不能提高工件的精度，有时可能还会损坏已获得的精度；抛光也不可能减小零件的形状和位置误差。工件表面经抛光后，表面层的残余拉应力会有所减小。

5.3.2　改善表面物理力学性能的加工方法

如前所述，表面层的物理力学性能对零件的使用性能及寿命影响很大，如果在最终工序中不能保证零件表面获得预期的表面质量要求，则应在工艺过程中增设表面强化工序来保证零件的表面质量。表面强化工艺包括化学处理、电镀和表面机械强化等几种。这里仅讨论机械强化工艺问题。

机械表面强化是指通过对工件表面进行冷挤压加工，使零件表面层金属发生冷态塑性变形，从而提高其表面硬度并在表面层产生残余压应力的无屑光整加工方法。同时，机械表面强化将微观不平的顶峰压平，减小了表面粗糙度，加工精度也有所提高。机械表面强化工艺简单、成本低，在生产中应用十分广泛，用得最多的是喷丸强化和滚压加工。

（1）喷丸强化。喷丸强化是利用压缩空气或离心力将大量直径为 0.4 ~ 4 mm 的珠丸高速打击在零件表面上，使其产生冷硬层和残余压应力。喷丸强化可显著提高零件的疲劳强度。珠丸可以采用铸铁、砂石以及钢铁制造。所用设备是压缩空气喷丸装置或机械离心式喷丸装置，这些装置使珠丸能以 35 ~ 50 mm/s 的速度喷出。喷丸强化工艺可用来加工各种形状的零件，加工后零件表面的硬化层深度可达 0.7 mm，表面粗糙度 R_a 值可由 3.2 μm 减小到 0.4 μm，使用寿命可提高几倍甚至几十倍。

（2）滚压加工。滚压加工是在常温下通过淬硬的滚压工具（滚轮或滚珠）对工件表面施加压力，使其产生塑性变形，将工件表面上原有的波峰填充到相邻的波谷中，从而减小表面粗糙度值，并在其表面产生冷硬层和残余压应力，使零件的承载能力和疲劳强度得以提高。滚压加工可使表面粗糙度 R_a 值从 1.25 ~ 5 μm 减小到 0.8 ~ 0.63 μm，表面层硬度一般可提高 20% ~ 40%，表面层金属的耐疲劳强度可提高 30% ~ 50%。滚压用的滚轮常用碳素工具钢 T12A 或者合金工具钢 CrWMn、Cr12、CrNiMn 等材料制造，淬火硬度为 62 ~ 64HRC；或用硬质合金 YG6、YT15 等制成；其型面在装配前需经过粗磨，装上滚压工具后再进行精磨。

（3）金刚石压光。金刚石压光是一种用金刚石挤压加工表面的新工艺，已在国外精密仪器制造业中得到较广泛的应用。压光后的零件表面粗糙度 R_a 可达 0.4 ~ 0.02 μm，耐磨性比磨削后的提高 1.5 ~ 3 倍，但比研磨后的低 20% ~ 40%，而生产率却比研磨高得多。金刚石压光用的机床必须是高精度机床，它要求机床刚性好、抗振性好，以免损坏金刚石。此外，它还要求机床主轴精度高，径向跳动和轴向窜动在 0.01mm 以内，主轴转速能在 2500 ~ 6000 r/min 的范围内无级调速。机床主轴运动与进给运动应分离，以保证压光的表面质量。

知识点 5.4　机械加工振动对表面质量的影响及其控制

5.4.1　机械振动现象及分类

5.4.1.1　机械振动现象及其对表面质量的影响

在机械加工过程中，工艺系统有时会发生振动（人为地利用振动来进行加工服务的振动车削、振动磨削、振动时效、超声波加工等除外)，即在刀具的切削刃与工件上正在切削的表面之间，除了名义上的切削运动之外，还会出现一种周期性的相对运动。这是一种破坏正常切削运动的极其有害的现象，主要表现在：

(1) 振动使工艺系统的各种成形运动受到干扰和破坏，使加工表面出现振纹，增大表面粗糙度值，恶化加工表面质量；

(2) 振动还可能引起刀刃崩裂，引起机床、夹具连接部分松动，缩短刀具及机床、夹具的使用寿命；

(3) 振动限制了切削用量的进一步提高，降低切削加工的生产效率，严重时甚至还会使切削加工无法继续进行；

(4) 振动所发出的噪声会污染环境，有害工人的身心健康。

研究机械加工过程中振动产生的机理，探讨如何提高工艺系统的抗振性和消除振动的措施，一直是机械加工工艺学的重要课题之一。

5.4.1.2　机械振动的基本类型

机械加工过程的振动有三种基本类型：

(1) 强迫振动。强迫振动是指在外界周期性变化的干扰力作用下产生的振动。磨削加工中主要会产生强迫振动。

(2) 自激振动。自激振动是指切削过程本身引起切削力周期性变化而产生的振动。切削加工中主要会产生自激振动。

(3) 自由振动。自由振动是指由于切削力突然变化或其他外界偶然原因引起的振动。自由振动的频率就是系统的固有频率，由于工艺系统的阻尼作用，这类振动会在外界干扰力去除后迅速自行衰减，对加工过程影响较小。

机械加工过程中振动主要是强迫振动和自激振动。据统计，强迫振动约占30%，自激振动约占65%，自由振动所占比重则很小。

5.4.2　机械加工中的强迫振动及其控制

5.4.2.1　机械加工过程中产生强迫振动的原因

机械加工过程中产生的强迫振动，其原因可从机床、刀具和工件三方面去分析。

(1) 机床方面。机床中某些传动零件的制造精度不高，会使机床产生不均匀运动而引起振动。例如，齿轮的周节误差和周节累积误差会使齿轮传动的运动不均匀，从而使整个部件产生振动。主轴与轴承之间的间隙过大、主轴轴颈的椭圆度、轴承制造精度不够，都会引起主轴箱以及整个机床的振动。另外，皮带接头太粗而使皮带传动的转速不均匀，也会产生振动。机床往复机构中的转向和冲击也会引起振动。至于某些零件的缺陷，使机床产生振动则更是明显。

(2) 刀具方面。多刃、多齿刀具如铣刀、拉刀和滚刀等，切削时由于刃口高度的误差或因断续切削引起的冲击，容易产生振动。

(3) 工件方面。被切削的工件表面上有断续表面或表面余量不均、硬度不一致，都会在加工中产生振动。如车削或磨削有键槽的外圆表面就会产生强迫振动。

工艺系统外部也有许多原因造成切削加工中的振动,例如一台精密磨床和一台重型机床相邻,这台磨床就有可能受重型机床工作的影响而产生振动,影响其加工表面的粗糙度。

5.4.2.2 强迫振动的特点

强迫振动的特点主要有:

(1) 强迫振动的稳态过程是谐振,只要干扰力存在,振动就不会被阻尼衰减掉,去除干扰力,振动就停止。

(2) 强迫振动的频率等于干扰力的频率。

(3) 阻尼愈小,振幅愈大,谐波响应轨迹的范围愈大;增加阻尼,能有效地减小振幅。

(4) 在共振区,较小的频率变化会引起较大的振幅和相位角的变化。

5.4.2.3 消除强迫振动的途径

强迫振动是由于外界干扰力引起的,因此必须对振动系统进行测振试验,找出振源,然后采取适当措施加以控制。消除和抑制强迫振动的措施主要有:

(1) 改进机床传动结构,进行消振与隔振。消除强迫振动最有效的办法是找出外界的干扰力(振源)并去除之。如果不能去除,则可以采用隔绝的方法,如机床采用厚橡皮或木材等将机床与地基隔离,就可以隔绝相邻机床的振动影响。精密机械、仪器采用空气垫等也是很有效的隔振措施。

(2) 消除回转零件的不平衡。机床和其他机械的振动,大多数是由回转零件的不平衡所引起,因此对于高速回转的零件要注意其平衡问题,在可能条件下,最好能做动平衡。

(3) 提高传动件的制造精度。传动件的制造精度会影响传动的平衡性,引起振动。在齿轮啮合、滚动轴承以及带传动等传动中,减少振动的途径主要是提高制造精度和装配质量。

(4) 提高系统刚度,增加阻尼。提高机床、工件、刀具和夹具的刚度都会增加系统的抗振性。增加阻尼是一种减小振动的有效办法,在结构设计上应该考虑到,但也可以采用附加高阻尼板材的方法以达到减小振动的效果。

(5) 合理安排固有频率,避开共振区。根据强迫振动的特性,减小或消除强迫振动一方面是改变激振力的频率,使它避开系统的固有频率;另一方面是在结构设计时,使工艺系统各部件的固有频率远离共振区。

5.4.3 机械加工中的自激振动及其控制

5.4.3.1 自激振动产生的机理

机械加工过程中,还常常出现一种与强迫振动完全不同形式的强烈振动,这种振动是当系统受到外界或本身某些偶然的瞬时干扰力作用而触发自由振动后,由振动过程本身的某种原因使得切削力产生周期性变化,又由这个周期性变化的动态力反过来加强和维持振动,使振动系统补充由阻尼作用消耗的能量,这种类型的振动被称为自激振动。切削过程中产生的自激振动是频率较高的强烈振动,通常又称为颤振。自激振动常常是影响加工表面质量和限制机床生产率提高的主要障碍。磨削过程中,砂轮磨钝以后产生的振动也往往是自激振动。

5.4.3.2 自激振动的特点

自激振动的特点可简要归纳如下：

(1) 自激振动是一种不衰减的振动。振动过程本身能引起某种力周期地变化，振动系统能通过这种力的变化，从不具备交变特性的能源中周期性地获得能量补充，从而维持这个振动。外部的干扰有可能在最初触发振动时起作用，但是它不是产生这种振动的直接原因。

(2) 自激振动的频率等于或接近于系统的固有频率，即频率由振动系统本身的参数所决定，这是与强迫振动的显著差别。

(3) 自激振动能否产生以及振幅的大小，取决于每一振动周期内系统所获得的能量与所消耗的能量的对比情况。当振幅为某一数值时，如果所获得的能量大于所消耗的能量，则振幅将不断增大；相反，如果所获得的能量小于所消耗的能量，则振幅将不断减小，振幅一直增加或减小到所获得的能量等于所消耗的能量时为止。当振幅在任何数值时获得的能量都小于消耗的能量，则自激振动根本就不可能产生。

(4) 自激振动的形成和持续，是由于过程本身产生的激振和反馈作用，所以若停止切削或磨削过程，即使机床仍继续空运转，自激振动也就停止了，这也是与强迫振动的区别之处。所以可以通过切削或磨削试验来研究工艺系统或机床的自激振动，同时也可以通过改变对切削或磨削过程有影响的工艺参数，如切削或磨削用量，来控制切削或磨削过程，从而限制自激振动的产生。

5.4.3.3 消除自激振动的途径

由通过试验研究和生产实践产生的关于自激振动的几种学说可知，自激振动不仅与切削过程本身有关，而且还与工艺系统的结构性能有关。因此控制自激振动的基本途径是减小和抵抗激振力的问题，具体说来可以采取以下一些有效的措施：

(1) 合理选择与切削过程有关的参数。自激振动的形成是与切削过程本身密切相关的，所以可以通过合理地选择切削用量、刀具几何角度和工件材料的可切削性等途径来抑制自激振动。

1) 合理选择切削用量。如车削中，切削速度 v 在 20～60 m/min 范围内，自激振动振幅增加很快，而当 v 超过此范围以后，振动又逐渐减弱了。通常切削速度 v 在 50～60 m/min 左右时切削稳定性最低，最容易产生自激振动，所以可以选择高速或低速切削以避免自激振动。关于进给量 f，通常当 f 较小时振幅较大，随着 f 的增大振幅反而会减小，所以可以在表面粗糙度要求许可的前提下选取较大的进给量以避免自激振动。背吃刀量 a_p 愈大，切削力愈大，愈易产生振动。

2) 合理选择刀具的几何参数。适当地增大前角 γ_o、主偏角 k_c，能减小切削力而减小振动。后角 α_o 可尽量取小，但精加工中由于背吃刀量 a_p 较小，刀刃不容易切入工件，而且 α_o 过小时，刀具后刀面与加工表面间的摩擦可能过大，这样反而容易引起自激振动。通常在刀具的主后刀面下磨出一段 α_o 角为负值的窄棱面，如图 5-5 所示就是一种很好的防振弹簧车刀。

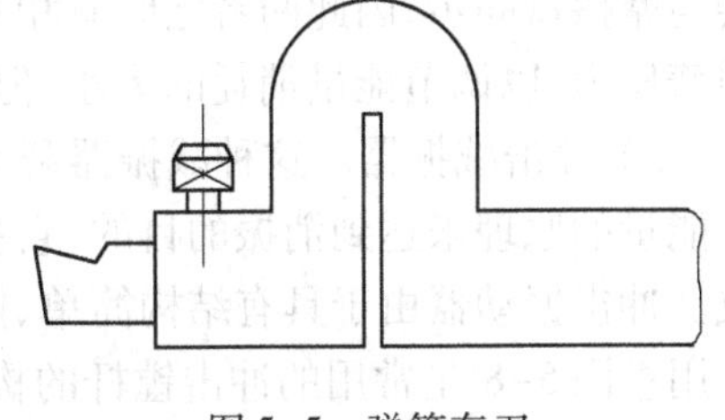

图 5-5 弹簧车刀

另外,实际生产中还往往用油石使新刃磨的刃口稍稍钝化,这对减振也很有效。关于刀尖圆弧半径,它本来就和加工表面粗糙度有关,对加工中的振动而言,一般不要取得太大。如果车削中当刀尖圆弧半径与背吃刀量近似相等时,则切削力就很大,容易振动。车削时装刀位置过低或镗孔时装刀位置过高,都易于产生自激振动。

使用“油”性非常高的润滑剂也是加工中经常使用的一种防振办法。

(2) 提高工艺系统本身的抗振性。

1) 提高机床的抗振性。机床的抗振性能往往占主导地位,可以从改善机床的刚性、合理安排各部件的固有频率、增大阻尼以及提高加工和装配的质量等来提高其抗振性。

2) 提高刀具的抗振性。通过提高刀杆等的惯性矩、弹性模量和阻尼系数,使刀具具有高的弯曲与扭转刚度、高的阻尼系数,例如硬质合金虽有高弹性模量,但阻尼性能较差,因此可以和钢组合使用,以发挥钢和硬质合金两者之优点。

3) 提高工件安装时的刚性。提高工件安装时的刚性主要是提高工件的弯曲刚度。如细长轴的车削中,可以使用中心架、跟刀架;当用拨盘传动销拨动夹头传动时要保持切削中传动销和夹头不发生脱离等。

(3) 使用消振器装置。

1) 阻尼减振器。这种减振器通过阻尼作用来消耗振动能量。图 5-6 所示减振器通过阻尼的作用来消耗振动能量,从而达到减振的目的。当活塞 1 和 4 随工件振动时,油液从一腔挤入另一腔,利用油液流经节流孔时的阻尼来减振。节流阀 3 可用来调节阻尼的大小。

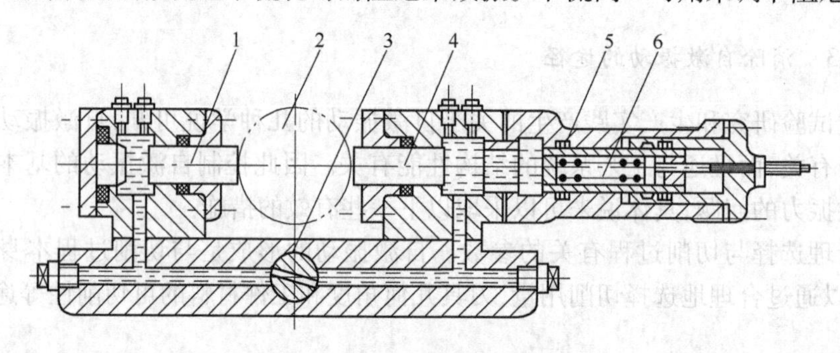

图 5-6 车床用液压阻尼器

1,4,5—活塞;2—工件;3—节流阀;6—弹簧

2) 摩擦减振器。这种减振器利用摩擦阻尼来消耗振动能量,但与上述阻尼减振器不同。它的减振效果与元件间的相对运动有关,并非阻尼越大越好,而是有一个最佳值。图 5-7 所示为用于卧式铣床上消除扭振的固体摩擦减振器。摩擦盘 2 与机床主轴相连,弹簧 4 使飞轮 1 与摩擦盘间的摩擦垫 3 压紧。当摩擦盘随主轴发生扭转时,因飞轮惯性大,不会与摩擦盘同步,因此两者之间有相对转动,摩擦垫起了消耗能量的作用。可用螺母 5 调节弹簧压力,以调节能量消耗的大小,但需经反复调节才能达到最佳效果。

3) 冲击减振器。这种减振器利用两物体相撞,将一部分动能转变为热能而耗散振动系统能量的原理来达到消振的目的,它主要由安装在振动体上的起冲击作用的自由质量所组成。冲击振动器由于具有结构简单、体积小、重量轻及适用于较大频率范围等优点而被广泛应用。图 5-8 是常用的冲击镗杆的构造。当镗杆振动时,冲击块 1 反复冲击而消耗振动能量,可以显著减小振动。实践证明,冲击块质量大些,减振效果好,所以冲击块常做成钢套灌铅的形式。

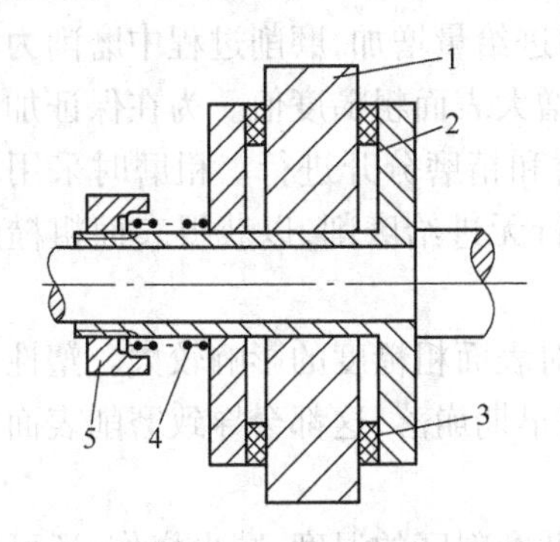

图5-7 卧式铣床用摩擦减振器

1—飞轮;2—摩擦盘;3—摩擦垫;4—弹簧;5—螺母

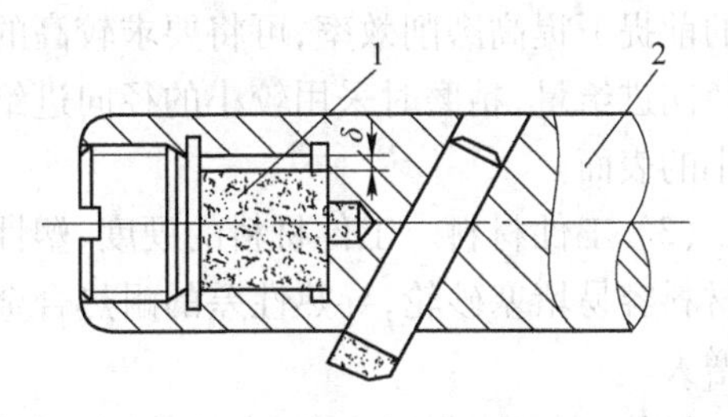

图5-8 冲击减振镗杆

1—冲击块;2—镗杆

知识点5.5 磨削的表面质量

5.5.1 磨削加工的特点

磨削精度高,通常作为终加工工序。但磨削过程比切削复杂。磨削加工采用的工具是砂轮。磨削时,虽然单位加工面积上磨粒很多,本应表面粗糙度很小,但在实际加工中,由于磨粒在砂轮上分布不均匀,磨粒切削刃钝圆半径较大,并且大多数磨粒是负前角,很不锋利,所以加工表面是在大量磨粒的滑擦、耕犁和切削的综合作用下形成的,磨粒将加工表面刻划出无数细微的沟槽,并伴随着塑性变形,形成粗糙表面。同时,磨削速度高,通常 $v_{砂}=40\sim50\,m/s$,目前甚至高达 $v_{砂}=80\sim200\,m/s$,因而磨削温度很高,磨削时产生的高温会加剧加工表面的塑性变形,从而更加增大了加工表面的粗糙度值。有时磨削点附近的瞬时温度可高达800~1000℃,这样的高温会使加工表面金相组织发生变化,引起烧伤和裂纹。另外,磨削的径向切削力大,会引起机床发生振动和弹性变形。

5.5.2 影响磨削加工表面粗糙度的因素

影响磨削加工表面粗糙度的因素有很多,主要有以下3点:

(1) 砂轮的影响。砂轮的粒度越细,单位面积上的磨粒数越多,在磨削表面的刻痕越细,表面粗糙度越小;但若粒度太细,加工时砂轮易被堵塞反而会使表面粗糙度增大,还容易产生波纹和引起烧伤。砂轮的硬度应大小合适,其半钝化期愈长愈好。砂轮的硬度太高,磨削时磨粒不易脱落,使加工表面受到的摩擦、挤压作用加剧,从而增加了塑性变形,使得表面粗糙度增大,还易引起烧伤;但砂轮太软,磨粒太易脱落,会使磨削作用减弱,导致表面粗糙度增加,所以要选择合适的砂轮硬度。砂轮的修整质量越高,砂轮表面的切削微刃数越多,各切削微刃的等高性越好,磨削表面的粗糙度越小。

(2) 磨削用量的影响。增大砂轮速度,单位时间内通过加工表面的磨粒数增多,每颗磨粒磨去的金属厚度减少,工件表面的残留面积减少;同时提高砂轮速度还能减少工件材料的塑性变形,这些都可使加工表面的表面粗糙度值降低。降低工件速度,单位时间内通过加工表面的磨粒数增多,表面粗糙度值减小;但工件速度太低,工件与砂轮的接触时间长,传到工件上的热量增多,反而会增大粗糙度,还可能增加表面烧伤。增大磨削深度和纵向进给量,工件的塑性变形增大,会导致表面粗糙度值增大。径向进给量增加,磨削过程中磨削力和磨削温度都会增加,磨削表面塑性变形程度增大,从而会增大表面粗糙度值。为在保证加工质量的前提下提高磨削效率,可将要求较高的表面的粗磨和精磨分开进行。粗磨时采用较大的径向进给量,精磨时采用较小的径向进给量,最后进行无进给磨削,以获得表面粗糙度值很小的表面。

(3) 工件材料。工件材料的硬度、塑性、导热性等对表面粗糙度的影响较大。塑性大的软材料容易堵塞砂轮,导热性差的耐热合金容易使磨料早期崩落,这都会导致磨削表面粗糙度增大。

另外,由于磨削温度高,合理使用切削液既可以降低磨削区的温度,减少烧伤,还可以冲去脱落的磨粒和切屑,避免划伤工件,从而降低表面粗糙度值。

5.5.3　磨削表面层的残余应力——磨削裂纹问题

磨削加工比切削加工的表面残余应力更为复杂。一方面,磨粒切削刃为负前角,法向切削力一般为切向切削力的 2 ~ 3 倍,磨粒对加工表面的作用引起冷塑性变形,产生压应力;另一方面,磨削温度高,磨削热量很大,容易引起热塑性变形,表面出现拉应力。当残余拉应力超过工件材料的强度极限时,工件表面就会出现磨削裂纹。磨削裂纹有的在外表层,有的在内层下;裂纹方向常与磨削方向垂直,或呈网状;裂纹常与烧伤同现。

磨削用量是影响磨削裂纹的首要因素。磨削深度和纵向走刀量大,则塑性变形大,切削温度高,拉应力过大,可能产生裂纹。此外,工件材料含碳量高者易出现裂纹。磨削裂纹还与淬火方式、淬火速度及操作方法等热处理工序有关。

为了消除和减少磨削裂纹,必须合理选择工件材料、合理选择砂轮;正确制订热处理工艺;逐渐减小切除量;积极改善散热条件,加强冷却效果,设法降低切削热。

5.5.4　磨削表面层金相组织变化——磨削烧伤问题

5.5.4.1　*磨削表面层金相组织变化与磨削烧伤*

机械加工过程中产生的切削热会使得工件的加工表面产生剧烈的温升,当温度超过工件材料金相组织变化的临界温度时,将发生金相组织转变。在磨削加工中,由于多数磨粒为负前角切削,磨削温度很高,产生的热量远远高于切削时的热量,而且磨削热有 60% ~80% 传给工件,所以极容易出现金相组织的转变,使得表面层金属的硬度和强度下降,产生残余应力甚至引起显微裂纹,这种现象称为磨削烧伤。产生磨削烧伤时,加工表面常会出现黄、褐、紫、青等烧伤色,这是磨削表面在瞬时高温下的氧化下膜颜色。不同的烧伤色,表明工件表面受到的烧伤程度不同。

磨削淬火钢时,工件表面层由于受到瞬时高温的作用,将可能产生以下三种金相组织变化:

(1) 如果磨削表面层温度未超过相变温度,但超过了马氏体的转变温度,这时马氏体将转变成为硬度较低的回火屈氏体或索氏体,这种现象称为回火烧伤。

(2) 如果磨削表面层温度超过相变温度,则马氏体转变为奥氏体,这时若无切削液,则磨削表面硬度急剧下降，表层被退火，这种现象称为退火烧伤。干磨时很容易产生这种现象。

（3）如果磨削表面层温度超过相变温度，但有充分的切削液对其进行冷却，则磨削表面层将急冷形成二次淬火马氏体，硬度比回火马氏体高。不过该表面层很薄，只有几微米厚，其下为硬度较低的回火索氏体和屈氏体，使表面层总的硬度仍然降低，这种现象称为淬火烧伤。

5.5.4.2 磨削烧伤的改善措施

影响磨削烧伤的因素主要是磨削用量、砂轮、工件材料和冷却条件。由于磨削热是造成磨削烧伤的根本原因，因此要避免磨削烧伤，就应尽可能减少磨削时产生的热量及尽量减少传入工件的热量。具体可采用下列措施：

（1）合理选择磨削用量。不能采用太大的磨削深度，因为当磨削深度增加时，工件的塑性变形会随之增加，工件表面及里层的温度都将升高，烧伤亦会增加。工件速度增加，磨削区表面温度会增高，但由于热作用时间减少，因而可减轻烧伤。

（2）工件材料。工件材料对磨削区温度的影响主要取决于它的硬度、强度、韧性和热导率。工件材料硬度、强度越高，韧性越大，磨削时耗功越多，产生的热量越多，越易产生烧伤。导热性较差的材料，在磨削时也容易出现烧伤。

（3）砂轮的选择。硬度太高的砂轮，钝化后的磨粒不易脱落，容易产生烧伤，因此用软砂轮较好。选用粗粒度砂轮磨削，砂轮不易被磨削堵塞，可减少烧伤。结合剂对磨削烧伤也有很大影响，树脂结合剂比陶瓷结合剂容易产生烧伤，橡胶结合剂比树脂结合剂更易产生烧伤。

（4）冷却条件。为降低磨削区的温度，在磨削时广泛采用切削液冷却。为了使切削液能喷注到工件表面上，通常增加切削液的流量和压力并采用特殊喷嘴。图5-9所示为采用高压大流量切削液，并在砂轮上安装带有空气挡板的切削液喷嘴，这样既可加强冷却作用，又能减轻高速旋转砂轮表面的高压附着作用，使切削液顺利地喷注到磨削区。此外，还可采用多孔砂轮、内冷却砂轮和浸油砂轮。图5-10所示为一内冷却砂轮结构，切削液被引入砂轮的中心腔内，由于离心力的作用，切削液再经过砂轮内部的孔隙从砂轮四周的边缘甩出，这样切削液即可直接进入磨削区，发挥有效的冷却作用。

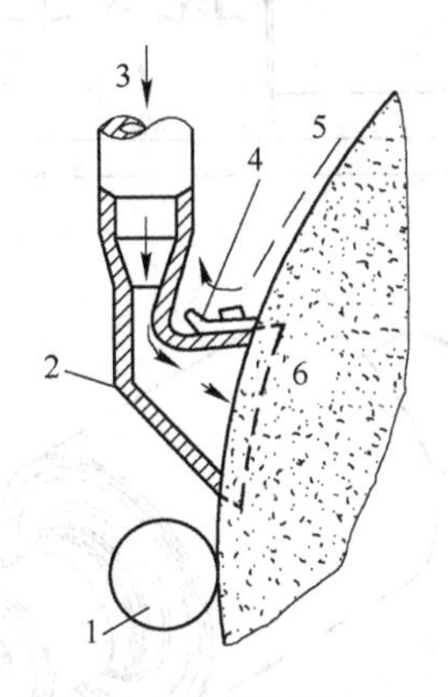

图5-9 带有空气挡板的切削液喷嘴

1—液流导管；2—可调气流挡板；3—空腔区；4—喷嘴罩；5—磨削区；6—排液区

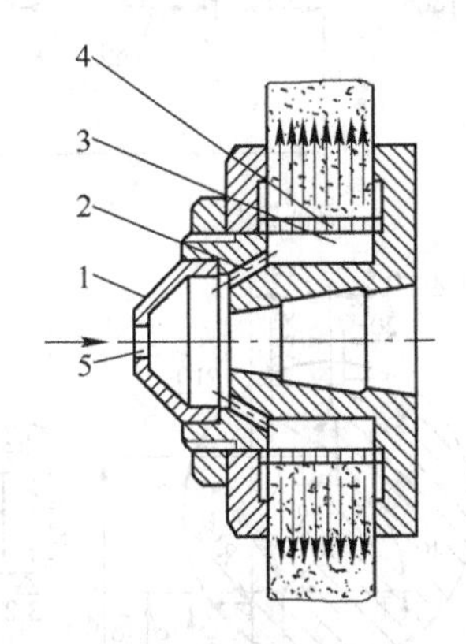

图5-10 内冷却砂轮结构

1—锥形盖；2—切削液通孔；3—砂轮中心腔；4—有径向小孔的薄壁套；5—切削液输入口

能力点5.6　项目训练

【任务1】　为图A轴承体的加工表面质量制定控制措施，主要解决以下问题：

(1) 该轴承体的表面质量控制的重要表面有哪些？

(2) 如何保证这些重要表面的表面粗糙度？

【任务2】　车削一铸铁零件的外圆表面，若走刀量 $f=0.5\,mm/r$，车刀刀尖圆弧半径 $r=4\,mm$，试问能达到的表面粗糙度为多少？

【任务3】　高速精镗内孔时，采用锋利的尖刀，刀具的主偏角 $k_r=45°$，副偏角 $k_r'=20°$，要求加工表面的 $R_a=0.8\,\mu m$。试求：

(1) 当不考虑工件材料塑性变形对粗糙度的影响时，计算应采用的走刀量为多少。

(2) 分析实际加工表面的粗糙度与计算所得的结果是否会相同，为什么？

【任务4】　工件材料为15钢，经磨削加工后要求表面粗糙度 R_a 达 $0.04\mu m$，是否合理？若要满足加工要求，应采取什么措施？

【任务5】　图5-11所示零件为某型轧辊，请制定表面质量控制计划。质量计划主要内容包括：

(1) 指出该工件的主要加工表面。

(2) 上述加工表面采取什么加工方法？

(3) 加工过程中采取哪些措施保证加工表面质量？

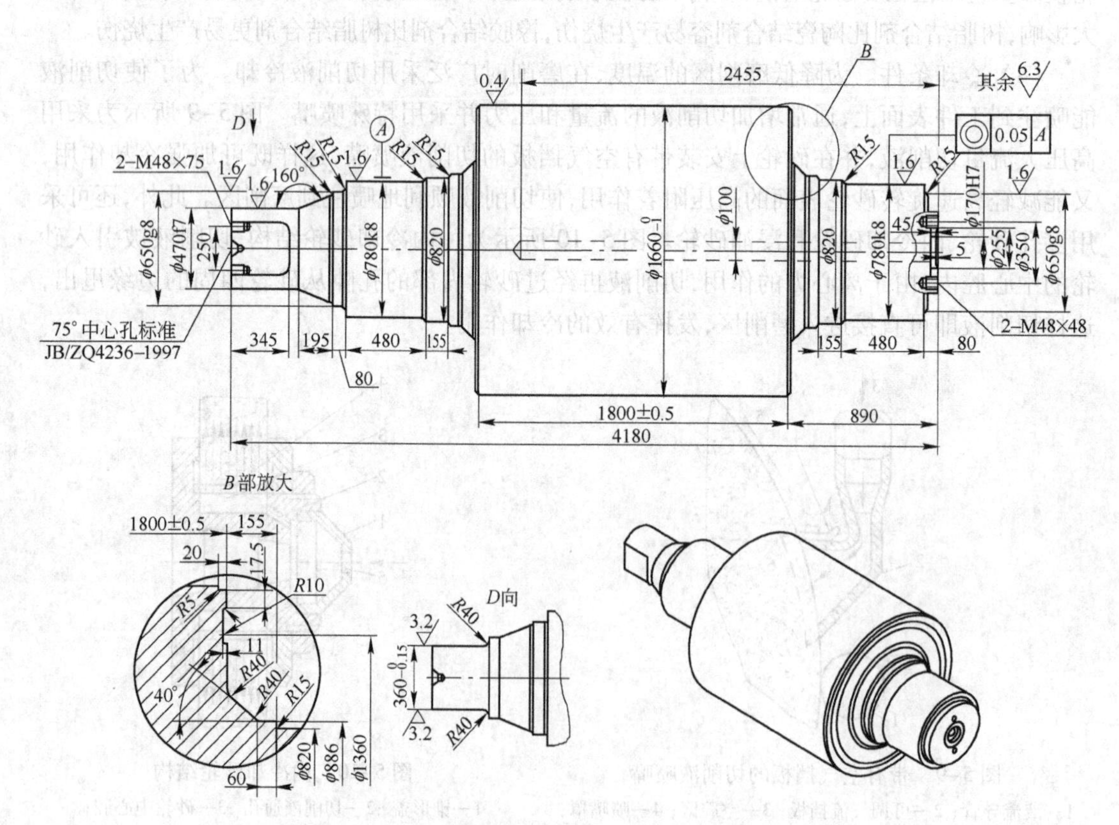

图5-11　轧辊

模块 3

机械装配工艺

【核心项目】 图 B 为某热轧板厂设备地辊部装图，轧制的热轧板卷在地辊站上进行水平、垂直对中和剪断捆带。请为该部件制订装配方案。

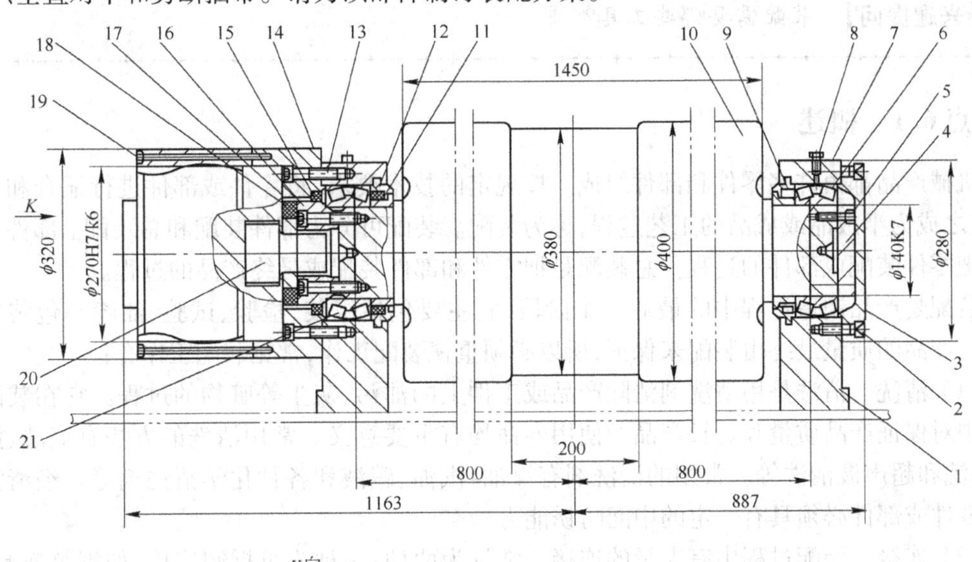

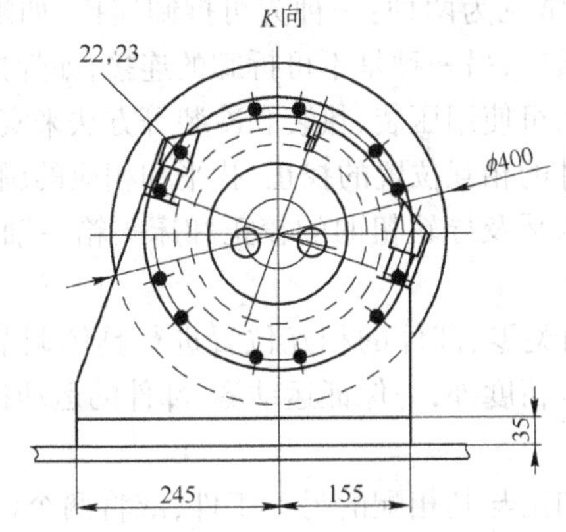

技术要求

1. 装配前将各零件清洗干净并打光毛刺；在轴承处注满干油；
2. 装配后检查辊子是否灵活，不能出现卡阻现象。

图 B　地辊部装图

1—支座；2，5，6，13，18，19—螺钉；3—闷盖；4—挡板；7—轴承盖；8—油杯；9—透盖；10—辊子；11—挡环；12，15—油封；14—马达法兰；16—连接盘；17—分离盘；20—花键轴；21—轴承；22—螺栓；23—垫圈

【任务】

（1）为该部件绘制装配系统图。

（2）为该部件编制装配工艺。

项目 6　装配工艺

【项目任务】 制订图 B 地辊部装图的装配工艺。

【教师引领】

(1) 该装配的前期准备工作有哪些?

(2) 零件装配先后顺序怎样安排?

(3) 怎样检查装配质量?

【兴趣提问】 装配需要哪些工具?

知识点 6.1　概述

机械产品都由许多零件和部件组成。按规定的技术要求,将零件或部件进行配合和连接,使之成为半成品或成品的工艺过程,称为装配。装配可分为部件装配和总装配。部件装配是把零件装配成部件的过程。总装配是把零件和部件装配成最终产品的过程。

装配是产品制造过程中的最后一个阶段,它主要包括组装、检验、试验、油漆和包装等工作。产品的质量最终由装配来保证,所以必须重视装配工作,常见装配工作有:

(1) 清洗。清洗是用清洗剂清除产品或工件上的油污、灰尘等脏物的过程。它在装配过程中对保证产品质量和延长产品的使用寿命均有重要意义。常用清洗的方法有擦洗、浸洗、喷洗和超声波清洗等。常用的清洗剂有煤油、汽油、碱液和各种化学清洗剂等。经清洗后的零件或部件必须具有一定的中间防锈能力。

(2) 连接。装配过程中有大量的连接。常见为两种:一种为可拆卸连接,如螺纹连接、键连接和销钉连接等,其中以螺纹连接应用最广;另一种是不可拆卸的连接,如焊接、铆接和过盈连接等。过盈连接常用于轴和孔的配合,可使用压装、热装和冷装等方法来实现。

(3) 校正。在装配过程中对相关零、部件的相互位置的找正、找平和相应的调整工作称为校正。如在普通车床总装配中,床身安装水平及导轨扭曲的校正和床头箱主轴中心与尾座套筒中心等高的校正等。

(4) 调整。调整是指在装配过程中对相关零、部件的相互位置进行具体调节的工作。其中除了配合校正工作去调节零、部件的位置精度外,为保证运动零、部件的运动精度,还需调整运动副之间的间隙。

(5) 配作。配作是以已加工件为基准,加工与其相配的另一工件,或将两个(或两个以上)工件组合在一起进行加工的方法。在装配过程中,还需要进行配钻、配铰、配刮和配磨等钳工和机械加工工件。一般配作是和校正、调整工作结合进行的。

(6) 平衡。对于转速较高、运转平稳性要求高的机械(如精密磨床、电动机、内燃机等),为了防止回转零部件内部质量分布不均、静力和力偶不平衡引起振动,必须进行平衡工作。常用的平衡法主要有静平衡法与动平衡法两种。前者主要用于直径较大且长度短的零件(如叶轮、飞轮和皮带轮等);后者用于长度较长的零件(如电动机转子和机床主轴等)。

(7) 验收试验。机械产品装配完后,应按产品的有关技术标准和规定,对产品进行全面检验和必要的试验工作,经检验和试验合格后才能准许出厂。

装配的组织形式一般可分为固定式装配和移动式装配两种。

固定式装配是将产品或部件的全部装配工作安排在一个固定的场地(或称工作地)上进行,产品的位置不变,装配过程所需的零、部件都汇集在场地附近,由一组工人来完成装配过程。

移动式装配是将产品或部件置于装配线上,通过连续或间歇的移动使其顺序经过各装配工作地以完成全部装配工作。移动式装配一般多用于大批大量生产,对批量很大的定型产品还可采用自动装配线进行装配。

装配的组织形式主要取决于产品结构的特点(尺寸大小与重量等)和生产批量。装配组织形式确定后,也就相应地确定了装配方式,诸如运输方式、工作地的布置等。

知识点6.2 装配工艺规程的制订

装配工艺规程是指导装配工作的主要技术文件之一。其内容有产品及其部件的装配顺序、装配方法、装配的技术要求和检验方法、装配时所需要的设备和工具以及装配时间定额等。它的制订是生产技术准备工作中的一项主要工作。

6.2.1 制订装配工艺规程应遵循的基本原则和所需的原始资料

6.2.1.1 应遵循的原则

制订装配工艺规程应遵循以下几条原则:

(1) 保证产品装配质量,并力求提高其质量,达到延长产品使用寿命的目的。

(2) 合理安排装配工序,尽量减少钳工装配的工作量,以提高装配效率而缩短装配周期。

(3) 尽可能减少车间的生产面积,提高单位面积的生产率。

6.2.1.2 所需原始资料

制订装配工艺规程所需的原始资料包括:

(1) 产品的总装配图和部件装配图。为了在装配时对某些零件进行补充机械加工和核算装配尺寸链,还需要有关零件图。

(2) 产品验收的技术条件。

(3) 产品的生产纲领。机械装配的生产类型按产品的生产批量可分为大批大量生产、成批生产及单件小批生产三种。各种生产类型装配的特点见表6-1。

表6-1 各种生产类型装配工作的特点

生产类型	大批大量生产	成批生产	单件小批生产
装配工作特点	产品固定,生产活动长期地重复,生产周期一般较短	产品在系列化范围内变动,分批交替投产或多品种同时投产,生产活动在一定时期内重复	产品经常变换,不定期重复生产,生产周期一般较长

续表 6-1

生产类型	大批大量生产	成 批 生 产	单件小批生产
组织形式	多采用流水装配线，有连续移动、间歇移动及可变节奏移动等方式，还可采用自动装配机或自动装配线	产品笨重、批量不大的产品多用固定流水装配，批量较大时采用流水装配，多品种平行投产时采用多品种可变节奏流水装配	多采用固定装配或固定式流水装配进行总装，同时对批量较大的部件亦可采用流水装配
装配方法	按互换法装配，允许有少量简单的调整，精密偶件成对供应或分组供应装配，无任何修配工作	主要采用互换法，但灵活运用其他保证装配精度的装配工艺方法，如调整法、修配法及合并法，以节约加工费用	以修配法和调整法为主，互换件比例较少
工艺过程	工艺过程划分很细，力求达到高度的均衡性	工艺过程划分须适合于批量的大小，尽量使生产均衡	一般不详细制订工艺文件，工序可适当调度，工艺也可灵活掌握
工艺装备	专业化程度高，宜采用高效工艺装备，易于实现机械化、自动化	通用设备较多，但也采用一定数量的专用工、夹、量具，以保证装配质量和提高工效	一般为通用设备及通用工、夹、量具
手工操作要求	手工操作比重小，熟练程度容易提高，便于培养新工人	手工操作比重小，技术水平要求较高	手工操作比重大，要求工人有高的技术水平和多方面的工艺知识
应用实例	汽车、拖拉机、内燃机、滚动轴承、手表、缝纫机、电气	机床、机车车辆、中小型锅炉、矿山采掘机械	重型机床、大型内燃机、大型锅炉、汽轮机

（4）现有生产条件。它包括现有的装配装备、车间的面积、工人的技术水平、时间定额标准等。

6.2.2　制订装配工艺规程的步骤

（1）研究产品装配图和验收技术要求。首先分析研究装配图和验收技术条件，然后审查图样的完整性和正确性；明确产品性能、部件的作用、工作原理和具体结构；对产品进行结构工艺性分析，明确各零、部件间装配关系；审查产品装配技术要求和验收条件，正确掌握装配中的技术关键问题和制定相应的技术措施；必要时应用装配尺寸链进行分析与计算。如发现存在问题和错误，应及时提出与设计人员研究后予以解决。

（2）确定装配的组织形式。装配工艺方案的制订与装配组织形式有关。装配组织形式的选择，主要取决于产品结构的特点和生产纲领以及现有生产技术条件和设备状况。

（3）划分装配单元，确定装配顺序。从装配工艺角度来说，产品是由若干个装配单元组成的，划分装配单元是拟订装配工艺过程中极为重要的一项工作。一个产品的装配单元可分为五级，即零件、合件、组件、部件和产品。其中合件是由两个或两个以上零件结合成的不可拆卸（铆、焊）的整体件，如装配式齿轮、发动机连杆小头孔压入衬套后再进行精镗孔。组件是由若干零件和合件的组合体。部件是由若干零件、合件和组件组合成的，能完成某种功能的组合体，如普通车床的主轴箱、溜板箱、走刀箱、尾座等。

在确定除零件外，每一级装配单元的装配顺序时，首先要选择某一零件（或合件、部件）作为装配基准件，其余零件或合件及组件或部件按一定顺序装配到基准件上，成为下一级的装配单元。装配基准件一般选择产品的基体或主干零、部件，因为它具有较大的体积和重量以及足够的支承面,有利于装配工作和检测的进行。同时应尽量避免装配基准件在后续工序中还有机加工工序。

装配单元划分及确定了装配基准件之后,就可安排装配顺序。一般是按先上后下、先内后外、先难后易、先精密后一般、先重大后轻小的规律来确定其他零件或装配单元的装配顺序。最后用装配系统图规定出来。

装配系统图是表明产品零、部件间相互装配关系及装配流程的示意图。

绘制装配系统图时,先画出一条横线,横线左端画出表示基准件的长方格,右端画出表示装配单元的长方格。然后再按装配的顺序从左向右,将装入装配单元的零件或组件引出,零件在横线上面,组件或部件在横线下面,如图6-1(a)所示。当产品结构复杂时,可分别绘制产品的总装配和各级部件装配系统图。在装配系统图上,可以加注必要的工艺说明,如焊接、配钻、攻丝、绞孔及检验等,如图6-1(b)所示。

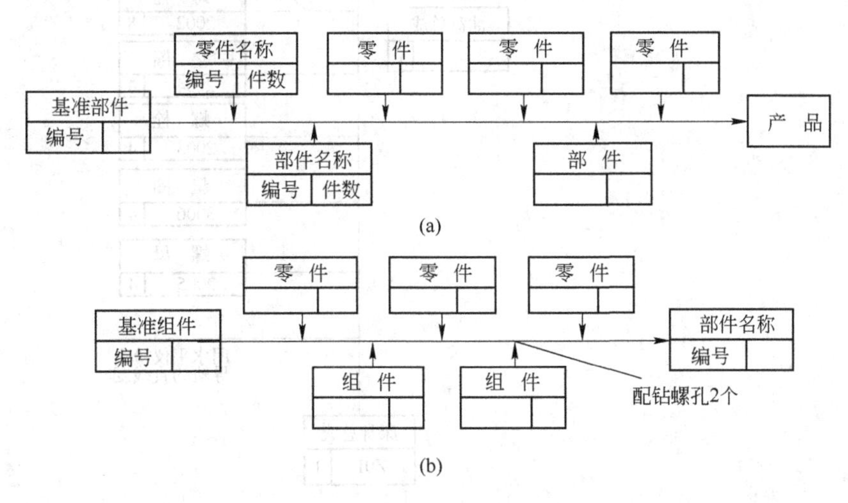

图6-1 装配系统图

(a) 产品装配系统图;(b) 部件装配系统图

图6-2所示为车床床身装配简图,它是车床总装的装配基准部件,一般采用固定式装配组织形式,其装配单元和装配顺序见图6-3。

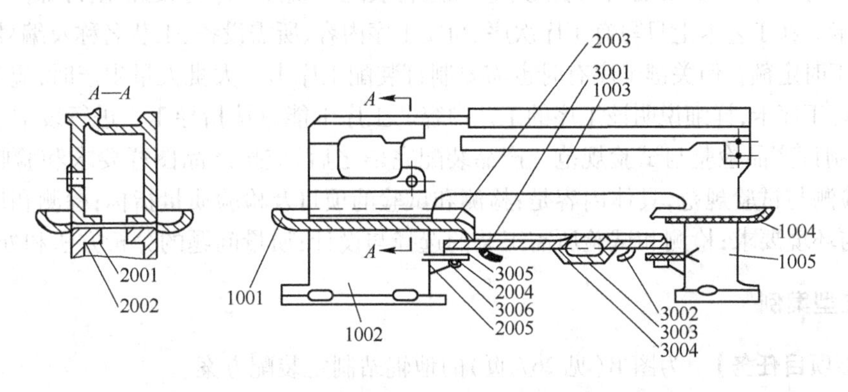

图6-2 普通车床床身装配简图

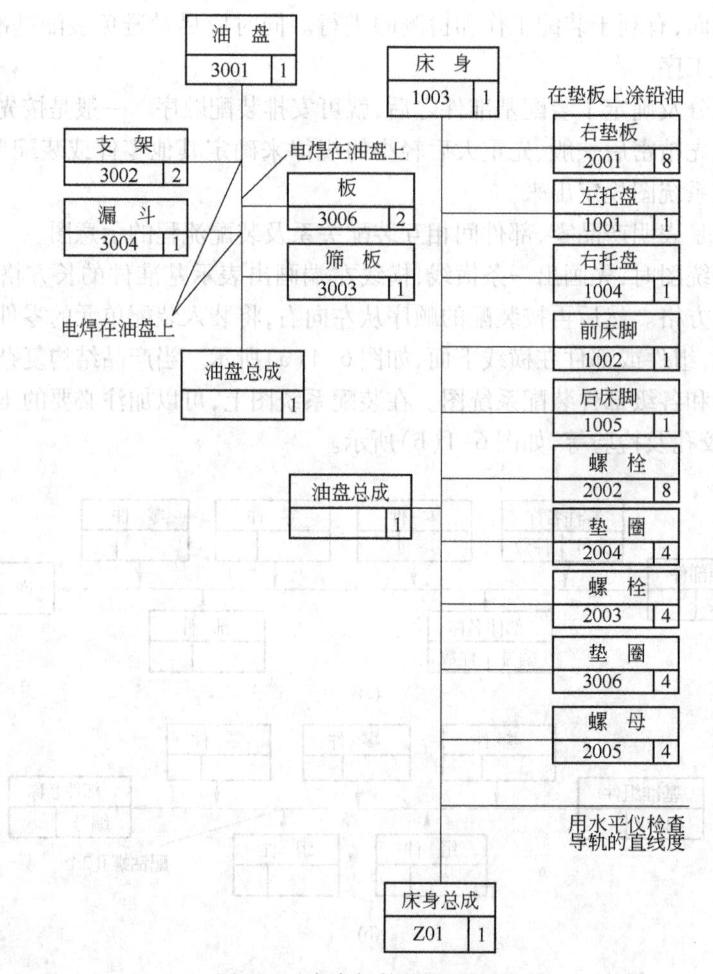

图 6-3　床身部件装配系统图

(4) 划分装配工序。装配顺序确定后,还要将装配工艺过程划分成为若干个工序,确定工序的工作内容、所需的设备和工装及工时定额等。装配工序还应包括检验和试验工序。

(5) 制定装配工序卡片。单件小批生产时,通常不需制订装配工艺卡,而用装配系统图来代替。装配时,可按产品装配图和装配系统图进行装配。成批生产时,通常制订部件及总装的装配工艺卡。在工艺卡上只写有工序次序、简要工序内容、所需设备、工装名称及编号、工人技术等级及工时定额。但关键工序有时也需要制订装配工序卡。大批大量生产时,应为每一工序单独制订工序卡,详细说明该工序的工艺内容。工序卡能直接指导工人进行装配。

(6) 制订产品检验与试验规范。产品装配完毕之后,应按产品图样要求和验收技术条件,制订检测与试验规范,具体内容是:检测和试验的项目及检验质量指标;检测和试验的方法、条件与环境要求;检测和试验所需工装的选择与设计;质量问题的分析方法和处理措施。

6.2.3　典型案例

【核心项目任务】　为图 B(见 267 页)的地辊站制定装配方案。

【任务主要内容】

(1) 为该部件绘制装配系统图;

（2）为该部件编制装配工艺。

步骤一：研究产品装配图和验收技术条件。

（1）装配图完整，技术要求装配完毕需进行试车检验。所有螺栓用乐泰胶防松。

（2）本设备要求与纵切机组上料步进梁（PGJZ. 002. 00）进行联装。

（3）该工件为攀钢热轧板厂开卷机前地辊站，承接上料步进梁传送过来的钢卷，并能在自带液压泵的作用下，进行可控旋转，调整钢卷边头的位置，便于后续工序的操作。

步骤二：确定装配组织形式。

该工件属于单件生产，产品重量重，采用固定装配的装配组织形式，装配方法采用修配法和调整法为主。

步骤三：划分装配单元，确定装配顺序，绘制装配系统图。

（1）部件划分：由总装配图知，产品分为左右两个地辊部件，装配内容和装配顺序基本一样，并以基座作为基准件。

（2）组件的划分：在地辊装配图中，辊子重量大，在它上面需装配轴承、隔圈、挡圈、螺栓等小件零件，因此可以以辊子作为基准件，完成辊子组件的装配。

（3）确定装配顺序：采用先里后外、先上后下、先重大后轻小的装配顺序进行。

（4）绘制装配系统图，如图6-4所示。首先完成辊子组件的装配，然后以支座作为基础件，完成地辊部件的装配。

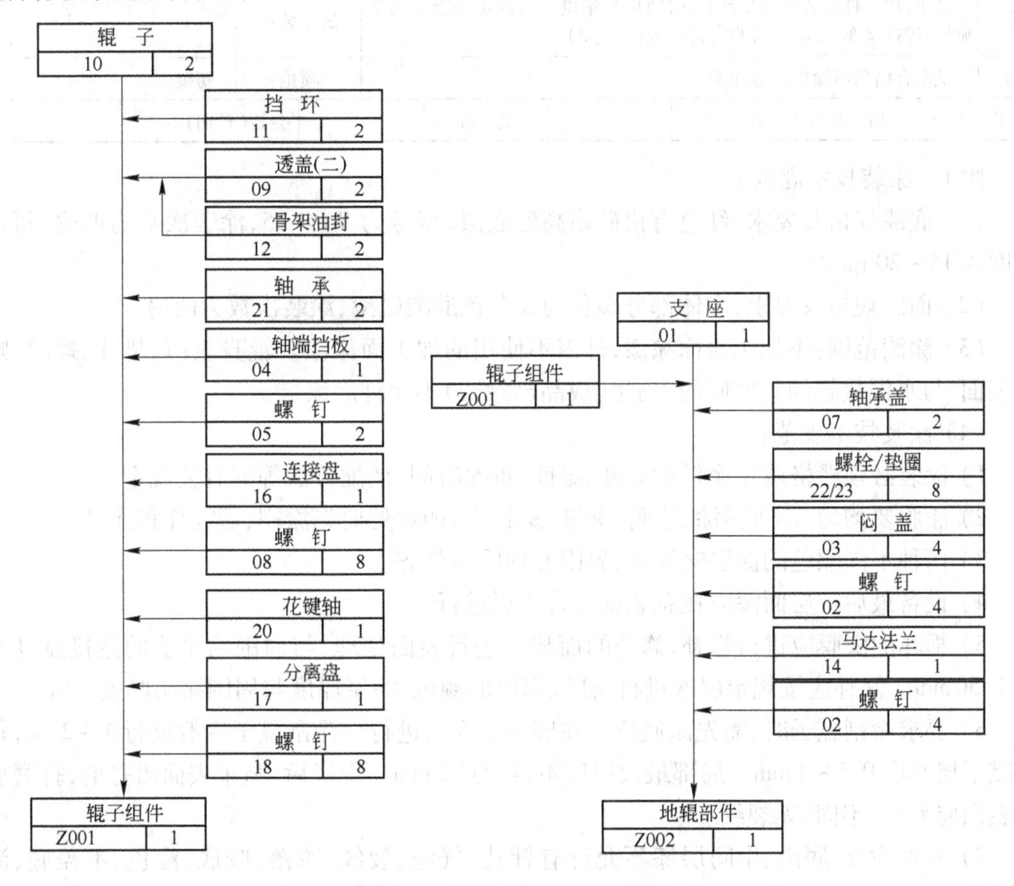

图6-4 地辊部件装配系统图

步骤四:制定装配工艺技术文件。以下为整套地辊站的装配工艺卡片。

<table>
<tr><td colspan="2" rowspan="2">(工厂名)</td><td>产品图号</td><td>02161001</td><td>组(部)件图号</td><td colspan="3"></td></tr>
<tr><td>产品名称</td><td>地辊站</td><td>组(部)件名称</td><td colspan="3"></td></tr>
<tr><td colspan="2">机械装配工艺卡片</td><td>外形尺寸</td><td>2163×2050×770</td><td>重量/kg</td><td></td><td>数量</td><td>1</td></tr>
<tr><td>工序次序</td><td colspan="3">简要工序内容</td><td>工艺装备及编号</td><td>工人技术等级</td><td colspan="2">工时定额/h</td></tr>
<tr><td>1</td><td colspan="3">按照图纸清点零件,核对装配零部件的数量和加工质量,完成攻丝、去毛刺、去油污等工作</td><td>丝锥等</td><td>初级</td><td colspan="2">1</td></tr>
<tr><td>2</td><td colspan="3">对零件按要求涂刷第二次底漆</td><td>刷子等</td><td>初级</td><td colspan="2">1</td></tr>
<tr><td>3</td><td colspan="3">按照部装图及装配系统图对地辊进行组装,装配前注意零件关键尺寸的复检和重要加工工序的纪律审核。在装配过程中采用修配法进行组织,按照要求将润滑干油加注到位</td><td>轴承加热器
手锤、扳手</td><td>中级</td><td colspan="2">3</td></tr>
<tr><td>4</td><td colspan="3">对局部表面进行清整,对坑洼部分刮腻子处理,对高点进行打磨处理,然后喷涂第一遍面漆,注意对不需喷涂部分进行保护,具体涂装要求见下面附1</td><td>喷枪
砂轮</td><td>初级</td><td colspan="2">1</td></tr>
<tr><td>5</td><td colspan="3">自查装配是否有遗漏,各部是否连接可靠,机构运转是否灵活</td><td>—</td><td>中级</td><td colspan="2">—</td></tr>
<tr><td>6</td><td colspan="3">检查:质检员按照图纸技术要求和检验实验规范(见附2)对装配项目进行检验</td><td></td><td>中级</td><td colspan="2"></td></tr>
<tr><td>7</td><td colspan="3">试车:将工件安装在试车台上,由液压泵站供压力油带动液压马达旋转,进行试车,要求见检验实验规范(见附2)</td><td>试车装置</td><td></td><td colspan="2">1</td></tr>
<tr><td>8</td><td colspan="3">试车合格后喷涂第二遍面漆</td><td>喷枪</td><td>初级</td><td colspan="2">1</td></tr>
<tr><td>编　写</td><td>胡运林</td><td>校　核</td><td></td><td>批　准</td><td></td><td>会签(日期)</td><td></td></tr>
</table>

附 1　涂装技术规范

(1) 底漆规格及要求:红色有机硅耐高温底漆,型号为 W61-25,涂装次数为两遍,每遍厚度为 15 ~ 20 ηm。

(2) 面漆规格及要求:主体部分颜色为天蓝色醇酸磁漆,涂装次数为两遍。

(3) 涂漆范围:不加工表面涂漆,外露不使用的加工面涂漆。辊身表面、垫片、螺纹、贴合表面、与水泥接触的基座底面、马达(成品已涂装)不允许涂漆。

(4) 涂装技术规范:

1) 涂装必须严格遵守涂料对湿度、温度、重涂时间、调配方法等的有关规定。

2) 漆膜要均匀,不可漏涂,边角、夹缝、螺钉头、铆焊处要先涂刷,后大面积涂装。

3) 两种不同颜色的涂层交界处,界限必须明显整齐。

4) 设备最后一层面漆应在总装试车合格后进行。

5) 损坏的漆膜应进行修补,修补的面积应进行表面处理,与周围的涂层的达接宽度不小于 50 mm。修补应按规定层次进行,补涂部位的颜色、涂层厚度与周围涂层厚度一致。

6) 要求涂刮腻子时,需先涂底漆并在底漆干燥后进行。涂刮腻子一般进行 1 ~ 2 次,每层腻子层厚度 0.5 ~ 1 mm。局部最大厚度不得超过 5 mm。干燥后,腻子表面需打磨,打磨后的表面应平整、牢固、无裂纹。

7) 外观检查:底漆、中间层漆不允许有针孔、气泡、裂纹、脱落、咬底、渗色、不盖底、流挂、漏涂等缺陷。面漆要求平整均匀、色泽一致,主要表面上不允许出现流挂和气泡等缺陷。

附2　地辊站检验、试验规范

（1）检验规范（检验项目及质量指标）。

1）外观检查：底漆、中间层漆不允许有针孔、气泡、裂纹、脱落、咬底、渗色、不盖底、流挂、漏涂等缺陷。面漆要求平整均匀、色泽一致，主要表面上不允许出现流挂和气泡等缺陷。检查方法可用肉眼和五倍放大镜观察。

2）零件的制造质量：检查是否有未完工序，尤其是热处理工序是否完成，中检记录是否完整。

3）润滑油的灌注：要求不得小于轴承内空腔的二分之一，不得多于三分之二。

4）轴向窜动：装配后辊子的轴向窜动量控制在0.5mm内。

5）装配质量：各部分空间位置是否正确，连接是否牢固可靠，机构运动是否有卡阻现象。

（2）试验技术规范。连续试车4h，要求轴承温升不得超过40℃，整个运行过程中不得有异常噪声、异常振动，设备运行平稳。

知识点6.3　装配方法与装配尺寸链

6.3.1　装配精度

机械产品的装配精度是指装配后实际达到的精度。为了确保产品的可靠性，提高产品精度的保持性，一般装配精度要稍高于产品精度标准的规定。

国家有关部门对各类通用的机械产品，制订了国家标准、部颁标准，这些标准相应地确定了产品的精度标准。例如表6-2为普通车床精度标准的摘录。对于没有标准可循的产品，其装配精度可根据用户的使用要求，参照经过实践考验的类似产品或机构已有数据，采用类比法确定。

产品的装配精度一般包括：零、部件间的距离精度、相互位置精度、相对运动精度及相互配合精度等。

（1）距离精度：是指产品中相关零部件的距离精度。如表6-2中第13项所规定的床头尾座轴心线等高的精度即属此项精度。装配时保证的各种轴向、径向及齿侧等间隙，也属于距离精度。

（2）相互位置精度：是指产品中相关零、部件间的平行度、垂直度、同轴度及各种跳动等。如表6-2中第11项所规定的溜板移动对尾座顶尖套锥孔轴心线的平行度；第5项所规定的主轴锥孔轴心线的径向跳动等。

表6-2　普通车床精度标准摘录

（摘自JB2314—78）

检验	名　称	检 验 方 法	允　差
3	溜板移动在水平面内的直线度	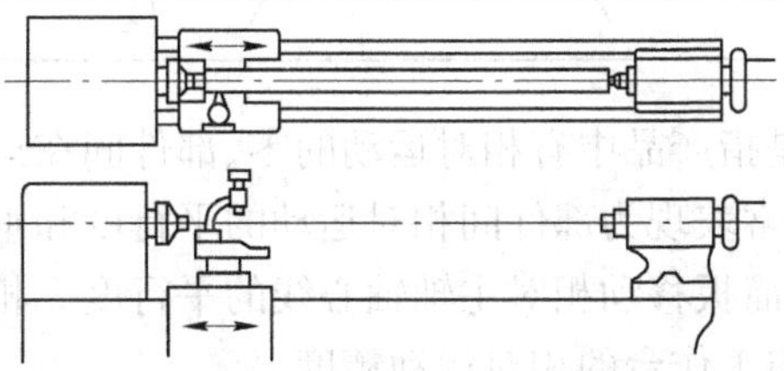	床身上最大工件回转直径不大于800mm时，在溜板每1000mm行程上为0.015 mm；溜板行程为2000～4000 mm时，在溜板全部行程上为0.03 mm

续表 6-2

检验	名　称	检验方法	允　差
5	主轴锥孔中心线的径向跳动	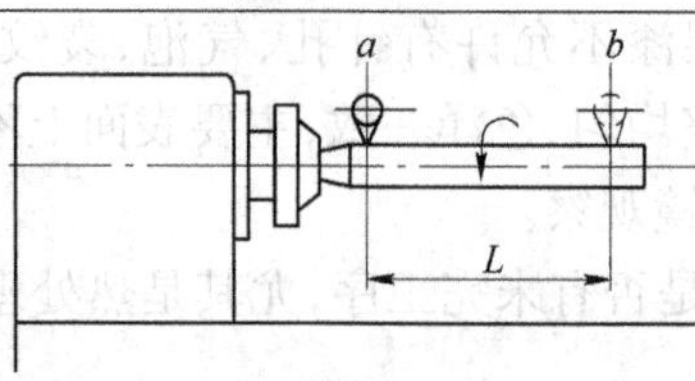	床身上最大工件回转直径为 320 ~ 400 mm、测量长度 L = 300 mm 时，a 为 0.01 mm，b 为 0.02 mm
6	溜板移动对主轴中心线的平行度	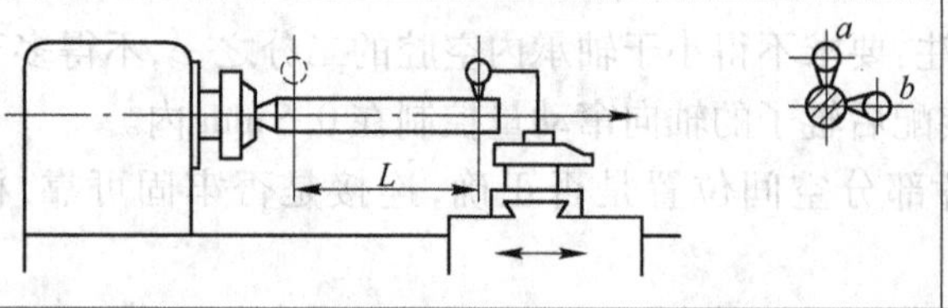	床身上最大工件回转直径为 320 ~ 400 mm、测量长度 L = 300 mm 时，a 为 0.03 mm；b 为 0.015 mm。检验棒伸出的一端，只许向上偏、向前偏
10	主轴定心轴颈的径向跳动	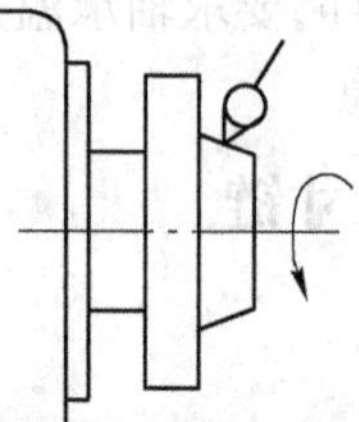	床身上最大工件回转直径不大于 400mm 时，为 0.01 mm
11	溜板移动对尾座顶尖套锥孔中心线的平行度	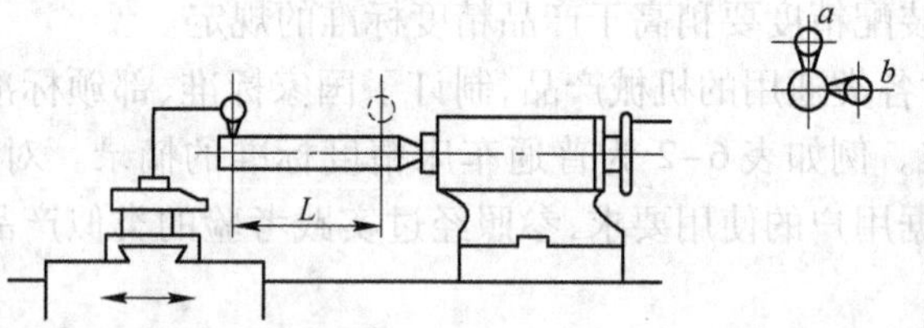	床身上最大工件回转直径为 320 ~ 400 mm、测量长度 L = 300 mm 时，a、b 均为 0.03 mm
13	主轴锥孔中心线和尾座顶尖套锥孔中心线对溜板移动的等高度	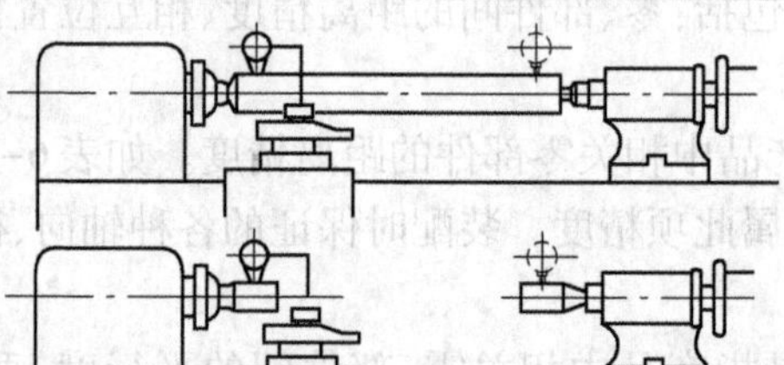	床身上最大工件回转直径不大于 400 mm 时为 0.06 mm，只许尾座高
14	丝杠两轴承中心线和开合螺母中心线对床身导轨的等距离	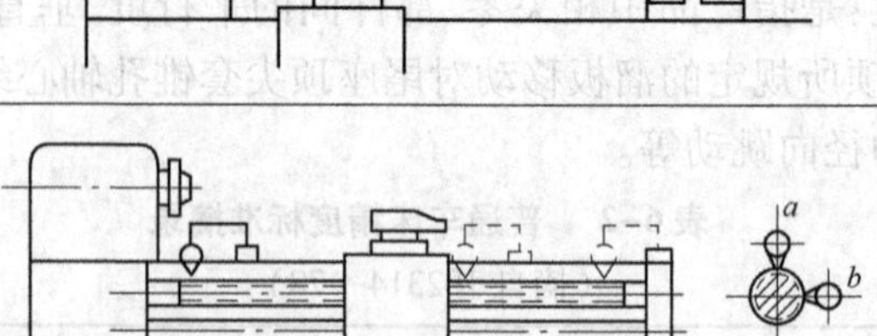	床身上最大工件回转直径不大于 400 mm 时，a 和 b 均为 0.15 mm

（3）相对运动精度：是指产品中有相对运动的零、部件间在运动方向和相对运动速度上的精度。运动方向的精度常表现为部件间相对运动的平行度和垂直度。如表6-2 中第6 项所规定的溜板移动精度及溜板移动相对主轴轴心线的平行度。相对运动速度的精度即传动精度，如滚齿机滚刀主轴与工作台的相对运动精度。

(4) 相互配合精度:是指零件的配合表面间的配合质量和接触质量。配合质量是指两个零件配合表面之间达到规定的配合间隙或过盈的程度,它影响配合的性质。接触质量是指两配合或连接表面间达到规定的接触面积的大小和接触点分布的情况。它影响接触刚度,也影响配合质量的保持时间。

不难看出,各装配精度之间有密切的关系:相互位置精度是相对运动精度的基础,相互配合精度对距离精度和相互位置精度及相对运动精度的实现有一定的影响。

6.3.2 装配精度与零件精度的关系

零件精度是保证装配精度的基础,尤其是关键零件的精度,它直接影响相应的装配精度。例如车床尾座移动对溜板移动导轨的平行度,它主要决定于溜板移动导轨1与尾座导轨2的平行度,如图6-5所示。

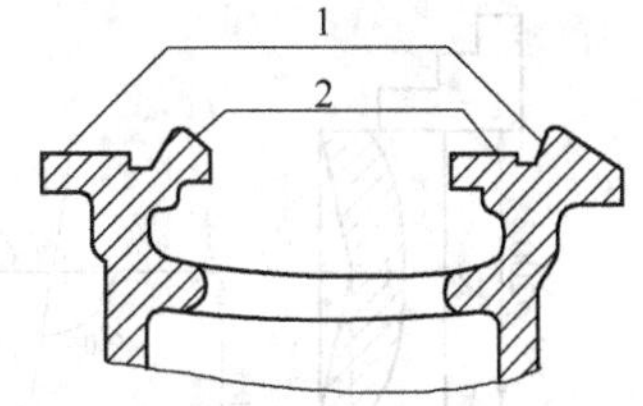

图6-5 床身导轨简图
1—溜板移动导轨;2—尾座移动导轨

一般情况下,装配精度与被装配零、部件的精度有关,例如表6-2中第10项主轴定心轴颈的径向跳动主要取决于滚动轴承内环的径向跳动精度和主轴定心轴颈对于支承轴颈的径向跳动精度,同时也受锁紧螺母精度的影响。这就必须合理地规定和控制这些相关零件的制造精度,使它们装配时产生的累积误差不超过装配精度的要求,从而可简化装配工作,装配过程就成为相关零件的连接过程。

当装配时产生的累积误差超过装配精度要求时,就必须进行必要的检测和调整,有时还需要利用修配等方法来保证装配精度。合理地处理装配精度与零件精度的关系,最好的方法是通过装配尺寸链计算方法来解决。

6.3.3 装配尺寸链

6.3.3.1 装配尺寸链的建立

装配尺寸链是各有关装配尺寸所组成的尺寸链。

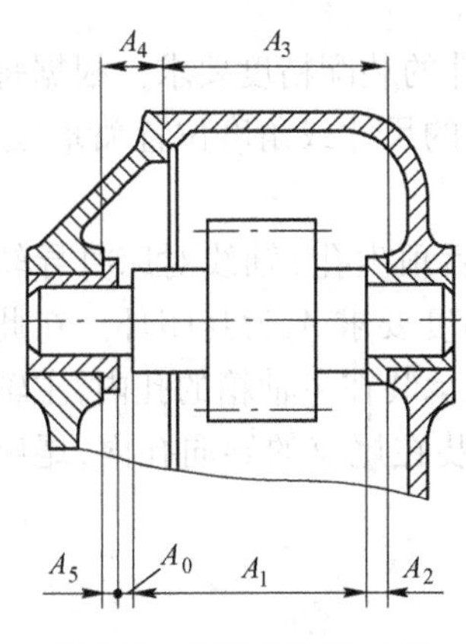

图6-6 直线装配尺寸链

如图6-6所示的装配关系,齿轮轴在装配后要求与轴承套端面之间保证一定的间隙A_0,与此间隙有关零件的尺寸分别为A_1、A_2、A_3、A_4、A_5。于是这组尺寸A_1、A_2、A_3、A_4、A_5、A_0即组成一装配尺寸链,A_0为封闭环,其余为组成环。组成环中A_3、A_4为增环,A_1、A_2、A_5为减环。

装配尺寸链可以按各环的几何特征和所处空间位置不同分为以下四类:

(1) 直线尺寸链。它由长度尺寸组成,且各尺寸彼此平行,如图6-6所示。

(2) 角度尺寸链。它由角度、平行度、垂直度等构成。如车床精车端面的平面度要求:工件直径不大于200 mm时,端面只允许凹0.015 mm。该项要求可简化为图6-7所示的角度尺寸链。其中的α_0为封闭环,即该项装配精度要求$T_2=\dfrac{0.015}{100}$。α_1为主轴回转轴线与床身前棱形导轨在水平面内的平行度,α_2为溜板的上燕尾导轨对床身棱形导轨的垂直度。

(3) 平面尺寸链。由成角度关系布置的长度尺寸构成,且这些长度尺寸处于同一或彼此平行的平面内。

图6-8所示车床溜板箱装配在溜板下面时,应保证溜板箱齿轮 O_2 与溜板横进给齿轮 O_1 间有适当的啮合侧隙,该装配关系构成了平面尺寸链。目前生产中,啮合侧隙 P_0 的大小是在装配时通过调节溜板与溜板箱间的纵向位置(即改变溜板箱上螺孔与溜板上过孔的轴心线间的偏移量 e 的数值)来最后保证的。这样与 P_0 有关的尺寸是:溜板上齿轮 O_1 的坐标尺寸 X_1、Y_1,溜板箱上齿轮 O_2 的坐标尺寸 X_2、Y_2,两齿轮的分度圆半径 P_1、P_2 以及偏移量 e。这些尺寸组成一个平面尺寸链。

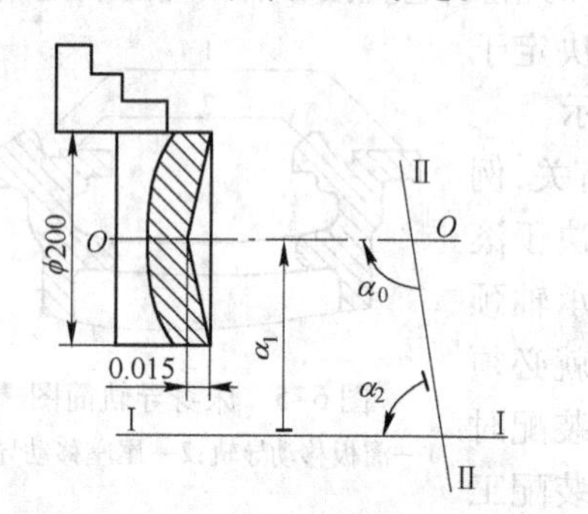

图6-7　角度装配尺寸链

OO—主轴回转轴心线;Ⅰ-Ⅰ—棱形导轨中线;

Ⅱ-Ⅱ—下滑板移动轨迹

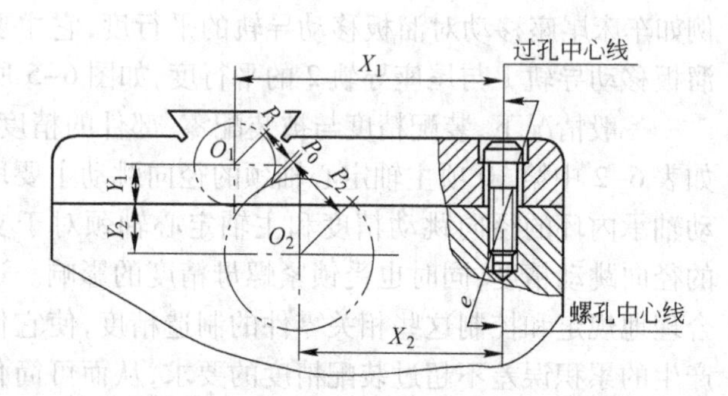

图6-8　平面装配尺寸链

(4) 空间尺寸链。它由位于三坐标空间的尺寸构成。在一般的机器装配关系中较为少见,故不作介绍。

6.3.3.2　装配尺寸链的查找方法

正确地建立装配尺寸链,首先要正确地确定封闭环,然后再查找出有关的组成环,形成封闭外形,构成装配尺寸链,这是解算装配尺寸链的依据。

装配尺寸链的封闭环,是在装配后自然形成的,是产品或部件的装配精度要求。根据每项装配精度要求,找出对此精度要求有直接影响的零件或部件上的尺寸或角度位置关系,这些关系就是装配尺寸链的组成环。

现以查找车床主轴锥孔(前顶尖孔)轴线和尾座套筒锥孔(后顶尖孔)轴线对床身导轨等高度的装配尺寸链的组成为例,如图6-9所示,两者等高的精度要求 A_0 为封闭环。在此方向上的装配关系,一方面是:主轴以其轴颈装在滚动轴承内,轴承装在主轴箱的孔内,主轴箱装在车床床身的平面上;另一方面是:尾座套筒以其外圆柱面装在尾座的导向孔内,尾座以其底面装在尾座底板上,尾座底板装在床身的导轨面上。

根据装配关系可查找出影响等高度的组成环为:

e_1——主轴锥孔对主轴箱孔的同轴度误差;

A_1——主轴箱孔轴线距箱体底平面的距离尺寸;

e_2——床身上安装主轴箱体的平面与安装尾座的导轨面之间的高度差;

A_2——尾座底板上下平面的距离尺寸;

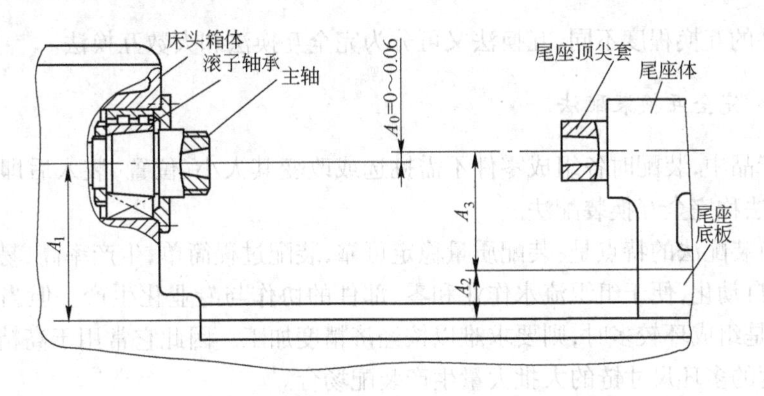

图6-9 影响车床等高度要求的尺寸链联系简图

A_3——尾座孔轴线距尾座底面的距离尺寸；

e_3——尾座套筒与尾座孔配合间隙引起的向下偏移量；

e_4——尾座套筒锥孔与外圆的同轴度误差。

于是得车床前后顶尖孔等高度的装配尺寸链如图6-10(a)所示。对于普通车床的要求而言，由于e_1、e_2、e_3、e_4的数值相对A_1、A_2、A_3误差是较小的，故装配尺寸链可简化成图6-10(b)所示的结果。但在精密装配中，应考虑所有对装配精度有影响的因素，不能随意简化。

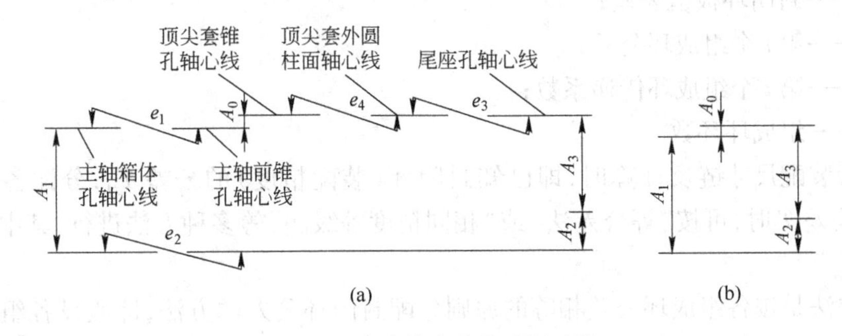

图6-10 车床等高度装配尺寸链

另外，在查明有关组成环时，应遵循装配尺寸链最短路线原则。所谓最短路线即装配尺寸链中所包括的组成环数目最少，且组成环的数目就等于有关零、部件的数目，即一件一环。若不符合该原则，将使装配精度降低或给装配和零件加工增加困难。

6.3.3.3 保证装配精度的方法

根据产品的结构特点和装配精度要求，在不同的生产条件下，应采用不同的装配方法。保证装配精度的方法有互换法、选择法、修配法和调整法。

装配方法与装配尺寸链的解算方法密切相关。同一项装配精度，采用不同的装配方法时，其装配尺寸链的解算方法也不相同。

6.3.4 互换装配法

互换装配法是在装配时各配合零件不经修配、选择或调节即可达到装配精度的方法。这种装配方法的实质，即是用控制零件的加工误差来保证产品的装配精度要求。

根据零件的互换程度不同，互换法又可分为完全互换法和大数互换法。

6.3.4.1　完全互换装配法

在全部产品中，装配时各组成零件不需挑选或改变其大小、位置，装入后即能达到装配精度要求，该法称完全互换装配法。

完全互换装配法的特点是：装配质量稳定可靠，装配过程简单，生产率高，易于实现装配工作机械化、自动化，便于组织流水作业和零、部件的协作与专业化生产。但当装配精度要求较高，尤其是组成环较多时，则要求难以按经济精度加工。因此它常用于高精度的少环尺寸链或低精度的多环尺寸链的大批大量生产装配场合。

采用完全互换装配法时，装配尺寸链采用极值公差公式计算。为保证装配精度要求，尺寸链各组成环公差之和应不大于封闭环公差（即装配精度）：

$$T_{\mathrm{ol}} \geqslant \sum_{i=1}^{m} |\xi_i| T_i \tag{6-1}$$

对于直线尺寸链 $|\xi_i|=1$，有：

$$T_{\mathrm{ol}} \geqslant \sum_{i=1}^{m} T_i = T_1 + T_2 + \cdots + T_m \tag{6-2}$$

式中　T_{ol}——封闭环极值公差；

T_i——第 i 个组成环公差；

ξ_i——第 i 个组成环传递系数；

m——组成环环数。

在进行装配尺寸链反计算时，即已知封闭环（装配精度）的公差 T_{ol}，分配各有关零件（组成环）公差 T_i 时，可按“等公差法”或“相同精度等级法”等多种方法进行，其中常用的是等公差法。

等公差法是按各组成环公差相等的原则分配封闭环公差的方法，即假设各组成环公差相等，求出组成环平均公差 T_{avl}

$$T_{\mathrm{avl}} = \frac{T_{\mathrm{o}}}{\sum_{i=1}^{m} |\xi_i|} \tag{6-3}$$

对于直线尺寸链 $|\xi_i|=1$，有：

$$T_{\mathrm{avl}} = \frac{T_{\mathrm{o}}}{m} \tag{6-4}$$

然后根据各组成环尺寸大小和加工难易程度，将其公差适当调整。但调整后的各组成环公差之和仍不得大于封闭环要求的公差。

在调整时可参照下列原则：

当组成环是标准件尺寸（如轴承环或弹性挡圈的厚度等），其公差大小和分布位置在相应标准中已有规定，为已定值。组成环是几个不同尺寸链的公共环时，其公差值和分布位置应由对其最严的那个尺寸链先行确定，其余尺寸链则也为已定值。

当分配待定的组成环公差时，一般可按经验视各环尺寸加工难易程度加以分配。如尺寸相近、加工方法相同的取其公差值相等，难加工或难测量的组成环，其公差可取较大值等。

在确定各组成环极限偏差时，一般可按“入体原则”确定。即对相当于轴的被包容尺寸，按基轴制(h)决定其下偏差；对相当于孔的包容尺寸，按基孔制(H)决定其上偏差；而对孔中心距尺寸，按对称偏差即 $\pm\dfrac{T_i}{2}$ 选取。

必须指出，如有可能，应使组成环尺寸的公差值和分布位置符合国家标准《公差与配合》的规定，这样可给生产组织工作带来一定的好处。例如，可以利用标准极限量规(卡规、塞规等)来测量尺寸。

显然，当各组成环都按上述原则确定其公差值和分布位置时，往往不能恰好满足封闭环的要求。因此就需要选取一个组成环，其公差值和分布位置要经过计算确定，以便与其他组成环相协调，最后满足封闭环的公差值和公差位置的要求。该组成环俗称为协调环。协调环只应根据具体情况加以确定，一般选用便于制造和可用通用量具测量的零件尺寸。

解算完全互换法装配尺寸链的基本公式与项目1工艺尺寸链的计算公式相同，这里不再介绍。

【例6-1】 如图6-11(a)所示装配关系，轴是固定的，齿轮在轴上回转，要求保证齿与挡圈之间的轴向间隙为0.10～0.35 mm。已知：L_1 = 30 mm、L_2 = 5 mm、L_3 = 43 mm、$L_4 = 3_{-0.05}^{\ 0}$ mm(标准件)、L_5 = 5 mm，现采用完全互换法装配，试确定各组成环公差和极限偏差。

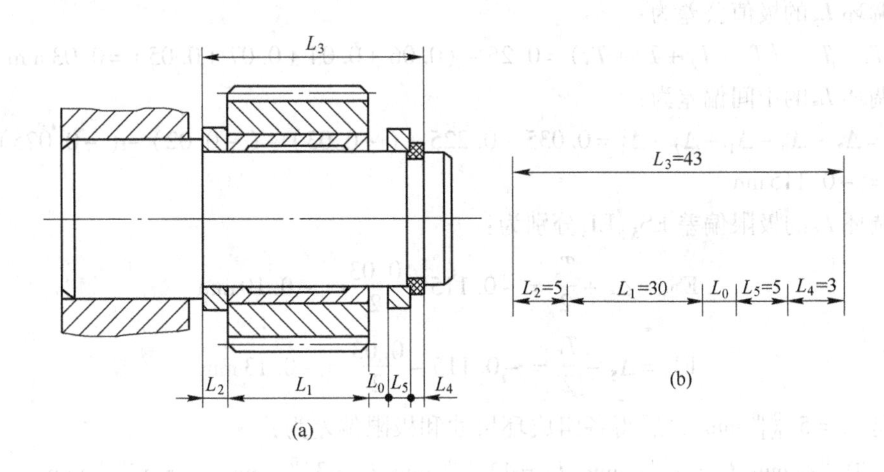

图6-11 齿轮与轴的装配关系

解：(1) 画出装配尺寸链图，校验各环基本尺寸。按题意，轴向间隙为0.10～0.35 mm。则封闭环 $L_0 = 0_{+0.10}^{+0.35}$ mm，封闭环公差 L_0 = 0.25 mm。本尺寸链共有5个组成环，其中 L_3 为增环，其传递系数 $\xi_3 = +1$，L_1、L_2、L_4、L_5 都是减环，相应传递系数 $\xi_1 = \xi_2 = \xi_4 = \xi_5 = -1$，装配尺寸链如图6-11(b)所示。

封闭环基本尺寸为：

$$A_0 = \sum_{i=1}^{m} \xi_i l_i = L_3 - (L_1 + L_2 + L_4 + L_5)$$

$$= 43 - (30 + 5 + 3 + 5) = 0\,\text{mm}$$

由计算可知，各组成环基本尺寸的已定，数值无误。

(2) 确定各组成环和极限偏差。先确定各组成环平均极值公差：

$$T_{avl} = \frac{T_0}{\sum_{i=1}^{m} |\xi_i|} = \frac{T_0}{m} = \frac{0.25}{5} = 0.05\text{ mm}$$

根据各组成环基本尺寸大小与零件加工难易程度，以平均极值公差为基础，确定各组成环的极值公差。

L_5为一垫片，易于加工，且其尺寸可用通用量具测量，故选它为协调环。L_4为标准件。其公差和极限偏差为已定值，即 $L_4 = 3_{-0.05}^{\ 0}$ mm，$T_4 = 0.05$ mm，其余取 $T_1 = 0.06$ mm，$T_2 = 0.04$ mm，$T_3 = 0.07$ mm，各组成环公差等级约为 IT9。

L_1、L_2为外尺寸，按基轴制(h)确定：$L_1 = 30_{-0.06}^{\ 0}$ mm，$L_2 = 5_{-0.04}^{\ 0}$ mm。L_3为内尺寸，按基孔制(H)确定：$L_3 = 43_{\ 0}^{+0.07}$ mm。

封闭环的中间偏差为：

$$\Delta_0 = \frac{ES_0 + EI_0}{2} = \frac{0.35 + 0.10}{2} = 0.225\text{ mm}$$

各组成环的中间偏差为 $\Delta_1 = -0.03$ mm，$\Delta_2 = -0.02$ mm，$\Delta_3 = 0.035$ mm，$\Delta_4 = -0.025$ mm。

(3) 计算协调环极值公差和极限偏差。

协调环 L_5的极值公差为：

$$T_5 = T_0 - (T_1 + T_2 + T_3 + T_4) = 0.25 - (0.06 + 0.04 + 0.07 + 0.05) = 0.03\text{ mm}$$

协调环 L_5的中间偏差为：

$$\begin{aligned}\Delta_5 &= \Delta_3 - \Delta_0 - \Delta_1 - \Delta_2 - \Delta_4 = 0.035 - 0.225 - (-0.03) - (-0.02) - (-0.025) \\ &= -0.115\text{ mm}\end{aligned}$$

协调环 L_5的极限偏差 ES_5、EI_5分别为：

$$ES_5 = \Delta_5 + \frac{T_5}{2} = -0.115 + \frac{0.03}{2} = -0.10\text{ mm}$$

$$EI_5 = \Delta_5 - \frac{T_5}{2} = -0.115 - \frac{0.03}{2} = -0.13\text{ mm}$$

于是 $L_5 = 5_{-0.13}^{-0.10}$ mm，最后得各组成环尺寸和极限偏差为：

$L_1 = 30_{-0.06}^{\ 0}$ mm，$L_2 = 5_{-0.04}^{\ 0}$ mm，$L_3 = 43_{\ 0}^{+0.07}$ mm，$L_4 = 3_{-0.05}^{\ 0}$ mm，$L_5 = 5_{-0.13}^{-0.10}$ mm

6.3.4.2　大数互换装配法

在绝大多数产品中，装配时各组成零件不需挑选或改变其大小或位置装入后即能达到装配精度要求，该法称大数互换装配法。

大数互换装配法的装配特点与完全互换装配法相同，由于零件所规定的公差要比完全互换法所规定的大，有利于零件的经济加工，装配过程与完全互换法一样简单、方便，结果使绝大多数产品能保证装配精度要求。对于极少量不合格予以报废或采取措施进行修复。大数互换法是以概率论为理论根据的。在正常生产条件下，零件加工尺寸获得极限尺寸的可能性是较小的，而在装配时，各零、部件的误差同时为极大、极小的组合，其可能性就更小。因此，在尺寸链环数较多，封闭环精度又要求较高时，就不应该用极值法，而使用概率法计算。

大数互换装配法应用于大批大量生产时,组成环数较多而装配精度要求又较高的装配场合。

采用大数互换装配法时,装配尺寸链采用统计公差公式计算,现说明如下。

在直线尺寸链中,各组成环是相互独立的随机变量,因此作为组成环合成量的封闭环的数值也是一个随机变量。由概率论知,各独立随机变量(装配尺寸链的组成环)的均方根偏差 σ_i,与这些随机变量之和(尺寸链的封闭环)的均方根偏差 σ_0 的关系为:

$$\sigma_0 = \sqrt{\sum_{i=1}^{m} \sigma_i^2}$$

当尺寸链各组成环均为正态分布时,其封闭环也属于正态分布。此时,各组成环的尺寸误差分散范围 ω_i 与其均方根偏差 σ_i 的关系为

$$\omega_i = 6\sigma_i$$

即

$$\sigma_i = \frac{1}{6}\omega_i$$

当误差分散范围等于公差值,即当 $\omega_i = T_i$ 时:

$$T_0 = \sqrt{\sum_{i=1}^{m} T_i^2} \tag{6-5}$$

当各组成环的尺寸分布为非正态分布时,需引入一个相对分布系数 K_i,因此封闭环的统计公差 T_{os} 与各组成环公差 T_i 的关系为:

$$T_{os} = \frac{1}{K_0}\sqrt{\sum_{i=1}^{m} K_i^2 T_i^2} \tag{6-6}$$

式中　K_0——封闭环的相对分布系数;

　　　K_i——第 i 个组成环的相对分布系数。

如取各组成环公差相等,则组成环平均统计公差为:

$$T_{avs} = \frac{K_0 T_0}{\sqrt{\sum_{i=1}^{m} K_i^2}} \tag{6-7}$$

大数互换法以一定置信水平为依据。通常,封闭环趋近正态分布,取置信水平 $P = 99.73\%$,装配不合格品率为 0.27%,这时相对分布系数 $K_0 = 1$。在某些生产条件下,要求适当放大组成环公差时,可取较低的 P 值。P 与 K_0 相应数值可查表6-3。

表6-3　置信水平 P 与相对分布系数 K_0

$P/\%$	99.73	99.5	99	98	95	90
K_0	1	1.06	1.16	1.29	1.52	1.82

组成环尺寸为不同分布形式时,对应不同的相对分布系数 K 值,可查表6-4。

表6-4　不同分布的分布系数 K

分布类型	均匀分布	三角形分布	平顶分布	双峰分布	三峰分布	正态分布
K	1.732	1.22	1.2～1.5	0.96～1.15	1～1.07	1.0

当各组成环在其公差带内呈正态分布时,封闭环必按正态分布,此时 $K_0 = K_i = 1$,则封闭环二次方公差为:

$$T_{0Q} = \sqrt{\sum_{i=1}^{m} T_i^2} \tag{6-8}$$

各组成环平均公差为:

$$T_{avQ} = \frac{T_0}{\sqrt{m}} \tag{6-9}$$

为了便于比较,仍以图 6-11(a)所示装配关系为例加以说明。

【例 6-2】 齿轮轴向间隙装配尺寸链,装配后齿轮与挡圈间的轴向间隙为 0.10 ~ 0.35 mm。已知:$L_1 = 30$ mm、$L_2 = 5$ mm、$L_3 = 43$ mm、$L_4 = 30_{-0.05}^{\ 0}$ mm(标准件)、$L_5 = 5$ mm,现采用大数互换法装配,试确定各组成环公差和极限偏差。

解:(1) 画装配尺寸链图、校验各组成环基本尺寸,与例 6-1 过程相同。

(2) 确定各组成环平均二次方公差。首先确定置信水平 P 和封闭环相对公布系数 K_0,然后按统计资料确定组成环的相对分布系数 K_i。

当置信水平取 $P = 99.73\%$,$K_0 = 1$ 组成环为正态分布,$K_i = 1$ 时,则各组成环平均二次方公差为:

$$T_{avQ} = \frac{T_0}{\sqrt{m}} = \frac{0.25}{\sqrt{5}} \approx 0.11 \text{ mm}$$

当置信水平取 $P = 95.44\%$,$K_0 = 1.5$,组成环为正态分布,$K_i = 1$ 时,则各组成环平均统计公差为:

$$T_{avs} = \frac{K_0 T_0}{\sqrt{m}} = \frac{1.5 \times 0.25}{\sqrt{5}} \approx 0.16 \text{ mm}$$

从上数据看出,由于组成环公差增大,降低了置信水平,从而增加了废品率,因此应根据技术经济效果,慎重确定置信水平,故一般取废品率不大于 0.27%,即 $P = 99.73\%$ 时计算。

(3) 确定各组成环公差和极限偏差。L_3为一轴类零件,与其他组成环相比较难加工,现选择较难加工零件 L_3为协调环,然后根据各组成环基本尺寸和零件加工难易程度,以平均二次方公差为基础,从严选取各组成环公差:$T_1 = 0.14$ mm、$T_2 = T_5 = 0.08$ mm,其公差等级约为 IT10,$L_3 = 3_{-0.05}^{\ 0}$ mm(标准件),$T_4 = 0.05$ mm;L_1、L_2、L_5皆为外尺寸,其极限偏差按基轴制(h)确定,即 $L_3 = 30_{-0.14}^{\ 0}$ mm、$L_2 = 5_{-0.08}^{\ 0}$ mm、$L_5 = 5_{-0.08}^{\ 0}$ mm。

各环的中间偏差分别为:

$\Delta_0 = 0.225$ mm,$\Delta_1 = -0.07$ mm,$\Delta_2 = -0.04$ mm,$\Delta_4 = -0.025$ mm,$\Delta_5 = -0.04$ mm。

(4) 计算协调环公差和极限偏差。

$$\begin{aligned} T_3 &= \sqrt{T_0^2 - (T_1^2 + T_2^2 + T_4^2 + T_5^2)} \\ &= \sqrt{0.25^2 - (0.14^2 + 0.08^2 + 0.05^2 + 0.08^2)} \\ &= 0.16 \text{ mm(只舍不进)} \end{aligned}$$

协调环 L_3 的中间偏差为:

$$\Delta_0 = \sum_{i=1}^{m} \xi_i \Delta_i$$

$$\Delta_0 = \Delta_3 - (\Delta_1 + \Delta_2 + \Delta_4 + \Delta_5)$$

$$\Delta_3 = \Delta_0 + (\Delta_1 + \Delta_2 + \Delta_4 + \Delta_5)$$

$$
\begin{aligned}
&= 0.225 + (-0.07 - 0.04 - 0.025 - 0.04) \\
&= 0.05\,\text{mm}
\end{aligned}
$$

协调环 L_3 的上、下偏差为：

$$\text{ES}_3 = \Delta_3 + \frac{T_3}{2} = 0.05 + \frac{0.16}{2} = 0.13\,\text{mm}$$

$$\text{ES}_3 = \Delta_3 - \frac{T_3}{2} = 0.05 - \frac{0.16}{2} = -0.03\,\text{mm}$$

所以 $L_3 = 43^{+0.13}_{-0.03}$ mm。

最后可得各组成环分别为：

$L_1 = 30^{\ 0}_{-0.14}$ mm，$L_2 = 5^{\ 0}_{-0.08}$ mm，$L_3 = 43^{+0.13}_{-0.03}$ mm，$L_4 = 3^{\ 0}_{-0.05}$ mm，$L_5 = 5^{\ 0}_{-0.08}$ mm

例6-1与例6-2的计算结果表明，采用大数互换法装配时，其组成环平均公差将扩大 $\sqrt{m}$ 倍，即 $\frac{T_{\text{avQ}}}{T_{\text{avl}}} = \frac{0.11}{0.05} \approx \sqrt{5}$。各零件加工精度由IT9下降为IT10，加工成本将有所下降，而装配后会出现不合格率仅为0.27%。

6.3.5 选择装配法

选择装配法是将尺寸链中组成环的公差放大到经济可行的程度，然后选择合适的零件进行装配，以保证装配精度要求的方法。它可分为直接选择装配法、分组装配法和复合选择法等三种形式。

6.3.5.1 直接选择装配法

直接选择装配法是由装配工人凭经验，直接挑选合适零件进行装配。其优点是能达到很高的装配精度，缺点是装配精度依赖于装配工人的技术水平和经验、装配的时间不易控制，因此不宜用于生产节拍要求较严的大批大量流水作业中。

6.3.5.2 分组装配法

分组装配法是在成批或大量生产中，将产品各配合副的零件按实测尺寸分组，装配时按组进行互换装配以达到装配精度的方法。现以活塞销和活塞销孔的装配为例，说明分组装配法的原理和装配过程。

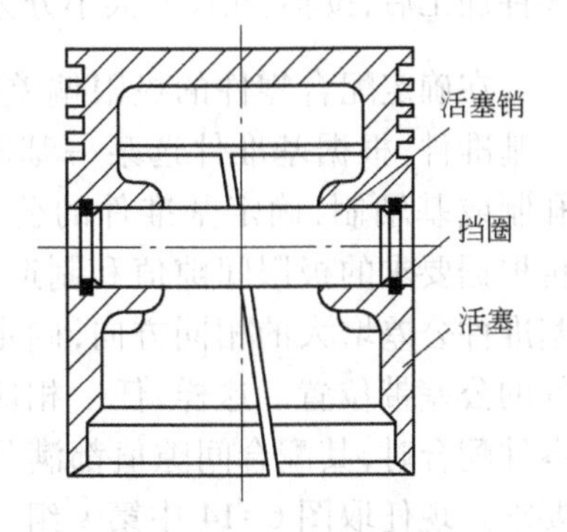

图6-12 活塞与活塞销组件图

图6-12表示活塞销与活塞的装配关系。按装配技术要求，活塞销直径 d 与活塞销孔径 D 的基本尺寸为 $\phi28$ mm，在冷态装配时应有0.0025～0.0075 mm的过盈量。即

$$Y_{\min} = d_{\min} - D_{\max} = 0.0025\,\text{mm}$$
$$Y_{\max} = d_{\max} - D_{\min} = 0.075\,\text{mm}$$

封闭环的公差为：

$$
\begin{aligned}
T_0 &= Y_{\max} - Y_{\min} \\
&= 0.0075 - 0.0025 = 0.0050\,\text{mm}
\end{aligned}
$$

若采用完全互换法装配，则销与销孔的平均公差为 0.0025 mm。如按此公差制造，既困难又不经济。在实际生产中，是将活塞销和活塞销孔的制造公差均放大至 0.01 mm（放大 4 倍），即 $d=\phi28_{-0.01}^{\ 0}$ mm，相应地可求得销孔直径为 $D=\phi28_{-0.015}^{-0.005}$ mm。

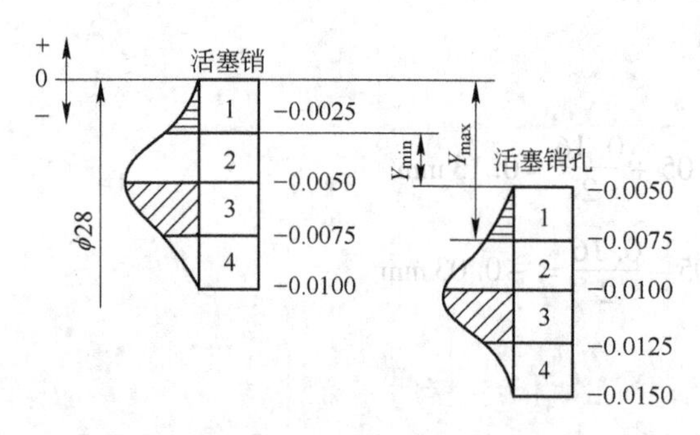

图 6-13　活塞销与活塞销孔分组公差带位置图

这样，活塞销外圆可用无心磨床加工，活塞销孔可在金刚镗床上精细镗孔，然后用精密量仪测量其实际尺寸，并按尺寸大小分成四组，分别涂上不同颜色（或打上不同号码）加以区别，以便进行分组装配，如图 6-13 所示，具体分组情况见表 6-5。

表 6-5　活塞销和活塞销孔的分组直径

组　别	标志颜色	活塞销直径 $d=\phi28_{-0.01}^{\ 0}$	活塞销孔直径 $D=\phi28_{-0.015}^{-0.005}$	配合情况	
				最小过盈	最大过盈
Ⅰ	浅蓝	28.0000～27.9975	27.9950～27.9925	0.0025	0.0075
Ⅱ	红	27.9975～27.9950	27.9925～27.9900		
Ⅲ	白	27.9950～27.9925	27.9900～27.9875		
Ⅳ	黄	27.9925～27.9900	27.9875～27.9850		

由表 6-5 可见，各组的配合性质和配合精度与原装配精度要求相同。

采用分组装配时应注意以下几点：

（1）为保证分组后，各组的配合性质和配合精度与原装配精度要求相同，配合件的公差范围应相等，其公差增大的方向要相同，增大的倍数应等于以后的分组数，如图 6-13 所示。

现以任意的轴、孔间隙配合为例说明。设轴、孔的公差分别为 T_d、T_D，且 $T_d=T_D=T$，如果为间隙配合时，其最大间隙为 X_{max}，最小间隙为 X_{min}。

现采用分组装配法，把轴、孔的公差分别放大 n 倍，则轴、孔的公差为 $T'_d=T'_n=nT=T'$。零件加工后，按轴、孔尺寸大小分为 n 组，则每组内轴、孔的公差为 $\frac{T'}{n}=\frac{nT}{n}=T$。

在确定配合零件的极限偏差时，先确定一基准件，根据基准件选某一基准制——基孔制或基轴制，确定基准件的公差带位置。再根据要求的极限间隙值和制造公差值，与基准件公差增大的相同方向，确定出相配零件的公差带位置。这样，任一相应组的一对零件配合时，其配合间隙值都满足装配精度要求。现任取图 6-14 中第 k 组零件配合间隙值为：

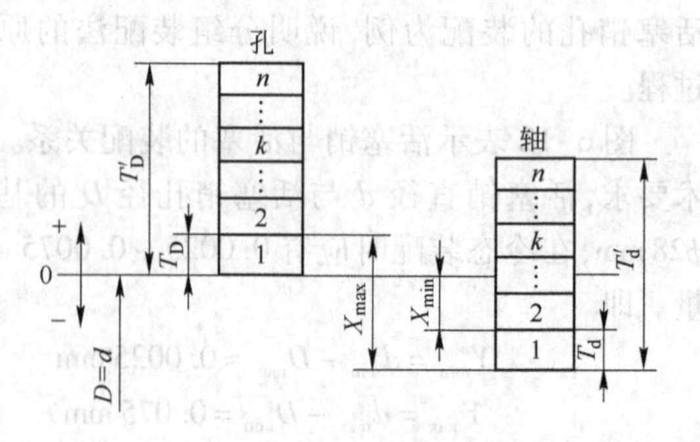

图 6-14　轴孔分组装配图

$$X_{kmin}=X_{1min}+(k-1)T_D-(k-1)T_d$$

$$X_{kmax}=X_{1max}+(k-1)T_D-(k-1)T_d$$

因为 $T_d = T_D$，则：

$$X_{kmin} = X_{1min} = X_{min} \tag{6-10}$$

$$X_{kmax} = X_{1max} = X_{max} \tag{6-11}$$

由此可见，在配合件公差相等、公差同向扩大倍数等于分组数时，可保证任意组内配合性质与精度不变。若配合件公差不相等时，则配合性质就会改变，如 $T_D > T_d$ 则配合间隙随之增大。

(2) 配合件的形状精度和相互位置精度及表面粗糙度，不能随尺寸公差放大而放大，应与分组公差相适应，否则，不能保证配合性质和配合精度要求。

(3) 分组数不宜过多，否则就会因零件测量、分类、保管工作量的增加造成生产组织工作复杂化。

(4) 制造零件时，应尽可能使各对应组零件的数量相等，满足配套要求，否则会出现某些尺寸零件的积压造成浪费现象。

6.3.5.3 复合选配法

复合选配法是分组装配法与直接选择法的复合，即零件加工后预先测量分组，装配时再在各对应组内由工人进行直接选配。

这种装配法的特点是配合件公差可以不等，装配速度较快，能满足一定的生产节拍要求。如发动机气缸与活塞的装配多采用这种方法。

6.3.6 修配装配法

修配装配法是在装配时修去制定零件的修配量以达到装配精度的方法，简称修配法。

采用修配法时，尺寸链中各尺寸均按在该条件下加工经济精度制造。在装配时，累积在封闭环上的总误差必然超出其公差。为了达到规定的装配精度，必须把尺寸链中指定零件加以修配，才能予以补偿。要进行修配的组成环俗称修配环，它是属于补偿环的一种，也称为补偿环。

修配法适用于单件或成批生产中装配那些精度要求高、组成环数目较多的部件。

采用修配法装配时，首先应正确选定补偿环。补偿环一般应满足以下要求：

(1) 易于修配并且装卸方便为补偿环。

(2) 不应为公共环。即只与一项装配精度有关，而与其他装配精度无关。否则修配后，保证了一个尺寸链的装配精度，但却破坏了另一个尺寸链的装配精度。

(3) 不应选要求进行表面处理的零件，以免破坏表面处理层。

当补偿环选定后，解装配尺寸链的主要问题是如何确定补偿环的尺寸和验算补偿量(即修配量)是否合适的问题。其计算方法一般采用极值法解算。

在修配过程中，补偿环可以是减环，也可以是增环。被修配后对封闭环尺寸变化的影响有两种情况：一是使封闭环尺寸变大；二是使封闭环尺寸变小。因此，用修配法解装配尺寸链时，可分别根据这两种情况来进行计算。

6.3.6.1 补偿环被修配时封闭环尺寸变小

现以本章图6-9所示普通车床装配为例加以说明。

【例 6-3】　在装配时，要求尾架中心线比主轴中心线高 0.03 ~ 0.06 mm，已知：A_1 = 160 mm，A_2 = 30 mm，A_3 = 130 mm，现采用修配法装配时，试确定各组成环公差及其分布。

解：(1) 画装配尺寸链图，校验各环基本尺寸。按题意确定封闭环 $A_0 = 0^{+0.06}_{+0.03}$ mm、T_0 = 0.03 mm，$\Delta_0 = +0.045$ mm。

查找有关尺寸建立尺寸链，如图 6-10(b)所示。其中 A_1 为减环，$\xi_1 = -1$；A_2、A_3 为增环，$\xi_2 = \xi_3 = +1$。

校核封闭环基本尺寸：

$$A_0 = \sum_{i=1}^{m} \xi_i A_i = (A_2 + A_3) - A_1 = (30 + 130) - 160 = 0\ \text{mm}$$

按完全互换法的极值公式计算各组成环平均公差：

$$T_{\text{avl}} = \frac{T_0}{m} = \frac{0.03}{3} = 0.01\ \text{mm}$$

显然，各组成环公差太小，零件加工困难。所以在生产中常按经济加工精度规定各组成环的公差，而在装配时采用修配法。

(2) 选择补偿环。组成环 A_2(增环)为尾座底板，其加工表面形状简单，而且面积不大，装卸方便，便于修配(如刮、磨)，故选定 A_2 为补偿环。

(3) 按加工经济精度确定各组成环的公差及其偏差。A_1、A_3 可采用镗模镗削加工，故取 $T_1 = T_3 = 0.10$ mm，A_2 底板因要修配，故按半精刨加工，取 $T_2 = 0.15$ mm。

A_1 和 A_3 都是表示孔位置的尺寸，故公差常选为对称分布，即

$$A_1 = 160 \pm 0.05\ \text{mm} \qquad \Delta_1 = 0\ \text{mm}$$

$$A_3 = 130 \pm 0.05\ \text{mm} \qquad \Delta_3 = 0\ \text{mm}$$

(4) 计算封闭环极值公差。

$$T_{0\text{L}} = \sum_{i=1}^{m} |\xi_i| T_i = T_1 + T_2 + T_3 = 0.1 + 0.15 + 0.1 = 0.35\ \text{mm}$$

(5) 计算补偿环 A_2 的补偿量 F。

$$F = T_{0\text{L}} - T_0 = 0.35 - 0.03 = 0.32\ \text{mm}$$

(6) 计算补偿环 A_2 的极限偏差。

补偿环 A_2 的中间偏差为：

$$\Delta_0 = \sum_{i=1}^{m} \xi_i \Delta_i = (\Delta_2 + \Delta_3) - \Delta_1$$

$$\Delta_2 = \Delta_0 + \Delta_1 - \Delta_3 = 0.045 + 0 - 0 = 0.045\ \text{mm}$$

补偿环 A_2 的极限偏差为：

$$\text{ES}_2 = \Delta_2 + \frac{T_2}{2} = 0.045 + \frac{0.15}{2} = 0.120\ \text{mm}$$

$$\text{ES}_2 = \Delta_2 - \frac{T_2}{2} = 0.045 - \frac{0.15}{2} = -0.030\ \text{mm}$$

所以补偿环 A_2 的尺寸初定为 $A_2' = 30^{+0.12}_{-0.30}$ mm。

验算封闭环极限偏差：

$$\text{ES}_0' = \Delta_0 + \frac{1}{2} T_{0\text{L}} = 0.045 + \frac{1}{2} \times 0.35 = +0.220\ \text{mm}$$

$$EI_0' = \Delta_0 - \frac{1}{2}T_{0L} = 0.045 - \frac{1}{2} \times 0.35 = -0.130\,\text{mm}$$

由装配要求 $ES_0 = 0.06\,\text{mm}$、$EI_0 = 0.03\,\text{mm}$ 与 ES_0'和 EI_0'比较，$ES_0' > ES_0$。当补偿环 A_2（增环）被修配后，底板尺寸减小，尾座中心线降低，即封闭环尺寸变小，这时有修配量为 $ES_0' - ES_0 = 0.220 - 0.06 = 0.16\,\text{mm}$。$EI_0' < EI_0$。当补偿环 A_2（增环）被修配时，则没有修配量，按修配量足够且最小的原则，必须把初定的 A_2' 尺寸增加 $|EI_0' - EI_0| = |-0.13 - 0.03| = 0.16\,\text{mm}$，为 $A_2'' = (A_2' + 0.16)^{+0.12}_{-0.03} = 30.16^{+0.12}_{-0.03} = 30^{+0.28}_{+0.13}\,\text{mm}$ 才能满足 $EI_0'' = EI_0' = EI_0 = +0.03\,\text{mm}$（即 $A_{0\min}'' = A_{0\min}' = A_{0\min}$），见图6-15。

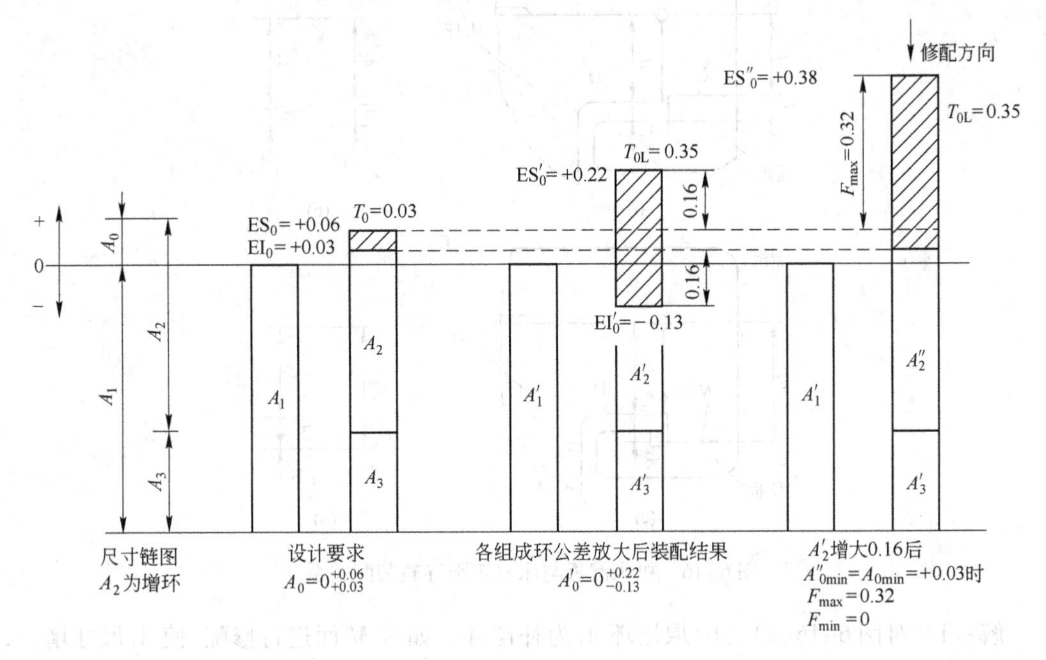

图6-15 保证车床床头尾座等高度时修配环及修配量的确定（修配环为增环）

（7）验算修配量是否合适。修配量为：

$$F = T_{0L} - T_0 = +0.32\,\text{mm}$$

也可根据补偿环增大尺寸后的数值 A_2''来计算封闭环 A_0''，再比较后得出：

$$ES_0'' = ES_0' + 0.16 = 0.22 + 0.16 = +0.38\,\text{mm}$$

$$EI_0'' = EI_0' + 0.16 = -0.13 + 0.16 = +0.03\,\text{mm}$$

$$F_{\max} = ES_0'' - ES_0 = 0.38 - 0.06 = 0.32\,\text{mm}$$

$$F_{\min} = EI_0'' - EI_0 = 0.03 - 0.03 = 0\,\text{mm}$$

因补偿环 A_2的底面有平面度（或有较小的表面粗糙度）要求及表面有存油要求，需保证有最小修配量 $F_{\min} = 0.05 \sim 0.15\,\text{mm}$。现取 $F_{\min} = 0.1\,\text{mm}$，因此必须再把 A_2''的尺寸加大 $0.1\,\text{mm}$，即这时 $A_2'' = (A_2' + 0.1)^{+0.28}_{+0.13} = 30^{+0.38}_{+0.23}\,\text{mm}$。于是 $F_{\max}' = F_{\max} + 0.1 = 0.32 + 0.1 = 0.42\,\text{mm}$。

由上例可见，补偿环为增环时，为保证装配时能够在现场加工所需的足够修配量，若 $ES_0' > ES_0$且能保证有 $F_{\min}$时，则补偿环的基本尺寸不必改动，否则将按上例计算后确定。

6.3.6.2　对补偿环不同表面进行修配，修配环尺寸变大或变小的情况

【例 6-4】　图 6-16（a）、（c）所示为机床导轨配合的装配关系，要求配合间隙为 0 ~ 0.06mm，若选定压板为补偿环，通过修配来保证装配精度的要求。试分析对压板不同表面进行修配时，如何确定补偿环的尺寸；且当为了保证配合表面质量有 $F_{\min}$ 时，补偿环的尺寸和极限偏差为多少？

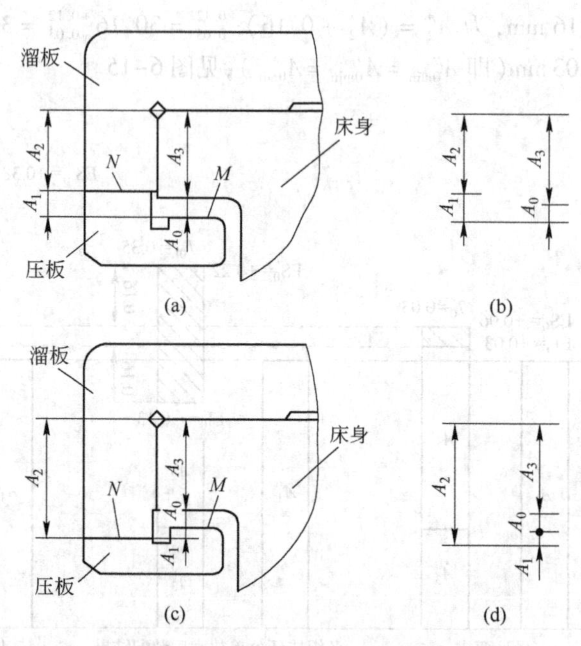

图 6-16　机床溜板与床身矩形导轨装配关系

解：(1) 对图 6-16（a）、（b）取增环 A_1 为补偿环。如对 M 面进行修配，使 A_1 尺寸增大，A_0 随着增大，则必须保证 $ES_0'' = ES_0$，确定 A_1'' 尺寸。

又如对 N 面进行修配，使 A_1 尺寸减小，A_0 随着减小，则必须保证 $EI_0'' = EI_0$，确定 A_1'' 尺寸。

(2) 对图 6-15（c）、（d）取减环 A_1 为补偿环。如对 M 面进行修配，使 A_1 尺寸减小，A_0 反而增大，则必须保证 $ES_0'' = ES_0$，确定 A_1'' 尺寸。

如对 N 面进行修配，使 A_1 尺寸增大，A_0 反而减小，则必须保证 $EI_0'' = EI_0$，确定 A_1'' 尺寸。

(3) 一般同时对 M、N 两个面进行修配的情况较少，故不进行讨论。

从上述补偿环是增环或减环，对其修配的 M 面或 N 面的几种情况，其结果是使封闭环尺寸增大或减小，因而计算补偿环尺寸时，用封闭环的极限偏差公式计算：

$$EI_0 = \sum_{i=1}^{l} EI_i - \sum_{i=l+1}^{m} ES_i \tag{6-12}$$

$$ES_0 = \sum_{i=1}^{l} ES_i - \sum_{i=l+1}^{m} EI_i \tag{6-13}$$

式中　l——增环环数；

m——组成环环数。

计算补偿环 A_1 的极限偏差。当封闭环尺寸增大时，则保证 $ES_0'' = ES_0$，应用式（6-13）计

算出补偿环的极限偏差后，再根据补偿环的制造公差，确定另一个极限偏差。当封闭环尺寸减小时，则保证 $EI_0''=EI_0$，应用式(6-12)计算出补偿环的极限偏差后，再根据补偿环的制造公差，确定另一个极限偏差。

校核修配量是否合适修配量可按式(6-14)计算。

$$F=T_{0L}+T_0 \tag{6-14}$$

当封闭环减小时修配量也可按式(6-15)计算。

$$F_{max}=ES_0''+ES_0, F_{min}=0 \tag{6-15}$$

又当封闭环增大时，有

$$F_{max}=-EI_0''+EI_0, F_{min}=0 \tag{6-16}$$

若补偿环修配面有配合质量要求时，$F_{min}=0.05\sim0.15\,mm$，A_1''按式(6-17)计算。

$$A_1''=A_1''\pm F_{min} \tag{6-17}$$

式中，"+"当补偿环 A_1' 修配尺寸时，尺寸变小时采用；"-"当补偿环 A_1' 修配尺寸时，尺寸变大时采用。

【例6-5】 图6-16(a)所示为机床导轨配合的装配关系，要求配合间隙为0~0.06 mm，已知 $A_2=20^{+0.25}_{0}$ mm，$A_3=30^{0}_{-0.15}$ mm，$A_1=10\,mm$，$T_1=0.1\,mm$，若选定压板 A_1 为补偿环，修配 M 面时，求 A_1'' 的尺寸及极限偏差。如 $F_{min}=0.1\,mm$ 时，A_1'' 的尺寸和极限偏差为多少？

解：(1) 画装配尺寸链图，校验各环基本尺寸。按题意确定封闭环 $A_0=0^{+0.06}_{0}$ mm，$T_0=0.06\,mm$，$\Delta_0=+0.03\,mm$。查找有关尺寸建立尺寸链，如图6-16(b)所示，A_1、A_2 为增环，$\xi_1=\xi_2=+1$；A_3 为减环，$\xi_3=-1$。

校核封闭环基本尺寸：

$$A_0=\sum_{i=1}^{m}\xi_iA_i=(A_1+A_2)-A_3=(10+20)-30=0\,mm$$

(2) 选择补偿环。选定压板 A_1 为补偿环。

(3) 计算封闭环的极值公差：

$$T_{0L}=\sum_{i=1}^{m}|\xi_i|T_i=T_1+T_2+T_3=0.1+0.25+0.15=0.50\,mm$$

(4) 计算补偿环 A_1 的补偿量 F。

$$F=T_{0L}-T_0=0.50-0.06=0.44\,mm$$

(5) 计算补偿环 A_1 的极限偏差。当修配 M 面时，补偿环 A_1 增大，A_0 随着增大，因此必须保证 $ES_0'=ES_0$。已知 $ES_0=0.06$ 则 $ES_0''=0.06$，按式(6-13)计算。

$$ES_0=ES_1''+ES_2'-EI_3'$$

$$0.06=ES_1''+0.25-(-0.15)$$

得

$$ES_1''=-0.34\,mm$$

由于 $T_1=0.1\,mm$，则 $EI_1''=-0.44\,mm$，所以 $A_1''=10^{-0.34}_{-0.44}$ mm，这时 $F_{min}=0\,mm$。

(6) 在 $F_{min}=0.1mm$ 时，补偿环 A_1'' 的尺寸和极限偏差按式(6-17)计算。因补偿环 A_1' 修配后尺寸变大，故取"-"号。

$$A_1''=A_1''-F_{min}=10^{-0.34}_{-0.44}-0.10=10^{-0.44}_{-0.54}\,mm$$

(7) 校核最大修配量。按式(6-13)求出组成环公差放大后封闭环的下偏差：

$$EI''_0 = EI''_1 + EI'_2 - ES'_3 = -0.54 + 0 - 0 = -0.54\,\text{mm}$$

所以 $$F'_{max} = -EI''_0 - EI_0 = -(-0.54) - 0 = 0.54\,\text{mm}$$

6.3.6.3 修配的方法

实际生产中,通过修配来达到装配精度的方法很多,但常见的为以下三种:

(1) 单件修配法。它是选择某一固定的零件作为修配件(即补偿环),装配时用补充机械加工来改变其尺寸,以保证装配精度的要求。

(2) 合件加工修配法。它是将两个或更多的零件合并在一起再进行加工修配,合并后的尺寸可以视为一个组成环,这就减少了装配尺寸链的环数,并可相应减少修配的劳动量。例如,尾座装配时,把尾座体和底板相配合的平面分别加工好,并配刮横向小导轨结合面,然后把两件装配成为一体,以底板的底面为定位基面,镗削加工套筒孔,这就把 A_2、A_3 合并成为一个环 A_{2-3},减少了一个组成环的公差,可以留给底板底面较小的刮研量(补偿量 F)。该法一般应用在单件小批生产的装配场合。

(3) 自身加工修配法。在机床制造中,有一些装配精度要求,总装时用自己加工自己的方法,来满足装配精度比较方便,该法称为自身加工修配法。例如,牛头刨床总装时,自刨工作台面,就比较容易满足滑枕运动方向与工作台面平行度的要求。又如平面磨床用砂轮磨削工作台面,也属于这种修配方法。该法用于成批生产的机床制造业的装配场合。

6.3.7 调整装配法

调整装配法是在装配时用改变产品中可调整零件的相对位置或选用合适的调整件以达到装配精度的方法。

调整装配法与修配装配法的实质相同,即各有关零件仍可按经济加工精度确定其公差. 并且仍选定一个组成环为补偿环(也称调整件),但在改变补偿环尺寸的方法上有所不同。修配法采用补充机械加工方法去除补偿件上的金属层,而调整法采用调整方法改变补偿件的实际尺寸和位置来补偿由于各组成环公差放大后所产生的积累误差,以保证装配精度要求。常见的调整法有可动调整法、固定调整法和误差抵消调整法三种。

6.3.7.1 可动调整法

可动调整法是采用改变调整件的位置来保证装配精度的方法。在机械产品的装配中,可动调整的方法很多,图 6-17 所示为普通车床中可动调整的一些实例。图 6-17(a)是通过调整套筒的轴向位置来保证齿轮的轴向间隙;图 6-17(b)表示机床横刀架采用转动中间螺钉使模块上下移动来调整丝杠和螺母的轴向间隙;图 6-17(c)是床头箱用螺钉来调整轴承的间隙;图 6-17(d)是小刀架,用调整螺钉来调节镶条的位置以达到导轨副的配合间隙要求。

可动调整法不但装配方便,可获得比较高的装配精度,而且也可以通过调整件来补偿由于磨损、热变形所引起的误差,使产品恢复原有的精度,所以在实际生产中应用较广。

6.3.7.2 固定调整法

固定调整法是在装配尺寸链中,选择某一零件为调整件,根据各组成环所形成的累积误

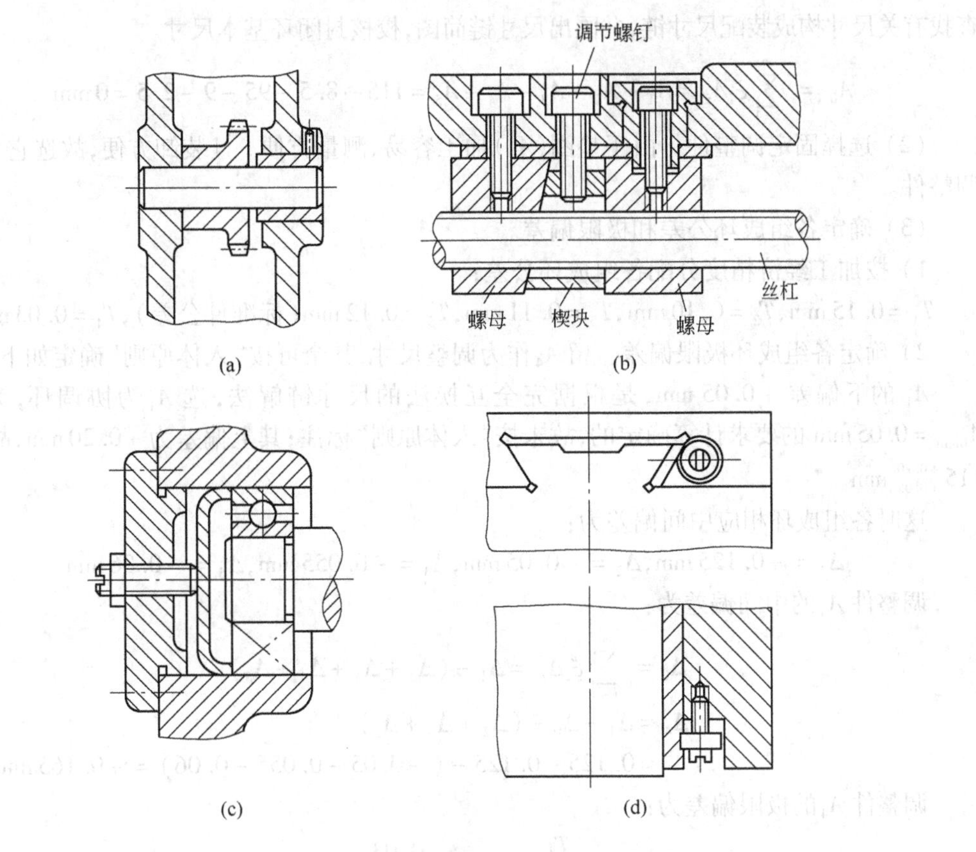

图6-17 可动调整法应用示例

差的大小来更换不同尺寸的调整件，以保证装配精度要求的方法。常用的调整件有：轴套、垫片、垫圈等。

在采用固定调整法时，需要解决以下几个问题：

（1）调整件的选择。一般原则是应该选择测量方便、加工容易且装卸方便的零件（组成环）为调整件。

（2）选择调整范围。

（3）确定调整件的分组数。

（4）确定每组调整件的尺寸。

下面通过实例来说明固定调整法。

【例6-6】 图6-18所示为车床主轴大齿轮的装配关系，要求隔套、齿轮、垫圈及弹性挡圈装在轴上后，双联齿轮的轴向间隙应为0.05～0.20 mm。已知：$A_1=115\,\text{mm}$，$A_2=8.5\,\text{mm}$，$A_3=95\,\text{mm}$，$A_4=9\,\text{mm}$，$A_5=2.5_{-0.12}^{\ 0}$ mm（标准件），现采用固定调整法装配，试确定各组成环的尺寸偏差并求出调整件的分组数及尺寸系列。

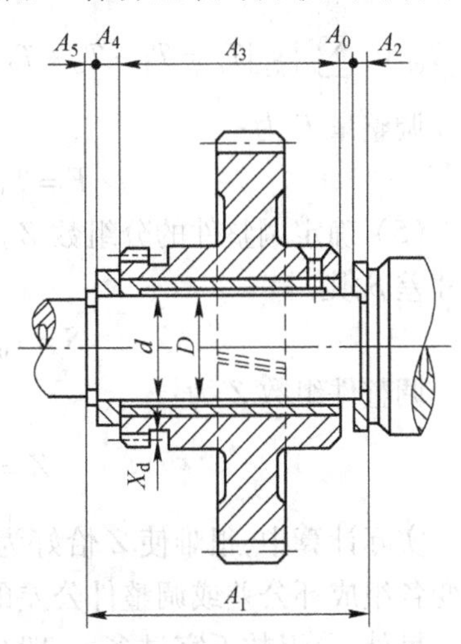

图6-18 车床主轴局部装配简图

解：（1）画尺寸链图，校验各环基本尺寸。确定封闭环为轴向间隙 $A_0=0_{+0.05}^{+0.20}$ mm，$T_0=0.15$，$\Delta_0=+0.125\,\text{mm}$，

查找有关尺寸构成装配尺寸链，并画出尺寸链简图，校核封闭环基本尺寸。

$$A_0 = \sum_{i=1}^{m} \xi_i A_i = A_1 - A_2 - A_3 - A_4 - A_5 = 115 - 8.5 - 95 - 9 - 2.5 = 0\,\text{mm}$$

（2）选择固定调整件。由于垫圈（A_4）加工容易、测量方便、且装卸方便，故选它为固定调整件。

（3）确定各组成环公差和极限偏差。

1）按加工经济精度分配各组成环公差：

$T_1 = 0.15\,\text{mm}, T_2 = 0.10\,\text{mm}, T_3 = 0.11\,\text{mm}, T_5 = 0.12\,\text{mm}$（标准件公差），$T_4 = 0.03\,\text{mm}$

2）确定各组成环极限偏差。留 A_4 作为调整尺寸，其余可按“入体原则”确定如下：

A_1 的下偏差 $+0.05\,\text{mm}$，是根据完全互换法的尺寸链解法，选 A_1 为协调环，为保证 $A_{0\min} = 0.05\,\text{mm}$ 的要求计算确定的，故未按“入体原则”标注；其上偏差为 $+0.20\,\text{mm}$，故 $A_1 = 115^{+0.20}_{+0.05}\,\text{mm}$。

这时各组成环相应中间偏差为：

$$\Delta_1 = +0.125\,\text{mm}, \Delta_2 = -0.05\,\text{mm}, \Delta_3 = -0.055\,\text{mm}, \Delta_5 = -0.06\,\text{mm}$$

调整件 A_4 的中间偏差为：

$$\Delta_0 = \sum_{i=1}^{m} \xi_i \Delta_i = \Delta_1 - (\Delta_2 + \Delta_3 + \Delta_4 + \Delta_5)$$

$$\Delta_4 = \Delta_1 - \Delta_0 - (\Delta_2 + \Delta_3 + \Delta_5)$$
$$= 0.125 - 0.125 - (-0.05 - 0.055 - 0.06) = +0.165\,\text{mm}$$

调整件 A_4 的极限偏差为：

$$\text{ES}_4 = \Delta_4 + \frac{T_4}{2} = 0.165 + \frac{0.03}{2} = +0.18\,\text{mm}$$

$$\text{ES}_4 = \Delta_4 - \frac{T_4}{2} = 0.165 - \frac{0.03}{2} = +0.15\,\text{mm}$$

所以调整件 A_4 的尺寸为 $A_4 = 9^{+0.18}_{+0.15}\,\text{mm}$。

（4）计算调整件（A_4）的调整量。

$$T_{0L} = \sum_{i=1}^{m} |\xi_i| T_i = T_1 + T_2 + T_3 + T_4 + T_5 = 0.15 + 0.10 + 0.11 + 0.03 + 0.12 = 0.51\,\text{mm}$$

调整量 F 为：

$$F = T_{0L} - T_0 = 0.51 - 0.15 = 0.36\,\text{mm}$$

（5）确定调整件的分组数 Z。取封闭环公差与调整件公差之差作为调整件各组之间的尺寸差 S，则

$$S = T_0 - T_4 = 0.15 - 0.03 = 0.12\,\text{mm}$$

调整件组数 Z 为：

$$Z = \frac{F}{S} + 1 = \frac{0.36}{0.12} + 1 = 3 + 1 = 4$$

实际计算中，很难使 Z 恰好为整数。当实际计算的 Z 值和圆整数相差较大时，可通过改变各组成环公差或调整件公差的方法，使 Z 值为整数，因为分组数不能为小数。

另外，分组数不宜过多，一般分组数取 $Z = 3 \sim 4$ 为宜，因此各组成环的公差不能取得太大，而调整件的公差尽量取小些。

(6) 确定调整件各组调整尺寸。在确定各组调整尺寸时，可根据以下原则来计算：当调整件的组数为奇数时，预先确定的调整件尺寸是中间的一组尺寸，其余各组尺寸相应增加或减少各组之间的尺寸差 S：当调整件的组数 Z 为偶数时，则以预先确定的调整件尺寸对称中心，再根据尺寸差 S 安排各组尺寸。

本例中分组数 $Z=4$，为偶数，故 $A_4 = 9^{+0.18}_{+0.15}$ mm 为对称中心，各组尺寸差 $S=0.12$ mm。其余各组尺寸为

$A_4 = (9-0.06-0.12)^{+0.18}_{+0.15}$

$(9-0.06)^{+0.18}_{+0.15}$

$——9^{+0.18}_{+0.15}$

$(9+0.06)^{+0.18}_{+0.15}$

$(9+0.06+0.12)^{+0.18}_{+0.15}$

即 $A_4 = 9^{\ 0}_{-0.03}$ mm，$9^{+0.12}_{+0.09}$ mm，$9^{+0.24}_{+0.21}$ mm，$9^{+0.36}_{+0.33}$ mm

各组调整尺寸及适用范围见表6-6。

表6-6 调整垫的尺寸系列 mm

组 号	调整垫尺寸	调 整 范 围	调整后的实际间隙	制造百分比
1	$9^{\ 0}_{-0.03}$	9.05～9.17	0.05～0.20	少做些
2	$9.12^{\ 0}_{-0.03}$	9.17～9.29	0.05～0.20	多做些
3	$9.24^{\ 0}_{-0.03}$	9.29～9.41	0.05～0.20	多做些
4	$9.36^{\ 0}_{-0.03}$	9.41～9.51	0.05～0.18	少做些

固定调整法装配多用于大批大量生产中。在生产量大、装配精度高的情况下，固定调整件可用各种不同厚度的薄金属片（如0.01、0.02、0.05 mm 等），并加上一定厚度的垫片（如1、2、3 mm 等），组合成需要的各种不同尺寸，来达到装配精度的要求，从而使调整更为方便。所以固定调整法在汽车、拖拉机和自行车等生产中广泛应用。

6.3.7.3 误差抵消调整法

误差抵消调整法是在产品或部件装配时，通过调整有关零件的相互位置，使其加工误差相互抵消一部分，以提高装配精度要求的方法。它在机床装配中应用较多，如在组装机床主轴时，通过调整前后轴承径向跳动和主轴锥孔径向跳动大小和方位来控制主轴的径向跳动；又如在滚齿机工作台分度蜗轮装配中，采用调整二者偏心方向来抵消误差以提高二者的同轴度。

以上论述了互换装配法、选择装配法、修配装配法及调整装配法等保证装配精度的方法。一个产品（或部件）究竟采用什么装配方法来保证装配精度首先应在产品设计阶段就确定。因为只有装配方法确定后，才能通过尺寸链解算，合理地确定出各个零、部件在加工和装配中的技术要求。但在装配阶段，就要根据产品的装配精度要求、部件（或产品）的结构特点、尺寸链的环数、生产批量及现场生产条件等因素，进行综合考虑，确定一种最佳的装配方案，以保证产品优质、高产和低成本的要求。

故保证装配精度的方法的一般选择原则为：首先应优先选择完全互换法，因为该法的装配工作简单、可靠、经济、生产率高以及零部件具有互换性，能满足产品（或部件）成批大量

生产的要求，并且对零件的加工也无过高的要求。当装配精度要求较高时，采用完全互换法装配，将会使零件的加工比较困难或很不经济，这时就应该采用其他装配方法。在成批大量生产时，环数少的尺寸链可采用分组装配法；环数多的尺寸链采用大数互换装配法或调整法。单件成批生产时可采用修配装配法。若装配精度要求很高，不宜选择其他装配方法时，可采用修配装配法。

能力点 6.4　项目训练

【任务 1】　图 6-19 为变速箱简图。要求齿轮轴肩与轴套的端面间有 0.5～1 mm 轴向间隙。根据尺寸链最短路线原则，试查明与建立保证该项技术要求的尺寸链，并注明封闭环，增、减环。

【任务 2】　图 6-20 为万能卧式铣床简图，试查明保证主轴回转中心线对工作台台面的平行度的装配尺寸链。

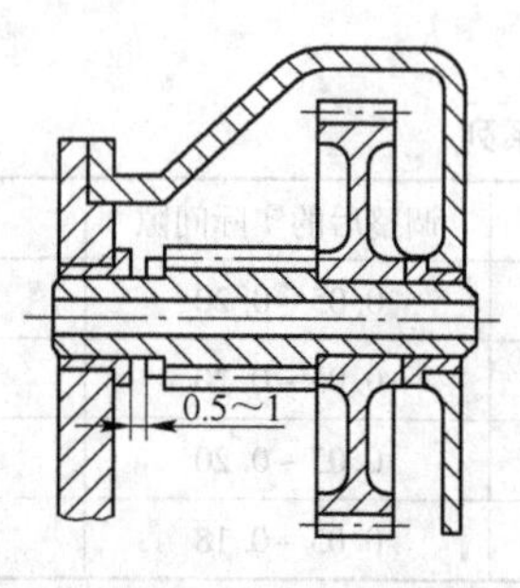

图 6-19　变速箱

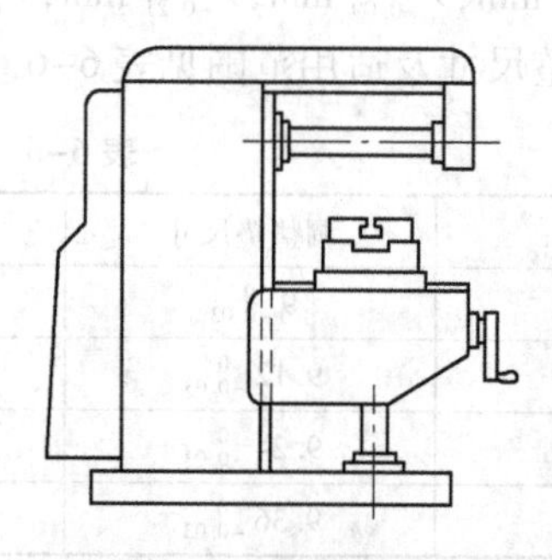

图 6-20　卧式铣床

【任务 3】　图 6-21 所示为某双联转子（摆线齿轮）泵的轴向装配图。要求在冷态情况下轴向间隙为 0.05～0.15 mm。已知：$A_1 = 41$ mm，$A_2 = A_4 = 17$ mm，$A_3 = 7$ mm，当分别采用完全互换法和大数互换法装配时，试确定各组成零件有关尺寸的公差和极限偏差。

【任务 4】　图 6-22 为某拖拉机倒挡齿轮装配关系简图。要求齿轮端面与垫片间的轴向间隙为 0.1～0.4 mm。已知：$A_1 = 42.6$ mm，$A_3 = 38$ mm，垫片采用厚度为高精度（J 级）的碳素结构钢带（GB 3522—83）冲压而成，其尺寸为 $A_2 = A_4 = 2.3_{-0.06}^{\ 0}$ mm。若采用完全互换法装配时，试确定各有关零件的公差和偏差。

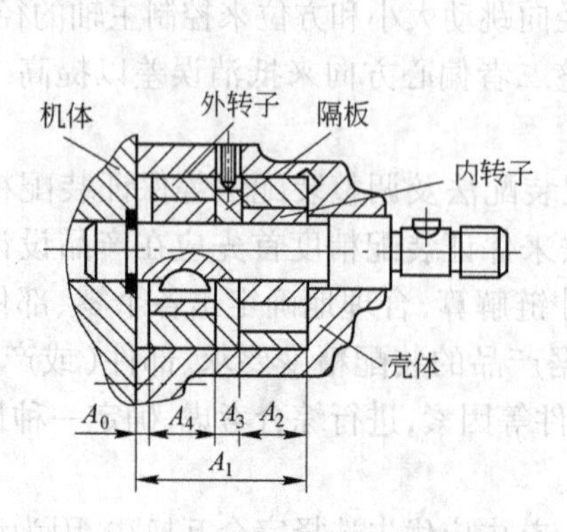

图 6-21　双联转子泵的轴向装配图

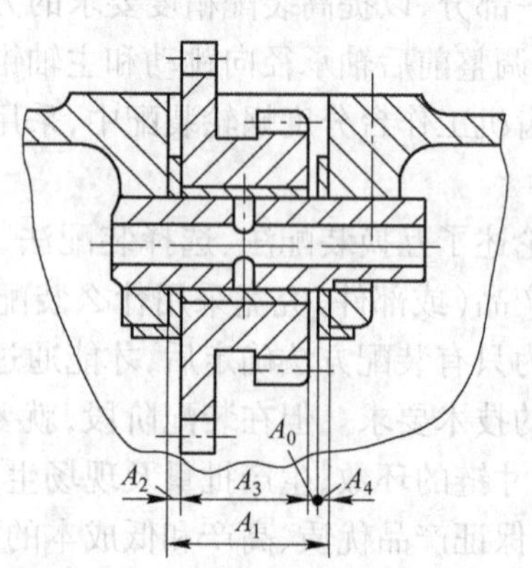

图 6-22　拖拉机倒挡齿轮装置

【任务5】 现有一活塞部件,其各组成零件的有关尺寸如图6-23所示,试分别按极值公差公式和统计公差公式计算活塞行程的极限尺寸。

【任务6】 图6-24为车床尾座套筒装配关系图,各组成零件的尺寸注在图上,试分别用极值法和大数互换法计算装配后螺母在顶尖套筒内的轴向窜动量。

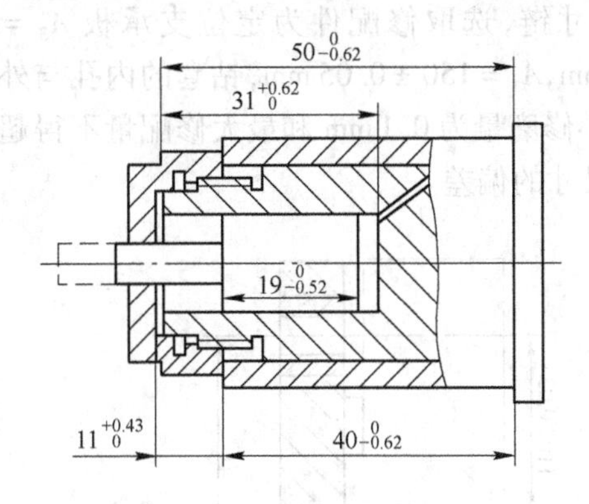

图6-23 活塞部件装配关系

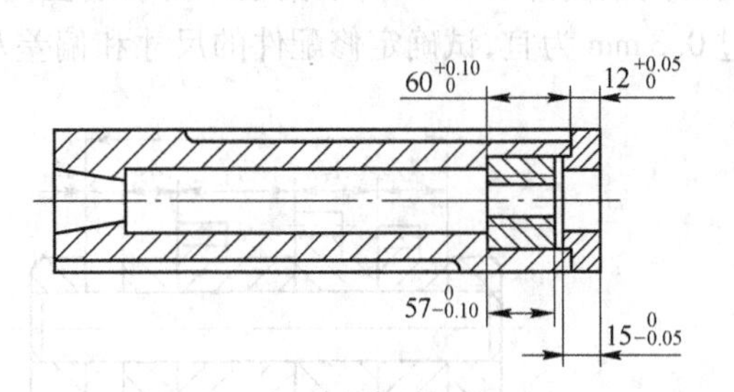

图6-24 尾座套筒装配关系

【任务7】 图6-25所示为键与键槽的装配关系。已知:$A_1=20$ mm, $A_2=20$ mm,要求配合间隙0.08~0.15 mm时。试求解:

(1)当大批大量生产时,采用互换法装配时,各零件的尺寸及其偏差。

(2)当小批量生产时,$A_2=20_{0}^{+0.13}$ mm, $T_1=0.052$ mm。采用修配法装配,请确定修配件,在最小修配量为零时,修配件的尺寸和偏差及最大修配量。

(3)当 $F_{min}=0.05$ mm时,请确定修配件的尺寸和偏差及最大修配量。

【任务8】 图6-26所示为车床溜板箱纵向进给小齿轮与床身齿条啮合装配关系简图。要求保证齿轮节圆与齿条节线啮合间隙为0.1~0.16 mm,已知:$A_1=42_{-0.08}^{0}$ mm,$A_2=24$ mm,$T_2=0.06$ mm,$A_3=14_{-0.06}^{0}$ mm,$A_4=67\pm0.04$ mm,$A_5=13_{-0.08}^{0}$ mm,若用修配法来保证装配精度,现选择齿条(A_2)为修配环,并确定齿条与床身贴合的装配面为修配面,当最小修配量为零时,试求:

(1)画出设计要求和实际的封闭环公差带位置图;

(2)计算修配环 A_2 的尺寸和偏差及最大修配量。

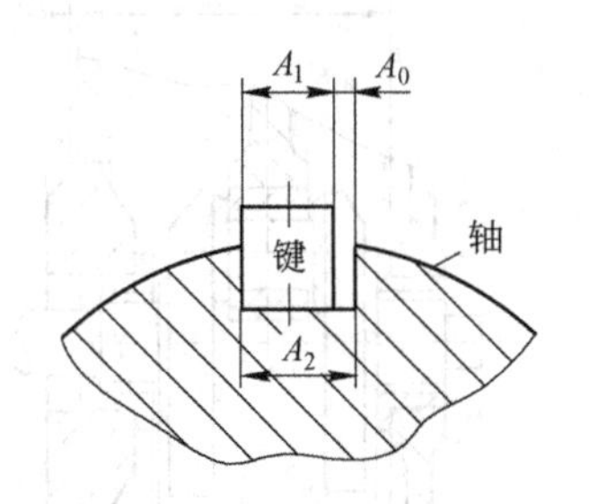

图6-25 键和键槽装配关系

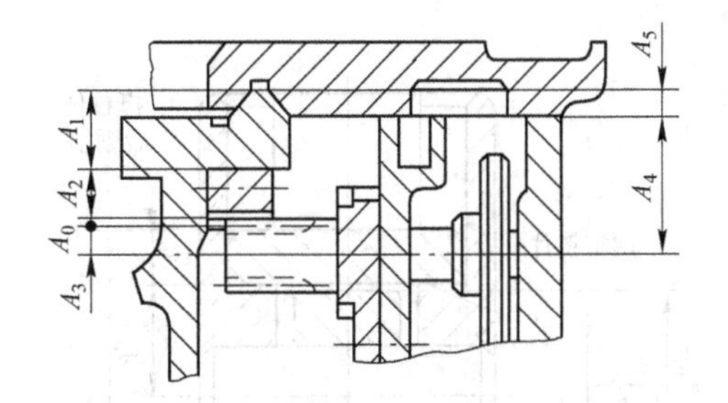

图6-26 溜板箱装配关系

【任务9】 图6-27所示为一齿轮箱装配简图。要求保证轴向间隙 $A_0=0_{0}^{+0.2}$ mm。已知:$A_1=430_{0}^{+0.155}$ mm,$A_2=80_{-0.074}^{0}$ mm,$A_3=100_{-0.087}^{0}$ mm,$A_4=190_{-0.115}^{0}$ mm, $A_5=60$ mm,$T_5=0.074$ mm。若采用修配装配法保证装配精度,并确定 A_5 为修配环,当最小修配量为零时,

试求：

(1) 画出设计要求和实际的封闭环公差带位置图；

(2) 计算修配环 A_5 的尺寸和偏差及最大修配量。

【任务 10】　图 6-28 为某卧式组合机床的钻模简图，装配要求定位面到钻套孔中心线距离为 110±0.03 mm，现用修配法来解此装配尺寸链，选取修配件为定位支承板 A_3 = 12 mm，T_3 = 0.02 mm。已知：A_2 = 28 mm，T_2 = 0.08 mm，A_1 = 150±0.05 mm，钻套的内孔与外圆的同轴度为 0.02 mm，根据生产要求定位板上最小修磨量为 0.1 mm 和最大修配量不得超过 0.3 mm 为宜，试确定修配件的尺寸和偏差及 A_2 尺寸的偏差。

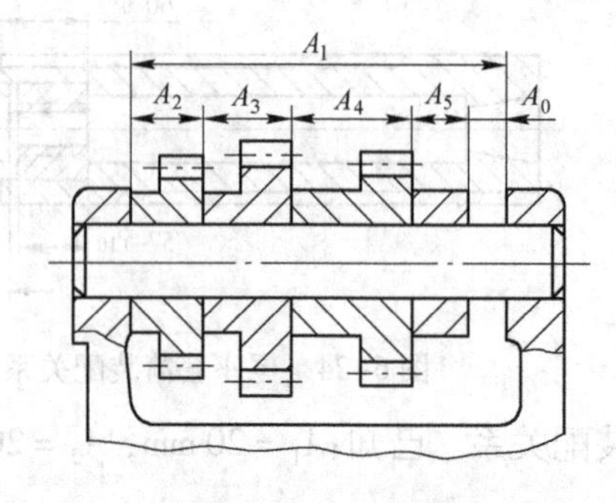

图 6-27　齿轮箱简图

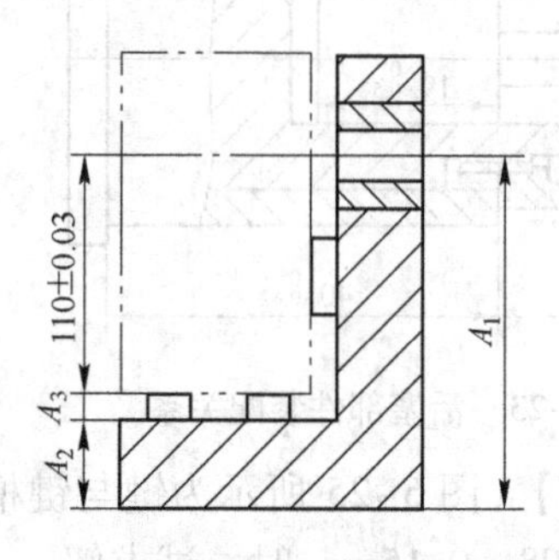

图 6-28　钻模

【任务 11】　图 6-29 为高压油泵挺柱(滚轮)总成装配图。为保证油泵供油角，设计要求需保证调整垫片至滚轮之间的装配尺寸 A_0 = 21.5±0.05 mm。已知：A_5 = 9±0.05 mm，滚轮外圆尺寸 $\phi17_{-0.027}^{\ 0}$ mm，内孔与销轴配合为 $\phi7$(H7/f7)，滚轮外圆与内孔的同轴度为 0.01 mm。若采用固定调整装配法保证装配精度，并初定调整垫片(A_6)厚度为 4 mm，T_6 = 0.02 mm。试计算确定调整垫片分组数和各组调整垫片尺寸及其偏差。(提示：内孔与销轴配合的最小间隙计算时应不考虑，即把 f7 看成 h7。同轴度按全量考虑)

【任务 12】　图 6-30 为 L195 柴油机曲轴装配简图。装配要求曲轴两轴肩与轴承端面的轴向间隙为 0.15～0.2 mm。已知：$A_1 = 34_{-0.10}^{\ 0}$ mm，$A_2 = A_4 = 4.2_{-0.03}^{\ 0}$ mm，$A_3 = 100_{-0.14}^{\ 0}$ mm，$A_5 = 142_{\ 0}^{+0.16}$ mm，A_6 = 0.4 mm，T_6 = 0.02 mm。若采用固定调整法装配时，选 A_K 为调整补偿件，试求调整件的组数及各组尺寸。

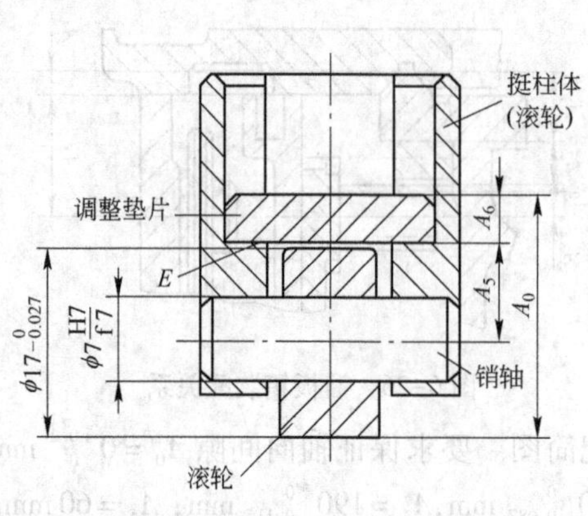

图 6-29　高压油泵挺柱总成图

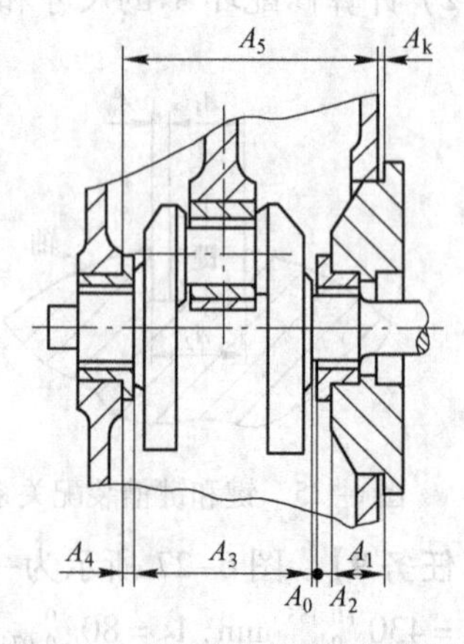

图 6-30　柴油机曲轴装配简图

模块4

综合项目训练

本模块针对本书重点内容——加工工艺编制、夹具设计、装配工艺编制，对应设计了能力训练项目，教学时可以结合相应教学进程安排专题训练课或课程设计来展开。本综合项目训练，不但设置有加工工艺编制训练项目、夹具设计训练项目和装配工艺训练项目，还设置有机床操作实训，通过基于技能鉴定实作训练项目，来提高动手能力。

项目7　综合项目训练

能力点7.1　加工工艺编制及操作加工训练

7.1.1　轴类零件加工工艺编制及加工

【项目1】　如图7-1所示为一小轴的加工。已知采用材料为45钢热轧棒料，毛坯直径$d=50\,\text{mm}$，长度$L=150\,\text{mm}$。

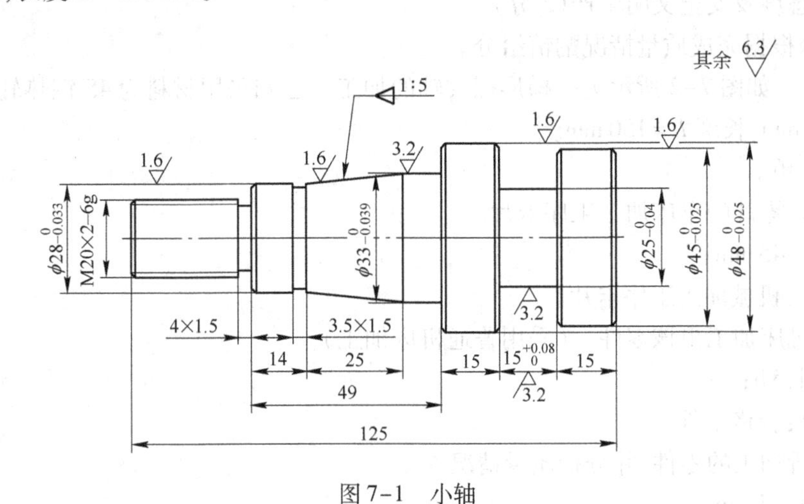

图7-1　小轴

(1) 任务单。

1) 编制该零件的车床加工工序卡片。

完成时间：30 min；

提交成果：机械加工工序卡片。

2) 操作机床加工出该零件(采用普通机床加工)。

完成时间:3 h;

提交成果:合格工件。

3) 检验所加工的零件,并分析质量情况。

完成时间:15 min;

提交成果:检验记录和质量判定。

(2) 教师引导。

1) 分几次装夹工件?

2) 采用哪些刀具?

3) 有哪些工步?

4) 工步的先后顺序怎样?

5) 切削用量怎样确定?

6) 加工前准备工作有哪些?

7) 加工过程应注意哪些事项?

(3) 考核要求及评分标准。

1) 能正确填写机械加工工序卡片(20 分);

2) 正确使用工具(10 分);

3) 正确装夹工件(10 分);

4) 尺寸精度(20 分);

5) 表面质量(主要是粗糙度)(15 分);

6) 形位精度(10 分);

7) 使用量具的正确性及检验正确性(10 分);

8) 劳动态度及安全文明生产(5 分)

以上评分根据完成质量情况酌情给分。

【项目 2】 如图 7-2 所示为一梯形螺纹轴的加工。已知采用材料为 45 钢热轧棒料,毛坯直径 $d = 50$ mm,长度 $L = 150$ mm。

(1) 任务单。

1) 编制该零件的车床加工工序卡片。

完成时间:45 min;

提交成果:机械加工工序卡片。

2) 操作机床加工出该零件。(采用普通机床加工)

完成时间:5 h;

提交成果:合格工件。

3) 检验所加工的零件,并分析质量情况。

完成时间:15 min;

提交成果:检验记录和质量判定。

(2) 教师引导:同项目 1。

(3) 考核要求及评分标准:同项目 1。

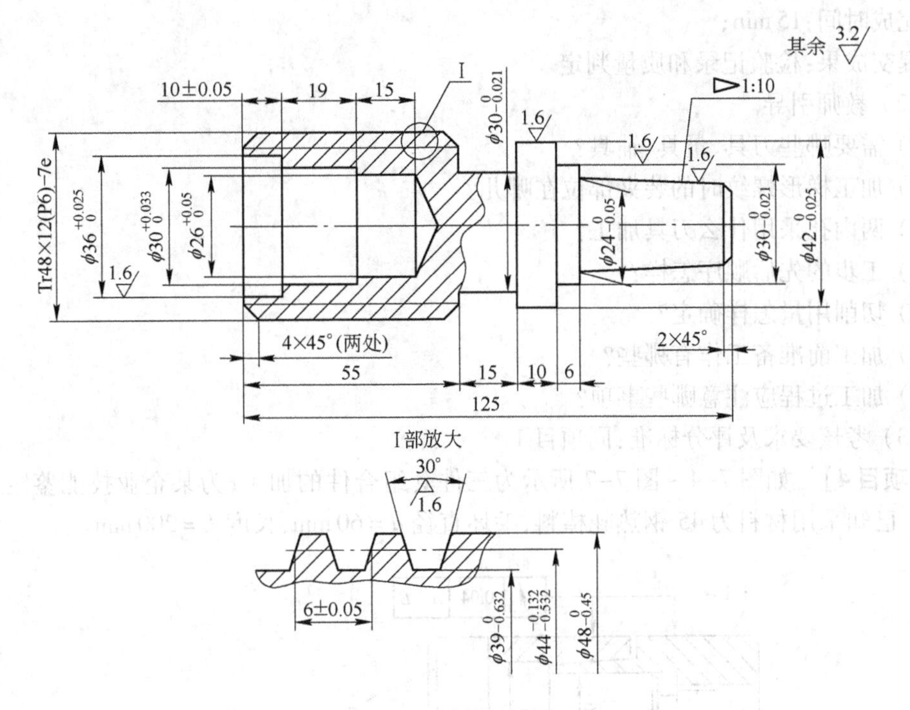

图7-2　梯形螺纹轴

【项目3】　如图7-3所示为一螺纹锥轴的加工。已知采用材料为45钢热轧棒料，毛坯直径 $d=40\,\text{mm}$，长度 $L=140\,\text{mm}$。

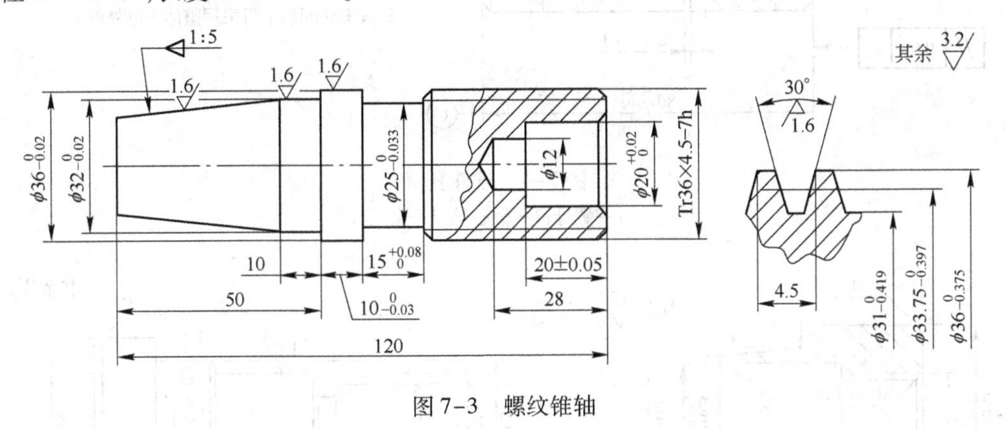

图7-3　螺纹锥轴

（1）任务单。

1）编制该零件的车床加工工序卡片。

完成时间：30 min；

提交成果：机械加工工序卡片。

2）操作机床加工出该零件。（采用普通机床加工）

完成时间：4 h；

提交成果：合格工件。

3）检验所加工的零件，并分析质量情况。

完成时间：15 min；

提交成果：检验记录和质量判定。

（2）教师引导。

1）需要哪些刀具、量具、辅具？

2）加工梯形螺纹时的装夹部位在哪儿？

3）两内孔采用什么刀具加工？

4）工步的先后顺序怎样？

5）切削用量怎样确定？

6）加工前准备工作有哪些？

7）加工过程应注意哪些事项？

（3）考核要求及评分标准：同项目 1。

【项目 4】　如图 7-4 ~ 图 7-7 所示为三件套组合件的加工，为某企业技能鉴定车工实作题。已知采用材料为 45 钢热轧棒料，毛坯直径 $d=60\,\text{mm}$，长度 $L=200\,\text{mm}$。

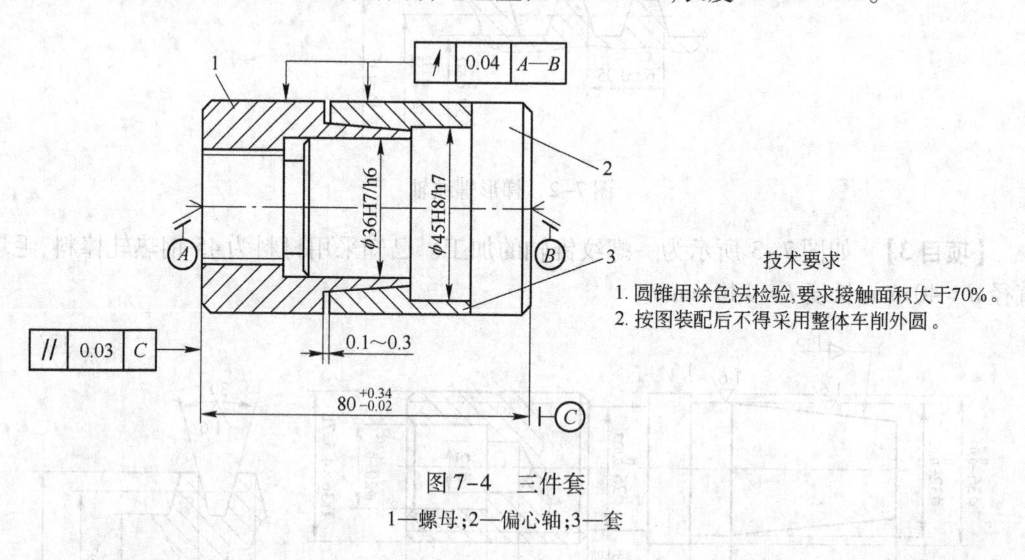

图 7-4　三件套

1—螺母；2—偏心轴；3—套

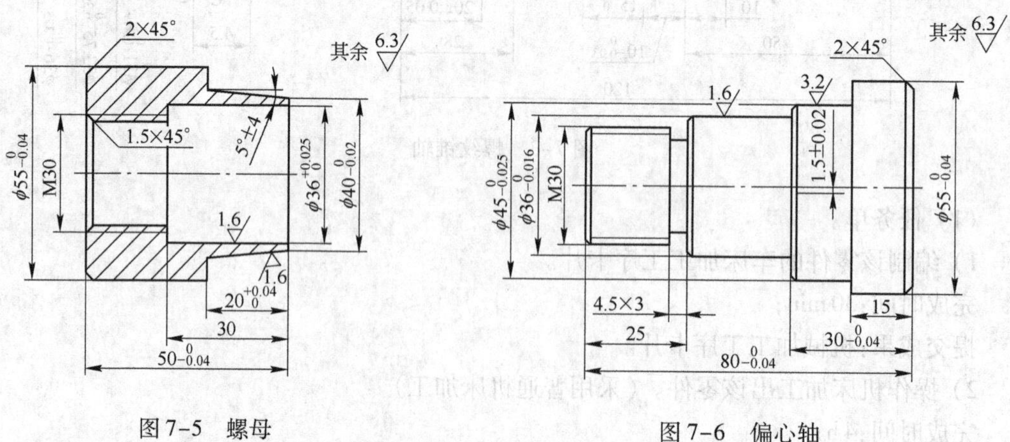

图 7-5　螺母　　　　图 7-6　偏心轴

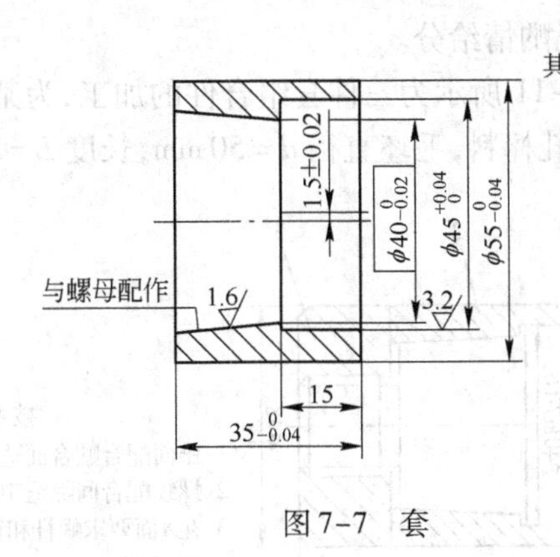

图7-7　套

(1) 任务单。

1) 编制该组件的车床加工工序卡片。

完成时间:60 min;

提交成果:机械加工工序卡片。

2) 操作机床加工出该零件。(采用普通机床加工)

完成时间:5 h;

提交成果:合格工件。

3) 检验所加工的零件,并分析质量情况。

完成时间:25 min;

提交成果:检验记录和质量判定。

(2) 教师引导。

1) 该组件配合面有哪些?

2) 三个零件,应先加工哪一个零件更合理?

3) 每一个工件分几次安装?

4) 怎样确定切削用量和选择刀具?

5) 怎样确定零件的定位装夹方法和装夹次数?

6) 加工前准备工作有哪些?

7) 加工过程注意事项有哪些?

(3) 考核要求及评分标准。

1) 能正确填写机械加工工艺卡(15分);

2) 正确使用工具(10分);

3) 正确装夹工件(10分);

4) 尺寸精度(15分);

5) 表面质量(主要是粗糙度)(15分);

6) 形位精度(10分);

7) 配合质量及组装质量(10分);

8) 使用量具的正确性及检验正确性(10分);

9) 劳动态度及安全文明生产(5分)。

以上评分根据完成质量情况酌情给分。

【项目 5】　如图 7-8 ~ 图 7-11 所示为三件套组合件的加工，为某企业技能鉴定车工实作题。已知采用材料为 45 钢热轧棒料，毛坯直径 $d = 50\,\mathrm{mm}$，长度 $L = 200\,\mathrm{mm}$。

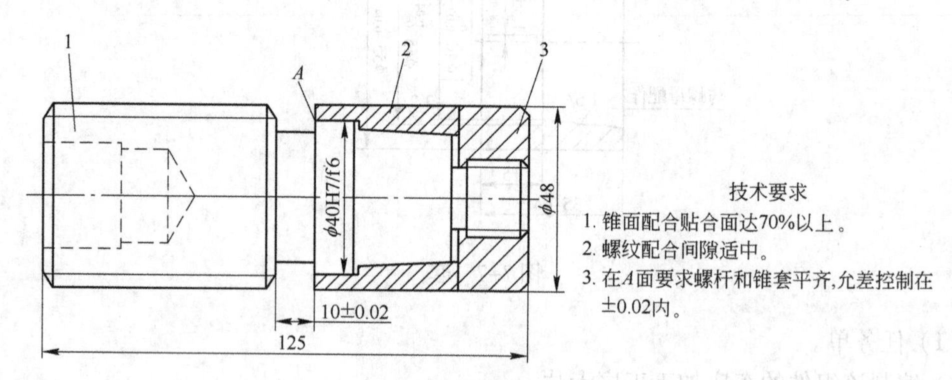

图 7-8　组合件

1—轴；2—套；3—螺母

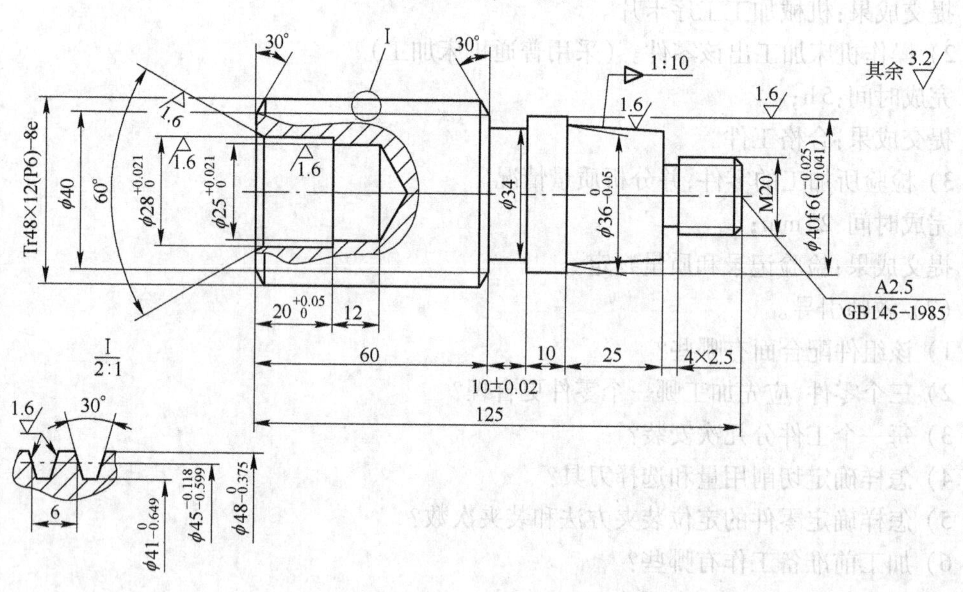

图 7-9　轴

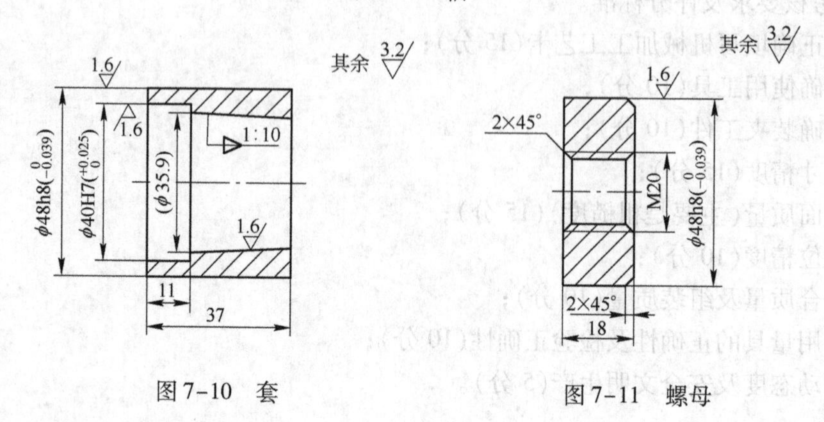

图 7-10　套　　图 7-11　螺母

（1）任务单。

1）编制该组件的车床加工工序卡片。

完成时间：60 min；

提交成果：机械加工工序卡片。

2）操作机床加工出该零件。（采用普通机床加工）

完成时间：5 h；

提交成果：合格工件。

3）检验所加工的零件，并分析质量情况。

完成时间：25 min；

提交成果：检验记录和质量判定。

（2）教师引导。

1）零件配合面主要有哪些？

2）三个零件，应先加工哪一个零件更合理？

3）每一个工件分几次安装？

4）怎样确定切削用量和选择刀具？

5）怎样确定零件的定位装夹方法和装夹次数？

6）加工前准备工作有哪些？

7）加工过程注意事项有哪些？

（3）考核要求及评分标准。

1）能正确填写机械加工工艺卡（15分）；

2）正确使用工具（10分）；

3）正确装夹工件（10分）；

4）尺寸精度（15分）；

5）表面质量（主要是粗糙度）（15分）；

6）形位精度（10分）；

7）配合质量及组装质量（10分）；

8）使用量具的正确性及检验正确性（10分）；

9）劳动态度及安全文明生产（5分）。

以上评分根据完成质量情况酌情给分。

【项目6】 如图7-12～图7-15所示为偏心双薄组合件的加工，为某企业技能鉴定车工实作题。已知采用材料为45钢热轧棒料，毛坯直径 $d=50$ mm，长度 $L=250$ mm。

（1）任务单。

1）编制该组件的加工工艺卡片。

完成时间：60 min；

提交成果：机械加工工艺卡片。

2）操作机床加工出该零件。（采用普通机床加工）

完成时间：5 h；

提交成果：合格工件。

3）检验所加工的零件，并分析质量情况。

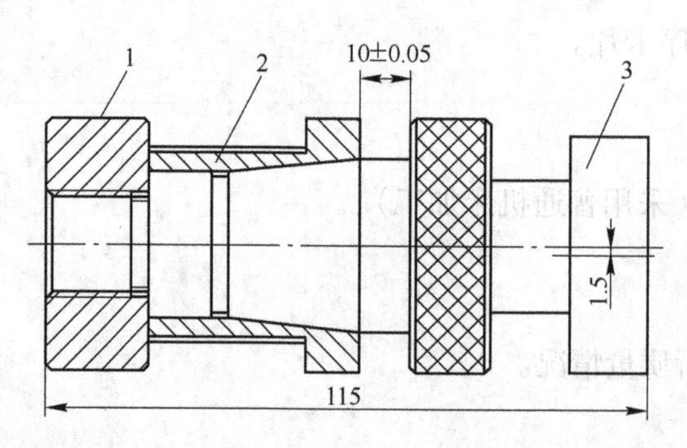

图7-12 偏心双薄组合作

1—薄壁螺母；2—锥套；3—锥轴

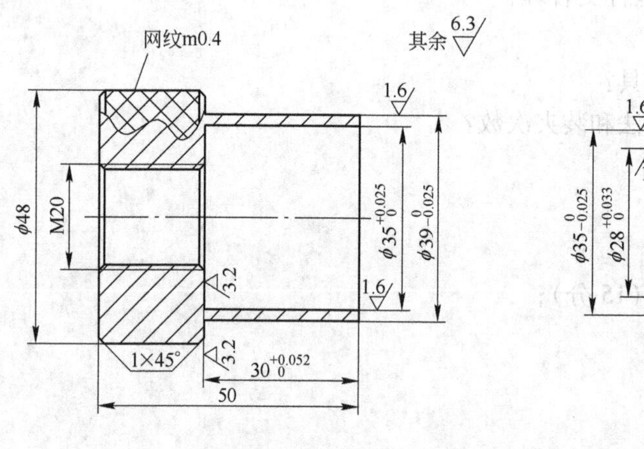

图7-13 薄壁螺母

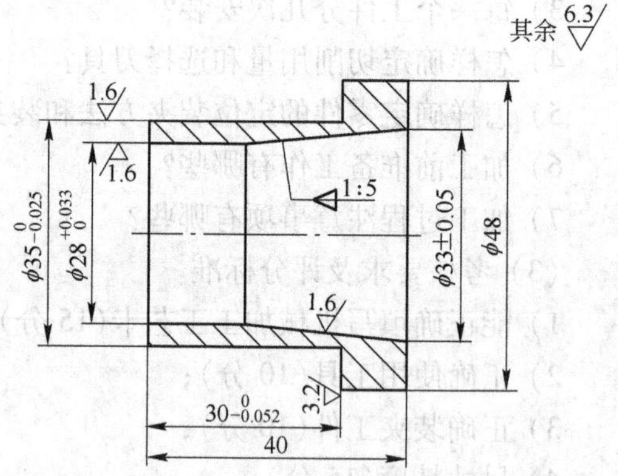

图7-14 锥套

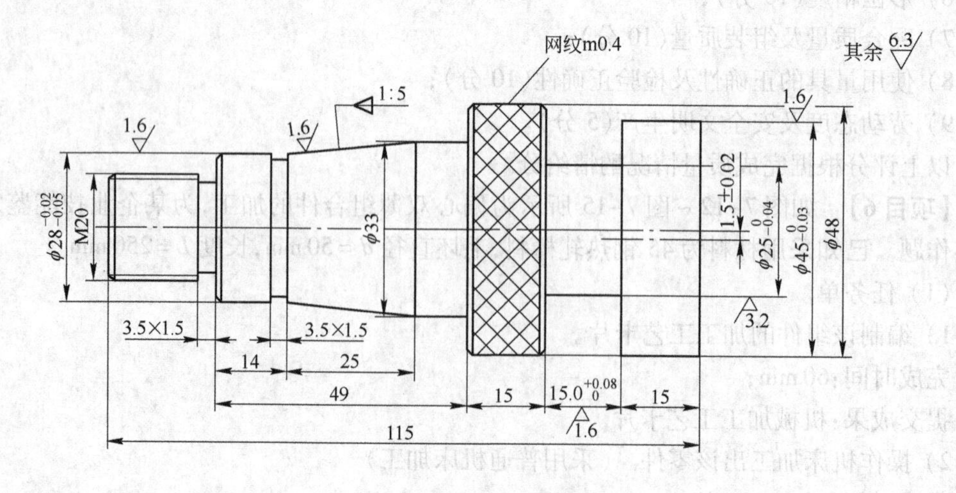

图7-15 锥轴

完成时间:15 min;
提交成果:检验记录和质量判定。
(2) 教师引导。
1) 该组件的加工难点有哪些?
2) 三个零件,应先加工哪一个零件更合理?
3) 每一个工件分几次安装?
4) 怎样确定切削用量和选择刀具?
5) 怎样确定零件的定位装夹方法和装夹次数?
6) 加工前应如何准备?
7) 加工过程注意事项有哪些?
(3) 考核要求及评分标准。
1) 能正确填写机械加工工艺卡(15分);
2) 正确使用工具(10分);
3) 正确装夹工件(10分);
4) 尺寸精度(15分);
5) 表面质量(主要是粗糙度)(15分);
6) 形位精度(10分);
7) 配合质量及组装质量(10分);
8) 使用量具的正确性及检验正确性(10分);
9) 劳动态度及安全文明生产(5分)。
以上评分根据完成质量情况酌情给分。

【项目7】 如图7-16所示为某连铸方坯传送辊的心轴,请为该生产项目制定加工工艺卡片和车床加工工序卡片。

(1) 任务单。
1) 编制该零件的加工工艺卡片。
完成时间:45 min;
提交成果:机械加工工艺卡片。
2) 编制该零件的车床加工工序卡片。
完成时间:45 min;
提交成果:车床加工工序卡片。
(2) 教师引导。
1) 加工过程大体分为几个阶段?
2) 两端是否需要打中心孔?
3) 精加工尺寸精度高的轴段采用什么方法加工最高效?
4) 键槽采用什么方法加工?
5) 轴两端螺纹孔在什么时候钻合理?
6) 热处理工序和超声波检验安排在哪个阶段合适?
(3) 考核要求及评分标准。
1) 正确编制机械加工工艺卡(40分);

2）正确编制车床加工工序卡片(50 分)；

3）劳动态度(10 分)。

以上评分根据完成质量情况酌情给分。

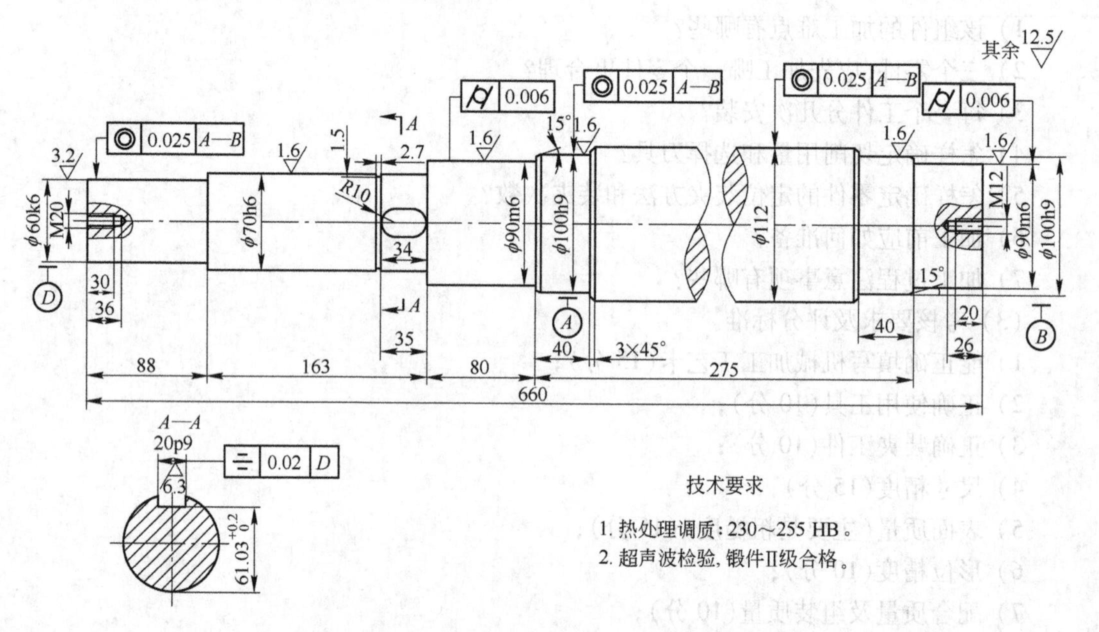

图 7-16　长轴

【项目 8】　如图 7-17 所示轴，请为该生产项目制定加工工艺卡片和车床加工工序卡片。

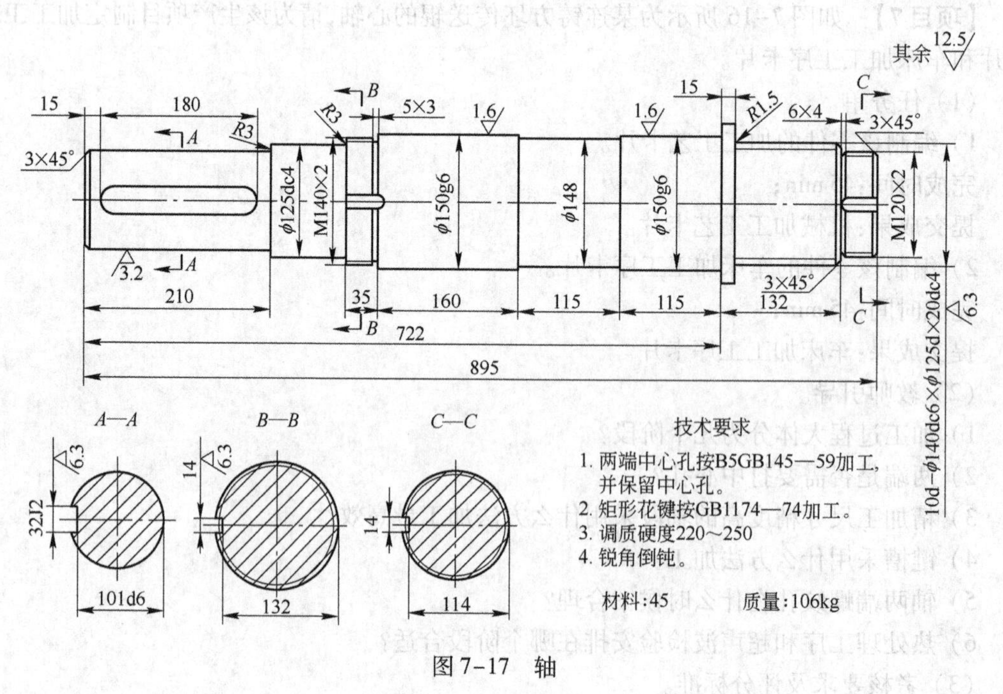

图 7-17　轴

(1) 任务单。

1) 编制该零件的加工工艺卡片。

完成时间:45 min;

提交成果:机械加工工艺卡片。

2) 编制该零件的车床加工工序卡片。

完成时间:45 min;

提交成果:车床加工工序卡片。

(2) 教师引导。

1) 加工过程大体分为几个阶段?

2) 怎样安排热处理工序?

3) 两端是否需要打中心孔?

4) 精加工尺寸精度高的轴段采用什么方法加工最高效?

5) 键槽采用什么方法装夹,使用什么刀具?

6) 轴两端螺纹孔在什么时候钻合理?

(3) 考核要求及评分标准:同项目7。

7.1.2　板类及连杆类零件加工工艺编制及加工

【项目9】　如图7-18所示滑板,按某矫直机制造中的加工生产项目等比例缩小。已知采用材料为Q235的热轧板材,生产类型是单件生产。

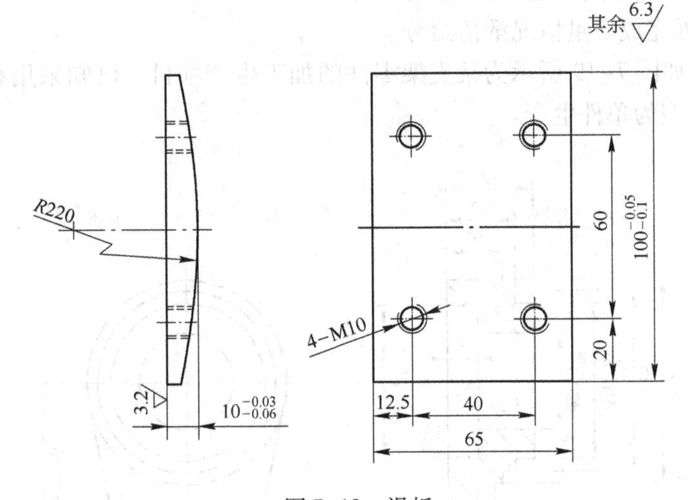

图7-18　滑板

(1) 任务单。

1) 编制该零件的加工工艺卡片。

时间要求:30 min;

提交成果:加工工艺卡片。

2) 操作机床加工出该零件。(允许使用数控机床加工)

时间要求:6 h;

提交成果:合格工件。

3）检验所加工的零件,并分析质量情况。

时间要求:15 min;

提交成果:检验记录和质量判定。

（2）教师引导。

1)采用什么机床加工弧形面?

2）加工的顺序怎样安排?

3）分几次安装来加工工件？怎样装夹工件?

4）钻孔安排在什么时候合适?

5）加工前应如何准备?

6）加工过程注意事项有哪些?

（3）考核要求及评分标准。

1）能正确填写机械加工工艺卡(25 分);

2）能对块料进行正确划线(5 分);

3）能铣削出周边外形轮廓(10 分);

4）正确装夹工件(10 分);

5）正确加工各平面(30 分);

6）形位精度(5 分);

7）使用量具的正确性及检验正确性(10 分);

8）劳动态度及安全文明生产(5 分)。

以上评分根据完成质量情况酌情给分。

【项目 10】 如图 7-19 所示为某支架零件的加工生产项目。已知采用材料为 45 钢的热轧板材,生产类型为单件生产。

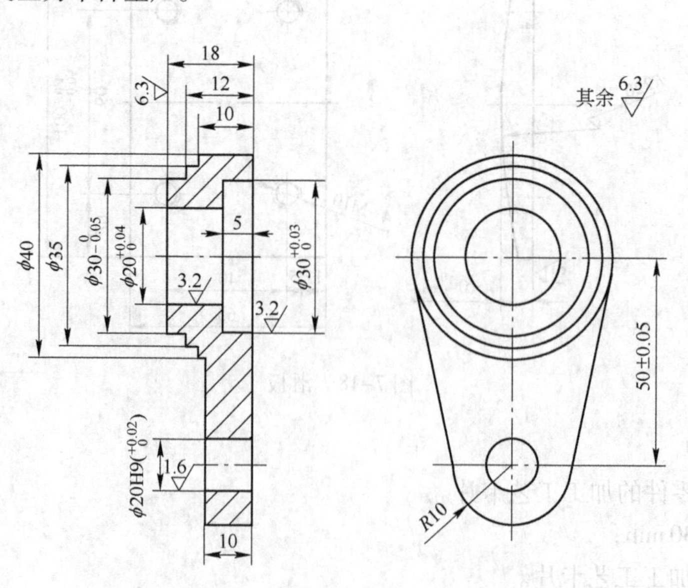

图 7-19 支架

（1）任务单。

1）编制该零件的加工工艺卡片。

时间要求:30 min;

提交成果:加工工艺卡片。

2）操作机床加工出该零件。(允许使用数控机床加工)

时间要求:6 h;

提交成果:合格工件。

3）检验所加工的零件,并分析质量情况。

时间要求:15 min;

提交成果:检验记录和质量判定。

（2）教师引导。

1）采用什么机床加工工件外形轮廓?

2）加工的顺序怎样安排?

3）铣床工序中分几次安装来加工工件?怎样装夹工件?

4）安装中的各定位基准怎样选择?

5）加工前应如何准备?

6）加工过程注意事项有哪些?

（3）考核要求及评分标准。

1）正确编制机械加工工艺卡(25 分);

2）能对块料进行正确划线(5 分);

3）能铣削出周边外形轮廓(10 分);

4）正确装夹工件(10 分);

5）正确加工各平面(15 分);

6）正确加工各内孔(15 分,每孔 5 分);

7）形位精度(5 分);

8）使用量具的正确性及检验正确性(10 分);

9）劳动态度及安全文明生产(5 分)。

以上评分根据完成质量情况酌情给分。

7.1.3　齿轮类零件加工工艺编制及加工

【项目 11】　如图 7-20 所示为某企业生产项目——链轮的加工。已知采用材料为 45 钢,生产类型为单件生产。

（1）任务单。

1）编制该零件的机械加工工艺卡片。

完成时间:25 min;

提交成果:机械加工工艺卡片。

2）完成链轮的加工。

完成时间:8 h;

提交成果:合格工件。

(2) 教师引导。

1) 采用什么机床加工工件齿坯？

2) 链轮的链齿加工前是否先加工键槽？

3) 链齿加工采用什么机床？是否可用数控铣床？

4) 如用数控铣床加工链齿,如何编程？

5) 加工前应如何准备？

6) 加工过程注意事项有哪些？

(3) 考核要求及评分标准。

1) 正确编制机械加工工艺卡(25 分)；

2) 齿坯加工(20 分)；

3) 链齿加工(30 分)；

4) 数控程序编制(20 分)；

5) 劳动态度及安全文明生产(5 分)。

以上评分根据完成质量情况酌情给分。

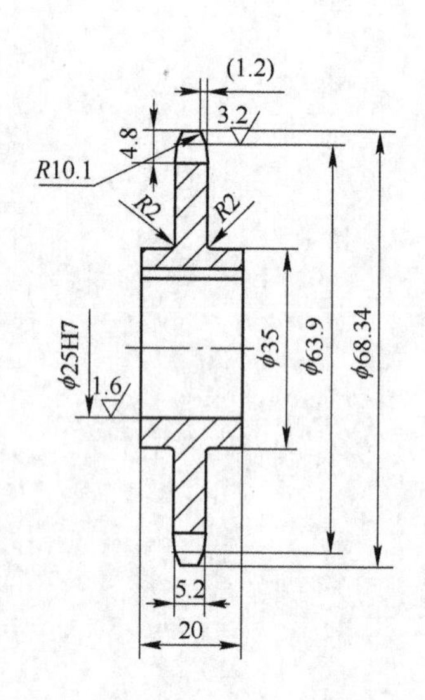

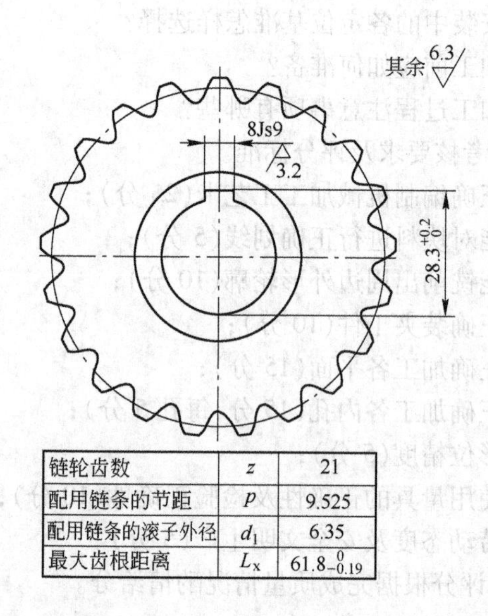

链轮齿数	z	21
配用链条的节距	p	9.525
配用链条的滚子外径	d_1	6.35
最大齿根距离	L_x	$61.8_{-0.19}^{0}$

图 7-20　链轮

【项目 12】 制订图 7-21 所示齿轮的机械加工工艺卡片。

(1) 任务单:编制该零件的加工工艺卡片。

完成时间:30 min；

提交成果:加工工艺卡片。

(2) 教师引导。

1) 采用什么机床加工工件齿坯？

2) 齿轮的齿加工前是否先加工键槽？

3) 齿加工采用什么机床？

4) 热处理工序安排在什么时候合适？

（3）考核要求及评分标准。

1）正确编制机械加工工艺卡(90分)；

2）劳动态度(10分)。

以上评分根据完成质量情况酌情给分。

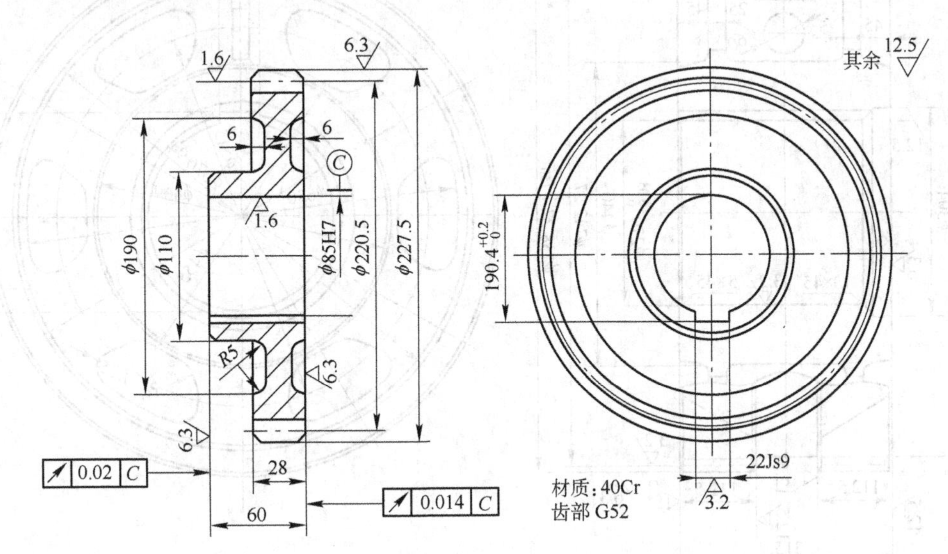

模　数	3.5	基节累积误差	0.045	齿向公差	0.007
齿　数	63	基节极限偏差	±0.0065	公法线平均长度	$70.13_{-0.05}^{\ 0}$
精度等级	655KM	齿形公差	0.007	跨齿数	7

图7-21　齿轮

【项目13】　如图7-22所示为某重型减速机中人字齿轮加工生产项目，请为该生产项目制定加工工艺卡片。

（1）任务单：编制该零件的加工工艺卡片。

完成时间：30 min；

提交成果：加工工艺卡片。

（2）教师引导。

1）采用什么机床加工工件齿坯？

2）齿轮的齿加工前是否先加工键槽？

3）齿加工采用什么机床？

4）热处理工序安排在什么时候合适？

（3）考核要求及评分标准：同项目12。

以上评分根据完成质量情况酌情给分。

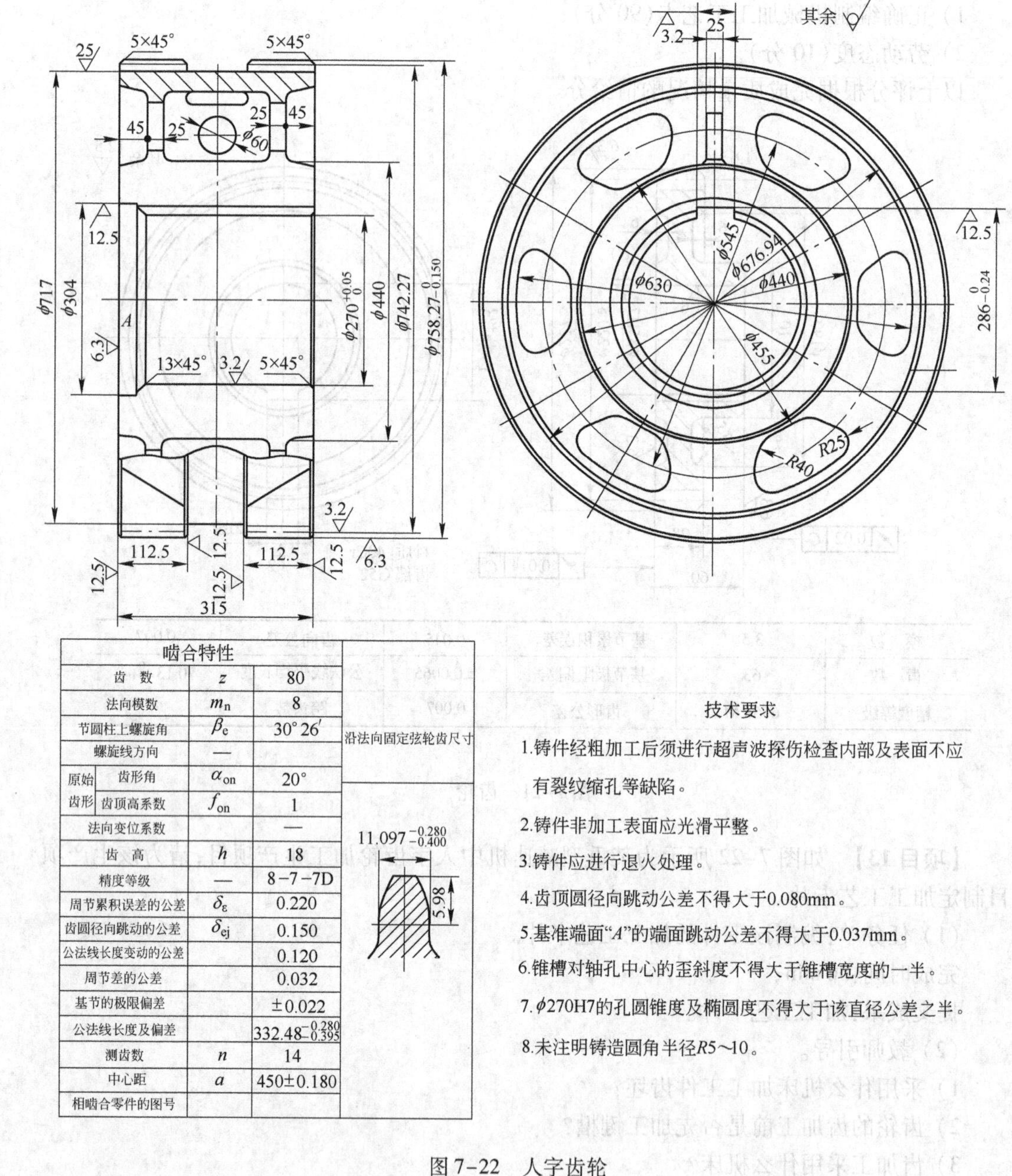

啮合特性			
齿　数	z	80	沿法向固定弦轮齿尺寸
法向模数	m_n	8	
节圆柱上螺旋角	β_e	30°26′	
螺旋线方向	—		
原始齿形 齿形角	α_{on}	20°	
原始齿形 齿顶高系数	f_{on}	1	$11.097^{-0.280}_{-0.400}$
法向变位系数		—	5.98
齿　高	h	18	
精度等级	—	8-7-7D	
周节累积误差的公差	δ_ε	0.220	
齿圆径向跳动的公差	δ_{ej}	0.150	
公法线长度变动的公差		0.120	
周节差的公差		0.032	
基节的极限偏差		±0.022	
公法线长度及偏差		$332.48^{-0.280}_{-0.395}$	
测齿数	n	14	
中心距	a	450±0.180	
相啮合零件的图号			

技术要求

1.铸件经粗加工后须进行超声波探伤检查内部及表面不应有裂纹缩孔等缺陷。

2.铸件非加工表面应光滑平整。

3.铸件应进行退火处理。

4.齿顶圆径向跳动公差不得大于0.080mm。

5.基准端面“A”的端面跳动公差不得大于0.037mm。

6.锥槽对轴孔中心的歪斜度不得大于锥槽宽度的一半。

7.φ270H7的孔圆锥度及椭圆度不得大于该直径公差之半。

8.未注明铸造圆角半径R5～10。

图7-22　人字齿轮

7.1.4　箱架类零件加工工艺编制

【项目14】　如图7-23所示为某机床主轴箱箱体，请为该生产项目制定加工工艺规程。

(1) 任务单：编制该零件的机械加工工艺卡片。

完成时间：40 min；

提交成果：机械加工工艺卡片。

（2）教师引导。

1）该箱体孔系中有几组孔，每组孔中有几个孔需进行加工？

2）加工孔前哪些面应先加工？

3）孔系加工中是否需要使用夹具？

4）使用什么刃具加工孔？使用什么量具检测孔？

（3）考核要求及评分标准。

1）正确编制机械加工工艺卡(90分)；

2）劳动态度(10分)。

以上评分根据编制质量情况酌情给分。

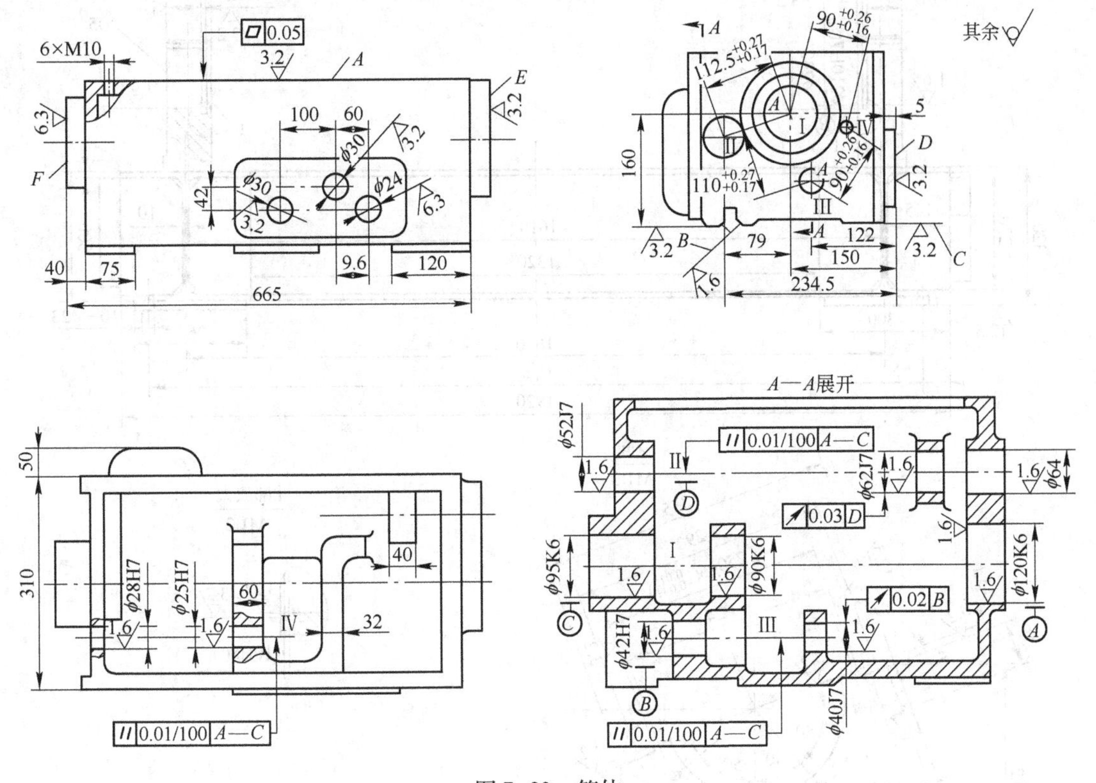

图7-23　箱体

【项目15】　如图7-24、图7-25所示为某热轧地辊站设备中架体和轴承盖的加工生产项目，请为该生产项目制定加工工艺卡片。

（1）任务单：编制两零件的加工工艺卡片。

完成时间：90 min；

提交成果：加工工艺卡片。

（2）教师引导。

1）两零件进行合加工的部位有哪些？

2）合加工前，哪些面是必须首先加工完成的？

3）哪些加工部位必须要在两工件把合在一起后才能进行？

4）加工孔的定位基准和测量基准是什么？

5）怎样对零件进行装夹？

（3）考核要求及评分标准。

1）正确编制机械加工工艺卡(90 分)；

2）劳动态度(10 分)。

以上评分根据编制质量情况酌情给分。

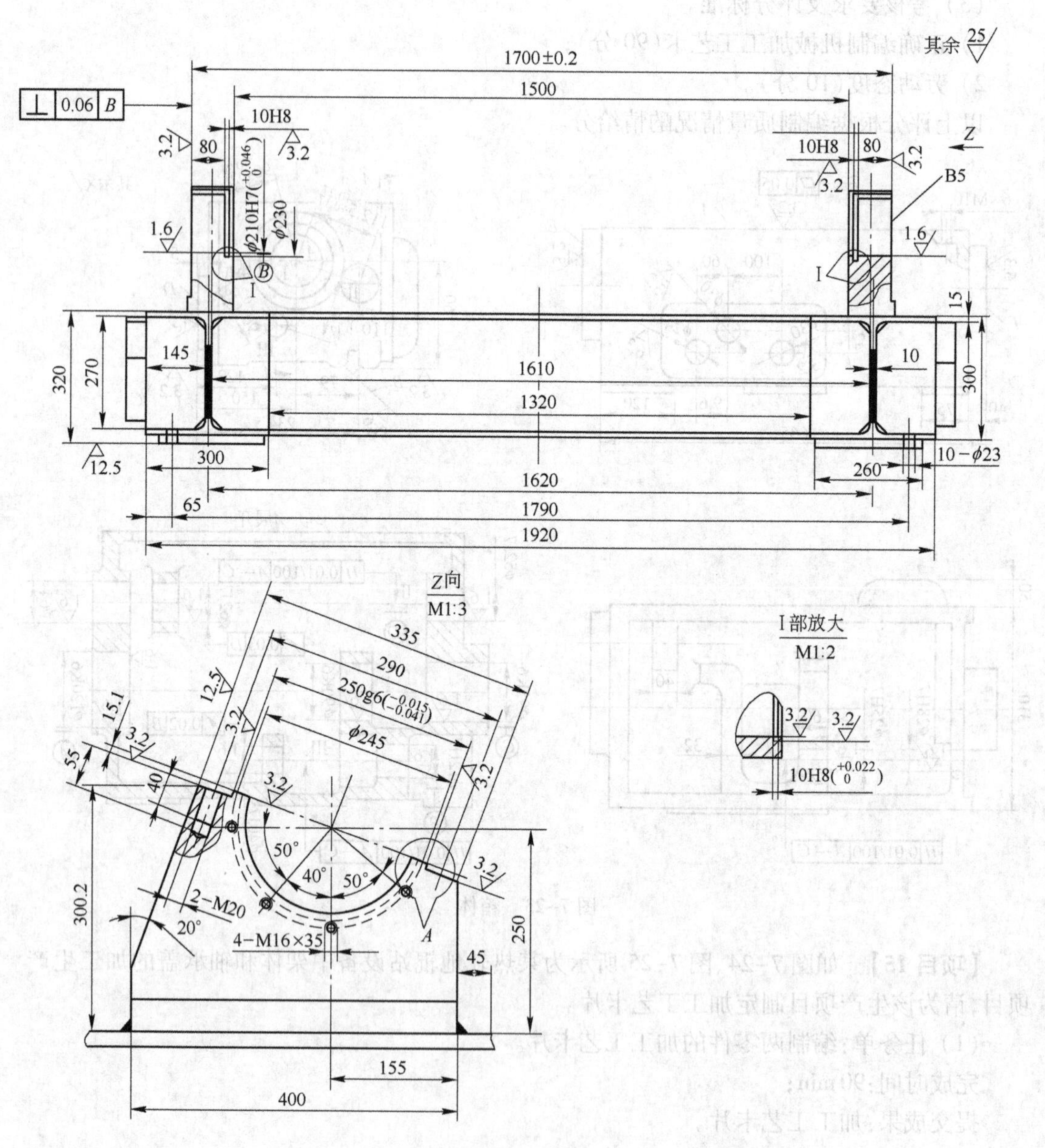

图 7-24　架体

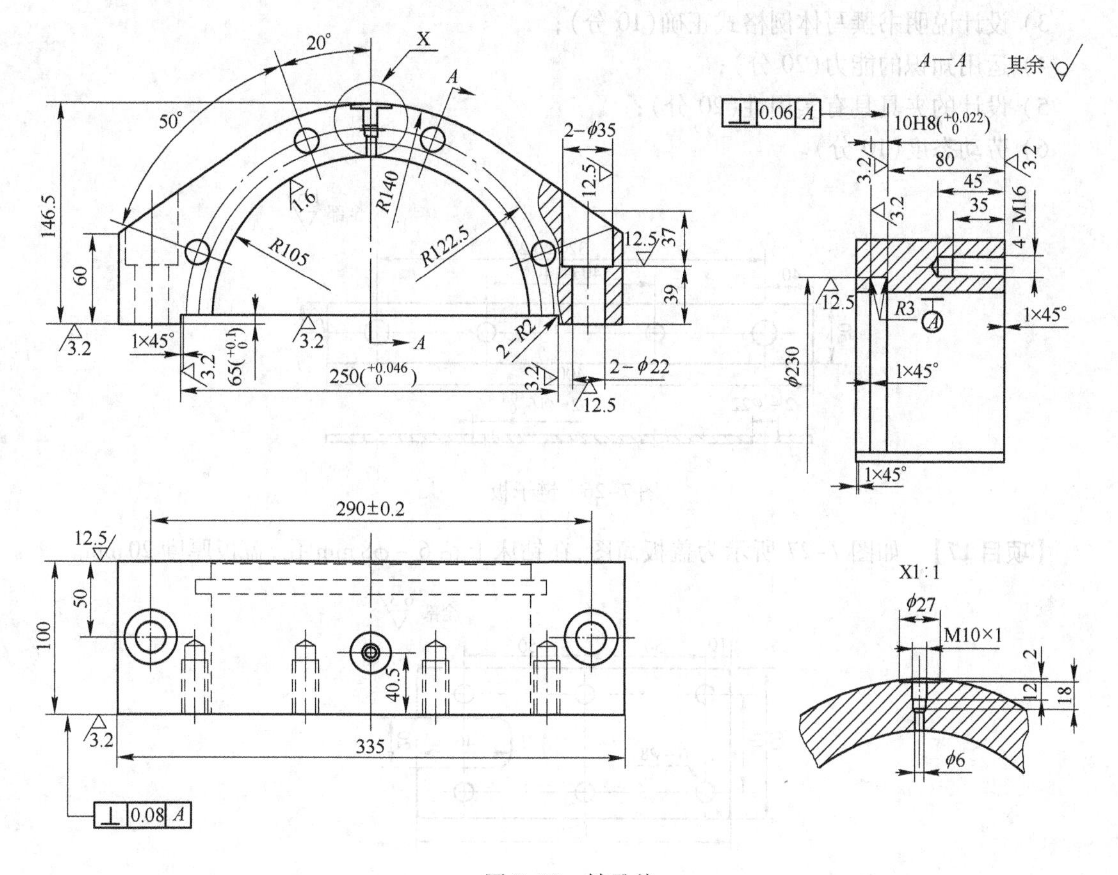

图7-25 轴承盖

能力点7.2 夹具设计训练

7.2.1 钻床夹具设计

【项目16】 如图7-26所示,设计加工链子板上2-ϕ22 mm和2-$\phi16^{+0.1}_{0}$孔的钻床夹具,图中其他各表面均已加工完成。

(1) 任务要求。

1) 所设计的夹具能满足快速装拆要求,定位迅速可靠;

2) 绘制出夹具中所有非标件的加工详图;

3) 提交设计说明书。

(2) 教师引领。

1) 采用何种钻床夹具?

2) 怎样定位? 怎样夹紧?

3) 是否采用成组加工,每组加工件数为多少合适?

(3) 考核及评分要求。

1) 设计原理正确(30分);

2) 设计图纸规范(10分);

3）设计说明书撰写体例格式正确(10 分)；

4）运用知识的能力(20 分)；

5）设计的夹具具有实用性(20 分)；

6）劳动态度(10 分)。

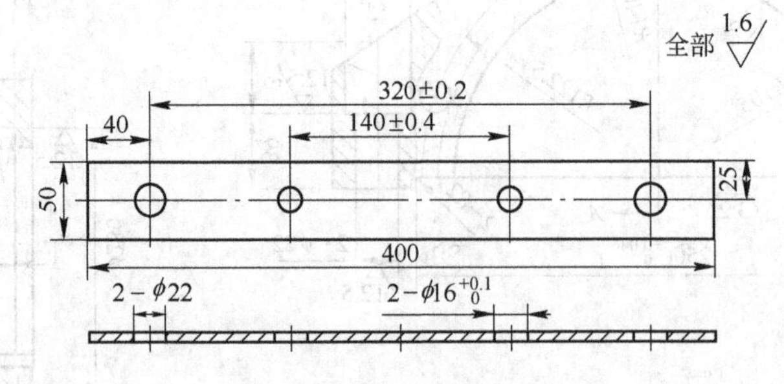

图 7-26　链子板

【项目 17】　如图 7-27 所示为盖板简图,在钻床上钻 6 - ϕ8 mm 孔,盖板厚度 20 mm。

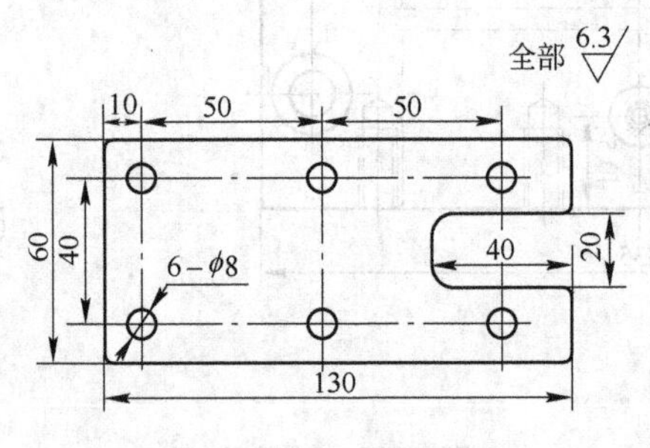

图 7-27　盖板

(1) 任务要求。

1) 所设计的夹具能满足快速装拆要求,定位迅速可靠;

2) 绘制出夹具中所有非标件的加工详图;

3) 提交设计说明书。

(2) 教师引领:同项目 16。

(3) 考核及评分要求:同项目 16。

【项目 18】　如图 7-28 所示为端盖,设计加工端盖上 4 × ϕ6 mm 小孔的钻床夹具。图中其他表面均已加工完毕。

(1) 任务要求。

1) 所设计的夹具能满足快速装拆要求,定位迅速可靠;

2) 绘制出夹具中所有非标件的加工详图;

3) 提交设计说明书。

(2) 教师引领。

1) 如何保证孔与已加工表面的相互位置关系?

2) 是否可以利用尺寸 98 mm 两端面作为定位面?

3) 怎样定位? 怎样夹紧?

(3) 考核及评分要求。

1）设计原理正确(30分)；

2）设计图纸规范(10分)；

3）设计说明书撰写体例格式正确(10分)；

4）运用知识的能力(20分)；

5）设计的夹具具有实用性(20分)；

6）劳动态度(10分)。

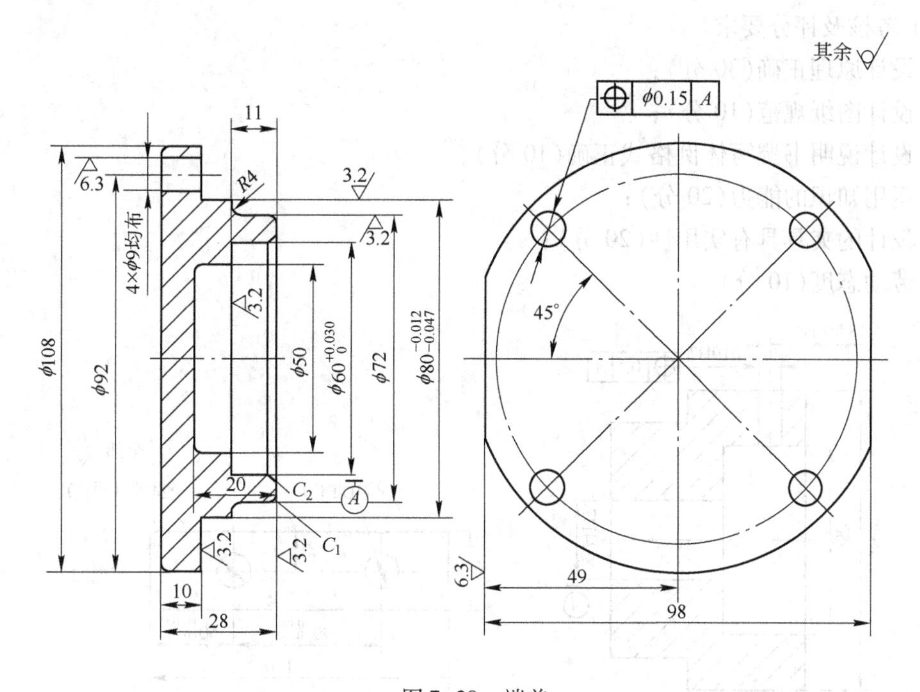

图7-28　端盖

【项目19】　如图7-29所示为挡环,设计加工挡环上φ10H7小孔的钻床夹具。图中其他表面均已加工完毕。

(1) 任务要求。

1）所设计的夹具能满足快速装拆要求,定位迅速可靠；

2）绘制出夹具中所有非标件的加工详图；

3）提交设计说明书。

(2) 教师引领。

1）为什么要采用夹具来钻该孔?

2）该孔的定位基准和测量基准是什么?

3）怎样来加工孔,采用什么刀具?

(3) 考核及评分要求:同项目16。

【项目20】　如图7-30所示为连接板,设计加工连接板上φ20 mm小孔的钻床夹具。图中其他表面均已加工完毕。

(1) 任务要求。

1）所设计的夹具能满足快速装拆要求,定位迅速可靠；

2）绘制出夹具中所有非标件的加工详图；

3）提交设计说明书。

（2）教师引领。

1）能否采用多件成组加工工件？对此方法应怎样设计夹具？

2）该孔的定位基准和测量基准是什么？

3）怎样来加工孔，采用什么刀具？

（3）考核及评分要求。

1）设计原理正确（30 分）；

2）设计图纸规范（10 分）；

3）设计说明书撰写体例格式正确（10 分）；

4）运用知识的能力（20 分）；

5）设计的夹具具有实用性（20 分）；

6）劳动态度（10 分）。

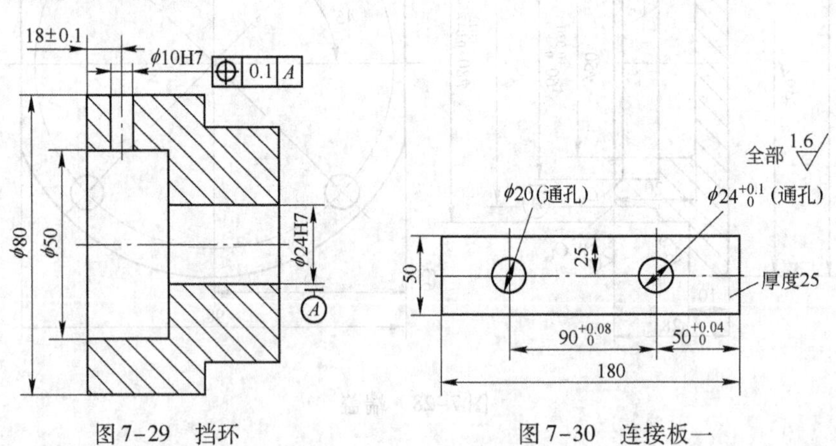

图 7-29　挡环　　　　图 7-30　连接板一

【项目 21】　如图 7-31 所示为拨叉，设计加工拨叉上 2 - ϕ8H8 mm 小孔的钻床夹具。图中其他表面均已加工完毕。

（1）任务要求。

1）所设计的夹具能满足快速装拆要求，定位迅速可靠；

2）绘制出夹具中所有非标件的加工详图；

3）提交设计说明书。

（2）教师引领。

1）采用什么定位方法？能否采用一面两孔定位方法？

2）所加工孔的测量基准是什么？

（3）考核及评分要求。

1）设计原理正确（30 分）；

2）设计图纸规范（10 分）；

3）设计说明书撰写体例格式正确（10 分）；

4）运用知识的能力（20 分）；

5）设计的夹具具有实用性(20 分)；

6）劳动态度(10 分)。

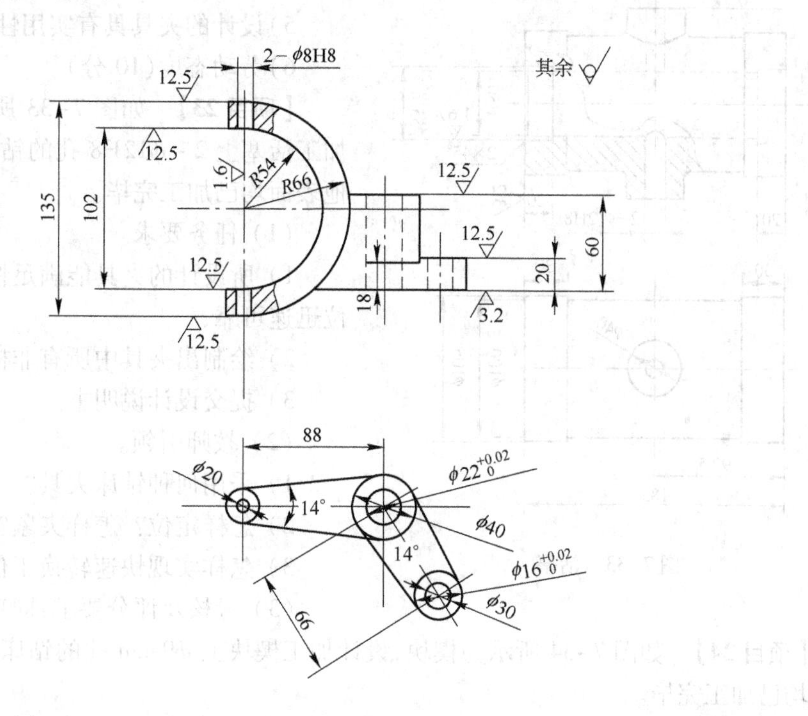

图 7-31　拨叉

【项目 22】　如图 7-32 所示为叉子，设计加工叉子上 2－ϕ8H7 mm 小孔的钻床夹具。图中其他表面均已加工完毕。

(1) 任务要求。

1）所设计的夹具能满足快速装拆要求，定位迅速可靠；

2）绘制出夹具中所有非标件的加工详图；

3）提交设计说明书。

(2) 教师引领。

1）该孔的定位基准是什么？

2）该孔的测量基准是什么？

3）怎样才能对工件实现快速的定位和快速的夹紧？

4）如果在加工完一孔后再加工另一孔时，可以实现快速的工位转换，应怎样来设计该夹具？

(3) 考核及评分要求。

1）设计原理正确(30 分)；

2）设计图纸规范(10 分)；

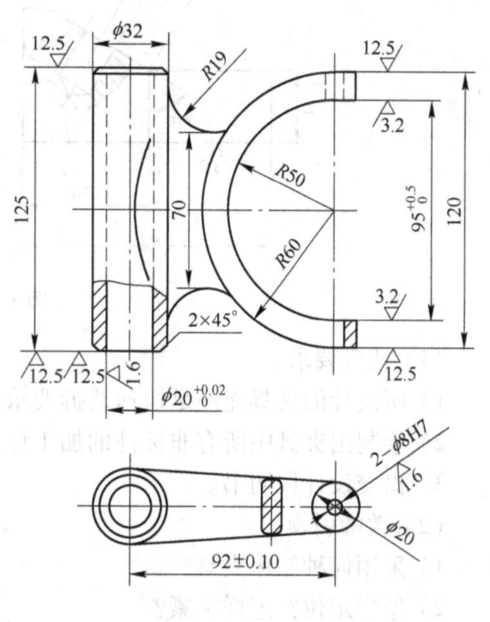

图 7-32　叉子

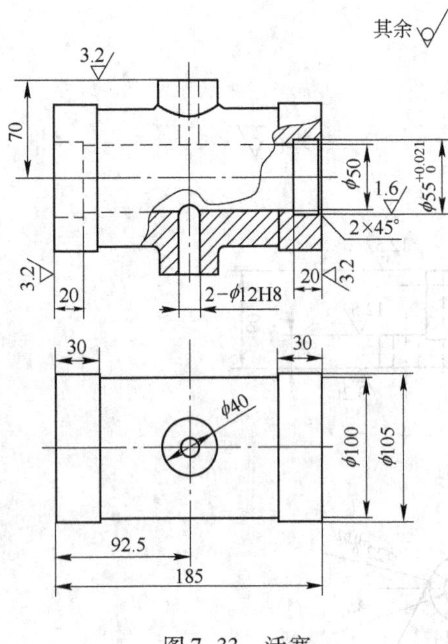

图7-33　活塞

3)设计说明书撰写体例格式正确(10分);

4)运用知识的能力(20分);

5)设计的夹具具有实用性(20分);

6)劳动态度(10分)。

【项目23】　如图7-33所示为活塞,设计加工活塞上2-ϕ12H8孔的钻床夹具。图中其他表面均已加工完毕。

(1) 任务要求。

1) 所设计的夹具能满足快速装拆要求,定位迅速可靠;

2) 绘制出夹具中所有非标件的加工详图;

3) 提交设计说明书。

(2) 教师引领。

1) 采用何种钻床夹具?

2) 怎样定位? 怎样夹紧?

3) 怎样实现快速转换工位?

(3) 考核及评分要求:同项目16。

【项目24】　如图7-34所示为楔块,设计加工楔块上ϕ9 mm孔的钻床夹具。图中其他表面均已加工完毕。

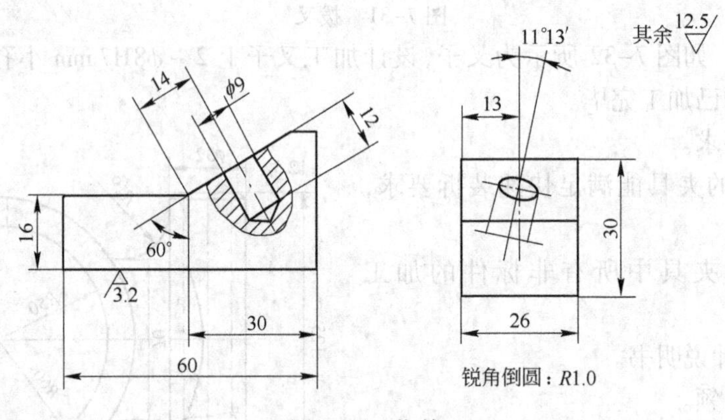

图7-34　楔块

(1) 任务要求。

1) 所设计的夹具能满足快速装拆要求,定位迅速可靠;

2) 绘制出夹具中所有非标件的加工详图;

3) 提交设计说明书。

(2) 教师引领。

1) 采用何种钻床夹具?

2) 怎样定位? 怎样夹紧?

(3) 考核及评分要求:同项目16。

【项目25】　如图7-35所示为底座,设计加工底座上ϕ13 mm斜孔的钻床夹具。图中其他表面均已加工完毕。

（1）任务要求:同项目16。

（2）教师引领。

1）采用何种钻床夹具?

2）怎样定位? 怎样夹紧?

（3）考核及评分要求:同项目16。

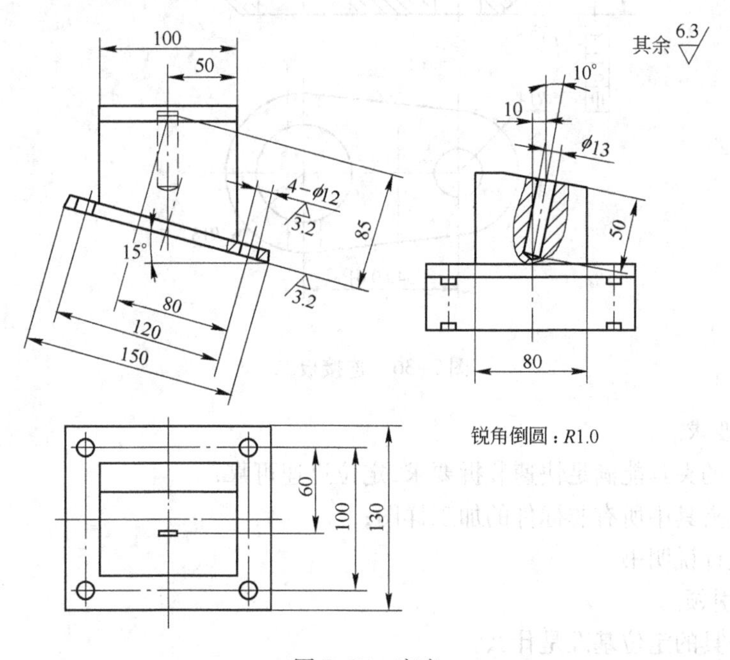

图7-35　底座

7.2.2　铣床夹具设计

【项目26】　如图7-20链轮,试设计数控铣削链齿的铣床夹具。图中除链齿外的其他表面均已加工完毕。

（1）任务要求。

1）所设计的夹具能满足快速装拆要求,定位迅速可靠;

2）绘制出夹具中所有非标件的加工详图;

3）提交设计说明书。

（2）教师引领。

1）铣床夹具的定位基准是什么?

2）怎样夹紧工件?

3）拆卸工件是否迅速?

4）重新安装工件是否省时省力?

（3）考核及评分要求:同项目16。

【项目27】　如图7-36所示连接板,试设计铣削尺寸12±0.03mm槽的铣床夹具。图中除该槽外的其他表面均已加工完毕,生产类型为大批量生产。

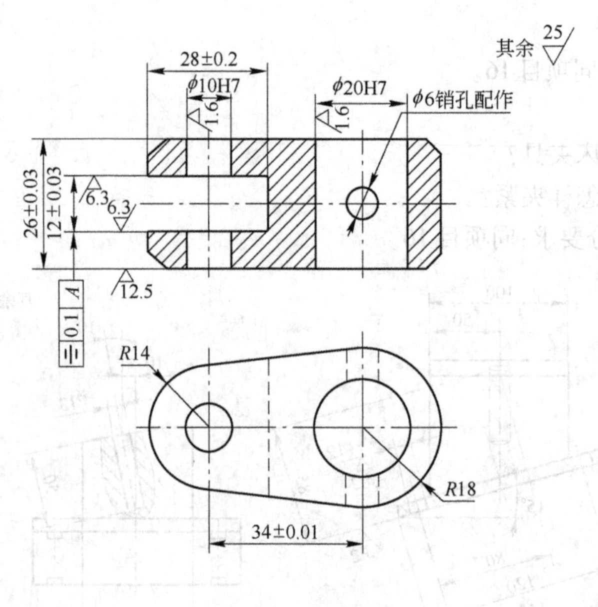

图 7-36　连接板二

(1) 任务要求。

1) 所设计的夹具能满足快速装拆要求,定位迅速可靠;

2) 绘制出夹具中所有非标件的加工详图;

3) 提交设计说明书。

(2) 教师引领。

1) 铣床夹具的定位基准是什么?

2) 是否可以采用一面两孔定位方式定位,如采用该方式,怎样避免重复定位?

3) 采用立式铣床还是卧式铣床?

4) 怎样夹紧工件?

(3) 考核及评分要求。

1) 设计原理正确(30 分);

2) 设计图纸规范(10 分);

3) 设计说明书撰写体例格式正确(10 分);

4) 运用知识的能力(20 分);

5) 设计的夹具具有实用性(20 分);

6) 劳动态度(10 分)。

【项目 28】　制订图 7-37 所示入口法兰的机械加工车床工序卡片。

(1)任务要求。

1) 所设计的夹具能满足快速装拆要求,定位迅速可靠;

2) 绘制出夹具中所有非标件的加工详图;

3) 提交设计说明书。

(2) 教师引领。

1)铣床夹具的定位基准是什么?

2）是否可以采用一面两孔定位方式定位，如采用该方式，怎样避免重复定位？

3）采用立式铣床还是卧式铣床？

4）怎样夹紧工件？

（3）考核及评分要求。

1）设计原理正确（30分）；

2）设计图纸规范（10分）；

3）设计说明书撰写体例格式正确（10分）；

4）运用知识的能力（20分）；

5）设计的夹具具有实用性（20分）；

6）劳动态度（10分）。

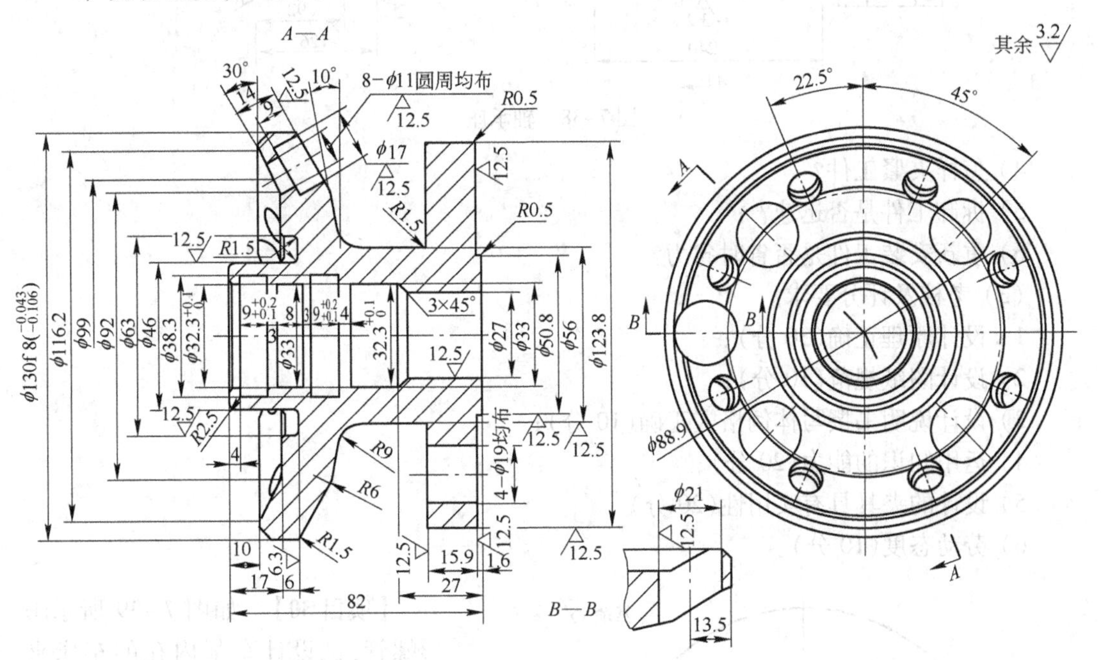

图7-37　入口法兰加工详图

7.2.3　车床夹具设计

【项目29】　如图7-38所示轴承座，试设计车削内孔的车床夹具。图中除内孔外的其他表面均已加工完毕，生产类型为中批量生产。

（1）任务要求。

1）所设计的夹具能满足快速装拆要求，定位迅速可靠；

2）绘制出夹具中所有非标件的加工详图；

3）提交设计说明书。

（2）教师引领。

1）为什么要采用车床夹具？

2）车床夹具的定位基准是什么？

3）夹具与机床主轴的连接方式是什么？

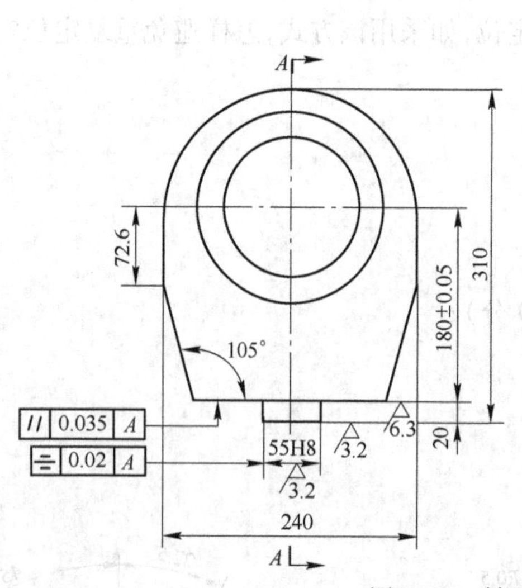

图 7-38　轴承座

4）怎样夹紧工件?

5）拆卸工件是否迅速?

6）重新安装工件是否省时省力?

(3) 考核及评分要求。

1）设计原理正确(30 分)；

2）设计图纸规范(10 分)；

3）设计说明书撰写体例格式正确(10 分)；

4）运用知识的能力(20 分)；

5）设计的夹具具有实用性(20 分)；

6）劳动态度(10 分)。

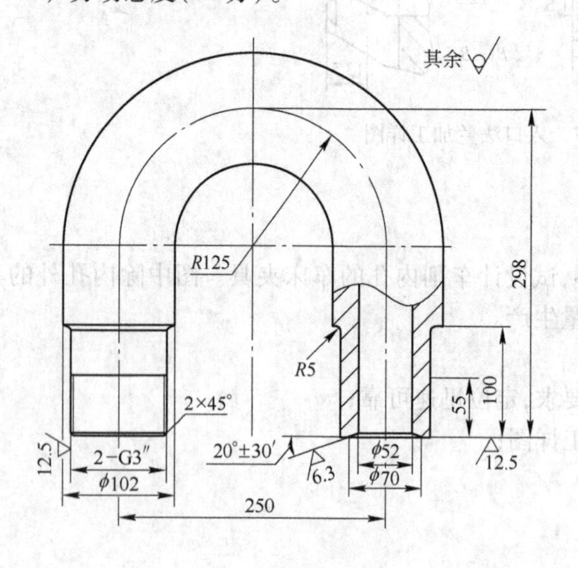

图 7-39　U 形螺管

【项目 30】 如图 7-39 所示 U 形螺管,试设计车削内孔的车床夹具。图中除内孔外的其他表面均已加工完毕,生产类型为中批量生产。

(1) 任务要求:同项目16。

(2) 教师引领。

1）怎样让加工的管的中心线与机床主轴中心线对齐?

2）夹具与机床主轴的连接方式是什么?

3）怎样实现加工位置的调整?

(3) 考核及评分要求:同项目16。

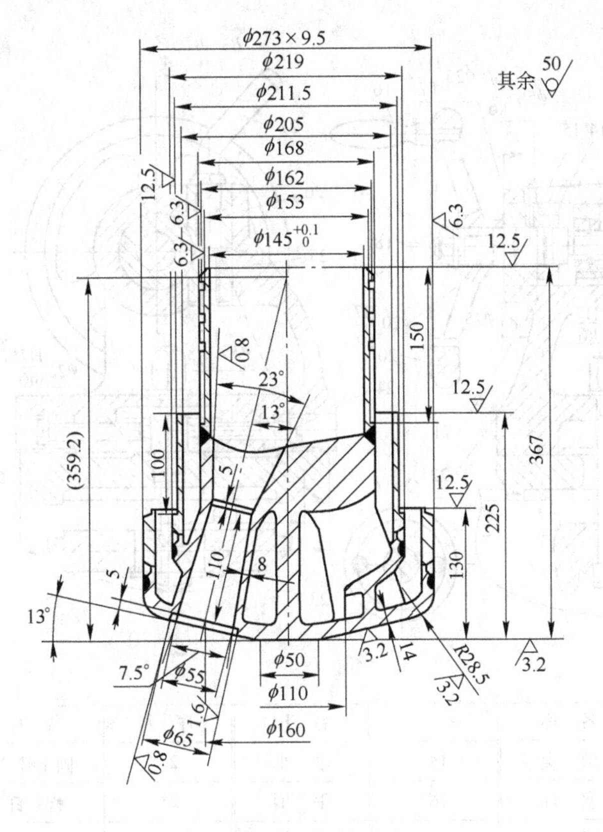

图7-40　氧枪喷头

【项目31】　如图7-40所示氧枪喷头,试设计的车床专用夹具,完成整个加工部位的加工。

(1) 任务要求。

1) 制定车床加工工序卡片,详细说明加工工艺步骤;

2) 编写出设计说明书;

3) 绘制夹具设计详图。

(2) 教师引领。

1) 怎样加工喷氧孔?

2) 夹具设计解决什么问题?

3) 在夹具上怎样来实现的多工位调整问题?

(3) 考核及评分要求。

1) 车床加工工序卡片的正确编制(30分);

2) 夹具设计原理正确性(30分);

3) 夹具的实用性(30分);

4) 劳动态度(10分)。

能力点7.3　装配工艺编制训练

【项目32】　图7-41为某机床尾座的装配图,试设计该装配项目的装配工艺规程。

(1) 任务单。

1) 完成该装配项目的装配系统图;

2) 填写装配工艺卡片。

(2) 教师引领。

1) 装配前有哪些准备工作?

2) 装配基础件是什么?

3) 装配顺序是什么?

(3) 考核及评分要求。

1) 装配系统图清楚、正确(30分);

2) 技术文件规范(10分);

3) 工艺编制正确,有使用价值(40分);

4) 运用知识的能力(10分);

5) 劳动态度(10分)。

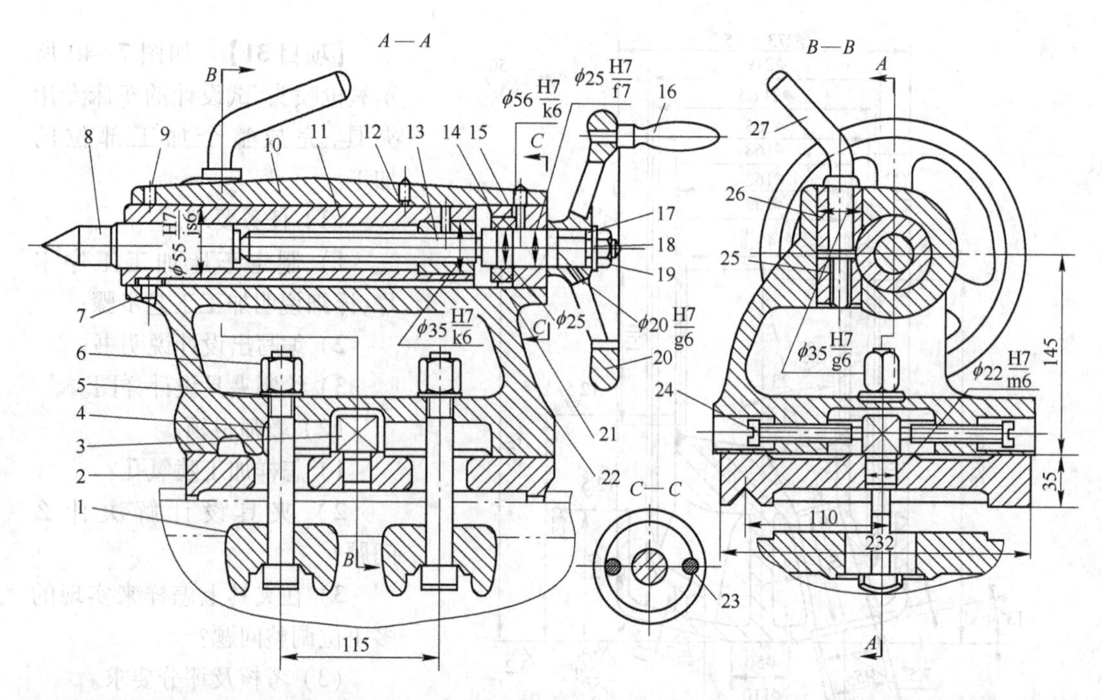

序号	名　称	序　号	名　称	序　号	名　称	序　号	名　称
1	制动块	8	顶　尖	15	轴　承	22	固定螺钉
2	滑　板	9	塞　柱	16	手　柄	23	螺　钉
3	销　子	10	尾　座	17	平　键	24	螺　钉
4	螺　钉	11	空心套	18	垫　圈	25	下紧圈
5	垫　圈	12	油　杯	19	螺　母	26	上紧圈
6	螺　母	13	丝　杠	20	手　轮	27	手　柄
7	键	14	止推轴承	21	螺　母		

图7-41　尾座部装配图

【项目33】　如图7-42所示为PE4050破碎机的装配图,试设计该装配项目的装配工艺规程。

(1) 任务单。

1) 完成该装配项目的装配系统图;

2) 填写装配工艺卡片。

(2) 教师引领。

1) 装配前有哪些准备工作?

2) 分几个部件装配,各部件的基础件是什么?

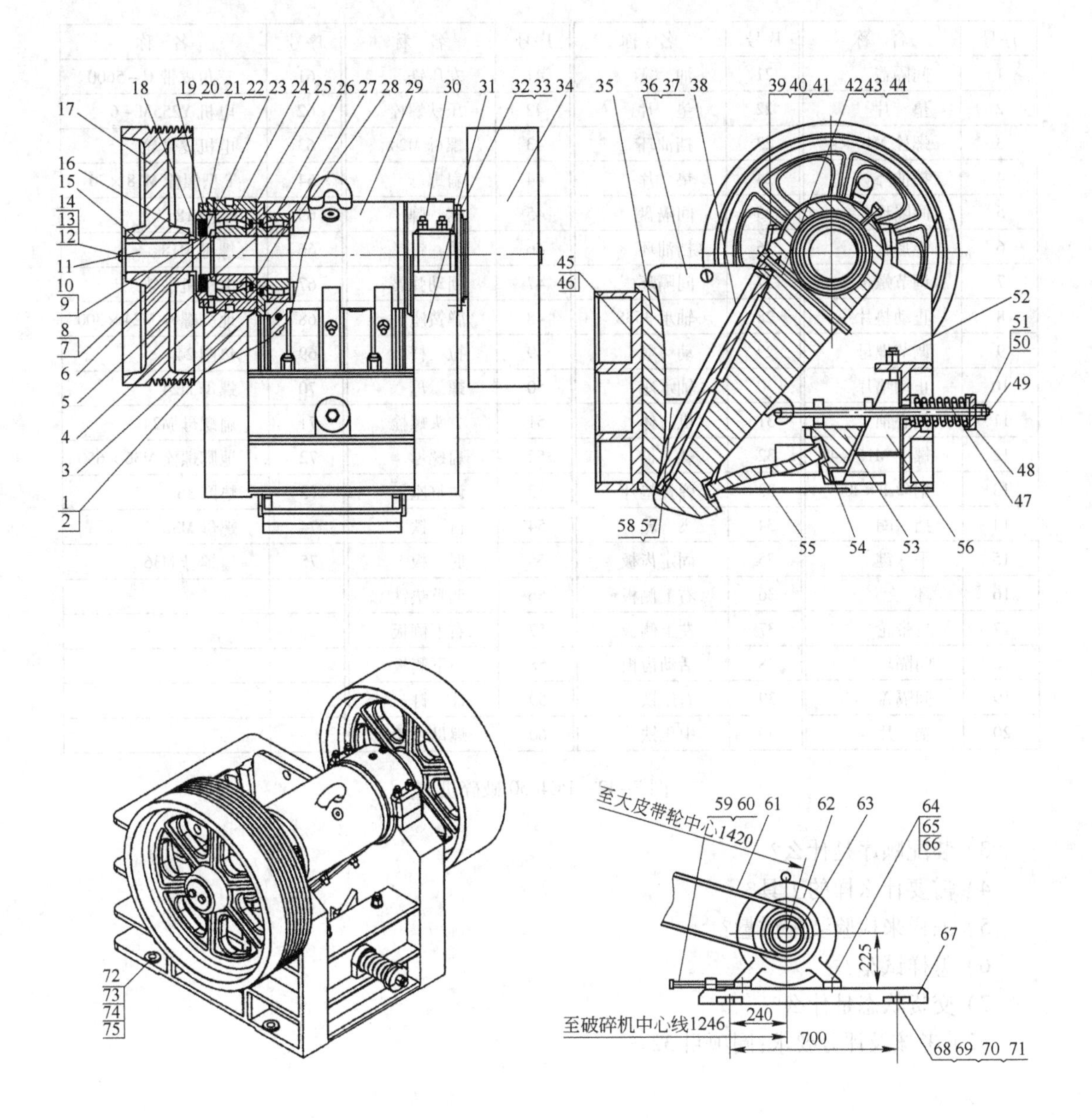

技术要求

1.装配前，所有零件应用洗油清洗干净，无杂物、异物。

2.装配时，各运动副部位要求涂以2号锂基脂，各处间隙按要求调整。

3.装配后，各运动部位要求运动灵活，不得有卡阻、异响。

4.刷漆要求：各非加工表面刷铁红丹醇防锈漆两遍，外表面刷果绿色面漆。

5.装配后在制造厂应进行连续4h的试车跑合检测，要求各轴承温升不得超过40℃。

序号	名　称	序号	名　称	序号	名　称	序号	名　称
1	间隔盖	21	油　塞	41	左压铁	61	三角皮带 C－5600
2	垫　片	22	垫　片	42	压铁螺栓	62	电机 Y255M－6
3	螺栓 M16×40	23	挡油环	43	螺母 M24	63	电机皮带轮
4	挡油环	24	垫　片	44	扁螺母	64	T 型螺栓 M18×70
5	间隔环	25	间隔盘	45	铭　牌	65	垫圈 18
6	锥形套	26	挡油环	46	铆　钉	66	螺母 M18
7	调节螺母	27	间隔环	47	回动弹簧	67	电动机铁轨
8	止动垫片	28	轴承 3538	48	弹簧座	68	地脚螺栓 M24×300
9	调节螺母	29	动　颚	49	拉　杆	69	垫圈 24
10	止动垫片	30	轴承座	50	螺　母	70	螺母 M24
11	偏心轴	31	机　体	51	方头螺栓	71	扁螺母 M24
12	螺栓 M16×40	32	螺　栓	52	扁螺母	72	地脚螺栓 M36×650
13	钢丝 1×200	33	弹簧垫片	53	调整座	73	垫圈 36
14	挡　圈	34	飞　轮	54	衬　铁	74	螺母 M36
15	平　键	35	固定齿板	55	肘　板	75	扁螺母 M36
16	环	36	右上侧板	56	调整垫铁		
17	皮带轮	37	左上侧板	57	右下侧板		
18	间隔环	38	活动齿板	58	左下侧板		
19	间隔盖	39	右压铁	59	螺　钉		
20	垫　片	40	中压铁	60	螺母 M20		

图 7-42　PE4050 破碎机

3）装配顺序是什么?

4）需要什么样的工具?

5）怎样来检验装配质量?

6）怎样试车?

7）交货状态是什么?

(3）考核及评分要求:同项目 32。

参 考 文 献

[1]　蔡光启,马正元,孙凤臣. 机械制造工艺学[M]. 沈阳:东北大学出版社,1994.
[2]　朱银寿等. 机械制造工艺学学习指导、习题及解题分析[M]. 沈阳:东北大学出版社,1995.
[3]　刘登平. 机械制造工艺及机床夹具设计[M]. 北京:北京理工大学出版社,2008.
[4]　吴永锦,殷小清. 机械制造技术[M]. 北京:清华大学出版社、北京交通大学出版社,2010.